DR. Spock 最新第9版

斯波克育儿经

〔美〕本杰明·斯波克 著
〔美〕罗伯特·尼德尔曼 修订
哈 澍 武晶平 译

南海出版公司

新经典文化股份有限公司
www.readinglife.com
出　品

目录
CONTENTS

目 录
CONTENTS

第二部分　饮食和营养

目录
CONTENTS

第三部分　健康和安全

目 录
CONTENTS

目 录
CONTENTS

目 录
CONTENTS

目 录
CONTENTS

致　谢

您正在阅读的这本书最早出版于1945年。本杰明·斯波克的《斯波克育儿经》面世时，引起了父母育儿的革命，同时也改变了一代人的生活。那一代儿童是现在这一代的祖辈。或许他们正是您的父母。因此，从某种意义上讲，您可能是“斯波克的孩子”。我就是。

斯波克博士温暖又明智的建议今天仍然适用。这很大程度上是因为这本书随着时间在不断改进。具有开创性的女权主义者格洛丽亚·斯泰纳姆（Gloria Steinem）告诉他，他有性别歧视的思想，他接受了，并做出了改变。当高胆固醇、高脂肪饮食给我们带来的健康危害尽人皆知时，斯波克欣然接受了素食，并且一直活到94岁。

去世之前，斯波克跟天才儿科医生史蒂芬·帕克（Steven Parker）一起撰写了《斯波克育儿经》第七版。史蒂芬是对我本人影响最大的老师之一。所以，当我修订《斯波克育儿经》第八版时，我深深地感谢了斯波克博士和帕克博士。我也感谢其他所有医生、父母和儿童，是他们让这本书变得如此丰富、准确、及时、充满智慧。这种感激之情仍在我心中。

为了本书第九版，我请教了一大批各个领域的专家：孕产专家玛乔里·格林菲尔德（Marjorie Greenfield）、母乳喂养专家玛丽·奥康纳（Mary O’Connor）、牙齿护理专家詹姆斯·科兹克（James Kozick）、传染病专家阿卜杜拉·戈瑞（Abdullah Ghori）和纳扎·阿布噶礼（Nazha Abughali）、环境健康专家莱拉·迈科迪（Leyla McCurdy）、性学专家亨利（Henry Ng），以及帮助母亲和孩子们就医的艾琳·惠普尔（Erin Whipple）。虽然我负责完成这项任务，但是这些专家以及其他朋友和同事都极大地充实了这一版的《斯波克育儿经》。

我要特别感谢西蒙 & 舒斯特公司（Simon and Schuster）的编辑米奇·纽丁（Micki Nuding）和玛姬·克劳福德（Maggie Crawford），还要特别感谢斯波克博士多年的代理人罗伯特·莱斯彻（Robert Lescher），他现在也是我的代理人。与斯波克博士结婚并共同生活了25年，和他一起撰写了好几版《斯波克育儿经》的玛丽·摩根（Mary Morgan），为我们提供了大量的指导和巨大的支持。写书就像养育孩子，是一个彰显信念的行为。玛丽，谢谢你对我充满信任。

最后，我要感谢我的家人：感谢女儿格雷丝为我的生活带来了欢乐和创造力；感谢妻子卡罗给我的爱、包容和极强的判断力。如果没有你，我很可能不会启动这个项目，更不用说完成它了。

致父亲爱伦和母亲格洛丽亚·尼德尔曼

你们是我的启蒙老师，也是最好的老师

——罗伯特·尼德尔曼

第九版序

《斯波克育儿经》一直都是一本具有不变的信念和永恒价值的书，同时也是一本与时俱进的书。它的第一版诞生于一个快速发展和乐观主义的年代。而第九版的问世则恰逢一个经济混乱的时代。那些遭到失业打击或失去房屋抵押赎回权的家庭颇有风雨飘摇之感；而其他令人恐惧的损失也很可能近在咫尺。正如经济形势一样，全球环境似乎也受到了威胁；暴风雨的乌云遮蔽了天空，人们很难看到前方的光明。然而，养育孩子仍然是一件使人内心充满希望的事情。父母都希望孩子健康茁壮地成长，孩子们自己也怀着同样的期望。这些都是强大的力量。这种力量能够改变世界。

当你即将哺育孩子，保护他们，帮助他们为将来做好准备时，我希望《斯波克育儿经》第九版可以成为好帮手。它提供的不是一成不变的法则，而是值得信赖的信息，有关于孩子，有关于成长和发展，也有关于不同年龄的生理、智力和情感需要的内容。整本书都经过重新审读和修订，包括有关营养、免疫、环境健康、孤独症、先天性心脏病以及其他最新知识。书中的信息资源也做了更新和扩充。

人们越来越深刻地意识到，要想培养一个健康的孩子，一项很重要的工作就是要为他们的成长创造一个健康的环境。轻率而铺张的消费行为威胁着我们的环境，对孩子也没有好处。这本书就在尽可能地反对物质主义。比如说，你在书中看不到太多推荐最新玩具和新式用品的内容。你可能会注意到这一版比前一版内容少。不必担心：重要的内容都包括在内，而且比以往的版本更容易查找。

跟孩子们一样，图书也会在不断变化的同时保持原有的特质。从变化的角度来说，你可能会注意到格雷丝·尼德尔曼（Grace Needlman）绘制的新插图。她是一个有才华的年轻艺术家，也是我的女儿。她很小的时候就会画画。她从来都没有停止过努力，现在已经拿到了耶鲁大学艺术学士学位。我非常高兴能够跟你们分享她的天赋。

就像那些插图一样，这本书的语言也很大程度上进行了更新。我仍然希望这些内容能够像斯波克博士那样，以清楚、温和又充满支持的口吻跟你谈话。本书的核心理念跟以往一样：最重要的是你对孩子的爱；除此以外，如果你听取那些对你有用的建议，那么你也不会错到哪儿去。

关于措辞的一点说明。本书提到的许多问题，我都建议父母跟孩子的医生咨询一下。我指的不仅是儿科医生和家庭医生，还包括为孩子提供医疗护理的执业护师；“医生”能够更快地提供帮助。你会注意到有些部分标有“斯波克的经典言论”字样。也有一些地方会看到“我”的字样，那就表示我本人，即罗伯特·尼德尔曼(Robert Needlman)。

前言 相信你自己和宝宝

相信你自己

其实，你懂得很多。你的家庭正在经历成长和变化。虽然你想尽力做一个最好的家长，但最好家长的标准并不总是那么清楚。无论你到哪里寻求帮助，都会有专家告诉你该做什么。问题在于，这些专家经常不能认同彼此的见解。这个世界已经与20年前大不相同，过去的答案很可能不再正确。

你不必把邻居的话句句当真，也不要被专家的忠告吓倒。你要敢于相信自己的常识。只要你泰然处之，相信自己的直觉，遇事多和朋友、家人、医生或护士商量，那么抚养孩子就不是非常困难的事。了解如何把尿布包得舒适服帖、适时增加固体食物固然重要，但事实告诉我们，父母给予孩子的天然疼爱比那些重要百倍。每当你把孩子抱起来，给他换尿布、洗澡、喂奶、朝他微笑的时候，他都会感觉到他属于你，你也属于他。一开始你难免会有些笨手笨脚，但这种交流也非常珍贵。

对不同的育儿方法研究得越多，人们就越发肯定，父母凭着慈爱的天性为孩子所做的事情都是最好的。当父母树立起自信心，能够自然而又放松地照顾宝宝的时候，就会收到最好的效果。即使出点差错，也比由于强求完美而过分紧张好得多。

要知道，孩子不但能从父母正确的言行中学习，还会从父母不尽如人意的行为中获得经验。宝宝哭闹的时候，如果你不总是立刻作出反应，他就能学会如何自己安慰自己；当你对刚开始学步的孩子失去耐心的时候（所有父母都难免这样），你的孩子就会知道你也是有情绪的，他还能看到你如何调整这些坏情绪。孩子有一种内在的动力，这种力量促使他们不断地成长、发现、体验、学习，让他们学会如何跟别人相处。许多教育方法之所以成功，就是因为顺应了这种强大的驱动力。所以，当你努力相信自己的时候，别忘了，也要相信你的宝宝。

如何学会做父母。书籍和讲座对于解答一些具体问题和普遍的疑虑的确有所帮助。但是，父母们并不是通过这两种方式来学习照顾宝宝的，也不是按照它们的指导来安排孩子的生活的。父母的基本观念来自自己的童年，来自他们父母的养育方式。这也是父母小时候玩“过家家”的时候经常设想的事情。如果一个孩子在随和的环境中长大，他很可能成为一名随和的家长；与此相反，那些严厉的父母养大的孩子很可能成为比较严厉的父亲或母亲。我们都会在某些方面和自己的父母相似，在对待孩子的方式上尤其如此。当你和孩子说话的时候，可能忽然发现你的父母也曾对你说过同样的话，连语气和用词都一模一样！每个父母都有这样的经历，你也一样。即使现在还没有，将来也一定会有。

想想自己的父母。他们做的哪些事情在你现在看来是正确的、有好处的？他们的哪些做法又是你绝不想去效仿的？想一想，是什么塑造了你现在的样子，你又想成为怎样的家长。这样的自我审视会帮助你理解并相信自己为人父母的本能。

你会发现，自己在抚育孩子的过程中慢慢地学会了如何做父母。你会发现，你能够熟练地给孩子喂奶、换尿布、洗澡，还会给孩子拍背，帮他打嗝。同时，对于这些帮助和照料，你的宝宝也总是表现出满意的样子。孩子的这些表示会给你带来信心，让你充满亲切感和慈爱之情。所有这些都会成为你和孩子的感情基础，你们会慢慢地建立起牢固而又相互信任的亲子关系。但是，你不能指望自己立刻就能找到这种感觉。

所有的父母都希望影响自己的孩子，但许多人却惊讶地发现，其实父母和孩子之间是相互影响的。从为人父母的经历中，从自己孩子的身上，父母们不仅会学到许多东西，对自身和世界的理解也会更进一步。和许多人一样，你也会感觉到，做父母是一个人不断成长和走向成熟的最重要的一步。

培养孩子的目标

认清你的目标。在这个变幻不定的世界上，很多不确定的因素还在不断出现，因此，我们有必要问问自己：我们培养孩子的目标是什么？良好的学业成绩是我们对孩子的最高期望吗？跟别人保持融洽关系的能力是否更重要呢？你是希望孩子具有锋芒毕露的个性，能在竞争激烈的社会中取得成功；还是希望他们能够与人合作，某些时候能为他人的利益放弃自己的渴望？我们要把自己的孩子培养成什么样的大人，才能使他们成为既幸福又富有创造性的社会成员呢？

这些问题都切中了培养子女的核心。养育孩子就是要做出各种选择。为了找到最适合孩子的方案，你最好在每次做决定之前退后一步，先把以上这些难以回答的问题考虑清楚。许多父母每天都纠缠在如何教育孩子的问题中，却在为什么要养育孩子这个首要问题上很茫然。我希望，照顾孩子的经历能够帮助你弄清自己的想法，弄清楚生活中什么才是你最重要的东西。这个明确的认识将引导你在培养孩子的时候作出正确的选择。

父母也是普通人

父母也有需要。育儿方面的书籍，包括这本在内，对孩子的需要强调得太多，说他们需要爱，需要理解，需要耐心，需要持之以恒的呵护，需要严格地管教，需要保护，需要友谊等。当读到自己该怎么做的内容时，父母们有时会觉得身心俱疲。他们形成了这样的印象：父母就应该无欲无求，除了孩子以外，他们不该拥有自己的生活。于是，他们自然地感到，维护儿童利益的书籍会把所有责任都归罪于父母。

为了公正地对待父母，这本书要用同样的篇幅来阐述父母的实际需要，比如他们在家里家外的烦心事，他们的疲惫，他们需要听到的赞赏(哪怕是偶尔的)，说他们干得不错。养育孩子的过程充满了艰辛：准备合适的饮食、洗衣服、换尿布、擦屎擦尿、劝架擦泪、听孩子讲难懂的故事、参加他们的游戏、看那些对成年人来讲毫无趣味的书、逛动物园和博物馆、应孩子的要求指导家庭作业、在忙着做家务或者收拾庭院的时候随时放下手里的活儿来满足孩子急切的求助、在疲劳的晚上参加家庭教育会议，等等。

事实就是这样，养育孩子是一项漫长而艰苦的工作。它的回报不能即刻显现,你还常常得不到应有的认可。然而，父母跟他们的孩子一样都是普通人，也都很脆弱。

当然，父母们不是因为想当英雄才养育孩子的。他们要孩子是因为爱孩子。当他们想起自己小时候被父母疼爱，就更希望能够培养自己的孩

子。亲手抚育自己的孩子虽然很辛苦，但是看着他们成长为体面的大人，多数父母都会感到这是一生中最大的满足。不管从哪个角度看，培养孩子都是一件富有创造性、充满成就感的事。跟这件事相比，世俗的物质成就带来的自豪感就显得黯然失色。

不必要的自我牺牲和过分的劳神。面对为人父母的新责任时，许多做事认真的人都会觉得自己肩负着使命，必须放弃所有自由和原来的快乐。对于这些人来说，这不仅是现实的需要，还是原则上的必然。还有一些人则完全陷入其中，忘了其他所有的兴趣和爱好。即使他们实际上能够偶尔抽空出去轻松一下，心里的愧疚感也会使他们难以尽兴。他们会让朋友们觉得扫兴，反过来，朋友们也使他们感到不快。久而久之，他们就会厌倦这种囚徒似的生活，禁不住下意识地怨恨自己的孩子。

对许多父母来说，全身心地呵护新生儿很正常。但一段时间过后（一般到了2～4个月）你的注意力就应该重新扩展到孩子以外的事务上去。尤其要注意跟你的伴侣保持深切又亲密的关系。要挤出一些时间，专门跟你的伴侣或者其他重要的人在一起。不要忘了用目光交流，别忘了彼此微笑，更不能忘记表达你心里的爱意。要尽量争取足够的时间和精力来继续夫妻生活。要记住，父母之间紧密而又深切的关系是孩子学会跟他人保持亲密关系的最有效途径，也是孩子成年以后与他人交往时最有可能效仿的范例。所以你能够为孩了做的最有价值的事情之一，就是让他加深（而不是限制）你和伴侣之间的关系。良好的夫妻关系对你也极有好处。

天性与培养

你有多大的控制力？我们非常容易从育儿书籍中得到这种印象：孩子长成什么样完全取决于父母。只要教子有方，就能培养出好孩子。如果邻居家的小男孩在各方面都无可挑剔，这个邻居就会觉得自己很了不起。相反，如果你的孩子说话晚一点，或者爱发脾气，这自然都是你的错。

其实情况有时候并非如此。有的宝宝天生性格急躁，所以他们更难被安抚，更容易恐惧，更加鲁莽，有时也更让父母难以应付。如果你运气不错，你的宝宝可能会性格温和，与你情投意合。如果你没那么走运，孩子的性格就可能跟你的期望和个人风格相反。那样的话，你就要学习一些特殊的技巧，帮助孩子尽可能地朝着最健康的方向发展，也让自己平稳地度过育儿期，不至于被搞得失去理智。比如，你可能需要学习如何安抚肠痉挛的宝宝（尽管你从来都不希望能用上这种技巧），或者如何引导一个过于拘谨的宝宝尝试小小的冒险。

但是，仅仅掌握技巧还是不够。首先，你必须接受孩子天生的特点。在塑造孩子的个性方面，虽然作为家长的你比任何人都更有影响力，但也无法完全掌控。孩子需要那种被人真正接纳的感觉，只有这样，他们才能和父母一起努力，越来越好地控制自己。

接受你面前的孩子。在人们的理想中，性格温和的夫妇适合生养天性敏感细腻的孩子，但要迎接一个精力旺盛、执拗任性的宝宝，他们就可能完全没有准备。无论他们多爱孩子，都会发现自己不知所措，无从应对。相反，另一些夫妇或许能够轻松愉快地对付一个充满活力的小家伙，却对一个安静的、喜欢沉思的孩子感到非常失望。

父母不可能预定一个自己最想要的宝宝，就算是非常聪明的父母也不一定能理智地承认这一点。他们也会有不合理的期望，而且无法避免低落的情绪。另外，当孩子大一点的时候，他们可能会让我们在无意间想起曾给我们的生活带来麻烦的某个兄弟姐妹或者长辈。一个女孩可能跟她的小姨性格相仿，而这个小姨以前总是惹是生非，女孩的母亲也许并没有意识到这正是自己经常生气的原因。一位父亲可能对儿子的懦弱性格非常不满，这种情绪很可能跟他自己小时候克服害着的痛苦经历有关，但这位父亲也许并没意识到。

你对孩子的期待和渴望是否适合他与生俱来的天赋和性情，这一点影响着你和孩子能否顺利地扮演各自的角色。比如说，如果你长期因为孩子不是一个数学天才或体育健将感到失望，或者你逼迫孩子做他天生就不擅长的事情，就会出现问题。从另一方面来说，如果你接受孩子本来的样子，你们共同的生活一定会融洽很多，你的孩子也会在充分接纳自己的环境中成长起来。

你能让孩子变得更聪明吗？简单来说是既可以，也不可以。专家们现在认为，一般来说，人的智力水平大约有一半是由基因决定的，另一半则由其他因素决定，比如营养、疾病以及其他的不利因素，当然还有成长经历。我们这里讨论的是那种能通过标准智商测试进行评估的智商。当然还有其他智商，比如人际关系智商（包括理解他人、做一个好听众的能力等）、运动智商和音乐智商。这些智商几乎也同时由基因和经历决定。

人的基因为大脑的发育提供了一份大致的蓝图，而大脑结构的细节则由个人经历填补完整。基因会指挥着神经细胞移动到大脑的不同区域，并且确定了把大脑不同区域相互连接的主干道。个人经历和学习活动影响着单个神经细胞之间的连接，这就形成了执行思考程序的微型电路。比如，当一个孩子学英语的时候，大脑语言区域的某些连接就会变得更加有力。同时，与其他语言（比如汉语）相关的专门连接则会因为缺少使用而逐渐消失。

基因影响着一个人接受某种知识或技能的速度，不同的人掌握相同的东西就会有难有易。所以说，基因决定着一个人在某一方面的才能(比如，让他成为一个“数字天才”或者成为一个“公关能手”)。基因还限定着一个孩子可能获得成就的大小。我小时候在少年棒球联合会待了一个夏天，但是一个球也没打中。要是有足够的练习和教练的指导，或许我能够学好。但是，那要付出巨大的努力，而且我觉得自己压根就没有那么好。我在音乐夏令营里就过得开心多了。

一个孩子的经历(比如击球训练)影响着大脑的发展，但大脑又在很大程度上决定了孩子的偏好，从而决定了他将选择哪种人生。聪明的父母会帮助孩子发掘和培养自身的才能，还会帮助他们认识到每一个人都有局限，这种局限也应该得到尊重。

神童？学习固然可以改变大脑的物理结构，但这并不意味着我们能够

（或者应该）通过持续不断的刺激和教育去创造一个神童。当孩子觉得高兴、放松、精力集中并且主动参与的时候，学习才会有最佳效果。如果他被冷漠、排斥和不近人情的气氛压抑着，那样的学习是行不通的。在婴儿的教育方面，识字卡片的作用实在是微乎其微。

那种能使婴儿得到真正享受的经历才是最棒的。要想让宝宝从中受益，这种经历就一定要对他有意义。当孩子微笑、大笑、自言自语或者瞪着明亮的眼睛一眨一眨的时候，你就能知道某种体验对他是有意义的。小宝宝并不明白父母在说什么，但是，有人跟他们说话对他们来讲的确是意义重大！

许多产品在推销时都声称，经过“科学证明”，某个产品可以使宝宝更加聪明。这些声明即使不是彻底的欺骗，至少也是夸大其词。

不同家庭的差异

在培养孩子的问题上没有唯一的正确方法，许多不同的方法都行之有效。同样，对于家庭类型而言，也没有哪种是最好的。孩子可以在各种家庭里茁壮成长，双亲的、单亲的、跟祖父母或者养父母一起、同时拥有两个父亲或两个母亲，或者是生活在一个大家族当中。我希望这本书贯穿着这种多样性，但是为了简洁，我只使用人们最熟悉的“父母”这种说法。

不符合典型一父一母模式的家庭常常会遭遇特殊的困难。他们必须要面对偏见，而且很难找到一个能够包容他们的群体。他们必须做出更多的努力，才能保证让孩子接触到各种类型的人，以便获得全面的成长体验。比如，在同性恋组成的家庭中，家长需要制订一些计划，让孩子可以接近两种性别的成年人；如果孩子是从国外收养的，父母就应该让他接触出生地的文化；如果父母双方都忙于工作，那就需要考虑怎样才能让孩子获得归属感。要做个好家长就意味着要

为孩子的需要作打算，这一点在所有家庭里都一样。

全球流动性。有些家长生活在远离自己成长环境的国家。离开自己熟悉的一切——家庭、语言、文化、国土——会很紧张，涉及抚养孩子这个问题时就更是如此。父母小时候需要的重要的环境和事物，在新的地方根本没有，所有的规则看起来都不同。家乡好父母的标准在这里甚至可能被看成是对孩子的忽略或虐待。难怪做父母的经常会对自己没有自信、忧心忡忡或是愤怒不已。

灵活性是成功的关键。一个家庭需要坚守自己的文化价值观念，同时也要参与主流社会生活。完全切断自己文化根源的父母经常发现，自己由于失去了价值观的牵引而感到无所依托。而那些试图建造一堵围墙来隔绝外界对家庭影响的父母则可能发现，不是强势文化最终破墙而入，就是他们的孩子破壁而出。要想获得成功，孩子们可能需要学会在家里和在学校使用不同的语言，还要在两套社会规则之间来回转换。父母需要在孩子往来穿梭于不同世界的时候找到支持他们的方法，在坚持传统的同时也要接纳新鲜事物。

特殊的挑战。有些孩子比别的孩子更难抚养。有特殊健康需求和发展需要的孩子会对父母提出了特殊的要求（参见第568页）。那些容易反应强烈和不好相处的孩子需要特殊的抚养技巧，患有严重疾病的孩子也是这样。经济条件差、没有安全的住所、缺少健康的饮食以及学校不好等问题，当然会让父母和孩子感到苦恼。过去的经历也会成为一种障碍。作为成年人，我们自然会回想自己儿时经历的场景。如果你小时候有过一段艰难的经历，如果你的父母特别严酷，如果他们不得不去克服情绪问题或成瘾问题，那么你就能体会到学习更好的方法去抚养孩子会有多么艰难。

你可以做出自己的选择。来自不同生活背景、面对各种困难的父母都找到了智慧和勇气，为孩子提供成长需要的一切。反过来，他们的孩子又把这些好品质回馈给这个世界。

第一部分

孩子在一年年长大

宝宝出生之前

孩子在成长，父母也在成长

胎儿的发育。从受精卵长成一个新生儿要经过许多神奇的变化！大多数女性都是在末次月经后大约五周发现自己怀孕的。这时候，胚胎已经有了内层细胞、中层细胞和外层细胞。内层细胞将长成大部分的内脏器官，中层细胞会长成肌肉和骨骼，外层细胞则会长成皮肤和大脑。大约五周以后，主要器官基本成形。胎儿看上去开始像个小人儿了，但是他只有大概5厘米那么长，重量也只有9.5克左右。

孕期的第4或第5个月——刚好大约过半的时候——是一个转折点。你会头一次感觉到宝宝在活动。如果还没作过超声波检查，宝宝这些轻微的伸胳膊踢腿很可能是你感觉到的最早证明，告诉你真的有个小生命在你的身体里生长着——这是多么令人激动的时刻啊！

妊娠进入最后3个月，大约27周左右，胎儿的主要变化就是长大，长大，再长大。胎儿的身长会增加1倍，体重会长到原来的3倍。大脑的发育还会更快。随之而来的还有一些新的动静。到孕期的第29周，胎儿会被突然的声响惊动。但是，如果那种声音每20秒钟出现一次，胎儿不久就会忽略它。这种反应叫作适应性，是胎儿出现记忆的证明。

要是某种悦耳的声音——比如你朗读诗歌的声音——反复出现，胎儿很可能也会记住。同陌生人的声音相比，出生后的宝宝会更愿意聆听母亲的声音。如果选一段你十分喜爱的音乐在孕期的后3个月里反复播放，那么无论出生前后，你的宝宝都会喜欢它。毫无疑问，宝宝的学习从出生前就开始了。但这并不意味着你要特意在孕妇装里揣上识字卡片。还没有人证明专门的教导会促进胎儿的学习。相反，正是那种自然的刺激——比如你的嗓音和身体的节奏，才是对胎儿发育最有“营养”的因素。

怀孕的复杂感受。有一种对母亲天性的理想化描述是这样的：当得知就要有个孩子的时候，每个女性都会感到狂喜。她们会在整个孕期快乐地畅想未来宝宝的一切。孩子降临之后，她们会快乐而自然地一下子投入母亲的角色。爱的感觉会在瞬间迸发，而且强烈得难以分割。

这只是问题的一个方面。几乎每一位怀孕的女性都会有一些负面的情绪。早期阶段，恶心和呕吐的情况可能比较轻微，也可能十分严重。原本宽大的衣服会变得紧绷；原本合身的衣服瘦得穿不上。灵活的准妈妈还会发现自己的身体不像从前那么活动自如了。

第一次怀孕意味着无忧无虑的青春岁月的终结；社会交往和家庭预算都必须精打细算。在你有了一两个孩子以后，想再多要一个孩子也不奇怪。但是，任何一次怀孕的某些时候，准妈妈的情绪都可能出现低潮。某一次怀孕可能因为明显的原因而心情紧张：这种情况可能是因为宝宝不期而至，也可能夫妻刚好有矛盾，又或者在家里有人患上严重疾病的时候，正好怀孕了。有时候也可能找不到明确的原因。

本来充满热情的母亲可能突然顾虑重重，她怀疑自己是否有足够的时间、精力和感情去照顾又一个孩子。这种内在的疑虑有时也会来自丈夫，因为就在妻子越来越全神贯注于孩子的时候，他觉得被忽视了。无论哪种情形，配偶一方的忧虑会很快使另一方也感到沮丧。随着产期的临近，对孩子的期盼也日益增强，妻子和丈夫会越来越无力给予对方足够的关注和照顾。

这些反应都不是没法避免的，但即使是最优秀的父母也难免其扰，也是怀孕期间复杂反应的一部分，属于正常现象，而且在绝大多数情况下都是暂时的。在宝宝真正到来之前，早一些克服这些情绪问题可能比较容易。在怀孕期间不曾经历负面情绪的父母则可能在宝宝降生以后开始面对这些问题，因为此时正是积蓄的情感被照顾孩子的辛劳耗费殆尽的时候。

父亲的孕期感受。妻子的怀孕会给丈夫带来不同的感受：比如，增强了对妻子的保护意识，享受到婚姻中的又一种快乐，对自身的繁育能力（男人们总是多少担心这一点）倍感骄傲，或者陶醉在幸福的期盼之中。丈夫们也可能出现一定程度的焦虑，这种情况非常普遍，那些童年时成长不太顺利的丈夫更会怀疑："我能否成为孩子的好父亲？"

此外，他们还会有一种深层的失落感，就好像孩子发现母亲又怀孕时会觉得被抛弃了一样。这种心理常常表现为对妻子发脾气，晚上更多地和朋友在一起，或对其他女性表现得比较轻佻。所有这些反应都是正常的，但对伴侣却是有害无益。妻子正处在生命中一个完全陌生阶段的起点，她需要更多的支持。如果丈夫们能够说出自己的感受，那些负面情绪（比如焦虑和嫉妒）反而容易慢慢退去，好的感觉（比如兴奋和亲密）就会渐渐恢复。

说起来很难过，怀孕会让一些男人变成感情上或身体上的受虐者。如果你觉得面临着威胁或者十分担心，如果你曾经受到过伤害或者被迫接受性行为，那么你和宝宝就应当去寻求帮助。你可以跟自己的医生谈一谈，或者拨打热线（更多有关家庭暴力的内容，参见第 480 页）。

来自丈夫的支持。近几十年以来，人们对丈夫在孕产期的定位逐渐发生了变化。过去，人们很难想象丈夫会去阅读婴幼儿护理书籍。如今，父亲在培养孩子方面的责任几乎是毋庸置疑的（尽管实际上妻子仍然承担着大部分的工作）。在宝宝出生之前，丈夫也扮演着更加积极的角色。准爸爸会陪着妻子到医院作常规检查，一起参加产前辅导班，还在体力上给予充分的投入。他不再是被排除在外的孤独的旁观者了。

对孩子的爱意会慢慢出现。许多夫妻对于怀孕的感觉都是欣喜而骄傲，但要让他们对一个抱都没抱过的孩子产生爱意，还是有些勉为其难。爱是难以捉摸的，而且因人而异。有些父母在第一次通过超声波看到胎儿心脏跳动的时候就感到了爱意。也有些人要到第一次胎动的时候才会切实地感到真有个小宝宝在成长，感情才会慢慢地滋长。还有些父母甚至要等到开始照顾孩子时，才会产生怜爱之情。要爱上宝宝，并没有一个固定的"正常"时间。如果你的慈爱之心和依恋之情不像想象中那么强烈，也不必内疚。爱的感觉可能如期而至，也可能姗姗来迟。无论怎样，在该来的时候它就会出现，999‰的情况都是这样。

就算怀孕期间一直心情不错，而且期盼之情与日俱增，到了孩子出生的时候，美好的感觉也会减退，初为父母的人尤其如此。他们以为一下子就能对自己的骨肉产生认同，对小婴儿报以排山倒海般的亲情，彼此如胶似漆、难分难舍，除了疼爱别无他物。然而，诸多的实例证明，这种感觉在第一天甚至是第一周都不会产生。完全正常的负面情感却常常会突然出现。原本充满慈爱的父亲或母亲可能一下子认为要孩子是个错误——同时又对这种想法感到愧疚！建立感情的过程常常是缓慢的，一般要等到透支的体力和紧张的情绪恢复之后，亲情才能完全建立起来。而这段时间的长短因人而异，没有固定期限。

我们大多数人都听说过，希望生男孩或生女孩是不明智的，因为出生的宝宝很可能是相反的性别。事情其实也没有那么严重。要不是在脑海里把宝宝勾画成一个男孩或女孩的样子，我们就很难想象并爱上一个尚未出生的胎儿。所以，这是产前形成依恋之情的一个最初步骤。即便是怀孕期间对孩子最期待的父母也会对性别有所偏好。

其实，就算不能心如所愿，他们也作了充分的准备去疼爱宝宝。所以，尽情享受对孩子的各种想象吧，如果在产前检查时或孩子出生后发现宝宝不是你预想的性别，也不必觉得歉疚。

产前护理

怀孕之前。在你打算怀孕之前，最好先找医生咨询一下。如果你有某些健康方面的顾虑，或者对生殖问题、遗传问题有疑问，就更应该询问医生。只要有可能怀孕，就要服用叶酸。怀孕之前 3 个月或更早，你就可以每天服用复合维生素，或含有 400 微克叶酸的营养补充剂，可以降低严重脊髓缺陷的风险。

这段时间你还要避免接触可能对生长中的胎儿造成影响的有害环境，避开二手烟和工业污染。不要食用汞含量偏高的水产品，比如鲈鱼和箭鱼等。可以选择农场养殖的鳟鱼、野生的太平洋鲑鱼、沙丁鱼、凤尾鱼或鱼条。农场养殖的鲑鱼可能含有其他毒素和抗生素，很可能不适合孕妇食用。如果你的工作需要接触化学制品、动物，要向医生询问一下怀孕期间可能存在的风险。想了解更多信息以度过一个健康的孕期，我建议阅读医学博士玛乔里·格林菲尔德的《斯波克怀孕指南》或《职业女性孕期手册》（*The Working Woman's Pregnancy Book*）。

做好产前护理。产前检查的过程是夫妻双方为了保护孩子的健康而建立伙伴关系的过程，同时也有助于你考虑选择哪种分娩方式。有些简单的方法可以大大提高孩子和你的健康水平，其中包括：服用孕期维生素，戒烟戒酒，检测血压等。定期检查可以及时发现传染病等问题，并且在胎儿受到危害之前治疗。即使在孕期快要结束的时候才开始产前检查，你和宝宝也会从中受益。

在前 7 个月里，产前检查通常是每月 1 次，第 8 个月是两周 1 次，之后增至每周 1 次。通过检查，你会得到针对一般问题的建议，比如如何缓解晨吐，如何监测体重，如何运动等。这些检查也是确保怀孕正常、及时发现并处理传染病和其他不良情况的最佳途径。现在，产前超声波检查在很多国家都被列入了常规程序。特别是对父亲来说，即使是颗粒粗大的黑白超声波图像也会使胎儿看上去更加真实生动。此外，你还可以查看孩子的性别。

在许多社区，孕妇选择产前护理人员有很大余地，其中包括产科医生、家庭医生、助产护士、持证助产士（她们不是护士），以及非职业助产士。需要认真考虑的是你想采取哪种方式分娩。产科医生几乎都是在医院里接生孩子，非职业助产士通常专门帮助产妇在家中分娩。你还要仔细考虑以下问题：你是否喜欢医生或助产士并信任他们？他们能否倾听你的意见并给予清楚的建议？负责产前检查的医生能否协助你分娩？如果不能，你是否相信其他医生也能为你提供良好的医疗护理？医院和产科能否接受你的医疗保险？

你想采取哪种分娩方式？在家里还是医院？自然分娩还是无痛分娩？分娩过程是由丈夫或伴侣陪同，还是受过培训的专业人士（产妇护导员）辅助，又或者由一位家人和产妇护导员共同陪伴？躺着分娩还是蹲着分娩？母婴同室，还是让新生儿在医院育婴室多待一段时间？尽早回家，还是晚一些出院？咨询护士，还是咨询哺乳专家，又或同时咨询？

没有哪种方式适合所有的女性，也没有哪种方法明显有利于胎儿。选择的时候，要考虑个人的需要，尽量实现你理想中的分娩过程，同时又要对意料之外的情况有所准备，灵活处理才恰当。如今生孩子比以往任何时候都安全，但仍然有些因素是无法预知。多咨询，多看书吧。上文提到的产科医生玛乔里·格林菲尔德的《斯波克怀孕指南》介绍了所有重要的事项，而且简单易懂，是一本获取可靠知识的好书。

产妇护导员。产妇护导员是指经过培训，分娩全程为产妇提供不间断支持的女性。她们会帮助准妈妈找到最舒服的姿势和动作，借助按摩和其他久经检验的技巧来降低产妇的紧张程度。经验丰富的产妇护导员经常可以帮助心慌意乱、不知所措的产妇恢复信心。

产妇护导员不仅对新妈妈们很有帮助，对新爸爸们也不无裨益。很少有丈夫能够像她们那样有效地抚慰妻子的疼痛和忧虑，何况他们自己还处于焦虑当中。产妇护导员解放了新爸爸，使他们能够以一种亲切的态度陪伴妻子，而不至于像个教练一样。大多数新爸爸都觉得，产妇护导员的服务使他们获得了支持而不是被取代。

现在有很多针对产妇护导员的研究，很多研究证实，产妇护导员减少了剖腹产的几率和硬膜外麻醉的使用。（尽管硬膜外麻醉有时是一种幸运，但还是有风险，比如，可能会导致婴儿发烧。一旦发烧，新生儿必须使用好几天的抗生素。）你可以通过北美产妇护导员组织（Doulas of North America）的网站 www.dona.org 了解更多信息。

对阵痛和分娩的心理反应。每个女人对阵痛和分娩带来的疼痛反应不同。有些人会因为不依赖药物而感到十分骄傲，也有人从一开始就认为脊髓硬膜外联合麻醉术是为她们而存在的。对有的产妇而言，阵痛是一种可以忍受也会被遗忘的疼痛体验；还有人认为那是一种令人震撼的经历，也是一次艰难的洗礼。一些人会数小时随每一次宫缩用力推动胎儿；另一些人则会变得灰心丧气，希望医生用产钳将孩子拽出来或施行剖腹产。还有些筋疲力尽的产妇甚至对温存的丈夫大喊大叫，让他们滚出产房不许回来。有的新妈妈立刻就能感到对婴儿的慈爱之情；也有些产妇在听说孩子正常之后只想睡上一会儿。不论是哪一种，大多数人最终都会成为伟大而慈爱的母亲。

如果阵痛和分娩的过程比你想象的困难，那么心情不好甚至感到歉疚都是正常的。如果你一直希望自然分娩，但最终施行了剖腹产，可能很自然地认为应该责怪自己（其实根本不是这样），或者认为宝宝会因为手术而长期受到伤害（几乎没有这种情况）。许多父母都会担心，如果在最初的几小时或几天中与孩子分开，亲情将会永远被阻隔。这种观念也不正确。亲情——也就是孩子和父母彼此爱上对方的过程——是在几个月而不是几小时之内建立起来的。

为宝宝选择医生

儿科医生、家庭医生，还是职业护理员。早在怀孕期间，你就可以考虑给宝宝找一位医生或职业护理员（nurse practitioner）。找谁合适呢？怎样才能看出他能否胜任呢？或许你已经见过有经验的家庭医生了，那么选择起来就比较简单。有的父母跟轻松随意的医生相处得很好，也有人愿意接受尽可能详尽的指导。你可能更信任经验丰富的老医生，也可能青睐受过专业、高端训练的年轻医生。要寻找一位合适的医生，最好先跟其他父母聊一聊。产科医生和助产士往往也能推荐不错的人选。

职业护理员是经过注册的护理人员，他们受过专门的训练，在许多时候可以胜任医生的工作。职业护理员总是在医生的指导下工作的，而医生的参与程度则各不相同。一般来讲，医生在处理复杂疾病时更有经验；而职业护理员有更多的时间为宝宝作细致的检查，他们还能提供很好的预防和保健服务。要是有人强烈推荐，我就会毫不犹豫地聘请一位职业护理员（为了方便，下文将职业护理员称为“医生”）。

增进了解的咨询。如果这是你的第一胎或者你要搬到新的地方去，我强烈建议你在预产期的前几周向选定的医生做一次咨询。面谈最能了解一个人的特质，要看看他／她是否能使你心情舒畅地倾吐心中的想法。你会从这种产前咨询中了解到很多东西，离开时你对孩子的医疗护理问题就心中有数了。

到达咨询地点的时候，你要留意那里的工作人员和办公环境，他们是否让人心情舒畅而又彬彬有礼？孩子在候诊室里是否有事可做？那里有图画书吗？他们能不能让孩子感到友好而亲切？

你可以向工作人员咨询一些很具体的问题，比如，诊所有多少医生和职业护理员？电话如何联系？如果在他们下班以后孩子出现了不适怎么办？白天出现紧急情况怎么办？诊所接受哪种医疗保险？医疗费用如何？他们与哪家医院合作？他们可以花多少时间为孩子作全身检查？（现在的平均时间是 15 分钟左右，20～30 分钟就很充足了。）

和医生谈话的时候，要商讨一些重要的事情，比如他们对母乳喂养的看法，当孩子经历痛苦的医疗程序时你可否陪伴，等等。你也可以问他们一些并非严格意义上的医疗问题，比如母婴同床是否合理，或者如何训练孩子排便等。注意自己咨询时的感受。如果你觉得心情舒畅，对方能够认真地倾听，你也没有感到匆促，很可能你已经找到了合适的人选；如果不是，你可能就得再走访一下其他诊所。

母乳喂养的产前咨询。如果你还没有决定母乳喂养还是配方奶喂养，那么，找你的医生或职业护理员咨询会大有帮助，也可以向哺乳顾问预约一次产前咨询。你还可以参加大型诊所或医院开设的母乳喂养培训班。多了解一些知识可以帮助你比较轻松地作出决定。如果决定采用母乳喂养，产前咨询会让你预先了解可能出现的困难，还可以让你提前做好准备（有关母乳喂养的更多内容，参见第 179 页）。

准备回家

多找些帮手。在你照顾宝宝的最初几周里，如果有人帮忙，无论如何都要尝试。这时候，如果丈夫能够全职陪护，将会给妻子带来莫大的安慰。事必躬亲会让你身心俱疲，而且也会让你和孩子陷入措手不及的状态中。一想到要照顾无助的婴儿，大多数充满期盼的父母都会感到有些畏惧。如果你也有这种感觉，并不意味着你做不好，或非得找个护士教你怎么做。如果你实在觉得慌乱，找个合得来的亲戚帮一把可能会让你轻松地学到很多经验。在这方面，孩子的父亲不一定有太大的帮助，也许他自己还紧张得不知所措呢。

如果你和母亲相处得不错，她可能是比较理想的人选。如果你觉得母亲很专横，仍然把你当小孩看待，最好别跟她同住。你希望孩子的成长由你们来决定，你可能还想证明你们有能力把孩子照顾得很好。最好找个照看过小孩的人来帮忙，但找个你喜欢的人最重要。

你可以考虑请几个星期的家庭服务员或产妇护导员。产妇护导员专门在分娩时为产妇提供帮助（参见第 22 页）。越来越多的产妇护导员在产后几周内也提供护理服务。如果经济能力有限，也可以请人每周来一两次，帮忙洗洗衣服、做做家务，或照看几个小时的孩子，你就可以抓紧时间休息一下或出去走走。最好找一个能够随叫随到（而且支付得起的）的帮手，这是最实际的。

上门访视。针对住院时间较短的产妇和婴儿，许多医院和健康机构都在宝宝回家后的一两周内，安排护士上门访视。这种访视常常会令人安心，有时甚至非常重要，因为有些医学问题，比如黄疸，在孩子回家之前基本不会出现。访视护士也能很好地解答有关母乳喂养的各种问题，或者协助安排哺乳期的咨询服务。

探望者。孩子的出生会让亲戚朋友接踵而至。来多少人才算太多呢？

对于这个问题，你最有发言权。在照顾新生儿的最初几周，你会疲惫不堪，因此来访者会消耗你很多体力。这时候最好把来访者限定在你真正想见的少数人之内。其他人都会理解这种做法。

大多数探望者都想抱抱孩子，冲着孩子摇头晃脑，还会没完没了地跟孩子讲话。有些孩子能承受这种逗弄，有些孩子则一点也受不了，大多数孩子介于二者之间。你要注意孩子的反应，如果觉得宝宝可能感到紧张或有些厌烦，就别再让人逗他了。关心你和孩子的亲朋好友不会觉得你失礼。来访的小孩子尤其容易携带使新生儿严重患病的病毒。因此，在最初的三四个月，要让年幼的表哥表姐和其他亲戚跟宝宝保持一定的安全距离。如果他们非要接触小宝宝，就让他们事先一定好好洗手。

把家里布置好。如果你们的房子可能使用了含铅涂料，有必要将松动的漆皮除去，再把裸露风化的地方重新粉刷，但是自己动手用热气枪或磨砂机清除不安全，那些细小的铅末和蒸气会增加你体内铅的含量，也影响宝宝的健康。专业除铅尽管花费高一些，但是更安全。有关铅的更多内容，参见第 307 页。

如果你们用的是井水，提前进行细菌和硝酸还原酶的检测很重要。井水中的硝酸盐会使婴儿的嘴唇和皮肤发蓝。你也可以咨询当地的相关部门。另外，井水中不含氟化物，所以你要和医生讨论一下氟化物的补充问题（参见第 332 页）。

解决兄弟姐妹的困惑

再次怀孕应该如何向孩子解释。如果孩子的年龄已经大到能够明白你的意思（1 岁半左右），提前让他知道就要有一个小弟弟或小妹妹会很有好处。这样一来，他会逐渐习惯这种情况。当然，你必须根据孩子成长的阶段来调整你的解释，而且，多少解释都不能真正使他做好准备去体验一个需要照顾的婴儿活生生地出现在家里的情景。你应该适时地跟他说起新弟弟或新妹妹的到来，婴儿会睡在哪里，照看婴儿的过程中他能做什么，你还要不断地表示自己仍然像原来一样爱他。不要对新生儿表现出过分的热情，也不要指望孩子会对宝宝热情。当你的体形开始发生变化的时候，当你已经度过了最容易流产的怀孕初期时，就可以开始跟孩子谈论这些话题了。

新宝宝的到来应该尽可能少地影响大孩子的生活，如果大孩子一直都是家里的独生子女，就更要注意这一点。要着重强调那些固定不变的事物。你可以说："那些你最喜欢的玩具还是你的，我们还会去公园里玩，我们还会做特别的游戏，我们还会有固定的时间待在一起。"

提早作出改变。如果家里的大孩子还没有断奶，就不要等到他已经觉得被新宝宝代替了的时候再断奶，最好在分娩前几个月断掉，这样做他会更容易接受。如果想把他的房间腾出来给新宝宝用，最好提前几个月就让他搬到新房间去。这样，他就会觉得这是一种进步，他已经长成大孩子了，而且也不至于觉得是新宝宝把他挤出了自己的地盘。如果想给他换一个大点的床，同样需要提前行动。如果他快上学前班了，可能的话，最好在新宝宝出生前几个月就送他去。那种被入侵者逐出家门的感觉最容易让孩子对学前班产生抵触情绪。但如果他已经在学前班里适应得很好，意味着他在家庭之外有了某种社会生活，就会缓解他在家里的敌对情绪。

产期与产后。有些父母希望在母亲分娩时，年长的孩子可以在场。他们认为这样能够加强家庭的凝聚力。但是观看母亲经历痛苦的分娩过程可能会让孩子非常难过，会觉得那是一件非常可怕的事情。即使是大一些的孩子也会感到心神不安，即使是最顺利的分娩过程也必然要有艰难的努力和流血。对母亲来说，仅仅分娩这一项任务就已经够难应付了，根本无暇顾及孩子的感受。所以，孩子不必进入产房，只要待在附近，他就会感到自己也是局内人。

分娩以后，当每个人都心怀喜悦、备感安心的时候，就可以让年长的孩子看看婴儿。可以鼓励他摸摸小宝宝，跟小宝宝说说话，帮助做一些例如递尿片之类的简单工作。应该让他感到自己是家庭中不可或缺的一分子，他的到来是受人欢迎的。可以让他随心所欲地来看宝宝，但不要在他不情愿的时候强迫他来。

带新生儿回家。产后的母亲回到家时通常都十分忙碌。她身体疲倦，而且满脑子都是宝宝。父亲为了帮助妻子也会忙得团团转。如果大孩子在场，就会有被排除在外的感觉，也许还会警惕地想："哼，这就是那个小婴儿。"

如果可以，最好能让大孩子暂时离开。一个小时之后，等你们把婴儿和行李都安置好了，母亲终于可以轻松地躺在床上的时候，大孩子就可以回来了。母亲可以拥抱他，跟他聊天，把全部的注意力都放在他身上。孩子更喜欢实实在在的奖赏，所以要是能带份礼物送给家里的大孩子，就更好了。无论是他自己的玩具娃娃还是好玩的新玩具，都可以帮助他消除那种被遗忘的感觉。你不必总是问他："你喜欢小妹妹吗？"当他准备好了的时候，会主动提及小宝宝的话题。如果他的言语不那么热情，甚至怀有敌意，你也不要感到吃惊。

事实上，大多数年长的孩子在最初的几天都可以很好地跟婴儿相处。一般要到几个星期之后，他们才会意识到竞争关系的存在。婴儿也要在几个月之后才会抢他们的玩具，让他们心烦。第五部分（参见第 495 页）有更多关于如何帮助年长的孩子与宝宝相处的内容。

你用得到的物品

提前购置必需品。有些父母直到孩子出生以后才意识到什么都没有准备。在许多地方，人们普遍认为提前准备婴儿用品会导致怀孕失败。父母们可能是不想冒不必要的风险。

提前把物品准备好的好处是可以减轻后续的负担。开始自己照顾孩子的时候，大多数母亲会感到疲惫不堪，而且容易泄气。即使是买包尿布这样的小事也会变成一种巨大的压力。

你真正需要什么？即使你不想把每件事都提前准备好，分娩前至少也要在手头准备一些必需品。接下来的内容可以帮助你决定哪些东西需要提前买，哪些东西可以晚一点再买（或者不必买）。至于购买什么品牌，我建议你查阅一下相关产品的最新安全性、耐用性和实用性的信息。

备忘清单：提前准备的东西

一个有安全认证的儿童汽车安全座椅（参见第 28 页）。

一个婴儿床、摇篮、婴儿睡篮或合睡床。即使宝宝晚上跟你一起睡，也需要一个白天打盹的地方。

几条温暖舒适的棉质床单，一个塑料床罩，两三个布衬垫。

几条包裹婴儿用的棉质小毯子，再准备一条保暖用的厚毯子。

几件 T 恤衫或连身婴儿服。如果天气较凉，就要准备两三件婴儿连裤睡衣（sleepers）。

纸尿裤或尿布，或预定尿布服务（参见第 50 页），擦拭用品。（尿布的用处很多，即使选择了一次性纸尿裤，最好也准备一些尿布。）

如果你打算采用母乳喂养，就要准备哺乳内衣以及（必要的话）吸奶器（参见第 201 页）。

两三个塑料奶瓶和奶嘴；如果你不打算采用母乳喂养，就要多准备几个奶瓶，还有充足的奶粉。

一个布质的婴儿背带[1]或者吊兜[2]。

一个可以把尿布、湿巾、药膏、可折叠的塑料垫子和各种育儿用品分别放置的妈咪包。

一个电子体温计和带有球形抽气囊的婴儿吸鼻器。

汽车安全座椅。乘车的时候，宝宝们需要随时待在汽车安全座椅里，哪怕是从医院回家的路上也不例外。最安全的地方是后排座椅的中间位置。前排副驾驶的位置之所以特别危险，是因为正在充气的安全气囊可能严重伤害到婴儿或儿童，甚至导致死亡。

婴儿汽车座椅主要分为两种。一种是可以变成婴儿提篮的两用型座椅。另一种可以在孩子长到一定年龄（12个月以上，同时体重超过9千克）以后转过来朝前放置。无论选购那种座椅，都要确认带有表示符合政府安全标准的标签。要选择用带子固定孩子的座椅，不要带挡板或栏杆的座椅。尽量购买新的汽车安全座椅；家里使用多年的座椅可能无法提供有效的保障，因为塑料会随着时间的推移逐渐老化。经过一次事故的座椅，哪怕看上去很好，也可能经不起第二次碰撞。

①即baby sling，用于把婴儿背在背上或托在胸前。
②即front-pack baby carrier，置于胸前的婴儿背带。

大多数汽车安全座椅都很难正确安装。因此，如果可以，最好邀请持证的儿童安全座椅检查员教你如何安装。许多医院和消防队都提供免费的汽车座椅服务项目。

在本书第287页，你可以找到有关汽车安全座椅的详细信息。

睡觉的地方。也许你想买一个既漂亮又昂贵，还有丝绸衬里的婴儿摇篮，但你的宝宝可不在乎这个——他只需要四周的保护，免得滚下床去，铺垫要既柔软又坚实。床面坚实非常重要，过于柔软的床垫更容易在宝宝面朝下的时候使他窒息（尽管为了避免婴儿在床上发生危险，应该让他仰卧，但有时他还是免不了面朝下翻过身来）。有轮子的婴儿摇篮开始的时候会比较方便。有时家里还会收藏着年代久远的摇篮。在最初的几个月里，在一个硬纸盒子或者抽屉里铺上质地坚实、大小合适的垫子，也可以给宝宝当床使用。

合睡床就像一个三面带护栏的大盒子，可以接在你的床边，开口向内。你不用起身就可以照顾宝宝，这在母乳喂养阶段尤其方便。为了保证安全，一定要把合睡床与大床衔接牢靠，否则孩子可能会卡在床边的缝隙里。也许你还打算让孩子跟你一起睡（具体利弊参见第45页）。

许多父母开始时都愿意使用婴儿床。为了安全起见，婴儿床护栏的板条间距不能超过 6 厘米，床两头的镂空图案同样不能超过 6 厘米宽。小床应该配有温暖舒适的床垫和能够防止儿童打开护栏的机械锁扣。围栏的最高处与床垫可以调试的最低处之间至少要有 66 厘米的距离。小心锋利的边角，拐角处的木条如果伸出 1.5 毫米以上，也要特别小心。这个长度足以把衣服挂住，从而可能拽住或者勒住宝宝。婴儿床必须非常坚固，床垫要紧贴着床头和床尾的挡板。1975 年以前生产的婴儿床使用的一般都是含铅油漆，只有把漆全部刮掉才能保证安全。如果你要购买新的婴儿床，注意包装上的标识，确保它符合国家的安全标准。对于别人用过的、大孩子留下来的，或是家传的婴儿床，就要自己当好安全检查员。

你的宝宝不需要枕头，也不该给他用枕头。同样，最好别把填充玩具放在婴儿床或者摇篮里，因为宝宝不会特别注意它们，而且还有窒息的隐患。关于睡眠和睡眠安全的更多信息，参见第 46 页。

换洗用品。给婴儿洗澡可以用厨房的洗涤池、塑料盆（准备一个带宽边的，你可以把胳膊撑在上面）、洗碗盆，或者浴室的洗脸池。喷水龙头可以像迷你喷头一样很好地冲洗婴儿的头发，还能让他高兴，觉得温暖。模制塑料浴盆通常标有水位刻度，非常实用，一般也不贵。

洗浴水温计不是必需品，但可能会让缺少经验的父母安心。无论如何，一定要用手试一试水温。水温不能过热，温水就可以了。另外，千万别在孩子还在水里的时候往盆里或池子里倒水，除非你能保证水温恒定。热水器的温度应该设定在 48.9℃以下，以防烫伤。

你可以在矮桌子或浴室的台子上给宝宝换尿布、穿衣服，也可以在书桌上操作。设有防水垫、安全带和储物架的尿布台价格不菲，以后也很难改作他用，但使用起来的确十分方便。有些款式可以折叠；有些还附带一个洗澡盆。无论你在什么地方给宝宝换尿布（除非在地上操作），都要随时用一只手扶着他：安全带很好用，但仍然不可麻痹大意。

座椅、摇篮和学步车。有一种倾斜的塑料座椅用起来十分方便，它的安全带可以将宝宝固定，可以把宝宝带到任何地方，宝宝坐在上面能看到周围的一切。一些婴儿汽车安全座椅也可以这样使用。基座必须比座椅大，否则当孩子活跃起来的时候，座椅可能会翻倒。还有一些布制的座椅可以随着婴儿的运动而移动。当你把孩子放在任何一种座椅上，再把他们一齐放在操作台或桌子上的时候，一定要特别注意，因为孩子的活动很可能使座椅一点一点地挪向边缘，然后摔下去。

婴儿座椅常常被过度地使用，因为放进椅子里的宝宝比较容易照看，但是这样一来，婴儿就会缺少身体接触。大人必须不时地把婴儿抱起来喂奶和安抚。塑料婴儿座椅并不是照料孩子的最好工具。孩子在布制婴儿背带或者吊兜里会更加开心和安全，你的双手可以解放出来，肩上的压力也会减轻一些。

年幼的宝宝一般都比较好动，摇篮可以非常有效地让他们安静下来。当然，一个布质的吊兜也能起到同样的作用。但是相比之下，摇篮可以让你稍作休息。我认为宝宝不会真的对摇篮上瘾，但是，太长时间令人恍惚的运动很可能没什么好处。

婴儿学步车是导致孩子受伤的主要原因（参见第 87 页）。除了可以提供短暂的愉悦以外,并没有别的好处，危险却显而易见。大人们不该给孩子使用学步车。如今，制造商生产的固定式学步车能弹起、旋转或摇动。还附有供宝宝娱乐的玩具,且相对安全。如果你现在使用的是轮式学步车，可以换成固定式学步车。

婴儿推车、婴儿车和背带。如果你要带着宝宝逛街或者需要去做其他事情，婴儿推车就非常方便，而且对于那些脖子能够稳稳挺起来的宝宝也最合适。新生儿和较小的宝宝则比较适合布制吊兜，他们一抬头就能看到父母的脸，还能听到父母的心跳。伞柄折叠式婴儿推车比较便于在公交车和轿车上携带，但必须牢固可靠。那些把婴儿汽车安全座椅和婴儿推车结合起来的产品非常诱人，下车时你可以很容易地把它变成推车，即使宝宝睡着了也不必弄醒他们。但是，它不像折叠类产品那样便于携带。另外，孩子应该随时用安全带固定在推车中。

四轮推车（婴儿车）类似于有轮子的睡篮。如果你打算在最初的几个月里带着孩子长时间地散步，使用它会非常方便，但这种婴儿车并不是必备的东西。当宝宝长大一些，柔软的胸前吊兜已经无法使用的时候，你就可以选择背包式的背带。这些东西可能做得非常复杂，配有金属支架和底部夹层带，这些设计可以帮助你比较轻松地背起大一些的孩子或是已经开始学步的孩子。孩子可以越过你的肩膀看到前面，可以跟你聊天，玩你的头发，还可以把头靠在你的脖子上酣然入睡。

游戏围栏。许多父母和心理学家都反对把孩子关在围栏当中，他们担心这会限制孩子的探索精神和求知欲望。但我知道，有很多孩子每天都会待在围栏中长达几个小时，这并不影响他们最终成为兴致勃勃、精力充沛的探索者。宝宝还小的时候，把他们放在摇篮或婴儿床里比较安全。一旦他们会爬了，在你做其他事情的时候，就要把孩子放在可以安全玩耍的限定区域之内，这样非常方便。有些护栏可以折叠，大小也便于旅行携带，走亲访友的时候真是太方便了。它们最适合体重 13.6 千克或身高 86 厘米以下的婴儿使用。

如果你要使用游戏围栏，从孩子 3 个月大的时候起，就要每天都把他放在里面待一会儿。每个孩子的情况都不一样——有些可以在围栏中玩得很好，有些则很难习惯。如果等到孩子会爬的时候（6～8 个月）再开始，游戏围栏就会变得像个监狱，孩子一进去就不停地哭闹抗议。

卧具。腈纶制成的毯子，或者聚酯棉混纺的毯子都比较容易清洗，而且不容易引起过敏。用针织品来做婴儿的襁褓特别方便，因为它们比较易于包裹站立的宝宝，睡觉时盖在孩子身上也很方便掖合。要确保没有长线会缠住宝宝的手指或脚趾，也没有大洞会把孩子卡在里面。毯子要够大，以便掖进婴儿床的垫子下面。如果宝宝睡在羊绒连身睡衣里，就不用盖毯子了，除非房间里非常冷。要让宝宝感觉舒适，屋里的温度不宜过高。

棉毯子不是特别暖和，可以用来包裹婴儿，防止他们踢掉被子。对那些只有被人抱着的时候才感到舒适安全、才能入睡的宝宝来说，也可以用来裹紧他们。

你可能还想要一个塑料床罩。新床垫自带的塑料罩子不行，因为尿液迟早都会渗入气孔发出难闻的味道。布质的床垫可以让空气在床单下面循环流动。要准备 3～6 个这样的布垫子，具体数量则取决于你多长时间清洗一次。有一层法兰绒的防水床单也可以起到相同的作用。决不能用类似于干洗店用的那种薄塑料袋取代真正的床垫，万一孩子的头缠在里面可能导致窒息。

你还要准备 3～6 条床单。它们必须严密地贴在床上，不至于掀起来，以免发生窒息的危险。最好的床单是全棉的。棉床单容易清洗，干得快，尿湿了也不会发黏。

衣着。根据法律规定，从婴儿到 14 岁孩子穿的所有睡衣都必须是防火材质的。父母要阅读每一件衣物上的洗涤说明，了解如何保持其阻燃特性。还要查看洗涤剂包装上的说明，保证经过防火处理的织物洗过之后仍然安全可靠。

要记住，宝宝在第一年里会长得很快，一定要买宽大的衣物。除了尿布套以外，其他的衣物最好一开始就按3~6个月的大小来购买，不要按照新生儿的大小或者“初生号”买。

在穿着方面，婴儿或者大一点的孩子不一定要比大人穿得多，甚至可以比大人穿得少一点。比如一件实用的睡衣，孩子既可以夜里穿，也可以白天穿。跟袖口连在一起的连指手套（用于防止孩子抓伤自己）既可以把袖口封上，也可以打开把手露出来。穿上长睡衣，孩子就不那么容易把被子蹬掉了。短睡衣可以在天热时穿。睡衣可以准备三四件；如果你不能保证每天洗衣服，就再多买几件。

贴身内衣有3种类型：套头式的、侧开口的，还有连体式的，也就是从头上套下去，在尿布下面扣扣儿的那种。给小婴儿穿侧开口的衣服容易一些。如果房间不是特别冷，那么厚度适中的短袖衣服就足够了。在裤裆处系扣的连体衫（爬服）也很贴身。孩子穿着最舒服的是纯棉服装，一开始就要买一岁孩子穿的。如果实在嫌大，就买半岁的，至少要准备三四件。如果你不用洗衣机或者烘干机，多买两三件会更方便。把衣服上的标签剪掉或者拽下来，这样就不会伤到孩子的脖子了。

有弹力的衣服无论白天穿还是晚上穿都很实用。要经常检查裤腿里面，那里容易存着头发，这些头发可能会缠住婴儿的脚趾头，让孩子感觉疼痛。套头衫的保暖性能很好。选购时一定要买领口宽松的或者肩上开口的，纽扣一定要结实牢靠。还可以选用那种领口后面带拉链，领口大小可以调节的套头衫。

在大人感觉比较寒冷、需要戴帽子的天气里，如果外出，就要给婴儿戴一顶腈纶的或纯棉的帽子。在寒冷的房间里睡觉时，也应该给婴儿戴上帽子。夜里给婴儿戴的帽子不能太大，因为孩子睡觉时会经常移动，太大的帽子容易盖住他的脸。在暖和的天气里不用给孩子戴帽子，大多数婴儿也不喜欢戴。不要给婴儿穿毛线的鞋子和长袜子，至少要等到他能坐起来，能在比较冷的房间里玩耍的时候再给他穿。婴儿穿上外衣会显得很精神，但是没有这个必要，更何况孩子和大人都会很麻烦。如果婴儿能够接受，就给他戴一顶太阳帽，用带子系上，这很有用。关于鞋子的内容，参见第85页。

孩子长得很快，有些父母发现，可以让孩子穿别人穿过但又保存得很好的衣服，或者穿家里的大孩子留下来的衣服。这都是不错的办法，但是要留神靠近脸部和胳膊的凌乱的蕾丝花边；大人都难免被它们伤到。给女孩扎发带会让她显得很可爱，但系得太紧或者宝宝觉得很痒，就会对头部有害。最重要的是，要小心松动的纽扣和容易被孩子吞掉的装饰物，还要小心丝带和细绳，因为它们可能会缠住孩子的胳膊或脖子。

护肤品和药物。任何比较温和的香皂都可以用来给孩子洗澡。不要使用液体的婴儿香皂和除臭香皂，可能会引起皮疹。除了最脏的地方，其他部位光用水洗就完全可以了。有种“无泪”洗发水不会对婴儿的眼睛造成刺激。洗澡的时候可以用棉花球来擦拭宝宝的眼睛。婴儿润肤乳虽然涂上去感觉不错，孩子也喜欢那种按摩的感觉，但不是必需的，除非宝宝皮肤干燥。很多父母现在喜欢用不添加颜料和香精的护肤霜或润肤乳，通常比一般的婴儿产品更便宜。

宝宝润肤油多数都是用矿物油制成的。这些润肤油对于干燥或正常的皮肤很好，对长有尿布疹的皮肤也很好。但是，矿物油本身可能会使一部分宝宝长出轻微的皮疹。

不要使用婴儿滑石粉，因为滑石粉一旦被吸入体内，会损害肺部。以玉米淀粉为主要原料的爽身粉更安全。

有一种含有羊毛脂和矿物油的药膏，可以在宝宝长了尿布疹的时候保护皮肤。这种药膏一般都是管装或罐装的。凡士林也很有效，但是可能会弄脏衣服。

婴儿专用的指甲刀都是钝刃的。很多父母都发现，婴儿指甲刀比一般的指甲刀更好用，也不容易伤到宝宝。我更愿意使用指甲锉，因为它不会弄破孩子的手，而且锉刀也不会留下锯齿形的边，还能避免抓伤。

父母要准备一个体温计，万一宝宝生病了，用来测量体温。电子体温计使用起来快速、准确、方便，而且更安全。高科技的耳式体温计准确性稍差一些，而且要贵很多。老式的水银体温计不安全。如果你还有这种老式的体温计，一定不要随便地把它扔进垃圾箱，可以致电卫生部门咨询有关妥善处置水银体温计的信息，或将其交给医生。

儿童专用的吸鼻器带有球形气囊。如果孩子感冒时流鼻涕，影响吃奶，可以用吸鼻器方便地吸掉鼻涕。

喂奶用具。如果你打算母乳喂养，那么除了你自己，就不需要任何其他的东西了。很多哺乳的母亲都觉得准备一个吸奶器（参见第 201 页）也有帮助。手动吸奶器通常很慢，用起来也很费劲；好一点的电动吸奶器很贵，但你可以从医药商店租用。很多医院都提供低价出租吸奶器的服务。如果你要用吸奶器，就要准备一些（至少三四只）塑料瓶子来储存母乳，还要准备好跟它们配套的奶嘴。有关乳垫、哺乳内衣、乳头保护罩，以及其他一些用品的描述，参见母乳喂养部分（第179页）。

如果你打算采用奶瓶喂养的方式，至少得买9个240毫升的瓶子。一开始你每天要用6~8个瓶子给宝宝喂配方奶。塑料瓶子不会摔碎，不小心把奶瓶掉到地上也没关系。你还要准备一个奶瓶刷。至于水和果汁（最初几个月不需要），一些父母更喜欢用120毫升的瓶子。多买几个奶嘴，万一在扩大洞眼的时候弄坏了奶嘴，还有备用的。市场上有各种各样的专门设计的奶嘴，但是，还没有科学证据能够证实那些生产商标榜的功效。有的奶嘴比别的奶嘴更耐煮、更耐磨也更耐撕扯。一定要遵照使用说明更换奶嘴。

如果你家的自来水可以安全饮用，就不需要给奶瓶消毒了（关于消毒的内容，参见第207页）。

你不必给宝宝的奶瓶加热。虽然大多数宝宝都喜欢吃常温奶，但如果他们可以接受，凉奶其实是无害的。在锅里倒上热水温奶很管用。如果你家的热水供应不可靠，准备一个电动温奶器很方便。要用手腕内侧测试奶的温度。一定不要在微波炉里加热宝宝的奶瓶，因为即使经微波炉加热后的奶瓶摸着还是凉的，里面也可能有滚烫的区域，而且使用微波炉的时候，塑料奶瓶还可能释放一种叫做BPA的有毒化学物质。

小围嘴可以防止口水流到衣服上。婴儿或大一些的孩子经常会把固体食物弄得到处都是，在这种情况下，他们就需要一个大围兜，可以是塑料的、尼龙的，或者厚绒布做的（也可以是混合材料的），最好是沿着底边有一个口袋，好接住掉下来的食物，虽然大人看了可能会不舒服。还可用厚绒布做的围兜来擦脸——当然了，前提是围兜上还有干净的地方。

安抚奶嘴。如果你决定使用安抚奶嘴，有三四个就足够了（参见第48页）。把棉花或纸团塞到奶瓶嘴里来充当安抚奶嘴的做法很危险，因为这些东西很容易散开，留下来的小碎片有导致婴儿窒息的危险。

新生儿：0～3个月

愉快地照顾宝宝

头3个月的挑战。从怀孕到分娩经历的敬畏、震惊、解脱以及疲惫的感觉一旦减轻，你就会发现，照顾孩子是一项工作量巨大的任务；虽然感觉很美好，但毕竟是一件苦差事。主要原因在于，小宝宝所有最基本的生命机能——吃饭、睡觉、排泄以及保持体温，完全依赖于父母。你的宝宝无法随时告诉你他的需要，你要完全靠自己去领悟该做什么。

很多父母都会发现，他们的所有精力都集中在照顾婴儿上：宝宝饿了的时候喂他，吃饱了就停下来，让宝宝在白天多一点时间保持清醒，在晚上多睡一些，还要帮助宝宝适应这个明亮而又喧闹、比子宫里有着更多刺激的世界，并在这个世界中感到自在。有的婴儿似乎能够迅速地跨越这些挑战。也有些婴儿要花一段时间，进行艰难的调整和适应。但是到两三个月大的时候，大部分婴儿（和他们的父母）都能熟悉最基本的环境，探索就要开始了。

放松心情，愉快地照顾宝宝。当你听说孩子总是要求你给予关注（医生也会这么说）的时候，可能会觉得，孩子来到这个世界上就是为了折腾大人的，他们要么撒娇邀宠，要么耍赖欺骗。实际上并不是这样。尽管孩子偶尔会有很多要求，但他们生来就是通情达理的。他们都是可亲可爱的小宝贝。

当你觉得孩子确实饿了的时候，不要不敢给他喂奶。即使误解了他的意思，他顶多也就是拒绝吃奶罢了。

不要不敢爱他，不敢喜欢他。每个婴儿都需要大人对他微笑，和他说话，跟他玩耍，还需要温柔又深情的爱抚。这些交流对他来说就像维生素和热量一样重要，也正是这些交流把他塑造成对人有爱心、对生活充满热情的人。得不到关爱的孩子长大以后就会成为对人冷漠无情、遇事无动于衷的人。

对于孩子的要求，只要你觉得合理，只要你不会因此成为他的奴隶，就不必犹豫不决，不敢满足他。在最初的几周里，孩子哭都是因为他觉得不舒服，也许是饿了，或者是消化不良，也可能是累了，或者感到紧张。一听到他哭，你就会觉得不安，就想去安慰他。这种反应源于天性，也完全正常。孩子需要的可能就是抱一抱，摇晃摇晃，走动走动。

理智地善待孩子不会把孩子宠坏，况且，孩子也不会一下子就被宠坏。孩子的坏毛病都是逐渐养成的。当父母不敢运用自己的常识去管教孩子，当他们心甘情愿成为孩子的奴隶，并且鼓励孩子变成奴隶主的时候，孩子才会真正被宠坏。

父母都希望自己的孩子能养成健康的习惯，能够与人和谐相处。其实，孩子自己也希望这样，他们愿意按时吃饭，还想学会良好的餐桌礼仪。你的宝宝还将根据自己的需要养成一定的睡眠习惯。尽管他们的大便有时规律，有时不规律，但这些都是顺应自己的身体状况的。当孩子长大一点，开始懂事的时候，就可以告诉他应该在哪儿排大便了。他迟早会愿意与家人一样，只要给他一点引导就可以了。

婴儿并不脆弱。说到第一个孩子，有的父母可能会说："我总是担心会不小心伤到他。"其实用不着担心，你的孩子挺结实的。抱孩子的方法很多，即使你不小心让他的脑袋猛地向后仰了一下，也不会伤到他。他的颅骨上面那块软软的区域（囟门）由一层像帆布一样结实的膜覆盖着，不会轻易受伤。

多数婴儿只要穿着足量衣服的一半，他们的体温调节系统就能很好地工作。婴儿有很好的免疫能力，能抵御大多数细菌的侵袭。当全家人都患上感冒的时候，他往往是病得最轻的一个。如果他的头被什么东西缠住了，就会本能地努力挣扎和呼救。如果没吃饱，他就会哭闹着还要吃。如果光线太刺眼，他就会不停地眨眼，还会表现得烦躁不安，要不就干脆把眼睛闭上。他知道自己需要多少睡眠，所以一定会睡那么多。对于这样一个什么也不会说，对这个世界一无所知的小人儿来说，他已经把自己照顾得相当好了。

身体接触和亲情反应

宝宝在抚爱中茁壮成长。出生以前，宝宝不仅得到母亲的关怀、温暖和营养，还参与母亲的各种身体活动。在世界上的许多地方，婴儿从出生起就被母亲用这样或那样的布背带从早到晚地背在身上。当母亲为日常工作忙碌的时候，他们也分享着母亲的一切运动，比如买菜做饭、耕田种地、纺线织布、打理家务等。在夜里，他们还和母亲睡在一起，只要一哭就能吃到母亲的奶。他们不仅能够听到母亲的声音，还能感觉到母亲说话和唱歌时的振动。在一般情况下，孩子稍大一点就由他们的姐姐一天到晚地背在背上。在这些国家，孩子哭闹得比较少，呕吐和焦躁的情况也不那么常见。

然而，我们却想出许多新鲜的法子来疏远母亲和婴儿的距离。孩子刚一出生就被抱到保育室里由别人照管，让父母觉得好像自己不能胜任照顾孩子的工作。很多婴儿都用配方奶喂养，于是，母亲和宝宝就失去了哺乳这个最密切接触的机会。对于我们而言，把婴儿放在固定的婴儿床里仿佛是很自然的事情。我们甚至还发明了一种座椅，可以连同孩子一起直接固定在婴儿车上，于是，父母连碰都不用碰一下，就能把孩子安置好。这些都与我们最成功的做法恰恰相反。事实上，当婴儿、孩子或者大人受到伤害、侮辱，感到悲伤的时候，应该给他们一个紧紧的拥抱。

婴儿和父母都对身体接触有着强烈的要求。身体上的接触会促使大脑释放激素——婴儿的大脑和父母的大脑都是这样——它们能够加强放松和快乐的感觉，还能减轻疼痛感。比如，当作常规筛查的医生刺破新生儿脚跟的时候，如果让母亲紧紧地搂着孩子，他们哭得就没那么凶。如果早产儿每天都和父母有肌肤相亲的接触，就会成长得更好。

早期的接触和亲情反应。当分娩后不久的母亲们获准和自己的宝宝待在一起的时候，那些出于慈爱而自然流露的举动真让人着迷。她们不光看着宝宝，而且还花很长的时间用自己的手指去触摸孩子的四肢、身体和脸蛋。从整体上来看，那些有机会这样接触宝宝的产妇更容易跟孩子建立感情，这种影响甚至会持续数月，她们的宝宝也会更积极地给予回应。

儿科医生约翰·肯内尔（John Kennell）和马索·克劳斯（Marshall Klaus）通过类似的观察引入了“亲情反应（bonding）”这个词，用来描述父母和新生儿之间实现天然联系的过程。他们的研究带来了一个不可思议的结果：全美国的医院都鼓励新妈妈与她们的宝宝同室而居。在一些开明的医院，健康的新生儿在出生之后马上就被擦拭干净，放在母亲的胸口上，然后这些新生儿会努力地找到乳头，经常就是这样开始了吸吮。

但是，亲情反应也曾被广泛地误解，还带来了很多不必要的担忧。父母们，甚至一些专业人士，经常会认为如果亲情反应在最初的24～48小时内还未出现，就再也不会出现了。其实，事情并不是这样。亲情反应总会随着时间的推移出现，但是并没有一个确定的期限。父母与收养的孩子之间在任何年龄都会出现亲情反应。亲情反应就是父母和孩子之间那种相互关联又彼此拥有的感觉，是一种很强大的力量。尽管有时候现实情况使父母不得不跟他们的宝宝分开，亲情反应还是会发生。早产儿经常会被放进塑胶的婴儿保育器中接受隔离看护，而且往往一待就是几个月，但他们的父母仍然可以通过观察孔触摸自己的宝宝。

亲情反应以及重新投入工作。现在，大部分产妇分娩后不久就要回到工作岗位上去。经济上和事业上的需要都给女性带来了巨大的压力。想找个值得信赖的人照顾孩子很不容易。除此之外，母亲们还经常会感到难过，

斯波克的经典言论

在科技不那么发达的社会里，抚养孩子的方法比较自然。我认为，和他们的做法相比，我们的父母可以对自己的方法有更好的认识。那么，如何追求自然呢？对此，我得出了以下结论：

- 如果父母愿意自然分娩，也希望和婴儿住在一起，就应该提供这样的机会。
- 宝宝出生以后，父母应该抱着他们的孩子亲昵一小时。如果没有条件和孩子住在一起，就更应该这样。
- 应该鼓励母乳喂养。护士、医生和亲属更要鼓励母亲们这么做。
- 避免采取吊瓶喂奶[①]的方式，除非你别无选择，比如生了双胞胎的母亲没有帮手，每次喂奶只能给其中一个宝宝用吊瓶。
- 无论在家里的时候，还是带孩子出门的时候，父母都应该尽量用布背带背着宝宝，少用儿童座椅。如果用可以让孩子紧贴在父母胸前的吊兜就更好了。

①即不用手支撑着就能给宝宝喂奶的奶瓶。这种奶瓶方便双胞胎或多胞胎父母，可以系在车座或婴儿手推车上。

因为她们觉得，自己正在失去宝宝生命中珍贵的前几个月的接触，她们还会担心过早的分离会给宝宝带来不利的影响。

哪怕白天由别人照顾，宝宝们也会跟父母形成强烈的情感联系。在早晚时分、周末和夜间给孩子充满关爱的照料就足以加强这种情感联系。

但是，很多新妈妈都过早地收敛了感情，因为她们已经开始为那个必须说再见的时刻做准备了。虽然这是一种自我保护的自然反应，但还是会造成母亲的心理负担，也会对母子关系带来负面影响。

当你确定返回工作岗位的时间时，要尽量听从心里的感受。如果你有办法延长产假，即使损失一部分收入，最后也会因为这个选择而感到欣慰。大约到 4 个月的时候，多数妈妈对于重返工作岗位都会感觉好很多，因为她们已经享受了和孩子真正联系在一起的时光。

初期的感受

感到恐惧。很多刚做父母的人都发现自己很焦虑，也很疲惫。他们因为孩子的哭闹而担心，为每一个喷嚏和每一点皮疹而忧虑。他们会踮着脚尖走进宝宝的房间，看看他是不是还在呼吸。父母在这个时期的过度保护很可能是一种本能反应。这是大自然确保新父母认真扮演各自角色的一种方式。过分关注可能是一件好事；幸运的是，这种反应会逐渐消失。

沮丧感。刚开始带孩子的时候，你可能会感到信心不足。这是一种十分正常的感觉，第一次带孩子尤其如此。可能你也说不清楚到底哪里出了问题，就是觉得自己动不动就想哭。你还可能觉得某些事情有点不对头。

这种郁闷的感觉会出现在孩子出生之后的几天或者几周之内。最常见的就是产妇刚从医院回到家里的那段时间。并不是繁重的家务把新妈妈压倒了，问题的根源在于她的感觉。从此以后，她既要负责全部的家务，又要面对一份完全陌生的责任，也就是照顾孩子的生活和安全。那些过去每天都去上班的女性很可能会怀念同事们的陪伴。另外，产后的生理变化和激素变化也会在某种程度上影响母亲的情绪。

如果你开始感到沮丧、灰心，就尽量在头一两个月让自己别太劳累。要不时地从长时间照顾孩子的工作中解脱出来，如果孩子特别爱哭，就更要抽空放松一下。你可以去散散步或者去户外运动一下，可以找点从来没做过的事情或以前没有完成的事情做一做，比如写作、绘画、缝纫和手工制作等。这些事情既有创造性，又能让人感到满足。你还可以去看看好朋友，或者约你的好朋友来看看你。这些活动都可以帮你打起精神。一开始可能什么事情也不想做。但是，如果你说服自己去做了,感觉就会好得多。不光是你,这对宝宝和家人也很重要。

你也可以跟伴侣谈一谈你的感受，同时做好倾听的准备。由于孩子占据了所有的关注，所以新爸爸常常会有一种被抛弃的感觉。这时候，父亲们就会在感情上表现得很消极，或者在母亲们最需要支持的时候变得爱发牢骚、爱挑剔。尽管这不是有益的反应，却是很自然的现象。每当感到无助的时候，母亲们就会生气、悲伤、沮丧，这当然只会把情况弄得更糟。如果夫妻双方想避免这种恶性循环，最有效的办法就是谈一谈。

如果有那么几天你提不起情绪，或者心情越来越差，可能正受着所谓的产后忧郁症的折磨。“宝宝带来的不快”一般到 3 个月左右就会消失，而产后忧郁症会一直持续下去。有 10%～20% 的产妇会患上真正的产后忧郁症。在很少的情况下，这种问题会发展得比较严重，有的产妇甚至会因此自杀。如果你或你的伴侣情绪波动很大，要马上找医生咨询。如果是产后出现这种情况，就要更加注意。没有人知道产后忧郁症的确切病因，但是曾有过强烈忧郁表现的女性更容易患上这种疾病。

这不是你轻易就能说得清楚的问题，所以需要专业人士的帮助。你可以先和医生谈一谈，他可以给你推荐一位专业的精神健康专家。令人安慰的是，产后忧郁症是可以治愈的。交谈疗法和抗抑郁的药物都有很好的效果。任何一位新妈妈都不应该独自承受这个问题。

最初几个星期丈夫的感受。有时候，丈夫对妻子和孩子会有一种很矛盾的感情，这种感情会在妻子怀孕期间、阵痛和分娩的忙乱阶段，以及回到家之后出现。丈夫应该想到，他的情绪远不如妻子的心情那么紧张和混乱,尤其在突然回到家里的那段时间。她的内分泌正在经历着强烈的变化。如果这是她生的第一胎，可能无法控制自己的焦虑情绪。开始的时候，所有的婴儿都意味着对母亲体力和精神的挑战。

所有这些归结为一点就是，大多数女性在这个时候都需要丈夫的大力支持。她们需要有人帮忙照顾新生儿和家里的大孩子，还需要有人帮助打理家务。此外,她们还需要耐心、理解、认可和关爱。有时候，如果妻子累了或者心情不好，她就没有心思对丈夫的努力表示认可和感谢，所以丈夫可

能觉得他的工作比较复杂。实际上，她甚至会很挑剔或者爱发牢骚。尽管如此，当丈夫认识到自己有多么重要的时候，就不会去计较，而是会投入地去扮演那个重要的支持者角色。

分娩后的夫妻生活

怀孕、阵痛和分娩过程可能会(在一段时间里)影响许多夫妻的性生活。在孕期快要结束的时候，性生活可能会不舒服，至少会由于体形上的变化而变得难以进行。分娩以后，通常都会有一段时间感到不适，因为你还需要一段时间的调节才能恢复到产前的状态。你的身体也需要时间来适应激素的变化、辛苦的劳动、睡眠的缺乏，以及照料新生儿的劳累。性生活可能被挤压得一连几天、几个星期，甚至几个月一次。

这段时间也可能是男人性欲不佳的时期，因为他觉得很累。对于有些男人来说，妻子在他们心目中的身份已经从情人变成了孩子的母亲，这种看法使他们很难把对方和性欲联系起来，就会产生各种深层的情感矛盾。

如果你明白自己的性生活需要慢慢地恢复，就不会为目前暂时的缺乏而过分在意了。另外，你们不应该因为性生活的中断而中断一切亲密关系。要经常互相拥抱、亲吻，说句浪漫的话，充满欣赏地看上对方一眼，或者出其不意地送上一束花。

既要做成功的父母，又要成就美满的婚姻，重要的诀窍之一就是要在为人父母和生活的其他方面之间取得平衡，几乎所有的父母都在不久以后恢复了正常的性生活。最重要的是，即使在照顾新生婴儿最忙乱的时期，他们也没有忘记对彼此的爱恋之情。他们总是有意识地通过语言、通过抚摸去表达这种爱意。试试下面的方法吧：朗诵一首诗给对方听，一起去散散步（不要带孩子），互相做做按摩，一起静静地冥想，一起安静地吃顿饭，经常拥抱和亲吻对方，等等。

照料孩子

和善地对待宝宝。无论什么时候，只要你和孩子在一起，就要平静而友好地对待他。当你给他喂奶、拍他打嗝、帮他洗澡、穿衣服、换尿布、抱着他，或者只是在房间里陪他坐着的时候，他都会感觉到你们之间的深厚情意。当你紧紧地抱着他、跟他说话时，当他觉得你认为他是世界上最好的孩子的时候，你对他的爱都会促进他的精神成长。这种作用如同乳汁会促进他的骨骼发育一样。这就是为什么我们成年人跟孩子说话时，都会本能地使用稚嫩的口气，还会对他们摇头晃脑，就连那些高傲又孤僻的大人也会这样。

我不是说只要孩子醒着，就得喋喋不休地跟他说个没完，也不必不停地抱着他摇来摇去或者逗着他玩。那样反而会使孩子感到疲劳，长此以往还会让他觉得紧张。跟孩子在一起时，多数时候你可以静静地待着。当你抱着他的时候，一股舒服的暖流就会传遍你的胳膊；当你看着他的时候，脸上就会露出喜爱而慈祥的表情；当你和他说话的时候，你的声音也会变得柔和。这种温柔、随和的陪伴才是对孩子和你最有好处的。

新生儿的感官。宝宝一出生，他的所有感官就在工作着（实际上，出生前就已经开始工作了），只是程度不同。宝宝的触觉以及对运动的感觉都已经发育得很好了——这就能解释为什么怀抱、捆束和摇动会对他产生这么好的安抚作用。新生儿已经有了很好的嗅觉。在出生之前，婴儿们就能觉察到羊水里的气味，而且从很早开始，他们就能记住母亲的味道。

新生儿能够听到声音，只不过他们的大脑在处理代表声音的神经信号时速度比较慢。如果你对着宝宝的耳朵小声说话，他会在几秒钟后才作出反应，因为他在寻找声音的源头。由于内耳发育结构的原因，婴儿们更容易听到高音的声响，也更喜欢又慢又悦耳的说话声——那正是父母对他们说话的自然的方式。

婴儿也能看到东西，但严重近视。他们的眼睛在23～30厘米的距离内聚焦最好，差不多就是吃母乳时母亲的脸和他之间的距离。你能看出婴儿什么时候正在看你，如果你慢慢地左右移动你的脸，他的眼睛就会跟着转。婴儿喜欢看别人的脸。婴儿的眼睛对光线非常敏感，在正常照明的房间里，他们会一直闭着眼睛，当光线暗下来的时候，就会把眼睛睁开。

宝宝是独特的个体。照顾过不止一个孩子的父母都知道，新生儿有自己的个性。有的孩子非常安静，有的则更容易兴奋。有的孩子吃饭、睡觉和排便都很规律，也有些孩子不那么规律。有些孩子可以承受很多刺激，有些则需要更安静柔和，并且不怎么紧张的环境。当婴儿警觉起来的时候，他们就会睁着眼睛，显出聚精会神的表情，那是他们在接受周围世界的信息。有的婴儿可以长时间地保持这种灵敏的接受状态，一次可以长达几分钟；有的婴儿则一会儿警觉起来，一会儿昏昏欲睡，再过一会儿又心烦意乱。照顾宝宝的时候，你就会知道应该如何帮助他保持警觉的状态。你可以跟他说话，抚摸他，或者和他玩耍，但是不要过度。宝宝也会越来越有经验，他会让你知道他什么时候想多玩一会儿，什么时候已经玩够了。这时候，你们就会像一个团队一样配合得很默契了。这个过程会在几周或几个月内完成。

喂养和睡眠

母乳喂养还是配方奶喂养？这是你的第一个喂养决定，在作出这个决定之前很有必要认真考虑一下。母乳喂养显然对宝宝的健康更好，对大脑的发育可能也更好。你还要考虑哪种方式对你来说更舒服。不要被恐惧感捆住手脚——不要担心失败，也不要担心家人或朋友的反对。许多女性选择配方奶的原因在于，她们打算尽快重新开始工作。但是从医学角度上看，哪怕时间很短的母乳喂养也比完全没有好。而且母乳喂养经常可以在你回到家时持续下去，即使是恢复工作或学业也没有问题。崇尚母乳喂养的女性表示，用自己的身体喂养孩子，有一种无与伦比的亲密感。我知道，很多选择配方奶喂养的女性很想了解或者很渴望那种感觉。如果你发现自己因为母乳喂养而感动，一定要听从自己内心的声音。关于母乳喂养和配方奶喂养的方法和原因，还有很多内容要讲，所以每一种喂养方式都另设了专门的一章介绍。

喂养对宝宝意味着什么。你可以想象一下宝宝出生后的第一年：他醒来就开始哭闹，因为他饿了，想吃奶。

当你把乳头放到他嘴里的时候，他可能急得直发抖。吃奶对他来说是一个十分紧张的体验。他可能浑身冒汗。如果你中途停止喂奶，他还会大哭大闹。等他吃够了，一般会满足地摇摇晃晃，然后进入梦乡。即使在他睡着的时候，有时好像也在做着吃奶的梦。他的嘴巴做出吸吮的动作，整个表情看起来充满了喜悦。

所有这一切都说明一个事实，那就是吃奶是宝宝极大的享受。他通过哺喂的人形成了对他人的最初印象，他又通过吃奶的过程获得了关于生活的早期概念。你给孩子喂奶时，你抱着他，对他微笑，跟他说话；这时你就在养育他的身体、头脑和精神。如果进展顺利，喂奶对你和宝宝来说都是美好的事情。有的宝宝从一开始就表现良好；有的宝宝则需要几天的适应才能慢慢学会吃奶。如果喂奶的问题持续一两周也不见好转，即使家人和有经验的朋友帮忙也无济于事，你最好还是找专业人士寻求帮助（参见第 585 页）。从第 163 页开始，还有很多关于喂奶的内容——比如逐渐养成按时吃奶的习惯，掌握合适的喂奶量，等等。

区分白天和黑夜。孩子似乎愿意在白天多睡觉，而他清醒的时间大部分都是在夜里。这个问题不必大惊小怪。婴儿不太在乎是白天还是黑夜，只要自己有奶吃，有人抱，身上暖和又干爽，就什么都无所谓了。反正他在子宫里的时候就很暗，根本没有机会去适应昼夜的变化。

为了解决这个问题，我给所有的父母同样的建议：白天多陪孩子玩耍，天黑以后给他喂奶，一定要把他喂饱，而且尽量不要逗他玩。千万不要在晚上还把他叫醒了喂奶，除非孩子的身体状况要求你必须这样做。要让他从很小的时候就知道，白天是有趣的时间，而夜晚是无聊乏味的。这样一来，到了 2～4 个月的时候，大多数婴儿都能调整自己的生活规律，白天睡得少，晚上睡得多。

孩子该睡多少觉？父母们经常问这个问题。当然，能回答这个问题的只有婴儿自己。有的婴儿似乎需要很多睡眠，有的则少得惊人。只要孩子吃得满意，感觉舒服，能呼吸到新鲜空气，睡觉的地方凉爽，就可以随他去，想睡多少就睡多少。

只要吃得饱，消化好，大多数婴儿在头几个月里都总是吃完就睡，睡醒了又吃。但是，也有少数婴儿从一开始就非常有精神，不爱睡觉，也没有什么毛病。如果你的孩子是这样，你也不需要采取任何措施。

随着孩子慢慢地长大，他醒着的

时间就会越来越长，白天睡得也会越来越少。你很可能会在某一天的傍晚第一次发现这个现象。再过一段时间，他在白天的大部分时间就不怎么睡觉了。每个婴儿都会养成自己的睡眠习惯，每天都在同样的时间段保持清醒。

睡眠习惯。许多婴儿都容易养成吃完奶就上床睡觉的习惯。也有的孩子晚上吃完奶以后非常愿意与人交流。你可以帮助孩子养成一个最适合全家人作息时间的习惯。

新生儿在哪儿都能睡着。到了三四个月的时候，最好能让他习惯在自己的床上睡觉，不要别人陪伴（除非你打算让孩子和你一起睡很长一段时间）。这是预防以后出现睡眠障碍的办法之一。如果孩子睡觉前希望大人抱着他摇来摇去，就可能在几个月，甚至几年内都想得到这种享受。在夜里醒来的时候，也要求同样的待遇。

婴儿既能适应一个安静的家，也能习惯一个有着正常噪音的家。所以，一开始的时候根本没有必要踮着脚尖走路，也没有必要窃窃私语。对于婴儿和大一点的孩子来说，如果他们习惯了一般的家庭噪音和说话的声音，基本都能在客人的说笑声中、音量中等的广播或者电视声中睡得很好。哪怕有人走进房间，他也不会醒来。但是，也有一些孩子对声音非常敏感，一点小声响也会把他们吓一跳。如果周围很安静，他就会表现得很高兴。如果你有这么一个宝宝，就应该在他睡觉的时候保持安静，不然他就会不停地被惊醒和哭闹。

和宝宝一起睡。专家们对此经常有不一致的看法，有支持的也有反对的。我认为这是个人选择的问题。在全世界的很多地方，宝宝都和父母睡在一起。如果父母经常睡得很沉或者正在使用药物、毒品或者酒精，就可能在翻身时压到宝宝，导致宝宝的窒息。但是我想，对于大部分父母来说，这种事情发生的可能性非常小。还有一种更常见的情况，就是父母因为总是想着身边的婴儿，整宿都睡不好觉。没有证据表明是否一起睡会影响婴儿的生理或者精神健康，你完全可以按照自己认为合适的方式做。如果你和宝宝一起睡，就一定要遵循后文的睡眠安全提示。

只要父母不走远，能够保证孩子一哭就能听到，那么，从婴儿出生的那一刻开始，就可以让他独自在房间里睡觉。在这种情况下，你可以买个不太贵的婴儿监听器来监听孩子的情况。如果你想让孩子在你的房间睡，2～3个月的时候正好合适，因为这时他已经可以整夜不醒，也不再需要太多的照顾了。到了6个月的时候，如果孩子基本上都在父母的房间里睡觉，他就会依赖这种方式，不愿意在别的地方睡觉了。到时候，你再想让他改变习惯，到一个独立的房间里睡觉，就很困难。当然，也不是不可能。

仰卧还是俯卧？这个问题曾经引起过激烈的争论。但是现在没有人再争论了。如今的口号是“睡觉要仰卧”。如果没有什么身体上的原因，所有的婴儿睡觉时都应该采取仰卧的姿势（面朝上）。仅仅是把睡觉姿势由俯卧变为仰卧的这一举措，就把死于婴儿猝死综合征（SIDS）的婴儿数量减少了50%。对大多数婴儿来讲，如果他们还没有适应另一种睡姿，就很容易采取仰卧的姿势。侧卧的姿势也不像仰卧那么安全，因为侧卧的婴儿常常会翻过身来趴着睡。所以，从一开始就应该让孩子仰卧着睡觉。那些总是面朝上躺着的孩子有时会把头的后部压平，所以，在宝宝醒着的时候，你可以看着他，让他肚子朝下趴一会儿。这是缓解这种情况的好办法。

备忘清单：睡眠安全提示

一定要让婴儿仰卧着睡觉（面朝上），除非医生建议他采用别的姿势。

拿开带绒毛的柔软毯子、枕头、填充玩具，以及其他布制的东西——它们会增加窒息的危险。

要用有安全认证的摇篮、合睡床、婴儿床。如果有疑问，找一个像《消费者报告》这样的著名检测服务品牌，或者通过美国消费品安全委员会（the U.S. Consumer Product Safety Commission）的网址www.uspsc.gov查证。

不要给宝宝穿得或盖得太多，太热会增加婴儿猝死综合征的几率。

不要让孩子吸二手烟，间接吸烟会增加婴儿猝死综合征的几率，还会带来其他危害。

哭闹和安抚

宝宝为什么哭？这是个重要的问题，如果你是第一次照顾孩子，这个问题就更重要了。婴儿的哭闹跟大一点的孩子不同，这是宝宝唯一的表达方式，所以含义很多，不仅是因为疼痛或者伤心。随着宝宝的成长，哭闹就不是什么大问题了，因为大一些的孩子不那么爱哭了，而且父母也知道孩子的需要，也就不那么担心了。

但是，在最初的几个星期里，莫名其妙的问题会不断地钻进你的脑海：他是不是饿了？是不是尿湿了？他是不是哪里不舒服？是不是病了？是消化不良吗？还是觉得寂寞了？父母很难想到孩子会因为疲劳而哭闹。然而，这恰恰是孩子哭闹的最常见原因之一。

有时候问题很好解决，但是也有很多哭闹不那么容易解释。事实上，到几个星期大的时候，几乎所有的婴儿——特别是第一胎的宝宝——都会进入一个烦躁不安的时期。虽然我们可以给这个时期命名，但不能准确地对它作出解释。当这种哭闹只在傍晚或者下午有规律地出现，可能是由肠痉挛引起的。肠痉挛有时跟腹胀和排气有关。如果宝宝一到白天或者晚上的某个时间就会哭闹，我们只能叹口气对自己说，在这个阶段他就是一个烦躁型的孩子。有的孩子哭起来异常激烈，而且又踢又踹，有人把这样的孩子叫做惊厥型婴儿（不同于“机能亢进”，后者经常用来描述大孩子的表现）。

即使是健康的婴儿也会在前 3 个月内出现烦躁和无法安慰的哭闹。这种情况一般会在前 6 周变得越来越严重，然后慢慢地减弱。和美国的婴儿相比，那些工业欠发达国家的孩子出现烦躁的阶段普遍较短，但也会出现。从出生到大约 3 个月的这段时间，婴儿的神经系统和消化系统都没有成熟，还处在适应外界环境的时期。但是，也有些婴儿要比其他孩子更难适应这个过程。

最让父母头疼的事情莫过于面对一个哭闹不止、无法安抚的小婴儿。所以一定要记住，宝宝最初几周的过度哭闹只是暂时现象，并不意味着什么严重的问题。如果你很担心（谁能不担心呢），就让医生给你的宝宝仔细地检查一下，也好打消你的疑虑。如果需要，还可以再检查一次。另一个需要牢记的问题就是，想通过摇晃孩子来止住哭闹的做法非常危险。这一点非常重要，值得反复强调。更多关于哭闹得无法安慰的婴儿的内容（肠痉挛），参见第 73 页。

找出原因。人们曾经认为好母亲都能区分孩子的不同哭声，而且知道如何做出反应。但是在现实生活中，哪怕是非常出色的父母，基本上也无法靠声音来分辨不同的哭声。所以，他们会针对不同的情况，试着做出不同的反应，来推测孩子哭闹的原因。这里有一些可能的原因仅供参考：

• 是因为饿了吗？不管你是按照固定时间喂奶，还是根据孩子的需要喂奶，都会逐渐了解孩子的生活规律——比如在一天当中，他什么时候可能想多吃一点，什么时候会早早地醒来等。有些孩子根本不会形成有规律的习惯，那就更难推测他在什么时候需要什么了。比如说，孩子一天中的最后一顿饭只吃了平时的一半，他就很可能在一个小时之后醒来哭闹，而不是像往常一样 3 个小时以后才睡醒。当然，有的时候孩子虽然比平时吃得少很多，但还是会一直睡到下一次吃奶的时间。可是，如果孩子吃得和平时一样多，却不到3个小时就醒来哭闹，就不太可能是饥饿引起的了。

• 他想吸吮手指或奶嘴吗？对于婴儿来说，就算吃不到母乳或是配方奶，吸吮的动作本身也是令人安慰的。如果你的孩子烦躁不安又确实吃饱了，可以给他一个橡皮奶嘴，或者鼓励他吸吮自己的手指头。大多数婴儿在最初几个月都会举起手指吸吮着玩，然后会在1~2岁的某个时候自己改掉这个习惯。早期的吸吮不会形成对奶嘴的长期依赖。

• 会不会是因为孩子的饭量增长了，原来的定量不够吃？或者因为母亲的奶水变少了，孩子吃不饱？婴儿的饭量不会一下子就超过原有的定量。如果奶水不够，他就会一连几天比平时花更多的时间吸吮母乳，或者每次吃配方奶的时候都把瓶子吃得干干净净，然后还要四处张望，想再吃一点。他还会比平时醒得早些，但是不会太早。大多数情况下，他都是在连续好几天饿得提前醒来之后，才开始在吃完奶的时候哭闹。

• 他需要让人抱抱吗？小婴儿特别需要有人抱一抱、摇一摇，当他在身体上感到安全的时候，才会平静下来。有的孩子被紧紧裹着的时候，或者包在温暖舒适的毯子里，胳膊无法活动的时候，就能感到安慰，从而缓解哭闹。包裹和摇动之所以会有这种舒缓情绪的作用，可能是因为它们重新创造了子宫里那种熟悉的感觉。白噪声[①]——比如吸尘器的声音、收音机的静电声，或者父母发出的“嘘嘘嘘”的声音——也可以起到类似的舒缓作用。

• 孩子是否因为排泄而哭闹？大多数婴儿似乎并不在乎这些，尤其是小婴儿。但是也有些宝宝对此比较挑剔。检查一下尿布，该换就换。如果他用的是尿布，就要检查一下安全别针，看看孩子是否被扎着了。虽然这种情况十分少见，但还是得看一看，确保万无一失。另外，还要看一看是否有头发或线头缠住他的手指或脚趾。

• 是消化不良吗？有个别孩子消化奶水的能力比较差，每次吃完奶以后都会哭闹一两个小时，因为这时胃肠正在消化奶水。如果是母乳喂养，母亲就应该考虑改变一下自己的饮食——比如，减少奶或者咖啡的摄入。如果孩子吃的是配方奶，可以请教一下医生，看看是否有必要改喂其他的奶粉。有些研究者发现，改用能降低过敏反应的配方奶可以减少许多婴儿

①白噪声，功率谱密度在整个频率范围内均匀分布的噪声。

的哭闹；也有一些专家认为，只要不出现其他的过敏反应，比如皮疹，或者家族性的食物过敏症，就不应该采用这种办法。

• 是否因为胃灼热？多数孩子都会出现呕吐，有些还比较严重。当奶从胃里涌上来时，有的孩子会感到疼痛，因为胃酸会刺激食道（从胃到口腔的管道）。由于胃灼热而哭闹的孩子吃完奶以后立刻就会呕吐，这时候奶还停留在胃里呢。在这种情况下，即使你已经给孩子拍过后背顺过气，也得试着再拍一拍让他打嗝。如果这种哭闹经常出现，就应该跟医生讨论这个问题（医学上把这种问题称为胃食管反流症，或者 GERD；具体内容参见第 89 页）。

• 孩子是不是生病了？有时候，孩子哭闹就是因为他们觉得不舒服。一般来说，孩子生病之前都会变得爱发脾气，到后来才会表现出生病的明显症状。除了哭闹以外，往往还有一些症状可以提醒你孩子病了——比如流鼻涕、咳嗽、腹泻等。如果孩子不仅哭得十分伤心，还有其他生病的症状，或者从总体的精神状态、行为举止或者神情气色上都和平常不一样，就要给他测量一下体温，还要打电话给医生寻求帮助。

• 他是不是被宠坏了？虽然大一点的孩子可能被宠坏，但你可以放心，在最初的几个月里，宝宝不会仅仅因为被惯坏了而哭闹。一定是有什么事让他心烦了。

• 他是不是太累了？有些小婴儿似乎生来就不会安安稳稳地入睡。他们每次到了该睡觉的时候就会变得紧张。因为他们在入睡以前总会出现某种低落的情绪，所以哭闹。有些孩子哭起来不顾一切，声嘶力竭。然后，他们会慢慢地或者突然停止哭闹，酣然睡去。

当年幼的宝宝受到非同寻常的刺激时，醒的时间就可能很长。这时，他们可能会变得紧张又急躁，非但不会更容易入睡，反而可能很难睡着。如果父母或者陌生人想通过逗他和说话来哄他高兴，那只会让情况变得更糟。因此，如果你的宝宝在该睡觉时哭闹，而且奶也吃过了，尿布也换好了，你可以推测他是累了，然后带他去睡觉。如果他还是哭个不停，你可以试着让他自己独自待上几分钟（或是你可以承受的时间），让他有机会自己平静下来。

还有些孩子过度疲劳以后，能够在轻缓的运动中很快安静下来——比如推着他在摇篮里前后摇晃，在婴儿车里摇晃，或者抱在你的怀里或者背着慢慢地走动。在昏暗的房间里效果会更好。婴儿偶尔会反常地紧张，遇到这种情况，你也可以试着抱着他走一走或者摇一摇。在这方面，婴儿摇篮有时候很管用。有的父母会把孩子放在婴儿座椅上，再把座椅放在烘干机上，然后启动机器。烘干机的声音和震动也可以让孩子感到安慰。我建议你一定要把孩子捆扎得安全又牢靠，还要用胶带固定好座椅，免得它因为震动而滑落到地板上。但是你不能总指望用这种方式帮助孩子入睡。这样容易使孩子越来越依赖，他们还会不断地要求你提供这些待遇。(参见第73页，了解更多针对肠痉挛的难以安慰的婴儿的内容。)

备忘清单：安慰婴儿哭闹的提示

喂奶，或者给他一个橡皮奶嘴。

换尿布。

抱起来，裹紧了摇一摇，晃一晃（绝不要震动）。

制造一些白噪声（吸尘器的声音、收音机的静电声、嘘声）。

把房间的光线调暗，减少对孩子的刺激。

安下心来，告诉自己宝宝很好，而且你已经把能做的都做了。休息一下，也让宝宝有机会自己平静下来。

尿布的使用

给宝宝做清洁。换下湿尿布的时候，不必给孩子冲洗。你可以用棉球或者毛巾蘸着清水擦拭，也可以用纸巾蘸着婴儿洗液擦拭，还可以用湿纸巾。在商店购买现成的湿纸巾十分方便，但它们可能含有香精或者其他化学成分，有时还会引起尿布疹。给女孩做清洁的时候，一定要从前往后擦洗。给男孩换尿布的时候，要先把另一块尿布搭在他的生殖器上，等你一切就绪的时候再拿开。这样就不至于还没给他包好尿布时被他尿了一身。让宝宝的皮肤在空气中晾一晾很有好处。换完尿布以后一定要用肥皂和清水把手洗干净，这样可以预防有害细菌的扩散。

何时换尿布？大多数父母都在把孩子抱起来喂奶的时候换一次尿布，然后把孩子放回床上之前再换一次。忙碌不堪的父母们发现，如果每次喂奶时只换一次尿布——一般在喂奶之后——就可以节省时间，还能减少洗尿布的麻烦，因为孩子经常会在吃奶的时候排便。大多数婴儿对湿尿布都没什么反应，但是也有些孩子对此极为敏感，更需要经常更换。如果孩子盖得很暖和，就不会感觉湿尿布凉。湿的衣物只有暴露在空气中才会变凉，因为水分的蒸发会带走热量。

一次性纸尿裤。如今，大多数父

母都会选用一次性纸尿裤，不仅因为方便，还因为纸尿裤可以吸收更多的尿液。一次性纸尿裤的吸湿性能很好，看上去比较干爽。但即使这样，也要像棉尿布一样勤换纸尿裤。如果你选择了尿布服务，那么使用棉尿布的费用和购买纸尿裤的费用差不了多少。在家里洗尿布可以节省一部分开支，但是要付出更多劳动。为了减少木头纸浆的消耗，也为了减少垃圾填埋的压力，有些家庭会选用棉尿布。一次性纸尿裤的生产商已经改进了技术，纸尿裤对于环境的危害已经被降低到不高于棉尿布的水平。

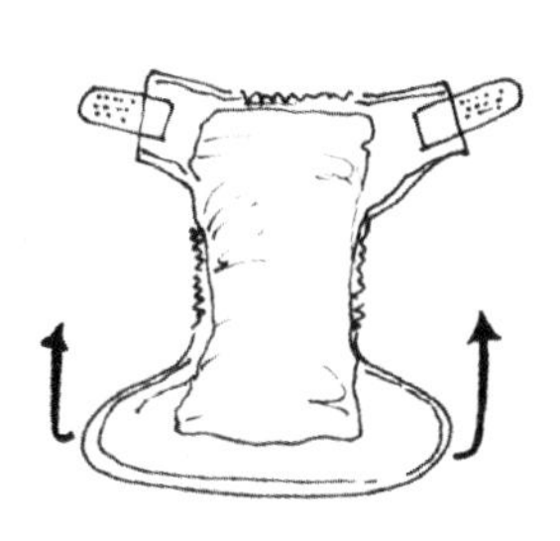

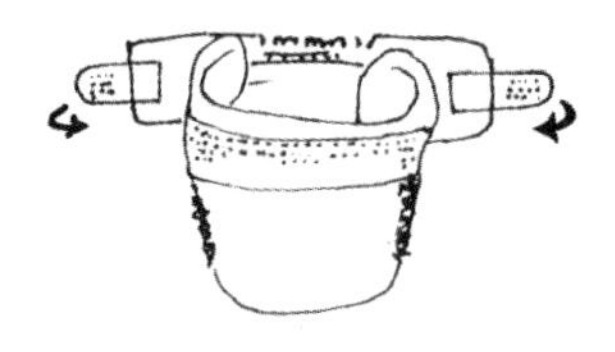

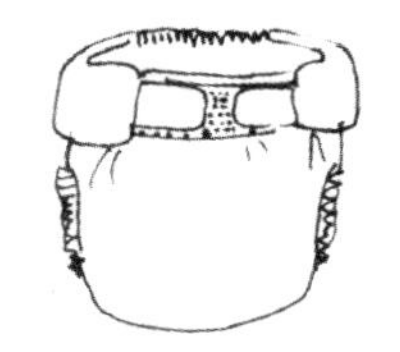

吸收能力超强的新型纸尿裤偶尔会出现破裂，里面会漏出一些凝胶似的东西（吸收液体的材料）。有些父母误以为这种材料是用来杀虫的，甚至认为它会引发皮疹，其实这种东西没有什么危害。

棉尿布。如果你选择了尿布服务，就会每周收到他们寄来的一包干净的尿布。如果你自己准备尿布，自己清洗，需要至少几十条尿布。虽然你省了一些钱（买尿布的花销还不到尿布服务价格的一半），但需要投入很多的时间和精力去干这些活。很多父母都喜欢事先叠好的尿布。这种尿布用尼龙搭扣粘合在一起。如果你喜欢老式的尿布，就要在使用的时候注意两件事情：第一，要在最容易尿湿的地方垫得厚一些；第二，不要把孩子的两腿之间塞得满满的，让两条腿叉开老远。

对于正常身长的婴儿，你可以用普通大小的正方形尿布或者长方形尿布，按照下页图示折叠：首先折成 3 层的长条，然后从一端折起 1/3。这样，有一半尿布就是 6 层，另一半是 3 层。男孩的身前需要双倍的厚度。如果女孩是趴着的，那么较厚的一端也要放在身前（当然不是指睡觉的时候，而是玩耍的时候）。如果女孩仰卧，那就放在身后。别别针的时候，先把两根手指伸到尿布和孩子中间，免得扎着孩子。使用前可以先把别针往肥皂上戳一戳，这样更容易穿透尿布。

过去，父母们会给孩子穿上防漏尿裤，避免床单被尿湿（也为他们自己减少麻烦）。如今的尿布是高科技的透气材料制成的，可以让更多的空气在宝宝的臀部循环（这一点能够真正缓解尿湿，从而减少尿布疹）。但是，它们并不是百分之百防水，所以会有一点渗漏。解决这个问题的办法就是用两块尿布。你可以把第二块尿布给孩子围在腰上，像系围裙那样，然后再用别针别住。还可以把它叠成长条，顺着第一块尿布的中央垫好。

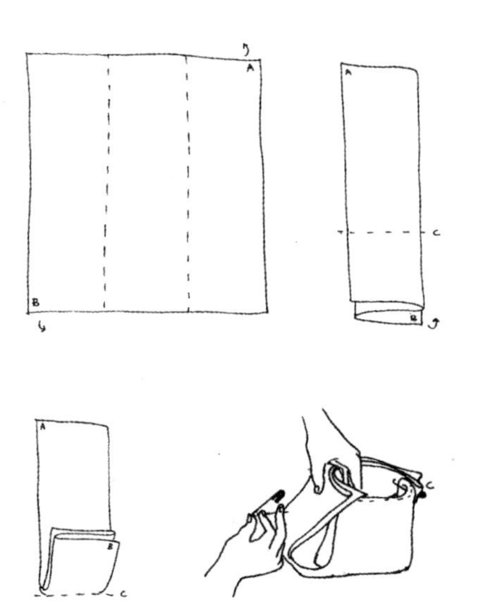

尿布的洗涤。要准备一个带盖子的提桶，装满水，尿布一换下来，就马上放进去。在每 4.5 升的水里加入半杯硼砂或者漂白剂，就能有效地祛除污渍。换下沾有粪便的尿布时，先要用刀把粪便刮到便池里，或者用手抓住尿布（一定要抓牢），在卫生间里用水龙头冲洗。每次洗完尿布的时候都要把尿布桶刷一遍（当然，如果你选择了尿布服务，只要把尿布连同上面的污物一齐扔到他们提供的塑料桶里就行了。尿布服务公司会取走塑料桶，给你留下一大袋干净的尿布）。

尿布可以放在洗衣机或者洗衣盆里清洗，要使用温和的肥皂或洗涤剂（先把肥皂溶解），漂洗 2～3 遍。漂洗的次数要看水是否已经变清，孩子的皮肤是否比较娇嫩。如果孩子的皮肤不太敏感，冲洗两遍基本上就可以了。如果发现孩子长尿布疹，你就要格外注意——至少在皮疹出现的时候要采取专门的措施。或许还需要定期采取措施（参见第 90 页）。

如果尿布（或者别的衣物）变硬了，吸湿性能下降，或者被肥皂里的沉积物弄得发黄（就像澡盆里的垫子一样），一般可以用净水器把衣物软化，祛除那些沉积物。但是不要使用织物柔顺剂——因为它会在织物上留下一层保护膜，从而降低尿布的吸水性。

排便

胎粪。出生后的一两天之内，婴儿会排出一种黏稠又细腻的黑绿色粪便，称为胎粪。以后孩子的粪便才会逐渐变成棕色和黄色。如果婴儿在第2天结束时还没有排大便，就应该向医生报告。

胃－结肠反射。多数宝宝吃完奶很快就想排便，因为胃里装满食物以后会对肠道产生从上到下的刺激。这种连带反应叫做胃－结肠（即gastrocolic，其中gastro是“胃”，colic是“肠”）反射。在最初的几个月里，这种胃－结肠反射最活跃。吃母乳的婴儿更是如此，每一次吃完奶都会排便。不方便的是，还有个别婴儿只要一吃奶就会使劲儿地排便。虽然排不出什么来，但他还是在使劲儿。只要含着乳头，他就会不停地使劲儿，以至于连奶都吃不成。在这种情况下，你可以先停下来等15分钟。先让孩子的肠道稳定下来，再试着喂奶。

吃母乳的宝宝。母乳喂养的宝宝每天排便的次数可能很多，也可能很少。在前几周里，多数婴儿一天都要排好几次大便，有的甚至每次吃完奶以后都要排便。大便的颜色一般都是浅黄色的，可能很稀，呈面糊状或小颗粒状，还可能带有黏液。这时的粪便一般都不会很硬。

在2～3个月的时候，许多喂母乳的婴儿排便次数都会明显减少，发生这种变化的原因在于，母乳非常容易消化，没有多少剩余的东西可以形成大便。从此以后，有的孩子就开始一天只排一次大便，还有的隔天才排一次，甚至更少。那些从小就认为人必须每天排便的父母要放轻松，只要孩子感觉良好，就没有什么可担心的。吃母乳的宝宝即使两三天排便一次或者更少，大便也会比较软。

吃配方奶的宝宝。用配方奶喂养的婴儿，最初每天会排便1～4次（也有个别婴儿每天排便多达6次）。随着宝宝不断长大，他每天的排便次数就会逐渐减少到1～2次。吃配方奶的婴儿排出的大便一般都呈糊状，浅黄色或者棕黄色。但是，有的婴儿排出的大便总像是炒得很嫩的鸡蛋一样（凝块中夹杂着稀溜溜的物质）。如果宝宝的大便很好（软而不稀），而且孩子并没有不舒服的表现，体重增长也很正常，不必在意排便的次数和颜色。

吃牛奶的婴儿最常见的排便障碍就是便秘，这个问题会在第366页讨论。还有个别吃配方奶的婴儿，他们前几个月的大便会呈稀散、绿色的凝乳状。如果孩子的大便总是有点稀散，但是他感觉很好，体重增长也正常，而且医生没有发现孩子有什么问题，那么，大便稀散的问题就可以忽略。

排便困难。有的孩子排便次数不多，两三天以后他们就开始经常使劲，好像排不出大便一样。但是，大便排出来以后还是软的。这种情况不属于便秘，因为大便并不是又干又硬的。我认为问题的根源在于孩子的协调性不好。孩子的一组肌肉用力向外推，而另一组肌肉却在往里收，所以尽管使了半天的劲，却没什么效果。随着孩子神经系统的发展，这个问题就会得到解决。

有时候，可以在每天的饮食里加入 2~4 汤勺的李子酱或者滤过的李子汁，这样一般都能帮助宝宝增加排便的次数。即使宝宝还不需要固体食物，你也可以这样做。这种情况根本不用服药，而且最好不要用栓剂或者灌肠剂，否则孩子的肠道可能对它们产生依赖。还是用李子或者李子汁来解决这个问题吧。

大便的变化。现在你知道了，即使婴儿的大便总是跟别的孩子有点不一样，只要他们感觉很好，就没有什么问题。但是，如果孩子的大便发生了很大的变化，就可能意味着出现了问题，应该向医生说明情况。举例来说，无论是吃母乳的婴儿还是吃配方奶的婴儿，他们的大便都可能是绿色的。如果大便总是绿色的，孩子也很好，那就没有什么可担心的。如果他们的大便原来是糊状的，后来变成了块状，有点稀散，而且排便次数也有所增加，可能说明孩子的消化有问题，或者肠道出现了轻微的感染。如果孩子的大便变得很稀，颜色发绿，排便次数频繁，大便的气味也发生了变化，几乎就可以断定孩子的肠道有炎症，只是程度轻重的问题。

一般说来，排便次数的增减和大便状态的变化要比大便颜色的变化更重要。暴露在空气里的大便可能会变成棕黄色或者绿色。这一点不重要。

孩子腹泻的时候，大便里会经常带有黏液，这就表示肠道有炎症。类似的症状也可能出现在消化不良的时候。这种黏液可能来自消化道的上部——比如来自患感冒的宝宝或者健康新生儿的喉咙和气管，有些婴儿在出生后的前几周也会产生很多黏液。

如果在孩子的食物中加入一种新的蔬菜（不经常吃的蔬菜），它随着大便排出来的时候，会有一部分看上去和刚吃下去的时候一样。如果这种蔬菜还引起了类似发炎的症状，比如带有黏液的腹泻，下一次就应该少给孩子吃这种蔬菜。如果没有发炎的迹象，就可以继续给他吃同样的分量，甚至可以逐渐增加一些，直到孩子的肠胃适应了这种蔬菜，能更好地消化它为止。需要提醒的是，甜菜会让宝宝的大便完全变成红色。

大便上的血丝一般都是由大便干燥导致的肛裂出血造成的。出血本身并不要紧，但还是应该找医生看一看，以便迅速地治好便秘。

大便里大量带血的现象很少见。如果有，原因可能是肠道畸形、严重腹泻或者肠套叠（参见第 365 页）。遇到这种情况应该立即请医生，或者马上把孩子送到医院。

洗澡

什么时候洗澡？多数宝宝洗过几个星期的澡以后就会喜欢洗澡。所以，洗澡的时候不要着急，要和孩子一起享受这种乐趣。在最初的几个月里，给孩子洗澡的最佳时间是在上午喂奶之前。其实，在任何一次喂奶之前都可以——但是不要在喂奶之后，因为这个时候孩子应该睡觉。到孩子适应了一日三餐的时候，就可以把洗澡的时间改到午饭之前或者晚饭之前。孩子再大一点，他吃完晚饭以后可以玩一会儿。这样的话，晚饭以后给他洗澡更好一些。如果他的晚饭吃得很早，在晚饭后洗澡就更好了。洗澡的房间要温度适宜，如果必要，可以在厨房里洗澡。

海绵浴。虽然有人每天都要泡一个澡或者洗个海绵浴，但实际上，只

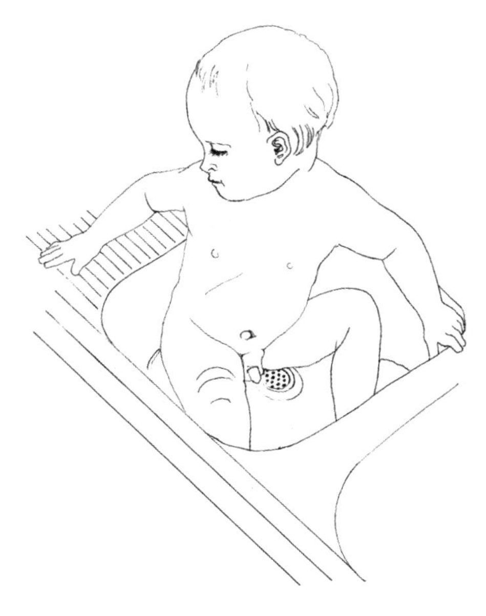

要孩子的屁股周围和嘴巴周围很清洁，完全可以一周只洗一两次。在不洗全身浴的时候，你可以用海绵给他擦洗一下垫尿布的部位。新父母没有经验，刚开始使用浴盆的时候肯定会很紧张——小宝宝看起来是那么无助，他四肢柔弱，身体打滑，打完肥皂以后就更滑了。另外，婴儿刚开始在盆里洗澡的时候也会感到很不自在，因为他在浴盆里得不到很好的支撑。所以，你可以先用海绵给他擦洗几周，等到孩子感到安全以后，再把他放到盆里洗澡。如果你愿意的话，还可以多等一段时间。大多数医生都建议，在婴儿的脐带没有干燥脱落之前不要进行盆浴。这样做是有道理的，但脐带真的沾湿了也没有什么关系。

用海绵给婴儿擦洗的时候，可以把他放在桌子上，也可以放在你的大腿上。你可能需要把一块防水的材料铺在婴儿身下。如果是硬面的桌子，上面应该铺好垫子（比如大枕头、折叠起来的毯子、被子等），这样一来，婴儿就不那么容易翻滚了。婴儿特别害怕翻滚。头和脸要用温水和毛巾擦洗。每周用肥皂洗一两次头就可以了。在需要的地方或者必要的时候，可以用毛巾或手给他轻轻地擦上一点肥皂。然后，用干净的毛巾把他身上的肥皂擦干净，至少擦上两遍。要特别注意擦洗有褶皱的部位。

为盆浴作准备。开始洗澡之前，一定要把需要的东西都放在手边。如果忘了拿毛巾，你就只好抱着湿淋淋的婴儿去拿了。把手表摘掉，再扎上一条围裙，不要把你的衣服弄脏了。然后准备好下列物品：

- 肥皂
- 浴巾
- 毛巾
- 必要时用来擦鼻子和耳朵的脱脂棉
- 润肤露
- 衬衣、尿布、别针和睡衣

你可以在脸盆里、厨房的水池里，塑料浴盆里给宝宝洗澡。有些浴盆里有海绵衬垫，有助于固定孩子，让他保持适当的姿势。用普通的浴缸洗澡时，大人往往会累得腰酸腿痛。为了让自己舒适一点，你可以把洗碗盆或者小浴盆放在桌子上，或其他比较高的东西上面，就像理发师那样。你也可以坐在凳子上，在厨房的水池里给宝宝洗澡。

洗澡水的温度应该和体温差不多（32.2℃～37.8℃）。温度计可以让缺乏经验的父母感到踏实，但其实不用温度计也可以。每次都要用你的肘部或者手腕来测试水温，应该感觉温暖舒服，而不是很烫。一开始要用少量的水，3～5厘米深即可。当你能够稳妥地抱着孩子的时候，就可以多加一些水了。为了防滑，可以在给孩子洗澡的时候，把毛巾或者尿布搭在澡盆的四周。

给宝宝洗澡。抱住孩子，让他的头枕在你的手腕上，再用同一只手的手指牢牢地抓住他的大臂。先用一条柔软的毛巾给孩子洗脸，不打肥皂。然后给他洗头，每周只要用一两次肥皂就可以了。打完肥皂以后，用一条湿毛巾把头上的肥皂沫擦掉，要擦洗两遍。毛巾不要太湿，否则肥皂水就会流进孩子的眼睛里产生刺痛（有一些婴儿专用的洗发液不像普通洗发水那样刺激眼睛）。然后，你就可以用毛巾或者手给孩子清洗其他部位了，比如身上、胳膊和腿。女孩的大阴唇中间要轻轻地擦洗。（参见第 60 页，了解割除了包皮的阴茎和未割除包皮的阴茎的清洗方法。）擦肥皂的时候，擦在手上要比往毛巾上擦省事得多。如果孩子的皮肤比较干燥，就尽量不要用肥皂，一周用一两次就行了。

如果你觉得紧张，怕把宝宝掉到水里，就可以把他抱在大腿上，或者放在桌子上擦肥皂。然后用双手把他抱紧，放到浴盆里冲洗。冲洗之后再用一条柔软的浴巾擦干。擦的时候，要用蘸的方法，不要揉搓。如果婴儿的脐带还没有完全脱落，洗过盆浴之后一定要用棉球把它彻底擦干。

润肤露。洗完澡给婴儿涂润肤露的时候很好玩，婴儿也喜欢。但是，在多数情况下，根本没有必要给孩子涂润肤露。如果宝宝皮肤干燥，或者有点尿布疹，擦一点润肤露会有一定的好处。婴儿护肤油和矿物油更要少用，因为它们有时会引起轻微的皮疹。一定不要用含有滑石成分的婴儿爽身粉，一旦吸进身体里，就会给肺部带来危害。用纯玉米淀粉制成的婴儿爽身粉同样好用，而且更加安全。

身体各部分

皮肤。新生儿可能会长各种斑点和疹子，其中大多数都能自行消失，或者淡得几乎看不出来。然而，有的疹子的确是某些疾病的征兆，因此，如果宝宝长了不常见的疹子，一定要向医生咨询。更多关于疹子（包括尿布疹）和胎记的内容，参见第 63 页。

耳朵、眼睛、口腔和鼻子。婴儿只需要清洗外耳和耳道的入口处，耳道的里面不要洗。不要用棉签（只能把耳屎推得更深），用毛巾就可以了。耳屎是在耳道里形成的，它的作用是保护和清洁耳道。眼泪会不停地冲刷眼睛（而不只在宝宝哭的时候）。这就是为什么在眼睛健康的时候不必用眼药水冲洗眼睛的原因。口腔一般不需要专门的护理。

鼻子有个非常好的自洁系统，可以保持清洁。鼻腔的内壁长满了看不见的绒毛，它们不停地把黏液顺着鼻腔向下疏导，最终汇集到多毛的鼻孔处。这时，鼻涕就会刺激婴儿的鼻子，婴儿会打喷嚏，或用手把鼻涕揉出来。洗完澡给婴儿擦身体的时候，可以先把干结的鼻涕泡湿，再用洗脸毛巾的一角轻轻地把它擦出来。如果擦鼻子的时候婴儿表现得不耐烦，就没有必要和他较劲了。

有些时候，特别是在房间里有暖气的时候，婴儿的鼻孔里会积存很多干结的鼻屎，它们会阻住呼吸道的一部分，从而影响婴儿的正常呼吸。在这种情况下，每次吸气都会使婴儿的胸肋下缘向里收缩。大一点的孩子或者成年人都会用嘴呼吸，但是多数婴儿都不会张嘴呼吸。

指甲。宝宝睡着的时候给他剪指甲最方便。指甲刀比指甲剪好用。如果你用指甲锉把指甲磨平，当宝宝挥舞小手的时候，就不会有尖利的边缘划伤他的脸。指甲锉还不会夹到他的手指尖。如果你一边锉着宝宝的指甲一边唱歌，那么剪指甲这项常规的工作就会变得很有乐趣了。

那个软软的地方（囟门）。婴儿头顶上那个柔软部位是颅骨还没有长合的地方。囟门的大小因人而异。如果孩子的囟门比较大，你也不必担心，而且，它肯定比较小的囟门长合得晚。有些孩子的囟门在 9 个月的时候就已经长合了，也有些宝宝直到两岁囟门才会完全闭合。囟门闭合一般的时间都是宝宝 12～18 个月期间。

父母们都怕碰到这个软软的部位，担心会有危险。其实这种担心没有必要。

囟门由一层像帆布一样结实的膜覆盖着，一般的触摸不会伤着婴儿。光线好的时候，你还能看见囟门的搏动，其频率介于呼吸频率和心跳频率之间。

肚脐的愈合。婴儿一出生，医生就会将脐带结扎，并且在靠近婴儿肚皮的一端把它剪断。剩下的一小截脐带会慢慢地萎缩，最终从身上脱落。这个过程一般会在两三个星期结束，也有婴儿需要更长时间。

脐带脱落以后会留下一个稚嫩的伤口，还需要几天或者几周才能完全愈合。这个伤疤必须保持洁净和干燥，防止感染。如果保持干燥，上面就会长出一块硬痂，起保护作用，伤口完全后愈合后硬痂才会脱落。肚脐不需要遮盖，这样会更干燥一些。脐带脱落以后，婴儿就可以进行盆浴了。洗完澡以后，要马上用毛巾的一角把它拭干。如果你喜欢，用棉球也可以。在伤口完全愈合之前都要这么做。脐带脱落的前几天，肚脐可能会出血或者有液体渗出，这种现象可能会一直持续到脐带脱落、伤口完全愈合为止。如果尚未愈合的肚脐上的硬痂被衣物刮掉了，可能会出一两滴血。这点血对婴儿没有任何影响。

为了不弄湿肚脐，应该把尿布系在婴儿的肚脐下面。如果尚未愈合的肚脐伤口变得潮湿，而且有脓水流出来，就必须更加认真地保护它，不要让尿布再把它浸湿。另外，还要每天用棉签蘸着酒精清洗肚脐周围有褶皱的地方。如果伤口愈合得很慢，嫩伤口就可能变得凹凸不平，长出所谓的"肉芽"，这没有什么关系。在这种情况下，医生可能会用一种保持干燥和促进愈合的药物。

如果肚脐和周围的皮肤变得发红，或者流出有臭味的脓水，或者两种症状同时出现，就说明可能发生了感染。应该立即和医生联系，因为这种感染可能会发展成十分严重的问题。

阴茎。包皮是婴儿出生时包裹在阴茎头部（龟头）的套状皮肤。包皮前端的开口足以让婴儿把尿排出去，但是又小得足以保护阴茎口（尿道）不患尿布疹（参见第 377 页，阴茎末端的疼痛）。孩子慢慢长大，包皮一般都会和龟头脱离，而且变得更有弹性。这个过程通常需要 3 年的时间，包皮的弹性也会发展得比较充分。有些孩子需要的时间更长一些，甚至要等到青春期的时候包皮才会具有充分的弹性。但是没有必要担心这个问题。只要经常清洗阴茎，即使清洗的时候不把包皮撸起来，也能使阴茎保持干净和健康。

在婴儿包皮的末端可以看到白色的蜡状物质(包皮垢)，这是很正常的。包皮垢是由包皮内侧的细胞分泌出来的，是包皮和龟头之间的天然润滑剂。

包皮环切术。对阴茎施行包皮环切术就是把包皮割掉，让阴茎头暴露在外边。包皮环切术已经在世界的很多地方出现了至少 4000 年了。对犹太人和穆斯林而言，割除包皮具有重要的宗教意义。在有些国家，那是一个青春期的仪式，标志着一个男孩子已经成年。

在美国，割除包皮一般是出于别的原因。有的父母担心，如果孩子不割包皮，他心里可能会不舒服，因为自己看上去跟割过包皮的父亲、哥哥不一样。很多医生认为，虽然经常清洗似乎可以和割除包皮一样有效地预防感染，但是，包皮垢在包皮下面的正常积累有时也会导致轻微的发炎或感染。科学家们曾经认为，如果丈夫没有割过包皮，妻子患宫颈癌的可能性会更大，但是现代研究已经否定了这一点。不割包皮的男孩在儿童时期比较容易患上膀胱炎或肾炎。现在大多数医生都认为，没有医学证据表明包皮环切术非做不可，而且接受这种手术的人数在近 10 年间也在减少。

如果你想切除包皮，就应该知道它是一个比较安全的手术。但是，在这个过程中也有风险，比如失血或者感染，但一般都比较容易治愈。包皮环切术会有明显的疼痛，所以很多医生现在都会使用局部麻醉(打麻醉针)或者别的办法来缓解疼痛；也有一些医生给婴儿喂糖水，这样也能缓解一点疼痛。在犹太人的传统中，婴儿做手术时会吸住一块浸过酒的布。

一般说来，婴儿会在 24 小时之内从做手术的紧张状态中恢复过来。如果你的宝宝感到不舒服的时间超过了 24 小时，或者不停地渗血，或者阴茎出现了肿大,就要马上告诉医生。如果在换尿布的过程中一连几次都能发现一滴或者几滴血，只能说明阴茎上的某一块小硬痂被碰掉了。

阴茎的护理。不管孩子是否做过包皮环切术，培养良好的生殖器卫生习惯从出生那天起就很重要。这是孩子个人卫生习惯的一部分。

如果婴儿没有做包皮环切术，每次洗澡的时候都要给他清洗阴茎。用不着专门清洁包皮，只要轻轻地把外边洗一下，就能去除多余的包皮垢。有些父母可能希望包皮和龟头能够尽量地清洁。在这种情况下，你可以把包皮轻轻地拉起来，直到觉得有阻力的时候为止，然后清洁包皮的下面。千万不要把包皮强行往后拉，因为这样不仅会疼痛，还可能导致感染或其他并发症。随着时间的推移，包皮自然就会变得有弹性了。

婴儿做了包皮环切术以后，在伤口愈合之前要经常换尿布。这样可以减少由尿液和大便导致的感染。在伤口愈合期间（大约一周），要遵照医生的建议护理好婴儿的阴茎，了解如何使用绷带，如何洗澡擦干，如何使用润肤露或者护肤油等。伤口愈合以后，你就可以像对待其他部位一样清洗阴茎了。

男宝宝的阴茎勃起很常见。在膀胱里充满了尿液的时候，有时甚至看不出明显的原因，宝宝的阴茎也会勃起。这没什么关系。

温度、新鲜空气和阳光

室温。18℃～20℃的室温最适合体重在2.5千克以上的小宝宝进食和游戏。这跟大一些的宝宝和成年人的要求一样。体重较轻的宝宝不太容易控制自己的体温，所以要注意保暖，还要给他们多穿几层衣服。对于特别小的宝宝来说，父母的爱抚和拥抱可以帮助他们控制体温。另外，还要避开空调或暖气的冷热气流。

在寒冷的季节里，室外空气的湿度非常小。这样的空气在室内升温后，就像一块干海绵，会吸收皮肤和鼻子里的水分。鼻子里的黏液就会干结，使宝宝呼吸困难，而且还有可能降低他们对传染病的抵抗能力。任何增加湿度的办法对宝宝都有帮助，比如在屋里摆放一些植物，在暖气上放一小盆水，或者使用加湿器（参见第341页）。室内温度越高，空气就会越干燥。

缺乏经验的父母出于本能的担忧和呵护，不敢给宝宝提供充足的清凉空气，其实是把这个问题复杂化了。这些父母总是在很高的室温下，把宝宝包裹得过于严实。在这种情况下，有的小宝宝甚至在冬天也会起痱子。另外，温度过高还有可能导致婴儿猝死。

宝宝应该穿多少衣服？正常的宝宝和成年人一样拥有良好的体温调控系统，只要不给宝宝包裹太多的衣服和被子，他的体温调控系统就能正常运转。婴儿和大一点的宝宝都是胖乎乎的，需要的衣服比大人少。问题是，多数孩子都穿得过多，而不是穿得太少，这对他们并没有好处。一个人如果总是穿得太多，他的身体就会失去适应温度变化的能力，也就更容易着凉。所以总体来讲，宁可给孩子少穿一点，也不要多穿。不要以为宝宝的小手应该总是热乎乎的，于是就想给他多穿衣服。多数孩子在穿着得当、冷热适中的时候，手总是凉的。你可以摸摸孩子的胳膊、腿或者脖子，看看他是不是穿够了。最好的办法就是看孩子的脸色。孩子感到冷的时候，脸上就没有了红润，而且还会哭闹。

在寒冷的天气里，有必要给孩子戴一顶暖和的帽子，因为大部分热量是从头部散发掉的。在极冷的天气里，睡觉时给孩子戴的帽子应该是用腈纶织成的，即使滑到孩子的脸上，也可以透过帽子呼吸。

给婴儿穿领口较小的套头衫和衬衣的时候要记住，他的头不是圆形的，而是椭圆形的。要把套头衫挽成环状，先套到孩子的后脑勺上，再从前边往下拉。在经过前额和鼻子的时候，要把衣服向外撑开。孩子的头套进去以后，再把他的胳膊伸进去。脱衣服的时候，要先把孩子的胳膊从袖子里退出来，再把衣服挽成环状搭在他的肩膀上，接着，托起这个环的前半部分，掠过他的鼻梁和前额，此时这个环的后半部分还留在脖子的后边。最后，再把衣服向后脱下来。

实用的被子。婴儿在比较凉的房间里（16℃～18℃）睡觉时，最好使用腈纶的毯子或者睡袋。它们的保暖性很好，还很耐洗。编织而成的披巾（knitted shawl）要比纺织毯子更贴身，也更容易包裹，所以在孩子睡醒以后，用来包孩子特别方便。另外，编织的披巾比毯子薄，更容易根据需要的温度来准确地调厚度。不要使用沉甸甸的被子，比如质地较硬的棉被。在暖和的房间或天气里（22℃左右），给婴儿用薄棉被就足够了。所有的毯子、被子和床单都应该大一些，便于把它们牢靠地掖到床垫下面，这样就不会散开，也不会带来窒息的隐患。

新鲜空气。空气温度的变化有利于增强婴儿适应冷热变化的能力。冬季在室外停留的时候，银行职员患感冒的可能性要比伐木工人大得多，因为伐木工人已经习惯了这种气温。一直住在温暖房间里的婴儿往往脸色苍白，食欲不好。其实，体重达到3.6千克的宝宝在16℃以上的温度下就可以抱到室外去。湿度比较大的空气比同样温度的干燥空气要寒冷得多，风是最寒冷的。即使气温较低，体重达到5.5千克的宝宝在朝阳的避风处也会感到很舒适。当然要穿戴得冷暖适宜才行。

如果你住在城市里，没有空地让孩子玩耍，就可以用婴儿车推着他到外面去。如果你习惯了用婴儿吊兜把孩子背在胸前或者身后，随着孩子渐渐长大，对你也很有好处。宝宝会很愿意被你这样亲近地背着，他可以向四处张望．也可以睡觉。如果你喜欢背着孩子到室外活动，也有时间进行这样的活动，你们出去活动的机会越多越好。

斯波克的经典言论

每天在室外活动两三个小时，对宝宝的身体很有好处（对其他人也一样）。在室内供暖的季节尤其需要出门活动活动。我生长在美国东北部，还在那里开业当了儿科医生。在那里，大多数尽职尽责的父母都认为，每天让孩子在外边活动两三个小时是理所当然的。孩子们喜欢在外面活动，室外活动又使他们脸蛋红润、胃口大开。所以，我不得不相信这种传统做法的好处。

日光和日光浴。我们的身体需要阳光来合成维生素D。但是，即便宝宝们无法在充满阳光的房间里或者户外活动，他们仍然可以从配方奶粉或者维生素滴剂（参见第 176 页）里摄取维生素 D。但是另一方面，太阳光也让宝宝暴露在紫外线（UV）中，而紫外线在若干年后可能会诱发皮肤癌。小宝宝尤其容易受到伤害，因为他们的皮肤很薄，所含的黑色素也相对较少。黑色素能够抵御紫外线的侵害。肤色较深的宝宝比较安全，那些肤色较浅的宝宝更容易受到伤害。海滩上、游泳池周围和小船上尤其危险，因为紫外线不仅会从空中向下辐射，也会被水面反射上来。

皮肤科医生会建议儿童和成年人使用防晒品，比如防晒霜或者防晒乳液，防晒系数至少是 15；对阳光敏感的人应该使用系数更高的防晒品。防晒品也适用于婴儿。如果宝宝要在阳光下待上几分钟，还是应当给他遮挡一下，比如戴一顶宽檐的帽子，质地要能阻隔太阳光才好，还要穿上长衣长裤。即使已经做足了防护，白皮肤的宝宝也不应该在游泳池旁边坐太长的时间，因为水面反射的光线容易造成伤害。（有关防晒的更多内容，参见第 297 页。）日光浴——也就是暴露在紫外线当中，把皮肤晒成棕褐色——对任何年龄的人来说都是不健康的。

新生儿的一般注意事项

胎记。几乎所有的小宝宝出生时都有一块或几块胎记。对于看惯了这种情况的医生来说，如果胎记没有明显的医学问题，并随着时间消失，医生也许想不起来对父母说不必担心，所以，如果你有什么问题，一定要向他们询问。

*鹳咬伤和天使之吻。*很多婴儿在出生的时候，脖子后面都会有一片不规则的红色区域，这叫做“鹳咬伤”。如果长在眼皮上面，就叫“天使之吻”，还有的长在两条眉毛之间。这些胎记实际上是一些毛细血管群，是婴儿在子宫里的时候，受到母亲激素的刺激形成的。多数胎记都会逐渐消失（但是“鹳咬伤”可能会一直存在），所以不必采取什么措施。

*鲜红斑痣。*在孩子的太阳穴、脸蛋或者身体的其他部位，可能会出现颜色深红表面平滑的斑块。这些斑块有的能够消失，特别是那些颜色较浅的，有的可能会永远存在。现在可以使用激光对那些较大的永久性斑块进行治疗。类似的皮疹偶尔也与其他的疾病有关。

*青色斑记。*这些青色的斑块过去被称为蒙古斑，但是它们在不同国籍的宝宝身上都可能出现，特别是那些肤色较深的孩子。这种胎记通常出现

在屁股上，也可能分散在别的部位。它们只不过是过多的色素沉积在皮肤的表层而已。在两年之内几乎都会完全消失。

痣。痣有大有小，有光滑的，也有长毛的。所有的痣，尤其在它们开始长大或者颜色发生变化的时候，都应该找医生检查。虽然少数的痣以后会有癌变的可能，但多数的痣都是良性的，如果它们具有潜在的危险性，或者影响美观，或者容易受到衣服的摩擦，就需要通过手术切除。

草莓痣和海绵状血管瘤。草莓痣一般都是在宝宝1岁以内出现，这种情况很常见。长草莓痣的地方先是一片苍白，然后就会随着时间逐渐凸起，变成一块深红色的斑块，看上去很像草莓光亮的表面。这种斑块一般长到一年左右就停止生长，开始萎缩，并且最终消失。通常来讲，50%的草莓痣到孩子5岁的时候都会完全消失；70%在孩子7岁之前都能消退；到了9岁的时候，90%都能消退。在个别情况下，激光治疗或者手术切除还是有必要的，但最好还是等着它自然地消失。可以向你的医生询问有关问题。海绵状血管瘤是一种比较大的又红又紫的痣，它是由皮肤深处大量血管的膨胀引起的。这种痣会自己完全消失。如果有必要，也可以通过手术去除。

吸吮性水疱。一些小宝宝的嘴唇、双手和手腕上刚一出生就有水疱。这是小宝宝在子宫里吸吮手指造成的。另一些小宝宝的嘴唇中间也可能因为吸吮而产生白色的干燥小疱。水疱有时会自动剥落。吸吮性水疱不需要特殊治疗就会随着时间消退。

手指和脚趾发青。许多新生儿的手和脚看上去都有些发青，特别是他们觉得冷的时候。还有些白皮肤的婴儿，在没穿衣服的时候，浑身都会出现发蓝的斑纹。这些身体的颜色变化都是由于皮肤的血液循环减慢造成的，并不是疾病的征兆。小宝宝的嘴唇有时也会发青。有时孩子的牙龈或嘴巴周围发青，是血液含氧量降低的信号，如果同时伴有呼吸困难或者进食困难，就可以更加肯定地作出这种判断。如果你发现了这种症状，应该给医生打电话寻求帮助。

黄疸。许多新生儿都会出现黄疸，他们的皮肤和眼睛会显出淡淡的黄色。这种黄色来自于一种叫做胆红素的物质，它是红细胞分解之后产生的。通常，这些胆红素会被肝脏吸收，然后随着粪便排出体外（这时大便的颜色会发黄或者显出棕色）。但是，新生儿的肝脏尚未发育成熟，肠的蠕动在最初的几天也不是特别有力，所以，胆红素就仍然留在血液中，使皮肤看上去发黄。

轻微的黄疸十分常见，几天以后就会消失，也不会引起什么问题。在比较罕见的情况下，当胆红素生成得过快，或者肝脏反应过慢的时候，胆红素的水平就可能上升到比较危险的程度。只用一滴血就很容易检测出胆红素的水平，采用特殊光照（使胆红素分解）的治疗方法就可以将胆红素控制在安全的范围之内。如果你的孩子在出生后第一周似乎有些发黄，就要请医生看一下。

有时候，黄疸会一直持续到出生后的第 1 周或第 2 周。这种情况通常发生在母乳喂养的婴儿身上。有的医生建议在一两天之内完全停止母乳喂养。有的医生则建议继续哺乳，甚至主张增加喂奶的次数。两种做法都能让婴儿有所好转。只有在很少的情况下，持续不退的黄疸才是慢性肝病的征兆，这需要通过特殊的检查诊断。

呼吸问题。刚做父母的人常常会担心新生儿的呼吸，因为它经常是不规律的，而且有时还会缓慢得让人很难听到，或者看不出来。还有时候，当父母第一次听到宝宝轻微的鼾声，他们也会担心。实际上这两种情况都是正常的。当然，如果孩子的呼吸让你担心，向医生询问一下总是没错的。

脐疝。肚脐的表皮痊愈以后，在肚皮深处的肌肉层，也就是脐带血管通过的地方，仍然存在着一个开口。孩子哭的时候，可能会有一小部分肠子被挤到这个洞里（脐带环），使肚脐出现某种程度的外凸，这被称为脐疝。如果脐带环很小，脐疝的凸起不大于一个豌豆，脐带环就会在几周至几个月之内长合。如果脐带环很大，肚脐的凸起部位可能比樱桃还大，就需要几个月甚至几年才能长合。

人们曾经认为，在肚脐上压一枚硬币，防止肚脐凸出，再用一条胶带粘紧，就能使脐带环早一些合拢，事实上这种做法起不到任何作用。你不可能不让宝宝哭闹，而且即使宝宝不哭不闹也于事无补。脐疝跟其他的疝气不同，它几乎不会带来什么危害，而且会随着时间好转。如果孩子在 6～8 岁脐疝仍然比较大，而且没有缩小的迹象，可能就需要手术治疗了。在极少数情况下，脐疝的地方会长出一个硬鼓鼓的肿块。这种情况需要立即就医（但这是非常非常罕见的问题）。

乳房肿胀。很多宝宝，无论是男孩还是女孩，都会在出生后的一段时间里出现乳房肿胀的现象。有的孩子乳房里还会流出一点奶水来（过去，人们把这叫做巫婆奶，我也不知道这种叫法是怎么来的)。肿胀的乳房和流出的奶水其实都是激素通过母亲的子宫影响到宝宝的结果。对此不必采取任何措施，因为肿胀肯定会随着时间消退。不要去挤压或者推拿孩子的乳房，因为这样会对它们产生刺激，还可能导致感染。

阴道排出物。女婴出生的时候，阴道中经常会流出一些黏稠的白色液体。这是由母亲的激素引起的（就是导致婴儿乳房肿胀的那种激素），不用治疗就会自行消失。在几天大的时候，许多女婴可能还会排出一点带血的分泌物。这与月经相似，是由于出生后母亲的激素在婴儿体内消失引起的。这种现象一般会持续一两天。如果第一周过后孩子仍然排泄带血的分泌物，就应该让医生检查一下。

隐睾。在一定数量的新生男婴中，都会有1个或者2个睾丸不是待在阴囊（即正常情况下装着睾丸的袋状结构）里，而是停留在上面的腹股沟甚至小腹中。很多隐睾很快都会在孩子出生后降落到阴囊中。

人们很容易错误地认为睾丸没有降落。其实，睾丸最初的时候是在小腹中形成的，在孩子出生前不久才会降落到阴囊里。与睾丸相连的肌肉能够把睾丸迅速拉回到腹股沟里，甚至可以把它们拉回到小腹中。这是为了在这个部位受到撞击或者摩擦的时候睾丸免受伤害。有很多男孩的睾丸只要受到一点刺激就会马上缩回去。甚至在脱衣服的时候，冷空气对皮肤的刺激就足以让睾丸缩回到小腹中去。检查阴囊的时候，睾丸也常常会因为受到刺激而消失。所以，父母不应该仅仅因为经常看不到睾丸，就认为它们没有降落下来。找到它们的最佳时机就是在孩子洗热水澡的时候。随时都能在阴囊中找到睾丸的情况虽然比较少见，但也不需要做什么治疗。快到青春发育期的时候，它们肯定就会停留在阴囊里了。

如果男孩到了9～12个月大的时候，仍有1个或2个睾丸从未出现在阴囊里，就应该带他去找儿科医生检查。如果1个或2个睾丸真的还没有降落，那么通过手术可以解决这个问题，睾丸的功能也不会受到损伤。

惊吓和发抖。新生儿在听到较大的声响，或者被突然挪动位置时都会受到惊吓。有的婴儿对此尤其敏感。当你把这些宝宝放在一个硬实的平面上时，他们就会突然抽动胳膊和腿，身体也就可能随着轻轻地晃动。这种突然的变化足以让一个敏感的婴儿吓一大跳，从而惊恐地哭起来。他们还会讨厌洗澡，因为洗澡的时候只被松松地托着。他们需要被父母抱在大腿上，再用双手把他们抓牢，放进浴盆里冲洗。在整个洗澡过程中，父母都要时刻抱紧孩子，而且动作要缓慢。随着宝宝逐渐地长大，这种不安的状况就会被慢慢地克服。

发抖。有的婴儿会在出生后的前几个月出现发抖的情况。他们的下巴可能会哆嗦，胳膊和腿也会抖动。在婴儿激动的时候，或者刚脱下衣服感到凉意的时候，这种症状就尤其明显。这种颤抖一般不必担心，这只不过是婴儿的神经系统仍然稚嫩的表现之一。这种情况会随着时间消失。

抽搐。一些婴儿偶尔会在睡觉时抽搐起来，也有个别的婴儿抽搐得很频繁。这种现象一般也会随着婴儿的成长而消失。如果你抓住宝宝四肢时，他抽搐得更厉害，这可能是心脏病或脑部疾病突然发作的征兆。你也可以跟医生讲一下，以确保孩子一切正常。

宝宝生命的头一年：4～12个月

一个充满新发现的阶段

头一年的新发现。如果说生命里前 3 个月的主要任务是让身体的各个系统都平稳地运转起来的话，那么 4～12 个月就是一个充满了新发现的阶段。宝宝们开始认识自己的身体，也开始学着控制自己大大小小的肌肉。他们开始探索这个物质世界，并且领会原因和结果之间的基本关系。此外，他们还能逐渐看懂别人的情绪，预测自己的行为将会招来别人怎样的反应。这些重要的发现引导着宝宝走向语言的开端。有的宝宝在过第一个生日之前就开始了语言的发展，而另一些宝宝这方面发展得比较晚。

转折点的意义。医生总是注重那些明显的转折点，比如翻身、独坐、站立和行走等。一个很晚才学会这些技能的宝宝的确可能存在发育问题。但是，即使在健康的宝宝当中，这些方面的发展也会有早有晚。学会这些技能的具体时间并不十分重要，重要的是那些标志着孩子跟别人之间感情发展的转折点，比如别人对他微笑的时候他也报以微笑，别人对他讲话的时候他就会倾听，通过观察父母的表情来判断一种新的情况是否安全，以及察看父母是高兴还是不高兴。尽管父母不太可能像关注坐、立、走那样按顺序追寻这些情感能力的发展情况，但他们往往也能察觉到这些交际能力转折点的出现。

除了发育的时间问题，还要注意小宝宝的行为发展特点。有的孩子喜欢坐在一旁观察，虽然他们看到了所有的事物，却几乎不做什么反应；

有的宝宝则非常活跃，迫不及待地采取行动，又很快失去兴趣。有的宝宝好像对每一个微小的变化都保持着敏感；有的宝宝则天生对周围不太在意。有的宝宝很严肃，有的很活泼。宝宝生来如此，这些都是他们完全正常的行为方式，但是这些特点要求父母对他们给予不同的引导。（更多关于性格特点的内容，参见第四部分“孩子需要什么”一节。）

你可以参照一些生长发育对照表，看看孩子是否在相应的时间做了他“应该”做的事情。15 年来，我一直不愿意把这样的成长时间表放在这本书里。首先，每个孩子的成长模式都与别人不同。有的宝宝可能在整体力量和协调性方面发展得非常快——可以说是小宝宝中的运动健将，但是在用手指做技巧性动作或者说话方面他可能发展得比较慢。那些后来在学校里表现得很聪明的孩子，可能一开始学说话的时候进展得非常缓慢。同样，能力一般的孩子在早期发育方面也可能表现出众。

我认为，过分地注重早期发展的各项指标会在什么时候完成，一味地拿自己的孩子和“平均标准”比较，对孩子是不公平的。孩子的发展总会有飞跃和滑坡。而滑坡往往预示着又一次飞跃。所以，当孩子出现小小的退步时，父母不必过分在意。没有证据表明，让孩子早早学会走路、说话，对他们的发展有真正长远的好处。宝宝需要一个能够提供成长机会的环境，而不是强迫他那样成长的环境。

孤独症。就在这本书开始印刷的时候，美国儿童中孤独症和孤独症谱系障碍的患病率大约是 1%，而且可能还在增加。年轻的父母一定听说过孤独症这种疾病，许多人还可能认识这样的孩子。从第 579 页开始，你可以看到有关孤独症的更多内容。在这里，你要会识别一些需要做进一步检查的危险信号。宝宝 4 个月的时候，他应该很爱跟你“说话”——也就是说，他会看着你的脸，听你的声音，并且用自己的声音和兴奋的面部表情作出回应。到 9 个月的时候，他应该会咿咿呀呀地发出各种像词语一样的声音。一岁的时候，他应该会用一个手指指着有趣的事物让你看。15 个月大的时候，他应该至少会说一个有意义的词语。如果你有些担心，可以和跟孩子的医生或者当地的儿童发展机构谈一谈。通过早期检查，越来越多患有孤独症的孩子都能在与他人的联系、交流和更多的满足感中成长起来。

照顾你的宝宝

陪伴而不娇惯。宝宝玩耍的时候，

不要让他离开父母（有兄弟姐妹陪伴也可以），这样孩子就可以随时看见他们，向他们发出声音，还能听见父母跟他说话，或者偶尔让父母告诉他某个东西的玩法。但是，没有必要让他长时间地坐在父母的大腿上，也不必总是抱着他逗他玩。父母的陪伴，孩子会很高兴，还能从中受益。但是，他还得学会自己做事。刚做父母的人往往欣喜若狂，所以在孩子醒着的时候，总是抱着他或者逗他玩。这样一来，孩子就会对这种方式产生依赖性，还可能向父母要求更多的关照。

能看的和能玩的。在3～4个月的时候，他们就开始喜欢色彩鲜艳而又会动的东西了，但他们还是最喜欢看人和脸。在室外，他们会饶有兴趣地看着树叶和影子；在室内，他们会仔细地研究自己的手和墙上的图片。在他们开始够东西的时候，你可以买一些色彩鲜艳的玩具，挂在小床上边的栏杆中间。要挂在他们够得着的地方，不要挂在正好对着宝宝鼻子的地方。你也可以用硬纸板做一些活动的东西，糊上彩纸，挂在天花板上或者吊灯上，让它们轻轻地旋转。你还可以把勺子或者塑料杯子等合适的家庭用品挂在孩子够得着的地方。（一定要注意，把绳子弄短一点，别让它们变成安全隐患，勒住宝宝。）所有这些玩具都很好，但是永远不要忘记，人的陪伴比什么都重要。这一点特别有助于宝宝的成长，也是宝宝的最爱。

关于电视：如果电视开着，婴儿会一直盯着它看，这并不是良好的发育迹象，这种娱乐会消耗婴儿的精力。他很容易就会依赖于电视给他的刺激，而失去一些天生的探索动力。给宝宝一套塑料杯勺，一些积木或一本纸板书，他们能想出50种有创意的玩法；而让他坐在电视机前，他只能做一件事。

要记住，不管孩子拿着什么东西，最后都会把它放到嘴里。孩子在半岁左右，最大的乐趣就是摆弄东西，然后往嘴里放，比如塑料玩具（专门为这个年龄的婴儿制作的）、拨浪鼓、磨牙圈、布制的动物公仔和娃娃，以及家庭用具（要保证放进嘴里是安全的）等。不能让婴儿接触涂有含铅油漆的物品或者家具，也不能让他们玩会被咬成碎块的塑料玩具，更不能让他们玩尖利的东西、小玻璃球以及其他容易导致窒息的小物件。

喂养和发育

喂养决策。宝宝第一年的喂养是个特别重要的话题，所以我们安排了独立的章节（从第163页起）。这里只谈一些主要的问题。美国儿科学会敦促母亲们至少要在前12个月进行母乳喂养。尽管如此，6个月的母乳喂养也足以为宝宝提供大部分的天然营养。哪怕母乳喂养的时间很短，也比不喂母乳好。

婴儿配方奶是由牛奶或者大豆制成的。配方奶与母乳的成分并没有明显的差别，尽管专家们不同意这种说法。家里自制的牛奶和低铁配方的牛奶一般都不能提供充足的营养。不要给12个月以下的宝宝喂牛奶，更何况关于牛奶的价值问题还存在着争论。（关于配方奶粉，参见第205页；关于乳制品，也参见第205页。）

大多数父母都会在宝宝4个月左右给他们添加固体食物，从加铁麦片开始，然后逐渐加入蔬菜、水果和肉类。比较合理的做法是，在增加一种新的食物之前先观察一周左右，看看你的孩子是否已经接受了前一种食物，是否没有出现胃部不适或者皮疹。不要着急。与出生一年后尝到的新食物相比，宝宝更容易接受那些在这个时间之前曾经尝试过的食物。

进餐时的表现。对很多父母来说，哄孩子吃饭可能很困难，因为宝宝喜欢拿着食物玩耍。把南瓜到处乱扔，对着豆子戳来戳去，这都是宝宝发现物质世界的重要途径。同样，逗弄和激怒父母也是他们了解人际关系的重要方法。父母要和他们分享乐趣，但是应该设定适当的限制。你可以说："抓土豆泥没关系，但要是乱扔的话，你就不要吃饭了。"如果你和宝宝离开餐桌时都很高兴，那就说明饭吃得不错。如果进餐的时候你常常感到紧张、忧虑、生气，就应该做一些改变了。向宝宝的医生咨询一下，可以帮助你做好调整。

9个月前后，小宝宝会表现出一些独自进餐的倾向。他想自己拿勺子，如果你想喂他吃饭的话，他还会把头扭向一边。这种行为常常是婴儿形成自我意志的最初信号，这个过程将在接下来的几年里全面展开。（顺便说一下，解决抢勺子问题的一个好方法就是给宝宝一把勺子，让他随意使用，你用另一把勺子把燕麦粥实实在在地喂到他的嘴里。）

发育。4个月左右的宝宝体重大概会比他们出生时增加1倍，1岁时会增加2倍。医生们经常把儿童的体重、身高和头围指标做成图表，还要给出每个年龄的平均数值和正常范围。这些图表或许让人很安心——健康的发育状况毕竟是个好现象，说明你的孩子饮食充足（但不是过多），而且身体的其他系统也发育良好。但是有时候，我觉得必须劝告父母，不要过分关注那些数字。个子高未必就好。另外，在生长曲线上处于第95个百分点只能说明这个宝宝将来很有可能是学前班里个头最大的孩子之一，除此之外说明不了太多问题。

睡眠

睡觉习惯。很多成年人都有自己觉得舒服的睡觉习惯：我们喜欢枕头正好合适，被子也要铺成某种特定的形式。宝宝也一样。如果他们养成了只有大人抱着才睡觉的习惯，那可能就成为让他们入睡的唯一办法。

反过来说，如果孩子学会了自己睡觉，他们就可以在半夜醒来时独自入睡，从而为父母免去了许多不眠之夜。所以我建议，一旦宝宝三四个月大了，你就可以试着在他醒着的时候把他放到床上，让他学着自己入睡。如果他在夜里醒来时能够重新入睡，你会感到十分欣慰。（更多关于不肯睡觉的婴儿的内容，参见第73页。）

早醒。有的父母喜欢天一亮就起床，和他们的宝宝一起享受清晨时光。但是如果你更喜欢睡懒觉，也可以训练宝宝晚点起床，或者至少在早晨能够愉快地待在床上。到了第一年过半的时候，多数小宝宝都喜欢在宁静的早晨五六点钟之后才起床。然而，大多数父母已经养成了一种习惯，即使睡觉时也会听着宝宝的动静。他们会在宝宝发出第一声咕哝的时候立刻从床上跳起来，从不给宝宝重新入睡的机会。结果父母可能会发现，孩子已经两三岁了，父母还是要在早上7点钟以前起床。另外，如果孩子习惯了每天一大早就有人这么长时间地陪着他，他以后就会向父母要求这种待遇。

睡袋和连裤睡衣。到第6个月，当宝宝可以在婴儿床里爬来爬去的时候，大多数父母都会发现把他们放在睡袋或者连裤睡衣里睡觉会比较好，因为指望宝宝老老实实地睡在毯子里不切实际（他们总是从被子里爬出来）。睡袋的形状就像能包住脚的长睡衣，还有袖子。很多睡袋还可以随着孩子长大调整身长和肩宽。婴儿连裤睡衣的形状就像工装裤或者滑雪服，两条裤腿是分开的，也能把脚包上。（脚底可能会由结实的防滑材料制成。）如果选择那种拉链能从脖子到脚一拉到底的最方便。要经常检查脚套里面，因为那里可能存有头发，会缠住婴儿的脚趾引起疼痛。

如果屋里很暖和，你只穿一件棉质衬衫就不冷，或者睡觉时盖一条棉毯子就觉得挺舒服的话，那么孩子在这样的房间睡觉时，他的睡袋或者连裤睡衣顶多像棉毯子那么厚就行了。如果屋里比较冷，成年人要盖一条厚羊毛毯子或者腈纶毛毯才觉得暖和，宝宝就要穿厚点的睡袋或者睡衣，另外再加盖一条毯子。

睡眠的变化。到了4个月左右，很多小宝宝基本上都是在夜里睡觉，中间可能会醒来1～2次。白天，他可能还会小睡两三次。快到1岁的时候，大多数小宝宝白天睡觉的次数都会减少到2次。每个宝宝的睡眠时间总量不同。有的孩子总共才睡10～11个小时，有的则多达15～16个小时。睡眠时间的总长度会在一年以后逐渐减少。

9个月左右，许多很能睡的宝宝就开始保持清醒并且要求被人关注了。差不多与此同时，宝宝会发现，一个用布盖住的玩具或者其他物体虽然看不见了，实际上仍然存在。心理学家把这个智力上的突破称作"客体永存意识"。从小宝宝的角度来看，这意味着视觉感受不到的东西不再被意识排除。（当你不再能轻易地把东西拿走的时候，就应该明白宝宝正在形成这种客体永存意识。所以，如果你把东西藏在身后，宝宝仍然会寻找。）

同样的情形也会在半夜出现。如果宝宝醒来时发现只有自己，他就知道即使看不见你，你也在附近，他会哭着让你陪着他。

有时候，只要简单地说一句"睡觉吧"就可以让宝宝重新入睡；但有的时候，你得把宝宝抱起来，让他再次确信你真的就在他身边。如果你在他睡熟了之前把他放回去，他就有机会练习自己重新入睡了。

睡眠问题。许多宝宝都有入睡困难和无法保持睡眠状态的问题。这些问题经常是由轻微的疾病开始的，比如感冒或耳朵发炎，但可能在炎症消退之后持续很长时间。解决问题的第一步就是让宝宝重新养成在自己的小床上入睡的习惯。开始时，爸爸妈妈可以陪在旁边，之后让他逐渐独立起来。睡前有个舒适的习惯会特别管用——比如讲故事，做祈祷，亲吻宝宝，等等。

全天上班的父母有时会发现，宝宝很难在傍晚的时候入睡。同时，我也经常听到这样的抱怨："我7点钟到家，他8点钟睡觉，我们几乎没有时间待在一起。"这让我忽然想到，虽然婴儿失眠对某些人来说是个问题，但对另一些父母来说却是解决某种问题的天然途径。如果可能，父母最好改变一下自己日程安排。

哭闹和肠痉挛

正常的啼哭和肠痉挛。所有的婴儿都有哭闹和焦躁的时候，而且往往比较容易找出原因。“哭闹和安抚”部分的内容（从第46页开始）也适用于一岁以内的小宝宝。哭闹的问题在宝宝6~8周大之前会越来越严重；但是，谢天谢地，以后就会逐渐减少。到三四个月的时候，大多数宝宝每天总共要哭闹一个小时左右。

但是，对有的宝宝来说，无论慈爱而又慌乱的父母怎么做，他们都会哭个不停，一小时又一小时，一星期又一星期地持续下去。肠痉挛的判定标准是：连续3个星期以上，每星期超过3天，每天3小时以上无法安慰的哭闹。现实生活中，如果一个健康的孩子无缘无故地哭闹、尖叫或者激动，而且比正常情况下持续的时间长得多，就可以认定是婴儿肠痉挛。肠痉挛就是指来自肠子的疼痛，但是我们还不清楚这是不是引起婴儿哭闹的根本原因。

肠痉挛的宝宝似乎会出现两种不同的哭闹。有的婴儿基本上都是在晚上一段特定的时间里哭闹——一般是5~8点。这些孩子白天大部分时间都心满意足，也很容易安慰；然后，随着夜晚的来临，麻烦就开始了。他们会大哭不止，有时候还很难安慰，而且一哭就是好几个小时。这就提出了一个问题：到底是傍晚的什么事情让他们如此焦躁？举例来说，如果是消化不良，他们就会在一天当中的任何时候都可能哭闹，而不仅仅在晚上。另一些婴儿不论白天晚上都会不停地哭闹。他们当中有的孩子看上去还很紧张，显得战战兢兢的。他们的身体无法很好地放松，很容易因为一点声响，或者任何快速的位置变化而受到惊吓或开始哭闹。

应对婴儿肠痉挛。面对一个焦躁、亢奋、肠痉挛或易怒的宝宝，父母经常会非常头疼。如果你的孩子患有肠痉挛，或者容易激动，一开始抱起他的时候他可能不哭了，但是几分钟过后，他会比之前喊叫得更厉害。他的胳膊会胡乱挥舞，一双小腿又蹬又踹。他不仅拒绝安慰，而且好像因为你努力地安慰他而感到生气。这些反应对你来说很痛苦。你会觉得对不起他，至少开始的时候会有这样的感觉。然后，你可能会越来越觉得自己不称职，因为你无法缓解他的痛苦。时间一分一秒地过去，他表现得越来越生气，你就会觉得他在轻蔑地排斥你这个家长，然后禁不住恼火起来。但是跟一个小不点生气会让你觉得惭愧，于是你就会竭力地压制这种情绪。这会让你比任何时候都神经紧张。

你可以试着做一些事情来改善这种局面，但是我认为，首先应该向自己的情绪妥协。其实，在无法让宝宝安静的时候，所有的父母都会感到担心、沮丧、畏惧和自责。大多数人还会感到内疚。如果面对的是第一胎的宝宝，就更会有这样的感觉，就好像孩子的哭闹是他们的错（其实不是这样）。另外，大多数父母还会生宝宝的气。这很正常。这时应该让自己休息一下。宝宝大哭大闹，你的反应很激动，这并不是你的错。这只证明你真的很爱宝宝。否则你也不会如此沮丧。

绝不要用力摇晃婴儿。在无计可施的情况下，绝望和气愤会使一些父母用力地摇晃孩子，想让他们停止哭闹。但是结果常常会造成严重的永久性大脑损伤，甚至会导致死亡。这真是一种悲剧。所以，在你的忍耐力到达极限之前，在你还没想通过用力摇晃孩子来解决问题的时候，就要寻求帮助。你可以先咨询一下宝宝的医生。另一个重要的问题是，一定要叮嘱照顾宝宝的其他成年人，让他们都知道用力摇晃宝宝非常危险。

医学诊断。如果宝宝患有肠痉挛，首先要做的就是让医生给他做检查，看看他的哭闹是否有什么明显的病理原因。如果宝宝的身体基本正常，各方面的发展也基本正常，而且做过仔细的身体检查，就更让人放心了；有时候找医生复诊也很必要。（发育不正常的肠痉挛婴儿很有必要进行全面彻底的医学诊断。）

如果得知宝宝的问题就是肠痉挛，你就可以松一口气了，因为得过肠痉挛的孩子长大以后会和其他孩子一样快乐、聪明，也一样会拥有健康的情感。对你来说，关键就是要以充分的信心和良好精神状态去面对接下来的几个月。

帮助宝宝。首先，请你再次查看第50页上应对哭闹的备忘清单。在医生认可的前提下，你还可以尝试几种解决婴儿肠痉挛的方法。虽然所有这些方法都会在某些时候奏效，但是哪种方法都不能解决所有问题。这些方法包括：在两次喂奶的间隔给宝宝一个安抚奶嘴；把宝宝紧实地裹在婴儿毯里；用摇篮或婴儿车轻摇宝宝；把宝宝放在吊兜里散步；带着他开车兜风；试试婴儿秋千（多数婴儿都会厌烦，并在几分钟之后再次哭闹）；播放轻柔或低沉的音乐。精神亢奋的宝宝经常在安静的状态下反应最好：让房间保持安静，减少探望者的数量，把声音压低，用轻缓的动作接触他们，抱着他们时紧紧地搂住，换尿布和洗海绵浴时放一个大枕头（带上防水罩）供他们仰卧以防止滚动，或者多数时候都用婴儿毯把他们包裹起来。

用润滑油给宝宝做腹部按摩。在

他腹部放一个热水瓶（注意不要太烫：你可以把热水瓶贴着自己的手腕内侧，不觉得太热即可。为了多一层保险，要用尿布或毛巾把瓶子包起来）。把宝宝横放在你的膝盖上，或者横放在热水瓶上，然后按摩他的后背。

换掉他喝的东西：试着换一种配方奶（这个办法的有效率一般能达到 50%），或者喝点菊花茶或薄荷茶。如果是母乳喂养，你就别再喝牛奶、咖啡和含有咖啡因的茶，也不要再吃巧克力（也含有咖啡因）和导致胀气的食物，比如卷心菜。

如果所有这些方法都不管用，孩子既不饿，也没有什么病，接下来又该怎么做呢？我认为，你完全可以把宝宝放到他的小床里，让他哭一会儿，看看他会不会自己平静下来。听着孩子哭闹却什么也不做非常难受，但实事求是地讲，除了对他的哭闹视而不见以外，你还能做什么呢？有的父母会出去散散步，任由孩子哭闹；有的父母则舍不得离开房间。处理这种情况没有正确或错误的方法，你认为合适就可以了。过一会儿，如果宝宝还在哭，就再把他抱起来，把每一种方法从头再试一遍。

帮助自己。很多父母一听到孩子的哭声就抓狂，疲惫不堪，如果面对的是第一个孩子，且长时间跟孩子待在一起，就更容易出现这种情况了。有一个真正有效的办法值得尝试，那就是将孩子放下几个小时，走出家门散散心。至少两周一次，如果能够接受，还可以再频繁一些。如果父母两人能够一起出去走走，效果最好。你可以请一个保姆，或请朋友、邻居过来替你照看孩子一会儿。

你可能跟许多父母一样，对此犹豫不决。你会想："为什么我们要麻烦别人照顾宝宝呢？另外，离开这么长时间我们会担心。"但是你不该把这样的休息看成是对自己的款待。因为充沛的精力和愉快的心情对你、对宝宝、对伴侣来说都很重要。如果你们找不到任何人帮忙，可以每星期挑一两个晚上轮流出去走走，见见朋友或者看一场电影。宝宝不需要两个忧心忡忡的父母同时听着他哭。另外，也可以试着让朋友们来看你们。要记住，任何能够帮助你保持心态平衡的事情，以及任何能够避免你对宝宝过分专注的事情，最后也会使宝宝和其他家庭成员受益。还有，尽管有点难以开口，但是一定要叮嘱所有照顾孩子的人，绝对不能用力摇晃宝宝。

娇惯

父母会把孩子宠坏吗？从医院回

到家里的前几周里，如果孩子在两次喂奶的间隙经常哭闹，不能安安稳稳地睡觉，你就会很自然地想到这个问题。你一把他抱起来走动，他就（至少是暂时地）停止了哭闹。一放下，他就会重新哭闹起来。在前6个月里，你用不着太担心孩子会被宠坏，这么大的孩子很可能是因为觉得难受而哭闹。如果一抱起来就不哭了，很可能是因为抱他的动作分散了他的注意力，也可能是因为你抱着他的时候温暖了他的小肚子，使他（至少是暂时地）忘记了自己的疼痛，或者忘了精神上的紧张。

关于娇惯的问题，答案是否定的，关键在于1个月大的孩子还不明白什么道理。所以很显然，他还没有能力做出这么复杂的思考，去指望在一天24小时里，只要一哭就会有人来关照他。只有在他懂得了这个道理的时候，才说明他被宠坏了。但是我们知道，婴儿还不可能对事情做出预测，他完全生活在“此时此地”。他也不可能形成这种想法：“好吧，我会把这些家伙的日子搅得痛苦不堪，直到他们对我有求必应为止。”——这种想法也是被宠坏了的孩子的另一个重要特点。

婴儿在这个时期学习的，只是对世界的一种基本的信任(或者不信任)感。如果他们的需要能够得到迅速而又周到的满足，他们就会觉得这个世界是个充满慈爱的地方，一个基本上只发生好事的地方。于是，原来那些不好的印象也会很快地转变过来。著名的精神病学家埃里克·埃里克森(Erik Erikson)认为，这种基本的信任感会成为孩子性格的核心。所以，对“婴儿能否会被宠坏”这个问题的答案是否定的。等他长大一点，到了能够理解为什么他的需要不能马上得到满足的时候（可能在9个月左右），才会被宠坏。所以，更重要的问题在于：“你怎样才能培养起婴儿最基本的信任感？”

6个月以后的娇惯。等到孩子6个月大的时候，你会变得更加多疑。宝宝到了6个月左右，肠痉挛和其他身体不适的原因就基本上消失了。有些在肠痉挛期间经常被抱着走动的婴儿，已经习惯了那种不间断的关注。他们希望那样的走动和陪伴能够继续下去。

以一位母亲为例，她一刻也忍受不了孩子的哭闹，所以，只要孩子醒着她就会在大部分时间里一直抱着他。于是，到了孩子6个月的时候，只要母亲一把他放下，他就会马上哭起来，还会伸出胳膊让母亲再把他抱起来。由于孩子的纠缠，想做家务是不可能的了。母亲难免会对这种束缚感到生气。但是，她又忍受不了孩子愤怒的哭闹。孩子很可能感觉到了父母的焦虑和不满，所以就会提出更多要求。另一位母亲的情况与此不同：如果孩子稍一哭闹，母亲就心甘情愿地把他抱起来；即使在孩子不哭的时候，母亲也能用背带整天把他背在身上。

有的母亲听到孩子有一点哭声，就会主动把他抱起来。即使孩子并不烦躁，有的母亲也会整天把他带在身边。这跟上文提到的情况非常不同。在许多文化当中，孩子在学会走路之前几乎不会被单独放在一边，这些孩子也并没有被宠坏。但是，让6～12个月大的孩子自己玩上几分钟是可以的，让他等一会儿再享受你的关注也没什么问题。要是宝宝非常小，就要尽量满足他的需要；要是宝宝大一些了，会走路了，或者已经是个大孩子了，那就要让他明白需要和愿望是不同的——他的需要会被满足，而愿望只在有些时候才能得到满足。

怎样才能不宠坏孩子？你需要坚强的毅力和一定的狠心，才能对孩子说“不”，才能以这样或那样的方式给孩子设定限制。为了让自己保持良好的情绪，你必须牢记，从长远来看，那些不合理的要求和过分的依赖给孩子带来的危害最终会大于带给你的麻烦。这不利于他们的成长，也会使他们很难跟外界顺利地接触，你的教育和纠正完全是为了他们好。

给自己制订一个计划，如果有必要可以写在纸上。要把家务和其他的事情都紧凑地安排好，让自己在孩子不睡觉的大部分时间里都有事情做。做事的时候要非常麻利，这样来引起孩子的注意，同时也给你自己提神。假如你是一个小男孩的母亲，而他又已经习惯了整天让人抱着，当他哭着伸出双臂的时候，你要用友好而坚决的语气跟他解释，告诉他这件事情和那件事情必须要在今天下午做完。虽然他听不懂你的话，但是他能理解你的语气。你要专注地做你的事。第一天的头一个小时是最难熬的。

如果母亲从一开始就有大部分时间不露面，也很少说话，那么，孩子就会比较容易接受改变。这可以帮助孩子把注意力转移到别的东西上。还有的孩子只要能看见母亲，还能听到母亲跟他说话，即使不抱起来，也能很快调整过来。当你给他一个玩具，教他怎么玩的时候，或者当你决定傍晚和他玩一会儿的时候，就要在他旁边席地而坐。如果他愿意，你可以让他爬到你怀里，但是，千万不要恢复抱着他到处走动的习惯。当你和他一起坐在地板上的时候，如果他感觉到你不会抱着他走动，他就会自己爬开。

如果你把他抱起来，那么，只要你想把他放下，他就会哭闹着抗议。当你和他坐在地板上的时候，如果他不停地哭闹，你就应该再找一件事情让自己忙起来。

你正在努力尝试的就是帮助孩子锻炼面对挫折的忍耐力——每次一点，慢慢来。如果他没有从婴幼儿时期（大概6～12个月）就慢慢地学会忍耐，以后再学就更困难了。

身体的发育

婴儿首先学会头部的运动。婴儿都要经历一个缓慢的过程，才能逐渐学会控制自己的身体，先从头部开始，然后逐渐向下过渡到躯干、手和腿。许多早期的运动早已预先设定在大脑里了。在孩子出生之前，他就知道应该如何吮吸。如果什么东西碰到了他的脸蛋——比如你的乳头或者手指——他就会努力地用嘴去够。用不了几天，他就能十分熟练地吃奶了。如果你想按住他的头不让他动，他马上就会生气，而且还会扭动脑袋想要挣脱出来。（或许这就是婴儿与生俱来的防止窒息的本能。）最晚到一个月左右，婴儿就会用眼睛去跟踪物体，还会用手去够东西。

学会用手。有些婴儿刚一出生就能随意地把拇指或者其他手指放进嘴里。怀孕期间的超声波检查显示，宝宝在出生前就会吃手指。然而，大多数婴儿直到两三个月大的时候，才能有规律地把手放进嘴里。同时，由于这时婴儿的小拳头还攥得很紧，所以一般都要再等一段时间才能单独叼住拇指。

但是许多婴儿在大约两三个月的时候，能一连几个小时目不转睛地看着自己的手。他们把手高高地举着，直到突然一下砸在自己的鼻子上——然后，他们会伸出胳膊，重来一遍。这便是手眼协调的开始。

手的主要作用是抓住东西和操纵物体。婴儿似乎事先就知道下一步要学什么。在他真正能够抓住一件物体的几周之前，好像很想努力地抓住物体。在这个阶段，如果你把一个拨浪鼓放在他手里，他就会抓住它摇晃。

到半岁左右，宝宝已经学会如何够离他有一臂距离的东西。也是在大约这个阶段，他还会学着把一个东西从一只手换到另一只手上。逐渐地，他就能更加熟练地摆弄东西了。从大约9个月开始，他会很喜欢小心翼翼而又专心致志地捡拾一些小东西，尤其是那些你不希望他们去碰的东西（比如一点尘土）。

右撇子还是左撇子。孩子习惯用

哪一只手是个令人迷惑不解的问题。大多数婴儿在最初的一两年里都是双手并用，而且两只手同样灵活，然后，才会慢慢地偏向使用右手或者左手。很少有婴儿在6~9个月的时候就开始偏爱使用某一只手。左撇子或者右撇子是天生的。大约有10%的人习惯使用左手。习惯用哪只手做事与家族因素有关，有的家庭会有好几个左撇子，而有的家庭一个也没有。强迫习惯使用左手的孩子改用右手，会使孩子的大脑出现混乱，因为大脑早已形成了一套不同的工作方式。顺便说一下，习惯用右手还是习惯左手的现象跟使用左右腿的偏好以及优先使用哪只眼睛的情况是相似的。

学会翻身和滚落的危险。婴儿学会控制头和胳膊的年龄各不相同，他们学会翻身、独坐、爬行和站立的时间就更是因人而异了。这在很大程度上取决于他们的性格和体重。体瘦、结实、精力充沛的孩子总是急于运动，而身体较胖的喜欢安静的孩子可能希望再等一等。

到了婴儿开始学翻身的时候，千万不要把他独自放在桌子上，哪怕只是一转身的工夫也不行。因为你无法准确地预测他什么时候就会成功地翻过身来。所以最保险的做法是，只要孩子在高处，就要用一只手扶着他。等宝宝能够翻身的时候，即使把他放在成人用的大床中间也是不安全的。别小看这个小宝宝，他翻到床边的速度快得令人难以置信，所以许多孩子就从大床上掉到了地上，这让做父母的感到非常内疚。

从床上摔下来以后，如果宝宝立刻大哭起来，几分钟之后就止住哭闹，并且恢复了正常，就表示他没有受伤。如果几个小时或者几天以后，你发现他有行为上的变化（比如爱哭、嗜睡、不吃东西等），就要打电话给医生，向他们说明当时的情况。在大多数情况下，你都可以放心，孩子一般不会有事。如果宝宝失去了意识，哪怕只是很短的时间，也最好立即给医生打电话。

独坐。大多数孩子在7~9个月的时候，不用扶就能坐得很稳。但是，在他具备这样的协调能力之前，可能就已经迫不及待了。如果你拉住他的双手，他就会试着把自己拽起来。孩子的表现总是让父母想到这样一个问题：再过多久我才能让他靠着东西坐在婴儿车里或者高脚凳上呢？一般说来，最好还是等到他能够自己稳稳地坐上几分钟的时候，再让他靠着东西笔直地坐着。但这并不是说父母不能让孩子坐着开开心，你可以让孩子坐在你的腿上，还可以让他靠着倾斜的枕头坐在婴儿车里，只要孩子的脖子和后背挺直就行。最不可取的是让孩子长时间地弯着腰坐着。

这就引出了高脚凳的问题。这种椅子能让宝宝跟其他家庭成员一起吃饭，这一点非常好。但是，孩子万一从椅子上掉下来就不是什么好事了。如果你要使用高脚凳，就选一个底盘宽大的，这样不容易倾倒。还要随时用安全带把孩子固定住。绝不要把孩子单独留在椅子上。

拒绝换尿布。宝宝永远都学不会的事情之一就是换尿布和穿衣服的时候躺着不动。因为这完全违背孩子的天性。从孩子学会翻身到 1 岁左右，也就是他们能够站着穿衣服的时候，他们会愤怒地哭喊、挣扎着不想躺下去，就好像那是一种他们从没听说过的暴行一样。

有几种办法多少会有点帮助。有的孩子能被父母发出的有趣的声音吸引，有的孩子的注意力可以被一小块薄脆饼干或者小甜饼转移。你还可以用一个特别好玩的玩具来吸引他，比如八音盒或者活动玩具什么的，而且只在穿衣服的时候才专门把它拿出来。在你让宝宝躺下来之前就应该分散他的注意力，不要等到他开始喊叫的时候再去想办法。

匍匐和爬行。匍匐，就是宝宝开始拖着自己的身体在地板上爬。这个进步一般出现在 6～12 个月的某个时候。爬行，就是他们用双手和膝盖支撑起身体到处移动，往往要比匍匐晚

几个月。偶尔也有一些完全正常的婴儿根本不会匍匐或者不会爬行，他们只是坐在那儿，蹭过来蹭过去，直到学会站立为止。

婴儿匍匐和爬行的方式多种多样，当他们熟练了之后就会改变方式。有的孩子先学会向后爬，有的则像螃蟹一样往两侧爬，有的婴儿直着腿用双手和脚趾爬行，有的用双手和双膝爬行，还有的用一条腿的膝盖和另一条腿的脚来爬行。爬行速度快的孩子可能走路会晚一些，而爬得比较笨拙或者从来就不会爬的孩子却具备了学走路的动力。

站立。虽然有些宝宝精力充沛又善于运动，早在 7 个月的时候就能站立了，但在一般情况下，孩子会在第一年的最后 3 个月里学会站立。偶尔，也能见到 1 岁以后还不会站立的孩子。但是这些孩子在其他所有方面都表现得很聪明、很健康。他们当中有的胖乎乎的，性情比较温和；有的双腿的协调性发展得有点慢。只要你的医生认为他们是健康的，在其他方面也都很好，就不用为这些孩子担心。

相当多的孩子在刚开始学站立的时候，因为不知道怎么坐下去，所以常常陷入困境。这些可怜的小家伙会一直站着，直到累得筋疲力尽而烦躁起来。父母同情自己的孩子，他们会赶紧把孩子从围栏里抱出来，让他坐下。可是孩子立刻就把刚才的疲劳忘得一干二净，再一次站起来。这一次，他没站几分钟就哭起来了。在这种情况下，父母能够采取的最好办法就是在宝宝坐下的时候，给他一些特别有意思的东西玩，或者用小车推着他多走一会儿。令父母感到安慰的是，孩子会在一周之内学会如何坐下。不知哪天，他就会试着坐下去。他会小心翼翼地把自己的屁股往下蹲，等到胳膊够着了下面的坐垫，他就会犹豫很长的时间，然后“扑通”一下一屁股坐下去。他会发现原来摔得并不重，而且他坐的地方也垫得很舒服。

再过几个星期，宝宝就能学会用手扶着东西来回走动了。先是用两只手，然后就用一只手。这个阶段被称为“蹒跚学步”。他最终会掌握足够的平衡能力，什么也不扶就能走上几秒钟。他的精力太集中了，并没有意识到自己在做一件多么大胆的事情。这时候，他已经为行走做好了准备。

走路。许多因素都决定着宝宝学会独自行走的时间。其中，遗传因素恐怕起着最重要的作用，其次就是宝宝的愿望、体重、爬行的熟练程度、疾病和负面经历等。一个刚刚开始练习走路的孩子，如果生病卧床两周，他就会在一个多月或者更长的时间里不愿意再尝试。如果正在学走路的孩子摔了一跤，也会在几周之内拒绝再次放开双手独自行走。

大多数幼儿都是在12～15个月学会走路的。有一些强壮而又有热情的孩子早在9个月的时候就开始走路了。也有相当数量的孩子在1岁半，甚至更晚的时候才开始走路。用不着采取任何方法去教孩子走路。当他的肌肉、神经和精神都做好准备之后，你想阻止他都不行。（学步车不能帮助孩子更早地学会走路，而且还非常不安全。相关内容参见第87页。）

斯波克的经典言论

我记得一位陷入困境的母亲。在孩子学会自己走路以前，她总是扶着他走来走去。由于孩子特别喜欢这种“悬浮式”的行走，所以整天都让母亲这样做。毫无疑问，这位母亲早在孩子感到疲倦和厌烦之前就已经又累又烦了。

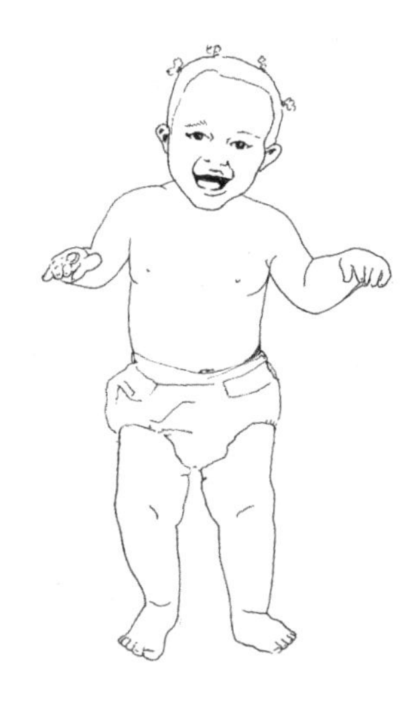

O型腿、内八字和外八字。走路较早的孩子的父母或许会担心，这会不会给孩子的腿带来不良的影响。在我们看来，无论孩子自己想做什么，都是因为他们的体格已经有能力承受这种动作了。在练习走路的头几个月里，宝宝有时会形成O型腿或者镰刀腿。但是这种情况既存在于走路较早的孩子身上，也存在于走路较晚的孩子身上。大部分宝宝在刚开始学走路的时候，两只脚多少都有点外八字，但是随着他们的进步，脚尖就会逐渐向里合拢。有的孩子一开始就像查理·卓别林那样，脚尖笔直地分向两侧，而这些孩子后来也只不过有一点轻微的外八字。那些开始时两脚水平朝前的宝宝更容易在以后变成内八字。内八字脚和O型腿常常相伴相随。

孩子的腿、踝关节、脚的挺直程度都取决于多种因素，其中包括孩子先天的发育模式。有的孩子似乎本来就有长成镰刀腿的倾向，同时踝关节还容易内翻。体重较重的孩子更容易发展成这种情况。而另一些孩子似乎生来就会长成O型腿和内八字。我认为这种情况最容易出现在那些特别活跃、体格健壮的孩子身上。另一个因素可能和孩子习惯于把脚和腿放在什么位置有关。比如，你有时会看到有的孩子双脚在踝关节处形成内翻，是因为他们总是那样把两只脚对着压在身子下面坐。

从孩子开始站立的时候起，做常规体检时，医生就会观察孩子的踝关节和腿部发育情况。如果踝关节无力、镰刀腿、O 型腿或者内八字等情况还在继续发展，就需要采取矫正措施，但是这些情况多数都会随着时间自行恢复正常。

对人的了解

对陌生人反应的变化。不同年龄的宝宝对陌生人的反应不同。你可以通过观察这种反应来了解他从一个阶段到另一个阶段的发展情况。下面的情景就是宝宝 1 岁之前，在医生办公室里的典型反应：2 个月大的婴儿几乎不会注意医生，当他躺在检查台上的时候，视线会越过医生的肩膀看着妈妈。4 个月大的宝宝是医生的最爱，只要医生冲他微笑或者对他发出声音，他就会发出咯咯的笑声。到了 5～6 个月，宝宝可能已经开始转变他的想法了。9 个月的时候，他已经肯定地认为：医生是个陌生人，应当感到害怕。当医生靠近的时候，他就会停止蹬踹和咕哝。他的身体会一动不动，眼睛专注地打量着医生，甚至充满怀疑。这种反应大约能持续 20 秒。最后他开始尖声地哭喊。可能太生气了，所以检查都结束很长时间了，他可能还在哭。

陌生焦虑。9 个月大的婴儿不但对医生感到怀疑，任何新鲜和陌生的事物都会让他产生焦虑。甚至是母亲的一顶新帽子也会让他不安。如果宝宝已经习惯了父亲留着胡子的样子，那么刚把胡子刮干净的父亲也会让宝宝紧张。这种表现被称为“陌生焦虑”，是一种非常有趣的现象。到底是怎样的改变让你的宝宝从喜欢所有人变得如此多疑，如此自寻烦恼？

在 6 个月以前，宝宝就能认出曾经见过的东西（我们之所以知道这一点，是因为他们会用更长的时间盯着这些东西看），但是他们似乎还没有真正地去思考，想想那些事物究竟是陌生的还是熟悉的。这可能是因为 4 个月宝宝的大脑思维部分——脑外层或者叫大脑皮层——还没完全联通。直到 6 个月的时候，大脑皮层的机能才能完善起来。其中一种结果就是，此时宝宝的记忆力会显著提高。他们能够清楚地分辨熟悉和陌生的事物，而且似乎已经具备了一定的理解能力，能够明白陌生的事物可能潜藏着危险。从宝宝的反应过程里你就能观察到这一点。他一开始会先盯着陌生人看，然后再看看你，又瞧瞧陌生人。最后，过了几秒钟之后，他就会放声大哭。

到了6～9个月，宝宝就变得更聪明了。但是，他们仍然不善于根据过去的经验来预测接下来将会发生的事情。6个月大的宝宝通常是活在“现在”的。所以，当一个陌生人出现在他面前的时候，他不能理解为什么眼前不是一个熟悉的人，也不能判断这种情况会带来什么好处。他对这种情况无能为力，所以只能抗议和哭闹。到了12～15个月，当怯生的感觉逐渐消失，宝宝就能更好地从以前的经历中吸取经验，并且对将要发生的事情做出预测。他可能会想：“我不知道这个人是谁，但是过去没有发生什么不好的事情，所以我可以对付这个陌生人，也不用恐慌。”

有些宝宝（大约14%）会对陌生的事物和陌生的人表现出明显的焦虑。当看见意料之外的事物时，即使是很小的婴儿也会心跳加速，而且在整个儿童时期，都会过度谨慎。拿刚开始学步的宝宝来说，他们在进入一个新环境之前，往往要踌躇很长时间。这种性格特点有时被非常形象地称为“慢热”。这种性格是天生的，来自于宝宝大脑独特的运转方式，而不是父母早期培养的结果。最重要的是，这并不是一种病，也不需要纠正。

如果你的宝宝在半岁左右，好像对陌生人和陌生的环境异常敏感，就应该避免惊吓，让陌生人跟他保持一定的距离，直到宝宝对这个人熟悉起来为止。但是，也不要不让他见陌生人。通过一段时间的反复接触，陌生的事物会变得更加熟悉，即使是慢热的宝宝也会变得更加轻松自在。

衣物和用品

鞋子：什么时候穿鞋？选择哪种款式？在大多数情况下，如果孩子不在户外行走，就没有必要给他穿鞋。在室内，宝宝的脚和手一样，始终都是凉爽的，所以他不会觉得光着脚有什么不舒服。换句话说，孩子在1岁之内，如果地板不是特别凉，就没有必要给他穿毛线织的鞋子或脚套。

学会站立和行走以后，在条件适合的环境下，孩子应该尽量光一光脚。孩子的足弓最初都是比较平直的，通过站立和行走，足弓和脚腕得到了积极的锻炼。只有这样，足弓才会慢慢地拱起来，脚腕也会变得强劲有力。在粗糙不平的地面上行走，还能加强我们对脚部和腿部肌肉的锻炼。

当然，在寒冷的天气里，或者当孩子在室外的人行道、不安全的路面上行走时，需要穿鞋。但是在两三岁之前，坚持让孩子在屋里光着脚（或者穿着袜子）活动，或者在暖和的天气里让孩子光着脚在室外、海滩上、沙箱里或者其他安全的地方行走，也大有好处。

孩子一开始最好穿半软底的鞋子，这样更便于小脚丫的活动。买那些样子别致的鞋子实在是浪费钱财。关键在于鞋子足够大，使脚趾头不至于蜷着，但也不能大得穿不住。

孩子的脚长得惊人地快，用不了多久鞋就小了，有时候一双鞋只能穿两个月。所以父母要养成习惯，每隔几周就要试一试孩子的鞋，看看是不是还够大。鞋子的大小不能只容许孩子的脚趾头伸直，还要再大一些才行，因为孩子走路时，每迈一步，脚趾就会往前挤。当孩子站着不动的时候，鞋尖部分必须留有足够的空间。要在孩子把脚伸进去以后，脚趾前面还有半个大拇指甲（约 0.6 厘米）的空间。你不能在孩子坐着的时候判断，因为人站着的时候，脚在鞋子里占的空间更大。当然，鞋子的宽窄也必须合适。有一种可以调节大小的软鞋，能够放大足足一个号码。带防滑底的鞋子很有用，这样，孩子就不至于先学会滑冰，后学会走路了。你可以用粗砂纸把光滑的鞋底打磨得粗糙一些。

只要鞋子合脚，价格便宜的也无妨。孩子不会出太多的汗，给他穿布面胶底鞋也不错。最初的几年里，宝宝的脚都是圆圆胖胖的，所以，矮帮的鞋子有时会穿不住，不如高帮的鞋子方便。但是除此以外，没有什么特别的原因非要给孩子穿高帮鞋不可。孩子的脚踝并不需要额外的保护。

游戏围栏。从孩子 3 个月的时候起，游戏围栏就能派上很大的用场。对于那些十分忙碌的父母来讲，它的作用尤其明显。你可以把游戏围栏放在起居室、厨房，或者你工作的房间里，这样你就可以一边干活，一边近距离地看着孩子，同时，孩子又不至于被踩着或者磕着。

当孩子长到能够站立的年龄，他还可以抓住游戏围栏的扶手，而且脚底下还有一个稳固的底座，因而十分安全。在天气好的时候，你可以把围栏搬到门廊里，让孩子安全地坐在里面，观察周围的世界。

如果你打算使用游戏围栏，最好在婴儿三四个月的时候就让他熟悉这个东西。趁他还没有学会站立和爬行，也不曾感受到地板上的自由自在的时候，就经常把他放在里面。否则，他会一开始就把它当成监狱看待。等他能坐会爬的时候，就会很高兴地去够一米多以外的东西，还喜欢玩比较大的物件，比如，炒菜勺子、平底锅、过滤勺等。所以，当他对游戏围栏感到厌烦的时候，就可以让他坐在婴儿安乐椅上，或者坐在连体桌椅上。给他一些到处爬行的时间对他有好处。

然而，即使孩子愿意，也不应该让他一直待在游戏围栏里。他需要一些时间进行探索性的爬行，但是要有成年人的看护。每过一个小时左右，你就应该陪他玩一会儿，抱抱他，或者用吊兜把他挎在胸前，带着他们走动走动。12～18 个月，多数孩子在游戏围栏里待的时间会越来越短。

秋千。在孩子学会了独坐，还不会走路的这段时间，秋千就派上用场了。有的秋千还带有动力装置，有的是为了在过道上使用而专门设计的，还有的装有弹簧，能把孩子弹起来。需要注意的是，弹簧上应该有罩子，防止手指受伤。否则，弹簧的间隙就不应该超过 3 毫米宽。有的孩子会高兴地荡来荡去，玩上很长时间，也有的孩子很快就玩够了。玩秋千能够避免孩子会爬以后可能导致的很多麻烦，但是也不应该让宝宝整天坐在上面。他们需要大量的机会爬行、探索、站立和行走。

学步车。学步车曾经很受欢迎，因为它看起来好像能帮助孩子早一点学会走路。但实际上，学步车反而会成为宝宝学步过程中的阻碍，因为孩子要做的只是摆动自己的双腿，根本用不着担心身体平衡问题。走路需要多种技能，而宝宝可能会图省事，不愿意去学习走路必需的所有技能。他靠自己的力量已经玩得很开心了，为什么还要学习走路这种困难的新花样呢？

另外，学步车还很危险，曾经使很多孩子受伤。因为它提升了孩子的高度，所以宝宝可以够到可能对他造成伤害的物品；它提高了孩子的重心，宝宝更容易摔倒；它还使孩子向前运动的速度达到了惊人的水平。孩子使用学步车的时候，容易连人带车一块顺着楼梯滚下去，从而造成严重的伤害。类似的先例已经出现过。应该停止婴儿学步车的生产。如果你有一辆，那么最安全的办法就是把轮子卸下来让它无法滚动，要么干脆把它扔掉。

1岁以内的常见疾病

无论孩子的健康状况发生了怎样的变化，都应该马上找医生问诊。千万不要自己诊断——因为出现诊断错误的可能性太大了。这里会提到一些儿科疾病，及其多种病因。讨论这些问题的主要目的，就是在医生做出诊断以后，帮助父母处理一些孩子常见的小问题。

打嗝。在最初的几个月，大多数宝宝吃完奶以后都会经常打嗝。事实上，在进行产前超声波检查的时候就能看见胎儿打嗝。到了孕期快要结束的时候，母亲甚至能感觉到宝宝在打嗝。打嗝对孩子似乎并没有什么影响，所以，除了看看他是否需要拍拍后背以外，用不着采取任何措施。如果你非要做点什么，那就给他喝点热水，这个办法有时候能止住打嗝。

回呕和呕吐。当少量凝结成块的牛奶从宝宝的嘴里慢慢地溢出来，那就是回呕。当胃里的食物大量喷射出来，喷出十几厘米远，那就是呕吐。

宝宝回呕是因为关闭胃部入口的肌肉还没有完全长好。任何增加胃部压力的事情——比如慢跑，过分挤压，让宝宝躺下，或仅仅是胃部自身的消化运动——都会导致胃里的食物向相反方向流动。多数宝宝在最初几个月都会经常回呕。有的孩子每次吃奶之后都会回呕好几次。有的孩子则偶有回呕的情况出现。有时奶水会从他们的鼻子里流出来；这不是什么可怕的征兆，只是因为鼻子和口腔是相通的。（如果第一时间把沾有奶渍的床单、尿布和衣服泡在凉水里，更容易洗掉。）

在最初的几周和几个月里，宝宝最容易回呕。多数孩子到了能够坐起来的时候就不再回呕了；有的孩子则要等到会走以后才行。偶尔有些孩子会在几个月大时才开始回呕。有时候长牙似乎会在一段时间内让问题加重。回呕虽然会把衣物弄得很脏，也增加不少麻烦，但是如果孩子的体重正常增长，也没有受到咳嗽，也没有窒息的现象，并且很高兴，那就没什么问题。

呕吐就是另一回事了。当宝宝第一次吐了大量的奶水之后，新爸爸和新妈妈们一定十分警惕。但是，只要这种情况不经常发生，而且孩子看上去仍然很高兴，很健康，体重增加正常，就不是什么严重问题。少数孩子每天都会出现一次严重的呕吐，尤其在最初几周里。应该特别注意帮助这些孩子打嗝，但是在多数情况下，无论你怎样更换配方奶，减少喂奶的分量或者帮助他打嗝，回呕和呕吐的现象都会照样出现。

如果孩子好像把吃下去的所有奶水都吐了出来，是否应该马上再喂他们呢？要是孩子看上去很高兴，就可以不喂，至少也要等到他们非常饥饿的时候再喂。孩子的胃可能有点难受，所以先给点时间让它平静下来。要记住，吐出来的东西看上去一般都会比实际上多。也有这样的孩子，虽然每次吃完奶都呕吐，但是他们的体重仍然增长得很正常。

吐出来的奶水是否有酸味或者是否凝固都不重要。胃里的第一个消化程序就是分泌胃酸。所有在胃里储存了一段时间的食物都会变酸。而且，胃酸还会使牛奶凝固。

孩子吃奶以后轻微的回呕和偶尔的呕吐没什么可担心的。那么，什么时候应该叫医生呢？

• 如果回呕伴有过敏反应的症状，比如哭闹、窒息、全身蜷缩、咳嗽，或者体重增长减慢等，这些可能是胃食管反流症的表现（参见第49页）。

• 呕吐重复发作两次以上，特别是那种强烈的呕吐，或者吐出来的东西呈现出黄色或绿色，说明里面含有胆汁。

• 伴有发烧、行为异常（困倦、不爱活动、易怒等），或者其他生病迹象的呕吐。

• 不管因为什么，所有让你担心的呕吐和回呕现象都应该找医生咨询。即使结果证明那只是普通的老毛病，为了保险，也还是到医生那里诊断一下为好。

大便颜色的变化。几乎没有什么事能像孩子大便颜色的变化那样让父母担心。实际上，不管孩子的大便是褐色、黄色，还是绿色，都没有关系。就像设计师的风格一样，大便会有很多颜色。说不上哪一种颜色更健康。如果孩子的大便变成了黑色（表明大便中可能有大量的血，在通过肠道的过程中，变得像沥青一样发黑）或者红色（很可能是血），或者像粉笔一样发白（说明胆汁可能有问题），就要格外注意。

便秘。便秘是指大便干燥、坚硬而又难以排出的情况。要确定一个婴儿是否患有便秘，不能光看他每天排大便的次数。大便干燥的时候，大便上偶尔会带有血丝。虽然不是什么罕见的情况，但是只要大便上出现血丝，就应该找医生问诊。

刚开始吃固体食物的时候，吃母乳的孩子可能会便秘。很显然，他的肠道在消化母乳的时候一直很省事，所以不知道如何处理这些不同的食物。他的大便会变得很硬，排便的次数也会减少，而且，孩子在排便时还会显得不太舒服。你可以给他喂一点糖水(一茶匙砂糖加上30毫升的水)，也可以喂他一点西梅汁、苹果汁或梨汁（一开始每次喂30毫升，然后慢慢地增加)，还可以喂一点煮烂的李子羹（一开始每天喂两茶匙，然后慢慢地增加)。有些婴儿吃了西梅以后就会肚子痛，但多数婴儿吃了以后感觉良好。一般来说，便秘是暂时的。如果这种情况持续的时间超过了一周，就应该找医生看一看。

吃配方奶的婴儿也容易便秘。每天加110克水或西梅汁就能好转。如果这些办法不解决问题，就要找孩子的医生诊治。有些父母认为是婴儿配方奶粉中的铁导致了便秘，但研究并没有证实这一点。所以铁含量低的配方奶并不能改善便秘。(而且铁对大脑的发育很重要。)

腹泻。婴儿在一两岁以内肠道都很敏感，不仅细菌和病毒会使他们的肠胃不适，某些新的食物、太多的果汁也会让他们感到不舒服。好在，这种不舒服一般都比较轻微，也不会带来严重的后果。孩子可能会比平时多排出两次比较稀软的大便。重要的是，孩子仍然很爱玩，也很活跃，排尿的次数和平常一样。如果说有什么生病的迹象，也就是鼻子有点不通气，食欲略有下降而已。一般用不着什么特别的治疗，几天以后症状就会消失。你可以给孩子多喝一点水或者稀释的果汁，或者把最近给孩子新添加的食物暂时取消。

以前，对于轻微腹泻的孩子，一般的做法就是暂停固体食物和配方奶，代之以大量的高糖液体（比如果冻饮料、苏打水或苹果汁)。研究已经发现，这种传统的止泻饮食反而会使腹泻加重，而且还会延长腹泻时间。所以，对患了轻微腹泻的婴儿，要继续喂他母乳或者配方奶，还要坚持正常的饮食——让他能吃多少就吃多少，这样对他最好。如果腹泻持续了两三天以上，即使孩子仍然表现得很健康，也应该向医生咨询。有关腹泻和脱水的更多内容，参见第269页。

皮疹。如果孩子长了不明类型的皮疹，应该找医生诊治。皮疹通常很难用语言描述，虽然多数皮疹并不十分严重，但有些的确是某种急需诊治的疾病的征兆。

一般的尿布疹。多数婴儿出生几个月的时候皮肤都比较敏感。由于吸收了水分的尿布会紧贴着娇嫩的皮肤，从而阻碍了这个区域皮肤的呼吸，所以垫尿布的部位最容易得尿布疹。治疗尿布疹的最佳方法一般就是尽量不给孩子包尿布——每天几个小时最理想。比如，孩子解完大便以后，短时间之内不太可能再次排便，就可以利用这个机会,让他在微风里吹一吹。叠起一块尿布，放在宝宝的身下，或者把他放在一大块防水垫子上。要尽量让尿布待在孩子身下（尽管如此，宝宝们也还是会把尿撒在外面——所以要在手边准备一些纸巾）。此外，还要让屋里的空气暖和一点，尽量少碰患处。几乎所有的婴儿都会不时地得上几块尿布疹。如果不太严重，而且疹子来得快去得也快，就不必专门治疗，在空气里晾一晾就可以了。

孩子长了尿布疹的时候，千万不要用肥皂清洗患处，因为肥皂会使尿布疹变得更加严重。要用清水洗，不要用湿巾擦拭。你可以在孩子的皮肤上厚厚地涂一层凡士林油，或者涂上任何一种护臀霜来保护。孩子长了尿布疹的时候，尿布服务公司会用特殊的方法清洗尿布。如果你自己洗尿布，也可以在最后一次漂洗的时候加入半杯白醋。

酵母菌（又称念珠菌）引起的尿布疹会出现浅红色的斑点。这些斑点常常聚集在一起，形成一片发红的硬块，硬块的边缘也会出现斑点。在包尿布的区域，皮肤的褶皱里总是鲜红色的，突出的地方则会有鲜红色的斑点。治疗方法就是请医生开一些抗酵母菌的药膏敷用。带水疱或有脓的皮疹（特别是伴有发烧症状的，甚至不发烧的）很可能是细菌引起的，应该找医生诊治。

腹泻引起的皮疹。腹泻的时候，有刺激性的大便有时会在肛门周围引起很痛的皮疹，屁股上也可能长出又红又亮的疹子。治疗的方法就是尿布一脏就立即更换——这可不是一件容易的事。然后清洗患处。如果出疹子的部位很疼，也不能擦。你可以抱着孩子，在水龙头下面用温水冲洗他的小屁股，然后蘸干，再擦上一层厚厚的油膏（哪种牌子都可以）加以保护。要是这种办法不起作用，就把尿布拿开，让包尿布的皮肤暴露在空气里。有时只要婴儿还在腹泻，似乎就没有什么特别有效的办法。好在，只要腹泻一好，这种皮疹就会自动痊愈了。

面部皮疹。最初几个月里，婴儿的面部可能会出现多种轻微的皮疹。这些皮疹很难确切地命名，但是十分常见。粟粒疹是微小的发亮的白色丘疹，周围一点儿也不红，看上去就好像是皮肤上的小珍珠。出现这种情况，是因为宝宝皮肤里的油脂腺正在分泌油脂，但是他们皮肤上的通道尚未打开，所以油脂只能聚集在皮肤下面再过几周或几个月，油脂腺的排泄管打开了，油脂就排出去了。

有些婴儿的脸上或者前额上会出现几个小红点或光滑的丘疹，看上去很像痤疮，实际上也就是痤疮。这是因为他们在子宫里的时候，受到了母亲激素的影响。这种痤疮可能会持续很长时间，让父母大伤脑筋。过一段时间它们会自动消失，也会再次出现。各种药膏似乎都起不了什么作用，但这些红点最终都会消失。

中毒性红斑由一些带斑点的红色斑块组成，直径为 6～12 毫米，有的疹子顶端还有白色的小包。在肤色较深的宝宝身上，这些斑块的颜色可能发紫。它们在婴儿的面部或者身上的不同部位都可能出现。虽然我们不知道这种常见的皮疹是什么引起的，但是，一旦它们消失，就不会再出现了。大一点的脓疱或者丘疹可能带有炎症，应该立即向医生反应。

头上和身上的疹子。天气开始变热的时候，婴儿就会长痱子，一般都是在肩膀和脖子上。痱子是很小的成片粉红色丘疹组成的，周围会有一些斑块。这些斑块在皮肤较白的孩子身上是粉红色，而在深色皮肤的孩子身上则会呈现出红色或发紫的颜色。斑块干燥以后，患处的皮肤看上去就会有些发黑。痱子一般都会先出现在脖子周围。情况严重的时候，还会向下蔓延到胸部和后背，向上蔓延到耳朵周围和面部，但是婴儿一般都不太在意。你可以每天用脱脂棉蘸着小苏打溶液（在一杯水中兑一茶匙小苏打）给孩子轻拍几次。另一种治疗方法是，在患处撒一些玉米淀粉制成的婴儿爽身粉。（我们不再主张给孩子用滑石爽身粉，因为它会刺激肺部。）痱子一般不需要治疗就会自己消失。更重要的是，要让孩子保持凉爽。在炎热的天气里，不要害怕给孩子脱衣服。没有证据表明，小时候不穿衣服的孩子长大以后就会变成裸体主义者。

乳痂（脂溢性头皮炎）。一般是一种轻微的紊乱，会在头皮上形成一块块黄色或者发红的硬痂，看上去油乎乎的。乳痂也会出现在面部，还会出现在包尿布的部位，以及身体的其他部位。你可以用油膏把硬痂泡软，再用温和的去头屑洗发水清洗，然后把剥落下来的痂皮刷掉。在用洗发水清洗之前，不要用油膏泡太长时间。药用洗发水和处方药也会有所帮助。乳痂很少会持续到 6 个月以后。

脓疱病。这是一种皮肤的细菌性感染。一般不太严重，但是会传染，所以应该迅速找医生诊治。皮肤上先是出现一种非常娇嫩的小水疱，里面有淡黄色的液体或白色的脓，周围的

皮肤会发红。小水疱很容易破裂，然后留下一小块鲜嫩的破伤。婴儿身上的这种伤口不像大孩子那样很快就能结出厚痂。脓疱病容易在潮湿的部位出现，比如尿布区的边缘、腹股沟、腋下。还会形成新的疹块。你可以给孩子敷用非处方的消炎药膏，还可以给患处通风晾一晾。不要让衣服和被子遮住出疹子的地方。如果有必要，还可以把室温调节得比平时高一些，防止孩子着凉。医生开的消炎药膏一般都能很快地解决问题。在孩子生病期间，要给所有的尿布、床单、内衣、睡衣、毛巾和浴巾消毒。按照包装上的说明，用普通的次氯酸钠漂白洗涤效果很好。

口腔疾病。*鹅口疮*是一种常见的轻度口腔酵母菌感染，看上去好像一片奶垢粘在腮上、舌头或者上腭。和奶垢不同的是，它很难擦掉。一旦真的擦掉了，露出来的皮肤就会轻微地出血，看上去还会有点红肿。长了鹅口疮的孩子会觉得疼痛，吃奶的时候也不舒服。所有的婴儿都可能长鹅口疮，跟卫生习惯没有任何关系。虽然治好以后还有可能复发，但是开点处方药，用手指尖抹在鹅口疮上，一天几次，通常就可以把它治好。如果不能及时得到药物治疗，就应该在吃奶之后，再让孩子喝 15 毫升的水。水可以把嘴里的奶冲洗干净，使鹅口疮得不到足够的养分，无法进一步发展。不要把牙床内侧的白色误认为是鹅口疮，那是上磨牙即将长出来的地方。这个部位的皮肤颜色一般都是苍白的。由于父母一直保持着警惕，所以有时会把这种正常的白色当成鹅口疮。

*牙床和上腭的囊肿。*有些婴儿的牙床顶端会出现一两个像白色小珍珠一样的囊肿。你可能以为那是孩子在长牙，但是它们太圆了，而且用勺子碰上去也没有响声。类似的囊肿还经常会从前往后地出现在上颚的隆起处。这些囊肿没有什么关系，最终也都能消退。

有关长牙的内容,参见第 330 页。

眼疾。很多婴儿刚出生几天，眼睛就有轻微的发红。这可能是因为泪腺尚未发育成熟，从而出现部分阻塞引起的。这种情况不需要治疗，一般都会自己好起来。

*泪腺阻塞。*另一种轻微的慢性睑缘炎可能出现在最初的几个月里。有相当多的婴儿会染上这种疾病，最常见的是一只眼睛患病。染病后眼睛特别容易流泪，尤其在刮风的天气里。白色的分泌物会在眼角或者顺着眼睑的地方聚积起来。孩子睡醒的时候，这些分泌物能把眼帘粘在一起。这种

情况是泪腺阻塞引起的。泪腺从内眼角的小孔先通向鼻子，再顺着眼窝的边缘向下通向鼻腔。当泪腺出现部分阻塞的时候，眼泪就无法得到及时的疏导，就会在眼睛里聚集起来，然后顺着脸颊流下去。因为眼泪没把眼睛清洁干净，眼睑就会经常受到轻微的感染。一般的治疗方法就是在使用医生处方的眼药膏或者眼药水的同时，对泪腺进行轻轻地按摩,促使其通畅。医生会告诉你怎么做。

泪腺阻塞的情况十分常见，不是什么严重的问题，也不会给眼睛带来危害。这种症状可能会持续好几个月。即使不去管它,一般也能自己好起来。如果过了一年还不见好转，眼科医生就会用一种很简单的方法疏通泪腺。当眼睑粘在一起的时候，你可以用干净的手指蘸着水轻轻地涂在沾有分泌物的部位，也可以用干净的毛巾蘸上温水（水不能太热，因为眼部的皮肤对温度十分敏感）涂擦，把硬壳泡软以后眼睛就能睁开了。另外，泪腺阻塞不会引起白眼球的感染。

结膜炎。眼睑处有一条透明组织，眼白处也覆盖有一层这样的组织。结膜炎就是这些组织发炎了，导致眼白看上去有些充血或变成粉色。一般还会有黄色或者白色的脓液从眼睛里分泌出来。这时应该马上找医生诊治。

内斜视。如果婴儿的眼睛总是内斜或外斜，肯定不正常。但如果他只是时不时出现，在多数情况下，到 3～4 个月时，眼睛就会恢复正常。但就算是短暂的斜视,也应告知医生。婴儿的眼睛有时好像斜视还有另一个原因，就是当他们看着手里的东西的时候，由于胳膊很短，所以需要把眼睛往中间聚合很多（斗眼）才能看清。他们只是把眼睛正常地聚在一起，只不过大人聚合的程度不像他们那样夸张罢了。孩子的眼睛也不会就这样固定下来。父母经常询问在婴儿床上方悬挂玩具是不是有害，因为孩子看着它们的时候有时会出现眼睛内斜。把玩具悬挂在孩子鼻子的正上方是不对的，但是，把它挂在 30 厘米以外，或者更远的地方完全没有问题。（有关安全问题的内容，参见第 70 页。）

如果你怀疑孩子的眼睛是否端正，马上给他作个眼部检查。因为斜视的眼睛如果长时间得不到治疗，就会逐渐失去视觉功能，所以一定要尽早想办法让孩子正常地使用它。当两只眼睛不能协调地聚焦到一个物体上的时候，就会分别看到不同的影像，孩子就会看到重影。这种感觉十分混乱，而且很不舒服。所以，大脑就会自动地忽视和压抑其中一只眼睛的视觉。几年以后，大脑也就没有能力去处理来自那只受压抑眼睛的视觉信息了。最后，无论做什么努力，这只眼睛都会失明。如果斜视的时间太长，就不可能恢复那只眼睛的视力了。这种情形被称做“弱视”。

眼科医生的工作就是马上让弱视的眼睛恢复工作。一般的方法就是长时间给孩子那只健康的眼睛蒙上一块布。医生也可能给他配一副眼镜，进一步促使双眼协调工作。然后，就是决定是否需要手术的问题。有时候，必须连续做好几个手术才能获得满意的效果。

呼吸道疾病。婴儿经常打喷嚏。除非他同时还流鼻涕，否则打喷嚏并不说明孩子感冒了。打喷嚏最常见的原因是灰尘或者鼻孔里聚集的鼻涕干燥以后产生了刺激。

慢性呼吸嘈杂会出现在一些小宝宝的身上。虽然一般都不怎么严重，但只要孩子的呼吸出现杂音，就应该找医生检查。有不少婴儿都会从鼻子的后部发出微弱的呼噜声。这种声音很像大人的呼噜声，不同之处在于，婴儿的呼噜声是在醒着的时候发出来的。这似乎是由于他们还没有学会控制自己的软腭，长大一点就会好。

导致慢性呼吸嘈杂的常见原因是喉部（声箱）四周的软骨尚未发育完全。在宝宝吸气的时候，软骨就会上下拍动发出声音,医生把这称为喘鸣。这种声音听起来好像婴儿被憋住了一样，其实，他们可以一直那样呼吸下去。在多数情况下，喘鸣都是在婴儿用力呼吸的时候才产生的，比如患感冒的时候。当他们安静下来或者睡觉的时候，喘鸣一般就消失了。趴着的时候一般也会好一些。如果你的孩子有喘鸣，就一定要找医生看一看，一般可能不需要什么治疗。比较轻微的喘鸣会随着孩子长大而逐渐消失。

尤其对于大一点的婴儿或者孩子来说，突然出现的呼吸嘈杂就跟各种慢性呼吸道疾病完全不同了。那可能是由于哮吼、哮喘或者其他感染引起的，需要马上医治（参见第 260 页）。

屏气发作。有些婴儿在希望落空的时候，会愤怒而暴躁。他们会大声地哭闹，接着屏住呼吸，脸色发青。第一次发生这种情况的时候，肯定会把父母吓得不知所措（这些孩子平时往往都是高高兴兴的）。但是你可以放心，没人会因为屏气而被憋死。最严重的情形也就是孩子因为停止呼吸的时间很长，失去了知觉。然后他的身体又会自动恢复控制，重新开始呼吸。个别的孩子会因为屏住呼吸的时间太长，不仅憋得失去了知觉，还可能突然出现抽搐。还是那句话，这种情况虽然看着可怕，但没有真正的危险。

也有些婴儿在受到惊吓或者突然感到疼痛的时候会先哭几声，然后昏过去。这是屏气发作的另一种形式。

要把所有呼吸暂停的症状都告诉医生，这样他们才能确定孩子的健康是不是有什么问题。一旦确诊没有问题，也就没什么可担心的了。有时候，屏气发作也会发生在贫血的孩子身上。在这种情况下，补铁滴剂会有所帮助。当孩子开始哭闹的时候，你可以鼓励他做点别的事情，试着转移他的注意力，但这种方法不是总管用。屏气发作并不危险，一般来讲，等孩子到了上幼儿园的年龄就自然消失了。记住这一点你或许会觉得安心一些。

学步期宝宝：12～24个月

周岁宝宝为什么这样

自命不凡。1 周岁是一个令人兴奋的年龄。宝宝的许多方面都发生着变化：吃饭、运动方式、对世界的理解、想做的事情、对自己和他人的感觉等。1 周岁以前，他们又小又无助，你可以想把他们放哪儿就放哪儿，给他们玩你觉得合适的玩具，喂他们你认为最好的食物。在大部分时间里，他们都愿意听从你的摆布，而且心悦诚服地全盘接受。现在，宝宝 1 岁了，一切变得复杂了。他们似乎已经认识到，在以后的生活中，自己不再是任人摆布的婴儿，而是有着独立思想和个体意愿的小人儿了。

有人把孩子 2 岁左右的这段时期叫做"讨厌的 2 周岁"。当孩子到了 15～18 个月，他的行为就会表现出他正朝着"讨厌的 2 周岁"方向发展。与其说 2 周岁是具有挑战性的年龄，不如说那是一个美妙的、令人激动的年龄。当你提出一个并不吸引他的建议时，孩子会觉得必须坚持自己的决定。是天性让他这么做的。这就是所谓"个性化"过程的开始。孩子开始变成一个有独立思想的人了。于是，他和你之间那段甜蜜和谐的时光在一定程度上结束了，因为他想变成自己希望的样子，就要摆脱你对他的控制。

所以，他会用语言或者行动对你说"不"，甚至对喜欢做的事情也是如此。有人把这种现象称为"抗拒症"。但是，你静下来想一想，如果他从来都不说"不"，又会发生什么情况呢？如果他从来都不反对你的意见，就会变成一个顺从的"机器人"，也就永远都不会从尝试和错误中吸取经验了。要知道，勇敢的尝试和犯错误是学习的最佳途径。孩子每时每刻都在成长。他会变得越来越聪明，越来越有能力自己做一些决定。

从这个阶段开始，孩子就想离开父母独立行动了。这可能会有点痛苦，你会觉得好像被孩子抛弃了，更何况你很难放弃对他的控制。但是，这种独立性对孩子的成长是绝对必要的。所以，尽管宝宝曾经给了你一段毫不犹豫的无条件特殊亲情关系，你也不得不向它告别。你要去迎接一种更复杂的亲情关系，跟这个“新人”打好交道。

独立与合群。宝宝会变得更有依赖性，同时又更有独立性。这句话听起来似乎很矛盾——它当然是矛盾的，但宝宝就是这样！有个1岁宝宝的家长抱怨说：“每次我一走出房间，他就开始哭叫。”其实，这并不意味着孩子正在养成一种坏习惯，而是说明他在长大，说明他已经意识到自己有多么依赖父母。虽然这种依赖性会给父母带来不便，却是一个好兆头。与此同时，他也会变得更加独立，越来越渴望自己做事，渴望探索新的地方，还愿意和不熟悉的人交朋友。

我们来观察一下，当父母洗碗的时候，一个刚刚会爬的宝宝会有什么样的表现。他先是拿一些锅碗瓢盆高兴地玩一阵了。等他玩够了，就决定“侦察”一下餐厅。他会在桌椅下面爬来爬去，捡起一点尘土尝一尝，然后小心翼翼地爬起来去够抽屉的把手。再过一会儿，他又会突然爬回厨房，好像需要有人做伴。有时候你能看出来，他要求独立的欲望占了上风，另一些时候，他又需要安全和保护。宝宝在这两者之间轮换着寻求满足。

再过几个月，他就会在自己的试验和探险中变得更加勇敢和大胆。虽然仍然需要父母的照顾，但不总是这样了，他的独立性正在形成。然而，宝宝的勇气有一部分是来自对环境的了解，当他需要安全和保护的时候，就能得到。

独立性不仅来源于自由度，也来自安全感。有些人可能曲解了这个问题。他们会把孩子长时间地单独留在一个房间里，任凭孩子哭闹着要求陪伴也不予理睬，想用这种方法来“训练”孩子的独立性。但是父母如此强烈地灌输这种意识，只会让孩子觉得这个世界是个讨厌的地方。长此以往，反而会进一步强化他的依赖性。

由此可见，1岁左右的孩子正处在一个十字路口上。给他机会，他就会逐渐变得更加独立，比如更愿意跟外人交往（不管是成年人还是孩子），更加自立，更加开朗。9个月时那种强烈的怯生感已经消失了。如果他被管得很严，远离别的孩子，而且习惯父母的陪伴，那么他就需要更长的时间才能学会跟外人交往。最重要的是，要让1岁的孩子与一直照顾他的人有一种牢固的依恋关系。有了这种坚实的感情依靠，交往的能力就会最终形成。

探索的热情。1岁的孩子是天生的“探险家”。他们会去搜索每一个角落和每一个缝隙，会用手指去拨弄家具上的雕刻，会摇动桌子或者任何没被固定的物体。他们可能想把每一本书都从书架上抽出来，想爬到他上得去的任何东西上，还会把小东西装进大东西里，又试图把大东西装到小东西里。总之，他们想把一切都弄个明白。

和许多事物一样，孩子的好奇心也是一把双刃剑。一方面来说，这就是宝宝的学习方式。他必须弄清楚他的世界里每一件东西的大小、形状和可动性，并在进入下一个发展阶段之前，检验自己的能力。这就如同孩子上中学之前，要先经过小学阶段的各年级一样。孩子这种不断的探索表明他的头脑很聪明，精神也很愉快。

从另一方面来看，这对你来说是一个十分疲劳的阶段，你要时刻保持警惕，既要让孩子探索，还得保证他的安全，保证他做的事情对他的成长和发展都有好处。

帮助学步期宝宝安全探索

探索和危险。宝宝一学会走路，你就应该在每天外出时把他从婴儿车里抱出来。不要怕他弄脏衣服，他就该把衣服弄脏。找一个用不着你随时跟着他，他也可以跟其他孩子接触的地方。如果他捡起一截烟头，你必须立刻过去把它扔掉，另外给他一个有趣的东西玩。千万不要让他抓沙子或泥土吃，这些东西会刺激肠道，甚至可能让他肚子里长寄生虫。如果他见什么都往嘴里放，就给他一块硬饼干或者一个干净的东西让他咬，让他的嘴闲不下来。

以上就是这个年龄段的孩子寻求独立时通常会遇到的危险。虽然把一个体格健壮、会走路的孩子一直“禁闭”在小车里可以让他避开许多麻烦，但也会限制他的个性，阻碍他的发展，还会压抑他的精神。

避免受伤。1周岁是个危险的年龄。父母不可能为孩子免除所有的伤害。如果父母谨小慎微，不让孩子去尝试，孩子就会变得胆怯和依赖。所有的孩子都难免会有一些磕碰，那是他们积极玩耍、健康活动的必然经历。只要你多加小心，采取一些简单的预防措施，就可以保护孩子免受严重的伤害。（相关内容参见第 285 页，预防意外伤害。）

让宝宝从游戏围栏里出来。有的宝宝到了 1 岁半的时候还愿意待在游戏围栏里，或者至少能待上一阵子。也有的孩子 9 个月就觉得那是个监狱了。但是，大多数孩子都能很好地接受它，而且能一直玩到 15 个月左右，他会走路的时候为止。当孩子觉得不耐烦的时候，就要让他从围栏里出来，这并不是说他刚有点不耐烦就必须把他抱出来。如果你给他一个新玩具，他可能又会高兴地玩上一个小时。游戏围栏的局促感是逐渐显现出来的。一开始，只有孩子在里面待的时间太长的时候，才会开始讨厌围栏。逐渐地，他会越来越快地觉得不耐烦。再过几个月，他就会表示反抗，在里面一分钟都待不住了。无论在哪种情况下，只要孩子在里面待够了，就要让他出来。

学步带还是牵引带？许多刚学走路的孩子在超市或商场里都会自然而然地紧跟着父母，但是，也有些特别活跃和喜欢冒险的孩子很容易走开，让父母十分紧张。对于这些孩子来说，那种能系在他身上的学步带或者

牵引带就非常实用了。有人用不赞成的眼光看着你用带子拴着孩子吗？有可能。你该为此而忧虑吗？或许不应该。安全才是主要目的，不管什么东西，只要它能让孩子在到处探索时觉得安全，同时又能使你轻松、让孩子高兴，就是好东西。

给会走路的孩子布置房间。怎样才能防止 1 岁的宝宝伤着自己，又不让他们弄坏家居用品呢？首先，应当整理好供孩子活动的房间，保证大部分他够得着的东西都可以玩。这样，你就用不着告诉他哪些东西不能玩了。（如果你不让他碰那些伸手就能拿到的东西，孩子就会表现得非常任性，你也会十分恼火。）如果有很多东西他能拿到，就不必费力地去碰那些够不着的东西了。

说得再具体一点，就是要把那些易碎的烟灰缸、花瓶和小装饰品从矮桌子和架子上拿走，放在孩子够不到的地方。把珍贵的书籍从书架和书柜的下层拿开（放一些旧杂志代替）。把好书紧紧地塞在一起，让孩子抽也抽不出来。在厨房里，你可以把各种锅和木制的勺子放在靠近地板的架子上，而把瓷器和食物放在孩子够不着的地方。你可以在衣柜下边的抽屉里装上旧衣服、玩具和其他有趣的东西，让孩子自己到那里去探索，把它们掏空了再填满，以满足他的好奇心。

设定限度：只说“不行”是不够的。即使你已经做好了防范工作，家里也还是有一些东西是学步期孩子不能碰的。毕竟，桌子上总得有台灯，他绝对不能扯着电线把它拽下来，也不能把桌子拉翻。他绝不能碰热炉子，也绝不能打开煤气阀门，更不能爬到窗子外面去。

刚开始的时候，仅仅命令孩子“不要动”是不够的。光说“不”不能阻止孩子的行为，至少刚开始的时候不

斯波克的经典言论

孩子会走路以后就不适合待在婴儿床里，也不适合放在围栏里了，应该让他在地板上活动。当我跟父母们说这些话的时候，他们会不情愿地看着我说：“可是我担心他会伤着自己。至少，他会把屋子弄乱。”但是，你迟早都要让孩子出来到处跑，就算 10 个月的时候不行，到 15 个月他会走路的时候也总该放他出来了。即使到了那个时候，他也不会更懂道理或者更容易管束。无论在什么年龄开始让他在房间里自由活动，你都需要做调整。所以，还不如在孩子准备好的时候，就尽早给他自由。

行。在以后的阶段，也要看你的语气，你强调的次数，以及你是不是说话算数。只有等他从经验中懂得那些话的意思，知道你说话算数的时候，你才可以真正通过命令来告诉孩子该怎么做。不要只是在房子的另一头，用挑战的口气命令孩子不要动东西，这种方式会留给他选择的余地。他会对自己说："我是要做一个懦夫按照他的话去做呢，还是像大人一样抓住这根电线呢？"千万记住，孩子的天性会促使他去继续探索，又会在命令面前犹豫不决。所以很可能会出现这样的情况，他会一边向那根电线靠近，一边偷偷地观察你的反应，看你生气到了什么程度。更好的做法是，在他前几次想够台灯的时候，你都要马上过去把他拉到房间的另一个地方。你可以同时对他说"不许动"，让他慢慢了解这句话的含义。然后，很快给他一本杂志、一个空盒子，或者另外一件有趣又安全的东西。

假如几分钟以后，孩子又想靠近台灯，该怎么办？你要把他拉走，再次转移他的注意力，态度要坚决、果断又愉快。在拉开他的同时说："不许动。"在你采取行动的同时加上这句话，是为了加强这个行动的作用。你可以陪他坐上几分钟，教他玩一个新玩具。如果有必要，这一次还可以把台灯放在高处，或者把孩子领出这个房间。你要愉快而坚决地告诉孩子，台灯是绝对不能玩的东西，这个问题没有一点通融的余地。不要给孩子留下选择的机会，不要和孩子争论，不要表情愤怒，也不要责备他。这些做法都不会起什么作用，只能让孩子变得爱发脾气。

也许你会说："如果我不跟他说

斯波克的经典言论

我想起一位T夫人。她曾经向我诉苦说，16个月大的小女儿苏茜太"淘气"了。恰恰就在这个时候，苏茜蹒跚地走进了房间，她是一个与同龄人一样胆大的可爱小姑娘。T夫人立刻不满地对她说："哎，记住了，不要靠近那台收音机。"其实，苏茜根本就没有想到收音机。这下可好，正好提醒了她。只见她转过身来，慢慢地朝收音机走了过去。

当T夫人的孩子们先后表现出独立的愿望时，T夫人都感到十分恐慌。她害怕到时候就再也管不住这些孩子了。正是由于她的忧虑和不安，才使得她总是为本来不必担心的事情而担心。这就像一个学骑自行车的小男孩一样，当他看到前面的路中间有一块大石头的时候，他就紧张起来，于是径直朝那块石头冲过去了。

那是淘气的行为，他不会懂。”哦，会的，他能懂。实际上，只要我们以实事求是的态度对待孩子，他们很容易接受教训。当你在房间的另一头摇着手指命令孩子的时候，他们不明白“不许动”就是“不可以”的意思，所以你的态度只能让他们恼火。他们可能会想冒险尝试一下，而不是遵从大人的意愿。另外，如果你抓住他，面对面地训斥他，也没有什么好处。因为你没有给他一个体面的台阶下，也没有给他机会，让他忘掉这件事。孩子在这种情况下做出的唯一选择就是，要么顺从地屈服，要么反抗。

举一个例子来说，当一个男孩正想靠近热炉子的时候，父母不是安稳地坐在那儿，用一种不赞成的口气喊着“别去”，而是立刻跑上去把孩子领开，才是父母确实想要阻止孩子的时候应该采取的办法，而不是和孩子进行一场意志的较量。

1岁左右的担心

害怕分离。许多宝宝在1岁左右时，都会产生一种害怕与父母分开的心理。这种心理很正常，可能是一种跟其他动物一样的本能。比如，小羊羔就是这样，它们总是紧紧跟随在母亲的身后。一旦和母羊分开，就会低声咩咩地叫唤。如果没有这种本能，小羊羔一出生就会走丢。

对人来说，1岁左右、能够到处走的孩子们会突然产生这种分离的焦虑。一些胆大好动的孩子极少表现出分离的焦虑，也有的孩子表现得十分明显。这种差异不是父母的养育造成的，而是天生性格的反映。你没有办法把一个胆小的孩子变成胆大的孩子，但是通过耐心的认同和温和的鼓励，还是可以帮助这样的孩子逐渐树立自信。

18个月左右，许多一直很快乐的小探索者都会形成一种新的高度依赖性。他们会想象自己跟父母分开时的情形，那种情况又是令人恐惧的。这个时期的强烈依赖性一般会在2岁～2岁半的时候逐渐减退，那时候，孩子就知道分开之后总是会再次相聚。

恐怖的声音和景象。1岁的宝宝会一连好几周对一件事情着迷——比如对电视、电话、天上的飞机等。但一定不要忘记，孩子只有通过摸一摸、闻一闻、尝一尝，才能对物体有充分了解。而且，作为一个小科学家，他还需要反复地试验。所以，你应该让孩子接触那些既没有危险又不惹麻烦的物品，还要让他熟悉这些东西。

在这个时期，我们倔强的小探险家也开始对某些东西产生恐惧了。他会害怕那些突然移动或者突然发出声音的陌生物品，比如从书里弹出来的折叠图片、突然张开的雨伞、吸尘器的声响、汽笛声、狂吠的狗、火车，甚至花瓶里插着的沙沙作响的枝条等。

所有的孩子都有恐惧心理。这是发育过程中正常的现象。我们都会对不理解的东西感到害怕。等到孩子2岁大的时候，害怕的东西就更多了。我建议，在幼儿还不能理解这些吓人的东西时，还是尽量避开它们。如果吸尘器让孩子心烦，那么你每次打开它之前都要跟孩子说一下，还可以让他看着你如何使用。你也可以抱着他，让他也试试看。如果他还是很害怕，就不要在他面前使用吸尘器。对孩子要始终耐心，始终充满怜爱。不要总想让他相信，他的恐惧其实毫无道理，因为以孩子的理解水平来看，他的恐惧非常合理。

害怕洗澡。在1～2岁，宝宝可能会变得非常害怕洗澡。他会担心在水里滑倒，害怕把香皂弄进眼睛里，甚至害怕看见或者听见污水流进下水道的声音。可是宝宝需要洗澡，所以你就得想办法，看看怎样才能让他既安全又高兴地洗澡。为了不把香皂弄进他的眼睛，你可以用一块不太湿的毛巾往他的脸上抹香皂，再用不滴水的湿毛巾给他擦洗几遍。一定要用不刺激眼睛的婴儿洗发水。如果宝宝害怕被放进浴缸，也不要强迫他。可以先用一个浅盆让他试试，如果还是害怕，就干脆先给他洗几个月的海绵浴，直至他重新鼓起勇气为止。然后，你就可以在浴缸里放上2～3厘米深的水，开始给宝宝洗澡了。洗完澡以后要先抱走孩子，再拔掉排水的塞子。

对陌生人的猜疑。在这个年龄，宝宝的天性会告诉他，对陌生人要警惕，要怀疑，直到他有机会好好打量这个人。接着，他就想和陌生人接近，最终还能跟他交上朋友——当然，他是用1岁孩子的方式来表达这种意愿的。他可能只是站得很近，目不转睛地瞧着陌生人，或者很严肃地递给这个人一件东西，然后再要回去，又或者把屋子里所有能搬动的东西都堆在客人的腿上。

许多成年人并没有意识到，在孩子打量他们的时候不应该去理睬他。大人们总是急于接近孩子，问这问那，而且满腔热情。于是，因为他们过于主动，孩子会立刻退回到父母的身边寻求保护。结果，就需要更长的时间才能恢复跟客人友好交往的勇气。我认为，父母应该事先提醒家里的客人："如果你马上注意这个小家伙，他就会害羞。如果你暂时不去理他，他就会早点过来和你交朋友。”

等宝宝学会走路的时候，父母就应该给他创造大量的机会去见陌生人，比如每星期带他去几次商店，多带他去有其他小朋友的游戏场所玩。虽然他还不一定愿意跟别的孩子一块玩，但有时候他会愿意看着别人玩。当他习惯了看别人玩，也就是两三岁的时候，就更愿意和小朋友接触，也愿意和他们一起玩了。

难以应付的行为

散漫。有一位母亲，每天都带着18个月的小男孩步行去食品店。她抱怨说，这个小家伙根本不是好好地跟着往前走，而是在人行道上晃来晃去，每经过一所房子他都要爬到房子前面的台阶上去。越是催促他，就越是不走。母亲一骂他，他却朝另一个方向跑了。这位母亲担心孩子可能出现了行为障碍。

其实，这个孩子没有什么行为问题。但是，他有可能会被管教出行为问题来。他还没有大到记住去食品店这件事。天生的本能对他说：“嘿，那边有个人行道，快过去看看！你再看那些台阶啊！”每次母亲喊他的时候，他都会产生新的冲动，坚持自己的主意。

这位母亲该怎么办？如果她必须马上到食品店去，就可以把孩子放到童车里推着走。但是，如果她只是想散散步，就应该留出比一个人出来时多4倍的时间，让儿子在路边探索。如果母亲只管往前走——当然要慢慢地走——那么每等一会儿，孩子就会自动地追上来。

中断有趣的游戏。吃午饭的时间到了，但是你的小女儿还在兴致勃勃地挖着土。如果你用一种“你不能再玩了”的语气对她说：“该回家了。”肯定会遭到拒绝。但如果你高兴地说：“走，咱们一起爬台阶去。”她就会产生一种想走的愿望。

但如果这个小姑娘那天又累又烦，房间里也没有什么能吸引她的东西，她立刻就会十分不满地反抗起来。在这种情况下，我就会满不在乎地把她抱进屋里，即使她又叫又踢，我也会这样做。要很自信地把她抱走，就好像你在对她说：“我知道你累了，而且还不高兴，但是该回去的时候就得回去。”不要数落她，因为数落不会让她认识到自己的过错。也不要和她争辩，因为她不会改变主意，你只会使自己灰心丧气。当一个又吵又闹、十分生气的孩子认识到，自己的父母用不着生气就知道该采取什么措施的时候，这个孩子也就从内心得到了安慰。

宝宝非常容易分心，这是个很有利的条件。1 岁的孩子会十分迫切地想探索整个世界，以至于根本注意不到从哪儿开始或在哪儿结束。即使他们正在专心地研究一串钥匙，你还是可以拿一个空塑料杯把钥匙换走。快 1 岁的时候，如果孩子开始不愿意饭后洗手擦脸，你就可以在托盘上放一盆水，让他去玩盆里的水。这时可以用你的手蘸着水给他洗脸。让孩子分心是一个绝招，聪明的父母会利用这一点来引导孩子。

扔东西。宝宝快 1 岁的时候学会了故意扔东西。他会一本正经地靠在高脚凳的椅背上往地下扔食物，还会把玩具一个一个地扔到小床外面。但是扔完之后，他就会大哭起来，因为他够不着这些玩具了。难道这是孩子在故意找父母的麻烦吗？不是。他甚至根本想不到自己的父母，而是陶醉在一种新的技能之中。他愿意成天玩这种游戏，就像大孩子迷恋骑新自行车一样。如果你马上就把他扔在地上的玩具捡起来给他，他就会明白，这是一种可以两个人玩的游戏，他会非常高兴。

如果你不想把这个游戏玩个够，最好不要养成玩具一掉在地上就马上捡起来的习惯。相反，你应该在孩子乱扔东西的时候把他放在地板上。如果你不想让他从高脚凳上往下乱扔食物，那么，只要他一扔，立刻把食物拿走，然后把他放在地板上，让他自己玩。你可以坚决地说："食物是拿来吃的，玩具才是玩的。"但是不需要把声音提高。想通过责骂孩子来制止这种行为不会有任何效果，只能让父母感到失败。

闹脾气。几乎所有的孩子在 1～3 岁都会闹脾气。一些容易情绪化的婴儿甚至 9 个月就开始了。他们已经意识到自己的需要和独立性。当遭到阻拦时，他们马上就能意识到，而且还会感到气愤。孩子偶尔闹闹脾气不是什么问题，有时候他们难免会感到沮丧。

很多孩子闹脾气都是因为疲劳、饥饿或者环境过于吵闹（许多发生在商场里的坏脾气就属于这种情况）。如果孩子闹脾气是因为这些原因，父母就可以忽略外在的原因，转而解决内在的问题。你可以对孩子说："你累了，饿了，是吗？我们回家，吃饭睡觉，你就会感觉好多了。"

也有一些闹脾气的情况是因为孩子害怕。这种情况总是发生在医生的办公室里。这时候，最好的办法就是保持镇静，心平气和。责骂一个吓坏了的孩子没有任何帮助。

闹脾气的情况更容易出现在那些

爱沮丧的孩子身上，他们不喜欢改变，或者对感官的刺激（比如噪音、动作，衣服摩擦皮肤的感觉等）特别敏感。闹情绪的问题在那些倔强的孩子身上会持续比较长的时间。一旦他们开始哭闹，就很难停止，不管是在玩耍、练习走路，还是高声尖叫时。过分的情绪化——比如，一天超过3次，每次超过10～15分钟——有时也可能是疾病或精神压力的征兆，所以最好还是去咨询一下医生。有关孩子闹情绪的问题以及其他激烈表现的更多内容，参见第505页。

睡眠问题

睡眠时间不断变化。1岁左右，多数宝宝的小睡时间都在不断变化。有些一直在上午9点钟小睡的孩子，到了1岁的时候，要么完全拒绝睡觉，要么就把上午的睡眠时间推迟。如果上午睡得晚，就要等到下午三四点钟才能再睡一觉。这样一来，晚饭后的那一觉可能就省去了。他们也可能下午就不想再睡了。这个时期的孩子每天都会不一样，甚至会在一连两周上午不睡觉以后，又开始在上午9点钟睡觉了。所以，不要过早地得出最后的结论。你要努力地适应这些不便，要看到，这些情况都是暂时的。如果孩子不想上午睡觉，不必非得让他在午饭前睡一觉。如果宝宝愿意静静地坐一会儿或者躺一躺，可以在大约9点钟的时候把他放到床上，让他休息一会儿。当然，也有一些孩子不是这样的。如果在他不困的时候把他放进小床里，他就会大发脾气，根本不会去睡觉。

如果孩子在中午以前就困了，父母就要注意，近几天要把午饭提前到11点半，甚至是11点。这样一来，吃过午饭以后，孩子就能睡一个长觉。但是过不了多久，如果把孩子每天的睡眠减少一次，无论是在上午，还是在下午，孩子都会在晚饭前觉得非常困倦。

千万不要从这一部分中得到这样的印象，不要觉得所有的孩子都会在同一个时期，以同样的方式放弃上午的睡眠。有的孩子早在9个月的时候，上午就不睡觉了，也有的孩子都到2岁了还会渴望上午的那一觉，并且从中受益。在孩子的成长过程中，总会有一个阶段，睡两次太多，睡一次又不够。要想帮助孩子顺利地度过这个阶段，你可以让他早点吃晚饭，早点睡觉。

规律的睡眠程序。尽管你需要灵活处理睡觉的问题，但是，有一个规律的睡眠程序非常必要。当事情每天都以同一种方式发生的时候，孩子能有一种自在的安全感。孩子的睡眠常规程序可以包括讲故事、唱歌、祈祷、拥抱和亲吻等。关键在于，同样的事情要以大致相同的顺序出现。电视、动画片以及吵闹的游戏节目会让孩子兴奋得睡不着，这些内容最好不要列入常规程序。更多关于睡眠问题的内容，参见第 72 页。

斯波克的经典言论

要让入睡的时间充满快乐和亲切感。记住，如果你把它变成一项愉快的任务，那么入睡对于疲惫的孩子来说就是甜美和诱人的。你要营造一种愉悦又不容商量的睡前气氛。

饮食和营养

1 岁左右的变化。在 12～15 个月期间，宝宝的生长一般都会慢下来，食欲似乎也在下降。有些孩子的确比几个月前吃得少了，这让父母非常担心。但是，只要孩子的成长跟标准生长曲线图基本一致，就大可以放心，因为这说明孩子摄取的营养是充足的。如果孩子看出你想让他多吃一点——这么做并不对，他就可能吃得更少，好让你看看到底谁说了算。更好的办法是每次只给他很少的食物，这样他就会想要更多，也就不会在意已经吃了多少。你要注意观察，看看孩子是不是心情愉快，是不是精力充沛，也可以参照生长曲线图。

宝宝到了 1 岁半左右，许多父母就要给他们断奶（参见第 216 页）。如果你没想给孩子安排不含乳制品的饮食（参见第 242 页），你选择的饮品最好还是全脂牛奶。一两岁的孩子需要全脂牛奶（或全脂豆奶）里的高脂成分来促进大脑的发育。两岁以后，最好换成低脂牛奶或者脱脂牛奶，这样可以降低成年以后患心脏病的可能性。关于维生素、蔬菜和其他营养问题的更多内容，参见第 233 页。关于挑食、偏食以及其他令人担心的饮食问题的内容，参见第 552 页。

饮食是一种后天的经验。对于孩子来说，要想逐渐形成一种合理又健康的饮食习惯，就得学会关注自己身体的反应。这些信号会提醒他们什么时候饿了，什么时候吃饱了。要让孩子相信，只要他们饿了，就会有东西吃，但不饿的时候也不会有人强迫他们吃东西。要帮助宝宝学到这些重要的经验，就应该给他准备营养而又美味的食物，还要让他自己决定该吃多少。

饭桌上的礼仪同样很重要。每一

个处在学步期的孩子都会把食物搅来搅去，到处涂抹，他们想用这种行为来试探父母的容忍度。当孩子跨过这个界线的时候——比如，乱扔土豆泥，你就应该坚决又平静地告诉他，食物是用来吃的。然后让他离开饭桌，给他找个球或者布娃娃让他扔。当吃饭变成了游戏，就明显地表示孩子不饿。这时，这顿饭也就该结束了。20 分钟的吃饭时间一般就足够了。

如厕训练

做好训练的准备。大多数 12～18 个月的孩子都还不适合进行如厕训练，因为他们意识不到什么时候应该上厕所，或者还无法控制自己的身体，让它在合适的时间做到收放自如。总的来说，他们还不能理解为什么一定要坐在马桶上排便，而不能干脆拉在尿布上。处在学步期的孩子都会对自己“生产的产品”非常感兴趣。他们还不懂得厌恶，也不明白为什么尿布上沾着的东西蹭到身上一点，就要慌慌张张。

当然，也有些宝宝很早就开始接受训练，从而让其他的父母觉得自己的孩子落后了。但是，对绝大部分的孩子来说，在 18 个月以前接受过多训练十分困难，而且效果也不见得令人满意。有很多孩子要到 2 岁或者 2 岁半的时候才能接受这些训练。心理学家内森·阿兹瑞恩（Nathan Azrin）和理查德·福克斯（Richard Foxx）

在《用不了一天的如厕训练法》(*Toilet Training in Less Than a Day*）一书中描述了一种方法，教我们使用有效的行为调整技巧。但是，这本书的说明太繁复了；如果你不严格地按照那些说明去做，或者孩子不够配合，最终就会以失败告终。

所以，我建议大多数父母，还是等孩子长到 2 岁或者 2 岁半的时候再训练。那时候，大部分孩子就都能自己使用马桶了，也不会弄得一团糟。如果你开始得比较早，但进行得不太顺利，我觉得你也没必要担心会给孩子造成长期的心理伤害（只要你没有对孩子进行苛刻的惩罚或者责骂）。但太早开始如厕训练，过程中就可能出现更多的困难，还可能需要更长的时间才见效。本书第 535 页有更多关于如厕训练的内容。

学习上厕所。绝大部分 1 岁的孩子还不能接受如厕训练，但是他们可以学着了解马桶。如果你让孩子跟着你上卫生间，并且准备一个儿童马桶，孩子可能就会坐到上面，甚至还会假装使用它，因为他会模仿你或者其他大人的行为。这种早期的兴趣就是孩子正在学习上厕所的征兆。但是，这并不意味着他就能够接受下一步的学

习了。如果你给他压力，哪怕是过分地表扬他，都可能使他畏缩不前。

便后洗手是学习上厕所的内容之一，而且，很多孩子都会很高兴，因为他们终于有了正当的理由去玩水和肥皂泡泡了。在你上厕所的时候，应该告诉孩子你正在做什么。要让孩子明白那些话的意思，这对他学习上厕所也有帮助。和那些矫揉造作或者委婉的婴儿用语（比如嘘嘘或者大号）相比，我更愿意使用简单的词语，比如撒尿和拉屎。通过这样直截了当的语言，你可以让孩子知道，上厕所是现实生活的一部分，不是什么秘密的、难为情的事情，也不是什么令人激动或者特别神秘的东西。

宝宝2周岁

2周岁

一个混乱的时期。有人把这个时期叫做“讨厌的2周岁”。其实，2周岁并不是真的那么让人讨厌。虽然几乎没有人把它称为“奇妙的2周岁”，但那确实是一个非常了不起的阶段。在这个时期，宝宝开始认识自我，开始学习如何做一个独立的人。这是一个语言表达能力和想象力出现突破性进步的时期。但是，他对这个世界的认识毕竟还十分有限，所以在他眼里，许多事情还是很可怕。

2周岁的孩子生活在矛盾之中。他们既独立又依赖，既可爱又可恶，既慷慨又自私，既成熟又幼稚。他们一只脚踩在温暖安逸、充满依赖的过去，另一只脚却已迈进了独立自主、充满发现的未来。许多令人兴奋的事情不断发生，无论是对父母还是对孩子，2岁这个阶段无疑都是具有挑战性的。但是，这并不是一个令人讨厌的时期，而是一个令人惊异的阶段。

通过模仿学习。在一家诊所里，一个2周岁的小女孩认认真真地把听诊器的探头放在自己胸前的各个部位，又把另一端插进耳朵里，可是她什么也听不到，所以做出困惑的表情。在家里，她会跟着父母到处转，他们扫地时，她也拿起笤帚扫地；他们擦桌子时，她也拿起一块布擦桌子。他们刷牙时，她也拿起牙刷学着比划。这一切她都做得极为认真。通过不断地模仿，小女孩在技能和理解力上都有了巨大的进步。

孩子会模仿父母的行为方式。比如说，当你对别人彬彬有礼的时候，

2岁大的孩子也会从中学习到礼貌。父母教2岁大的孩子说“请”、“谢谢你”之类的礼貌用语并非不可以，但是有一种更为有效的办法就是，让他听到你在恰当的情景下使用这些语句。（不能指望立竿见影，但是到了宝宝四五岁的时候，你在礼貌方面的早期投入一定会见效。）同样道理，孩子如果经常听到自己的父母使用伤害性或者威胁性的语言，往往就会形成类似的令人反感的行为习惯。这并不是说，父母决不能互相争论或者表示不同的意见。然而，即便孩子只是旁观者，频繁的争吵对他们的成长也有害。

沟通能力与想象力。2岁的时候，有的孩子已经能说三四个词的句子了，而另一些孩子则刚能把两个词连接在一起。那些只能说一些单个字的2岁孩子应该去检查一下听力和发育状况。检查结果很可能并没有异常，这些孩子可能只是说话比较晚而已，但也要做一下检查。

想象力是和语言能力是同步发展的。在2~3岁这12个月中，观察孩子想象力的逐步发展是一件很美妙的事情。他们会从最初的简单模仿和实验逐渐变成实实在在的行为。为了刺激孩子的想象力，你可以让他们玩积木、玩偶、乐器、旧鞋子、面团和水等，你能想到的其他东西也可以给他们玩。要让孩子接近大自然，哪怕仅仅是在附近的公园里走走也好。要和孩子一起看图画书（参见第601页），教他使用纸和蜡笔，涂鸦是孩子学习写字的第一步。

我强烈反对的一件事情就是看电视。即使是高质量的儿童电视节目也会束缚孩子的想象力，因为电视为孩子做好了一切，几乎不需要孩子做什么努力。即使到了2岁，电视还是会让孩子成为被动的娱乐消费者，而不能让他们学会如何自娱自乐。（想了解更多关于电视的内容，参见第451页。）

平行游戏和共同分享。2岁的孩子不怎么在一起玩。虽然他们喜欢看着彼此玩耍，但是在大多数情况下，他们都喜欢自己玩自己的。这种现象被称为“平行游戏”。你没有必要去教一个2岁的孩子学会分享，因为他还没有做好准备。要跟别人分享，孩子必须先弄明白一件东西是属于他的，他才会把它送出去，并且希望能够拿回来。孩子在2岁时是否懂得与别人分享，跟他长大后能否成为一个慷慨的人没有任何关系。尽管如此，2岁的孩子还是能够学到出色的游戏技巧。当你的孩子从小伙伴手里抢夺玩具的时候，你可以坚定又愉快地从他手里拿走那个玩具，还给主人，然后很快用其他好玩的东西吸引他的注意力。有关为什么他应该学会分享的长篇大论都是白费口舌。当他理解了分享的概念时，他就会与别人分享了，这一般要到 3～4 岁。

2 岁小孩的烦恼

分离的恐惧。到了 2 岁，有的孩子已经摆脱了对父母的时刻依赖，有的孩子还是经常粘在父母身边。2 岁大的孩子似乎能够很清醒地意识到谁能给他安全感，而且还会用不同的方式来表现这一点。有个母亲抱怨说："我 2 岁的孩子好像变成了乖乖女，只要我们一起出门，她就会紧紧抓住我的衬衫。有人跟我们说话的时候，她就会躲到我的身后去。"2 岁是个很容易产生抱怨的年龄，这也许只是表现依赖的一种方式（参见第 484 页）。孩子也许会因为自己被父母留在某个地方而感到害怕。如果父母的一方、家里的其他成员离开一段时间，或者搬家到一个新的地方，孩子也可能感到不安。当家里出现变化的时候，聪明的父母都会考虑到孩子这种敏感的心理。

对于一个十分敏感、依赖性又很强的 2 岁孩子（特别是独生子女）来说，当他突然必须和一直陪着他的父母分开时，经常会出现下面的情况。母亲可能突然要外出几周，也可能是她觉得必须去找一份工作，所以安排一位陌生人来家里照看孩子。一般说来，母亲不在的时候，孩子不会哭闹，可是等她回来以后，孩子就会紧紧地粘在母亲身上，而且不让任何人靠近。每当想到母亲会再次离开，他就会变得惊慌失措。

睡觉时的分离。孩子对分离的焦虑在睡觉时表现得最强烈。受到惊吓的孩子会因为睡觉而表示强烈的抗议。如果母亲强行跟他分开，他会害怕地哭上几个小时。如果母亲坐在他的小床旁边，他会乖乖地躺着。但母亲刚一起身，想要往门口走，他就会立刻爬起来。

如果你 2 岁的宝宝已经开始害怕睡觉了，那么最可靠，也是最难以实施的办法就是，放松地坐在他的小床边，直到他睡着为止。在他入睡以前，不要急于悄悄地离开。那样会再一次引起他的警觉，从而使他更难入睡。这种做法恐怕要坚持几个星期，但最终都会奏效。如果孩子由于你或者伴侣出远门而受到过惊吓，那么在几周之内尽量不要再次外出。你要像体贴一个生病的孩子那样给他特别的关注，要寻找孩子准备放弃依赖性的迹象，一点一点地鼓励他，称赞他。在他克服恐惧的过程中，你的态度是最有力的因素——随着时间的推移，这一因素将和成熟的力量一起，让孩子更好地理解和掌控他的恐惧。

虽然让孩子晚一点休息或者取消午睡可以让他更疲劳，从而帮助他入睡，但是这些办法一般都不能完全奏效。一个惊慌的孩子即使已经筋疲力尽，但也能坚持几个小时不睡觉。你要解决他的烦恼。

担心尿床。当一个孩子在睡前表现出焦虑的时候，害怕尿床可能也是其中的因素之一。他会不停地说"尿，尿"，或者别的什么。但是，当妈妈把他带到厕所以后，他却只尿几滴。然后，刚一回到床上，又哭喊着："尿！尿！"你也许会认为他只是以此为借口，不想让母亲离开罢了。情况确实如此，但又不仅仅如此。这样的孩子确实担心自己会尿床。

因为总是担心会尿床，所以有时候，他们晚上每隔 2 小时就会醒一次。这么大的孩子不小心尿了床以后，父母容易表现出不满的态度。孩子就会认为，如果他尿了床，父母就不那么爱他了，而且还可能离开他。由此看来，孩子害怕睡觉是两个原因造成的。如果你的孩子担心尿床，就要不断地向他保证，尿床没有什么关系，你仍然会喜欢他。

斯波克的经典言论

害怕离开父母或者害怕其他事情的孩子都会十分敏感，能够觉察到父母是不是也害怕与他们分开。如果父母每次离开孩子身边的时候，都表现出犹豫或者内疚的样子，如果夜里他们总是急匆匆地冲进孩子的房间，那么他们的焦虑不安就会强化孩子的恐惧感，使孩子更加确信离开父母真的会有很大的危险。

孩子可能以害怕孤独为理由牵制父母。孩子之所以缠着妈妈不放，是因为他对离开妈妈这件事有一种强烈的恐惧。如果他发现妈妈也担心他的恐惧，总是想办法来安抚他，总想尽力满足他的要求，就会利用这一点来牵制母亲。比如，有一些 3 岁的孩子非常害怕留在幼儿园里。父母为了安慰他们，不仅要形影不离地在幼儿园待上好几天，而且孩子让他们干什么就干什么。过不了多久，你就会看到，这些孩子开始夸张地表现自己不安的心情，因为他们已经学会了利用这种手段把父母指使得团团转。在这种情况下，父母应该说："我认为你现在已经长大了，不该害怕上幼儿园了。你只是想让我听你的。所以，明天我没必要待在这里了！”

如何帮助有恐惧心理的2岁宝宝？解决孩子的恐惧心理要从实际出发。在很多情况下，要看有没有必要马上去克服这种恐惧心理。比如，没有必要让胆小的孩子立刻去和狗交朋友，也没有必要让他到深水中练习游泳。因为只要孩子到了敢于做这些事情的时候，自然就会去做了。

另一方面，你不应该允许孩子每天晚上都跟父母一起睡觉（除非你已经决定了就是要和宝宝同睡，参见第45页）。应该哄孩子在自己的小床上睡，因为一旦养成了和父母同睡的习惯，他们就会贪图那种安逸的感觉而不愿意离开了。

孩子开始上幼儿园以后，最好每天都按时把他送去，除非他表现出极度的恐慌。聪明的老师可以帮助孩子很快地投入游戏，这样父母就比较容易离开了。尽管有的孩子不想去幼儿园，但是他迟早还得去。往后拖延的时间越长，他就越不愿意去幼儿园。父母明智的做法就是，考虑一下是不是他们的溺爱助长了孩子对于离开父母的恐惧心理。这是一项艰难的任务，父母可以寻求医生或其他专家的指导。

溺爱的原因。大多数溺爱孩子的父母都是对孩子特别尽心的人。他们常常会产生不必要的内疚感。可能很久以前孩子曾因某件事而面临危险：如一次严重的感染或损伤。很多父母的恐惧通常很难消减。食品安全问题与相关新闻报道也给父母的这种担心火上浇油。（事实上，有数据显示，现在的儿童与以前相比要安全得多。）

愤怒和内疚感常常是溺爱的潜在因素。父母和孩子有时都会对对方产生反感，还可能会诅咒对方倒霉。这是正常的现象。但是他们往往害怕承认这个事实，只好凭借想象来把这些倒霉转嫁到别的事情上，而且还会极力夸大这些事情的严重性。当这种内疚感消失后，“外在世界非常危险”这种感觉也会消失。

你可能也意识到并不是每次生气对孩子都公平。孩子可能真的做了一些调皮的、自私的事，但你却想不出办法让他改正，这会让你很沮丧，甚至怀疑自己能否承担做父母的责任。这种感觉很容易就会让你冲着孩子发火，甚至超过他应该承受的程度。这些愤怒有时很难避免，好父母也不可能时时刻刻都对孩子保持公平。

当然，解决问题的办法既不是让父母把所有最生气的感觉都释放在孩子身上，也不是允许孩子辱骂父母。父母应该知道，偶尔对孩子产生反感在所难免。父母和孩子要彼此承认这些负面情绪的存在，这样做是有好处的。如果父母偶尔能向孩子坦白他们有多么生气（尤其是当这种气愤没什么道理的时候），会有助于改善气氛。你也可以经常跟孩子说说下面这样的话，比如："我知道当我不得不这样管教你的时候，你是多么生气。有时候我也非常生气。"

难以对付的行为

抗拒心理。两三岁的时候，孩子经常会表现出任性以及其他心理紧张迹象。其实，宝宝可能早在15个月的时候就已经变得抵触又倔强了，所以这不是什么新问题。但是，2岁以后，这种情况会变得更加严重，表现形式也会花样翻新。一个叫佩特尼亚的小女孩1岁的时候就开始和父母作对。到了2岁半，她竟然也开始跟自己过不去。常常艰难地作出一个决定，然后又改变主意。尽管没有人找她的麻烦，甚至有时分明就是她想管别人，她也会表现得好像遭到了过多约束一样。她总是坚持按照自己的意愿和一贯的方式做事。如果有人想介入她的游戏，或者想整理一下她的玩具，她就会非常气愤。

宝宝到了两三岁的时候，好像是天性让他愿意自己作决定，而且拒绝别人的干涉。他对这个世界毕竟还没有什么了解，自主决定和反对干涉这两件事似乎让他很紧张。所以，如果你想和两三岁的孩子相处，可不是一件容易的事。

不要过多干涉，而且，如果可能的话，让宝宝按照自己的速度去做事。当宝宝特别想自己穿衣服或者脱衣服的时候，让他自己动动手。洗澡的时候，要给他留出充足的时间，让他在澡盆里玩水。吃饭的时候，让他自己吃，不要催促他。吃饱了以后，要让他离开饭桌。到了该睡觉、该外出散步，或者该回家的时候，要用有趣的东西转移他的注意力，从而让他顺应父母的安排，不要惹他生气。你的目的是让他不要变成一个小暴君，而不是把这个小东西累坏。

当父母制定了一些坚决、持久，又合理的规矩时，2岁左右的孩子会表现得最好。关键是要仔细地选择这些规矩的内容。如果发现自己对孩子说"不行"的时候大大多于"行"，你可能制定了太多武断的规矩。

跟一个2岁的孩子较量意志劳神费力，应该把这种机会留给一些真正重要的情况。像使用汽车安全座椅这种安全问题显然很重要，但是在冷天戴手套的问题就没那么重要了。（你可以把手套放在衣服口袋里，在孩子的小手变凉的时候，马上拿出来给他戴上。）

发脾气。几乎每个 2 岁大的孩子都会不时耍些脾气；一些身体健康的孩子更是这样。孩子一般从 1 岁左右（参见第 505 页）开始发脾气，2～3 岁时达到高峰。这种情况有许多原因：挫败感、疲劳、饥饿、愤怒、恐惧。那些情绪紧张、生性叛逆又对变化敏感的孩子更容易发脾气。有时候，父母能感觉到孩子激烈的情绪，可以通过分散孩子的注意力来缓解这种情绪，比如在适当的时候给他一块点心，或者离开过于刺激的环境。也有些时候，孩子的脾气会突然爆发，唯一能做的就是等待这阵暴风雨自己停息。

在孩子发脾气的时候，你最好能陪在他的身边，让他不至于觉得很孤单。同时还应该注意，最好不要跟孩子动怒，不要威胁着要惩罚他，或者恳求他安静下来，更不要为了改变事态而操之过急。这些举动只能让孩子更频繁地发脾气，持续的时间也会更长。等事情平息以后，最好把注意力转移到一个积极的活动上，把所有的不快都抛到脑后。像“你能重新振作起来，真不错”之类的及时表扬，能够帮助孩子恢复自尊，还能帮助他在下次发脾气的时候学会尽快恢复常态。你也要为自己的冷静和理性喝彩——毕竟，在 2 岁的宝宝情绪爆发时能做到这一点非常不容易。

哭喊。许多哺乳动物的幼崽都会在需要关心和食物的时候喊叫（想想那些小狗），所以孩子的哭喊很正常，也很普遍，但还是让人备感心烦。在宝宝比较小的时候，你除了努力弄清他需要什么之外，基本上别无选择。但是，一旦孩子能说话了，就要尽量让他说话。要坚定而认真地对他说：“好好说话，哭是没有用的。”这种方法总会奏效，虽然你可能要一连几个月重复这样的话，宝宝最终才会完全接受你的建议。记住，如果你有时因为克制不住自己，对孩子的哭喊做出让步——想这样做的欲望太强烈了，以后就会变得难以收拾。第 524 页有更多关于孩子的抱怨及其对策的内容。

开始偏爱父母中的一方。有时候，一个 3 岁～3 岁半的孩子只跟父亲或母亲亲密，当另一个人也想加入进来的时候，他就会立刻愤怒起来。其中一部分原因可能是嫉妒。处在这个年龄段的孩子不但对别人的控制特别敏感，自己也想命令别人。所以，让他同时去对付两个重要的大人，他就会感到势单力薄。

在这个时期，一般都是父亲充当不受欢迎的人，有时父亲甚至会觉得自己纯粹是一个煞风景的人。其实，父亲不应该把孩子的这种反应太当真，也不该因为难过而疏远孩子。如果他能经常独自照顾孩子，除了做一些日常琐事——比如喂他吃饭和给他洗澡之外，还能和孩子一起做有趣的游戏，那么，孩子就会逐渐把父亲看成一个风趣又充满爱心的重要人物，而不是一个“入侵者”。即使父亲刚开始接替母亲的时候遭到了孩子的拒绝，父亲也应该高兴而坚决地继续照顾孩子，母亲也应该以同样的态度，欣然、坚定地把孩子交给父亲，然后离开。

这样的轮换可以让父母双方都有时间跟孩子一对一地独处。但是，哪怕孩子表现得十分不合作，全家共处的时间也很重要。另外，有必要让孩子（特别是第一个孩子）知道，父母是相爱的，愿意待在一起。父母的关系也不会因为他的态度受到影响。

饮食和营养

饮食的变化。2 岁的孩子已经能吃很多大人的食物了，但是仍然要提防他被噎住的危险。所以，不要给孩子吃小块的或者坚硬的食品，比如花生、葡萄、胡萝卜和硬糖果等。如果你给孩子吃的一直是全脂牛奶，那就可以试着改成低脂或者脱脂牛奶。大脑的发育速度在孩子 2 岁以后就会逐渐减慢，所以，热量太高的饮食其实没有必要。而且，如果孩子在童年时就养成低热量的饮食习惯，能够降低他们长大以后患心脏疾病的危险。孩子一般都接受不了五六个小时的吃饭间隔。3 顿正餐和 3 份点心的安排比较合理。最好的零食就是简单的食物，比如切碎的水果或者全麦饼干。不论包装上是否注明健康食品，都不要给孩子吃精加工的食品。

食物的选择。大多数 2 岁的孩子都能轻松地使用杯子和勺子，但是在使用刀叉的时候，他们可能仍然需要帮助。虽然很多 2 岁的孩子有时的确需要帮助，但他们往往讨厌别人这样做。为了省事，你可以只给他们准备那些能用汤匙或用手吃的食物。

孩子需要在选择食物方面多加练习。是吃豌豆还是吃南瓜？小圆面包里面要不要加馅？给孩子 1～2 个简单的选择就足够了，如果选择太多、太复杂，可能让孩子筋疲力尽，甚至发脾气。聪明的父母会在每顿饭中间都给孩子提供一些可供选择的诱人食品，以保证无论他作出什么样的选择，饮食都是健康的。

在你决定要把什么样的食品带回家的时候，这种选择就开始了。要选择新鲜的蔬菜，不要买薯片和高热量的点心；要选择水果而不要甜饼和蛋糕；要选择果汁或者矿泉水而不要碳酸饮料。如果你想让孩子吃得健康，最好的办法就是在家里只储存健康的食品，把垃圾食品拒之门外。第 232 页有更多关于营养和健康的内容。

偏食及其对策。有些 2 岁的孩子每顿饭只想吃吐司奶酪三明治，还有些孩子只喜欢吃汤面。一般来讲，这些偏好只会持续几天，然后就逐渐地淡化。然后，孩子又会对别的食物产生偏爱。为了息事宁人，你也许想在一定程度上妥协。连续 5 天把花生酱和果冻作为午饭并没有太大的危害。如果在早餐和晚餐的时候，餐桌上还有牛奶、水果或者一些绿色蔬菜，那么孩子的饮食结构仍然是合理而均衡的。如果你以一周为单位来安排孩子的饮食，而不是每天都规划，也许就会发现，孩子的饮食总体上还是非常均衡的。

很多 2 岁的孩子都形成了跟自己的父母争夺选择食物权利的习惯。从孩子的角度来说，他会表现出一些让人心烦的行为，比如不吃东西、挑三拣四、要一些特别的食物、呕吐，或者发脾气等；这时候，父母就会纠缠不休、连哄带劝、威胁恐吓，或者干脆强行喂食。第 552 页有更多关于应对这类常见问题的对策。

如厕训练

迈向独立的一步。在 2～3 岁的时候，大多数孩子都已经学会了上厕所。很多父母迫不及待地盼望着孩子使用尿布的日子能够早点结束。但是，有的父母过于心急，反而会推迟孩子学会独立上厕所的时间，同时还会增加不必要的压力。独立上厕所的训练是孩子整个学习过程的一部分，而这个过程早在他 1 岁的时候就已经开始了（参见第 109 页），一直到几年后才能彻底完成。那时候，孩子就能掌握排便、擦拭和洗手等一系列程序了。他还会对这种新陈代谢的过程感觉很自在，也会像父母一样，对这个问题采取一种隐秘和低调的态度。如果你能认识到这种学习需要一个漫长的过程，也许就更愿意以自然的速度训练他上厕所。想了解更多关于如厕训练的内容，包括什么时候开始、怎样做的具体建议，参见第 535 页。

学龄前宝宝：3～5岁

对父母的热爱

一个不那么叛逆的年龄。3岁左右的男孩和女孩，感情的发展都达到了一个新的阶段，他们会觉得父母是非常了不起的人，还希望跟父母一样。大多数孩子在2岁时刚刚表现出来的那种无意识的反抗和敌对情绪，似乎在3岁以后开始有所缓和。

这时，孩子对父母不仅友好亲切，而且热情又温存。尽管孩子很爱父母，但也不会时刻听从大人的吩咐，不会总是表现得十分乖巧。孩子仍然是有自己思想的人。尽管有时他们知道自己就要违背父母的意愿了，但还是想坚持己见。

在强调3～5岁的孩子一般都比较听话的同时，我还必须指出4岁孩子的一些例外情况。许多4岁的孩子开始觉得自己什么都懂，所以，常常出现固执己见、骄傲自大、高谈阔论和喜欢挑衅的行为——好在这种盲目的自信很快就会消失。

渴望跟父母一样。2岁的时候，孩子迫切地想要模仿父母的行为。如果他们在玩擦地板的游戏，或者正在用锤子砸一个假想的钉子，他们的目的只是要使用拖把和锤子，并不明白为什么要这么做。到了3岁，孩子的模仿行为就有了质的变化。现在，他们会渴望成为像父母那样的人。他们做的游戏有：上班、做家务（做饭、打扫、洗衣服）和照料孩子（和布娃娃或者更小的孩子）等。他们还会假装开着家里的轿车外出兜风，或者参加聚会。他们会用父母的衣服把自己打扮起来，还会模仿父母的谈话、举止以及特殊习惯。

这些游戏的意义远远大于游戏本身，它关系到性格的形成。跟父母想通过语言教给孩子的东西相比，性格的形成更依赖于孩子对父母行为的理解和参照。于是，孩子最基本的理想和观念就这样形成了——也就是说，他们对工作、对人、对自己都有了基本看法，当然，这些看法还会随着孩子的成熟和懂事被不断地修正。他们20年以后会成为什么样的父母，就是在这个时期学到的。你可以从他对布娃娃的态度上看到这种迹象，他是充满爱心地对布娃娃说话呢，还是不断地责怪它？

性别意识。正是在这个年龄，小女孩开始更加清楚地意识到自己是女性，而且长大以后会成为一个女人。所以她会特别仔细地观察母亲，并且总想把自己塑造成母亲的模样，比如，母亲如何对待自己的丈夫（是像对待主人和统治者一样，还是像对待亲密的伙伴那样）；如何对待一般的男性；如何对待女性（像朋友还是像竞争对手）；如何对待女孩和男孩(是偏爱某个性别的孩子,还是都喜欢)；如何对待工作和家务（更重视繁杂的小事，还是更重视具有挑战性的工作）。小女孩不可能完全成为母亲的翻版，但是她在很多方面肯定会受到母亲的影响。

处在这个年龄的小男孩也会意识到，自己将长成一个男人。他主要模仿父亲的样子，比如，父亲如何对待自己妻子和其他女性；如何对待别的男性；如何对待自己的儿子和女儿；如何对待外面的工作和家务。

当然，女孩们也会通过观察父亲而学到很多东西，男孩们也会从母亲身上学习。这就是两性逐渐了解彼此，直到共同生活的过程。孩子也会在一定程度上以生活中其他重要的成年人为榜样。但是,在生命初期的几年中，父母（特别是跟孩子同性别的家长）发挥着非常特殊的作用。

对婴儿着迷。这时的男孩和女孩对婴儿的方方面面都很着迷。他们想知道婴儿是从哪里来的。当他们了解到婴儿来自母亲体内，那么无论是男孩还是女孩，都会急切地想亲自实现这种神奇的创造。他们想照料婴儿，还想爱护婴儿，就像他们的父母关爱他们一样。他们会把更小的宝宝当成孩子，还会花上几个小时的时间来扮演父亲和母亲。有时还会用布娃娃当宝宝。

其实，小男孩同小女孩一样，也会迫切地想在肚子里孕育孩子，只是人们一般不了解这一点。当父母告诉他们男孩不能生孩子，他们很长的一段时间内都不会相信，会想："我也会生孩子。"因为他们会天真地认为，只要努力盼望什么事，那件事情就一定会实现。学龄前的小女孩也会有类似的心理，她们也许会公开地说她们能长出"小鸡鸡"。与此类似的想法并不表示孩子对自己的性别不满意。我认为情况刚好相反，这些孩子只是天真地相信他们能够做到任何事情，能成为任何人，能拥有任何东西。

对父母的爱恋和竞争感

愿望和担忧。男孩会对母亲产生爱恋的感觉，女孩对父亲也是这样。在这个年龄之前，男孩对母亲的爱主要是那种类似于婴儿的依赖心理。现在，他还越来越有一种像父亲那样的浪漫想法。到他 4 岁的时候，常常会坚信长大以后会和母亲结婚。虽然他不懂结婚是怎么回事，但是绝对清楚谁是世界上最重要、最有吸引力的女人。模仿着母亲长大的女孩，对自己的父亲也开始逐渐产生了这种爱慕之情。

这些强烈的、充满幻想的情感有助于孩子精神上的发展，可以帮助孩子形成对异性的正常情感，还会在未来引导他们走进幸福的婚姻生活。但是，这种倾向造成的另一个结果就是，大多数这个年龄的孩子会产生一种下意识的紧张感。当他特别喜欢某一个人（无论是年轻的还是年长的），就会禁不住想把这个人完全据为己有。因此，当一个 4 岁左右的小男孩更加清楚地意识到自己对母亲有一种占有的欲望时，他也能意识到母亲在某种程度上已经属于父亲了。于是，无论他多么喜欢父亲、羡慕父亲，都会感到气愤。他有时会偷偷地希望父亲迷路回不了家，接着，又会对自己这种不忠诚的想法感到内疚。他还会从一个孩子的角度进行推测，认为父亲对他也会有同样的妒忌和怨恨。

小女孩对父亲也会产生占有的感情。她有时会希望母亲出什么事（尽管在其他方面她很爱母亲），这样她就可以独占父亲了。她甚至会对母亲说："你可以出去长途旅行，我会照顾好爸爸的。"但是，当她想象着母亲也会妒忌她的时候，又会感到害怕。如果想一想经典童话故事《白雪公主》中的情节，你就会发现，那个邪恶的继母实际上就是这种幻想和担忧的化身。

因为父母毕竟比他们高得多也强壮得多，所以孩子就会尽力地摆脱这些可怕的想法。但是，这些想法会在他们的游戏和睡梦中透露出来。这些对于同性家长的复杂情感——包括爱慕、嫉妒、恐惧——正是这个年龄的孩子容易做噩梦的根源，孩子常常梦见自己被巨人、强盗、女巫和其他可怕的东西追赶。

占有欲的消退。这些强烈的、矛盾的情感，会如何发展呢？孩子到了六七岁时，自然会因为他们不可能独自占有父亲或母亲而感到灰心。假想中父母生气的样子会使他们产生下意识的恐惧感。这种恐惧心理会把他们心中浪漫的喜悦变成一种反感。从此以后，他们会因为害羞而躲避异性家长的亲吻。他们的兴趣也会逐渐转向不受个人情感影响的事情上去，比如上学和运动。他们这时要努力模仿的，是其他同性的孩子，而不再是他们的父母了。

父母如何相助？要帮助孩子度过这个充满幻想和妒忌的阶段，父母可以温柔地向孩子表明，他们彼此属于对方，男孩不能独自占有母亲，女孩也不能独自占有父亲。还要让孩子明白，父母知道孩子有时会因此感到十分恼火，他们不觉得奇怪。

听到小女儿宣布她要和父亲结婚的时候，父亲要对这种认可表示愉快，但也要向女儿解释说自己已经结婚了，等她长大以后可以去找一个同龄人结婚。

当父母亲密地在一起的时候，他们不必也不该让孩子打断他们的谈话。他们可以既高兴又坚决地提醒孩子，父母有事要谈，同时建议他也去忙自己的事。父母这种机智得体的做法，可以避免在他们表达爱意的时候长时间地受到孩子的干扰，就像其他人在场他们会受到影响一样。但是，如果孩子在父母拥抱和亲吻的时候突然闯进房间，也用不着不安地跳开。

如果男孩因为嫉妒而对父亲粗暴无理，或者因为母亲使他产生嫉妒而对她粗野蛮横，父母一定要坚持和孩子讲道理。如果女孩表现得蛮横无理，母亲也应该客气地对待她。与此同时，父母要想办法缓解孩子愤怒和内疚的情绪，可以对他说，父母理解他有时对他们很生气。

如果父亲意识到年幼的儿子有时对他似乎有一种下意识的怨恨和恐惧，不必对儿子表现出刻意的温柔与随和，也不必因为怕儿子产生嫉妒就假装不是很爱自己的妻子。这些做法都不能解决问题。事实上，如果儿子觉得父亲既不敢做一个坚定的父亲，也不敢正常地对妻子表示亲密，他就会认为自己过多地占有了母亲，感到内疚和害怕。孩子会因此而失去将来做一个自信的父亲的信念，而这种信念正是孩子树立自信心必备的心理要素。

同样，母亲也要充满自信、不受人摆布，要清楚应该在什么时候如何坚持主见，还要敢于向自己的丈夫表达亲密的情感和爱慕之心。这样才最有利于女儿的成长。

如果母亲对待儿子的态度比他父亲的态度还要随和与热情，对儿子来说，生活就会变得复杂；如果母亲对儿子的亲密感和同情心胜过对丈夫的，也会产生同样的结果。母亲的这种态度会使儿子疏远父亲，而且特别害怕父亲。

与这种情况类似的是，如果父亲任由女儿摆布，总是违反妻子的原则，或者与女儿在一起时表现得比和妻子在一起更快乐，这对妻子和女儿都没有好处。这种态度会影响母女之间应有的亲密关系，进而阻碍女儿成长为一个快乐的女人。

好奇心与想象力

强烈的好奇心。处在这个年龄段的孩子想了解他们遇到的任何事情的意义。他们的想象力相当丰富。他们会根据所见所闻的判断，然后得出自己的结论。他们会把一切事物都跟自己联系在一起。听到有人提到火车的时候，他们就想马上知道："我能不能哪天坐上火车呢？"当他们听人谈到某种疾病的时候，就会想："我会得那种病吗？"

非凡的想象力。学龄前的孩子是想象的大师。当三四岁的孩子讲一个编的故事时，并不是像成年人那样在故意说谎。因为的想象力生动逼真，所以他们自己也分不清真实和不真实的界限。这就是他们特别喜欢听别人讲故事或者读书的原因。这也解释了为什么他们会害怕暴力的电视节目和电影——我们不应该让他们看那些东西。

当孩子偶尔编故事的时候，你不必批评他或者让他感到内疚。虽然他可能很希望事情会像他说的那样，但是你只要指出事实并不是那样就可以了。这样一来，你就帮助孩子弄清了事实和自我想象之间的差别。

有时候，孩子会假想一个时常出现的虚拟的朋友，这也是一种正常的、健康的想象。孩子会以此来帮助自己进行一次特别历险——比如说，让他敢于单独走进储藏室。但是有的时候，感到孤独的孩子每天会花上好几个小时来讲述这种虚拟的朋友或者历险，而不只是把这当成一种游戏。他似乎认为这个朋友或者经历确实存在。如果你能帮助这样的孩子跟真正的孩子交朋友，他对于虚幻伙伴的需要就会降低。

睡眠问题

大多数孩子在4岁之前就不再午睡了，但是他们仍然需要在下午安静地休息一会儿。如果每天晚上的睡觉时间大大少于 10 个小时的话，他们肯定会特别疲惫。（尽管这个年龄孩子的正常睡眠时间有着很宽泛的标准，从 8 小时到 12 或 13 个小时不等。）早期出现的睡眠问题，比如过分嗜睡或频繁惊醒，经常会持续到学龄前阶段（参见第 72 页）。但是，即使是那些睡眠质量一直很好的孩子，在学龄前阶段也经常会出现新的睡眠问题。噩梦和对黑夜的恐惧是这个年龄段的孩子经常遇到的问题。

前面提到的那种正常的占有欲和嫉妒心理，也会导致孩子出现睡眠障碍。如果孩子半夜闯进父母的房间，要跟父母一起睡，可能是因为（他不会说出这些想法）他不想让父母单独在一起。如果他得到了允许，最后就很可能会把父亲从床上挤出去。所以，父母应该毫不犹豫地把他送回他的小床上去，态度要既坚决又和蔼。这样做对大人和孩子都好。

3岁、4岁和5岁时的恐惧感

幻想中的忧虑。新的恐惧会突然出现在三四岁的孩子身上——比如害怕黑、害怕狗、害怕消防车、害怕死亡以及害怕瘸腿的人等。这时孩子的想象力已经发展到了一个新的阶段，他们已经能够设身处地地体会别人的遭遇，从而想象出自己并没有亲身经历过的危险。孩子的好奇心涉及方方面面。他们不仅想知道每一件事情的原因，还想知道这些事情跟自己有什么关系。偶然听到一些关于死亡的事情，他们就想知道什么是“死亡”。刚有一点模糊的认识以后，他们就会问：“我也会死吗？”

有些孩子生来就容易对新事物或出乎意料的事物产生焦虑或恐惧。以下这些孩子也更容易产生恐惧感：吃奶和如厕训练等方面出现困难而感到紧张的孩子；想象力受到可怕的故事或电影过分刺激的孩子；没有足够机会发展独立性和外向性的孩子；被父母过分强调“外面”很危险的孩子。看起来，正是此前那些不安的感觉积攒到一起，才变成了具体的恐惧。

并不是说所有产生恐惧感的孩子都曾被不恰当地对待过。这个世界本来就充满了孩子不能理解的东西，无论你对他们如何爱护和体贴，他们都会意识到自己的缺点和脆弱。

帮助孩子战胜恐惧。作为父母，你可能无法消除孩子想象中的所有恐惧。但是，你可以教给孩子一些有益的方法，让他知道该如何应付以及战胜这些恐惧。你可以通过减轻紧张感帮助孩子克服一些特殊的恐惧，如对狗、虫子、魔鬼等。不要让孩子接触恐怖电影、吓人的电视节目。不要因为吃饭问题或夜里尿床的问题跟孩子发生不愉快。不要先放纵他由着性子胡来，再让他承认错误。你平时不应该用怪物、警察或魔鬼之类的东西吓唬他，他想象出来的东西已经让他非常害怕了。每天都要给孩子安排充分的时间出去和小伙伴们一起玩。孩子在游戏和活动中投入得越多，他对内心的恐惧就会想得越少。

当孩子对狗、消防车、警察和其他东西怀有恐惧心理的时候，他就会通过有关的游戏来适应和克服这种恐惧。如果孩子愿意做这种缓解恐惧感的游戏，会对问题的解决有很大的帮助。恐惧能促使我们作出反应。我们的身体会一下子产生大量的肾上腺素，使心跳加快，同时也为我们作出迅速反应提供了必要的糖分。这时，我们就能像风一样迅速地逃跑，或者像野兽一样勇猛地搏斗（趋避反应）。这种“逃跑或搏斗”会把恐惧感消耗掉。相反，静静地坐着丝毫不能缓解恐惧感。如果怕狗的孩子能在游戏中扮演一只玩具狗的主人，就可以减轻他的一部分恐惧。如果你的孩子有着强烈的恐惧心理，或者这种情绪影响到了日常生活的其他方面，应该请教儿童心理健康专家，寻求帮助。更多关于恐惧的内容，参见第 518 页。

害怕黑暗。如果孩子开始怕黑了，要想办法帮助他排除顾虑。这更多地取决于你的态度，而不是你的说教。不要拿他寻开心，也不要不耐烦，更不要试图劝说他消除恐惧。如果他想

说说这件事，就让他说出来。有些孩子愿意表达，要让他感到你愿意理解他，让他知道他肯定不会有事。如果他希望在夜里开着门睡觉，不妨按他说的做，也可以在房间里开一盏微弱的灯。这样，只要花很少钱就能让他看不见妖魔鬼怪了。其实，跟房间里的灯光和起居室里的谈话相比，自己的恐惧感更妨碍他的睡眠。当他的恐惧心理减轻以后，就又能接受黑暗了。

害怕动物。学龄前的孩子一般都会害怕一种或者多种动物，即使是从来没有接触过小动物的孩子也是这样。不要把一个胆小的孩子拉到小狗面前来证明不会有什么危险，没有用。你越是拉他，他越觉得自己必须往后退。随着时间的推移，孩子自己就能克服胆怯的心理，去主动接近小狗了。通过自己的努力，孩子能够更快地克服胆怯心理，你不必费力地劝说。

怕水。千万不要把一个吓得哇哇乱叫的孩子强行拉进海里或者游泳池里，这样做几乎总是得不到好的结果——当然，被强行拉进水里以后，确实也有少数孩子感到了乐趣，而且马上消除了恐惧。但是在更多的情况下，这样做的结果都会适得其反。你应该记住，孩子虽然害怕，但他还是渴望下水。

害怕讲话。孩子在面对陌生人的时候经常会一声不吭，等到感觉自在一些的时候才开口说话。如果一个孩子在家里能够正常地交谈，但是在学前班里则一个字也不说，甚至在几天或几周之后仍然如此，他可能患有选择性缄默症，参见第520页。

对死亡的疑问。关于死亡的疑问通常会出现在这个年龄。第一次解释这个问题的时候，你要尽量显得自然、随意，不要显出害怕的样子。你可以说："每个人到了一定的时候都会死。大部分人在很老的时候和病重的时候就会死去，也就是说，他们的身体停止活动了。"你可以利用这个机会谈谈家里人对死亡的看法。大部分成年人对死亡都有一定程度的恐惧和不情愿。即使孩子还小，他们也会理解死亡是生命循环的一部分。人都有起点，他们开始时很小，然后长大，变老，最后死亡。

要谨慎选择自己使用的词语。比如说，"我们失去阿基保尔叔叔了"这句话就可能让曾经迷路的孩子心惊胆战（"失去"和"迷路"在英语中是同一个词——译者注）。这个年龄的儿童正处在从字面上理解一切的阶段。我认识一个孩子，他就是因为听到别人把死亡说成是"去了我们在天上的家"之后才害怕飞行的。特别重要的是，一定不要把死亡说成是“睡着了”，因为很多孩子会因此而害怕入睡；孩子们也可能会疑惑：为什么没有人把阿基保尔叔叔叫醒。

你的解释越简单越好——要简化事实。你可以说死亡就是身体完全停止了活动。花时间去思考这个问题的孩子可能有更多机会去见证死亡，他们会开始理解死亡是这个世界的一部分。

还有一点也很重要，那就是传达家里人对于死亡的看法，可以从宗教或别的角度讲解。对于这个话题和其他敏感的事物，家长一定要对孩子提出的问题持开放的态度，并且简单、如实地回答，但也不要提供超出孩子询问的信息。孩子们知道什么时候解释变成唠叨，父母最好还是尊重他们的直觉。重要的问题无法一次讨论彻底，我们总是可以找到其他机会加以补充。请记住，要抱着孩子对他说，你们会一起生活很长很长时间。（关于帮助孩子理解死亡问题的更多内容，参见第 482 页。）

对受伤和身体差异的忧虑

为什么会产生这样的忧虑？处在这个年龄段的孩子想知道每件事情的原因。他们很容易担心，也很容易把危险的情况和自己联系起来。如果他们看见一个瘸腿的人，或者看见一个外表畸形的人，首先就想知道那个人出了什么事，然后又会把自己放在那个人的位置上，担心自己会不会受到类似的伤害。

这个阶段也是孩子热衷于掌握各种运动技能（比如蹦跳、跑步、爬行等）的时期，他们会把身体健全看得十分重要，而受伤就成了一件令人非常难过的事情。为什么一个 2 岁半或者 3 岁的孩子看到一块碎饼干会那么难过，还会拒绝接受掰成两半的饼干，非要一块完整的才行呢？原因就在这里。

身体和性别的差异。孩子不仅害怕受伤，还会对男孩和女孩之间自然的差别感到十分不解，为这件事情担心。如果一个 3 岁的小男孩看见一个没穿衣服的小女孩，他就会感到十分吃惊，觉得她没有和自己一样的“小鸡鸡”十分奇怪。他可能会问：“她的小鸡鸡呢？”如果没有立刻得到满意的回答，他就会很快得出结论，认为她肯定是发生了什么意外。接着，他就会担心地想：“这种事也可能会发生在我身上。”当小女孩发现小男孩和自己不一样的时候，同样的误解也会让她担心。她首先会问：“那是什么？”然后会着急地想：“为什么我没有呢？是我出了什么毛病吗？”

这就是 3 岁孩子的思维方式。他们或许会觉得非常难过，甚至不敢向自己的父母询问。

对于男孩和女孩身体差别的这种忧虑表现在很多方面。我记得有一个不到 3 岁的小男孩，他神情紧张地看着小妹妹洗澡，然后对母亲说："宝宝疼。"这是他用来表达受伤的词。母亲不知道他在说什么，直到小男孩鼓起勇气指了一下，同时又紧张地握住自己的生殖器，母亲才明白了他的意思。我还记得，一个小女孩发现了自己和男孩的差别之后，非常着急，不断地去脱每个孩子的衣服，想看一看他们都是什么样子的。她这么做并不是因为淘气，你可以看到她担心的样子。过一会儿，她就开始摸自己的生殖器。还有一个 3 岁半的小男孩，他先是为妹妹的身体感到难过，又开始担心家里所有坏了的东西。他竟然紧张地问父母："这个锡铸的士兵为什么坏了？"这个问题真是莫名其妙，那是他前一天打碎的。任何破损的东西似乎都能让他想到自己会不会受伤。

2 岁半～3 岁半的正常孩子一般都会对类似身体差异的问题感到疑惑。如果他们产生好奇的时候没能得到满意的答案，他们就容易得出让自己心烦意乱的结论。所以，提前注意这个问题很有必要。我们不能等着孩子说"我想知道为什么男孩和女孩不一样"，他们还提不出具体的问题。他们可能会提出某个问题，也可能只是围着中心话题转来转去，他们还可能什么也不说，然后变得忧心忡忡。不要认为这是一种对性别的不健康的好奇心。对于孩子们来说，最初提出的这类问题就跟其他任何问题一样平常。你应该让孩子提出类似的问题，不应该责怪他们，更不应该不好意思回答。那样的话，反而会起到相反的作用。孩子们会觉得他们的处境很危险，这种误解正是你应该避免的。

另外，你也不必过于严肃，好像在给孩子上课一样。其实问题并没有那么难以解决。首先，让孩子公开说出他们的忧虑有助于问题的解决。你可以说，你知道他可能认为女孩也有小鸡鸡，但因为出了什么事就没有了。然后，你就要以实事求是的态度，用轻松的语气给孩子解释清楚。你要告诉他们，女孩和女人生来就跟男孩和男人不一样，她们本来就应该是那样的。如果你举几个例子，孩子就能理解得更快一些。你可以解释说：小约翰跟父亲、亨利叔叔、戴维他们长得一样，而玛丽跟母亲、詹金斯夫人、海伦她们长得一样。(要列举那些孩子最熟悉的人。)

小女孩可能需要更多的解释才能放心，因为她很可能会看到别人有什么，自己也想要什么。（有个小女孩曾经向母亲抱怨说：“可是他长得那么特别，我却这么平常。”）在这种情况下，如果能让她知道母亲喜欢自己的样子，而且父母也喜欢女儿生来的模样，她就会感觉好多了。这也许还是个好机会，你可以趁机告诉孩子，女孩们长大以后能在体内孕育自己的孩子，她们还有乳房给宝宝喂奶。对于三四岁的孩子而言，这可是个令人激动的消息。

入学期：6～11岁

适应外部世界

孩子到了五六岁就是儿童了。虽然他们和父母的感情仍然非常重要，但是跟以前相比，这时候更加关注其他孩子的言行，变得越来越独立，甚至还会对父母表示不耐烦。他们对自己认为重要的事情产生了更强的责任感。兴趣开始转向算术、发动机这种与感情无关的东西。总之，他们正在从家庭的约束中解放出来，成为一个外部世界有责任感的公民。

自我控制能力。6岁以上的孩子开始对某些事情认真起来。就拿他们玩的游戏来说吧。他们对那些没有规则的假装的游戏已经不那么感兴趣了，更喜欢那些有规则而又需要技巧的游戏，比如跳房子、跳绳和电子游戏。在这些游戏中，参加的人需要按照一定的顺序轮换，游戏的难度也会越来越大，一旦失误了就要受到处罚，回到起点，重新开始。吸引孩子的正是这些严格的规则。

这么大的孩子也开始喜欢收集东西了，比如邮票、卡片、石头什么的。收集的乐趣在于获得一种条理性和完整性。这个阶段的孩子有时愿意把自己的物品摆放整齐。他们会突然去整理书桌，在抽屉上贴上标签，或者把成堆的书摆放整齐。虽然还不能长时间地保持整洁，但是你可以看到这种愿望在一开始的时候有多么强烈。

摆脱对父母的依赖。6岁以上的孩子在内心深处仍然爱着自己的父母，但是他们一般不会表现出来。他们对其他的成年人也表现得比原来冷淡，不再希望父母只把他们当成乖孩子去宠爱。他们正在形成个人尊严的意识，并且希望别人能把他们当成独立的人来对待。

为了减少对父母的依赖，他们会更信任外人，愿意询问别人的看法或者向别人学习知识。如果他们钦佩的老师说红细胞比白细胞大，他们就会深信不移。就算老师说的不对，父母也没有办法改变他们的错误认识。但是，孩子并没有忘记父母教给他们的是非观念。事实上，因为对这些教育记得太深了，就会认为那都是自己创造出来的。当父母不断提醒孩子应该做什么的时候，他们就会表现得不耐烦，因为他们已经懂事了，也希望父母认为他们是有责任心的人。

不良举止。这个阶段的孩子会抛开父母使用的文雅语言，去学一些粗俗的话。他们喜欢模仿其他孩子的穿戴和发型，还经常不系鞋带。他们会不顾餐桌上的规矩，不洗手就趴在自己喜欢吃的菜上，大口大口地往嘴里填食物，还可能漫不经心地踢着桌子腿。进屋的时候，他们会把衣服随手扔在地上，还会用力摔门，要么就干脆不关门。

虽然他们没有意识到自己的变化，但实际上，却同时做着三件事情：第一，开始关注同龄的孩子，开始把他们当成行为样板；第二，他们正在表明自己有更多独立于父母的权利；第三，因为没有做什么有悖于道德的错事，所以他们也在坚守自己的道德

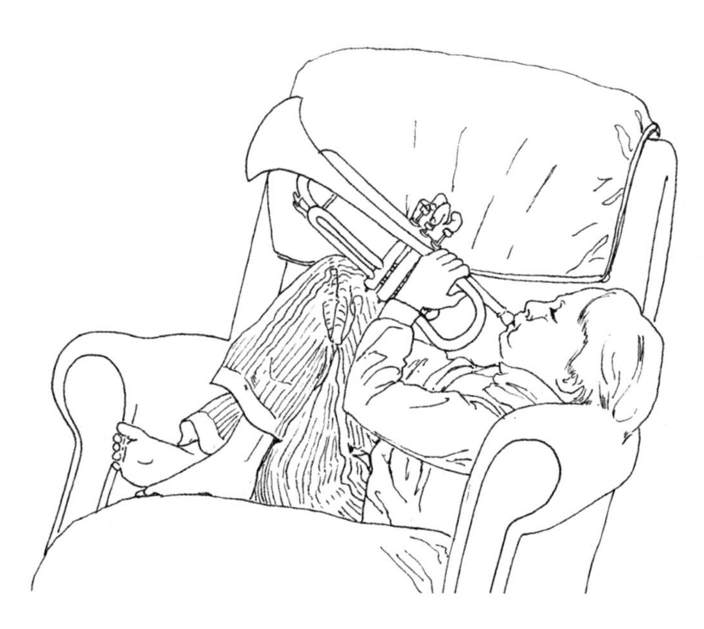

准则。

这些不良的行为和习惯很容易让父母感到失望，他们会觉得孩子已经忘了自己的精心教导。实际上，这些变化反而证明，孩子已经懂得了什么是良好的行为举止——否则就不会费劲地去反抗了。等他觉得自己已经能够独立的时候，就会重新遵守家庭的行为准则。

并不是说这个年龄段的所有孩子都是捣蛋鬼。性情温和的父母带出来的孩子可能不会表现出明显的叛逆性。但是，如果你仔细观察，也能发现他们在态度上的变化。

那么你该怎么办呢？有些事情不能忽视，孩子每隔一段时间必须洗澡，在节假日里也应该穿戴整齐。你可以忽视一些鸡毛蒜皮的小事，但是在你认为非常重要的事情上，态度一定要坚决。该洗手的时候必须让他们洗手。你可以用一种轻松幽默的方式去要求孩子，挑剔的语气和专横的态度都会让孩子心生愤怒，从而刺激他们下意识地抵制下去。

社会生活

伙伴的重要性。对于孩子来说，能否被同龄人接受是一件非常重要的事情。班里每个孩子都知道他们当中谁人缘好，谁最不讨人喜欢。有着坏名声的孩子一般都很难交到朋友，所以他们在学校里一般都很孤单，而且不快乐。难怪这个年龄的许多孩子都要花大量的时间和精力让自己合群，哪怕有时会违背家里的规矩他们也在所不惜。

很好地适应环境，很好地与他人相处，对孩子很重要，对于他们长大后的成年生活也很重要。不能融入群体的孩子常常会在长大后面临与同事、朋友和家人相处的困难。这并不是说你应该强迫孩子顺从，但是也不应该坚持让孩子始终站在远离人群的地方。正相反，你的责任在于找到那些认同你们核心价值观念的群体——不论这些群体是运动队、俱乐部还是组织松散的其他儿童团体——要让它们强化你教给孩子的那些观念。

让孩子成为善于交际、受欢迎的人。要把孩子培养成善于交际的受欢迎的人，以下就是在孩子小时候可以采取的办法：不要小题大做地数落他们；从 1 岁开始，就让他们多接触同龄的孩子；让他们自由地发展独立性；尽量不要搬家，也不要给孩子转学；要尽可能地让孩子跟其他邻居的孩子交往，让他在穿戴、说话、玩耍、零花钱和其他方面和周围的孩子一样。当然，这并不是说要让他们效仿附近最差劲的孩子。如果孩子告诉你别的孩子都可以怎样怎样，你也不必当真。

如果一个男孩在交友方面存在困难，那么，最有效的办法就是让他转到教学方法比较灵活的学校或者班级去。这样，老师就能创造机会，让他在班级活动中发挥自己的能力。别的孩子就会欣赏他的优点，开始喜欢他。如果一个受同学们尊敬的好老师在班上表扬这个孩子，也可以帮助他提高在同学当中的威信。如果能够安排他和一个非常受欢迎的同学同座，或者让他在活动中和这个同学搭档，也会对他有所帮助。

父母在家里可以采取一些办法帮助孩子与人交往。当孩子带小伙伴来家里玩的时候，你要表现得友好又热情。你可以鼓励孩子邀请小朋友来家里吃饭，还可以做他们认为"高级"的饭菜。当你安排周末旅游、野餐、短途旅行、看电影和其他活动的时候，还可以邀请孩子喜欢的一个小朋友一起去——这个小朋友不一定是你认可的那个。孩子跟成年人一样，也有唯利是图的一面，所以他们更容易看到款待他的人身上的优点。

你当然不希望自己的孩子只能用好处换来的威信，这毕竟不会持久。所以，你要做的就是采取措施，给孩子提供一些机会，使他能够加入到群体当中去。然后他就可以抓住机会和别人建立起真正的友谊了。要知道，这个年龄的孩子有时会因为小团体主义作怪而排斥别的孩子。

俱乐部和小团体。这是一个非常喜欢组织小团体的年龄。一帮已经是朋友的小家伙可能会决定成立一个秘密的俱乐部。他们会十分投入地制作会员徽章，商定会议地点（他们很喜欢隐蔽的地方），起草一系列规章制度。他们可能从来都弄不明白什么叫做秘密，但这种保密的意识可能表现出他们的一种愿望。他们可能想证明，如果没有大人的干涉和其他听话孩子的妨碍，他们就能够主宰自己。

当孩子努力表现成熟的时候，你应该让他们跟那些有同样愿望的孩子在一起。然后，他们会联合起来排斥别人或者捉弄别人。对成年人来说，这种行为听起来似乎很狂妄也很残忍，但那只是因为我们已经习惯了使用更讲究的方式来表达自己的反对意见，而孩子则是凭着本能去组织他们的群体生活。这是我们的文明向前发展的一种动力。然而，这种拉帮结派的自然倾向也带有一定的破坏性，容易导致残酷的捉弄，甚至是身体的攻击。这时就需要父母和老师介入了。

孩子 11 岁左右就到了上中学的年龄，他们对归属感的要求也会变得十分强烈。紧密的伙伴关系或者小团体的组织，可以让他们自主地决定接纳谁或者排斥谁。好看的外表、运动方面的特长或者学习成绩优异、有钱、时髦的打扮、风趣的谈吐——所有这些都是被接纳的必要条件。如果一个孩子任何条件都不具备，他就可能被大家完全孤立起来，从而陷入一种孤单而又痛苦的境地。一个既有同情心又懂得技巧的教师或者辅导员有时能够帮助孩子改变这种处境；而在上学以外的时间，心理学家或者其他专业人士也可以帮助孩子掌握必要的社交技巧。

大孩子欺负小孩子。曾经有一段时间，人们认为大孩子欺负小孩子是正常现象，就像打针一样，是孩子在童年必须忍受的不愉快经历之一。现在我们知道，大孩子欺负小孩子会造成严重的伤害。被欺负的孩子经常会表现出胃痛、头痛以及其他紧张或压抑导致的现象。他们可能会躲在自己的房间里，也可能通过愤怒的方式表现出来。大孩子的欺侮容易指向最容易受到伤害的孩子，也就是那些几乎没有朋友的孩子。对于这些孩子来说，受人欺负会在他们每天感到的孤独感之外再加上恐惧感和耻辱感——这是一种具有严重破坏性的混合情绪。

短期来看，欺负人的大孩子似乎处在世界之巅，但是从长远来看，他们也会受到伤害。因为已经习惯了通过威胁别人来获得成功，这些孩子很难找到别的方式与他人相处。结果就是，他们经常无法维持人际关系，很难保住工作，也很难逃脱法律问题的纠缠。

解决大孩子欺负小孩子问题的方法就是，不要让孩子忽略别人的攻击或进行还击。关键不是把孩子训练成打架能手，而是树立他的自信心，这样他就不那么容易被人恐吓了。但是，在大多数情况下，保护孩子不受大孩子的欺负，首要的一点就是在那些最容易出现问题的场所加强成年人的监管——比如走廊里、卫生间、运动场，等等。

在家里

工作和家务。在许多地方，到了上学年龄的孩子都要在家里的农场、公司、车间或者工厂工作。过去，美国的大多数孩子也是跟大人们一起工作。只是在最近的 50 年里，上学才成了孩子们最主要的，或者说是唯一的差事。孩子到了八九岁，让他们觉得自己能为家庭做些有意义的事非常有好处。如果家里没有公司或者企业能让孩子做事，那么，让他们做一些家务劳动也很好，他们会觉得自己确实很有用。6 岁的孩子可以摆放碗筷、清理饭桌；8 岁的孩子可以打扫房间、除草；10 岁的孩子就可以做一些简单的饭菜了。

家务活是孩子们学会在家庭生活中承担责任的途径之一，长大以后，他们也会以同样的方式参与到社会活动中去。家务活经常按照传统的性别角色来分工——女孩做饭，男孩整理草坪，但是也不必墨守成规。做家务可以帮助孩子们发现自己的潜力。

让孩子做家务的最好办法就是对他的要求始终如一又实事求是。既不要容许很多例外情况，也不要让他没完成任务就走开。给孩子分配的任务应该简单易行，而且是他力所能及的，还得让孩子知道这些家务是每天都要做的。

零花钱和钱财。孩子主要是通过观察父母来学习处理钱财（跟其他事情一样）。如果你对于消费比较慎重，并且谈论自己如何做出花钱的决定，那么孩子也会试着学习你的做法。大多数孩子都在六七岁时开始理解存钱和花钱是怎么回事,从这段时间开始,你可以每周给孩子一些零花钱。少量的零花钱让孩子有机会做一些有关钱财的小决定。为了让这些决定更有意义,父母就必须在想慷慨解囊,或孩子苦苦哀求的时候,忍住直接掏钱的冲动。孩子需要有机会去体验自己选择的结果。当然,父母仍然应该对这些零花钱的使用方式作出限制。如果你们规定家里不能有枪,而孩子想用自己攒下的零花钱买一支玩具枪,你们就应该坚持原来的规定。零花钱的数量不是最重要的,关键在于这些钱起到的作用——既让孩子学会做决定,也让他们学会接受限制。

零花钱不能成为每天做家务的报酬。做家务是家庭成员为家里的工作出力的一种方式。做家务的原因是"因为家里的每一个人都应该出一份力"。如果孩子拒绝做家务,可以取消给他的一些待遇,其中就包括掌握零花钱的权利。

家庭作业。预习功课可以让孩子学会独立自主地学习,而复习功课则可以让孩子练习在课堂上学到知识。一般来说,那些家庭作业做得比较多的孩子学习成绩也比较好。但是,在一到三年级的时候,孩子每天晚上做作业的时间不应该超过20分钟;五、六年级不应超过40分钟;七到九年级不应超过2个小时。如果孩子做作业的时间过长,有的是因为学校布置的家庭作业很多,有的则是因为孩子在学习方面存在困难,他们花在家庭作业上的时间就会比同学多很多。当家庭作业超过应有的难度时,教师和父母就要一起努力,找出问题的原因,同时给孩子提供适当的帮助。参见第621页,了解更多有关家庭作业的内容。

常见行为问题

撒谎。小一点的孩子犯了错误以后,经常为了逃避后果而撒谎。是他们偷吃了那些饼干吗?是的,但他们不是故意"偷吃"的,他们只是理所当然地做了那件事情,所以在某种意义上,他们会回答你说"没有"——或许他们就是这样认为的。他们还应该明白,最好是早点承认错误,那要比撒谎以后让事情变得更复杂好得多。父母和老师讲的教育性故事和他们自己的经历都能帮助孩子懂得这些道理。

大一点的孩子为什么说谎?无论是成年人还是孩子,有时都会陷入尴尬的境地。在这种情况下,唯一得体的退路就是撒个小谎。这并不值得大惊小怪。但是,如果孩子是为了欺骗而撒谎，那么父母要问自己的第一个问题就是：孩子为什么觉得自己非要说谎不可？

孩子不是天生就爱骗人。孩子经常撒谎是因为处在某种过大的压力之下。作为父母，你的任务就是找到问题所在，然后帮助孩子找到更好的解决办法。你可以温柔地说："你不必对我撒谎。告诉我出了什么问题，咱们看看能做些什么。"但是孩子常常不会立即告诉你实情。从一方面来说，他可能还没有充分理解自己面临的情况，无法用语言表达清楚。但是，就算他对自己的忧虑有一些了解，也可能不愿意谈论自己的问题。帮助他表达自己的感受和担忧，需要时间也需要理解。有时候，你需要老师、学校心理专家、咨询顾问或其他专业人士的帮助。

偷窃是一个常常与撒谎相伴相生的问题，参见第 598 页。

欺骗。孩子欺骗别人是因为他们不愿意失败。6 岁的孩子会觉得做游戏的目的就是取胜。只要名列前茅他们就会欢天喜地，一旦落后就会愁眉苦脸。要潇洒地面对失败，他们还需要很多年的学习。最终，孩子们都会明白，如果每个人都遵守规则，那么大家就能玩得很开心。如果他们能在游戏中明白这个道理，要比大人的训导来得深刻。当一群 8 岁的孩子一起做游戏的时候，他们花在讨论游戏方式上的时间会比他们真正玩起来的时间多得多。他们能从这种激烈的讨论中学到很多东西。

一开始，孩子们会把游戏规则看成是固定不变或者不可更改的东西。渐渐地，他们关于对错的看法就会变得更加成熟、更加灵活。他们会意识到，只要所有的游戏参与者都愿意，那么游戏的规则就可以改变。

当然，孩子们也可以从没有输赢的游戏中得到乐趣。你可以在书店和互联网上找到很多这样的游戏，非竞争性的游戏可以帮助孩子们认识到，玩游戏的目的在于获得快乐，而不是打败对手。

强迫症。很多孩子到了大约 9 岁的时候，都会表现出相当严格和苛刻的倾向，他们经常处在一种绷紧的状态中。你很可能会想起自己童年时的这种表现，最常见的是要求自己迈过人行道上的每一条裂缝——虽然这种做法一点道理也没有，但你就是迷信地觉得应该这样做。类似的例子还有，每隔 3 根栏杆就摸一下，最后得到某种形式的偶数，以及在进门之前说出几个特定的字等。如果你认为自己出了差错，就会严格地回到你认为完全正确的地方，重新开始。

强迫症也许是孩子缓解焦虑情绪的一种方式。导致焦虑的一个原因，可能是孩子无法承认对父母的敌对情绪。强迫症的潜在动机可能在童年时代的顺口溜中有所体现："踩上裂缝，妈妈背痛。"有时每个人都会对自己最亲近的人产生敌对情绪，但是，一想到真的要去伤害他们，他的良心又会十分不安，于是想要摆脱这些念头。如果一个人的良心变得过分苛刻，那么，即使他已经成功地淡化了这些坏念头，他的良心还是会不断地搅乱他的情绪。虽然说不清为什么，但他还是会感到内疚。他会更加小心、更加仔细地去做一些毫无意义的事情，好让自己的良心得到安慰。比如，走在人行道上，每遇上一条裂缝，他都要迈过去，等等。

孩子在9岁时容易产生强迫行为，并不是因为他的思想更加邪恶，而是因为在这个发展阶段，他的良知使他对自己的要求更严格了。

轻度的强迫行为在9岁左右的儿童中非常普遍，我们多数时候都把它看成正常现象。如果孩子有轻度的强迫行为，比如非要从裂缝上跨过去等，那么只要他们心情愉快，热情开朗，在学校表现良好，就用不着担心。反过来，如果一个孩子在很多时候都有这种强迫行为，比如洗手太勤，或者精神紧张，焦虑、孤僻，就要请教心理健康专家了。

抽搐。抽搐是紧张的时候出现的一些习惯，比如眨眼、耸肩、出怪相、扭脖子、清嗓子、抽鼻子、干咳等。和强迫症一样，抽搐经常发生在9岁左右的孩子身上，但是在2岁以上的任何年龄都有可能出现。抽搐的动作往往会快速而频繁地重复，而且通常都是同一种形式。在孩子面临压力的时候,这种抽搐还会表现得更加频繁。一种形式的抽搐可能断断续续地持续几周或者几个月，然后完全消失或者被另一种形式的抽搐代替。眨眼、抽鼻子、清嗓子和干咳通常都是由感冒引起的。但是感冒好了之后，这些症状可能会继续存在。耸肩的起因可能是孩子穿的新衣服比较宽大，总觉得它要掉下来。孩子还可能模仿其他孩子的小动作，尤其会向他们崇拜的孩子学习，但是，这些小动作都不会持续很久。

抽搐的主要原因似乎在于大脑的发育。但是，心理作用也会导致这种情况的发生。抽搐现象经常出现在情绪紧张的孩子身上。他们的父母可能相当严格，给他们造成了过大的心理压力。有时候，父母会过于苛刻，一见到孩子，就会指责或者挑剔他们。或者，父母会以一种比较平静的方式表现出不赞成的态度，不是把标准定得过高，就是安排过多的校外活动。如果孩子胆子大，敢于顶撞大人，内心的压抑感也许能减轻一些。

即使孩子能够暂时止住抽搐，这个问题也不是他能够控制的。因为抽搐而训斥孩子只会使问题变得更严重；相反，父母应该尽最大的努力在家庭生活中营造轻松、愉快的氛围，尽量减少唠叨，同时尽量让学校和社会生活令他满意。大约 10 个孩子里就有一个存在这样的抽搐；这些问题几乎总是会随着善意的视而不见而逐渐消失。大约 100 个孩子里会有一个存在多种抽搐问题，并且持续一年以上。这样的孩子可能患有妥瑞氏综合征，应该找医生检查。

体态。有些孩子好像生来就有一副松弛的肌肉和韧带。糟糕的体态可能是多种健康问题的反映，最常见的是身体缺乏活动以及长时间蜷缩在电视屏幕前的结果。超重或肥胖可能会加重驼背、内八字和平足。也有一些罕见的疾病会影响孩子的体态。慢性疾病和慢性疲劳会使孩子意气消沉，精神不振。体态不好的孩子应该接受全面的医学检查。

许多孩子都会因为缺乏自信而无精打采。造成这种结果的原因，可能是他们在家里受到的批评太多，学习上遇到了种种困难，或者与别人交往不愉快，等等。活泼自信的人会在坐、立、走的姿势上表现出这种积极的状态。父母都希望孩子长得好看，自然就会不断地提醒孩子端正体态。他们会说“注意肩膀挺直”，或者“看在上帝的分上，站直了好不好”。但是，父母过多的督促并不能让那些驼背的孩子修正他们的体形。

一般说来，效果最好的办法是让孩子参加舞蹈班或其他体育课程的形体训练，或者接受理疗师的形体矫正治疗。这些地方的气氛比家里更加规范。如果孩子愿意，父母也能表现出友好态度的话，也可以很好地帮助孩子在家里进行形体锻炼。但是，父母的主要任务还是在精神上给予支持，包括帮助孩子缓解学习上的压力，促进他们愉快地与人交往，还有让他们在家里感到自信和尊重，等等。

青春期：12～18岁

双行线

青少年和他们的父母都需要找到一种方法，逐渐地相互适应，让彼此都能心情舒畅。这个适应的过程在有些家庭里进展得十分顺利；也有很多家庭总是矛盾重重，一般都是因为父母忽视了青春期一些正常的发育特点造成的。其实，孩子们并不是故意跟父母作对，他们只是想树立自己成年人的身份。

青少年面临着许多考验。青春期重新塑造了他们的身体，从而改变了他们对自身的感觉，也改变了别人对他们的态度。性冲动既让人感到喜悦，又带来了恐惧感。我们的社会传递的青春期性信息是矛盾的：一方面极度地崇尚它（那些展示青春性感身体的广告都是证明），另一方面又把它当成一种危险的力量加以压制。这种社会氛围使青春期的问题变得更加复杂。对许多青少年来说，学校像个温暖的港湾，也有一些孩子会觉得它像监狱一样让人不自在。抽象思维能力的发展使很多青少年开始质疑社

会，他们正准备以成年人的身份进入社会。理想主义可以催人奋进，但也常常引发暴力行为。

面对充满挑战或令人烦恼的青少年行为，父母最好能够提醒自己，他们教给孩子的基本价值观并没有消失。尽管他们把头发染成了自然界里看不到的颜色，大多数青少年还是会坚守家庭的核心信念。但是，真正的危险还是存在。冒险的性行为、饮酒和毒品都可能留下长期甚至是永久的不良后果。此外，许多心理问题也会在十几岁的时候开始显现。因此，你一定要相信孩子能够走出青春期的迷宫，但你也必须对这一路上的陷阱保持警觉。通过专注于长远目标——也就是把孩子培养成健康、优质的年轻人——你或许能够更好地分辨出哪些行为真正值得担心，哪些行为只不过让人有点心烦而已。

做青少年眼中的好父母一直以来都是一件难上加难的事情。一位家长曾经说过，"哎，虽然我没有孩子小时候认为的那么出色，但我也不像他青春期时认为的那么愚蠢啊。"

青春发育期

青春发育期标志着青春时期的开始。它指的是一个人在生理成熟和生殖能力形成之前，快速生长和发育的2～4年。

首先要强调的是，青春发育期开始的年龄有早有晚，差别很大。大多数女孩都在10岁左右开始发育，大约12岁半的时候第一次来月经。女孩从9岁起就开始发育也没有什么不正常的，有的女孩甚至发育得更早。胸部的发育可能要等到12或13岁才开始。在这种情况下，月经初潮就要等到14或15岁才会到来。男孩进入青春期的时间一般都要比女孩晚上2年，大概在12岁左右；也有一些健康的男孩要到14或15岁才开始青春期的发育。青少年每年的体检都应该包括对青春期发育状况的评估。如果青春期开始得过早或者过晚，就要找医生检查，看看这种发育时间的异常是不是疾病造成的。

青春期的变化最早发生在大脑的深处。大脑分泌出激素，通过血液循环输送到生殖器官（睾丸和卵巢），使它们进入高度预备的状态。反过来，生殖器官也会产生重要的性激素，也就是睾丸激素和雌激素，它们会带动青春期的其他各项发育。但是，至于最初到底是什么指挥大脑开始这种活动的，还没有人知道确切的答案。遗传因素、营养条件和整体的健康状况都会影响青春期开始的时间。在美国，儿童时期营养的改善使得青春期提前了好几年。然而，这里面是不是还有其他因素的作用——比如食物里的农药或者激素，仍然存在争议。

女孩的青春期发育。让我们追踪一下进入青春期的女孩，看看她们从10岁起一般会出现哪些变化。7岁的时候，她一年会长高5～7.5厘米；8岁的时候，她的生长速度就会慢下来，大约一年长高4.5厘米。这时自然界好像“踩了刹车”。到了10岁左右，“刹车”就会突然松开，她会在随后的两年中以平均每年7.5～9厘米的速度迅猛增长，体重也由过去的每年平均增加2.3～3.6千克，发展到4.5～9千克。她的食欲也开始明显地增加，以满足这种成长的需要。

此外，还有一些其他变化。在青春发育期开始的时候，女孩的乳房就开始发育。最早能注意到的就是乳头下面出现的硬块。这常常会使父母感到担心，担心孩子得了乳腺癌，其实，这只是乳房发育的正常开端。在前一年半的时间里，乳房会发育成圆锥形，等到月经初潮快要来临的时候，它就会变得丰满起来，接近半球形。偶尔也会出现一侧乳房比另一侧早几个月发育的现象。这种情况很常见，没什么好担心的。发育早的乳房可能会在整个发育期内显得稍大一些。在少数情况下，这种状态也可能会永久地持续下去。

乳房开始发育后不久，就会长出阴毛。随后，腋毛也开始生长。女孩的臀部会变宽，皮肤组织也发生着变化。一般在12岁半时第一次来月经，通常被称作“初潮”。到这时，她的体形看起来就更像一个女人了。从此以后，她的生长速度就会迅速减慢。在“初潮”后的第一年，她可能只长高3.8厘米左右，下一年大约长高2厘米。许多女孩在月经初潮以后的一两年内，月经周期都不太规律，也不是很频繁。这并不是生病的症状，只是表明她的身体在刚开始来月经的时候还没有发育成熟。

孩子进入青春期的年龄因人而异，因为每个女孩都有自己的发育时间表。即使青春发育期早于或者晚于平均年龄，也并不意味着腺体系统不正常，只能说明她就是那种早发育或者晚发育的类型。个体的这种发育时间似乎是一种天生的特点：发育较早的父母更容易生出发育较早的孩子；反之，发育较晚的父母更容易生出发育较晚的孩子。即使女孩到了13岁还没有出现青春发育的迹象也不必着急，她的青春期会开始的，只不过还要再等一段时间。

如果青春发育期开始得比平均年龄早一些或者晚一些，可能是一件令人烦恼的事情。一个8岁就开始发育的女孩可能会觉得十分尴尬，觉得难为情，因为她发现自己是班里唯一一个人高马大，有着成年女性身材的女生。老师、父母，以及同龄人的反应也会让她感到迷惑。发育比较晚的女孩也会面临同样的麻烦。一个到了13 岁还没有任何青春期迹象的女孩可能会觉得自己不正常。这时，医生的安慰可能会对她有所帮助。

男孩的青春期发育。男孩的青春发育期一般都要比女孩晚两年开始，在 12 岁左右（女孩一般是在 10 岁左右）。但是，有些发育早的男孩在 10 岁左右就进入了青春期，还有一小部分男孩的青春期开始得会更早。相当多晚发育的男孩从 14 岁才开始青春期的变化，也有少数人更晚。

男孩一般都是先长出阴毛，然后睾丸开始发育，最后阴茎开始增大，先是变长，接着变粗。所有这些变化都发生在身体快速生长之前，而且很可能只有本人才知道（这一点跟女孩相反，她们开始发育的早期迹象是乳房的变化，别人很容易看出来）。男孩会越来越关注阴茎的勃起，而且认为周围的所有人都能注意到这点。

青春期时，男孩的身高会以从前两倍的速度增长。随着身高的增长，他们手臂的长度和鞋子的号码也在增长，这会让处在青春发育期的男孩看起来又瘦又高，显得不太协调。然后，肌肉的发育才跟上，让他们的体形看起来更像一个男子汉。大约与此同时，他们的胡子和腋毛也会长得更长，而且更加浓密。然后，他们的声音开始变得粗重又低沉。有的男孩乳头下面的一小块区域会增大，还可能变得很柔软。这都属于正常现象。还有少数男孩的胸部会增大得比较明显，甚至大到让他们感到尴尬和担心。这种情况在超重的男孩中更为常见。医生的安慰对他们可能会有帮助。

大概两年之后，男孩就已经基本上完成了身体上的转变。在接下来的几年里，他们还会继续缓慢地生长，到 18 岁左右停止。有些发育较晚的男孩会继续长高，甚至会一直持续到 20 岁以后。在男孩当中，较早的发育很少会让人感到烦恼。在短短几年的时间里，这些男孩可能会变成班里最高、最健壮的男生（可是，出现在 10 岁以前的过早发育情况，应当进行医学检查）。

另一方面，发育较晚的孩子常常会感到心情沮丧。有些晚发育的男孩可能在 14 岁的时候仍然是个“小矮个儿”。当他看到朋友们大多数都快变成大人了，可能会感到有些自卑。所以，这样的孩子需要父母的劝慰，有时还要找医生咨询，以便帮助他们面对这种情况。身高、体格和运动能力的发展在这个年龄显得十分重要。

于是，有些父母非但不去安慰儿子，告诉他很快他就会开始发育，会猛长二十几厘米，而是到处寻医问药。于是，医生就会给孩子吃生长激素。这种做法只会让孩子确信自己真的有毛病。的确，不管多大的孩子，只要给他补充激素，就能让他出现青春期的发育现象。然而，还没有证据表明这会给孩子的心理带来长远的好处。另外，这些治疗还会过早地终止骨骼的发育，使孩子长不到他本应达到的身高。只有在极个别情况下，当孩子的生长激素分泌得过多或者过少的时候，才能在儿童内分泌专家（激素专家）的指导下给孩子服用激素类药物。

其他健康问题

体臭。青春期最早出现的变化之一，就是腋下分泌出大量味道浓重的汗液。有的孩子（还有父母）不会闻到这种气味，却会因此遭到同学们的厌恶。在这种情况下，讲究卫生就显得特别重要了。每天都要用肥皂清洗，还要定期使用合适的除臭剂，可以有效地控制这种气味。

青春痘。皮肤在青春发育期会变得更加粗糙，毛孔扩张，还会分泌出比过去多 10 倍的油脂。有些毛孔会被油脂（皮脂）和死皮细胞的混合物堵塞。这些堵在毛孔里的死皮细胞和油脂，遇到空气以后就会被氧化，从而变黑，也就是黑头。平时附着在皮肤上的细菌，这时会钻进这些张大的阻塞毛孔里，就形成了青春痘。所以，青春痘实际上是一种轻微的感染。

差不多每个人在青春期都会长青春痘。长青春痘并不是因为脸上有污垢。性幻想和自慰行为在青少年中可以说十分普遍，但这些行为也不会引发青春痘。吃巧克力或油炸食品也不是长青春痘的原因。但是，抹在头发上的油膏却可能在额头上引起青春痘；油锅里冒出的油烟常常会使快餐店的店员们长青春痘。很多青少年都很难忍住挤压青春痘的冲动，但是这样真的容易把问题弄得更严重。虽然大多数青春痘都比较小，靠近皮肤表层，但是也有一种生长较深的严重的粉刺容易在家族中遗传。这种青春痘需要治疗。

无论医生使用了什么样的特殊方法，都离不开一些普通又有益的预防措施。比如每天精神饱满地锻炼身体，呼吸新鲜空气，接受阳光的直接照射（要采取必要的防晒措施，防止晒伤）等，都能使皮肤状况得到改善。另外，早晨和睡前用温水和温和的香皂或洗面奶洗脸也是一种好方法。有一些香皂和局部使用的药物含有 5%～10% 的过氧化苯甲酰，不用医生开处方就能买到。还有很多水质的化妆品（不要使用油性化妆品），在青春痘自然消退的过程中，可以用来掩饰青春痘和斑痕。青春期过后，激素的反应就会逐渐平稳下来，这时青春痘一般都会消失。

如果这些措施都不管用，那就应该借助医疗手段处理。父母应该尽可能地帮助孩子治疗青春痘，改善他们的形象和精神面貌，同时也避免留下永久的疤痕。治疗处方包括含有过氧化苯甲酰、维甲酸或类似化合物的药膏或者霜剂。抗生素既可以涂抹在皮肤上也可以每天服用。与避孕药里成分相同的激素也可能有帮助。对于最严重的青春痘还有更有效的治疗方法。

青春期的饮食。鼓励健康饮食的最好方法就是把优质的食物加到美味、规律的每一餐中。但是，一定要让孩子决定吃什么和吃多少，对青春期的孩子来说尤其如此。青少年正处在生龙活虎又生长迅速的年纪，他们吃得很多，每一餐热量都必不可少。你也可以推断，为了融入群体，孩子们在某种程度上要尝试同龄人喜欢的所有食物。

青春期可不是对孩子饮食指手划脚的时候。如果你试图干预，孩子可能会觉得，必须选择你认为她不该吃的东西才能保住面子。事实上，多数青少年很在乎自己的身体，并且急于了解食物和自身感觉之间的因果关系。如果食物不是一个权力较量的“战场”，那么十几岁的孩子可能很愿意跟父母一起或向父母学习有关食物的知识。你可能会发现，最好的办法就是在家里准备好健康的食物，当孩子张口吃东西时，你要把嘴闭上。

青春期的理想主义经常集中在饮食上。许多青少年都会尝试素食主义，不是出于健康的考虑，就是出于道德或环境原因。所有这些理由都是正当的，包含乳制品和蛋类的素食不需要其他营养补充剂就能提供全部营养。不论从长期健康的角度来看，还是从环保角度来看，素食都有很多好处。当然，如果你的孩子就是在素食的家庭环境下成长的，那么作为一个青少年，他很可能会一时放纵吃下一两个汉堡。只要你不把这件事看成是世界末日，就不是世界末日。（想了解更多关于素食的信息，参见第 240 页。）

在大多数情况下，谷物、蔬菜、水果和瘦肉的健康搭配就是青少年成长的全部需要。生长迅速的青少年需要充足的牛奶或从非牛奶原料中提取的钙质。在那些冬季既昏暗又漫长的地区，或者阴雨天气较多的地区，每天服用 10～20 微克的维生素 D 补充剂很有必要。

有时候，饮食的改变会带来潜在的负面影响。食量突然增加，特别是甜食和咸味小吃，有时预示着压力过大或心理抑郁，还可能伴随着情绪低迷的体重骤减。另一方面，没有食欲的现象和害怕“肥胖”的偏见也可能是神经性厌食症的先兆（对于情绪紧张或受到鼓动的青少年来说尤其如此）；如果滥用泻药和暴食行为引起了呕吐，要寻求专业人士的帮助（参见第 552 页）。

睡眠。随着青少年的迅速成长，他们对睡眠的需求也会有所增加。一个 10 岁的孩子平均每晚睡八九个小时就足够了，而十几岁的青少年则平均需要睡上 9～10 个小时。十几岁的孩子自然会睡得越来越晚，早上起得也会越来越晚。但是，学校肯定不允许这么做，尽管他们晚上熬夜熬到很晚，起床的时间一到，也得早早地爬起来。一个星期下来，他们会变得十分困倦（或者脾气暴躁）。然后，他们就会在星期六那天一觉睡上 14 个小时，想要补上自己缺少的睡眠。实际上，这些孩子并没有得到充足的睡眠。从这个意义上讲，青少年倒跟我们这个极度繁忙的社会里的很多成年人非常相像。睡眠太少可能造成学习成绩欠佳，对父母和兄弟姐妹不耐烦，甚至会出现抑郁的症状。要帮助繁忙的青少年获得充足的睡眠很困难。但是，对于其中的一个主要原因——熬夜看电视，却相当容易处理。只要对它说“不”就可以了。我自己的感觉是，任何人的卧室里都不该摆放电视机。

锻炼身体。青少年一般都充满活力，因此似乎没有必要再提醒他们进行充分的体育锻炼。但是，在高中阶段，学校常常降低对体育课的要求，从而导致学生身体健康状况的下降。经常的运动可以帮助青少年保持精力，避免肥胖，还能预防抑郁症。竞技运动、舞蹈、武术或者其他体育爱好都是不错的选择。但是，体育运动并不是越多越好，过量的运动也许是神经性厌食症的症状（参见第 564 页）。

心理变化

青春发育期的身体变化有着明显的起止点，但是在心理上的变化却很难划定一个界线。衡量青少年情感发展状况的方法之一，就是看一看他们在向成年时期发展的过程中必备的那些心理条件是否已经形成。另一个有效的办法就是，按照孩子的发育情况，把青春期分成三个阶段——早期、中期和晚期。主要的心理情况会随着各个阶段的变化而变化，以下内容对这些情况作了描述。

青春期心理发育的里程碑：

- 接受了身体上的新变化；
- 形成了对男性或女性的新的情感认同；
- 适应了同辈人和父母之间行为标准和价值观念的不同。
- 确立了自己的道德信念并且表达出来；
- 形成了为自己负责的意识；
- 显示出经济上自我满足的潜力。

青少年和年轻人面临的一个核心问题就是，弄清自己要成为什么样的人，做什么样的工作，以及以怎样的信念生活。这是一个半有意半无意的过程。在探寻自我的过程中，青少年会试着扮演各种角色——梦想者、漫游者、愤世嫉俗的人、政客和创业者等。有的青少年似乎一下子就发现了自我，也有些青少年要经历很长的时间，走很多的弯路才能找到自己的路线。

为了确定自己的身份，实现自我价值，青少年不得不在感情上把自己和父母分离开来。但是，他们毕竟在很大程度上是由父母塑造的——不仅因为继承了父母的基因，还因为他们一直都在追随父母的方式塑造自我。处于青春期的他们必须让自己摆脱束缚。

冒险行为。青少年发展独立性的一个方式就是冒险。他们很容易低估危险的程度，常常认为自己是坚不可摧的。这些孩子一直这么顺利地走过来，所以会觉得自己也会这么顺利地走下去。青少年只能看到真实的现在，看不到假设的未来，所以把大人的一切合理建议都当成耳旁风。

并不是说所有的冒险都有害。骑自行车长途旅行，或者一小时又一小时地练习滑板腾跃，都是他们在掌握技术，树立自尊心，同时也在学习如何运用判断力。

然而，冒险也有不利的一面。一个为了扮酷而开始吸烟的少年最后很可能会对尼古丁上瘾。酒精在成年人的圈子里是被认可的东西，所以青少年要想饮酒实在是太容易了。醉酒也是一种冒险——因为他们不清楚自己能喝多少，你也无法有效地控制他们——当一个醉酒的少年置身于车流之中的时候，就很容易导致悲剧的结局。无论对问题少年还是家境优越的青少年，非法使用麻醉品都可能会导致吸毒，还可能染上毒瘾。性行为是青少年冒险的另一种方式。美国未婚青少年父母的比例比很多富裕国家要高。

父母面临的挑战就是帮助青少年理智地去冒险。对于烟、酒、毒品以及不负责任的性行为的危险性教育应该在青春期到来之前就开始。有些小学和初中开设了这些课程，但是还需要父母的参与。你要明确自己的价值观念，并且言传身教。另外，不要把孩子放在具有强烈诱惑的环境之下。你可以允许 16 岁的孩子为了办校报而工作到很晚，这样既显示了你对他的信任，又激励了他的责任感。但是，如果你整个周末都把一个 14 岁的孩子单独留在家里，就会招来不理智的冒险。

父母们经常问到应该如何向孩子讲述他们自己在十几岁时的冒险经历——一般都跟毒品和性有关。有人担心孩子们会把自己的行为合理化，觉得“我的爸爸妈妈好像根本没有受到什么伤害，为什么我不能尝试一下呢？”当然，父母没有任何责任向子女坦陈一切，但撒谎也不是解决问题的办法。最终，真相会大白于天下，当孩子得知父母曾经对自己撒谎，就会丧失对父母的信任；导致当他真正需要父母指引的时候，无法信赖他们。家长的谎言也是一个有力的证明，表明他们对青少年没有信心。在某种意义上说，对孩子说谎就等于切断了他最重要的支持来源。让孩子信任你，要比让他把你看成一个道德典范强得多。如果孩子问到了你实在不好回答的问题，最好说：“我真的不愿意谈论这个事情。”

虽然很多青少年都对父母的价值观十分抵触，但是几乎所有人都非常在意父母的看法。要让孩子知道，你最在乎的就是他的安全。最重要的是，他决不能乘坐醉酒的人或不完全清醒的人开的车，因为后果可能来得十分突然，而且是永久性的。此外，你希望他远离酒精、香烟和毒品，因为这些东西也会带来伤害。你针对冒险行为的嘱咐听起来真实可靠，你的孩子也会听进去，特别是当你一直以保证安全和保持健康为出发点时，效果更好。

青春期早期

生理和心理的改变。从 12 岁到 14 岁，青少年要面临的重大心理挑战，就是接受迅速变化的身体——包括自己的身体和同龄伙伴的样子。这个时期的身体发育有着巨大的差别。一般来讲，女孩要比男孩早发育大约两年——不仅个子比男孩高，而且兴趣也更加广泛。她们可能开始去参加舞会，希望别人认为自己有魅力。然而，同龄的男孩这时还只是尚未开化的小孩子，看到女孩就会觉得害羞。在这段时间，比较适合组织不同年龄段的孩子都能参加的活动，以促进他们更好地交往。

处在青春期早期的孩子对自己的身体极为敏感。他们会夸大自己的任何一点缺陷，还会为此而担心，会觉得所有的人都在关注他们的外表。如果一个女孩长了雀斑，她就会认为自己非常难看。哪怕是身上一点特别的反应，或者是一点不舒服的感觉，都会认为自己"不正常"。

因为他们的身体不像以前那样协调了，可能无法适应这种变化。青少年对自己新产生的情感也会产生这种不适应的感觉。他们会变得十分敏感，被批评时会觉得很伤心。他们一会儿觉得自己是大人，希望受到别人的重视，一会儿又觉得自己还是个孩子，希望得到别人的关心和照顾。

友谊。几年之内，青少年会时常表现出自己对父母的反感。当伙伴们在场的时候，这一点表现得尤其突出。其中一部分原因在于他们正在焦急地寻找和实现自我价值，另一部分原因在于他们存有害羞的心理。他们十分害怕自己会因为父母做的事偏离了邻里街坊的行为准则而受到同学们的嘲笑和排斥。

为了确立自我，青少年在青春期早期常常会疏远自己的父母。这样一来，他们就会感到非常孤独。于是，非常想寻找一种补偿，也就是跟同龄人建立起一种亲密的关系。

有时候，一个孩子会发现好朋友身上有跟自己类似的东西，于是更清楚地认识了自己。他可能会说起自己喜欢某一首歌、恨某个老师或者很想得到某一种衣服。他的朋友就会十分惊讶地大声说他也有完全一样的想法。两个人都会为此很高兴，也能感到安慰。于是，两个人就在一定程度上减轻了孤独感，也缓解了那种担心自己很个别的焦虑感，还获得了一种愉快的归属感。其中一个原因是，青少年花很多时间彼此交流，更不用说发短信或写邮件。信息时代，青少年得到的最大好处就是他们可以接触到更多世界各地志同道合的同龄人。

外表的重要性。许多青少年都通过服装、发型、语言、歌曲和娱乐等方面盲目追随同学的风格，来帮助自己摆脱孤独感。这些风格一定要跟父母那一代人不同。如果这些东西能够让父母感到愤怒或震惊，那就更好了。这就是为什么当父母表示厌恶或反感时，很少起作用的原因。虽然你可以宣布简单的禁令（比如“家里不许带脐环！”），但是很可能会招来一场争吵，而你则很可能在其中失利。相反，如果你能够控制住自己的第一反应,就能跟孩子理智地交谈。比如，你可以指出某种发型或某种衣着代表着一个人与某个小群体的关系——比如光头党——而孩子其实并不喜欢这些人。你也可以指出现实生活中的某种限制，比如“你要是穿上那条迷你裙，他们不会让你进学校的门。”如果可以说服孩子，而不是居高临下地命令她，你和孩子都是赢家。

另一方面，如果能和处在青春期的孩子开诚布公地交谈，最终被说服的可能是你。成年人接受新事物的速度一般都比较慢。曾经让我们感到惊讶或厌恶的东西很可能以后会被我们欣然接受，孩子们就更不用说了。这一点已经被20世纪60年代年轻人推崇的长头发和牛仔裤证明过了。曾经令学校十分不快的女式长裤，带荧光的头发颜色，以及文身也是很好的例证。最难做到的还是在保持开放心态的同时坚持自己的核心价值观念。

青春期早期的性行为。大多数处在青春期早期的青少年都会产生性幻想，很多人都会尝试亲吻和爱抚，只有少数青少年会真正去尝试性交。手淫是很普遍的，而且随着家庭教育严格程度的不同，它给青少年带来的负罪感和羞耻感也不同。无论是不自觉的还是性幻想的反应，生理勃起都会让很多本来就很害羞的男孩变得更加不自在。另外，大多数男孩都会在睡觉的时候发生射精（梦遗）。有的男孩可以泰然处之，有的会担心自己出了什么问题。

性感受和性尝试并不总是针对异性。同性恋的问题常常会让青少年和父母都感到困惑与惊恐。处在青春期早期的青少年一般都无法容忍同性恋。有些青少年可能悄悄地担心自己会是同性恋者，所以有可能产生强烈的恐惧感。十三四岁的青少年有时会触摸同性伙伴的生殖器，然后担心自己是同性恋者。其实这种现象并不少见。有些孩子的确会继续发展自己最初的同性恋取向，而其他孩子不会这样。

这种严厉的禁忌使青少年很难对同性朋友表达好感，更不用说谈论可能带有同性恋意味的感情了。感觉敏锐的医生有时能够提供相关的知识和安慰。青少年应该有机会谈论类似的话题，所以应该让他们和自己的医生进行私密的谈话。这样的谈话可以在每年体检后进行，父母要回避。同性恋青少年面对着特殊的压力，需要特别的支持，具体内容将在后续章节里讨论（参见第 154 页）。

在家里，如果孩子有一个宽容的成长环境，有很大好处。在这样的家庭里，父母可能有不同性取向的朋友，他们谈论同性恋的时候也会用一种不带偏见的口吻。这都会向可能正在努力理解自己感情的青少年传达出一种令人宽慰的信息。

青春期中期

自由及其限度。15～17 岁的时候，处在青春期中期的青少年要面对两大考验。首先，他们必须适应自己的性欲和在浪漫地交往时产生的矛盾情感；其次，他们必须在情感上跟父母分开，认识到自己能够独立。带有依赖性的独立感是这个过程的一部分，这两种特点之间的矛盾常常十分激烈。

青少年常常抱怨父母给他们的自由太少。快要成年的孩子坚持自己的权利是很自然的事情，父母应该提醒自己，孩子正在改变。但是，父母也不必把孩子的所有抱怨都太当回事。青少年渴望成长，同时也害怕长大。他们对自己的能力还没有把握，还不能确定自己能否能像希望的那样，成为博学、娴熟、经验丰富而又魅力十足的人。但是，他们的自尊心又不允许自己承认这种疑虑。当他们下意识地怀疑自己能否成功地接受某种挑战，或者进行某种冒险的时候，很快就会找到抱怨的理由，说是父母阻碍了他们，而不是自己的恐惧在作怪。当他们跟朋友谈论这件事的时候，就会愤怒地指责、埋怨父母。

当孩子突然宣布要做一件超越常规的事情时，父母可能会怀疑这里有什么下意识的动机，因为这和孩子的一贯表现差得很远。比如说，他要在周末和一些朋友——有男孩也有女孩——去野营，而且没有父母陪同。孩子这样做可能是在寻找明确的规则和安全感，实际上，他们也可能是在要求父母的制止。他们还可能努力地寻找着证明父母虚伪的证据。如果父母对他们制定的规矩和道德标准表现得不可动摇，孩子就会觉得自己有责任继续遵守这些规矩和准则。但是，一旦发现父母是虚伪的，就会觉得自己不必听从父母在道德责任方面的要求，还找到了一个责怪父母的好机会。与此同时，这也会破坏孩子心理上的安全感。

工作和劳动。在青春期中期，很多青少年都会第一次从事正式的工作。他们偶尔也会替别人看看孩子或者整理整理庭院。一般来讲，给报酬的工作能够培养孩子的自尊心、责任感和独立性。工作也能帮助青少年建立社会关系，还能开拓出可能会发展成为个人事业的一片领域。然而，很多年轻人都在工作上花了太多的时间，以至于没有时间去社交，也没有时间做功课。他们还可能长期过度劳累，而且脾气暴躁。很多工作都存在着严重的健康和安全隐患，认识到这一点非常重要。类似的情况有时可能需要父母介入，防止孩子的工作变得不可控制。

性尝试。在青春期中期，很多青少年都会尝试各种性体验。接吻和爱抚最普遍，口交行为偶有发生（虽然很多青少年都不认为这是“真正的”性行为），还有许多青少年在青春期中期发生了性行为。这时的约会经常是群体性的，有时也会一对一进行。由于恋爱关系退到了彼此吸引和获得体验的目的之后，这时的爱情常常很短暂。这并不是说青春期中期的爱情都是肤浅的或者毫无结果的。那些情感体验——比如喜悦和痛苦，兴高采烈和垂头丧气——所具有的强度常常是后来更加稳定的生活阶段难以比拟的。

说实话，在控制青春期中期的性行为方面，父母的能力有限。唯一的办法就是强调节制，类似的教育方案虽然听起来很不错，但是是否真的减少了青少年怀孕的数量还不得而知。如果青少年有性尝试的打算，父母们定下的规矩就无法阻止他们，反而会让他们的性尝试显得更加激动人心，更有吸引力，因为突破了那些限制。

父母们应该让这种交流公开，让孩子了解父母对婚前性行为的看法，限制不恰当性行为发生的机会(比如，不让少女独自在外过夜)，同时相信他们的孩子能够负责任地处理这类问题。很多父母都觉得很难开口跟自己的孩子谈论性问题。幸运的是，医生在进行这类谈话方面往往受到过良好的训练，他们能够用一种积极有效的方式帮助父母传达他们的感受与关切。更多对性的讨论的内容，参见第442页。

同性恋。对所有青少年来说，青春期都是一个复杂的阶段。学校的各种活动和约会都可能让同性恋青少年强烈地感到自己被排除在外，或者觉得自己很个别。这种感觉会让他们感到苦恼和不愉快。如果你觉得孩子正在性取向的苦恼中难以自拔，应该让他有一个地方可以寻求帮助，这一点非常重要。统计数字表明，在青少年自杀和自杀未遂的事件中，跟性取向有关的占了很高的比例。

面对青少年，异性恋父母可能不知道关于性取向的话题该从何谈起。请记住，孩子很可能像你一样害怕这个话题，如果突然提出这个问题，他可能会觉得受到了威胁。最好是让性取向这个话题变成一个自然而然说起的事情，最理想的时机是在孩子进入青春期之前较早的时候。你要注意亲戚朋友讲的侮辱性笑话和带有偏见的评论，及时表示反对。你要提到人们对同性恋的恐惧，以及为什么这种情绪就像种族歧视或别的歧视现象一样是错误的。你可以找一些由公开身份的男、女同性恋或双性恋艺术家创作的书籍、录像和音乐，或者涉及同性恋问题的作品，带回家里。你的这些行动传达出一个信息，就是孩子谈论自己的性取向没有障碍。那些对此不够宽容的父母只会关闭谈话的通道，加剧孩子的孤立状态。

有些同性恋青少年很早就了解并且接受了自己的性取向；也有些孩子则经历了一个半信半疑的阶段。父母可以寻求专业的指导，目的不是改变孩子的性取向，而是要帮助这些男孩或女孩解决这个问题，尽可能地减少焦虑和羞愧。找一个受人信赖的儿科医生或者家庭医生是良好的开端。像同性恋亲友会这样的组织在全国都设有分会。他们会提供相关信息和建议，还会举办活动。多数城市和较大的城镇都有同性恋热线，可以提供有用的信息。

青春期晚期

这个年龄面临的挑战。18～21

岁，孩子跟父母之间的冲突开始缓和。这个阶段的主要任务就是选择事业发展的方向，以及发展一段更有意义、更长久的感情关系。

几年前，人们曾普遍认为，处在青春期晚期的青年应该准备离开家去上大学，或者找一份工作，开始独立生活。那些选择先上大学再读研究生的青年，也许会把他们的青春期延长到二十八九岁或者 30 岁以后。最近，很多处在青春期末期的青年主动或被迫继续住在父母家。随着社会和经济的变化，这些青年人面临的挑战也会发生改变。

理想主义与创新。随着知识的增加和独立性的增强，青少年改变世界的愿望也在逐渐形成。他们渴望找到新的方法来取代旧的方法，他们要发现新事物，创造新的艺术形式，还要取消专制行为，纠正不合理的现象。大量的科学进步和伟大的艺术作品都是在人们刚刚跨入成年的门槛时创造出来的，他们并非比这个领域的前辈更聪明，当然也不如年长者有经验。但是，他们敢于挑剔传统的方式，偏爱新的、尚未尝试过的事物，而且愿意去冒险。这些特点就足以让他们有所作为了。这常常就是世界进步的方式。

寻找自己的道路。有时候，年轻人要花上 5～10 年的时间才能找到自己认同的身份。他们不愿意像父母那样承担一份平凡的工作。相反，会选择那些反传统的东西——服装、发型、朋友和住处等。对他们而言，这些选择似乎都是体现强大独立性的证明。但是，从自身来看，这些特点并不代表积极的生活态度，也不代表他们对世界的建设性贡献。他们总是消极地抗拒着父母的传统观念。尽管此时这种争取独立的愿望只能通过古怪的外表展示出来。我们也应该看到，那正是他们朝着正确的方向迈出的一步，因为这一步可能会带他们走向具有建设性和创造性的下一个阶段。

有的年轻人因为性格中存在着理想主义和奉献精神，会用简单又激进的态度来看待事物——比如政治问题、艺术问题，或者其他领域的问题。这种态度还会持续多年。这个年龄段各种趋向的共同作用，使孩子们处在一个极端的位置上，当他们第一次看到这个世界令人震惊的不公平的时候，他们会变得非常尖刻，对伪善的表现冷嘲热讽，绝不妥协又勇气十足，甚至愿意为此作出牺牲。

几年以后，等他们在情感上独立起来，而且满足于这种独立状态的时候，等他们明白该如何在自己选择的领域里发挥作用的时候，就会更加包容人类社会的弱点，也更加乐意作出有益的妥协。这并不是说，他们变成了容易满足的保守主义者。其实，很多人依然很激进，还有一些人仍然很尖锐，但是，大多数人都会变得更容易相处和共事。

给父母的建议

要敢于制定规矩。无论父母是否有道理，青少年注定都会反对或者反抗他们，至少有时候是这样。首先也是最重要的一点在于，不管和父母怎样争吵，青少年还是需要父母的指导，也希望得到这些指导——哪怕只是严格的规定。虽然自尊心不允许他们公开承认这种需求，但是他们常常会在心里想："要是我的父母能像我朋友的父母那样，给我制定明确的规矩就好了。"他们知道那是父母爱他们的表现——父母既想保护孩子在外面不被误解，不陷入尴尬的境地，不给人留下错误的印象，得到不好的名声，又想保证孩子不至于因为没有经验而遇到麻烦。

尊重孩子，也要求孩子的尊重。这句话并不意味着父母可以武断，可以言行不一或者态度蛮横。青少年的自尊心极强，会对此非常愤慨。他们希望父母能够用对待成年人的态度跟他们讨论这些问题。但是，如果争论的结果是打了个平手，那么父母一定不要表现得太民主，生怕得罪了孩子，甚至觉得孩子的意见可能也是正确的。父母的经验应该被孩子看得相当重要。最后，父母应该自信地表达自己的观点，如果合适，还可以提出明确的要求，让孩子有一种明确又可信的感觉。父母应当表明，他们知道孩子在以后的大多数时间里将不再和他们在一起，所以孩子只能凭着自己的良知，以及对父母的尊重来做事，而不应该因为父母的强制，或者因为大人一直盯着他，才表现良好。当然，这种态度不一定非得通过语言说出来。

父母一定要问清孩子下面这些问题：他们的晚会或者约会什么时候结束，几点能到家，要去哪里，和谁一块儿去，以及谁来开车等。如果孩子问父母为什么要问这些，父母可以说，优秀的父母都会对自己的孩子负责。也可以说："万一出了什么事，我们好知道该到哪里去打听，或者去哪儿找你。"父母还可以说："要是家里出了什么紧急的情况，我们希望能够找到你。"出于同样的理由，父母也应该告诉孩子他们要去哪里，什么时候回来。如果外出的计划推迟了或者有变化，青少年（和父母）在超过约定时间之前，都应该给家里打个电话说一声。经过孩子的同意，父母就可以再确定一个时间，然后等着孩子回来。这就提醒孩子，父母真正地关心他们的行为和安全。当孩子在家里举办晚会之类的活动时，父母应该在场。

父母不应该用命令的口气或者盛气凌人的口吻跟孩子讲话。父母和孩子之间应该像成年人那样，进行互相尊重的交谈。虽然青少年从来都不愿意接受父母过多的指导，但是，这并不意味着他们没有从谈话中受益。

许多父母都会注意到孩子不愿意听自己的意见，而他们又愿意尊重孩子独立的愿望，于是，他们就会小心翼翼地把自己的观点掩藏起来，并控制自己不去指责孩子的爱好和举止，生怕孩子觉得父母太守旧或者太难以忍受。其实这种做法是不对的，如果父母能和孩子很随意地交流，会更有帮助。既可以说说自己的观点，也可以把自己年轻时的一些事情告诉孩子。谈话时，父母要像和受尊重的成年朋友谈话一样，而不应该认为自己年纪大，说起话来就像给孩子制定法律一样，也不要觉得只有自己的观点才是正确的。

处理反抗。但是，很多父母都会问，如果孩子公开拒绝大人的要求，或者默默地违抗某种规定，该怎么办？在青春期的前几年里，如果孩子跟父母的关系是合理的，同时父母对孩子的规定或者限制也是合理的，那么孩子很少会在重要的事情上表示反对或者反抗，顶多也就是大声地抗议。如果父母觉得自己不能很好地管教孩子，在孩子的安全或行为等重要问题上缺乏控制力，那就应该向医生或专业人士寻求帮助，这样能有效地约束孩子。

在接下来的几年里，父母可能会支持孩子的决定，虽然这个决定可能违背他们替孩子做出的最佳选择。比如，有个 17 岁的孩子一心想上艺术学校，但是他的父母却认为读医学预科班是更好的选择。在这种情况下，父母应当鼓励孩子做出自己的决定。即使到头来证明这是一个错误，父母也应该把决定权交给孩子。就算孩子的想法可能和父母的完全不同，也要帮助孩子寻找自己梦想。

一个 20 岁左右的青年反对或者违抗了父母的教导，也不意味着那些教导毫无用处。它势必会帮助那些缺乏经验的人全面地看问题，就算他们不听父母的意见，仍然可能做出合理的决定。他们可能具备父母缺少的知识和见解。当然，到他们进入成年时期的时候，必须做好准备，有时需要拒绝别人的建议，有时又要为自己的决定负责。如果年轻人拒绝了父母的忠告，然后惹了麻烦，那么这种经历就会增强他们对父母意见的尊重。但是，他们可能不会承认这一点。

站在关切的父母的立场上。如果孩子正在做一些看起来很危险或很愚蠢的事情，应该让他知道你很担心，这要比光指责或者制定规则效果更好。对孩子说“你跟吉姆约会以后，总是不太高兴”很可能比对她说“吉姆是个混蛋”更好。

安全的约定。要让孩子知道，无论何时何地你都会去搭救他，而且你不会问任何问题。虽然听起来不那么舒服，但这总要比为他治疗醉酒驾车导致的伤痛，或者处理法律问题好得多。青少年也需要保密的医疗服务渠道，这样他们就可以自由地讨论那些对父母难以启齿的问题了。好的医疗服务不会让青少年变得淫乱，结果会恰恰相反。

采取合理的措施预防自杀。不要把枪放在家里——这一点最重要。还有，如果孩子看起来很难过、情绪低落或者行为孤僻，如果他对自己过去喜欢的东西失去了兴趣，或者如果成绩突然下降，你就要想到抑郁症的可能性，还要寻求帮助。

运用你的判断力。假如父母对于一些问题不知道该说什么，或者想不出解决的办法，该怎么办呢？例如，孩子想参加一个进行到半夜两点的聚会，这时父母不但可以跟孩子商量，还可以跟其他的父母商量一下。但是，就算你是唯一持不同意见的父母，也没有必要觉得自己必须按照别人的方法去做。从长远来看，只有父母相信自己做的事是正确的，才能做得很出色。

当你考虑是否允许孩子去做一件事情的时候，应该问问自己：这件事安全吗？合法吗？它是否会损害你们的核心道德准则？孩子考虑到结果了吗？他是自愿这样做的，还是因为别人（老师或同龄人）对他施加了太多的影响？集中考虑了这些问题之后，你就能得出最好的判断，也能帮助孩子作出明智的决定。

要求文明的举止和分担责任。无论是个人还是团体，青少年都应该对人彬彬有礼。要真诚地对待自己的父母、客人、老师，以及一起工作和学习的人。孩子有时会对成年人抱着敌视的态度——每当跟他们在一起就会出现冲突，无论孩子们是否意识到了这一点，这都属于正常现象。但是不管怎样，学会控制自己的敌视态度和礼貌待人，对孩子不但没有害处，反而有很多好处。如果他们彬彬有礼，周围的成年人肯定会对他们另眼看待。

青少年还应该在家里认真地尽到自己的义务。他们可以做些日常的家务活，还可以做一些额外的工作。这些劳动对他们有很多的好处，不仅使他们获得了尊严感、参与感、责任感和幸福感，还帮助了父母。

但是，你绝不能强迫孩子遵守这些准则，只能在谈话时向孩子说明这些道理。就算他们不能始终如一地遵守，也要让他们知道父母的原则。

第二部分

饮食和营养

0～12个月宝宝的饮食

喂奶的决定。你希望给孩子喂奶，孩子也希望有人给他喂奶。你和孩子都有强烈的本能，知道如何做好这项工作。还有许多人会告诉你该怎样做——比如朋友、家人、媒体，当然还有医生。听一听别人的意见是可以的，但是，最后你必须按照自己内心或直觉认为的最好的选择去做。你最该听取意见的，或许是自己的宝宝。

宝宝对饮食了解很多。宝宝知道自己的身体需要多少热量，也知道自己的消化系统能够处理多少食物。如果没吃饱，他很可能会哭着要再吃一点。如果奶瓶里的奶水超过了他想吃的分量，可能就不再吃了。你只需听从宝宝的决定。当你顺应宝宝发出的信号时，喂奶的效果都是最好的：当他觉得肚子空空的时候，就把他喂饱；当他觉得饱了的时候，就别再继续喂了。这样一来，你会帮他树立自信心，带给他快乐，培养他对自己身体的珍爱和对人的热爱。

因此，你的主要工作就是理解宝宝发出的饥饿信号。有些宝宝很容易让人读懂。他们会在可预知的时间感到饥饿，而且一吃饱就心满意足。也有些宝宝则不那么容易判断。他们会在长短不一的时间间隔之后哭闹，有时是因为饥饿，有时是因为别的地方不舒服。这样的宝宝对父母的耐心和自信心是一个考验。如果你觉得自己搞不清孩子发出的信号，也不要自责，一定要向有经验的朋友和家人寻求帮助，还可以找医生咨询。

重要的吸吮本能。宝宝想吃奶的原因有两个：首先是因为饿了，其次就是喜欢吸吮的感觉。如果你喂奶，但是没给他们充足的时间吸吮，他们吸吮的愿望就得不到满足，就会想办法吸吮别的东西——比如自己的拳头、拇指、衣物。有的宝宝会觉得这种欲望胜过一切。用奶瓶的宝宝有时会吃过量，就是因为他们不停地吸吮，而奶瓶里的奶水总是源源不断。当他们把胃撑得太满时，就会呕吐（呕出的奶可能显得特别多）或者排出大量的水样粪便。母乳喂养的宝宝较少出现这种情况。应该让孩子先摄入合理分量的食物，然后再给他一个安抚奶嘴来满足吸吮的需要。

喂奶的时间

严格的时间表。一百年前，专家们告诉家长要按照钟表的指示，每 4 个小时给孩子喂一次奶。据说这种安排可以预防腹泻，对很多孩子来说效果相当不错。但是，总有一些孩子很难适应有规律的时间安排：有些宝宝的胃似乎无法容纳支撑自己 4 小时不饿的奶水，有些宝宝在吃到一半的时候就睡着了，急躁不安的宝宝和患有腹绞痛的宝宝也属于这种情况。尽管他们痛苦地哭闹，母亲还是不敢打破喂奶的时间表——甚至不敢把他们抱起来。这会让孩子非常难受，父母也非常难受。随着配方奶的消毒处理和安全饮用水的普及，严重的腹泻已经不再是经常困扰婴儿的问题了。但是，又过了很多年，医生们才开始尝试灵活地给宝宝喂奶。

按需哺乳。1942 年，一位心理学家和一位新妈妈决定做一个尝试，如果让宝宝按照自己的需要吃奶，会有什么结果。他们把这种方式叫做“按需哺乳”。他们发现，这个宝宝在出生后的几天内很少醒来。大约从第二周，也就是母亲开始泌乳开始，他就以非常惊人的频率醒来，每天 10 次左右。出生两周以后，他的吃奶次数就稳定在每天 6～7 次，但时间间隔非常不规律。到他长到 10 周的时候，基本上已经形成了间隔 2～4 小时的吃奶习惯。

那次勇敢的实验让人们消除了对婴儿吃奶规律的紧张感。我们现在知道，母乳喂养的宝宝在出生后两周之内差不多都是每 2 小时吃 1 次奶。也就是说，有些孩子每 3 小时吃 1 次奶，有些孩子则会 1.5 小时吃 1 次。所有这些形式都是正常的，而且喂奶频率随着时间变化也是正常的。

有规律的好处。从宝宝的角度看，最重要的事情是基本上能立刻得到哺喂。之所以说“基本上”，是因为大多数宝宝有时都能等一小会儿。但是，当他们不得不长时间——即使是几分钟对一个小宝宝来说也是漫长的——饥饿地尖叫时，他们就无法学会信任提供食物的人,还可能感到孤立无援。严格的时间表对于饥饿周期十分不确定的宝宝们来说没有用。但大多数宝宝都能够调节自己的饥饿周期来适应有规律的喂奶时间。

定时喂奶还可以帮助父母保存体力和精力。这通常意味着要把喂奶次数减少到合理的水平，还要在可预知的时间喂奶。同时，一旦孩子做好了准备，就可以取消夜间的哺喂。如果父母愿意把那种不规律的按需喂奶方式延长几个月，对孩子的营养也不会造成什么损害。但是，父母不应该认为自己为宝宝放弃越多,对他就越好，或者觉得只有忽略自己的便利，才能证明自己是好父母。这些观念从长远来看容易产生问题。相反，父母可以跟孩子一起努力，养成符合每个人需要的喂奶习惯。

婴儿的日程安排。快1周岁的婴儿通常都能安稳地睡上一整夜。虽然有时也会醒来吃奶，但吃完奶之后还能接着睡上一两个小时。他们每天要吃3顿正餐，几顿加餐，小睡一两次，然后在一个比较适当的时候正式就寝——通常是在吃完最后一次奶以后。

所有这些变化是如何在短短的一年之内发生的？这可不是光靠父母就能办到的事，而是婴儿在逐渐延长吃奶的间隔，同时缩短睡眠的时间。随着婴儿的成长，他们会自然地学会适应全家人的生活节奏。

大多数宝宝都会很快养成定时吃奶和按时睡觉的习惯。有些新生儿似乎在出院时就已经形成了2～4小时的吃奶规律。也有些孩子好像形成了自己的作息习惯，当然他们可能需要几周时间才能把这种习惯固定下来。个子小一些的孩子吃奶次数一般都比大个子的孩子多。吃母乳的孩子比奶瓶喂养的孩子平均吃奶次数多，因为母乳比配方奶消化得快。所有的孩子都会随着身体和年龄的增长，逐渐延长吃奶的间隔。

喂奶的时间间隔可能在24小时之内发生变化，但是在前一天和后一天之间仍然会保持一定的一致性。在一天当中的某些时候，宝宝们容易吃得多一些。他们有时还会表现得比较烦躁，可能持续几个小时，这种情况一般出现在傍晚时分。在这几小时里，母乳喂养的宝宝可能希望不停地吃奶，一旦被大人放下就会哭闹。使用奶瓶的宝宝则可能显得很饿，很贪心地吸吮安抚奶嘴，但你给他奶瓶的时候，他也吃不了太多。晚上的哭闹会逐渐好转——不过这种情况好像永远都不会结束。

等宝宝长到1～3个月的时候，他们自然而然不需要夜里的哺喂，从而放弃夜间吃奶的习惯。在4～12个月的某个时候，他们就能在父母睡觉的时候保持同样的睡眠状态了。

帮助婴儿形成规律。宝宝这些习惯的养成——生活越来越规律，吃奶次数越来越少——都在很大程度上受着父母引导的影响。如果白天孩子吃完奶以后就睡着了，4个小时以后还没有醒，妈妈就应该叫醒他，这就是在帮助孩子培养固定的日间饮食习惯。同样，如果孩子吃完奶了，又在睡觉的时候哼唧了两声，母亲也应该先忍耐几分钟，不要急于把他抱起来。假如孩子真的醒来哭闹，可以给他一个安抚奶嘴哄一哄，试试他能不能再次入睡。这就是在帮助孩子的肠胃适应更长的吃奶间隔。反过来说，如果在孩子刚吃过奶睡下不久，大人一听见他哭就马上把他抱起来喂奶，就会助长他少吃多餐的习惯。

大多数吃得较多的宝宝都能按照一定的时间有规律地吃奶，而且能够在出生后几个月内放弃夜间吃奶的习惯。另一方面，如果婴儿一开始吃奶的时候无精打采，迷迷糊糊，或者醒着的时候不知疲倦，躁动不安（参见第70页），又或者母亲的奶水还不是很充足，那么，耐心一点对谁都有好处。即便在这种情况下，如果父母能够慢慢地引导孩子，比如让吃母乳的孩子每隔两3小时吃1次，让吃配方奶的孩子每隔3～4小时吃1次，帮助宝宝的饮食渐趋规律，就不必为了应该马上喂奶还是再等一等而犹豫不决。这样一来会减少每天的忙乱，孩子也能早一些养成固定的吃奶习惯。

白天，如果孩子吃完奶睡了4小时还不醒，就应该把他弄醒。这是引导孩子养成吃奶规律的最简单的办法。不过，用不着催促他吃奶，用不了几分钟他就会表现得很饥饿。

但是，如果他吃完奶刚睡1小时就醒了，也不要听到他哭闹就马上喂奶。因为连他自己也不清楚是否饿了。如果宝宝非但不再入睡，反而完全清醒了，而且开始拼命地哭闹，那就不要再等了，马上给他喂奶。

如果孩子每次吃完奶刚睡下不久就会醒来，该怎么办？这种情况可能是因为他没有吃饱。如果他吃的是母乳，就要多喂几次。这个办法可以在几天之内提高奶水的分泌量，让他再吃奶的时候能多吃到一些，从而延长吃奶的间隔。（母亲一定要吃饱喝足，还要充分地休息。只有这样，她才能分泌出更多的乳汁，满足婴儿的需要，参见第190页。）如果孩子吃的是配方奶，就每次多喂他30毫升，看看这样是不是能延长他吃奶的间隔。

婴儿需要多长时间喂一次奶？如果宝宝一般都是三四个小时吃一次奶，两个或两个半小时就醒来，而且显得很饿，这时候喂他就没有问题。但是，假如他吃奶睡下之后一个小时就醒了，又该怎么办呢？如果他在睡觉前吃的和平常一样多，就不太可能饿得这么快。他提前醒来的原因更可能是消化不良。你可以帮他拍拍后背，顺气打嗝，也可以喂他喝一点水，或者用安抚奶嘴哄哄他，看看这样能不能让他得到安慰。不必急着喂奶，但是如果用各种办法哄了一会儿仍然不管用，可以再给他喂点奶。

即使孩子起劲地吮手指，或者吃奶的时候显得急不可耐，你也不能断定他一定是饿了，因为肠痉挛的孩子也会有这两种表现。婴儿自己似乎分不清楚肚子难受是饥饿引起的还是肠痉挛引起的。

换句话说，不一定每次孩子一哭就喂奶。如果他哭的时间不正常，就应该好好把情况分析一下。他可能是尿湿了，可能觉得太热或者太冷，也可能需要顺气打嗝，还可能需要安慰，或者只是想哭两声来释放一下自己紧张的情绪。如果孩子总是这样，而你又弄不清楚是什么原因，应该请教一下医生。（关于哭闹的更多内容，参见第 46 页。）

半夜喂奶。最简单的夜间喂奶原则就是不要主动把孩子弄醒，要等到孩子自己醒来以后把你吵醒。需要夜间喂奶的婴儿一般都在差不多凌晨 2 点的时候醒来。在 2～6 个月这一阶段，他有时会一直睡到凌晨 3 点或者 3 点半。要到这时候再喂他。第二天夜里他可能醒得更晚。他醒来以后，也许会不痛不痒地哭两声，如果你不马上给他喂奶，他就能再次入睡。

到了 6～12 个月的时候，婴儿一般就可以不吃夜里那顿奶了。他常常在两三天之内就匆匆忙忙地把这个习惯改掉了。对于吃母乳的婴儿来说，他可能会在别的时候延长吃奶时间。而对于吃配方奶的婴儿，就可以根据他的需要在其他的喂奶时间每次适当地增加分量，以弥补夜间少吃的那一顿。跟白天相比，夜间的哺乳应该在

更安静幽暗的房间里进行。这样还能使乳房受到更大的刺激，增加奶水的分泌量。

放弃夜间喂奶。如果婴儿已经两三个月了，体重也达到了5.5千克，但是还在半夜醒来吃奶，就应该想办法让他放弃这次吃奶。不要一有动静就急忙给他喂奶，你可以让他折腾一会儿。如果他不但没有安静下来，反而哭得更凶了，向他表示歉意，然后马上给他喂奶。一两周之后再继续试着让他整夜不吃奶。从营养学的角度说，如果一个体重5.5千克的婴儿白天吃得很好，就不需要夜间喂奶。

你或许可以在睡觉前、你方便的时候安排一次喂奶。多数婴儿到了几周大的时候，都能相当配合地等到夜里11点再吃奶，有的甚至可以等到半夜。如果你想早一点睡觉，就可以在10点钟，甚至再早一点把孩子叫醒了喂奶。如果晚一点喂奶对你更方便，你也可以随意安排，只要孩子愿意睡觉就行。

对于那些仍然会半夜醒来吃奶的孩子，最好不要让他们睡过晚上10点或者11点的喂奶时间。即使他想继续睡，也应该把他叫醒了喂奶。等他到了可以少吃一次奶的时候，你会希望他首先放弃半夜的这一次，以便不打搅你的睡眠。

有的孩子虽然已经放弃了半夜吃奶的习惯，但是白天的吃奶时间仍然很不规律。如果他愿意在晚上10点或者11点吃奶，还是应该在这个时候把他弄醒了喂奶——这样至少也算有计划地结束了一天的生活。同时，既可以避免孩子在子夜到凌晨4点之间醒来吃奶，还有助于他睡到第二天早晨五六点。

吃得饱，长得快

体重的平均增长。如果你清楚地知道没有哪个孩子是按照平均水平成长的，我们就可以谈一谈宝宝的平均情况了。有的孩子天生长得就慢，也有的孩子生来就长得快。当医生提到平均情况的时候，他们的意思只是说他们把长得快的孩子、长得慢的孩子和成长速度居中的孩子放到一起考量。

婴儿出生时的平均体重是3千克多一点，3～5个月会达到6.4千克。这就是说，一般的婴儿体重会在3～5个月之内增长一倍。但是在实际生活中，出生时体重较轻的婴儿往往长得更快，好像是为了追赶别的孩子。而出生时个头比较大的婴儿在3～5个月之内不太会增长一倍的体重。

一般婴儿在前3个月里平均每个月会增长将近0.9千克(每周0.19～0.25

千克。当然，有些健康的婴儿体重增长也会比较缓慢，而有的则增长得快一些）。然后，婴儿的生长速度就会慢下来。到了 6 个月以后，平均的增长速度就会下降到每个月 0.45 千克（每周 0.125 千克左右）。在 3 个月期间减慢这么多，幅度可不小。在第一年的后 3 个月里，平均增长速度又会下降到每月 0.3 千克(每周 0.06～0.09 千克)。第二年，还会下降到每个月只增长 0.23 千克（每周 0.06 千克）。

你会发现，随着孩子不断长大，体重增长的速度会越来越慢，而且还会变得不那么规律。长牙或者生病会使孩子好几个星期没有胃口，他的体重可能几乎不会增长。等他感觉好一些之后，胃口就会恢复，体重也随着迅速地赶上去。

我们不可能根据孩子每周的体重变化得出太多的结论。他的体重增长情况取决于他多久以前排了尿，多久以前排了大便，以及多久以前吃了东西。如果某一天早晨你忽然发现，宝宝上个星期只长了 0.124 千克，而过去一向都是 0.218 千克，那也不要马上断言是孩子没有吃饱，或者因为有什么别的毛病。如果孩子看上去很快乐也很满足，不妨再等一个星期看一看。也许他会有一次非常迅速的增长，以弥补上一次的短缺。

如果吃母乳的婴儿每天至少尿 6～8 次，醒着的时候机灵活泼、睡眠好，而且每个星期的体重都在增长，这就足以表明他的饮食很充足。但是你应该记住，孩子越大，他的体重就增长得越慢。

多久称一次体重？当然了，多数父母都没有天平，只能在医生那里称一下孩子的体重。通常，这就足够了。如果宝宝机灵活泼，表现良好，1 个月称一次就可以。多称几次除了能满足父母的好奇心以外，没有别的用处。如果你家里有天平，也不要频繁地使用，每个月称一次足够了。另一方面，如果孩子消化不良，总是哭，或者大量地呕吐，经常去医生的诊室称称体重，可能有助于你和医生找到孩子的病因。比如说，虽然孩子哭得很厉害，但是他的体重增长迅速，这种情况一般都是肠痉挛（参见第 73 页），而不是饥饿。

体重增长缓慢。许多健康宝宝的体重增长情况也会低于平均速度。婴儿的体重增长缓慢，不一定说明他们天生就是长得慢的类型。如果他们总是饥饿，那就是一个很好的证明，表示他们属于长得快的类型。有时候，体重增长缓慢说明孩子可能生病了。体重增长缓慢的婴儿应该定期去找医生看一看，以确保身体健康。

偶尔还会遇见个别十分乖巧的孩子。他们虽然体重增长缓慢，但是看上去好像不饿。但是给他们多吃一些，他们也愿意。然后，他们的体重就会随之加快增长。换句话说，并不是所有的婴儿吃不饱的时候都会哭闹。

肥胖的宝宝。有些人认为胖乎乎的婴儿很招人喜欢，这种看法很难改变。亲戚朋友可能会因为孩子胖而对父母大加赞扬，似乎胖就说明父母养育有方。有些父母认为孩子胖是一种储备，就像在银行里存钱一样，能够抵御未来可能出现的灾祸或者疾病。事实当然不是这样。随时带着一身肥肉的宝宝决不会比瘦一些的孩子更快乐、更健康。而且，在肥肉相互摩擦的那些部位还很容易长皮疹。儿时的肥胖不一定意味着孩子就会终生肥胖，但是，把孩子养得胖胖的，对孩子而言绝不是好事。

拒绝吃奶。有时候，4～7 个月的婴儿吃奶时会表现得很古怪。母亲肯定会遇到这样的情况：孩子先是起劲儿地吃几分钟，接着就会变得很慌乱，他会猛地松开乳头大哭起来，好像什么地方很痛似的。他看上去仍然很饿，但每次接着吃奶的时候，就会更快地感到不舒服。但他吃固体食物的时候还是很起劲的。

孩子的这种痛苦可能是由长牙引起的。当宝宝吃奶的时候，吸吮的动作会使本来就疼痛的牙龈充血，所以引起了无法忍受的疼痛。既然只有在吸吮了一会儿以后才会感到疼痛，就可以把每次喂奶的时间分成几段，中间给他喂一点固体食物。如果孩子用奶瓶吃奶，可以把奶嘴的孔眼扎得大一些，让他能在较短的时间内不用费劲就把奶吃完。如果孩子的疼痛来得很迅速，而且难以忍耐，不妨在几天之内完全放弃奶瓶。如果孩子能用杯子，可以用杯子给他喂奶。用勺子也可以。你还可以把大量的奶和麦片或者其他食物拌在一起喂给他吃。他吃不到原来那么多也不必着急。

感冒引起的耳部感染会引起腭骨关节疼痛，此时婴儿吃固体食物可能感觉很好，但会拒绝吃奶。有时候，在妈妈的月经期，婴儿也会拒绝吃奶。这种情况下，你可以每天多喂他几次，至少帮助他吃一点。挤奶可以缓解乳房胀满，同时保持奶水的持续分泌。经期一结束，婴儿和母亲都会恢复到正常的状态。

宝宝的饮用水。如果你们的饮用水不含氟，医生就会给宝宝开一些含氟的维生素滴剂，或者单独的氟制剂。参见第 332 页了解有关氟元素重要性的内容。

有的婴儿需要专门补充水分，有的则不需要。有人建议在每天两次喂奶中间让孩子喝1～2次水，每次几十毫升。实际上不是十分有必要。婴儿吃的母乳或者配方奶里的水分就能满足他们的正常需要了。在孩子发烧的时候，或者在炎热的天气里，尤其是孩子的尿液呈现深黄色，或者孩子显得特别口渴的时候，就要给他补充额外的水分。即使孩子平时不爱喝水，在这些情况下他也会喝。有的母亲发现，在水里掺入少量的果汁，孩子更爱喝。如果你给孩子喝了较多的水，就一定要继续喂他正常量的配方奶或者母乳。只喝水的孩子会生病的。

有很多孩子从一两周开始，一直到大约1周岁，根本不需要专门补充水分。在这个阶段，他们比较喜欢有营养的东西，给他喝白开水他会很生气。如果你的宝宝喜欢喝水，就一定要让他喝，每天一次或者几次。他醒来以后，要在两次吃奶之间喂水，千万不要在吃奶之前喂。只要他吃了正常量的配方奶或者母乳，那么，他想喝多少水就可以喂他多少。但他一次很可能喝不到60毫升。如果他不想喝水，不要强迫他喝。因为这件事把孩子惹恼实在是没有必要。他知道自己需要什么。

如果宝宝因为生病而吃得很少，或者天气很热，你可能特别希望他多喝点水。如果他不愿意喝白开水，你可以试着给他喂一些糖水。1升的水里可以加8茶匙的砂糖和1茶匙的盐，搅拌到充分溶解即可。要想再甜一点，就加上120毫克的橘子汁。这种方法对于预防轻度腹泻引起的脱水很管用。

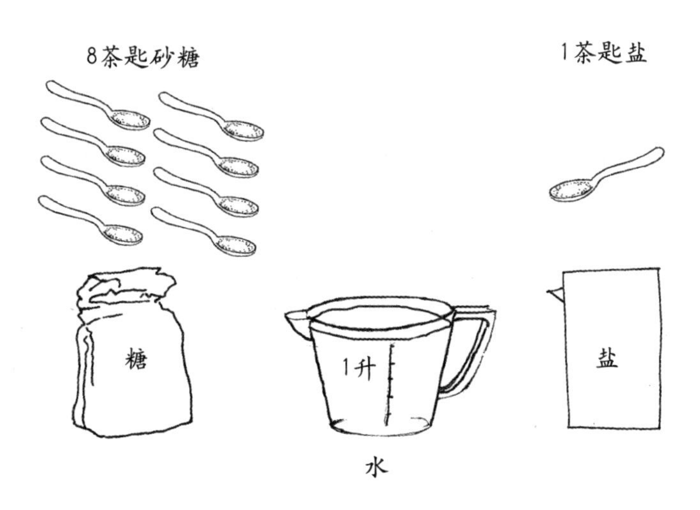

变化和挑战

6个月后生长缓慢。孩子可能在最初的几个月里很喜欢吃固体食物，然后就突然没了胃口。其中的一个原因可能是，到12～15个月的时候，他的体重增长速度会很自然地减慢。另外,还可能因为长牙而觉得不舒服。有的孩子会剩下很多固体食物不吃，还有的连母乳和配方奶也不吃了。6个月以后，有的孩子甚至不让人喂。如果你让他用手抓东西吃，再用勺子喂他，这个问题往往就能得到解决。

如果宝宝的胃口在6个月以后出现了下降，可能就应该过渡到一日三餐的饮食模式了。在睡觉之前，无论孩子吃的是母乳还是配方奶，白天都要实行三餐制。用了这么多的办法之后，如果孩子的胃口仍然没有恢复，一定要带他去找医生，看看有没有别的毛病。

不吃蔬菜。如果你1岁的女儿突然拒绝她上周还很喜欢吃的某种蔬菜，那就随她吧。如果你今天没有大惊小怪，也许到了下周或者下个月的某个时候，她又想吃这种蔬菜了。但是，如果你在她不想吃的时候非让她吃，只能让她觉得这种食物是她的敌人。这样一来，你就把暂时的不喜欢变成了永远的讨厌。如果她连续两次拒绝吃同一种蔬菜，那就几周以后再说。

对于父母来说，把孩子几天前很爱吃的东西买回来，做熟了，再端到孩子跟前，而这个固执的小坏蛋却不吃，肯定让人很恼火。这种时候，要想做到心平气和、避免强求是很难的。但是，如果你强迫他或者催促他吃，他就会对这种食物更加反感。所以，如果某种蔬菜他只吃了一半就不想吃了，应该换一种他喜欢的，这是2岁的孩子常有的事。这种做法既管用又愉快。你可以充分利用现有的、花样繁多的蔬菜，新鲜的、速冻的、罐装的都可以。如果孩子暂时什么蔬菜都不想吃，只喜欢吃水果，让他多吃点水果就好了。如果他能吃到足够的水果、牛奶或者豆奶，还能吃到高质量的谷物，就不会缺少蔬菜里的营养。

1岁时的食量下降和对食物的挑剔。到了大约1周岁的时候，婴儿就会改变对食物的态度。他们会对食物更加挑剔，饥饿感也会减退。这一点并不奇怪。如果他们总是像很小的时候那样吃东西、长身体，他们就会长得像山一样高大。现在，他们似乎开始研究食物了，他会问自己：“今天想吃点什么，不想吃什么？”这跟他们8个月前形成了多大的反差啊。那时候，还不到吃饭的时间他们就已经饥饿难耐了。当父母给他们系围嘴的时候，就急得可怜巴巴地哼唧着，还向前伸着脖子想吃每一样东西。那时候，他们不太在乎吃什么，饿得已经顾不上这么多了。

宝宝现在之所以变得如此挑剔，除了感觉不太饿以外还有其他原因。他们已经开始意识到："我是一个和别人不一样的有独立见解的人。"所以，他们会坚决抵制原来不喜欢的食物。而且他们的记忆力也在加强。他们或许认识到："这里的开饭时间很有规律，而且提供食物的时间也很长，我完全能得到想吃的东西。"另外，长牙的时候，尤其是前几颗磨牙正在生长的时候，孩子的食欲也会大大减退。他们可能一连几天都只吃正常饭量的一半，有时甚至一点东西也不吃。

最后一点，可能也是最重要的一点，就是孩子的食欲实际上每天或者每个星期都在发生变化。大人知道，某一天我们会津津有味地喝上一大碗番茄汤，到了第二天我们又会觉得什锦蔬菜汤更香。其实，大一点的孩子和婴儿也是这样。你之所以看不出1周岁以内宝宝的这种食欲变化，是因为他们通常都饿得很厉害，所以对任何食物都来之不拒。

厌倦谷类食品。许多孩子从2周岁的某个时候起就会厌恶谷类食品。他们尤其不喜欢晚饭时吃这些东西。不必强求，还有很多别的东西可以给他们吃，比如面包或者通心粉（更多选择参见第245页）。退一步说，即使他们在几周内都拒绝吃谷类食物，也不会有什么危害。

吃饭站立和饭间玩耍。在1岁之前，这个问题可能就已经很突出了。它的出现是因为孩子对食物的兴趣减弱了，更关注各种新的活动，比如到处爬、摆弄勺子、抓弄食物、弄翻杯子，以及往地上扔东西等。我曾经见过一个1岁的孩子，整顿饭的时间都紧靠着椅背站在里面让大人喂。有时候甚至要让可怜的大人一手拿着勺子，一手端着盘子，满屋子地追着喂他。

不好好吃饭只不过是一种表现，这不仅说明孩子正在长大，也说明在吃饭的问题上，大人有时比孩子还要着急。孩子的这种表现给大人带来很多不便，还让人恼火，也容易导致饮食障碍。如果是我，就决不会让这种现象继续下去。你会发现，孩子都是在吃到多半饱，或者完全吃饱了以后才到处爬着玩。在他真正饥饿的时候不会这样。所以，无论什么时候，只要他对食物失去兴趣，就应该认为他已经吃饱了。你可以把他从椅子上抱下来，把吃的东西拿走。

你的态度可以坚决一些，但是

没有必要为此跟孩子生气。如果你把吃的一拿走孩子就哭着表示还要，好像在说他还没吃饱，就再给他一次机会。但是，如果他没有一点悔过的表现，就别打算过一会儿再喂他。如果他在两顿饭之间饿得很厉害，你可以适当地加大加餐的分量，或者把下一顿饭的时间提前。如果你总是在孩子不好好吃东西的时候毫不犹豫地拿走食物，饿的时候他就会认真主动地吃饭了。

这并不是说你应该指望一个学步期的孩子拥有完美的餐桌礼仪。1 岁左右的孩子会有把手指伸进菜里的强烈欲望,把一点粥放在手心里挤一挤，或者把洒在托盘里的一滴牛奶搅来搅去。他并不是不想好好吃饭，他正把嘴张得大大的准备迎接食物呢。他只是想试一试食物的感觉，所以我不会阻止他。但是,如果他想把盘子掀翻，你就要稳稳地把盘子按住。如果他坚持要掀，你可以暂时把盘子拿开，或者干脆结束这顿饭。

自己吃饭

早早练习。孩子多大的时候才能自己吃饭呢？这在很大程度上取决于大人的态度。有些宝宝还不到 1 岁就能自己熟练地拿着勺子吃饭了。与此相反,有些对孩子过分保护的父母说，他们 2 岁的宝贝根本不可能自己吃饭。所以，这完全取决于你什么时候给宝宝机会。多数孩子到了 9～12 个月的时候，都会表现出想自己使用勺子的愿望。如果有练习的机会，大多数孩子到了 15 个月就能独立吃饭了。其实，早在 6 个月的时候，婴儿就开始为使用勺子作准备了，他们可以自己拿着面包片,还能用手抓着东西吃。然后，到了 9 个月，当他们能吃块状食物的时候，他们就想一块一块地用手抓起来放进嘴里。那些从来没有机会自己拿着东西吃的孩子，往往会推迟使用勺子的时间。

10～12 个月的孩子可能很听话，在父母喂饭的时候，他只想把手放在父亲或者母亲的手里。但是多数孩子一着急就会从父母的手里抢勺子。你不要把这看成一场争夺战，可以把勺子给宝宝，再另拿一把自己用。孩子

很快就会发现，仅仅占有勺子是不够的，自己吃饭是一件比较复杂的事情。可能需要几周的时间，他才能学着用勺子盛起一点点食物。要想在往嘴里送食物的过程中不把勺子弄翻，还需要好几周。

餐桌上的混乱。当宝宝厌烦了自己吃东西，开始把食物乱搅乱撒的时候，你就应该把盘子撤到他够不到的地方。但是，可以在他面前的托盘上留点肉渣或者面包渣，让他拿着找找感觉。即使他非常努力地练习自己吃饭，也会把吃的东西撒得到处都是。对此，你必须容忍。如果你担心把地毯弄脏，不妨把一大块塑料桌布铺在孩子的高脚凳下面。婴儿勺头部又宽又浅，把也比较短，而且是弯弯的，很好用，也可以给孩子用普通的勺子。

放弃控制权。等1岁的宝宝能够自己吃东西了，你就应该完全放手。仅仅给孩子一把勺子和练习的机会是不够的，你还要不断地给他一些理由去实践。刚开始的时候，孩子的尝试是因为他想拿着勺子吃东西。但是，他发现那有多困难的时候，如果你继续麻利地喂他，他可能就彻底放弃努力了。当他能把一点点食物送到自己嘴里的时候，你应该在刚开始吃饭——他最饿的时候，让他自己单独吃一会儿。这时他的食欲会促使他认真地吃上一阵。他吃得越好，每次吃饭的时候就越想多吃一会儿。

等他能在10分钟之内把爱吃的饭菜吃干净，你就该放手让他自己吃饭了。这个问题父母们常常处理不好。他们会说："他现在自己吃麦片和水果没有问题，但是吃蔬菜和土豆的时候我还是得喂他。"这种态度有一点危险。因为如果孩子能自己吃某一种食物，他就有能力吃别的食物。如果你不停地喂他一些碰都不想碰的东西，就会让他明显地感到，有些食物是他想吃的，有些食物是你想让他吃的。久而久之，他会对你喂的东西失去胃口。但是，如果你精心地安排，从他近期喜欢的食物里挑选均衡的饮食，而且让他自己吃，那么，即使偶尔会在某一顿饭中有些偏食，也完全可以在每周保持十分均衡的饮食。

不要担心餐桌礼仪。孩子都希望能更加熟练地独立吃饭。只要他们觉得自己有能力挑战，就不会再用手抓饭了，而是用勺子。然后，他们又会从用勺子过渡到用叉子。这就像他们见到别人做什么困难的事，自己也想试一试一样。

斯波克的经典言论

我一直在强调，应该让孩子在12～15个月的时候就学着自己吃饭，因为这个阶段的孩子最喜欢尝试。如果父母不让孩子在这一时期学着自己吃饭，等孩子到了21个月，父母宣布“你这个小笨蛋，你该自己吃饭了”的时候，孩子就会抱着消极的态度说：“不，就不！我习惯让你们喂我，而且，那是我的特权。”所以，这时再想让他学习用勺子就没那么容易了。事实上，这是孩子整体的是非观念在作怪，而父母已经失去了黄金时机。

但是，你也不要把这件事情看得太严重，好像这个阶段是唯一可行的时间。不必因为孩子的进步不够快而着急，更不要强迫孩子学习，因为那只会带来别的问题。我只是想说，婴儿愿意学习自己吃饭，而且他们学起来也不像多数大人想象的那么困难。

维生素、营养补充剂和特别的饮食

维生素D。这种维生素对骨骼、皮肤以及免疫系统的健康都十分重要。此外，它对预防癌症也有帮助。我们可以通过饮食和阳光来获取维生素D。如果你生活的地区纬度较高(40度以上，日照强度比较低)，冬季白天较短，云量较多，或者天气比较寒冷，都会降低体内维生素D的产生量。如果你使用防晒霜或待在室内的时间过长，也会影响维生素D的生成。肤色较深的人更容易缺乏维生素D，需要增加日照时间。如果母亲在怀孕期间缺少维生素D，生下的宝宝也会缺少维生素D，早产的婴儿体内一开始就缺乏维生素D。这样的孩子需要在饮食中额外添加维生素D，以免出现严重的问题。

虽然母乳在许多方面具有优势，但是所含的维生素D却十分有限。母乳喂养的宝宝每天需要增加10微克维生素D，(如果医生提出建议的话)甚至还要补充更多。非处方的婴儿维生素滴剂每剂含有10微克维生素D，此外还含有其他维生素。

你只要把滴剂吸到滴管指示线的高度，然后挤到宝宝嘴里，每天一次即可。使用奶瓶的宝宝只要食欲良好，一般都能从配方奶里摄取到足量的维生素D，但是每天一剂婴儿维生素还是确保万无一失的安全方法。如果你想给孩子服用超过以上标准的维生素

D，要跟孩子的医生谈一谈，因为过量的维生素 D 可能对身体有害。

维生素 B_{12}。以植物性食物为主的人（素食者和严格的素食主义者）享有许多健康方面的优势。如果选择母乳喂养的母亲本身是严格的素食主义者，很可能需要服用含有维生素 B_{12} 的复合维生素补充剂；他们的孩子则可以从提供了维生素 D 的复合维生素中获取额外的维生素 B_{12}。断奶以后，以严格的素食主义饮食喂养的孩子还需要补充维生素 B_{12}。每天食用蛋类和乳制品的孩子和母亲应该能够从饮食中获取到大量的维生素 B_{12}，不必服用营养补充剂。

其他维生素。复合维生素滴剂除了含有多种 B 族维生素以外，一般还含有维生素 A、D 和 C。婴儿食用的谷类食品和其他食物通常都会提供足够的 B 族维生素，水果和蔬菜则可以提供维生素 A 和 C。如果你正在给孩子服用复合维生素，以预防缺少维生素 D 或 B_{12} 的问题，那么其他维生素也就包含在内了。维生素的最佳来源——无论是对你还是对孩子而言——就是食用多种新鲜（或冷冻）水果和蔬菜，以及其他有益健康的食物。

铁。加铁的婴儿配方奶可以提供足够的铁。母乳中铁的含量比较少，但很容易吸收。商店买来的婴儿谷类食品中也常常添加了铁，一天吃 2～3 次的谷类食物，再配合配方奶或者母乳，一般就能提供足够的铁了。如果你的宝宝吃的东西除了母乳，大部分都是家里做的食物，可能需要添加一些补铁的滴剂。每天一滴管的婴儿复合维生素，再加上补铁制剂，一般就可以满足孩子对铁的需求。牛奶提供的铁十分有限，还会使铁通过粪便流失。所以，1 岁以内的宝宝不应该吃牛奶。一岁以后，如果宝宝饮用大量牛奶，那就要保证他的饮食能够提供充足的铁，比如，要包含足够的肉类成分。宝宝们应该在 12 个月前后进行血液化验，以测定是否缺铁，24 个月左右还要再化验一次。

氟化物。如果你家的饮用水没有经过加氟处理，建议你给婴儿补充氟化物。如果孩子饮用的是加了氟的水，就不必额外补充了。如果你们的饮用水含氟量不到百万分之 0.6（即 0.6ppm），要向孩子的医生咨询应该给孩子补充多少氟化物。含有氟化物的维生素滴剂在药店的非处方柜台有售，但是一定要注意，氟化物过多也会带来问题，因此选购滴剂之前一定要得到医生的认可。

低脂饮食。对于婴儿和 2 岁以下的宝宝来说，选择低脂肪的饮食并不可取。孩子的正常生长和脑部发育都需要一定的脂肪。2 岁以下的孩子还需要脂肪、花生酱和其他坚果油提供的高热量。食用肉类和全脂乳制品的孩子一般都能摄取足够的脂肪。我们发现，必需脂肪酸（参见第 234 页）存在于植物油中。标准的北美饮食中脂肪含量都很高。大部分 2 岁以上的孩子（还有我们大部分成年人）若能大幅度减少脂肪的摄取会比较好。但是，婴儿是个例外。对于 2 岁以下的孩子来说，低脂肪含量的饮食会带来生长方面的问题，还可能导致长期的学习障碍。当然，如果你的宝宝有特殊的医学状况，应该听从医生的建议。

母乳喂养

母乳喂养的好处

有益健康。市面上的婴儿配方奶在进行市场推广的时候，总是宣称采用了喂养宝宝的“科学”配方。然而在近20年里，科学研究已经发现，事实刚好相反：对大多数宝宝来说，母乳要比配方奶更健康。母乳中含有的抗体和其他营养成分可以帮助宝宝抵御疾病，而且母乳中的铁对于小宝宝来说非常容易吸收。相比之下，配方奶则必须添加多得多的铁，才能保证宝宝吸收到等量的铁。母乳中的某些营养成分可能有利于脑部的发育。新的（也很昂贵的）配方奶现在也添加了这类营养成分，但是母乳中富含的各种不同的营养物质，是任何一种配方奶都不可能完全复制出来的。

美国儿科学会建议，母乳喂养至少要持续12个月；世界卫生组织的建议则是两年。即使只有一小段时间的母乳喂养，也比完全没有好。

实用的好处和个人的好处。从单纯的实用观点来看，母乳喂养不用洗奶瓶，不用买奶粉运回家，再冲调，不用为冷藏操心，也不用给奶瓶消毒。因此，每周能节省好几个小时。如果你要去旅行，更能体会这些方便带来的好处了。另外，母乳喂养还更省钱。

母乳喂养有助于妈妈们在产后减肥（分泌乳汁要耗费大量的热量）。宝宝的吸吮会促进催产素的释放。这种激素可以使子宫收缩到怀孕前的大小。催产素还能让母亲心情愉悦、充满幸福感。关于母乳喂养的价值，最有说服力的证据来自哺乳妈妈的亲身体会。她们说，因为知道自己为孩子

斯波克的经典言论

父母们不是在孩子一出生就觉得自己像父母，并且喜欢当父母，也不一定立刻就对孩子产生骨肉之情。生第一胎的时候尤其如此。他们完全是在照顾孩子的过程中才变成真正的父母的。父母一开始的时候做得越成功，孩子对他们的照顾表现得就越满足，他们就会越快乐，从而迅速地进入彼此的角色。从这个意义上说，母乳喂养不仅能奇迹般地塑造一个年轻的母亲，而且能够迅速加深母子之间的感情。母亲和宝宝会备感幸福，还会因此而深爱对方。

提供了别人无法给予的东西，感到了极大的满足。同时，哺乳的过程也使她们感受到孩子跟自己有多么亲密。

哺乳的感受

混合喂养。有少数女性会觉得母乳喂养让人心里很不舒服，因为显得太不庄重或者太像动物的行为。她们经常担心失败，觉得在公共场合喂奶很难为情，或者认为母乳喂养会使乳房变形（更多相关内容参见第 191 页）。第一次当妈妈的人常常会担心做母亲会完全改变自己的身份。从这一点上来看，拒绝母乳喂养对她们来说很可能是一个消除疑虑的办法。所有这些感觉都是正常的，也可以理解；有些母亲能够克服这些感觉，也有一些母亲则断定母乳喂养得不偿失。这个决定除了做母亲的人，谁也做不了。

父亲也会产生复杂的感情。很多人会因为宝宝的到来而感到高兴和惊奇，很多人会因为伴侣的哺育能力而感到敬畏不已，也有人会情不自禁地感觉受到了冷落。嫉妒宝宝是父亲的正常反应，原因不仅来自母乳喂养，还有母亲跟孩子之间那种无比亲密的情感依赖。如果父亲们能够记住自己身上有一份重要的责任，情况就好多了。分泌乳汁是一个十分疲劳的过程，而且精神压力会让这个过程停止。只要能够使新妈妈的生活轻松一些，父亲做的每一件事都能让母乳喂养更加顺利，包括给妻子递上一个枕头或一杯水，照看家里其他孩子，摇一摇小宝宝，带他去散步，等等。

性快感。大多数喂奶的母亲都表示，她们在哺喂孩子的过程中有一种强烈的彼此深爱和相互联系的感觉。有些母亲还会感到乳房和外阴部位有一种类似于性兴奋时的快感。如果妈妈们不知道这些感觉都是身体对催产素的正常反应，就会对这种感觉产生疑虑。所谓催产素就是母乳喂养过程中，大脑内部产生的一种激素。

在做爱的时候，妻子的乳房也会溢奶，有些人为此感到很尴尬（也有人会因此感到振奋）。由此可见，夫妻双方坦诚地交流感受非常重要。有时候，跟医生和哺乳专家讨论一下这方面的问题，可以让父母们放心。

乳房溢奶。许多哺乳的母亲都会有这样的经历，当别人的孩子在旁边饿得哭闹的时候，她们的乳房就开始溢奶，让她们非常难堪。其实这也是完全正常的反应。

怎样合理地看待母乳喂养

成功的诀窍。你一定听说过，有的人想给孩子喂奶但没成功。有时候，医疗条件会使哺乳变得很困难，也有时候产妇可能得不到良好的指导。但是迄今为止，只要能够合理地看待这个问题，大部分选择母乳喂养的母亲都能获得成功。

有 3 个因素可以使喂奶的情况获得巨大的改善：第一，要远离配方奶；第二，不要过早气馁；第三，多给乳房一点刺激。此外，我还要补充一点，要是你能找一个可以提供支持的指导者，会有很大帮助，无论是受过培训的哺乳顾问，还是有着丰富哺乳经验的女性都可以。虽然书本可以给你鼓励，还可以提供一些育儿的理念，但是当你面对困难的时候，什么也比不上一个经验丰富的帮手。许多产后护士、助产士和产科医生都知道谁是最合适的母乳喂养辅导员。如果你是第一次进行母乳喂养，最好找个指导者。这样，你的哺乳会有个好的开端。

最初的日子。分娩一完成就可以自然地开始母乳喂养了。让新生儿光溜溜地躺在妈妈的肚子上，干渴的他们常常会扭动身体找到乳房并开始吃奶，甚至在出生后还不到一小时就这样做。这些宝宝不需要任何人引导，也不需要别人把妈妈的乳头放到他们嘴里，就已经清楚地知道应该怎样做了。如果不是亲眼所见，你可能很难相信一个刚刚出离子宫的婴儿会有这种天生的寻找食物的能力。很多医院现在都制定了相关的规定，让所有健康的母亲和孩子都有机会体验这种强大的亲子关系。

在孩子出生后几小时和几天之内，要尽可能地跟他在一起。最好是一出生就坚持母婴同室。把孩子抱在胸前可以刺激乳汁分泌，还可以锻炼宝宝对肌肉的控制，因此这对他有效地吃奶很有帮助。虽然在最初几天你不会分泌太多的母乳，但孩子也不需要太多。一开始，让宝宝按照自己的意愿随时吃奶就可以了，随后孩子就会习惯吃奶，你的乳汁也会有很好的供应。随着不断的练习，宝宝衔乳头的动作和吸吮的动作都会越来越熟练，而他吃得越多，你的母乳也分泌得越多。

避免过早使用配方奶。如果你在婴儿出生后的前三四天一直用配方奶喂他，成功哺乳的几率会大大降低。由于从奶瓶里吃奶要比从乳房里吃奶容易得多，所以，婴儿一般都会选择最容易的方法。其实，婴儿和我们一样懒惰。如果宝宝满足于奶瓶里充足的奶水，就不会费劲地去吃母乳了。没有经验的妈妈可能会认为，婴儿喜欢奶瓶，不喜欢乳房。实际上并不是这样。解决这个问题的最好办法，就是尽量不要使用奶瓶。当然，等婴儿习惯了吃母乳，他的偏好也已经确定，就没问题了。

倾听支持者的建议。征求并且听从那些成功哺乳的朋友和家庭成员的建议。不要让别人给你泄气。也许我们需要提一下这个问题——有的母亲想母乳喂养，但常常遭到亲戚朋友的怀疑，而这些人的本意也是出于关心和同情。他们会说这样的话："你不会是想用自己的奶喂孩子吧？""你到底为什么想这么做呢？""就你那样的乳房，永远也别想成功。""瞧你可怜的孩子饿的。你是不是想不顾孩子的饥饿，来证明点什么？"温和一点的评论可能只是出于惊讶，而不怀好意的评论则包含着强烈的嫉妒。到了后来，继续喂奶可能出了一点问题，还会有朋友劝阻你。如果你选择了母乳喂养，就要接触那些支持你的人，多听他们的建议。你的母亲或者婆婆可能会成为你的同盟，也可以跟支持母乳喂养的社区组织联系。

担心奶水不足。有的母亲会在奶水刚开始正常分泌的时候，或者在一两天以后就感到泄气，因为她们的奶水并不多。但是，这绝对不是轻言放弃的时候，还有一大半成功的机会。

如果你发现自己面临这种情况，就要保证自己饮食充足，还要尽可能多休息。关键是要每天喝上几大杯水：没有足够的水分，身体就不能产生很多乳汁。（如果你愿意，喝果汁也可以，但是不能喝咖啡、茶和其他含有咖啡因的饮料。）即使宝宝一开始似乎对吃奶不感兴趣，也要经常把宝宝放在你的胸前。随着乳房受到不断增强的刺激，乳汁的分泌就会增加。

刚开始，夜间哺乳对于乳房的正常刺激尤为重要。年幼的宝宝在夜里会更有精神，更加起劲儿地吃奶。如果宝宝常常在半夜里很饿，最好在头几周加强夜间哺乳，因为这对你奶水的分泌和宝宝的生长发育都是最好的。计划好时间，争取白天能多睡一会儿,这样晚上你才能多起来一会儿。一般来讲，给新生儿喂奶的时候，你得习惯值夜班。

如果宝宝吃不了太多的母乳，奶水就会不断淤积，所以喂奶之后很有必要把乳房排空。有的母亲会用手挤出奶水（参见第201页），但最简便的方法还是使用一台高质量的电动吸奶器（参见第201页）。

孩子的体重好像在减轻，该怎么办？新生儿一般会在出生后一周之内减少大约1/10的体重，但是此后他们的体重会稳步增加。如果你还是担心，就一定要找医生或哺乳专家谈一谈。这样一来，就能确定孩子正在按照自身的需要增加体重，你也会为自己做了所有努力而感到宽慰。如果你已经下定决心采用母乳喂养的方式，专家会给你指导,帮助你更好地哺乳。

最普通的对策是使用辅助哺乳系统，它用一根狭窄的塑料导管连接乳房和储奶瓶。当宝宝吮吸乳头时，他能吸到储奶瓶里的奶水。采用这个方法后，母亲应该用吸奶器清空乳房，以刺激产奶。在哺乳顾问的指导下使用这个系统，可以让母亲产生更多母乳，给孩子充足的营养。

为什么有的母亲放弃了？很多母亲在医院的时候就开始哺乳了，出院后还会再坚持一段时间，但是后来就失去信心并放弃了努力。她们说：“我的奶水不够。”“我的奶水好像不适合孩子的口味。”“孩子长大了，我的奶水已经不够了。”

当然了，工作的压力可能是哺乳的一大障碍。休完产假还得回去工作，这件事想起来就烦人。正是出于这个原因，很多女性不是从一开始就放弃了母乳喂养，就是半途而废。然而，只要精心安排、意志坚定，再加上一

斯波克的经典言论

为什么只有在我们这样爱用奶瓶喂孩子的国家里，才经常出现所谓母乳不足和哺乳失败的现象呢？因为这些尝试母乳喂养的母亲们会觉得自己在做一件很不平常也很艰难的事情。实际上，她们应该明白，那本来是一件最平常的事，应该相信，自己能跟别人一样取得成功。因为没有足够的信心，她们就会不停地想自己会不会失败。母乳喂养是人类在几千年来得以存续的重要原因。成功进行母乳喂养的方法就是事先预想它会成功，坚持哺喂，远离配方奶，至少要坚持到母乳分泌比较稳定的时候。

台好的吸奶器，坚持母乳喂养基本上还是可行的。很多女性在晚上或者早晨都能坚持哺乳。白天，帮助照顾宝宝的人（或者宝宝的父亲）可以用奶瓶里储存的母乳喂宝宝。如果母亲能在工作的间隙把奶吸出来，就可以把乳汁存储在奶瓶里备用了。

可以为哺乳母亲提供帮助的社区组织。许多医院现在都有哺乳顾问，为母乳喂养的母亲答疑解惑。少数妇产机构还取得了“爱婴医院”的专门认证，它们都采用支持母乳喂养的政策。这些政策包括让母亲和孩子尽可能待在一起，而且不提供免费的配方奶样品。如果有可能，你可以找一家这样的医院分娩。国际母乳会（The La Leche League）是由成功地进行过母乳喂养的母亲们组成的团体，她们致力于给缺乏经验的母亲提供支持和建议。你还可以查阅一下电话号码簿，或者向相关部门打听她们的联系方法。国际生育教育协会（The International Childbirth Education Association）的讲师们也可以提供帮助，他们一般都能给你介绍一个哺乳顾问。这些有经验、有知识的顾问都有国际泌乳顾问协会（the International Board of Lactation Consultants）颁发的证书。她们帮助过许多面临哺乳困难的母亲，而且成功的比例高得惊人（经过认证的哺乳顾问可以在自己的名字后面加上这个组织名称的缩写 IBOLC）。其他支持母乳喂养的组织可能也很有帮助。另外，还有哺乳妈妈协会（The Nursing Mothers' Council），也可以提供这方面的帮助。

哺乳模式的形成

开始泌乳时。一开始，乳房分泌的根本不是乳汁，而是一种叫做初乳的液体。尽管数量不多，看上去也很稀薄，但含有丰富的营养物质和抗体。

宝宝出生后的第 3 天或第 4 天母乳开始分泌，这个时候也是许多宝宝变得更容易醒来、也更容易饥饿的时候。大自然把一切安排得多么井井有条，这是众多例证中的一个。生过孩子的妈妈，或已经能在医院里按需喂奶的妈妈，乳汁一般会分泌得早一些。有时候，乳汁会来得十分突然，母亲甚至能说出具体的时间，但更多时候乳汁的分泌是一个渐进的过程。

从出生后第 3 天或第 4 天开始，大多数母乳喂养的宝宝吃奶的次数每天都会多达 10～12 次（同时宝宝的排便也会变得很频繁）。宝宝频繁吃奶并不意味着母乳供应不足。只不过现在的宝宝把全部心思都扑在吃喝和生长的重大问题上。也正是在这第一周的后几天，母亲的乳房会受到体内激素最强烈的刺激。在最初的几天里，乳房有时会变得过于膨胀，有时又会满足不了饥饿的新生儿的需求。尽管如此，乳汁分泌系统的运转还是非常良好。

在第 1 周结束的时候，激素的分泌就开始减少了。从此以后，乳汁分泌系统主要根据孩子的需求量来决定奶水的分泌量。在这个过渡阶段（通常是在第 2 周），奶水可能不太够用，等乳房适应了按需生产奶水的特点之后，情况才会有所好转。不仅在前两三周，在以后的几个月里，奶水的分泌量都取决于婴儿的需求量。换句话说，即使孩子已经好几个月大了，如果他需要更多的奶水，奶水的产量还是可以增加。

每次喂奶多长时间。人们曾经认为，为了不让乳头酸痛，一开始最好限定喂奶的时间，等乳头适应了以后，再把时间逐渐延长。但是，经验告诉我们，最好还是从一开始就让婴儿来决定吃奶的时间。如果宝宝一觉得饿就能吃到奶，而且想吃多长时间就吃多长时间，他们就会不慌不忙地学会衔乳，从而避免咬疼乳头。一开始就让孩子尽情地吃奶，能让泌乳反射提前发挥作用，否则，这种反应就会来得很迟缓。也就是说，新妈妈们要想母乳喂养，最主要的就是做好心理准备。其他家庭成员应该承担起家务，好让哺乳的母亲专心致志地满足宝宝的需求。

多久喂一次奶？这个问题的答案是："只要你觉得宝宝饿了，只要你的奶水供应得上，就应该喂。"在那些不太发达的国家里，母亲们有时刚刚给孩子喂完奶半小时，就接着再喂一次。尽管有时孩子只吃一小会儿，她们还是会这么做。在美国，给上一个孩子哺乳成功的母亲们会充满信心地采取同样的做法：如果她们认为孩子肯定是饿了，哪怕刚刚喂完 1 小时，也会毫不犹豫地再喂一次。

但是我并不赞成一听到孩子哭就给他喂奶。除了饥饿，孩子哭闹还可能有别的原因，比如肠痉挛、其他的消化问题、不明原因的烦躁，以及因为疲劳无法入睡等（参见第 46 页）。如果母亲没有经验，就会因为不放心而从早到晚地忙着喂奶，跟着着急，感到非常疲劳。这种担心可能会使奶水减少，还可能扰乱泌乳反射。

一方面，你应该想喂几次就喂几次。而另一方面，没有经验的母亲还应该尽量把喂奶的间隔控制在 2 小时以上，以便对自己做一点保护。你可以让孩子哭一会儿，先不管他，看他能不能再次入睡。有时候，如果父亲把宝宝抱起来，靠在他赤裸的胸脯上，那种温暖和不同于母亲的味道也能起到安抚的作用；有时摇一摇孩子也很有效果。但是，如果这些办法都不管用，还是应该再给孩子喂一次奶。

那些吃啊吃啊似乎永远都不能满足的宝宝，可能并没有吃到多少奶水。你要仔细听一听，看看孩子有没有发出吞咽的声音；注意一下，看看他是否每天都会排几次稀软的大便，是否经常排尿。还可以找医生检查一下，看看宝宝的体重增长是否正常。在问题还不严重之前，应该及早向哺乳顾问求助。

喂一侧乳房还是两侧都喂？在世界上的许多地区，母乳喂养都是主要的哺乳方式。在这些地区，母亲们在工作时都用背兜把孩子背在身上，只要孩子醒来，就能随时吃到母亲的奶水。孩子一般只在一侧乳房上吃一小会儿奶，然后就睡觉。但是，在我们这个按照时钟运转的国家里，很多孩子吃完奶以后就被放在安静房间里的小床上。喂奶的次数会越来越少，而每次的喂奶量却越来越大。如果母亲奶水充足，婴儿每次只吃一侧乳房的奶就够了。虽然单侧乳房每隔4～8小时才能接受宝宝的吸吮，但它每次受到的刺激十分充分。

然而，在很多情况下，一侧乳房的奶水根本满足不了孩子的需要，所以，每次都要让孩子吃两侧的奶，如果这次先吃左边的，下次就要先吃右边的。其实，有些母亲和医生都赞成用两侧乳房喂奶。为了让孩子吃饱，有一个简便又可靠的方法，就是每次喂奶时都让小宝宝先把一侧的奶水吃光，再吃另外一侧。他松开乳头的时候你就知道他吃饱了。他可能在另一侧只吃一点点，也可能仍然吃很多；随他便吧。让他作决定，只要保证他最终能吃饱，不会吃得太多就可以了。

早期哺乳行为的类型。不同的婴儿对乳房会有不同的反应。一位很有幽默感的医生研究了数百个婴儿最初对乳房的反应以后，把他们划分成多种类型。

第一种是急不可耐型，这些孩子见了乳房以后，就会迫不及待地把乳头吞进嘴里，起劲儿地吸吮起来，直到吃饱了为止。这类孩子的唯一毛病就是，如果你允许他们叼住乳头，他们可能就会显得特别粗鲁。

第二种是激动型，这类孩子吃奶的时候会显得躁动而又活跃。他们会一次又一次地松开乳头，然后，不是回去寻找乳头，而是大声地哭闹。这些孩子常常需要抱起来安慰好几次，才能平静下来重新吃奶。但是，过了几天就不再那么激动了。

第三种孩子叫做迟缓型，他们头几天从来不会费劲地吃奶，要一直等到奶水开始正常分泌的时候才想吃奶。催促他们吃奶只会让他们变得更加执拗。但是，到了一定时候他们都会表现得很好。

第四种叫做品尝型，这类孩子会含着乳头先吸吮一小会儿，然后就吧哒着嘴唇品尝他们吸到的那一点点奶水，最后才正式投入工作。如果你催促他们，只会让他们生气。

还有一种孩子属于休息型，他们总是吃几分钟，歇几分钟，然后再接着吃。用不着催促，他们一般都能按照自己的方式吃得很好，只是需要的时间长一点。

在刚开始吃奶的几周里，婴儿还会表现出其他行为，从而给母亲喂奶带来很多麻烦，甚至让母亲感到非常恼火。好在几周之内，大多数宝宝都能自己摆脱这些问题。

吃奶时容易入睡的宝宝。这些孩子吃奶从来都不起劲，刚开始吃 5 分钟就会睡着。你也不知道他们是不是吃饱了。如果他们一觉能睡上两三个小时，也不算太坏。但事实上，你刚把他们放到床上几分钟，他们会醒来再次哭闹。我们还不太清楚究竟是什么原因导致了这样的行为。有一种可能是，孩子的神经系统和消化系统还不能很好地协作。也许是母亲的臂弯和乳房让他们觉得十分舒服，所以他们很容易入睡。但是，当你把他们放回到又硬又凉的床上时，饥饿感就会让他们再次醒来。等他们稍微大一点，更懂事的时候，这种饥饿感就会使他们难以入睡，直到吃饱为止。

如果孩子在一侧吃了几分钟就困了，或者变得焦躁不安，可以马上把他换到另一侧的乳房上，看看充足的奶水能不能让他振奋一些。你当然希望宝宝在每一侧都能至少吃上 15 分钟，保证乳房得到充分的刺激，但如果孩子不想吃，也就不会再吃了。

吃奶时易怒的宝宝。还有一些孩子，只要发现奶水不够吃就会发怒。可能是他们饿得很厉害，或者是变得更加任性了，也可能天生就是急脾气。他们会把脖子往后一挺，甩开乳头大哭起来，然后再试着吃一次，接着再次发怒。孩子不好好吃奶会增加母亲

斯波克的经典言论

当宝宝拒绝吃奶并且持续如此的时候，母亲可能会禁不住感觉遭到了厌弃，产生挫败感，还容易生气。母亲不该任凭自己的情感被这个毫无经验但却固执己见的家庭新成员伤害。如果能多尝试几次，宝宝很可能就会明白喂奶是怎么回事了。

的不安，使奶水进一步减少，导致恶性循环。精神紧张会影响奶水分泌，母亲应该在喂奶之前和喂奶过程中想出最好的办法来放松自己。可以听听音乐，翻翻杂志，或者看看电视；什么办法最有效就用什么办法。

宝宝吃饱了吗

体重增加和满足感。如果宝宝表现得很满足而且看上去也很健康，很可能他已经吃到了足够的乳汁。让医生检查一下孩子体重增长的情况，可以多一道安全保障。如果孩子每天下午或晚上都哭闹，但体重的增长也达到了一般标准，他很可能吃得很好，只是肠痉挛让他难受。如果孩子长得比较慢却表现得相当满足，大多数情况下，他可能天生就是一个长得慢的宝宝。然而，也有少数孩子即使一点都不见长，自己也不会表示抗议。

如果孩子的体重增长缓慢，但是吃奶时却很满足，基本上可以说明，孩子生来就是那种长得慢的类型。但是，也有少数孩子，尽管体重一点也不见长，也没有什么不满的表现。真正吃不饱的，是那些体重增长非常缓慢，且大多数时候都表现得非常饥饿的孩子。吃不饱的孩子一般都会显得非常委屈，精神不振。他每天尿湿的尿布不到 6 块，尿液的颜色比较深，或者气味很重。另外，排大便的次数也比较少。

如果孩子到了第二周快结束的时候，体重的增加仍然不正常，你就应该每隔两三个小时把他弄醒，让他多吃几次奶。如果宝宝吃奶时困了，可以给他拍拍后背，顺顺气，然后换到另一侧吃奶。如果每次喂奶你都这样重复四五次，那么 5～7 天以后，多数婴儿的体重都会开始增加，吃奶的时候也会更起劲。

吃母乳的宝宝应该在出院两三天以后（或出生 3～ 5 天时）检查体重和哺乳情况。在孩子出院大约两周后，应该再找医生或护士做一次检查。长期来看，如果医生没有明确的不同意见，就应该认为孩子吃得比较好。每次喂奶之后，如果孩子看上去很满足，你当然也会感到满意。

很难确定宝宝吃了多少。宝宝是否吃饱这个问题，很可能让新妈妈感到困惑，因为你无法通过孩子吃奶时间的长短、乳房的形状和乳汁的颜色来判断他是否吃饱了。有一个值得推荐的标准：到第 5 天时，孩子是否在 24 小时内尿湿 6～8 块尿布，大便 4～10 次，吃奶 8～12 次。

一定不要单凭孩子吃奶时间的长短来判断。有时，宝宝吃到了大部分奶水之后还会继续吃，有时会多吃

10分钟，有时多吃30分钟。因为他还能吸吮到少量奶水，他喜欢吸吮的感觉，或者因为他吃得很开心，情绪不错。有人对稍大一点的婴儿进行了仔细的观察和测量，结果显示，同一个婴儿，有时吃到90毫升的奶水看上去就很满足，而有时却要吃到300毫升才会满足。

大多数有经验的母亲都很肯定地说，在喂奶之前，她们无法根据乳房的饱满程度来判断里面有多少奶水。在前一两周里，由于激素的变化，乳房会明显地饱满又坚挺。过一段时间，虽然奶水的产量会增加，但是乳房却变得更加柔软，也不再那么突出了。有时，母亲可能觉得乳房里的奶水并不多，但是婴儿只从一侧就能吃到180毫升以上的奶水。另外，你也无法根据奶水的颜色和状态做出任何判断，和牛奶相比，母乳看上去要稀薄一些，而且略带蓝色。

哭闹与饥饿。饥饿并不是孩子哭闹的最常见原因。如果孩子刚吃完奶就哭闹起来，或者在两次喂奶的间隔期哭闹不止，妈妈们常常都会担心。她们的第一个念头就是自己的奶水不够。但这种怀疑并不总是正确的。实际上，几乎所有的孩子，尤其是第一胎，都会出现这种阵发性的哭闹，而且经常都发生在上午或晚上。吃配方奶的孩子也一样。吃得很饱的婴儿和吃得少一些的婴儿都会出现这种哭闹(参见第46和第73页，阅读更多关于哭闹和肠痉挛的内容)。如果母亲知道，婴儿前几周的哭闹大部分不是由饥饿引起的，就不会那么快对自己的奶水失去信心。

虽然婴儿由于饥饿而哭闹的可能性不大，但也不是不存在。饥饿更容易带来的影响是孩子会提前醒来吃奶，而不是吃完一两个小时才醒来。如果他饿了，可能是由于他突然胃口大增，或因为母亲劳累和紧张而使奶水的分泌量减少。以上任何一种情况，答案都是一样的：你可以放心，孩子肯定会在一天或者几天之内更加频繁地醒来吃奶，还会吃得更投入，直到你的乳房适应了这种要求为止。到那时，孩子就会恢复原来的吃奶习惯了。

相对于宝宝的烦躁来说，对母亲更重要的是让泌乳系统有机会运转起来。任何想使用奶瓶喂配方奶的计划都应该至少暂缓几周。宝宝一天想吃多少次，一次想吃多久，都要顺应他的需求。如果他的体重在一两个星期里增长正常，那么使用配方奶的打算也应当再推迟至少两周。

不管怎么说，给一个心情焦躁或者肠痉挛的宝宝喂奶，很有可能会让母亲备感头疼。在这种情况下，最好先暂停哺乳。可以用奶瓶试一试，或让其他人（父亲、朋友、爷爷奶奶）帮忙安抚一下孩子。过一会儿，如果母亲觉得自己已经调整好了，就可以振奋精神重新开始哺乳。像对待所有问题一样，如果你担心宝宝吃不饱，咨询宝宝的医生永远是正确的。

哺乳妈妈的身体状况

总体健康状况。哺乳妈妈需要好好地关爱自己。在哺乳期，最好拔掉电话线，宝宝小睡的时候也跟着睡上一会儿，不要操心家务，忘掉来自外界的担心和责任，把访客减少到一两个谈得来的朋友，还要注意饮食。

大多数女性都可以安全而成功地进行母乳喂养。如果你得了慢性病，而且需要服药，最好在服药前跟你的产科医生或者宝宝的医生商量一下。即使你已经决定服药，也有很多方法可以帮助你哺乳。比如说，因为身患乳癌而切除了乳房的女性，还可以通过特殊的设备给宝宝喂奶。哺乳顾问可以为你提供非常丰富的信息。

乳房的大小。乳房比较小的女性可能会觉得无法为宝宝提供足够的奶水。这种看法毫无根据。乳腺组织只占乳房很小的一部分，其他主要都是脂肪。乳房大只是因为脂肪组织比较多，乳房小则是因为脂肪组织少。女性没怀孕也不喂奶时，乳腺组织处于休眠状态。随着孕期的进展，多种激素都会刺激乳腺的生长，使它不断膨胀。与此同时，为乳腺组织提供营养的动脉和静脉也会膨胀，于是乳房表面的静脉就会变得很明显。分娩几天后，奶水又会使乳房进一步增大。乳房特别丰满的女性可能需要咨询哺乳顾问，以获得一些特别的指导，使喂奶更加方便。

扁平或内陷的乳头。乳晕就是指乳头周围那圈颜色较深的皮肤。通常情况下，用拇指和另外一根手指轻轻挤压，就可以让乳头突出来一些。乳头往里缩的情况被称为乳头内陷。乳头内陷的女性应该在宝宝出生以前就咨询母乳喂养顾问，以保证母乳喂养有一个良好的开端。

运动。经常运动可以增强身体的协调性，改善精神状态，必要时还可以减肥。你可以用婴儿背带带着小宝宝，进行 30 分钟轻快的散步，每周几次，这样大有好处。除了有氧运动以外，还可以进行一些力量训练，加速你的新陈代谢，从而快速地消耗热量。这种力量训练并不需要复杂的设备，一对便宜的哑铃、一本图书馆借来的运动指导书，再加上每天几分钟的时间，就能让你受益匪浅。没有证据表明，哺乳期的母亲进行体育锻炼会影响宝宝。

乳房形状的改变。有些母亲回避母乳喂养的原因在于，她们担心哺乳会影响乳房的形状和大小。其实，不管你是不是给宝宝喂奶，在妊娠期间乳房都会增大，分娩后的头几天还会变得更大。宝宝一周大时，乳房会变得不那么膨胀也不那么坚挺，这种变化如此明显，以致有些母亲即使能很好地喂奶，也会怀疑她的乳汁是不是没有了。

乳房的形状取决于其支持组织的特点，而这些特点又因人而异。有些女性从未进行过母乳喂养，乳房却在怀孕之后变平了；有些女性可能给好几个孩子喂过母乳，乳房的形状却没有受到任何影响，她们甚至会更加喜欢自己的身体。

有两个预防措施可能很重要。不仅在哺乳期，在妊娠后期乳房增大的时候，母亲都应该穿戴合适的胸罩来支撑胸部。这是为了防止在乳房变重时皮肤和支持组织变得松弛。购买哺乳内衣物有所值，这种内衣可以从前面打开哺乳（要选择用一只手就能打开的那种）。

母亲在哺乳期的饮食。有些母亲听说给孩子哺乳必须放弃很多食物，所以对此犹豫不决。其实，从整体上来说情况并不是这样。

有时，每当母亲吃了某种食物，婴儿就会很不高兴。比如说，母亲喝了牛奶，有些乳蛋白就会进入到母乳里，从而对婴儿的肠胃造成刺激（有些十分敏感的宝宝甚至会产生过敏反应，因为这些二手牛奶而生出皮疹）。咖啡、巧克力，还有一些辛辣的食物也会产生类似的结果。所以，如果母亲吃了同一种食物后一连几次发生这种情况，就应该放弃这种食物。

你可以跟自己的医生了解一下哪些药物在哺乳期服用是安全或不安全的。当然，吸烟对母亲和孩子来说都是不健康的，无论在怀孕期间还是怀孕之后，吸烟都不可取。即使母亲不能戒烟，也不要放弃母乳喂养，最好坚持给孩子喂奶。母亲吸烟的时候要远离孩子，同时尽量减少吸烟的数量。

处在哺乳期的母亲每天喝1～2杯葡萄酒或者啤酒并不会对宝宝有什么危害。但是，孩子出生后的最初几个月，新妈妈压力都很大，很可能想喝杯酒放松放松，然后就一杯接着一杯，一发而不可收拾。如果你有家族性的酗酒史——很多家庭都有，或者你觉得自己很可能养成了这种恶习，就应该在哺乳期间戒除酒精饮料。

哺乳妈妈需要补充体内流失的营

养，还要额外多加一点。母乳含有大量钙质，以满足宝宝迅速生长的骨骼的需要。如果你一般不怎么喝牛奶，或者选择了无奶饮食，也可以从加钙果汁或豆奶中获取足够的钙质，可以服用钙补充剂。第 245 页列出了高钙的非乳制食物。哺乳妈妈还需要维生素 D，这既是她们的需要，也是为了间接地通过母乳传递给孩子。维生素 D 的来源包括牛奶、某些酸奶和维生素补充剂（其中包括产前维生素）。

补充水分的问题有两点需要注意：一方面，你没有必要为了摄取水分而喝得肚子不舒服，因为身体很快就会通过尿把多余的水分排走。但是另一方面，如果新妈妈很兴奋，或者很忙，也可能意识不到自己渴了，从而忘了补充身体所需的水分。所以，做母亲的最好在每次喂奶前 10～15 分钟喝点东西。

母亲在哺乳期内的饮食应该包括以下营养食物：(1) 大量蔬菜，尤其是西蓝花和羽衣甘蓝等蔬菜；(2) 新鲜水果；(3) 含有维生素、大量钙质和少量有益脂肪的豆角、豌豆和小扁豆；(4) 全谷类食物。这些食物富含多种维生素和矿物质，而且膳食纤维也很丰富。膳食纤维可以促进肠道的通畅。

多吃蔬菜少吃肉的好处之一就是，杀虫剂和其他有害化学物质总是沉积在动物的肉和奶里，在鱼的身上尤其如此。哺乳的母亲应该少食用某些鱼类，比如金枪鱼，还应该戒掉其他所有含汞量较高的鱼类。如果母亲食用大量肉制品，那么少量有毒物质就很容易进入她的乳汁。植物性食物少了许多污染，即便不是有机栽培的，也好得多。

哺乳会使母亲疲劳吗？有时候你可能听别人说，哺乳对女人的消耗很大。很多母亲在一开始的几周里确实会感到疲劳。但是，用奶瓶喂养孩子的母亲也会感到劳累。其实，那是因为她们的身体还没有从分娩和住院的状态中恢复过来。真正让她们感到劳累的是照顾一个新生儿导致的神经紧张。

当然，她们的乳房每天要给孩子提供相当的热量，所以母亲必须比平时摄取更多的营养，只有这样才能维持正常的体重和体力。如果哺乳母亲身体健康、精神愉悦，就能自然地摄取足够的热量，满足哺乳的需要。不言而喻，如果哺乳期的母亲感觉不舒服，或者体重不断下降，应该立即向医生咨询。

处在哺乳期的母亲每天都得坐上几个小时。但有时候，不喂奶的母亲们反而会更加精疲力竭，因为她们总是觉得做家务是责任，但喂奶的母亲有充分的理由让别人去操心那些脏衣服。对那些一夜得起3次的母亲来说，喂奶的确非常累。当然，殷勤的父亲也不可能包揽全部家务，但是他可以把宝宝抱给母亲，需要的话可以换个尿布，还可以把宝宝抱回到小床上。一旦喂奶形成规律，如果父亲愿意在晚上用奶瓶给宝宝喂母乳，也没什么不好的。如果母亲在9点喂过奶以后睡觉了，父亲就可以在将近半夜的时候用奶瓶给孩子喂奶。这样一来，母亲就能好好地休息到凌晨3点再喂一次奶。好在父母双方都不必望穿秋水，等到4～6个月时一般就不用夜里起来给宝宝喂奶了。

行经与怀孕。有的女性在哺乳期间一直都不会来月经。在那些来月经的女性当中，也是有的人规律，有的人不规律。有些时候，孩子会在母亲的经期表现得十分烦躁，还可能暂时拒绝吃奶。

怀孕的可能性会在哺乳期间降低。如果母亲还没有月经，而孩子也不到6个月大，那么，即使不采取避孕措施，怀孕的几率也会非常微小(大概是2%)。

所以，很有必要去请教一下医生，看看什么时候应该恢复你选用的避孕措施。

哺乳入门

心情放松和身体放松。也许你注意到，自己情绪状态会严重影响奶水的分泌量。焦虑和紧张能让奶水退回去。所以在喂奶前要努力抛开烦恼。先做个深呼吸，然后放松双肩。如果条件允许，也可以在孩了醒来之前先躺下休息15分钟，还可以做一些最能放松的事情，比如闭目养神，看一会儿书，或者听听音乐，等等。

在坚持喂奶几个星期以后，你就会发现，喂奶时，自己能够明显地感觉到奶水“下来”了。当你听到孩子在隔壁房间里哭时，你的乳房可能就开始溢奶了。这说明，情感跟奶水的形成和释放有着多么密切的关系。但并不是所有的母亲都能体会到奶水“下来”的感觉。

哺乳的姿势。你要找一个舒服的姿势喂奶，还要把宝宝放在你胸前合适的位置，让他很好地衔住乳头。婴儿把乳头和乳晕的一部分一起含到嘴里。母亲可以用一只手托着孩子的头，帮助孩子找到最舒服和最容易吃奶的位置，同时，用另一只手把乳头和乳晕放进孩子的嘴里。

对于乳房特别丰满的女性而言，用一个起支撑作用的哺乳内衣把乳房托起来很有帮助，因为用一只手同时托起沉重的乳房和一个沉重的婴儿，实在太困难了。

在把宝宝抱向胸前的时候，有两件事情需要注意。第一是，当你想让孩子的头靠近母亲乳房时，不要用两只手托住他的头部。宝宝们特别不喜欢别人控制他们的头部，所以会挣扎着想要摆脱。另一件事情就是，不要为了让孩子张嘴而捏挤他们的两颊。宝宝们有一种本能，他们会把头转向触碰他们脸颊的东西。这种反应可以帮助他们找到母亲的乳头。当你挤压他们两颊时，会让他们糊涂。

坐姿。有的母亲喜欢坐着给孩子喂奶。采取摇篮式的抱孩子方法对坐着喂奶十分合适。把孩子抱起来，让他的头枕在你的臂弯处面向乳房，用同一只胳膊的前臂托住孩子的背部，用手托住孩子的臀部或者大腿。他的脸、胸、腹部和膝盖都要朝着你。用一个枕头垫在孩子身下，再拿另一个枕头垫在你的胳膊肘下面，这样，就会得到舒服的支撑。最后，用你另一只手的四指托在乳房下面，拇指放在乳晕上面。

轻轻地用乳头触碰孩子的下嘴唇，让他把嘴巴张大（要耐心，因为有时候这得花上好几分钟），等孩子的嘴巴张大以后，让他靠近你，嘴巴对准你的乳头。孩子的牙床应该正好环绕在乳头周围，乳晕的大部分或者全部都在他的嘴里。宝宝的鼻子会碰到你的乳房，但一般都不需要留出透气的空间，除非在吃奶时你听到他鼻子不通气的呼吸声。如果他的呼吸好像受到了阻碍，就把臀部搂得更近一些，或者用手指轻轻地把乳房往上托一托。这样就能增加孩子吃奶需要的呼吸空间，而不会堵住他的鼻子。

侧卧。如果你喜欢侧卧着喂奶，

或者你有缝合的伤口，那么这样喂奶的时候你会感觉舒服一些。你可以让别人在背后和两腿之间垫上枕头。宝宝也应该面向你侧着躺下。你也可以试着在孩子身下以及你的肩部和头部垫上枕头，让乳头的高度正好方便宝宝吃奶。假如你面向左侧躺着，就要用左臂环抱着孩子，形成摇篮式的姿势，然后按照上面的说明让孩子衔住乳头。

足球式抱姿。最适合做了剖腹产手术的母亲。如果是给很小的婴儿喂奶，或者只是想换一个姿势喂奶，你也可以采取这种姿势。坐在一张舒服的椅子上（最好是摇椅），也可以坐在床上，用许多枕头倚着坐直。把你的胳膊放在枕头上，把孩子的身子和腿放在胳膊肘下方，让他的头枕在你的手里，他的腿则直指着椅子的靠背，或者指向你身后的枕头。然后，按照前面对坐式喂奶姿势的描述，帮你的宝宝衔住乳头。

衔乳和吸吮。为了吃到更多的奶水，宝宝必须衔乳，也就是把整个乳头和大部分的乳晕放进嘴里。乳头要正对着宝宝的上腭。宝宝衔乳的方式就像你吃一个填得非常饱满的汉堡一样，所以，你要用一只手的拇指和食指把乳房稍微捏住，让它有点像填得过满的汉堡。

光把乳头含在嘴里，婴儿是吃不到奶的。乳房里充满了乳腺组织，奶水从乳腺中产生以后，通过输送管流向乳房中间,积聚在好几个“储藏室”，也就是乳窦里。这些乳窦环绕在乳晕后面。每一个乳窦都有一根很短的导管，把奶水引向乳头的表面（每个乳头上都有很多孔眼）。婴儿正确吮吸的时候，大部分或全部的乳晕都被含在嘴里，再通过牙龈挤压乳晕，就能把乳窦（在乳晕后面）里的奶水通过乳头挤到嘴里。婴儿的舌头在吮吸过程中发挥的作用并不大，只是保证能把乳晕含在嘴里，同时，也把吸出来的奶水从口腔前部带进咽喉。

另外，如果他咬的是乳头，乳头肯定会疼。但如果他把大部分或全部的乳晕都含在嘴里，他的牙床只会挤压到乳晕部分,也就不会咬痛乳头了。如果婴儿一开始只是把乳头含在嘴里咬,应该果断地制止他。如果有必要，你可以把一根手指头伸进婴儿的嘴角或者上下牙龈中间，终止孩子的吸吮动作。要记住，每次抽出乳房之前都要先终止宝宝吸吮的动作，否则乳头就会因为淤血而酸痛。然后，再帮助宝宝重新衔乳，让乳晕充分伸进孩子的嘴里。如果婴儿只会咬乳头，就停止这次喂奶。

奶水刚开始正常分泌时，乳房胀满是常见的事。它会导致乳头平陷，还会使乳房发硬，于是婴儿很难衔住乳房。宝宝可能会因此而生气。这时，你可以在喂奶之前花几分钟先给乳房热敷一下，再挤出一点奶，使乳头向外突出一些，宝宝就可以把乳晕含到嘴里了。

乳头的护理。有些医生建议，在怀孕的最后一个月要经常按摩乳头，让它变得更坚韧。但是我们还不清楚这种方法是否有效，而且过度的揉搓实际上还会造成乳头干裂和肿痛。用肥皂过多地清洗也会造成乳头干燥和刺痛。如果觉得疼，就不要做这种按摩。另外，如果你发现按摩乳头会使子宫收缩，最好也不要做。

开始哺乳之后，乳晕上的腺体会分泌出润滑的物质。正常情况下，不用对乳头做其他特别护理，也不必擦拭或涂抹油膏。如果有必要，可以涂一些专门用于母乳喂养的纯绵羊油，比如 Purelan 和 Lansinoh 牌的纯羊脂油都特别滋润。

一些有经验的母亲坚信，保持乳头健康的最重要步骤就是喂完奶以后留一滴乳汁抹在乳头上，让它自然干燥。穿没有防水衬里的内衣也会使乳头更健康，因为这样乳头不会一直都是潮湿的。不要用任何容易引起乳头干裂的东西，比如刺激性的肥皂或者含有酒精的溶液等。

如果喂奶的方法正确，哺乳母亲的乳头就不会干裂。如果乳头干裂又刺痛，就意味着你的喂奶技巧需要提高。一旦掌握了适当的技巧，哺乳就会是一种令人享受的体验，不该是痛苦的折磨。

上班族母亲

哺乳和工作。很多女性会对母乳喂养犹豫不决，她们知道自己在一两个月之后就必须返回工作岗位。只要你下定决心，无论你的作息时间或工作状况如何，都能够成功地完成母乳喂养。

美国的法律规定，公司必须允许哺乳的母亲在工作过程中停下来去吸奶，而且除了洗手间之外，还要有适当的地方供她们吸奶用。我有一位同事是产科医生，叫玛乔里·格林菲尔德。她给自己的患者准备了一封写给公司的说明信，其中提到了工作时间吸奶的诸多好处，包括缓解紧张情绪、提高工作效率、让孩子更健康，以及缩短休假时间等。

在外工作的母亲在休息日可以全天给孩子喂奶。这样做有助于保持旺盛的乳汁分泌。即使你决定恢复工作以后就不再给孩子喂奶了，在情况允许的时候进行母乳喂养，仍然会给孩子的健康带来很大好处。

母乳喂养与人工喂养相结合。有些母亲在恢复工作以后仍然能够坚持给孩子哺乳，如果可能，尽量等到宝宝三四周大时再给他使用奶瓶。到这时，孩子一般已经习惯了在规律的时间吃奶，而你的奶水也已经很充足了。

有一个挤奶和保存母乳的简便方法，就是让孩子吃一侧乳房的奶水，与此同时，用吸奶器把另一侧乳房的奶水挤出来（这可能需要一些练习）。这么做确实很管用，因为给孩子吃奶会引起泌乳反射，所以吸起奶来比较容易。另一个办法就是，在每次喂奶后1小时进行人工挤奶。这样做可以提高奶水的分泌量，好像你在给另一个宝宝喂奶似的。

母乳在冷藏室里能保存8天，在冷冻室里能保存4～6个月。在给孩子喂奶时，一定要闻一闻，尝一尝，确保奶水没有变酸。一旦你打开了一瓶储存的母乳，没喝完的部分过两小时后一定要倒掉。多数吸奶器都能把奶水直接挤到有密封盖的奶瓶里。你可以给这些奶瓶贴上日期标签，再放到冷冻室里保存。也可以使用冰格把母乳制成一个个冰块，再把冰块分成45毫升一份，用保鲜膜包好，让照顾孩子的人放在奶瓶里喂给宝宝吃。千万不要往凉奶或者冻奶里兑热奶，那样会使奶水很快变质。

开始时，你可以每周用瓶子给宝宝喂3次母乳。有很多婴儿不肯吃母亲用奶瓶喂给他们的母乳——他们知道那和母亲的乳房不一样，所以，可能需要父亲、哥哥、姐姐或保姆代替母亲来喂奶。孩子最爱喝热奶，因为吃母乳的孩子还不习惯吃凉奶。有的孩子很痛快地接受了奶瓶，但是也有一些孩子会极力抵制，对这样的孩子要有耐心。

如果宝宝不愿意用奶瓶吃奶，你可以试着离开房间，甚至离开家（有的孩子只要听见母亲在说话，就坚决不用奶瓶吃奶）。你也可以用一种不同的姿势抱着孩子喂奶。比如，当你用奶瓶喂他时，可以让孩子躺在你的大腿上，脚朝着你，头朝着你的膝盖。有的孩子喜欢甜味，如果使用奶瓶，他宁肯喝兑了一半水的苹果汁，也不愿意吃奶。最好三四个月以后再给宝宝喝果汁，因为果汁和母乳相比，营养价值很低。就算到了三四个月以后，最多一天也只能给宝宝喂120毫升的果汁。

在你恢复工作之前，最好保证孩子每天都能顺利地用奶瓶喝一瓶奶。为了保持奶水的分泌量，也为了避免乳房胀满，上班时间要把乳房里的奶挤出去，可以用手，也可以使用吸奶器。要尽量在出门之前和下班以后马上给孩子喂奶。如果你的工作时间超过6小时，那么至少要挤两次奶。

母乳喂养过程中的问题

咬乳头。有时候孩子会把乳头咬得非常疼，甚至不得不中止喂奶。在宝宝长牙的时候，或者已经长出几颗牙齿以后，他会感觉牙龈刺痛，所以即使咬你几下也不要埋怨他。他并不知道自己把母亲咬疼了。

我们很快就能教会大多数孩子不咬人。比如在孩子咬人的时候，你可以马上把一根手指伸进他的嘴里，并且和气地说"不许咬"。如果他还咬，就再把指头伸进去说"不许咬"，然后结束这次喂奶。孩子都是在快要吃饱的时候才开始咬人的。

吃奶时哭闹。宝宝在充足地吃了五六个月的母乳之后，偶尔会在刚开始吃奶时哭闹几分钟。原因可能是长牙带来的刺痛。更多相关内容，参见第 330 页。

哺乳时的疼痛。在最初的一周左右，每次一开始给孩子喂奶，马上就能感到下腹部的痉挛，你可能会因此而烦恼。这是因为哺乳释放的激素会促使子宫收缩，让它恢复到怀孕前的大小。子宫痉挛的现象过一段时间就会消失。在最初几天或几周里，乳头还会出现明显的刺痛，这种症状一般都是在婴儿开始吃奶的时候出现，持续几秒钟就过去了。这是十分常见的现象，不用担心，很快就会消失。

乳头酸痛和乳头皲裂。如果乳头酸痛开始恶化，首先要检查一下宝宝衔乳的方式和喂奶的姿势是否正确。可以增加喂奶次数，还要经常变换喂奶的姿势。你还可以用冰袋冷敷，这样既能避免乳房胀满，又能让宝宝更容易地含住乳晕,而不光是咬住乳头。如果找家庭医生问诊，他们可能会给你开一种像水凝胶的药膏来敷用。

有时，如果乳头酸痛很严重，你能做的只有将奶吸出，装在奶瓶里给宝宝，让乳房休息一下。这时如果能咨询一位有经验的哺乳顾问，将确保哺乳顺利进行。如果在喂奶的整个过程中都伴有乳头疼痛，很可能是乳头出现了皲裂，应该仔细地检查一下。(也有极少数母亲可能过度敏感，即使乳头始终都很健康，也总是会感到疼痛。)

乳头内陷。如果母亲的乳头是平的，或者有一些凹陷（被支持组织拉紧而内陷到乳房里），就会给刚开始吃奶的婴儿带来进一步的困难。如果宝宝性格焦躁，困难会更加明显——他会四处寻找，却找不到乳头，然后生气地哭闹，还会把脖子往后挺。你可以尝试几种聪明的办法。如果可能的话，在宝宝醒来还没有发火时，就马上把他抱到乳头前。如果刚试一次他就哭闹起来，马上停止，把他安慰好了以后再试一次。一切都要慢慢来，不要着急。有时候，用手指轻轻地按摩乳头，可以使乳头凸出来一些。还有少数女性的乳头是完全内陷的，一点也突不出来，但这并不妨碍她们哺乳。因为她们可以使用护乳罩或者护乳杯。你的医生或哺乳顾问会告诉你如何使用这些东西。另外，一台高效的吸奶器也能帮助乳头凸出来。

实际上，乳头的重要性在于，它可以引导婴儿把乳晕含到嘴里。支持组织的拉扯导致了乳头的内陷，所以婴儿就很难把乳晕弄成合适的形状含到嘴里。或许最有效的办法还是让母亲用手把乳窦里的奶水挤出来一些(参见第 201 页)，使乳晕部分变得更加柔软，从而更容易挤压，然后用拇指和其他手指按住乳晕，把它弄成更突出的形状，再送到孩子的嘴里。

护乳罩或者护乳杯。许多女性都会发现，它们可以使回缩或者内陷的乳头更加突出。它们通过压迫乳晕区域，还能缓解乳房的胀满，同时保持乳头的干爽。在不用哺乳的时候，可以把护乳罩衬在胸罩里面。护乳罩内层有一个洞，正好可以把乳头露出来。外层更突出一些，乳头不会直接接触胸罩。在乳头和胸罩之间有了这一层空间，乳汁就可以从乳头里渗出来了(乳汁直接渗入胸罩会使乳头潮湿)。护乳罩内层的压力和钢丝托衬能够缓解乳房的胀满；除此以外，这种压力也会使乳头突出。把护乳罩拿下来以后，突出的形状还能持续一段时间。如果乳头扁平或者内陷，就应该在怀孕的最后几周穿戴这种护乳罩。

乳房胀满。当乳房里的乳汁太多时，整个乳房就会变得很硬，而且很不舒服。这种情况多数时候都不会太严重，但在极少数情况下，乳房会胀大得很严重，也惊人地坚硬，而且还非常疼。如果不处理，乳房的胀满还会导致泌乳量下降。

轻微的情况下，让宝宝吃奶会使症状迅速消退。如果乳晕部分太硬，宝宝无法含到嘴里，可能需要先用手挤出一些奶水，使乳房变得柔软一些；也可以使用护乳罩。

如果情况非常严重，可能需要进行多种治疗。你可以试着按摩整个乳房，先从外侧开始，然后向乳晕按揉。最好在用温水洗澡时试一试，因为水能让人放松，也可以使按摩乳房变得更容易，另外，就算乳汁喷得到处都是也不至于弄得一团糟。你可以涂上含有纯羊脂油的软膏或者植物油来避免皮肤受到刺激，但是要避开乳晕部分——那样就太滑了，不容易挤压。一天之内可以做一次或几次这样的按摩，可以自己做，也可以请别人帮忙。在按摩之前，用温水把布沾湿敷在乳房上。电动吸奶器也可以缓解这种涨满，不论配合按摩还是单独进行（参见第 202 页）都不错。

哺乳时或者治疗的间隙，你应该穿结实的大号胸罩，在各个方向为乳房提供支撑。扑热息痛或布洛芬可以缓解疼痛。可以短时间地敷一敷冰袋或者热水袋，冰凉的卷心菜叶子也可以。这种完全的胀满几乎总是出现在哺乳第一周的后几天，一般都只持续几天。以后就很少出现了。

如果乳房胀得太满，宝宝就不容易衔住乳头，因此要在乳房胀满之前勤给宝宝喂奶。当宝宝在夜里睡的时间比较长，母亲回到工作岗位，或者离开宝宝又没有及时吸奶的时候，乳房也会胀满。

乳腺导管堵塞。有时候，某侧乳房只有一部分摸上去是鼓鼓的、硬硬的，或者像一个肿块。当乳腺导管中的一个出现堵塞，分泌的母乳就会聚集起来，无法排出。乳腺导管堵塞的情况一般出现在住院期间，其治疗方法与乳房胀满时的解决方法类似：

- 热敷胀满的部位，然后按摩。
- 用合适的哺乳内衣有效地托起乳房。
- 在治疗间隔，用热水袋或者冰袋热敷或冷敷。
- 增加哺乳的次数。
- 喂奶时让宝宝的鼻子正对着阻塞的部位，因为宝宝鼻子下面的中间位置受到的吮吸最有力。
- 经常变换宝宝的吃奶姿势。
- 母亲要充分休息。
- 喂奶时让别人帮忙按摩发硬的区域（需要 3 只手）。

乳房感染（乳腺炎）。乳房感染一开始经常表现为乳房内部某个地方有疼痛感。那个部位上方的皮肤可能会发红，还可能伴有发热和发冷。头痛、身体酸痛和其他类似感冒的症状可能是乳房感染的最初征兆。在这种情况下，要测量体温并且找医生。如果你患有乳腺炎，就要服用抗生素；在服药期间，应该坚持排掉乳房里的乳汁，可以通过给孩子喂奶或用吸奶器把乳汁吸出来排空乳房。

母亲生病时。如果母亲患病时，仍然习惯于像平常一样喂孩子吃奶，孩子有可能传染上这种疾病。但是就算孩子不吃母乳，同样可能受到感染。更何况，大多数传染病在没有明显症状的时候就已经开始传染了。勤洗手有助于保护宝宝不受感染。婴儿患感冒的程度一般都比年长的家人要轻，因为婴儿在出生前就已经从母亲那里获得了许多抗体。有的母亲发现，她们生病时奶水会减少，但是多给孩子喂几次以后，就恢复正常了。

手动挤奶或机械挤奶

哺乳的母亲们需要选择一种方法把自己的乳房排空，而不是仅仅依赖宝宝的吮吸。胀满的乳房需要排空，但这对宝宝来说可能很难做到。少数宝宝还不能吮吸，比如早产儿、唇裂儿或者有其他健康问题的宝宝。在外工作的母亲们常常宁愿把乳汁储存起来，然后再用奶瓶喂给宝宝，也不愿意使用配方奶粉。手动挤奶——也就是用手指或杯子等容器把乳汁从乳房里挤出来——是一个应该掌握的实用技术。但是，如果需要经常挤奶，买一台高质量的电动吸奶器最有效。

手动挤奶。要学会手动挤奶，最好的办法就是在医院时向有经验的母亲请教。即使你不打算挤奶，最好也能了解一点。如果有必要，护士或者哺乳顾问也可以在你出院以后提供指导。你可以自己学着做，但是需要的时间会长一些。无论是谁，一开始都会笨手笨脚的，要经过多次尝试才能做到得心应手，所以不要灰心。

手指挤奶法。按摩乳房，把奶水推到乳窦中。最常用的方法是，用拇指和食指反复推挤乳窦，把奶水挤出来。要想挤压到乳窦所在的地方，也就是乳晕后面的深处，就要把拇指和食指的指肚放在乳晕的两侧，就是深色皮肤边缘的位置上。然后，用拇指和食指向深处挤压，直到触及肋骨为止。然后，就在这个位置上，用两个手指同时有节奏地挤压，手指略微向前滑动，把奶水推出来。用一只手挤压对侧的乳房，用另一只手拿着杯子接住奶水。关键是要在乳晕的边缘向深处按压。不要用手揉捏乳头。如果你不仅每次都用拇指和食指一起挤压，而且还把乳房轻轻地往外拉一拉(向乳头方向推挤)，就能挤出更多的奶水。挤一会儿以后，你可以把拇指和食指按顺时针分别转动一下位置，以保证所有的乳窦都能被挤到。如果手指累了——开始的时候往往容易疲劳，可以在乳房的各个侧面从后向前挤压。

吸奶器。需要经常挤奶的母亲们——特别是那些因为上班，一连几周甚至几个月都得挤奶的母亲们——一般都会偏爱吸奶器。先进的吸奶器不仅性能优异，而且携带方便。购买或者租赁一台质量好的吸奶器很值得。廉价的手动吸奶器使用起来特别慢，不太实用。很多医院都有低价的租赁服务。

哺乳与奶瓶喂养相结合

可以偶尔使用奶瓶。乳汁分泌一旦稳定下来，你就可以偶尔放心地给宝宝用一下奶瓶了，不必担心宝宝会抵制乳房。每天使用一次奶瓶应该没有什么问题；如果超过这个频率，有些孩子就会逐渐拒绝乳房，宝宝吸吮少了，奶水也减少。

如果你打算在2～9个月让孩子改用奶瓶吃奶，最好每周至少用奶瓶喂他一次奶。因为，有的婴儿在这个阶段能够养成很牢固的习惯，如果他的习惯还没有形成，以后就会拒绝接受奶瓶。这会给父母带来很大的困难。但是婴儿在2个月以前很少会如此固执。到了9个月以后，如果你愿意，同时孩子也乐意接受，就可以直接让他改用杯子了。

断奶

断奶的意义。断奶不但对宝宝很重要，对母亲也很重要；不但对身体很重要，对感情也很重要。那些非常重视哺乳的母亲停止哺乳以后，可能会觉得有一点失落或沮丧，好像失去了自己与孩子的某些亲密关系，还可能觉得自己成了一个有点贬值的人。断奶需要一个渐进的过程，不一定非要"不断则罢，一断必绝"。母亲可以每天给孩子喂一两次奶，一直喂到他2岁为止，也可以完全终止哺乳。

一般的断奶过程都是从4～6个月，孩子开始吃固体食物的时候起，在接下来的6～18个月内逐渐完成，具体要根据孩子和母亲的情况而定。

从哺乳过渡到奶瓶。许多女性只打算哺乳几个月，不想用将近一年的时间给孩子哺乳。那么，多长时间的哺乳是必要的呢？当然了，这个问题没有一个固定又绝对的答案。从生理角度来说，母乳的营养是孩子最需要的，但是，孩子也不是到了某个特定的年龄就突然不需要这些营养了。同样，从心理角度来说，母乳喂养的影响也不会到某个具体的阶段就停止。

如果母亲的奶水一直都很充足，那么最好从一开始就循序渐进地使用奶瓶。如果你想彻底断奶，至少提前2周开始着手。首先，每天在奶水最少的时候减掉一次哺乳，改用奶瓶喂奶。让孩子吃多吃少随意。过两三天，等乳房适应了这个变化以后，再减掉另一次哺乳，用第2份瓶装奶来代替。再过两三天，再取消一次母乳哺喂。现在，孩子每天只吃2次母乳了，剩下的3次都用奶瓶来喂。在你取消最后2次哺乳时，很可能每次都需要间隔3天甚至4天才能完成。乳房不舒服的时候,你可以用吸奶器吸几分钟，也可以在温水浴的同时用手挤出一些奶水，只要缓解了压迫感就可以。

断奶就跟母乳喂养一样，是你和孩子之间的一种合作行为。两人都必须同意断奶。如果孩子对断奶这件事感到非常不高兴，或许就不是断奶的好时机，你要放慢断奶的节奏，或者过一个月以后再做尝试。

宝宝拒绝接受奶瓶。如果4个月以上的婴儿还不习惯定时使用奶瓶，可能错过了机会。在这种情况下，你每天都要在喂固体食物或者母乳之前，试着用奶瓶喂他一两次，坚持一周。不要强求，也不要让他生气。如果他表示拒绝，就把奶瓶拿走，让他吃别的东西，其中包括母乳。过几天他可能就会改变主意了。

如果他仍然态度坚决，彻底取消下午的一顿母乳。这样可能会让他非常干渴，也许傍晚愿意试试奶瓶。如果他还是不肯动摇，就必须给他喂奶了,这时的乳房也会胀满得很不舒服。尽管如此，你还是应该连续几天取消一顿下午的母乳。虽然第一次孩子可能不愿意接受,但他慢慢就会接受了。

第2步就是每天要取消隔顿的母乳，同时减少固体食物的分量。这样做的目的就是让孩子觉得十分饥饿。你甚至可以把固体食物完全去掉。对于乳房胀满，你可以用吸奶器或手动挤奶方法（参见第201页），只要缓解了不适的感觉就可以。

如果你需要尽快断奶。有时母亲的乳汁可能会不够吃，也可能因为其他原因，要尽快断奶。让宝宝迅速断奶的最简单方法就是24小时给他吃配方奶，并且按照喂母乳的次数把奶粉分成同样的瓶数。每次喂母乳之后都喂他一瓶配方奶，随他想喝多少就喝多少。在你的乳房最不胀的时候，先取消一次哺乳。2天以后，还是在你的乳房最不胀的时候取消另一次哺乳。接下来，每隔两三天就减少剩下的一次哺乳。如果你的泌乳量逐渐下降，宝宝也只有一点点不满意的话，那么在某一次哺乳之后喂点配方奶会更好。

在极少数情况下，也有女性会不得不突然中断哺乳。这时候，不要用手挤奶——虽然挤奶可以暂时舒缓不适，但会刺激乳房分泌更多乳汁。你可以给乳房增加压力，同时用冰袋冷敷。这种方法可能特别不舒服，可以请医生给开一些合适的药来缓解疼痛。“回奶”药没有用，不要用。它们不仅价格昂贵，也会产生副作用，而且还经常出现反弹。这些药物都会增加乳房内部的压力。如果你一定要挤出少量乳汁，断奶过程对你来说可能会好受得多，但你也需要花更长时间才能回奶。

从哺乳过渡到使用杯子。9～12个月是从母乳喂养过渡到使用杯子的最佳时期，宝宝可以完全放弃奶瓶。大多数婴儿在这个阶段都表现得不那么依赖乳房。他们会在吃奶期间停下来好几次，想玩一玩。有时你不得不提醒他们回来吃奶。如果给予鼓励，他们就能学会如何用杯子喝到更多的奶，而且还能在几个月内完全改用杯子，也不会表现出失落和懊恼。

另一方面，也有许多母亲非常希望至少喂孩子到1周岁，甚至是2周岁。这当然很好。

无论什么时候断奶，如果从孩子6个月起，就经常让他用杯子喝一口奶或别的饮料，他就能慢慢适应杯子，不会变得特别任性。到了9个月时，你就可以鼓励宝宝拿着杯子喝东西了。9个月以后，如果孩子吃奶的时间缩短了，可能已经为逐渐断奶做好了准备。这时，你就可以每顿饭都让他用杯子了。如果宝宝愿意多吃一点，可以适当地增加分量。但是，在每顿饭结束时，还是要给他喂一点母乳。接下来，就可以取消孩子最不感兴趣的那次日常哺乳，改用杯子喝奶。这一次哺乳一般都是早饭或午饭。一周以后，如果他愿意，可以取消另一次哺乳。再过一周，可以把最后一次也取消。孩子断奶的意愿并不是稳步发展的。如果他有一段时间因为长牙或者生病而心情不好，可能会有一点退步。这是很自然的现象，不会影响他最终改用杯子喝奶。

如果像这样慢慢地断奶，母亲的乳房一般不会出现什么问题。但是，如果有些时候乳房胀满得很不舒服，就要采用手动挤奶。只要挤15～30秒钟，能够缓解胀痛就可以了。

多数母亲都会惊讶地发现，她们并不愿意结束这种母子间的情感联系，所以有的母亲会一周又一周地推迟断奶。有时候，母亲还会害怕彻底断奶，因为孩子用杯子吃奶以后，就不像原来喂母乳的时候吃得那么多了。这样一来，断奶这件事就会无休无止地推迟。只要孩子平均每顿能吃到大约120毫升的奶，或者每天一共能吃到360～480毫升，断奶就没有问题。断奶以后，孩子用杯子吃奶的数量或许会增加到每天480毫升以上。一般来说，这就足够了，因为孩子还要吃别的东西。

配方奶喂养

配方奶的选择和冲调

母乳是更好的选择，但是很多宝宝吃配方奶也成长得十分健康。使用配方奶的决定通常都是个人的选择。只有在很少的情况下才会因为医疗原因选用配方奶。母乳喂养不适合携带艾滋病病毒或患有艾滋病的女性，也不适合患有其他慢性病的女性。如果母亲正在服用某些药物，也不宜给宝宝喂奶。如果你存有疑问，请向医生咨询。如果已经选择了配方奶，那么你将面临的下一个选择就是，用哪一种配方奶?

标准的婴儿配方奶是由牛奶制成的。生产商用植物油替换了牛奶中的脂肪，降低了蛋白质的含量，同时加入碳水化合物、维生素和矿物质。现在很多配方奶都含有必需脂肪酸，那是一种促进脑部发育的物质。当然，母乳始终都能提供这些物质，而且含量恰到好处。此外，母乳的确还含有几百种其他营养物质，比如，含有特殊的细胞和化学物质，可以给宝宝带来免疫力，以对抗其所在的特殊环境中最常见的特定病菌。从这一点来说，没有哪一种配方奶可以和母乳相提并论。

牛奶和豆类配方奶粉。很多宝宝都能靠牛奶制成的配方奶粉茁壮成长。从某个角度来说，这是多么令人惊异的事啊。要知道，婴儿和小牛是那么不同。事实上，牛奶本身跟配方奶粉正好相反，并不适合婴儿食用。牛奶里蛋白质和糖分的比例不适合婴儿，所以直接喝牛奶的宝宝容易出现严重的问题。过去，有的母亲会用脱水牛奶自已调制配方奶。这些在家里调制的混合物并不像正规厂家生产的配方奶粉那么安全。果仁和谷物制成的配方奶粉同样不能提供全面的营养。

虽然牛奶配方奶粉最常见，但是由豆类制成的婴儿配方奶也在广泛销售。豆类配方奶原来是为了那些不能食用牛奶配方奶粉的孩子生产的，但是现在大多数医生都认为，非母乳喂养的足月婴儿都可以食用豆类配方奶。出生体重低于1.8千克的早产儿不宜食用豆类配方奶。豆奶对婴儿来说不安全——这一点跟豆类配方奶不同——因为豆奶中营养成分的含量不适合迅速生长的婴儿。

美国"联邦妇女、婴儿和儿童特别营养补充计划"（Special Supplemental Nutrition Program for Women, Infants and Children）可以为婴儿提供任何一种配方奶，从营养上来看，不采取母乳喂养的低收入家庭也能够负担这仅次于母乳的最佳选择。

牛奶配方奶和豆类配方奶都不是完美的。牛奶配方奶中的某些蛋白质会引起一些孩子的过敏反应，还会使一些孩子过分哭闹。在极少数情况下，类似的蛋白质甚至还可能导致1型（早期）糖尿病。豆类配方奶不含这些可能带来麻烦的蛋白质，也不含乳糖。乳糖是一种让有些孩子难以消化的糖。虽然研究并没有显示豆类配方奶可以治疗肠痉挛，但有些婴儿在食用这种配方奶之后感觉明显好多了。

另一方面，豆类配方奶也会给健康带来危险。比如其中的铝含量往往过高。铝对身体有害，还会给早产儿带来严重的危害。虽然还没有研究证实豆类配方奶中的铝对足月宝宝也有危害，但是，被吸收的铝和阿尔茨海默病有关（还有其他一些因素的作用）。有些科学家已经做出推测，认为豆类配方奶中的某些化学物质（植物雌激素）在罕见的情况下可能会干扰性器官的健康发育。虽然科学家并不肯定，但是他们至少掌握了足够的证据来提出这个疑问。

总而言之，两种配方奶粉都不是绝对理想的选择，这一点也再次印证了我们的观点——只要有一点可能，母乳喂养都是很有价值的。对于有些宝宝和父母来说，一种奶粉的利弊可能会大于另一种。比如，如果你已经为孩子选择了低乳制品的饮食，就应该选择豆类制成的配方奶。选择低乳制品是一个合理的方案，详细的讨论参见下文。

过敏。许多父母都很关心牛奶蛋白过敏的问题。重度过敏很容易发现，症状包括腹泻、体重增长缓慢，以及干燥的刺激性皮疹。轻度过敏可能不容易察觉，因为大多数宝宝都会烦躁不安，也会不时地长点皮疹，这与轻度过敏的症状类似。

家族性的牛奶过敏史是非常重要的线索。但是，大多数不能消化牛奶的成年人并不属于过敏，只是因为他们分泌的酶（乳糖分解酶）数量不足，无法分解牛奶中的主要糖分（乳糖）。虽然有些父母不能消化乳糖，但他们的宝宝大多都能分泌足够的乳糖分解酶。更复杂的是，许多对牛奶蛋白过敏的宝宝也会对大豆蛋白过敏。这些宝宝可以使用不含牛奶蛋白或大豆蛋白的特殊配方奶。这些配方奶最好在医生的指导下使用。

液体奶、浓缩奶、奶粉。配方奶有三种形态，分别是现成可用的液体奶、浓缩液体奶，还有奶粉。不同形态的配方奶在营养上没什么差别。奶粉最便宜，现成的液体奶最贵。你可以每一种都买一些——平时主要使用奶粉，而那种价格较高、事先封装在瓶子里的现成液体奶则可以出门时使用。但重要的是，在使用奶粉或者浓缩液体奶的时候，一定要认真仔细地遵照说明冲调（参见第 210 页）。

高铁或缺铁。铁对于制造红细胞和大脑的发育都十分重要。如果婴儿缺铁，可能会导致儿童时期某些学习问题。所以，宝宝的饮食里一定要含有充分的铁质。妈妈们常常认为加铁配方奶中的铁会造成便秘，但是科学研究还没有发现相关的证据。而且，就算确有其事，我也仍然要强调高铁配方奶的重要性。有很多方法可以解决便秘问题（参见第 89 页），但缺铁造成的不良后果却无法弥补。

清洗和消毒

清洗。如果你不消毒，就要更彻底地清洗奶瓶、奶嘴、螺口、瓶盖和瓶身。如果宝宝每次刚喝完奶，你都用清水冲洗奶瓶、奶嘴、螺口和盖子，就能更快更干净地清洗奶瓶。如果喝剩的奶渣都干结了，就不那么好洗了。每次宝宝喝完奶后迅速地冲洗一下奶瓶，等到方便的时候再用洗碗剂和刷子清洗一遍。你也可以先用清水把奶瓶内和瓶口冲洗一下，然后把它们放进洗碗机（奶嘴在洗碗机中很易损坏，所以最好用手清洗）。还要用跟清洗奶瓶内部一样的方法清洗瓶身和盖子。

奶瓶刷可以帮助你清洁瓶子内部。要想清洁奶嘴内侧，可以使用奶嘴刷，然后用一根针或者牙签疏通每个奶嘴上的出奶孔，再用水冲洗出奶孔。

带有一次性塑料内胆的奶瓶。这种奶瓶的瓶身是用硬塑料制成的圆筒，两头开口，两侧各有一条凹槽，沿凹槽的边沿标有刻度。你可以通过凹槽查看内胆里奶水的多少，或者看看孩子已经吃了多少。但是，你不要以这些刻度为标准稀释配方奶，因为它们不够准确。如果换一个新内胆，要将其中的小塑料配件拿出来，以防宝宝吸进去导致窒息，消毒时，这种奶瓶的奶嘴和瓶盖也应该煮沸 5 分钟。

需要消毒吗？大多数城市和许多郊区和农村地区都提供可靠的清洁用水。用这些水可以安全地冲调配方奶，不需要再次消毒。如果你使用的是井水，或者你因为别的原因对家里的供水存在任何疑问，可以向医生、公共健康部门咨询，看看是否必须消毒。那些必须对饮用水进行消毒的家庭可以在下文中找到相关说明。如果不需要消毒（大多数人都不需要），那就跳过下面的内容，直接阅读调制奶粉的内容。

消毒用具。你可以买一个蒸汽消毒锅。也可以买一个能按设定时间自动断电的电动消毒器。这种消毒器一般都带有奶瓶架、奶瓶、奶瓶盖、奶嘴和套环，还有奶瓶刷、奶嘴刷和夹子。你也可以买一个大壶，里面放一个铁丝架，上面要能放下足够 24 小时使用的奶瓶——一般是 7 个左右，还要能把所有的奶瓶配件都放进去。

消完毒后，如果奶瓶还很烫，可以用一把夹子把它从架子上取下来。夹子也要和其他用品一起消毒。应该拿着奶嘴的外沿，不要拿奶嘴头，因为这个部位要接触奶水，而且待会儿宝宝还得把它放在嘴里呢。

消毒方法。***终极消毒法***。按照这种方法，你可以用没消过毒的水冲调配方奶，再把奶倒进没消过毒的奶瓶里，然后一齐消毒奶和奶瓶。这种方法只能用于一次性装满所有奶瓶的情况。如果你打算使用一次性奶瓶，或者想把所有的配方奶都先存在一个大容器里，每次喂奶的时候再倒进奶瓶，那么终极消毒法就不适用了。

首先，要按照说明把需要的配方奶调制好。不必用开水，也不必用消过毒的喂奶用具（因为所有东西随后都会一齐消毒），但是奶瓶和奶嘴还是应该按照一般的方法彻底清洗。把所有奶瓶都装满之后，再把奶嘴倒扣在奶瓶口上，松松地拧上套环，最后盖上瓶盖。螺口处要流出足够的空隙，在奶瓶加热和冷却时，便于气体自由出入。

按照说明使用蒸汽消毒锅或者

电动消毒装置。也可以在水壶里倒上3～5厘米高的水，把奶瓶放在支架上，再把支架放到水壶里，盖上盖子。把壶里的水烧开，沸腾25分钟。你可以用计时器准确地记一下时间。停止加热，让水壶冷却（别打开壶盖）。大约1～2小时以后，等水壶变得温热，再把奶瓶的螺口旋紧，然后全部放到冰箱里冷藏。

也可以把消毒后的奶瓶静置1～2小时，慢慢冷却。只要不摇晃，奶嘴上的孔就不那么容易堵塞。所有的浮沫都会凝结成完整又结实的一大块，粘在奶瓶的内壁上。

灭菌消毒法。按照这种方法，你可以先单独消毒瓶子和用具，再用开水冲调消过毒的配方奶，然后把消过毒的奶倒进准备好的奶瓶里。采用灭菌消毒法的时候，可以一次装好所有的奶瓶或者一次性瓶子，也可以把奶倒在一个大容器里储存。

要按照说明使用电动消毒器和蒸汽消毒锅。如果你用的是普通水壶，就要把奶瓶倒着放在奶瓶架上。这样蒸汽进入奶瓶比较容易，蒸馏水流出来也比较容易。盛奶嘴和其他配件的容器也应该这样倒着放。要在锅底倒上几厘米的热水，放上奶瓶架，盖好壶盖，把水烧开。然后，再用大火煮5分钟。可以用定时器掌握时间，最后让水壶自然冷却。

奶瓶冷却以后就可以用来装配方奶了。如果不马上装奶，就必须把消过毒的奶瓶储存在干净的地方。调制配方奶的时候，如果你想把奶嘴、套环、瓶盖放在一个无菌的地方，可以把壶盖或者消毒器的盖子翻过来放这些东西。

给存奶的大容器消毒。你可以用一个大玻璃瓶来储存配方奶（多数塑料容器煮过以后都会变形）。找一个大平底锅，把瓶子和盖子平放在里面，倒上水，把水烧开，煮沸5分钟。当瓶子冷却到可以用手拿出来的程度，把水控干，再装上消过毒的配方奶。最后松松地盖上瓶口，以便配方奶冷却时空气可以进去。最后，把它放在冰箱里冷藏。

快到喂奶的时候，只要按照定量把已经冲调好的配方奶倒进消过毒的奶瓶或者一次性奶瓶里就可以了。然后，再把盛奶的大玻璃瓶放回冰箱。

什么东西需要消毒？你不必煮每一件东西。就算你要给配方奶消毒，还要把饮用水烧开，也不必小题大做地把孩子所有的吃喝用品都一一消毒。比如，你不用给盘子、杯子和勺子消毒，因为细菌根本就无法在洁净又干燥的器皿上生存。

刚买回来的牙胶、安抚奶嘴以及孩子可能放进嘴里的玩具等，都可以用肥皂清洗一下。只要这些东西不掉在地上，就没有必要反复清洗。因为这些玩具上唯一的细菌就是孩子的细菌。对于这些细菌，孩子早就适应了。

何时停止消毒？什么时候可以停止给配方奶和奶瓶消毒呢？请向你的医生或者当地卫生部门咨询，弄清什么时候可以放心地停止这些消毒措施。如果用水调制供24小时使用的配方奶，就必须给奶瓶和配方奶消毒。

调制奶粉

如果你用的是配方奶粉或者浓缩液体奶，就一定要遵照包装上的说明去做。冲调得太浓或者太淡，要么就是宝宝不爱喝，要么满足不了他们的需要。

冲调奶粉。配方奶粉大多450克一桶，附带量勺和能够反复盖紧的塑料盖子。奶粉比浓缩液体奶或即食奶便宜。

如果在旅途中，可以到喂奶时再冲调奶粉，尽量避免冷藏。只要携带预测数量的奶粉和1.1升开水或蒸馏水就可以了。母乳喂养的宝宝是偶尔才需要一点配方奶。

奶粉和水必须以正确的顺序冲调，以免结块，要遵循奶粉包装上的说明。

如果你想一次冲调24小时的用量，先量好需要的水，然后在干净的杯子或碗里冲调奶粉。你可以用干净的搅拌器或打蛋器搅拌一下，再把调好的配方奶倒进干净的奶瓶或者一次性奶瓶里。也可以倒在干净的大瓶子里，每次喂奶时再往奶瓶里倒。最后，要把盛着奶的奶瓶盖好放进冰箱冷藏。

如果你要冲调一瓶配方奶，要按照标签上的说明，先放水，后加配方奶。可以冲调好一瓶配方奶，然后放到冰箱里冷藏，最多保存24小时。一旦宝宝用过奶瓶，剩下的再放回冰箱里就只能保存1小时了；超过1小时，最好把它倒掉。

浓缩液体奶。浓缩液体奶是罐装的，使用前要再加上一倍的水稀释。虽然这种浓缩奶没有即食奶（现在的液体奶）方便，但价格只有即食奶的2/3，而且体积小，便于保存和旅行时携带。

开罐之前，要先把罐子和开罐器洗干净，再按照规定的比例把水加到浓缩奶罐里调制。

你也可以往奶瓶里倒入半瓶水和半瓶浓缩奶，然后盖上盖子，轻轻地摇晃奶瓶，混合均匀。如果不是马上使用，就要放到冷藏室里保存。

罐装和瓶装的即食配方奶。这种奶经过了灭菌处理，而且不用兑水，使用起来十分方便。开罐之前，要把奶罐和开罐器清洗干净。直接把奶倒进几个干净的奶瓶里，盖好盖子，放进冰箱冷藏，每次取出一瓶使用即可。也可以每次只装一个奶瓶，用盖子盖上，放入冷藏室里备用。没有用完的部分也应该盖上盖子放在冰箱里保存。卖配方奶的地方，也能买到专门的塑料盖。

准备多少瓶奶？在第一周，使用奶瓶的宝宝经常会24小时内吃上6～10次奶。大多数宝宝一开始都吃得很慢，继而在三四天之后变得更容易醒来，也更容易饿，不必吃惊。此后，需要的配方奶数量就取决于宝宝的生长速度和他吃的其他食物的分量。宝宝的生长速度每周都会发生变化。开始时一次准备120毫升的配方奶可以了。宝宝会让你知道什么时候就不够吃。出生后的第一个月里，多数宝宝一天都能吃掉620～710毫升的配方奶。

配方奶的冷藏

节约用奶。如果用不了一整罐的浓缩奶或即食配方奶，剩下的可以留着第二天再用，装在原来的罐子里，盖上盖子，放在冰箱里冷藏就可以了。如果第二天没能全部用完，就必须把剩下的奶倒掉。一旦打开罐子，保存的时间一定不能超过标签上规定的期限。

如果你要冲调一大瓶配方奶，或者想一次把所有奶瓶都装满，也要遵照这种做法：把奶放在冰箱里冷藏，第二天没有用完的必须倒掉。按照标签上的说明，配方奶的保存时间为24～48小时。宝宝并不需要热的配方奶，他们可以直接喝从冰箱里拿出来的配方奶。

奶瓶从冰箱里取出来以后，在多长时间内可以使用呢？当瓶子里的奶处于饮用温度、室内温度，或者适宜的室外温度下的时候，细菌一旦侵入奶瓶就会迅速地繁殖。出于安全考虑，不管奶瓶是满的，还是已经喝过的，只要从冰箱里拿出来超过2个小时，就不要再给孩子吃了。（原厂封装而且还没打开的配方奶可以在室温下保存好几个月。）

如果要出门，而且时间超过几个小时，就可以带一个隔热的袋子，里面放上冰袋。也可以带上一些配方奶粉，随时冲调。

如果不能冷藏配方奶。在某些情况下，如果喂奶之前无法低温保存孩子的奶瓶，比如冰箱出了故障或者遇上停电，就应该使用小包装的即食配方奶（买一些随时备用），喂完奶以后把剩下的扔掉。如果这种情况经常发生，最简单的解决办法就是改用配方奶粉。每次喂奶之前用水冲调，每次只冲一瓶。如果你们用的水需要消毒，那么除了奶粉之外，还要再准备一瓶蒸馏水和一些一次性奶瓶，随时备用。

用奶瓶喂奶

最初的几天。多数宝宝在前几次喂奶的时候都不会很饿。他们可能只吃 15 毫升左右就够了。经常要过三四天他们才会吃下预期的量，有时甚至要过一周或更长时间。不必担心，也不要强迫宝宝多吃，让他们的消化系统逐渐开始工作可能会更好。他们会在几天后变得更加活跃，这时候宝宝就知道自己需要吃多少了。

给奶瓶加热。很多父母都给奶瓶加热，他们始终认为母乳是温热的，所以奶瓶也应该是温热的。但是，大多数宝宝都喜欢刚从冰箱里拿出来的配方奶。对他们来说，冷藏的配方奶跟室温的或温热的配方奶一样好喝。但是多数宝宝都希望每次吃到的配方奶都是同样的温度。

如果一定要给奶瓶加温，可以把它放在一个装着热水的平底锅里，或者放在一盆热水中。如果婴儿房附近没有热水管，用电动热奶器也很方便。体温是最理想的标准。测试温度的最好方法就是在手腕内侧滴上几滴奶，如果觉得热，那这个温度足以烫伤宝宝的舌头。

关于微波炉的警告：永远不要在微波炉里加热配方奶。即使奶瓶摸上去还挺凉，里面的奶也会很热，足以把孩子烫伤。另外，微波炉也不适于用来消毒奶瓶等用品，更不适于消毒配方奶。如果你有时依赖于微波炉（很多父母都会这么做，无论医生怎么说），一定要用勺子把配方奶搅匀，避免加热后出现过烫的奶粉块。如果你感到配方奶有点烫，那它足以烫伤宝宝的小嘴。

摆好姿势。喂奶时，你要坐在舒服的椅子上，让婴儿像在摇篮里一样躺在你的胳膊上。多数父母都喜欢坐在带扶手的椅子上，或者在胳膊肘下面垫一只枕头。也有的父母发现坐在摇椅上非常舒服。喂奶时，要斜拿着奶瓶，让奶嘴里充满奶。不要摇晃奶瓶。多数婴儿都愿意一直不停地吃下去，直到吃饱为止。所以，要斜拿着奶瓶，让奶瓶里的气体在奶嘴之上，以免孩子吞进大量的空气。尽管如此，仍然有一些孩子吃奶时会吸进大量气体。如果他们的胃里聚集了太多的气体，就会觉得胀满，还会在吃到一半的时候就不吃了。出现这种情况，可以给孩子拍拍后背，帮助他顺气打嗝，然后再继续喂奶。少数孩子在吃奶的过程中需要拍打2次甚至3次，而有的孩子则根本不打嗝（参见第167页）。你很快就能发现自己的宝宝属于哪种类型。

奶瓶喂养的注意事项

奶瓶的支撑。在用奶瓶喂奶时，不要擎着奶瓶，而要把孩子抱起来。这样一来，你和孩子会觉得十分亲密，还能看着对方的脸。要让孩子把吃奶的快乐和你的脸、抚摸以及声音联系起来。平躺着用奶瓶吃奶的宝宝们有时会出现耳朵发炎的情况，因为配方奶可能会经过咽鼓管流到中耳。

饮食过量和呕吐。总体来说，小宝宝一天24小时最多需要（极少数例外）960毫升奶；大多数小宝宝吃到720毫升左右就合适。每天吃奶超过960毫升的宝宝可能是把奶瓶当成了一个提供安慰的东西，而不是营养的来源。安抚奶嘴也能获得同样的效果。另外，如果宝宝一烦躁或者一哭闹，父母就给他喂奶，也可能让宝宝吃得过多。其实，其他安慰宝宝的方法也能达到良好的效果（参见第46页）。

当宝宝饮食过量时，就会出现比较严重的呕吐，以缓解胃部压力。参见第88页有关呕吐的内容。

把奶嘴上的孔调整到合适的大小。如果奶嘴上的孔太小，宝宝会因为吃到的奶太少而哭闹，或者因为疲劳，吃饱就睡着了。如果宝宝不得不费力地吸吮，也容易吞进大量的空气，从而导致胀气。奶嘴上的孔太大，孩子会呛着，还可能出现消化不良。久而久之，他会对吃奶感到越来越不满足，还会因此养成吸吮手指的习惯。太快吞咽奶水也会增加空气的吸入，从而形成胀气。

对于多数婴儿来说，合适的吃奶速度是一瓶奶连续吸吮20分钟左右。如果把装满奶的奶瓶倒过来，奶水应该在一两秒钟之内呈细流状喷射而出，然后开始滴漏，这样的奶嘴一般比较适合很小的婴儿使用。如果奶水不停地喷射而出，说明奶嘴孔可能太大了。如果一开始就慢慢地滴，说明奶嘴孔可能太小了。

大多数奶瓶都在奶嘴和奶瓶的接合处设计了小孔，或者设计有其他孔道，以保证在孩子吸吮奶水的时候，空气能够进入奶瓶。

很多新奶嘴上的孔都太小，不适

合小婴儿使用，这种小孔适合大一点的或者强壮一点的孩子使用。如果奶嘴孔太小，可以用下面的方法把它扩大一点：先找一根合适的（10 号）针，把针鼻一端插进软木塞。然后，拿着软木塞，把针尖放在火上烧红，再从奶嘴的头上扎进去，但不要刺得太深，也不必从原有的孔里插进去。不要用太粗的针，也不要扎得太深。检查新孔的大小，一旦把它弄得太大，就只好扔掉奶嘴了。你可以扎 1～3 个眼。如果没有软木塞，也可以用布把针鼻这一头缠上，或者用钳子夹着在火上加热。

奶嘴孔堵塞。如果你经常为堵住的奶嘴孔而心烦，可以买那种“十”字切口的奶嘴。这种奶嘴不会漏出奶来，切口的边缘始终是闭合的，只有孩子吸吮的时候才会打开。也可以用一个消过毒的剃须刀片在普通奶嘴上切出十字形切口。首先把奶嘴头捏扁，形成一条窄窄的棱，然后横着切一刀。再转 90° 把奶嘴捏扁，用同样的方法再切一刀就可以了。需要注意的是，十字切口的奶嘴不能用来喂羹状食物。

让宝宝吃得更多。相当多的宝宝都会出现进食问题。他们失去了天生的胃口，对所有食品或多数食品都不感兴趣。这类情况十之八九都是因为父母一直督促孩子多吃而造成的。有时候，这种督促从婴儿时期就开始了。如果小宝宝或大一些的孩子不想吃了，而父母想办法让他多吃了几口，你似乎觉得自己赢得了什么，但事实并非如此。这样一来，孩子只会减少他下一顿的食量。婴儿知道自己要吃多少，甚至知道自己的身体需要哪些食物。所以，没有必要敦促孩子多吃，更何况父母也不会获得什么好处。相反，这样做还会带来害处，一段时间以后，孩子的食欲就会减退，从而不能获取身体真正需要的充足营养。

督促孩子多吃不仅会破坏孩子的食欲，使他们身体消瘦，还会剥夺他们对生活的某些美好感受。婴儿在 1 周岁以前很容易饿，总是想吃东西。他们吃东西时总是很起劲，吃饱后还会获得满足，宝宝生来就是这样。这种从欲望到满足的过程每天至少要重复 3 次，日复一日。这就让他们树立起自信心，形成开朗的性格，还建立起对父母的信任感。但是，如果吃饭的时间变成了一种挣扎，吃奶变成一件毫无乐趣的事，他们就会不断地反抗，还会对吃饭，甚至对旁人产生固执的怀疑态度。

我不是说孩子吃奶的时候只要一停下来，就应该把奶瓶拿走。有的孩子在吃奶的过程中总喜欢休息几次。

但是，当你把奶嘴再次送到他的嘴边时（不必给他拍背顺气），如果他显得漠不关心，就说明他已经吃得心满意足了。

睡几分钟就醒的宝宝。如果一个平时吃 150 毫升的孩子只吃了 120 毫升就睡着了，几分钟以后又醒来哭闹，是什么原因呢？宝宝这样醒来很可能是因为胃里积聚了空气，或者是肠痉挛，又或者是间发性的烦躁所致。但可能不是因为饥饿，婴儿感觉不到 30 毫升的差别，睡着以后就更感觉不出来了。实际上，孩子只要吃到平时的一半就能睡得很好，只不过有时可能会醒得早一点。

如果觉得孩子确实饿了，想吃奶，完全可以把剩下的配方奶再喂给他吃。但最好还是先假定他不是真的饿了，给他机会重新入睡。你可以拿个安抚奶嘴哄哄他，也可以不给。换句话说，要尽量把下一次喂奶的时间推迟到两三个小时以后。但是，如果宝宝真的饿了，就应该喂奶。

只吃半饱的小婴儿。从医院里把孩子抱回来以后，有的妈妈可能会发现，孩子不爱用奶瓶了。他会在配方奶还剩下大半瓶的时候就睡着。但在医院时曾听人说孩子每次都能吃一整瓶奶。于是，妈妈就会不停地把孩子弄醒，想尽办法多喂一些。但是，这种努力不但进展缓慢，而且十分艰难，让人灰心丧气。这到底是什么问题呢？原来，这个宝宝可能是那种还没有完全“醒过来”的孩子（个别婴儿在出生后的两三个星期里一直都这样萎靡不振，然后会突然活跃起来）。

你能做的就是让孩子随意。即使他吃得很少，只要他不想吃，那就算了。那么，他会不会等不到下次吃奶就饿了呢？也许会，也许不会。如果他饿了，就喂他吃奶。你可能会说：“这样我岂不是要没日没夜地给他喂奶了吗？”其实，情况不一定那么糟糕。如果你能做到让孩子不想吃的时候就不吃，让宝宝自己体察饥饿感，他就会慢慢地增加食欲，吃得更多。那时候，他就能睡得更长。你可以试着拉长吃奶的间隔，先到 2 个小时，再到 2.5 小时，再拉长到 3 个小时。这样能帮助他学会多等一会儿，还可以让他在吃奶时感觉更饿。不要一听到孩子哭就马上把他抱起来。稍等一会儿，他可能又睡着了。但是，如果他哭得很厉害，就得喂他了。

如果小宝宝神情呆滞或者拒绝饮食，还可能是生病的征兆。如果你很担心，就带着孩子去找医生看一看。听听专业人士的建议，对于新生儿来说，更应该这样做。

一吃奶就哭或者一吃奶就睡。有些孩子刚吃了几口配方奶就会哭起来，也有的刚吃几口就睡着了，原因可能是奶嘴堵住了，或者是奶嘴孔太小，孩子吃不到奶所致。可以把奶瓶倒过来，看看奶水是不是能喷射出来。如果不行，可以把奶嘴孔扩大一点，再试试看。

在床上吃奶。一旦孩子开始长牙，就要注意不要让他们叼着奶瓶入睡。留在嘴里的奶水会加速细菌的繁殖，腐蚀牙齿。有些孩子的门牙已经完全被腐蚀掉了，这种严重的健康问题并不少见。含着奶瓶入睡还会引起耳部感染。有时奶水会顺着咽喉后面的咽鼓管流向中耳。然后，细菌就会在耳鼓后面的这些奶水里繁殖，最终造成炎症。

6个月以后，很多婴儿就想坐起来了。他们想从父母的手里抢过奶瓶，自己拿着。有的父母一看到孩子不需要帮助，为了省事而把孩子放在小床上，让宝宝自己吃奶，自己睡觉。这种方法哄孩子睡觉看上去似乎很方便，但这不仅会导致蛀牙和耳部感染，还容易使孩子养成离开奶瓶就睡不着的习惯。当孩子到了9个月、15个月，21个月的时候，如果父母在孩子睡觉时把奶瓶拿走，他就会大哭大闹，而且长时间不能入睡。如果你想避免以后出现睡觉困难的问题，就要注意，让宝宝自己拿着奶瓶的时候，要把他放在大腿或者高脚凳上。

从奶瓶过渡到杯子

脱离奶瓶的准备。有些父母很想在一年之内就让自己的宝宝改用杯子吃奶。还有些父母坚信，就应该用母乳或者奶瓶喂养到2岁。实际上，这个决定一部分取决于父母的愿望，另一部分取决于孩子自身的条件。

有些宝宝到了五六个月对吸吮的兴趣就降低了。他们不再像过去那样会迫切地吃上20分钟，而是刚吃5分钟就停下来，要么和父母玩耍，要么摆弄奶瓶或自己的手。这些都是孩子可以脱离奶瓶的早期信号。虽然一般情况下都是给奶就吃，但是在10～12个月，他们还是会对吃母乳或者用奶瓶吃奶表现得漫不经心。宝宝不但喜欢用杯子吃奶，还会一直喜欢下去。

孩子应该在1岁左右戒掉奶瓶的主要原因在于，这是孩子最容易接受这个变化的年龄。到了这个年龄，多数孩子都是自己拿着奶瓶吃奶，父母也最好能让宝宝接管这项工作。但是，你也可以早点让宝宝学着使用杯子，帮助他们变得更成熟一些。

脱离奶瓶还有其他原因。有的父

母只要看见蹒跚学步的孩子手里拿着奶瓶到处转悠,或者用手摆弄着奶瓶,不时地喝上一大口,就会心烦。他们觉得,这样的孩子看上去傻呵呵的,显得滑稽可笑。另外,学步的孩子在白天总是不时地喝一口奶,很容易导致蛀牙,这种甜甜的液体会包住牙齿,加速细菌的繁殖。而且,学步的孩子也会由于经常一口一口地喝奶而不好好吃饭,持续喝进去的奶水会使他们的胃口变得迟钝,进而影响成长。

5个月起就试着用杯子喝奶。在宝宝5个月时,就可以每天用杯子喝一小口奶。这么做的目的并不是让宝宝立刻改用杯子,只是希望在他还没有变得十分固执之前能够熟悉杯子,从而形成这样一个概念:用杯子也能吃奶。

每天往一只小杯子里倒上大约15毫升的配方奶。宝宝一次顶多也就抿一小口,一开始他不会多吃,但可能会觉得很好玩。当孩子习惯了用杯子吃奶,还可以用杯子喂水和稀释的果汁。这样,宝宝就会明白,所有的液体都可以用杯子喝。

帮助宝宝习惯杯子。一旦开始让婴儿学习使用杯子,就要在给孩子吃固体食物时,用杯子喂他几次。把杯子放到嘴边让他喝,还要放在他能看见的地方,这样他就可以表示还想不想喝。(如果一般在宝宝吃完固体食物的时候才用奶瓶喝奶,就到这个时候再让宝宝看见奶瓶。)宝宝对你喝的任何东西都会感兴趣。如果你喝的东西适合孩子,可以把杯子送到他的嘴边,让他也尝一尝。

你也可以让孩子试试自己的技术。假如宝宝已经6个月大,而且抓住什么都想往嘴里放,就可以给他一个能拿住的又小又细的空塑料杯子,或者给他一只带两个把的婴儿水杯。等他能拿得很稳的时候,就可以往他的杯子里倒几滴奶。随着宝宝拿杯子技术的提高,可以多倒一点。如果宝宝失去了兴趣,而且坚决不再自己拿着杯子喝,也不要催促他。把这件事暂时放一放,等一两顿饭之后再给他杯子用。不要忘了,在刚开始练习的几个月里,宝宝总是一次只喝一口。很多宝宝直到12~18个月才能学会连喝几口。浴盆里是练习用杯子的好地方。

让孩子慢慢脱离奶瓶。你要放轻松,遵从宝宝的意愿。也许宝宝已经9~12个月大,对奶瓶有点厌烦了,所以想用杯子吃奶。这时,你应该逐渐在杯子里多装一些奶。每次吃奶的时候都让他用杯子。这样一来,他用奶瓶吃的奶就会越来越少。然后,就可以在他最不愿意用奶瓶的那顿饭（很可能是午饭或者早饭）放弃奶瓶。一周以后，再放弃另一次奶瓶喂奶；再过一周之后，放弃第三次。多数婴儿都最喜欢在晚饭的时候用奶瓶吃奶，所以，这一次也是他们最不情愿放弃的。还有些婴儿在早饭时对奶瓶也有同样的依恋。

脱离奶瓶的愿望并不总是稳步增长的。由于长牙或者感冒带来的痛苦，孩子常常还想再用一阵子奶瓶。应该遵从孩子的意愿。等他们感觉好一些以后，原来那种放弃奶瓶的愿望就会重新出现。

有一种专门给孩子脱离奶瓶用的杯子，它有一个带扁平嘴的盖子，可以防止奶水洒出来，而那个嘴则能够伸到婴儿的嘴里。不久以后，孩子就可以不用带嘴的盖子了。有些父母喜欢这种杯子，因为它能在练习使用杯子的最初几个月里防止洒奶，直到宝宝技术熟练为止。有些父母则不愿让孩子从奶瓶向断奶杯过渡，因为还要再找一次麻烦，所以会让孩子改用无嘴的奶杯。还有一种带两个把的杯子，婴儿拿着很方便，有的还有加重的底座。

不情愿脱离奶瓶的婴儿。到了9～12个月还不愿意放弃奶瓶的宝宝们，可能会从杯子里喝一小口奶，然后马上把它推开。还可能会假装不知道杯子是干什么用的，让奶从自己的嘴边流出来，同时露出纯真的微笑。他们12个月时可能会有所改变，但很可能一直到15个月或更晚的时候，还对杯子持怀疑态度。在一只他能拿住的小杯子里倒30毫升的奶，然后差不多每天都把它放在托盘上，希望孩子去喝那些奶。如果他们只想喝一口，一定不要强求他们喝两口。要表现得好像这件事对你无关紧要一样。

当心怀疑虑的孩子真的开始用杯子吃一点奶了，你应该耐心，因为他可能还要好几个月才能彻底放弃对奶瓶的依赖。对晚上或睡前的这顿奶，孩子更是难以放弃。很多较晚脱离奶瓶的孩子，直到大约2岁的时候还要在睡觉前用奶瓶吃一次奶。那些习惯抱着奶瓶睡觉的孩子，更是这样。

有些一两岁的孩子不喜欢用旧杯子，如果你给他一个不同形状或者不同颜色的新杯子，他会很高兴。给他喝一点凉奶有时也能让他更愿意尝试。有的父母发现，往奶杯里加一点麦片能使宝宝觉得新鲜，从而顺利地接受。几周之后，应该逐渐减少麦片的数量，最终停止添加麦片。

脱离奶瓶时的问题。脱离奶瓶问题的出现经常是因为孩子对奶瓶产生了情感上的依赖。如果宝宝已经习惯抱着奶瓶边吃边睡，奶瓶就不仅是食物的来源，还变成了情感安慰的来源。而那些5～7个月的时候仍然坐在父母腿上吃奶的孩子，不太容易形成对奶瓶的依赖，因为真正的父母就在面前。所以，要想不让宝宝养成对奶瓶的持久依赖，以免到18～24个月才能脱离奶瓶，就一定要坚持让他在父母的怀里用瓶子吃奶，不要让他带着奶瓶上床睡觉。

如果宝宝在大约6个月时（或者长第一颗牙时）已经养成了抱着奶瓶睡觉的习惯，就要引起重视了，至少应该把奶瓶里的东西换一换，把配方奶换成水。这样一来，奶瓶带来的口腔问题就没那么严重了。如果你逐渐做出这样的改变，一点一点地用水稀释晚上要喂的奶，逐渐就能让宝宝晚上接受白水，不至于大哭大闹。从此以后，宝宝可能更容易完全戒掉晚上用奶瓶吃奶。

脱离奶瓶时父母的担心。有时候，因为脱离奶瓶而担心的反而是父母。有时孩子会不愿意放弃奶瓶，是因为父母担心孩子用杯子吃奶不如用奶瓶吃得多。比如说，孩子到了9～12个月的时候，每次早餐能从杯子里吃到180毫升的奶，午餐180毫升，晚餐120毫升，而且他也不是特别急切地想要奶瓶。但是，如果母亲在饭后再用奶瓶喂他，他还会愿意再吃上几十毫升。我认为，如果9～12个月的孩子每天都能用杯子吃到480毫升的奶，而且没有表现得十分想念奶瓶，那么，只要父母愿意，就可以完全不用奶瓶了。

在第二年，如果父母把奶瓶当成哄孩子的工具，还可能产生另一个问题。比如，每当孩子在白天或夜里哭闹的时候，好心的父母就会再给孩子弄一瓶奶。结果，孩子在24小时里可能吃到8瓶奶，大约有1800毫升。这样一来，孩子自然会失去大部分胃口，不想吃饭了。从营养学的角度上说，孩子一天的吃奶量不应该超过900毫升，这一点很重要。

你最终下定决心让孩子脱离奶瓶的原因，不是因为孩子已经过分依赖这个东西，就是因为它正在影响孩子的健康。那就开始行动吧。可以预料，孩子可能会不高兴，会愤怒，甚至还有些伤心。但是我认为不必担心这会造成持续的心理伤害；宝宝比你想象的坚强。

添加固体食物

健康饮食从小开始

宝宝开始吃固体食物，是他走向独立的一个里程碑。在这个过程中，父母会遇上一生只有一次的机会，帮助孩子养成良好的饮食习惯，保证未来的身体健康。孩子们一般都容易接受早期的饮食习惯。在追求健康饮食的今天，孩子们当然也很容易适应这类食品。这一点很重要，因为孩子们很容易学到坏习惯。

对口味的偏好是在小时候形成的，而且会一直保持下去。比如，一个人口味的轻重是在婴儿时期或者儿童早期就已经形成的习惯。摄入太多的盐会导致高血压。所以，当父母在孩子的食物里放盐的时候（因为父母喜欢放盐，而不是孩子的要求），实际上是在增加孩子患高血压的危险。

对于高甜度食品的偏好也开始于生命的早期。从小就喜欢吃精加工、低膳食纤维、高糖分食品的孩子会在日后面临诸多健康方面的风险，其中包括心脏病、高血压、糖尿病和一些癌症。当孩子开始喜欢水果、蔬菜、全谷食物和饱和脂肪含量低的蛋白质食物时，在以后的生活中会得到回报。

什么时候，怎么开始

什么时候开始用勺子吃东西。宝宝最初的固体食物并不是真正的固体，而是糊状的。主要问题在于，这些食物是用勺子喂给孩子，而不是从乳头里挤出来的，所以宝宝的嘴巴需要做出不同的动作，才能吞下这些食物。100 年前，大人要在宝宝 1 岁以后才给他们吃固体食物。在其他时代，医生曾经建议在宝宝一两个月时就早早地吃固体食物。如今，标准的建议是在宝宝 4～6 个月喂他第一勺固体食物。

为什么要从这个时候开始呢？首先，宝宝这时比较容易接受新的方式，如果再大一点，孩子会变得更有主见，改变就会困难一些；第二，固体食物可以增加多种营养，尤其是铁。过早添加固体食物并没有什么好处，而且有人担心还可能让孩子超重。母乳或配方奶可以提供多数宝宝在最初 6 个月里需要的全部热量。

如果对某种食物有家族过敏史，医生可能会建议一直等到 6 个月以后甚至更长的时间，再给宝宝喂某些固体食物。因为越晚接触新食物，孩子越不容易产生过敏反应。

不要心急。有的父母一天也不想让宝宝落后于别的孩子，这常常是过早给孩子提供固体食物的重要原因。这些父母会给宝宝带来压力。饮食问题跟孩子成长中的其他问题一样，并不是越早越好。如果注意观察孩子的表现，就能够看出什么时候开始尝试固体食物最合适。一定要等宝宝的脖子能够挺直的时候再尝试。宝宝可能会对餐桌上的食物感兴趣，还可能想抓你的食物。可以把一点点食物放在他的舌头上，看他有什么反应。

婴儿很小的时候都有一种条件反射，把固体食物放到他嘴里的时候，他就会伸出舌头。如果宝宝的这种反射十分活跃，就很难顺利地给他喂固体食物。如果宝宝刚接触到哪怕一点固体食物都立刻伸出舌头，就不要强迫他非吃不可。可以等上几天再尝试。

医生通常会建议你，一开始只给孩子喂一勺或者更少的新食物。如果孩子愿意吃，再慢慢增加到 2～3 勺。这种循序渐进的做法是为了让孩子适应这种食物，不至于产生反感。前几天不妨先让他尝一尝，等孩子表现得愿意接受时再正式喂他。

固体食物应该放在喂奶之前还是之后？多数不习惯固体食物的婴儿都愿意吃奶，所以到了吃奶的时候他们就会先要奶喝。如果他吃不到奶，得到的是一勺别的东西，宝宝会非常气愤。所以，一开始要先喂他母乳或者配方奶。再过一两个月，等宝宝懂得固体食物和奶一样可以解除饥饿的时候，就可以在奶吃到一半时试着加一点固体食物，也可以加在吃奶之前。最后，几乎所有的宝宝都能高高兴兴地先吃固体食物，然后再喝点奶当饮料，就像许多大人吃饭的习惯一样。

用什么样的勺子？一般的勺子太宽，不适合婴儿的小嘴，而且大多数吃饭的勺子也太深了，婴儿无法把里面的食物吃干净。为婴儿特制的勺子更合适，也可以用一个小咖啡勺，那种比较浅的勺子最理想。有些父母比较喜欢用涂抹黄油的小刀，或者用医用的木制压舌板。还有一种勺子，头上涂有橡胶涂层，它们是专门为那些爱咬勺子的长牙期宝宝设计的。对于能够自己拿着勺子吃饭的1岁宝宝，还有一种头部能通过转动保持平衡的勺子。另外，一种头宽把短的勺子也很好用。

怎样喂固体食物？无论你从哪一顿开始给孩子喂固体食物，都没什么关系。但是，一定不要在他最没胃口的那顿饭喂他。在吃完母乳或者配方奶1小时左右喂固体食物往往会比较顺利。孩子必须十分清醒，情绪很好，还要乐于尝试。

开始时每天只喂一次固体食物，等到父母和孩子都适应了以后再慢慢增加。在孩子6个月之前，最好把固体食物的数量控制在每天2顿以内。因为，在头几个月里，母乳或者配方奶对孩子的营养非常重要。

宝宝吃第一勺固体食物的样子可能很好笑。他看上去很困惑，好像还有点恶心，会纵起鼻子，皱起眉头。这不能怪他，毕竟他没尝过这种味道，也没吃过这种东西，还可能没用过勺子。当他吮吸乳头的时候，奶水就会自动流到嘴里。他从来没有学过用舌头的前端接住一团食物，然后再往后送到嗓子里去。所以，他只是用舌头吧嗒吧嗒地舔着上颚，多数麦片都被他从嘴里挤出来了。这时，得把食物重新送到他的嘴里。然后，还会有很多食物被挤出来。不要灰心，因为宝宝还是吃进去了一些。父母一定要有耐心，帮助孩子越来越熟练地吃这些东西。

先喂哪种食物？具体的顺序不重要。父母经常先给孩子喂米粉。可以把米粉和一种孩子熟悉的饮料混合起来，可以用挤出来的母乳，也可以用配方奶，看宝宝习惯哪种味道。有的孩子喜欢先吃一种蔬菜，那也没问题。很多宝宝都特别爱吃水果，但是接下来就会拒绝其他不那么甜的食物，还是等宝宝很好地接受了其他食物以后再喂他们水果比较好。虽然让宝宝习惯吃多样的食物有好处，但每次只增加一种新的食物为好。

如果家族里有人对食物过敏，最好还是等孩子大一些再给他吃谷类食品，并且先从稻米、燕麦、玉米或大麦开始。想添加小麦还要再过几个月，因为小麦比其他谷类食物更容易引起过敏。还应该推迟添加混合谷类食物的时间，在此之前，要确切地了解宝宝食用其中任何一种谷物都没有问题。

谷类食品。刚开始时，多数父母都会给孩子喂那种特制的免煮麦片。这种麦片的种类很多，冲调即可食用，十分方便。这些食品中大多数都加了铁，因为孩子的饮食中很可能缺乏这种成分。也可以让孩子跟家里其他人吃一样的谷类食品。但是，成年人食用的谷物不应该成为孩子饮食的主体。因为其中的铁质不能满足宝宝成长的需要。

如果先给孩子喂谷类食品，最好冲调得比说明上要求的更稀一些。这样，孩子就会对它的样子更熟悉，也更容易吞咽。另外，很多婴儿都不喜欢黏稠的食物。

用不了几天，就能看出宝宝是不是喜欢谷类食品了。有的婴儿好像很明白："这种东西虽然有点奇怪，但是很有营养，我得吃。"随着时间一天天过去，宝宝会越来越喜欢这种食物，就像巢里的小鸟一样，会早早地张着嘴巴等着喂食。

也有一些婴儿，从尝过谷类食品的第二天起就认定它不好吃。第三天，他们就更不爱吃了。如果宝宝存在这种情况，也不要着急。如果不顾他的意愿逼着他吃，宝宝就会更加反感，你也会十分生气。再过一两周，他就会变得非常警惕，甚至连奶瓶也不愿意接受了。所以，每天只给孩子喂一次谷类食品，而且不要给得太多。在他习惯之前，每次只用勺尖盛一点喂他就可以了。还可以在里面加一点水果，看看这样他会不会更喜欢。如果过了两三天，你想尽了办法，他还是坚决不吃，就干脆过两三周再说。你再次试验的时候他还是拒不接受，就要向医生说明情况。

在孩子刚开始吃固体食物的时候，父母就和他较劲，那就大错特错了。有时候，长期的饮食障碍就是这样开始的。就算这种障碍不会持续下去，不必要的争执对父母和孩子也非常不利。

如果宝宝不吃谷类食物，可以先喂他吃一些水果。婴儿第一次吃水果的时候，也会感到困惑。但是过不了两天，所有的孩子都会喜欢吃水果。两周以后，他们会觉得，所有用勺子喂的东西都很好吃。这时候，就可以喂谷类食品了。

蔬菜。等孩子习惯了谷类食品和水果，或者两样都习惯了以后，一般就可以在孩子的食谱里加入煮熟的蔬菜泥了。在加水果之前给孩子补充蔬菜，可能对避免孩子偏爱甜食会有好处。一开始给孩子吃的蔬菜一般是豇豆、豌豆、南瓜、胡萝卜、甜菜和红薯等。

还有一些蔬菜也可以给孩子吃，比如西蓝花、菜花、卷心菜、萝卜、羽衣甘蓝和洋葱等。但如果像平常那样加工，味道会很浓烈，很多婴儿都不喜欢吃。如果家人喜欢这些蔬菜，要尽量把它们滤干，再喂给孩子吃。也可以加一点苹果汁来中和强烈的味道。一开始不能给孩子吃玉米，因为玉米粒上的厚皮可能让孩子哽住。

可以给孩子吃新鲜或冷冻的蔬菜，煮熟、滤干都行，还要用食品加工机、搅拌器或榨汁机弄成泥状。市面上卖的瓶装婴儿蔬菜泥也是不错的选择。但是要买纯蔬菜成分的，不要买混合的。如果你没打算一次用掉一整瓶，就不要直接从瓶里用勺子盛着喂孩子，因为唾液会使食物变质。如果孩子愿意吃，就喂他几勺或者半瓶蔬菜泥。剩下的冷藏好，第二天再喂给孩子吃。要注意，煮熟的蔬菜会很快变质。

婴儿对蔬菜比对谷物类食品和水果更挑剔。你可能会发现有一两种蔬菜孩子非常不喜欢。不要费力地劝他吃，可以每隔 1 个月左右就试试看。有很多蔬菜可以选择，没必要为一两种蔬菜小题大做。

孩子刚吃蔬菜时，大便里会出现没有消化的蔬菜，这很正常。只要大便不稀，没有黏液，就不是什么不好的现象。但是，要循序渐进地增加每种蔬菜的分量，直到孩子的消化系统能够处理这类蔬菜为止。如果某种蔬菜引起了腹泻，或者孩子的大便里出现了很多黏液，可以暂时不喂这种蔬菜，过 1 个月后再少喂一点试试。

甜菜会使尿液的颜色变深，还会使大便变红。如果你知道这是甜菜在作怪，而不是血，就没什么可担心的了。绿色蔬菜常常会把粪便变成绿色。菠菜会使一些孩子嘴唇干裂，肛门周围红痒。一旦出现这种现象，就要停喂菠菜几个月，然后再试。吃了很多橘子或黄色蔬菜的宝宝，皮肤经常会泛出黄色或橘黄色。胡萝卜和南瓜都属于黄色蔬菜。这种情况并没有危险，只要宝宝不再吃黄色和橘黄色的蔬菜，皮肤的颜色就会恢复正常。

水果。有的医生主张把水果作为第一种固体食物，因为婴儿一般都很乐意接受；也有医生不鼓励孩子偏爱甜食。

在孩子能够吃固体食物的时候，一般都可以喂一些苹果汁，一开始要稀释一下。医生会告诉你什么时候可以喂这种果汁。（橙汁和其他柑橘类果汁常常会引起皮疹，最好晚一点再喂，到 1 岁左右就可以了。）

一般情况下，如果婴儿适应了谷类食品，也适应了蔬菜，那么几周以后，就可以给他补充一些水果，作为第二种或第三种固体食物。孩子们常吃的水果包括苹果、桃子、梨、杏和李子。在宝宝6～8个月期间，除了熟透的香蕉以外，其他水果都应该煮熟以后再给他们吃。可以购买瓶装的现成婴儿食品，但是自己给孩子制作食物不仅很容易，还很便宜。只要把水果放到锅里炖烂，再捣成糊状（也可以使用搅拌机）就可以了。要保证自制的食品很柔滑，没有能噎住孩子的硬块。熟透了的香蕉不需要蒸煮，只要弄成糊状喂孩子就行。

要看清标签上的说明，最好是百分之百的水果（泡在糖浆里的水果可以用来缓解宝宝的大便干燥）。

无论哪一顿饭喂水果都可以，甚至可以根据孩子的胃口和消化的情况一天喂2次。孩子爱上水果以后，可以逐渐增加分量。大多数婴儿一次吃半瓶婴儿果泥就够了。剩下的半罐可以第二天再喂。如果冷藏得当，水果可以保存3天。但是，如果你没打算一次把一瓶果泥喂完，就不要直接用勺子从瓶子里盛果泥喂宝宝，因为被勺子带进容器的唾液很快就会使食物变质。

我们经常听说水果有通便的功效，但是，包括幼儿在内的大多数人，食用上述水果（除了李子和李子汁，偶尔还有杏）以后并没有明显的腹泻或者急性腹痛的现象。李子差不多对所有婴儿都有轻微的通便作用，所以对于那些容易大便干燥和便秘的人来说，是一种具有双重价值的食物。如果婴儿需要通便，又喜欢水果，每天都可以喂一顿李子泥或李子汁，其他几顿饭中再安排别的水果。

如果宝宝出现了腹泻的现象，两三个月内就别再给孩子吃李子和杏了，每天只给他吃一次别的水果就可以了。

在大约6个月以后，除了香蕉以外，还可以让宝宝直接吃新鲜的水果，比如用勺子刮下来的苹果泥、梨泥、鳄梨泥等。（怕孩子噎住，所以草莓类水果和葡萄一般都应该等到2岁以后再给孩子吃。到了那个时候，也应该把这些水果打碎了喂他，孩子3岁之前都应该这样做。）

高蛋白食物。孩子熟悉了谷物、蔬菜和水果以后，就可以喂其他食物了。可以把小扁豆、鹰嘴豆和云豆等豆类食物煮得很软，试着给孩子吃。如果是罐装豆子，就要放在过滤器里彻底冲洗，以去除一些盐分。一开始喂煮熟的豆子时，只要一点就可以了。如果你发现孩子的屁股上长了皮疹，而且大便里还有尚未消化的豆子，等几个星期再喂。一定要保证这些豆子都煮得很软。豆腐也是很好的选择。很多婴儿都愿意一小块一小块地吃，或者用苹果酱等果酱、蔬菜拌着吃。

对于豆类和豆科蔬菜来说，购买晾干的产品会比较方便，也比较经济。只要把豆子泡上一夜，煮到想要的程度就可以了。（虽然需要一定的规划，但很容易。参见第245页。）如果你选用罐装豆子，就把他们倒在过滤器里好好冲洗，去掉一些钠。尽管如此，还是不像自己煮的豆子那样一点钠都没有。

有些人把肉食、鱼类、禽类、蛋类，或者乳制品作为蛋白质的主要来源。但许多营养学专家现在都认为，这些产品对人不是很有益（关于这一问题的更多内容参见第240页）。很小就对这些食物感兴趣的孩子，成年以后会为这些食物里包含的脂肪、胆固醇和动物蛋白付出代价。无论你是否想把孩子培养成严格的素食主义者，都有理由尽早选择素食，以便帮助宝宝享受到这些食品的好处。

很小的婴儿吃肉需要特别注意。禽类、牛肉、猪肉和其他肉类往往都含有能导致严重感染的细菌。近年来，这些疾病的流行程度值得警惕。婴儿对这些疾病比成年人更敏感。肉类食品都必须彻底煮熟，不能有留有一点夹生的粉色。同时，生肉接触过的任何表面或器皿都必须用肥皂和水仔细地清洗。（参见第369页“食物中毒”，了解关于食品安全的更多内容。）

蛋类。蛋类可以成为宝宝食谱中一个健康的组成部分，但最好还是等孩子长到一岁以后再给他吃。蛋黄里含有健康的脂肪、热量、维生素和铁质，当蛋黄和含有维生素C的食物同时食用时，人体对蛋黄中铁的吸收是最好的。富含维生素C的食物包括橘子或其他柑橘类水果、番茄、土豆和哈密瓜。最好等宝宝接受了这些食物之后再添加蛋黄。蛋黄中含有大量胆固醇，但是目前还没有明确的证据表明对宝宝有害（请参见第247页）。蛋白会使一些宝宝过敏，尤其是那些有家族过敏史的孩子，我们要再次强调，最好晚一点再给孩子添加蛋白。（豆腐的铁含量相当高，不含胆固醇，不那么容易引起过敏。）

正餐食品。市场上有各种各样的瓶装婴儿“正餐”食品，一般都含有少量的肉和蔬菜，还配有大量的土豆、大米或大麦。因为有时会出现过敏，所以要慎选这种混合型的食品。除非宝宝已经分别吃过了其中每一种食物，都没有过敏反应，否则就不知道问题出在哪种成分上。如果买的是单一品种的瓶装蔬菜、谷物、豆子和水果，就知道宝宝每一种食物到底吃了多少。

6个月以后的饮食

一日两餐还是三餐？到了6个月时，宝宝就可以吃谷类食品、各种水果、蔬菜和豆类食品了。他每天能吃一顿、两顿或三顿固体食物。对于比较饿的宝宝来说，早餐一般可以安排一些谷类食品，午餐可以吃蔬菜、豆腐或者煮得很软的豆子，晚餐吃谷类食品和水果。没有一成不变的规则，取决于家庭的便利条件和宝宝的食欲。

比如，孩子不太饿，就可以早晨喂一些水果，中午喂一些蔬菜、豆腐或者豆子，晚上只喂一些谷类食品。容易出现便秘的孩子，每天晚上可以和谷类食品一起喂一些李子，在早饭或午饭喂另一种水果。也可以让孩子在晚饭的时候跟家里人一起吃一点豆子和蔬菜，午饭时吃谷类食品和水果。

许多吃母乳或配方奶的孩子都是在6个月时才开始吃固体食物。他们的消化系统和饮食兴趣比4个月时更加成熟，可以更快地尝试新的食物，而且马上就可以让他们向一日三餐转变。

手抓食物。孩子到了六七个月时，就想自己用手抓着食物吮吸或者啃咬，他们已经能做到了。这是一种很好的锻炼，可以给孩子在1岁左右自己用勺子吃饭打下良好的基础。如果孩子从来都没有机会用手抓东西吃，就不那么想试着用勺子了。

从习惯上来说，给孩子的第一种手抓食物就是全麦的干面包片或吐司，一小块晾干的百吉饼也很好。婴儿可以用他们光秃秃的牙床吮吸、啃咬食物。他们可能会因为长牙而感到牙龈刺痛，于是喜欢咬东西。当唾液慢慢地把面包或吐司浸湿泡软的时候，有些食物就会被磨下来或者溶化到嘴里，这些东西足以让孩子们觉得有所收获了。当然，多数食物最终都会沾在他们的手上、脸上、头发上，还有家具上。磨牙饼干一般都含有多余的糖分，容易使孩子养成偏爱甜食的习惯。所以，最好还是帮助孩子习惯并且喜欢不太甜的食物。

到8~9个月，大多数孩子都已经形成了良好的协调能力，可以拾起很小的东西了。这时候，你可以喂他们吃小块的水果，或者是煮熟的蔬菜、成块的豆腐。把这些食物放在宝宝高脚凳的盘子上，让他自己用手抓着吃。（也是在这个年龄，必须保证地板上没有可能导致孩子窒息的危险物品。有个值得推荐的判断方法，如果一个东西能够放进卫生纸中间的圆筒里，这个东西就是危险的。）

有些婴儿喜欢吃父母盘子里的东西。也有些婴儿会拒绝父母拿给他们的食物，但是，如果让宝宝自己抓着吃，他们就会变得兴致勃勃。很多孩子都喜欢把所有东西一下子塞到嘴里。所以开始时，最好一次只给他们一块食物。

不论有没有牙齿，宝宝几乎能对餐桌上的所有食物应付自如。几乎所有的孩子到 1 岁时，都可以抛开现成的婴儿食品，自己用手抓着吃家里人的食物。要注意把食物切成合适的小块，也不要给他们吃太硬的东西，以免出现窒息的危险。

泥状食物和块状食物。6 个月以后，你可能希望宝宝能够适应块状食物或者剁碎的食物。如果孩子过了 6 个月很久还只吃糊状食物，就会越来越难接受块状的食物。人们以为，只有孩子长出一定数量的牙齿之后，才能处理块状食物，但事实并非如此。其实，他们能够用牙床和舌头把煮熟的块状蔬菜或者水果磨成糊状，还能把全麦面包和吐司“嚼烂”。

有的孩子似乎生下来就比别的孩子更厌恶块状食物。也有些婴儿和大一点的宝宝，一见到颗粒状的食物就恶心。之所以有这种结果，不是因为父母给他们吃剁碎的食物太突然、太晚，就是因为孩子在不想吃某种食物的时候一直被父母强迫着吃。

向剁碎的食物过渡时有两点必须牢记。第一，要慢慢地改变。比如，第一次给孩子吃剁碎的蔬菜时，要用叉子彻底搅烂。不要一次往孩子的嘴里喂得太多。当宝宝习惯了这种浓度的时候，再逐渐减少搅拌。第二，要允许宝宝用手拿起小块的食物，自己放进嘴里吃。当孩子还不适应的时候，如果把一整勺块状食物放进他们嘴里，他们就会忍受不了。

所以，孩子 6 个月左右，就应该着手进行这种饮食的调整。可以把给家里人准备的煮熟的蔬菜、新鲜的水果或者炖熟的水果搅烂或切碎了给孩子吃，或者，也可以买一些婴儿专用的瓶装碎块（幼儿）食品。不必把所有的食物都切成碎块，但是每天都给孩子吃一些块状食品很有好处。

给孩子吃肉的话，一般都要细细地磨碎、剁碎。大多数孩子都不爱吃肉块，因为嚼起来很费劲。一小块肉，他们常常都要嚼很长时间而没有任何收获。另外，宝宝也不敢像大人那样，嚼烦了就把一大块肉吞下去，这样可能会导致窒息。应该避免或者推迟肉类的食用。

多数孩子都喜欢吃土豆、通心粉和米饭，而且这些食物也可以和其他食品搭配。全麦通心粉和糙米比细粮含有更多的膳食纤维和维生素。另外，孩子还需要补充一些其他谷物，比如麦片和藜麦作为调剂。

自制婴儿食品。许多父母都愿意自己制作婴儿食品，有的始终如此，有的偶尔为之。这样做比较安全、卫生，可以有效地掌握各种成分的搭配和烹调的方法，还可以自主地选用新鲜的和富含有机质的食物。另外，自制食品也比买来的食品实惠。

你可以一次制作一大批选好的健康食物，然后煮到孩子当前喜欢的浓度。如果愿意，也可以加一点水，或加一点母乳或配方奶。按照每次的食用量装在冰盒里冷冻，或者放在烘制饼干的烤板上冷冻，储存在塑料保鲜袋里随时取用。为 1 岁以下宝宝准备的食物不应该放调料。

可以用一个小的煎蛋锅、双层蒸锅或微波炉重新加热小份食物。喂孩子吃之前，一定要把食物拌匀，还要试好温度——用微波炉的时候尤其要注意这一点。用微波炉加热的食物容易冷热不均，即使上一勺不热，下一勺也可能会把孩子烫伤。孩子开始吃餐桌上的食物，父母就会希望他少吃盐或糖。最早对食物的体验会让孩子形成什么东西好吃的印象，因此一开始就吃健康的食物十分重要（这也是避开精加工食品的又一个理由，这类食品的含盐量通常都很高）。一个小小的手持型食品研磨机就可以很方便地帮助宝宝分享大人的食物。

市售的婴儿食品。最早生产的瓶装婴儿食品只包含一种蔬菜，一种水果或者一种肉。现在，许多厂家都生产蔬菜跟淀粉混合，水果跟淀粉混合，以及包含淀粉、蔬菜和肉类的“正餐”食品。他们用的淀粉一般都是由精制大米、精制玉米和精制小麦制成的。要知道，任何谷物经过精加工以后都会丧失一部分维生素、蛋白质和膳食纤维。

婴儿食品公司为了让产品对宝宝和他们的父母有吸引力，多年来都在其中添加糖和盐。但是因为医生、营养学家和家长的投诉，这种做法已经在很大程度上被制止了。

购买瓶装婴儿食品的时候，要仔细阅读标签上的小字部分。比如“奶油菜豆”下面可能有“玉米淀粉菜豆”的字样。所以要选购纯水果或者纯蔬菜食品，保证宝宝能吃到营养充足又丰富的食品，同时，又不至于摄入太多的精制淀粉。不要购买加糖或者加盐的瓶装食品。

一开始不要给孩子吃玉米淀粉布丁和果冻类甜食。这两种食品的营养不适合宝宝，而且都含有大量的糖。要给孩子吃过滤的水果。从来都没有吃过精炼糖的婴儿会觉得水果很香甜。

被固体食物哽住。在适应块状食

物的过程中，所有婴儿都会出现被哽住的现象，这就像宝宝学习走路的时候都要摔跤一样。在孩子 5 岁前，最容易让孩子哽住的 10 种食物是：

- 热狗
- 圆糖块
- 花生
- 葡萄
- 肉块或肉片
- 生胡萝卜片
- 花生酱
- 苹果块
- 小甜饼
- 爆米花

可以把这样的食物切得很碎（比如葡萄、苹果、肉类）或者碾碎，这样就安全多了。花生酱抹在面包上吃要比用勺子喂着吃或用手抓着吃更安全。这些食物中有一些还是彻底避开为好（比如热狗、圆糖块），它们对孩子没有好处。

孩子被哽住后，一般都能自己吐出来或咽下去，根本不需要任何帮助。如果宝宝不能马上把食物吐出来或咽下去，你能从孩子嘴里看见卡住的食物，可以用手指把它抠出来。如果你看不见卡住的食物，可以让孩子脸朝下屁股朝上趴在你的大腿上，用你的手掌在他的肩胛骨之间连拍几下。这样一般都能解决问题，然后孩子就又可以接着吃饭了。关于食物哽住的应急方法，参见第 325 页。

有些父母非常担心孩子被哽住以后不知如何处理，所以一直不敢给孩子吃手抓食物和固体食物。其实，孩子在很早以前就可以吃这些东西了。

出现这类问题的原因不是孩子的咀嚼能力和吞咽能力不够，而是孩子大笑、哭叫或者惊讶的时候突然深呼吸导致的。这样的深呼吸会把食物直接吸到肺里，阻塞气管或者导致肺塌陷。

但并不意味着 5 岁以下的婴儿就不能吃这些食物了。孩子吃东西的时候应该坐在饭桌前，由大人仔细地看护。鼓励孩子细嚼慢咽，还要把汉堡包、蔬菜热狗、葡萄和类似的食物切成更小的碎块。

营养和健康

什么营养好

对父母来说，很自然地会给孩子吃自己小时候吃过的食物。饮食的传统和语言一样，是文化的一个重要组成部分——食物把家庭凝聚在一起，也把现在和过去联系在一起。我们已经知道有些食物比其他食物更有利于健康。对营养和健康了解得越多，就越会毅然决然地改变自己的饮食，同时也改变我们给孩子的食物。

营养对健康作用的认识越来越高。实际上，随时随地都有很多信息出现，我们很容易陷入迷惑。如果你真的听从每一个新的建议，根本不知道应该吃什么。

然而，有一些几乎每个人都认同的基本观念就是健康饮食应该含有较少的饱和脂肪和精制糖，同时含有较多的复合碳水化合物、精益蛋白质和不饱和脂肪。简单的食物——如谷物、水果和蔬菜——可以提供复杂的营养组合，会在童年时期和以后的人生为健康护航。如果以一种可以预测又令人愉快的方式提供有益健康的食物，就可以保证宝宝摄取足以满足自身需要的营养。

以下内容能够帮助你弄清楚，怎样才能把这些原则有效地应用在宝宝和家人身上。

对食物的偏好是早期习得的。如果大人总是高兴又定时地提供多种健康食物，孩子就会学着去喜爱这些食物。关键在于要让健康食物成为家庭饮食的常规组成部分，不要过分强调它们“有好处”（这句话明显在暗示“没有人真正爱吃这些”）。如果对孩子说：“如果你吃了这些西蓝花，我就给你一些甜点。”只会让宝宝讨厌西蓝花。如果健康的食物成为家庭常规食谱的组成部分，孩子们就会自然地接受其中大部分食物。

整个社会都需要改变

成年人的许多疾病，包括心脏病、中风、高血压、糖尿病以及一些癌症，都跟典型北美饮食中过量的动物脂肪和高热量有关，肥胖症就更不用说了。成年人的健康状况就是最有说服力的证明。更主要的是，在这些疾病当中，有很多都是童年时代留下的病根。早在3岁时，许多美国儿童的血管里就有脂肪沉积了，这是走向心脏病和中风的第一步。在12岁的孩子当中，70%都会表现出血管疾病的早期症状；同时，所有21岁的青年都存在这一问题。再过不久，高血压和其他病症就会给他们带来痛苦。此外，肥胖症就像一种流行病，正在美国的孩子中蔓延，带来了生理和心理的双重问题。严重肥胖的孩子更容易患糖尿病和关节疾病。此外，他们还经常在人际交往中遇到困难。

在培养孩子健康饮食习惯的过程中，难免会遇到很多困难。比如说，孩子也许对不健康食品带来的危害不是特别关心，学校的伙食可能跟家里准备的饭菜不一样；而且，电视媒体也会给孩子带来错误的信息。让我们看一看那些五光十色的儿童食品广告宣传的都是什么：薯片的广告比比皆是，对孩子们进行狂轰滥炸的都是一些裹着糖衣的谷物食品广告，还有高脂肪的垃圾食品广告。即使是还不识字的孩子，也知道这些朗朗上口的广告词。难怪他们始终坚信高脂肪食品才是最好的。

精加工食品产业每年都要投入大约1200万美元，向儿童推销自己的产品。有些国家规范了这种活动，但是在美国，每当提到食品，该对孩子说什么和卖什么的限制就消失了。

看电视和肥胖之间的关系非常密切：孩子看电视越多，就越容易变胖。为健康着想只是限制孩子看电视的诸多好处之一（要了解更多关于电视的信息，参见第451页）。当然，我们给孩子吃什么只是问题的一个方面，还必须找到更好的方式把体育锻炼融进自己的生活，也融进孩子的生活。孩子更关注父母做了什么，而不那么关注他们说了什么，这是一条通行的法则。因此，如果希望孩子的生活有一个健康的开始，通过坚持良好的饮食和保持匀称的身材来延续健康的状态，父母就要以身作则，成为孩子的榜样。

营养的构成

在考虑给孩子吃什么的时候，可以想一想食物中比较重要的化学物质，及其对身体的作用。

热量。热量本身并不是真正的营养。它是蛋白质、碳水化合物和脂肪中所含的能量单位。每克蛋白质和碳水化合物当中大约含有 4 卡路里热量；每克脂肪和植物油中含有 9 卡路里热量，比蛋白质或碳水化合物的两倍还多。少量脂肪的热量就可以坚持很长时间。

孩子的成长需要热量，热量也为身体提供燃料。一个人需要多少热量呢？要视情况而定。孩子（1～3 岁）只需要 900 卡路里；一般活跃的年轻人可能需要 3900 卡路里，运动员则更多。女性和不同年龄的儿童需要的热量居于这两个数值之间。当孩子摄入适当热量时，他们就会正常生长(参见第 252 页)，而且会有大量的精力做事和玩耍。计算热量是浪费时间的事情。总体来看，我们的身体能够很好地判断什么时候需要更多能量，什么时候热量已经够用了。

除了热量的总数之外，热量的来源也很重要。标准的建议是，儿童大约 50% 的热量应该从碳水化合物中摄取，大约 30% 的热量从脂肪中摄取，另有大约 20% 来自蛋白质。这些都是非常粗略的平均数。这些数字为个体差异的存在留有很大的余地。如果饮食中含有以上分量的相应食品类别，就能为大多数孩子提供成长需要的能量。

复合碳水化合物和单一碳水化合物。这两种碳水化合物指的是淀粉和糖类,是为宝宝提供能量的主要来源。复合碳水化合物只有被分解之后才能被人体吸收和利用，所以能提供相当持久的能量。蔬菜、水果、全麦谷物和豆类都是复合碳水化合物的主要来源。单一碳水化合物，比如蔗糖和蜂蜜，能够很快提供能量，但是，因为很容易被吸收，所以不能长时间地抵挡饥饿。单一碳水化合物吸收得很快，而且会使血糖迅速升高，人的身体就会做出分泌胰岛素的反应。胰岛素可以使血糖水平回落。容易引起身体这种反应的食物，也就是血糖指数偏高的食物。血糖的快速升降会让有些孩子易怒，还可能增加孩子对甜食的渴望。

蔬菜、整个的水果（不是果汁）、谷物和豆类都是复合碳水化合物的绝好来源。含糖食品和精加工食品，比如糖果、多纳圈和白面包等，提供的都是“空热量”。也就是说，提供的热量几乎或根本没有营养。它们可以暂时满足身体对热量的渴望，却满足不了身体对营养的需求。结果就是孩子很快又会觉得饥饿。单糖还会为引起龋齿的细菌提供养料。

脂肪、脂肪酸和胆固醇。脂肪和油脂（液态脂肪）可以提供能量，还能提供身体生长的材料。脂肪的热量是相同质量的碳水化合物或者蛋白质的两倍。以自然状态出现在食物当中的脂肪主要有两种——饱和脂肪和不饱和脂肪。饱和脂肪是固态的，主要存在于肉类食品和乳制品中。不饱和脂肪是液态的，主要存在于素食当中，特别是各种坚果、种子和植物油中。第三种脂肪是人造的：反式脂肪是通过在氢气环境下给植物油加热制成的，它的另一个名称叫做“氢化植物油”。这些脂肪会出现在人造奶油、起酥油和商业化烘焙的产品当中。

健康饮食提供的热量大约有30%是以脂肪的形式存在的，其中不饱和脂肪（20%）是饱和脂肪（10%）的两倍，不含反式脂肪。饮食中含有的饱和脂肪越少，对身体越好，因为饱和脂肪和反式脂肪——这两种脂肪在室温下都呈现固态——都容易引起动脉硬化，而不饱和脂肪则会产生相反的效果。

身体从饮食中摄取脂肪，把它们分解成各种成分（脂肪会分解成脂肪酸），再按照自身的需要来利用这些成分。细胞壁和大脑的很大部分都是由脂肪构成的。少数几种脂肪是必需的，也就是说，饮食中必须包含这些脂肪。因为人体不能自行产生这些物质。两种主要的必需脂肪酸是亚油酸和丙氨酸，它们分别属于Omega-6和Omega-3脂肪酸。身体利用这些脂肪酸制造一长串化学物质，其中包括DHA和EPA。这两种物质对大脑和身体其他部位都很重要。

必需脂肪酸的丰富来源包括鱼油、豆制品（比如豆腐和豆奶）、坚果和种子类食品，以及许多绿叶蔬菜。鱼类和亚麻仁、核桃、菜籽油和大豆中含有特别丰富的丙氨酸。（大多数天然食品店可以买到亚麻籽。把亚麻籽放在水果奶昔、沙拉和早餐谷物中，味道特别好。）

最后谈谈胆固醇。胆固醇是细胞和激素的重要组成部分，但是过多的胆固醇容易堆积在血管壁上，会导致高血压、中风和心脏病。胆固醇会跟某些蛋白质相结合，形成脂蛋白。有一种脂蛋白（LDL，低密度）会把胆固醇运送到血管壁上，胆固醇就会在那里堆积起来；因此，LDL被叫做“坏胆固醇”。另一种脂蛋白（HDL，高密度）会把胆固醇从血管壁上带回到肝脏，在肝脏中分解；因此HDL就被称为“好胆固醇”。

虽然人体内的大多数胆固醇都是身体自行产生的，但饮食也很重要。如果饮食当中胆固醇含量很高，就容易导致低密度胆固醇偏高，从而带来心脏病的高风险。降低饮食中的胆固醇很容易：少吃肉。动物性食品是唯一一类含有胆固醇的食物，植物根本不产生胆固醇。任何一种完全由植物制成的食物都不含胆固醇。就是这么简单。

蛋白质。这些物质不仅是能量的来源，还是身体的主要构成材料。比如，肌肉、心脏和肾脏在很大程度上都是蛋白质和水构成的。由蛋白质基质构成的骨骼充满了矿物质。帮助身体实现各种化学过程的酶就是一种蛋白质。以此类推，蛋白质是由一种叫做氨基酸的物质构成的。当人吃了含有蛋白质的食物时，身体首先会把它们分解成氨基酸，然后利用这些氨基酸来制造自己的蛋白质。

为了制造蛋白质，人体首先需要一整套氨基酸。如果某些氨基酸供应不足，那么制造蛋白质的过程就会减缓，剩下的氨基酸会作为燃料消耗掉，以脂肪的形式储存起来，或者通过尿液排出体外。这就是为什么对于一个正在生长的孩子来说，每天摄取的食物都要提供所有必需的氨基酸。完全的或者高质量的蛋白质包含了所有必需的氨基酸。肉和豆类食物都是完全的蛋白质，一种谷物和一种豆类食物结合起来（比如花生酱和全麦面包）食用，也可以提供完全的蛋白质。非肉类的蛋白质有一个好处，那就是它含的饱和脂肪较少，而且不含胆固醇。这两种物质在肉里的含量都很高。

孩子需要多少蛋白质呢？那要看他们的个头、性别和成长阶段。当他们快速生长的时候，需要的蛋白质比较多，蛋白质的质量也很重要。有些蛋白质食物比另一些食物更容易彻底地消化。大约每千克体重每天需要 1 克蛋白质。当然，心智健全的父母都不会紧盯着数字不放。在餐桌上，一个成年人一份肉的量(一顿饭的分量)只有一副扑克牌那么大，或相当于一只手掌的大小。儿童因为身材较小，需要也比较少。如果给孩子一小份的优质蛋白质食品，就可以放心了，他得到了自己需要的蛋白质。

膳食纤维。蔬菜、水果、全麦食品和豆类含有大量非常重要的营养物质，但我们的肠道却不能消化和吸收这些物质。膳食纤维扮演着非常重要的角色。膳食中缺乏膳食纤维的人容易便秘。比如那些爱吃牛奶、肉类和蛋类的人，因为结肠中的刺激物质太少，不能形成健康的肠蠕动。膳食纤维似乎还能帮助维持肠道和结肠的健康。现在看来，患大肠癌的一个主要因素就是我们的膳食过于精细，所以体内缺乏膳食纤维，从而导致排便缓慢。膳食纤维也有助于降低胆固醇。砂糖和富强粉这类精细的谷物几乎不含膳食纤维，而肉类、乳制品、鱼类和家养禽类食品则根本不含膳食纤维。

矿物质。钙、铁、锌、铜、镁、磷等多种矿物质都在身体结构和活动中扮演着至关重要的角色。全天然、未精加工的食品中都含有宝贵的多种矿物质。谷物精加工后会损失一些矿物质成分。烹煮蔬菜不会改变它们的矿物质成分，但会减少某些维生素的含量。几乎所有的食物都富含磷和镁，所以，除了极特殊情况以外，根本没必要担心孩子摄取的磷和镁不足。然而，钙、铁和锌却有可能缺乏。

*钙。*骨骼和牙齿基本上都由钙和磷组成。多年以来，医生一直在强调，儿童和青少年要摄取大量的钙，以预防年老时骨骼变得脆弱（骨质疏松症）。根据美国国家科学院（the National Academy of Sciences）的研究，1～3岁的孩子每天需要500毫克的钙，4～8岁800毫克，9～18岁1300毫克。摄取这么多钙的一个便捷方法就是食用乳制品，于是，广告敦促大家多喝牛奶。

然而最近，专家已经开始质疑，究竟儿童和青少年是不是真的需要这么多钙质。一项对12～20岁女孩的研究显示，虽然让她们每天多摄入500毫克的钙质（约为标准推荐量的40%），但她们的骨密度并没有增加。真正产生影响的是这些女孩体育锻炼的水平：越喜欢运动的女孩，骨密度就越大。

其他实验还显示，乳制品也会增加每天从尿液中流失的钙量，来自其他食物的钙则不会带来这样的后果（显而易见，摄取大量钙质的关键在于吸收，因为通过尿液流失的钙质就等于根本不曾摄入）。后文将详细讨论从非乳制品中摄取钙质带来的好处（参见第245页）。

*铁。*铁是血红蛋白的主要成分之一，是红细胞中的一种物质，携带着身体各个细胞需要的氧。铁在大脑的发育和功能中也扮演着重要的角色。即使是儿童时期的轻度缺铁也可能导致长大后的长期学习障碍。母乳中的铁形式特殊，非常容易吸收，因此小宝宝只喝母乳就能获得充足的铁，可以满足大脑健康发育的需要——至少在宝宝生命的头6个月里是这样。因此，婴儿配方奶粉中也特别添加了铁。对大脑的发育来说，低铁的配方奶粉远远不够。（牛奶中含铁非常少，而且直接喝牛奶的小宝宝缺铁的危险

性很高。不仅如此，牛奶还会影响铁的吸收。）在大约6个月以后，添加高铁的谷物和其他富含铁质的食物非常重要。肉类里含铁，但是孩子也可以通过食用富含铁质的蔬菜和铁含量高的其他食物来获取铁，这样就不会把肉类中的饱和脂肪和胆固醇摄入体内。另外，大多数儿童复合维生素中都含有铁。

锌。锌是人体内多种酶的重要组成部分。细胞的生长需要锌。缺锌的症状一般都首先表现在生长中的细胞上，比如，排列在肠道里的细胞，正在愈合的伤口上的细胞，以及抗击疾病的免疫细胞等。母乳中含有锌，很容易被小宝宝吸收。锌还存在于肉类、鱼类、奶酪，还有全麦谷物、豌豆、豆类和坚果中。植物里的锌虽然不含胆固醇和动物脂肪，但不太好吸收，所以，吃素食（参见第240页）和年龄较小的孩子需要吃大量富含锌元素的食物，可能还需要每天服用含锌的复合维生素补充剂，以防万一。

碘。碘对甲状腺和大脑的功能来说必不可少。缺碘的情况在美国十分少见，因为美国的食用盐里添加了碘。但在世界上的很多地方，缺碘是儿童认知障碍的主要原因之一。不吃肉的孩子和只吃海盐或粗盐的孩子可能需要服用碘补充剂。

钠。食物存在于食盐和大多数加工过的食物中，是一种主要的血液化学元素。肾脏严格地控制并保持着人体钠的含量。比如说，如果孩子午饭吃了罐装的汤，肾脏就要通过工作代谢掉多余的钠，因为这种汤里可能含有大量的钠（要查看一下标签）。在这个过程中，包括钙在内的其他矿物质也会随着尿液流失。摄取过量的钠可能会使有些人在晚年患上骨质疏松和高血压。

维生素。维生素是身体所需的少量特殊物质。所有维生素都能从饮食中获取，富含维生素的食品包括：瘦肉、低脂乳制品、蔬菜、全麦谷物、水果、豆类和豌豆、坚果和种子类食品等。不包含肉类和乳制品的饮食同样可以提供所有人体必需的维生素。而且，某些维生素的含量更高，比如叶酸和维生素C等。但是，维生素B_{12}是个例外，它仅存在于动物性食品、加维谷物食品以及少数加维食品当中。因此，不吃肉类或者乳制品的孩子，要注意补充维生素B_{12}。对于特别挑食的孩子或者成长不太理想的孩子，最好每天补充复合维生素。有些专家建议每个孩子每天都要补充复合维生素。跟强迫孩子吃完蔬菜或是吃更多新鲜水果相比，每天一片维生素当然是更方便的选择。

维生素A。我们的身体通过β－

胡萝卜素来制造维生素 A。β－胡萝卜素就是使胡萝卜和南瓜呈现出黄色的物质。依赖维生素 A 的人体组织包括肺、肠道、泌尿系统，还有眼睛。黄色和橙色的蔬菜和水果最好，能提供孩子所需的全部维生素 A。患有慢性消化道疾病或者慢性营养不良的孩子往往缺乏维生素 A。但服用过量的维生素 A 补充剂会对人造成危害。不过，如果是通过食用大量蔬菜来获取维生素 A，就不存在这个问题了。

B 族维生素。已知对人体最重要的 4 种 B 族维生素分别是：硫胺素（维生素 B_1）、核黄素（维生素 B_2）、烟酸（维生素 B_3）、吡哆素（维生素 B_6）。人体的所有组织都离不开这 4 种维生素。

B 族维生素广泛存在于包括乳制品在内的各种动物性食品当中。但是在蔬菜王国的大多数成员中却找不到它。不吃动物性食品的孩子可以把谷类食品和添加了维生素 B_{12} 的豆奶作为获取维生素 B_{12} 的来源，并每天服用儿童复合维生素。

叶酸。叶酸（即维生素 B_9）对于预防包括脊髓发育问题（脊柱裂）等严重的出生缺陷起着不可估量的作用。这虽然不是针对孩子的问题，但只要年轻女性进入可能怀孕的年龄，就应该每天服用叶酸补充剂，以确保体内有大量这种关键的维生素可用。叶酸还对制造 DNA 和红细胞起着一定作用。菠菜、西蓝花、青萝卜、全谷类食物，以及哈密瓜和草莓等水果都是摄取叶酸很好的来源。

维生素 C（抗坏血酸）。维生素 C 对于骨骼、牙齿、血管和其他组织的发育是非常必要的，对于人体的许多其他功能也很重要。橘子、柠檬、葡萄、生番茄、番茄罐头、番茄汁、生卷心菜中都含有大量维生素 C。很多其他水果和蔬菜也含少量维生素 C。但是，维生素 C 在烹调过程中很容易遭到破坏。食用大量富含维生素 C 的蔬菜和水果的人患癌症的比例比较低。当然，这也跟这些食物中的其他营养物质有关系。维生素 C 缺乏症主要表现为体表青肿、皮疹、牙龈出血疼痛和关节疼痛。

维生素 D。这种维生素能够提高肠道对钙和磷的吸收，还有利于它们结合之后进入骨骼。跟其他维生素不同，维生素 D 是人体为了自身需要而自行合成的。阳光可以促进皮肤产生维生素 D，所以常在户外活动的人能自然地获取这种维生素。当然，在寒冷的天气里，人们就会穿得很严实，主要在室内活动。黑皮肤的孩子要多晒晒太阳，因为皮肤里的黑色素会阻挡一部分阳光。

母亲在怀孕和哺乳期内要专门补

充维生素 D。只吃母乳的黑皮肤孩子也应该补充维生素 D。为了保险起见，美国儿科学会现在建议每个母乳喂养的孩子从 6 个月大开始，每天都要补充 5 微克维生素 D。

维生素 E。这种维生素可以从坚果、种子、全麦谷物以及多种植物油中获得，也可以从玉米、菠菜、菜花、黄瓜等蔬菜中获取。维生素 E 的作用之一就是帮助人体对抗导致衰老的有害物质，还能抵抗可能致癌的化学物质。素食者的饮食本身就含有丰富的天然维生素 E。很少吃蔬菜的孩子可以每天服用含有维生素 E 的复合维生素，以满足身体的需要。

维生素中毒。大剂量的维生素会对孩子构成危害。比美国食品药品监督管理局（The Food and Drug Administration）建议的每日最低摄入量超出 10 倍以上，被视为过量。维生素 A、D 和 K 最可能因为过量造成严重的中毒。像维生素 B_6 和 B_3 这样的维生素也可能产生严重的副作用。所以，一定要先咨询医生，才能给孩子服用超过常规剂量的维生素补充剂。

植物化学物质。这指的是一大批由植物制造的化学物质。人们发现，它们对人体起着有益的作用。这些作用包括抵抗蛋白质的氧化（破坏），减少炎症和血块阻塞血管的可能性，防止骨质流失，以及抵御某些癌症，等等。在有益健康的土壤里生长的植物，不使用农药，因此可能产生更多的有益化学物质。烹调会使这些化学物质减少。食品生产商有时声称他们的产品含有更多的抗氧化剂、类黄酮或类胡萝卜素。但是，这些营养成分的最佳来源似乎还是水果和蔬菜。

更加健康的膳食

毫无疑问，典型的美国膳食含有太多的脂肪、糖和盐。几乎所有人都认为儿童应该多吃蔬菜和全麦食品，少吃奶酪和甜食。斯波克博士的营养理论更是高瞻远瞩。他认为，最健康的膳食应该以植物性食物为主，根本不含肉类、蛋类、乳制品。这种饮食其实并不像看起来那样极端，事实上，他的结论是以严格的科学实验为基础的。尽管政府的健康机构和大型专业团体，比如美国儿科学会，都主张给孩子喝牛奶和吃少量的肉，尽管科学家在什么东西最有营养的问题上仍然存在分歧，但是大多数人都更倾向于斯波克博士的观点。

在美国营养学会 2009 年的一份意见书中，专家们推断“适当安排素食，包括完整或严格的素食主义饮食，对健康有利，不但可以使身体营养充足，还可能为预防和治疗某些疾病提供有益的帮助”。有哪些疾病呢？比如心脏病、高血压、糖尿病、肥胖症、癌症、骨质疏松、痴呆、憩室炎和胆结石。想象一下，通过努力你就可以让孩子免受这些灾祸的侵扰。

作为父母，我们该怎么办？在营养方面和其他许多抚育孩子的问题上，并没有一个完全正确的答案适用于每一个人。美国农业部公布的膳食指南金字塔（Food Guide Pyramid）显示，含有少量肉食、低脂奶和各种植物性食品的饮食，应该成为大部分孩子的日常饮食。而另一方面，完全不含乳制品和肉类的膳食也可以美味可口，而且还可能给你和孩子带来更多长期的好处。当然了，这个论断还需要进一步考证。

斯波克的经典言论

自从1991年我88岁那年起，我就一直坚持选择不含乳制品的、低脂无肉的饮食。结果不到两个星期，我多年服用抗生素都不见起色的慢性支气管炎就好了。我的几个中年以上的朋友在戒掉乳制品、肉食和其他含有高饱和脂肪的食品以后，心脏病也好转了。要想获得这样的成功，就得改吃全麦食品和各种蔬菜、水果，还要多做运动……我不再主张孩子2岁以后还吃乳制品。当然，在一段时间里牛奶曾被认为是非常理想的食品。然而研究和临床实验已经迫使医生和营养学家们重新考虑这个建议了。

素食主义的饮食安全吗？素食主义的饮食不包括红肉、家禽、鱼和其他动物性食品（比如牡蛎和龙虾）。蛋奶素食者会食用乳制品和蛋类，但是严格的素食主义者不吃这些东西。很多人虽然称自己为素食主义者，但是偶尔也会吃一些肉。我们没有必要对这些专业术语吹毛求疵。

美国营养学会表示，食用多种全谷食品、水果和蔬菜、豆类食物、坚果和种子类食物、乳制品及蛋类食品的可以满足儿童健康需求，不需要特殊的饮食规划，也不需要添加营养补充剂。他们跟其他所有人一样，应该避免食用高糖食物和反式脂肪。不吃奶和蛋类的儿童应该保证自己有维生素 B_{12} 和维生素D的常规来源。每天服用复合维生素并坚持日晒就可以满足这些需要。

素食主义的饮食比包含肥肉的饮食热量低。这对孩子来说可能是个挑战，因为他们的成长需要很多热量。坚果和果仁、种子食品、鳄梨和各种植物油等食物都能以较少的分量提供较多的能量。如果刚开始尝试素食主义饮食，可能需要找一本好的食谱作参考，或者找一些能够告诉你该怎样做的朋友给你一些指点。孩子的医生会跟踪孩子的体重、身高和常规血液检测，以监控营养方面的问题。但是你不必担心真的会有什么问题。这都是未雨绸缪。

逐渐改善饮食。如果能够减少肉食，或者完全戒除肉类和家禽，更有利于健康。孩子们可以从豆类、谷物和蔬菜中获取大量蛋白质；这样一来，他们还能避开动物脂肪里的胆固醇。需要注意的是，不吃红肉，改吃鸡肉并不会带来多大的改善。鸡肉中的胆固醇及脂肪和牛肉（每 120 克大约含有 100 毫克胆固醇）相差无几，脂肪的含量也差不多。专家们还发现，牛肉在烹制时形成的致癌物质同样存在于鸡肉中。

要想迈出健康饮食的第一步，可以找一两种自己喜欢的素食食谱。把这些食谱加入到每周的菜单中，然后每过大约一个月再增加一种新的素菜。用不同的素菜逐渐替换掉肉类食物。这些素食中有一些可以在食品店的冷冻柜台买到，也可以在健康食品商店买到，比如，素汉堡和素热狗。豆腐是一种多用途、无胆固醇的实惠的蛋白质营养源。如果你想不出让豆腐变得吸引人的方法，就到一些素食餐厅或亚洲餐厅寻找灵感，或者让已经尝试的朋友告诉你一些经验。

不吃肉也要摄取铁质。铁质对于正在生长的儿童来说很重要，红肉是铁的绝佳来源。标准的一份牛肉有 85 克，可以提供 2.5 毫克的铁。这个数字虽然少于 85 克蛤罐头的含铁量（这些蛤的含铁量达到惊人的 23.8 毫克），但是大致相当于 85 克罐头沙丁鱼包含的铁质。相比较而言，同样大小的鸡肉和猪肉只含有 0.9 毫克的铁质。素食也可以提供丰富的铁。来自素食的铁质不那么容易吸收，儿童可能需要多吃一些。但是他们也能摄取到更多铁质：半杯煮熟的强化麦片含铁 7 毫克，半杯豆腐含铁 6.7 毫克，半杯煮熟的小扁豆含铁 3.3 毫克。其他富含铁质的食物包括全麦面包、煮熟的蛋、云豆、西梅和葡萄干，所有这些食物的铁含量都与鸡肉和猪肉持平。在素食儿童当中，缺铁问题并不比吃肉的儿童多。

牛奶的问题。对于北美的儿童来说，牛奶和其他乳制品不仅是钙质和维生素 D 的主要来源，还能提供大量的蛋白质和脂肪。从小到大，大人都告诉我们说，牛奶对人有好处。所以，让我们去想象牛奶可能会引发健康危机，或者想象其他替代品可能更好，是一件非常困难的事。关于乳制品的问题，有的已经得到了普遍的认同，有的很有争议——下面我就要指出这些问题。

乳制品里通常含有较高的饱和脂肪。随着孩子的成长，这些脂肪会加速动脉阻塞，或导致肥胖问题。事实上，根据美国儿童健康和人类发展学会（The National Institute of Child Health and Human Development）的研究，牛奶是美国儿童膳食中最主要的脂肪来源，其脂肪含量高于汉堡、油炸食品、奶酪和薯片。虽然牛奶和酸奶都有低脂型的，但是大多数奶酪、冰激凌和其他乳制品的脂肪含量都很高——而且都是不健康的脂肪。大脑发育必需的基础脂肪存在于植物油当中。不论是脱脂牛奶还是全脂牛奶，所含的健康脂肪都特别少。

即使是低脂的乳制品，也存在其他一些问题。乳制品会减弱儿童对铁的吸收能力，还会使幼儿或者其他对牛奶过敏的大孩子出现肠道出血现象。（12 个月以下的婴儿直接饮用牛奶不安全。牛奶制成的配方奶粉中应当添加铁，以保证宝宝能够吸收充足的铁元素；如果给宝宝喂低铁奶粉的话，只能是短期的。）这些问题，再加上牛奶本身基本不含铁，就可能引起缺铁（参见第 207 页，了解铁和脑部发育的更多内容）。

有一些健康问题会因为牛奶而加重，有的问题甚至就是牛奶引起的。其中包括哮喘和其他一些呼吸疾病、慢性耳部感染、湿疹（慢性皮炎，表现为发痒和鳞片状脱皮），以及便秘等。到底为什么出现这些问题，我们还不得而知。然而，这些病症肯定跟牛奶中的蛋白质过敏有关。如果哮喘或湿疹在家里蔓延，很可能是牛奶惹的祸。从膳食中取消乳制品，有时就能消除这些问题；而完全杜绝牛奶就可以预防这些问题。

有足够的证据表明，对那些天生身体就比较脆弱的儿童来说，喝牛奶可能会增加患青少年糖尿病的风险。牛奶中的一部分蛋白质在化学上和人体胰腺中分泌胰岛素的蛋白质相似。对少数儿童来说，对牛奶蛋白过敏可能会破坏胰腺中的胰岛素，从而引发糖尿病。

还有一些很有说服力的证据显示，包含很多牛奶的饮食容易使老年男性患前列腺癌。前列腺癌是男性第二大高发癌症（仅次于皮肤癌）。

最后，随着孩子的成长，很多人都会出现胃痛、肿胀、腹泻以及胃肠胀气，是乳糖引起的。很多人在儿童时期的最后阶段就丧失了对乳糖的消化功能，结果表现出这些症状。在自然界，动物在婴儿期以后就不再喝奶了。对于人类来说，这可能也应该是正常的模式。

牛奶是否会增加多种成年疾病的患病几率？这个问题还存在争论。这里说的成年疾病包括前列腺癌、卵巢癌和乳腺癌。有些研究发现了它们之间的某种关联，有些研究则没有类似的发现。关注的焦点集中在牛奶中含有的激素上。这些激素溶在乳脂当中。从理论上说，选择脱脂牛奶和无脂肪乳制品应该可以降低或者消除这些风险。

牛奶、钙和骨骼。对骨骼发育来说，儿童时期和青春期都是关键的阶段。根据膳食标准，一个孩子每天大概需要 900 毫克的钙，相当于 3 杯 240 毫升的牛奶。

在那些既精明又有煽动性的广告的影响下，每个人都“知道”牛奶是钙的重要来源。但是在科学家中，关于牛奶对骨骼健康的利弊问题还存在很大的争议。在几项成功的研究当中，科学家并没有发现牛奶的饮用量跟人们骨骼里钙的存储量之间存在着任何联系。这个发现很有价值。如果喝牛奶对骨骼的发育很重要，那么多喝牛奶的人就应该骨骼强壮，但事实并不是这样。事实上，在人均牛奶消费量非常高的美国，骨质疏松症的比例也很高。

这个现象有很多可能的解释。其中之一就是，钙的摄取量只是影响骨密度的众多因素之一。体育锻炼也不容忽视。重要的不仅是身体摄取了多少钙，还在于有多少钙从体内流失了。含有大量牛奶和乳制品的饮食也常常含有较多的钠。通常钠都是以盐的形式存在的，或者存在于用盐加工的食物当中，大多数软饮料里也含有较多的钠。对有的人来说，大量摄取钠的结果就是，钙会随着尿液流失。还有，奶和肉里的蛋白质总是含有较高的氨基酸，这也会导致钙质通过肾脏流失。所以，关于强健骨骼的问题，少摄取一些钠和动物蛋白至少没有任何害处。

健康的高钙食品。其他含钙食品有许多乳制品不具备的优点。大多数绿叶蔬菜和豆类中都含有一种钙，它

的吸收性可以和乳制品中的钙质相媲美，甚至略胜一筹。除了这种钙之外，绿叶蔬菜和豆类还含有维生素、铁、复合碳水化合物以及膳食纤维，这些营养一般都是乳制品里容易缺乏的。但是，其他食品也能够提供钙质，比如豆类等。加钙的豆奶或者大米饮料像牛奶一样好喝，而且还不含动物蛋白和脂肪。这样的饮料还包括高钙橙汁和其他果汁，也能够提供丰富的钙质，按照等量计算，含钙量跟牛奶一样。

含钙食品

（每份的大致含钙量，单位：毫克）

100毫克钙

100克煮熟的羽衣甘蓝；

100克甜豆、炸豆泥或者海军豆；

100克的豆腐；

100克白软干酪；

20毫升糖蜜；

1个松饼；

150克煮甘薯。

150毫克钙

100克煮熟的西蓝花；

30克马苏里拉干酪或菲达奶酪；

50克煮熟的芥蓝；

100克不含酒精的冰激凌；

5个中等大小的干无花果。

200毫克钙

100克甜菜或萝卜汤；

30克切达奶酪或蒙特里杰克奶酪；

90克带骨头的罐装沙丁鱼或三文鱼。

250毫克钙

30克瑞士奶酪；

50克老豆腐；

100克生大黄。

300毫克钙

240毫升牛奶；

100克酸奶；

50克意大利乳清干酪；

240毫升浓缩豆奶或米浆；

240毫升加钙橙汁或苹果汁。

资料来源：Jean A. T. Pennington, Bowes and Church's Food Values of Portions Commonly Used (New York : Harper & Row , 1989).

选择合理的饮食

我们曾经认为蔬菜、谷物和豆类是配菜，现在对此有了更多了解。实际上，这些食物在健康饮食中占有核心地位。如果你是个烹饪爱好者，就会在互联网和书籍中找到无数的菜谱，你也可能喜欢即兴发挥。儿童食用简单烹调的简单食物当然也能够茁壮成长。这里有一些方法推荐给大家。

绿叶蔬菜。西蓝花、羽衣甘蓝、菠菜、芥蓝、水田芹、瑞士甜菜、大白菜、奶白菜以及其他绿色蔬菜都富含容易吸收的钙、铁和孩子必需的许多维生素。每天的饮食都应该包括2～3份绿叶蔬菜。烹调绿菜叶的时间要短，只要一两分钟就行了，这样它们出锅时才会碧绿碧绿的。孩子大一点的时候，就可以用少量的海盐调味。但是，如果孩子还很小，对盐的味道还没有感觉，最好不要往菜里加盐。

其他蔬菜。各种各样的瓜，包括南瓜在内，都可以很好地烤制、做汤，以及跟胡萝卜、土豆和其他块根类食物一起做成炖菜。烤红薯和甜菜本身就带有甜味。各种椒都富含维生素。青豆可以提供维生素和膳食纤维。

豆类和豆科植物。红豆、黑豆、豇豆、鹰嘴豆和小扁豆都富含蛋白质、钙质、膳食纤维和许多其他营养。它们也是热量的极好来源。豆腐和豆豉都是用黄豆制成的，放在沙拉、炖菜、炒菜和汤里效果很好。包含豆类和糙米的一顿饭——或者任何豆子和谷物的组合——可以提供完全的蛋白质，却不含胆固醇，并且几乎不含饱和脂肪。

全谷食品。儿童饮食中一个重要的部分应该是由全谷食物组成的。糙米、大麦、燕麦、小米、全麦面条和通心粉，以及全谷面包都可以提供复合碳水化合物，从而不仅提供蛋白质、膳食纤维和维生素，还能提供持久的能量。精加工的过程会去除掉大部分膳食纤维和很多蛋白质，剩下的就只有淀粉。这种物质会很快分解成单糖。白面包和精白米提供的主要是热量，还有一部分维生素，几乎没有别的营养。

肉类食品。肉的质量很重要：在草地上放养的动物的肉中含有的饱和脂肪比较低，而且这样的动物比常规养殖的动物喂食的激素和抗生素更少。优质的肉品价格虽然高一些，但是少吃一点，这个花费还是值得的。请记住，一份成年人的肉食只有 85 克；儿童的份量更少。切碎的牛肉特别让人不放心，因为现代生产方式会把牛肉和其他动物的肉包装在一起，从而增加了细菌污染的风险。为了安全起见，牛肉必须经过烹调，直到完全没有粉红色才行。因此，不应该再吃半熟的汉堡了。

鱼类食品。鱼是一种很好的不饱和脂肪的来源，其中包括 Omega-3 脂肪酸（参见第 234 页）。虽然许多专家建议每周要吃 2～3 份鱼，但是从素食中也可以摄取大量的 Omega-3 脂肪酸。鱼类食品中的汞污染、其他重金属污染和过度捕捞问题一样，是人们比较关心的问题。怀孕的女性应该少吃汞含量高的鱼类（参见第 308 页）或干脆不吃。

如今，养鱼业尤其是鲑鱼的养殖迅速扩大。但是在营养方面，人工养殖的鱼类产品可能跟野外捕捞的鱼不同，因为鱼类食品的营养取决于鱼的饲料。野外捕捞的鱼很难找，所以很贵，购买冷冻的鱼不仅便宜一些，营养也不会有什么损失。寿命较短的小型鱼类，比如沙丁鱼，可以提供健康的脂肪，被重金属污染的可能性也比较小。沙丁鱼值得一尝。

脂肪和植物油。最健康的油是芝麻油、橄榄油、玉米油、亚麻油和多不饱和植物油。做菜时用少量的油抹一下锅，或者用植物油喷一下就可以了。植物脂肪比动物脂肪健康得多——虽然如此，不论用哪种油都应该适量。人造黄油跟黄油一样对身体有害，因为它在制作过程中会产生一种脂肪。这种脂肪跟饱和脂肪一样，对动脉有害。不要再往烤土豆上抹人造黄油或黄油了，试试第戎芥末、墨西哥调味汁，或者清蒸蔬菜吧。给吐司涂上果酱和肉桂，两层中间不涂黄油吃起来也很好，不涂任何东西的全麦面包也很香。

水果、种子和坚果。这些食品味美可口。本地出产的苹果、梨等时令水果最好，有机产品比使用农药的更健康（有机产品比较贵，但是长远来看，多吃蔬菜比多吃肉更省钱）。种子和坚果可以干炒或者磨碎后食用，容易消化。杏仁酱和有机花生酱既可以给孩子做美味的小吃，也可以当成糖果和冰激凌的健康替代品。（为了避免过敏，最好在孩子1岁以后再给他吃花生；杏仁和其他木本植物的坚果也是。）

乳制品。如果真的想让孩子食用乳制品，就要注意脂肪的含量。全脂牛奶对12～24个月的宝宝来说最好。孩子两岁时，就要改喝脂肪含量为2%的牛奶，5岁时要喝脂肪含量为1%的脱脂牛奶。脱脂牛奶不含饱和脂肪酸和胆固醇，还能提供蛋白质、钙质和维生素D。有关牛奶中蛋白质的一些值得关注的问题，在第242页讨论。虽然这些问题有争议，但是对于乳脂在5岁以上孩子饮食中的观点却没有异议：那就是越少越好。不含奶的乳状食品（豆奶、米糊、杏仁露等）随处都能买到。

蛋类食品。蛋白在容易引起过敏的食物中排名比较靠前，因此最好在孩子1岁以后再给他们吃。蛋白是很好的蛋白质来源，既不含脂肪，热量又比较低（一个大蛋的蛋白中大约含有16卡路里的热量）。蛋黄是维生素B_{12}和其他维生素、矿物质（比如铁和钙），以及蛋白质很好的来源。虽然蛋黄里的胆固醇含量比较高，但是饱和脂肪的含量却相当低，相当于一勺橄榄油的含量。把一个鸡蛋黄和菜籽油以及一点柠檬汁打在一起就可以制成蛋黄酱。

糖。精制糖属于单一碳水化合物，虽然热量很高，却没什么营养价值。孩子和大人的饮食都应该含有大量的复合碳水化合物，它们存在于谷物、豆类和蔬菜当中。作为甜品，最健康的选择就是新鲜的水果和果汁。煮水果的时候，要用苹果汁代替水和糖。也可以煮一些葡萄干，然后用煮过的汤来调味——这种汤也很甜。还可以用大米饮料或大麦芽来增加甜味。做甜味蔬菜——比如南瓜、玉米、菜瓜和胡萝卜——的时候，都不需要加糖。一开始，可能觉得这些食物吃起来一点都不甜，因为味道和糖不一样。但是，不再用糖烹饪的时候，你就会感觉到甜味蔬菜和水果的真正味道。

盐。多数精加工食品都非常咸，这会使含盐量正常的食物吃起来显得没有味道。所以最好自己烹制食物，少放盐。食用盐里都添加了碘这种基本的营养物质。如果不给孩子吃食盐和精加工食物，就要考虑通过别的途径摄取碘。碘缺乏症在美国非常罕见的。

饮料。积极推销给儿童的最常见饮料，既包括100%果汁也包括主要是糖水和香料的饮品。有些饮料中也会添加一些维生素。这些饮料都含有大量的单一碳水化合物（也就是糖），这些单一碳水化合物抵消了维生素的好处，它们是肥胖症的主要诱因。虽然不含糖的人工增甜饮料本身不会增加热量，但因为太甜了，所以对比起来，它们会使自然甜度的食物（比如水果）吃起来索然无味。

儿童真正需要的饮料就是纯净、清洁的水。为了选择的多样化，也可以给他们喝谷物、草药或者果汁制成的"茶"，还可以喝南瓜、洋葱、胡萝卜或者白菜制成的甜味蔬菜饮料。当然，要警惕咖啡里的咖啡因，红茶、绿茶以及许多以儿童为目标消费群的流行软饮料中都有咖啡因（巧克力也含有一定的咖啡因）。可以选择不含咖啡因的草药茶，或烘烤过的大麦做的大麦茶。

甜食。饼干、蛋糕，以及含有大量奶油、鸡蛋、糖的薄饼和面点能在短时间内满足孩子的胃口，但实际上并不能给他们提供矿物质、维生素、膳食纤维或蛋白质。这些甜点和零食也是看不到的脂肪的最大来源。当孩子还半饥不饱的时候，这些脂肪会欺骗孩子的感觉，让他们以为自己已经吃得很饱了，还会破坏孩子对更好的食物的胃口。

家长不必对高热量的精制食品过分警惕。没有必要制止孩子在生日宴会或其他特殊场合吃蛋糕。只有经常吃这类东西才会使孩子营养不良。在不必要的时候，在家里吃这些东西毫无意义。更不该让孩子养成每次饭后都要吃上一些油腻甜点的习惯。

家里不要存满了从商店里买来的饼干或冰激凌。可以和孩子一起做一炉饼干，享受制作的过程和劳动的成果。这些饼干吃完的时候，你们可以享受其他的甜味食物（比如水果）。当你把甜食放在了作为特殊款待的合理位置时，孩子们就会更珍视它，而且每天还能够享受更健康的食物。

简单的饭菜

安排好一日三餐听起来好像很复杂，其实不一定是这样。实际上，很可能比我们过去想象的要简单得多。理想的膳食应该以水果、蔬菜、全麦谷物、豌豆和豆类等为主。而肉类、禽类和鱼则可以尽量减少，甚至完全不吃。如果你给孩子吃牛奶和其他乳制品，就应该添加一些含钙的食品，或者用我们已经提到的食物选择替换。如果孩子吃的是绝对的素食，一定要保证每天都补充复合维生素，还要多看一些相关资料。为孩子选择食物时,也可以询问有经验的营养学家,或者跟信赖的朋友聊一聊,听取他们的建议。大体上,以下这些食品都是孩子每天必需的:

• 绿色或黄色的蔬菜,3～5份,最好有一些是生的;

• 水果,2～3份,至少一半是生的。水果和蔬菜可以交替食用;

• 豆科植物(菜豆、豌豆、小扁豆),2～3份;

• 全麦面包、饼干、谷物或面食,2份以上。

一日三餐的建议。如果觉得以下有些建议很奇怪或不寻常,那就对了。如果你想改变自己和孩子的饮食,就要乐于尝试。现在就带着一种开放的态度,看看哪些建议对你有效吧。

早餐

• 水果、果汁或绿叶蔬菜;

• 全麦食品、面包、吐司或薄饼;

• 掺有蔬菜的拌豆腐;

• 豆奶;

• 菜汤。

午餐

• 主食包括甜豆,用饼干、面包片或大麦做的粥,用全麦或者燕麦片做的粥,用小米或者大麦做的蔬菜粥,全麦面包和豆腐或者果仁奶油做的三明治,一个土豆,蒸的、煮的或炒的绿叶蔬菜;

• 蔬菜或水果,生的熟的都行;

• 无调料的炒葵花子;

• 豆奶、不含咖啡因的茶或苹果汁。

晚餐

• 绿叶蔬菜(在少量的热水里焯一下即可);

• 豆类、或者豆制品,比如豆腐或天贝;

• 米饭、面包、意大利面或其他谷类食品;

• 新鲜水果或者苹果酱;

• 果汁或白开水。

变换花样。许多父母都会抱怨,说不知道该怎样变换午餐的花样。其实,只要大致上满足下面3个条件就可以了:

• 能提供充足热量的主食;

• 一种蔬菜或者水果;

• 以多种方式烹调的绿叶蔬菜(比如芥蓝、西蓝花、羽衣甘蓝和韭葱等)。

孩子快2岁时,就可以用各种面包和三明治作为主食了。刚开始的时候,可以先给宝宝吃黑麦、小麦、燕麦粉、发酵面团或者多种谷物制成的面包。不要使用高脂肪低营养的黄油、人造奶油和蛋黄酱。最适宜的就是坚果酱，但是也要尽量少用。芥末酱不含脂肪，涂抹在三明治和土豆上孩子很爱吃。番茄酱里含有糖，改用墨西哥调味汁更健康，味道也不错。

三明治可以用各种各样别的食品做夹心。可以只放一种食品，也可以把多种食物混合起来做夹心——比如生的蔬菜（莴苣、番茄、胡萝卜或白菜）、炖熟的水果、切碎的干果、花生酱或用低脂肪蛋黄酱拌的豆腐。

营养丰富的汤或粥有很多做法。可以放进大麦粒或糙米，也可以把全麦吐司切成小块撒在菜汤里；菜汤可以勾芡，也可以是清汤。另外，小扁豆汤、豌豆汤和菜豆汤搭配谷类食物和青菜，也是一顿营养均衡的午餐。

不含盐的普通全麦饼干可以单独吃，也可以涂上上文提到的某种调味酱一起吃。

土豆是一种很好的低脂肪主食，烤土豆可以撒上一些蔬菜、甜豆、黑胡椒粉或墨西哥调味汁。在各种蔬菜上浇点番茄酱或墨西哥调味汁，能让很多孩子多吃青菜。

如果在煮熟的、预煮的或干麦片上加一些鲜水果片、煮水果或碎干果，孩子见了也能胃口大开。但是，我建议不要加糖。

吃完主食以后，先不要给孩子吃水果。可以给孩子吃一些熟青菜或黄色蔬菜，或者是蔬菜水果沙拉。香蕉可以做成很可口的主食点心。

无论是热面条还是凉面条，都是多种碳水化合物和膳食纤维的绝好来源。还可以加上蒸熟的蔬菜和番茄酱。有些孩子不喜欢谷类食品和面食，但是，只要经常给他们吃各种水果、蔬菜和豆类食物，同样可以获得充足的营养。如果你不在孩子小的时候强迫他们吃粮食，孩子以后自然会对这类食品感兴趣。不加鸡蛋的面条在大多数健康食品店都能买到。加入全麦谷物的面条最好。可以把面条炒着吃，也可以多加点蔬菜做成汤面。

蔬菜世界。蔬菜非常重要，应该在孩子的食谱中占有专门的位置。1周岁以内的婴儿可以吃这些熟蔬菜：菠菜、豌豆、洋葱、胡萝卜、芦笋、甜菜、南瓜、番茄、甜菜、芹菜和土豆等。宝宝到了6个月时，家里人吃的大多数蔬菜就都可以喂他们吃了，但是要用榨汁机把食物搅碎。也可以购买用这些蔬菜制成的罐装婴儿食品。要特别注意阅读标签上的营养说明，选择最纯净的一种。一定要提防那些掺了水或含有淀粉、木薯淀粉的婴儿食品。这样的食品在营养方面远不如在家里用榨汁机制作的食品。

宝宝快1岁的时候，就可以把蔬菜做成质地比较粗糙的块状菜泥，喂给他吃。豌豆要稍微捣碎再喂，以防孩子整个吞下去。蒸熟的蔬菜，比如胡萝卜、土豆和青豆等，都要切成小块，方便孩子用手抓着吃。

有时也可以用红薯或山药代替土豆。如果在宝宝1周岁之前，一直坚持给他吃容易消化的蔬菜，这时就应当逐渐喂一些他不常吃、而且可能不太好消化的食品，比如青豆(要弄碎)、西蓝花、卷心菜、菜花、萝卜等。如果孩子不喜欢这些蔬菜，不要强迫他，过一段时间自然就会吃了。

孩子2岁时才可以吃玉米粒。因为更小的宝宝吃玉米粒时还不会嚼，会原样从大便里排出来。因此，要选购嫩玉米。从玉米棒上往下切玉米粒时，不要紧贴着根部，这样，切下来的玉米粒是破开的。如果孩子三四岁的时候，你开始让他自己啃玉米，就应该把玉米粒一行一行地从中间划一刀，让玉米粒裂开。

一般在孩子1~2岁，就可以喂他比较容易消化的生蔬菜了。最理想的蔬菜是剥了皮的番茄、切成薄片的四季豆、切碎的胡萝卜和芹菜等。一定要仔细清洗干净。开始时要慢慢来，观察一下孩子消化得怎么样。你可以用橘子汁或甜柠檬汁当调料。(不要出现大块的生胡萝卜条，对于可能卡住宝宝喉咙的其他硬蔬菜也要多加小心。)

这个时期，也开始喂蔬菜汁和水果汁了。当然，它们不如完整的蔬菜和水果好，因为菜汁和果汁中缺乏膳食纤维。如果有榨汁机，就可以把膳食纤维留在果汁和菜汁里。跟熟蔬菜相比，这些汁液的优点是，它不会因为烹调而丧失维生素。如果孩子暂时不吃这种简单加工的蔬菜，也可以给他吃蔬菜汤，比如豌豆汤、番茄汤、芹菜汤、洋葱汤、菠菜汤、甜菜汤、玉米粥以及混合菜汤等。但是，市场上出售的方便菜汤太咸了，购买时要仔细阅读食用说明。许多方便菜汤都需要用等量的水稀释。如果不经过稀释，打开罐头就给孩子食用，会由于含盐量太多危害孩子的健康。

快乐进餐的秘诀

享受食物带来的快乐吧。给孩子提供各种各样的食物，让这些食物有不同的颜色，不同的质地和不同的味道，尽量保持食物的平衡，这里所说的不仅是口味、质地和营养的平衡，还包括盘子里色彩的平衡。只要条件允许，你可以让孩子帮助挑选和准备食物，布置餐桌和收拾碗筷。所有这些活动都能充满快乐。

进餐时要避免电视和电话的干扰。有的家庭会做几分钟的饭前祷告或冥想，这样可以形成一种充满感恩的心理和归属感。即使孩子不可避免地弄撒了食物，或者在餐桌礼仪上犯了错误，也不要在餐桌上批评和责骂他们。

我们不能单纯从热量、维生素或者矿物质的含量上来判断食品好坏，还要重点考虑食物里的脂肪、蛋白质、碳水化合物、膳食纤维、糖分和钠等的含量。需要注意的是，不必每顿饭都吃到所有重要的食物。只要在一两天内保持饮食的整体均衡就可以了。

从长远来看，每一个人都要在高热量和低热量的食物间保持均衡，还要在其他方面保持平衡的饮食。如果一个人只注重饮食的某个方面，而忽视了其他方面，就容易出问题。比如说，有一个正值青春发育期的女孩很想减肥，所以放弃了所有富含热量的食物，只吃沙拉、果汁、水果和咖啡。长此以往，她势必会得病。有的父母过于谨慎，错误地认为有各种维生素就足够了，而淀粉则不那么重要。于是，晚餐只给孩子吃胡萝卜沙拉和葡萄柚。但是，这些食物只能满足兔子的需要，孩子不能从中获得足够的热量。一位来自肥胖家庭的胖母亲可能为自己骨瘦如柴的儿子感到害羞。因此，她只给孩子吃油腻的食物，却挤掉了蔬菜、豆类和粮食。这样一来，孩子就会缺乏各种矿物质和维生素。

蔬菜的暂时替代品。假设孩子一连好几个星期都不吃蔬菜，他的营养会不会受到影响呢？蔬菜中富含各种矿物质、维生素和膳食纤维。各种水果也能提供许多同样的矿物质、维生素和膳食纤维。全麦谷物除了具有某些蛋白质以外，还能提供蔬菜中的维生素和矿物质。因此，如果你的孩子有一段时间不吃蔬菜，也不用太着急。吃饭的时候，要继续保持轻松愉快的心情。如果确实很担心，不妨每天给孩子吃一片复合维生素。不强迫孩子吃蔬菜，他就会恢复对蔬菜的兴趣。否则，他也许会更坚决地抵制蔬菜，让你看看究竟谁说了算！

爱吃甜食的习惯。对甜食和油腻食品的偏爱常常是在家里养成的习惯。比如，每次饭后都吃一些甜点，糖果在家里随手可得，甚至还把某种垃圾食品当成给孩子的最高奖赏。当父母们说“不把菜吃完你就别想吃冰激凌”的时候，实际上在拿垃圾食品作诱饵，使孩子产生一种错误的认识。父母不应该这样做，应该让孩子明白，一个香蕉或者一个桃子才是最好的奖赏。

孩子也常常爱吃父母吃的东西。如果你经常喝汽水，吃大量的冰激凌和糖果，或者油炸薯片不离口，那么，孩子也会非常爱吃这些零食。（我认为，偶尔来串门的祖父母买的甜点心或糖果，可以当成特殊礼物。）

饭前加餐。是否给孩子加餐要看情况而定。许多宝宝和大孩子在正餐之余都需要吃一点加餐（也有些孩子不用加餐）。如果他们的食物种类选择得好，吃的时间合适，方法也正确，那么，一般都不会影响正常吃饭，也不至于养成不良的饮食习惯。其实，如果孩子能从正餐的粮食和蔬菜中获得充足的碳水化合物，一般也不至于在两顿饭之间感到特别饥饿。

牛奶不适于作为孩子的加餐，因为很可能使孩子失去对下一顿饭的食欲。所以最好选用水果或蔬菜作加餐。但是，偶尔也有这种情况，孩子上一顿饭吃得不多，所以还不到下一顿饭的时间，他就已经饿得厉害或十分疲倦了。在这种情况下，要是给他们补充一些热量高、营养丰富的加餐，就会帮助他们健康成长。

对于大多数孩子来说，加餐的最佳时间是在两顿饭的中间，而且要离下一顿饭一个半小时以上。当然也有例外的情况。有的孩子虽然在上午10点左右喝了果汁，但在午饭前还是会感到十分饥饿。因此，他们会发脾气，甚至拒绝吃饭。为了避免这种情况，要在午饭前20分钟给他们喝杯橘子汁或番茄汁。这样既可以平缓他们的心情，也能增加他们的食欲。由此可见，在正餐之间什么时候给孩子加餐，以及选用什么食物，只不过是个常识问题，只要适合孩子就可以了。

父母们也许会抱怨孩子吃饭的时候吃得很少，却总是在其他时间要吃的。这个问题并不是父母随便给孩子吃零食引起的。恰恰相反，在我见到的所有事例中，都是因为父母总是催促孩子，甚至强迫孩子吃饭，而在其他时间又不让他们吃东西造成的。正是这种压力使得孩子在吃饭时失去了胃口。几个月后，孩子一进餐厅就会反胃。但是，当孩子吃完饭后（即使只吃了一点东西），胃里就又舒服了。然后，它就会像一个健康的空胃一样，让孩子感到饿，想吃东西。所以说，正确的做法并不是禁止孩子吃零食，而是要让他们在吃饭的时候心情舒畅，见了饭就流口水。那么，到底什么才是正餐呢？正餐就是精心准备的、让人胃口大开的食物。如果孩子觉得正餐的饭菜还不如零食有吸引力，说明父母在某些方面没有处理好这个问题。

第三部分

健康和安全

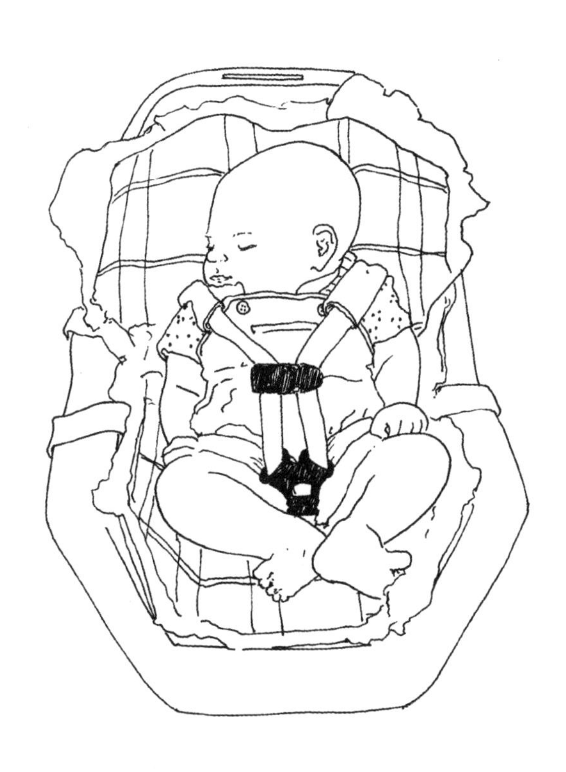

普通医疗问题

孩子的医生

儿科医生、家庭医生、主治医师都能为孩子提供卫生保健服务。为了简洁方便，我们把这些专业人员统称为医生。

父母和医生是搭档。医生是医疗专家，父母是自己孩子的专家。医生能提出建议，还能提供治疗方案，但这些经常依赖于父母提供的信息的质量。交流总是双向的。别忘了，父母和医生有着共同的目标，那就是让孩子成为一个健康、快乐又有价值的人。

提出问题。大多数刚做父母的人一开始都不好意思提问，担心那些问题太简单或太愚蠢。如果有这种担心，那就太傻了。无论有什么问题，都有权利得到解答。大多数医生都很乐意回答他们了解的任何问题，而且问题越简单越好。要是每次去见医生之前，都把要问的问题记下来，就不用担心漏掉某些问题了。

当父母提问题的时候，医生可能刚解释了一部分，就在谈到最重要的部分之前转换了话题，这种情况经常发生。如果父母羞于开口，不好意思追问那个关键的问题，就只能带着剩下的问题回家。所以，最好大胆一点，把想知道的问题说清楚。这样医生才能给父母充分的解答。如果有必要，他可能会建议父母向专家咨询。

还有些时候，你会在刚见过医生后不久又出现疑问。如果觉得这个问题可以等一等，就等到下次去医院时再问医生。但是，如果不放心，就应该给医生打个电话问一下。就算你很清楚这个问题其实微不足道，也要问清楚。问清楚以后就安心了，总比坐着干着急要好得多。

和医生意见不一致。一般情况下，父母和医生很快就能熟悉起来，并且互相信任，相处也会比较融洽。但是少数时候也会出现误解和不快，这是人之常情。这种情况大多数都可以避免，即使真的发生了不快，只要双方坦诚地沟通，也很容易解决。

父母最好把自己的感觉说出来。如果感到不快、忧虑或担心，就应该让医生了解。有的父母怕得罪人，所以不敢对医生的诊断表示怀疑，也不敢在体检过程中质疑医生对待孩子的方法。其实，如果把这些感觉表现出来，医生就会帮父母解决。如果放在心里，父母的忧虑可能反而会增加，也失去了跟医生交流的机会。大多数医生并不是那种小心眼和好面子的人，他们并不要求父母对他们说的每一句话都言听计从。

征求其他意见。如果孩子出现了使人非常担心的疾病或者症状，想听听另一位专家的看法，父母有权利提出这种要求。许多父母对此犹豫不决，害怕这种要求会让医生误以为父母对他缺乏信心，从而伤害医生的感情。其实，这是医疗实践的常见程序，医生能够轻松地看待这件事。实际上，医生跟普通人一样，也会在自己治疗病人时感到不安，即使他们不会表现出来。这种不安会使他们的工作更加困难。所以，其他专家的意见不仅解除了父母的疑虑，也能为医生消除这种不安。

斯波克的经典言论

有些时候，父母和医生都会发现，无论他们多么坦诚，多么努力地配合，却始终无法融洽地相处。在这种情况下，最好公开地承认这一点，然后另找一位医生。所有的医疗专业人员，包括那些最成功的人，都明白他们并不适合所有的人，也都豁达地接受了这个事实。

定期检查

了解孩子发育情况的最好办法就是定期让医生给孩子检查身体。大多数医院都会建议父母在孩子出生后2周之内做一次检查，然后分别在孩子2个月、4个月、6个月、9个月、12个月、15个月、18个月和24个月的时候各做一次体检，以后每年一次，这也是美国儿科学会推荐的时间表。如果想给孩子额外作一些检查，也可以提出相应的要求。

每一次健康检查都应该包括以下内容：身高、体重和（前三年）头围，一一标注在表格里，以判断孩子是否生长正常；有关成长发育、行为表现、营养和安全的问题；应对接下来的几个月可能出现的情况的建议；此外常常还包括免疫方面的问题。医生还会越来越多地通过正式的筛查问卷来了解父母关心的问题，同时发现如孤独症等发育问题的早期征兆。医生们一般都会通过每年一次的实验室测试来检测铁缺乏症；其他诸如铅中毒或肺结核等问题的测试则根据具体情况而定。就算宝宝一切正常，这些检查也可以建立起父母和医生那种信任和熟悉的关系，不仅可以让父母从容自然地提出心里的问题，还能听到医生充满智慧的建议。

给医生打电话

打电话的原则。在打电话咨询孩子的病情之前，父母要了解医生在这方面的行医常规。大多数医生在工作日都有护士协助，护士主要负责回答关于病情的问题，还能告诉父母孩子是否需要看医生。如果医生有更方便的时间接听电话，要跟护士打听清楚。当父母要咨询可能需要去医院的新病情时，就更要问清楚了。许多孩子都会在下午表现出生病的具体症状，大多数医生也希望能在下午尽早了解这些症状，这样就能做好相应的安排。

晚上或者周末就不同了。如果父母很担心孩子的情况，所有诊所都有联系电话。一般都会得到应答服务，会通知当天晚上值班的医生或护士。

什么时候打电话合适。抚养了两个孩子以后，父母就能比较准确地判断，孩子的哪些症状或者问题需要立即跟医生取得联系，哪些可以等到第二天，或者下次常规检查的时候再问医生。

刚做父母的人经常会觉得，要是有一份需要给医生打电话的症状清单就好了。但是，没有什么清单能够包罗万象，毕竟世界上有上千种不同的疾病和损伤。父母必须运用自己的常识判断。一条比较保险的原则就是，如果真的很担心，那么，即使觉得可能没有必要，也要给医生打电话。在一开始不是很有必要的时候多打几次电话，也大大好过因为怕自己显得愚蠢或者不愿在电话里打扰医生，而在必要的时候耽误了病情。

到目前为止，最重要的原则就是，如果孩子看上去不舒服，或者表现出生病的症状，就要立即咨询医生，至少也得在电话里咨询一下。这些症状包括反常的疲劳、昏昏欲睡，或者对什么都缺乏兴趣；反常的烦躁、焦虑或者不平静；反常的脸色苍白等。婴儿 1～3 个月，他可能既没发烧也没有其他明显的症状，就严重地病倒了，这种情况确实存在。

需要电话咨询的具体症状。如果宝宝看起来像是生病了，那么不管是否有特殊症状，都需要父母马上给医生打电话。另一方面，如果宝宝看起来不错，很活跃、顽皮、警觉和热情，就不太可能有严重的疾病。不管其他症状如何，只要出现这几种症状，就要及时跟医生取得联系。

*发烧。*如果宝宝还不到 3 个月，就算看起来很好，只要体温达到 38℃以上，就得马上给医生打电话(直肠体温，参见第 265 页)。即使婴儿只是有一点发烧，甚至不发烧，也可能病得很厉害。但是对大一点的孩子来说，他们的精神状况要比发烧的情况更重要。三四岁以后，高烧经常是由轻微的感染引起的。常规来讲，如果孩子的体温在 38.3℃以上，就得请医生诊治了。如果孩子因为轻微感冒而发高烧到 38.3℃，但是看起来还是很高兴，就不必在半夜里给医生打电话。

*呼吸急促。*儿童的呼吸本来就比成年人快。健康的婴儿每分钟呼吸多达 40 次，幼儿可达 30 次，10 岁以上的儿童也有 20 次之多。一吸一呼算一次，可以数一下孩子 60 秒之内的呼吸次数。偶尔注意一下他的呼吸，你就能了解是否出现了反常的变化。发烧和疼痛会使呼吸的频率加快，生病时也一样，比如得了肺炎和哮喘的时候就会如此。如果较高的呼吸频率过了好几分钟都不回落，一般就表明出现了严重的问题。

*皮肤缩进。*如果肺部的气体不能顺利地进出，孩子就会通过胃、胸和颈部的肌肉用力呼吸。这时，父母就能看见孩子锁骨上方的皮肤被吸进去(缩进)，肋骨之间和下方的皮肤也会出现缩进去的情况。呼吸困难的其他表现还包括鼻孔扩张或者每次呼吸都伴有呼噜声。虽然罪魁祸首常常就是阻塞了鼻子的鼻涕，但是父母很可能因为呼吸困难的种种迹象而不得不带孩子去医院，以确保没有更严重的问题出现。

*带杂音的呼吸。*有胸部感染或哮喘病的孩子呼吸要比正常孩子带有更多的杂音。父母可能很难准确地判断噪音来自哪里。有时候，噪音就是来自鼻子里的黏液，并不是肺部的问题。噪音也可能来自气管（喘鸣），当孩子吸气的时候声音最大。还有些时候，噪音来自肺的内部。如果这些杂音声调很高，几乎像刺耳的音乐似的，而且呼气的时候声音更大，那可能是哮

喘，得了哮喘病的孩子就容易发出这种声音。如果孩子持续出现收缩或呼吸急促的现象，但是呼吸时的杂音却减少了，可能是因为阻塞部位附近的空气太少了，不能发出杂音。这种情况是真正的紧急医疗事件。如果在呼吸困难的时候，出现了嘶哑的声音，特别是伴有流口水的症状，就要立即找医生诊治。

疼痛。疼痛是身体的内部警报，提醒某个部位出了毛病。如果疼痛并不厉害，也没有别的症状（例如发烧），或许可以安心地等一等，同时注意观察。如果孩子疼得非常厉害，无法安抚，或者孩子看上去病得很厉害，无论如何都要给医生打电话。只要有疑问，就要打电话。

任何一种不同寻常的呕吐。应该立即向医生汇报。如果孩子看起来很没精神或者跟平时不一样，更要立即就诊。如果孩子吐血了，要立即请医生。这些措施当然不适用于进餐不适引起的呕吐，这种呕吐在婴儿中很常见。

严重的腹泻。这时应该立即找医生，比如带血的腹泻或者婴儿大量的便溏和水样便等。轻微的腹泻可以等一等。如果发现了脱水的迹象（比如疲倦、尿量减少，口干和眼泪减少等），就要把这些情况报告给医生。大便里或者尿液里带血，应该马上给医生打电话。

头部受伤。如果孩子出现以下情况，应该找医生：失去知觉；在受伤后15分钟内情绪低落且脸色难看；看上去越来越困倦，越来越迷糊；受伤之后开始呕吐。

误食有毒物质。如果孩子误食了可能有危险的东西，应该马上送孩子去医院。

出疹子。如果孩子好像生病了，而且长疹子，或者出疹子的面积越来越大，应该立即给医生打电话。如果怀疑疹子是皮下出血引起的，就要立刻就医——不论是大片紫色的印子，还是抓挠皮肤后不褪消的小红点，都要特别关注。

记住，这些只列出了应该给医生打电话的一部分情况。只要有疑虑，就要打电话！

打电话之前。有时候，医生很难判断孩子是否真的病得很重，是需要立即就诊，还是可以等到第二天。因此，给值班的医生或护士提供的信息就十分关键。在打电话之前，父母应该掌握以下信息（如果有必要，可以写在纸上）：

- 令人担心的症状是什么？这些症状是什么时候开始的？多长时间出现一次？还有其他症状吗？
- 孩子的主要症状是什么：发

烧、呼吸困难、脸色苍白还是其他现象。（不管孩子什么时候生病，你都应该给他测量体温。参见第264页。）

• 针对孩子的情况，已经采取了什么措施？有效吗？

• 孩子看上去怎么样？是清醒还是困倦？眼睛是否有神？是在高兴地玩耍，还是委屈地哭闹？

• 孩子以前有过可能跟目前担心的症状有关的疾病吗？

• 给孩子吃药了吗？如果吃了，吃的是什么药？

• 你对这种情况有多么担心？

电话诊断的质量取决于父母提供的信息的质量。医生和护士也是人，他们有时也会忘记问某一个重要的问题，尤其在深夜的时候。父母要通过电话把这些信息传达给接听的人，这样才能帮助医生或护士作出正确的诊断。

照料生病的儿童

当心宠坏了孩子。孩子生病时，父母自然会给他们很多特别照顾和关爱。父母会不厌其烦地给他们准备饮料和食品，如果不喜欢，父母甚至会马上去准备另外一种。你会心甘情愿地给他们买新玩具，让宝宝高高兴兴，不吵不闹。孩子很快就会适应这种新的身份。他们可能会把父母支使得团团转，还会要求父母立刻满足他们的要求。可是，大多数生病的孩子几天之内就会康复。一旦父母不再为孩子担心，也就不再理会孩子的不合理要求了。几天过后，一切都会恢复正常。

对于持续时间较长的疾病来说，父母的高度关注和特别照顾可能会给孩子的精神状态造成不利的影响。孩子的要求可能会变得越来越过分。原本有礼貌的孩子也可能像被宠坏的演员一样，变得容易激动和喜怒无常。孩子很快就会懂得去享受生病时的优待，还会设法赢得同情。这样一来，他们身上一些讨人喜欢的优点就会逐渐“萎缩”，就像得用不到的肌肉一样。

恢复正常的生活。父母应该尽快和生病的孩子一起回到正常的生活状态，这是明智的做法。要注意一些小事，比如：进屋时要带着一种友好而又自然的表情，不要一脸担心；要用一种期待好消息的语气询问孩子感觉怎么样，一天只问一次就可以了，不要让孩子觉得父母在等着听他诉苦；如果父母根据经验知道孩子想吃什么或想喝什么，就很自然地拿给他们；不要小心翼翼地问他们是否愿意尝一尝，也不要表现得好像吃了那些东西就很了不起似的；不要强迫他们，除非医生认为有必要让他们多吃一点，

孩子生病的时候，胃口更容易因为被强迫而变差。

如果想给孩子买玩具，要挑那些既能让他积极动手，又能让他发挥想象力的玩具，比如积木和拼插玩具、缝纫工具、编织工具、穿珠子的工具、绘画用具、做模型的用具和收集邮票的用具等。每次只给他一个新玩具。很多在家里就能进行的活动也很好，比如从旧杂志上剪图片，制作一个图片本，缝东西，用纸板或者遮蔽胶带建造农场、城镇，给布娃娃做一个家等。多看一会儿电视、多玩一会儿电子游戏等；但是，时间太长可能让孩子无精打采，还可能让他想继续赖着装病，好尽情地玩他着迷的东西。

如果孩子要卧床很长一段时间，但他的身体状况已经可以开始学习了，就要尽快请一位老师或家庭教师，或者让最合适的家庭成员来帮助他。每天都要用一段固定时间复习学校的功课。父母可以每天花一点时间陪着生病的孩子，但是没有必要每时每刻都形影不离。对孩子来说，知道自己的父母有时候要在别的地方忙碌，对健康发展是有利的。只要在紧急情况下能找到父母就可以了。如果孩子的疾病不会传染，医生也允许和小伙伴一起玩，可以经常邀请别的孩子来家里玩，还可以请这些小朋友留下来吃饭。

当孩子的病已经好了，但还没有完全恢复原来的状态时，父母必须运用自己的理智来判断他还需要多少特别的关心。总之，最好的办法就是，让孩子在这种情况下尽可能地过平常的生活。应该要求孩子对父母和家里的其他人都举止得体。不要用担心的口气跟孩子说话，也不要做出忧虑的表情。

发烧

什么是发烧，什么不是发烧？首先应该了解的是，健康孩子的体温不是总固定在37℃的正常值上。这个温度总是忽上忽下，具体要看一天里的时间段和孩子正在进行的活动。一般来说，孩子的体温在清晨最低，在傍晚最高，但是这种差距其实很小。孩子休息时和运动时体温变化比较大。小一点的健康孩子跑来跑去以后，体温可能会达到37.6℃，甚至是37.8℃。

从出生到3个月大，孩子的体温一旦达到或超过38℃，就可能是严重疾病的表现，应该向医生报告。为了保证孩子的安全，这是父母必须牢记的几种情况之一。严重的感染可能把病菌带进血液、骨骼、肾脏、大脑或其他部位。因此，这些感染需要非常严肃地对待。有一种情况例外：如果宝宝被包裹得太紧，就把被子打开一点，几分钟之后再测量一次体温。如果体温正常，孩子也表现得很健康，那么很可能是太热了。如果大一点的孩子体温在38.3℃以上，可能就是生病了。总的来说，发烧的温度越高，就越有可能存在严重的感染，而不是轻微的感冒，也不是病毒性的感染。然而，有的孩子即使是轻微的感染也可能导致高烧，也有些孩子虽然出现了严重的感染也只是发低烧。发烧的温度只有超过41℃才会对儿童造成伤害，因为这个温度超过了大多数孩子所能达到的最高体温。

当孩子发烧的时候，多数情况下体温都在傍晚最高，早晨最低——但是，如果孩子的体温是早晨高，傍晚低，也不必吃惊。有几种疾病会伴有持续的高烧，而不是体温时升时降。这些疾病中最常见的就是肺炎和红疹(参见第266页)。病情严重的婴儿可能还会出现体温偏低的现象。体温稍低（低至36.1℃）的现象有时会出现在即将痊愈的阶段。健康的婴幼儿也会在早晨体温较低。只要孩子感觉良好，这种情况就不必担心。

生病时为什么会发烧？发烧是身体对许多感染和某些疾病的反应。发烧原本是身体抵抗传染病的一种方式，因为某些细菌在较高的温度下更容易被杀死。在正常情况下，控制体温的是大脑里一个被称为下丘脑的小区域。如果体温过高，下丘脑就会刺激身体排汗，通过蒸发水分来降低体温。如果体温过低，下丘脑就会让人打寒战，通过肌肉的振颤产生热量。这个系统的工作原理跟室内暖炉的恒温器非常相似。对感染作出反应时，免疫系统释放出的化学物质“调高”了大脑里的恒温器。所以尽管体温可能达到 37.7℃，只要恒温器的温度被设定在 38.8℃，孩子就会觉得冷，甚至会发抖。类似扑热息痛（对乙酰氨基酚）的药物通过阻止这种发烧诱导物质的生成，从而使体内的恒温器恢复正常。一旦发烧停止了，孩子就可能出汗，这个信号说明，此时大脑已经意识到体温太高了。

发烧不是疾病。很多父母以为发烧是不好的现象，所以想通过用药把体温降下来。但是，最好不要忘记，发烧本身并不是疾病，而是身体用来抵抗感染的方法之一。另外，发烧还有助于观察病情的发展。有时候，医生希望把体温降下来，那是因为发烧干扰了孩子的睡眠，或者因为发烧消耗了病人大量的体力。也有时候，医生会先不考虑发烧的问题，而是集中力量治疗感染。

测量体温。经验丰富的父母经常觉得，只要用自己的手背或嘴唇试试宝宝的额头，就知道宝宝是不是发烧了。但问题是，不可能对医生（或其他任何人）说，宝宝摸上去有多热。

我十分赞成人们用数字式电子体温计。因为电子体温计更快捷、更准确，也比传统的玻璃体温计更容易读取。这种体温计的价格并不贵，只要 10 美元左右。另外，万一打碎了，也不会把有毒的汞释放到环境中造成污染。如果你用的是玻璃体温计，就不要再用了，但是，不能只把它丢进垃圾箱里了事。水银是一种有毒的物质，绝对不该把它扔进垃圾填埋场。正确的做法是，请宝宝的医生代为处理，或者按照处理有毒垃圾的相应程序（玻璃体温计就属于有毒垃圾），交给当地的固体垃圾处理系统处理。

有了数字式电子体温计，父母要做的就是把它擦一擦，打开开关，然后迅速放好。时间一到，它就会发出温和的嘟嘟声，提示读取体温。对小宝宝来说，测量直肠的温度最准确。

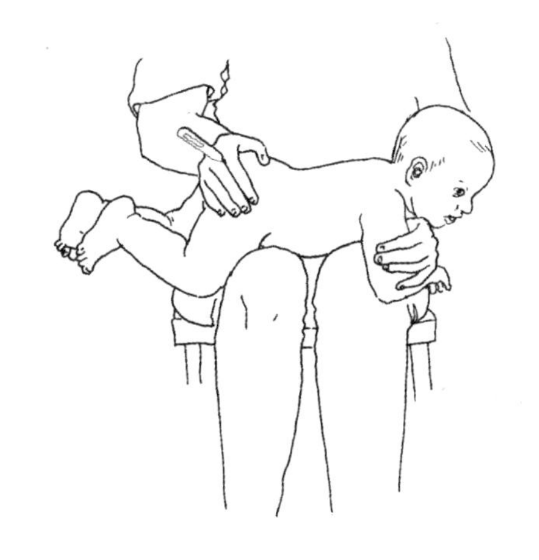

在体温计上涂一点凡士林或者其他温和的润滑油，让宝宝面朝下趴在你的大腿上，或者用一只手提着他的双腿，再把体温计的感应头缓缓地插进宝宝的肛门里，伸进去1.5厘米左右就可以了。5～6岁以后，大多数孩子都能很配合地把体温计压在他们的舌头底下，然后合上嘴巴一分钟左右。也可以测量孩子腋窝的温度（腋下温度），但是腋下温度不如直肠和口腔温度准确。有些儿童的血管可能离皮肤很近，这样一来腋下温度就会比正常值高一些；而有些儿童的血管离皮肤比较远，这样，腋下温度就比正常值稍低。在需要精确度的时候，测量直肠或口腔温度是最佳的选择。

清洁体温计的时候，可以先用微温的水和肥皂清洗，再用外用酒精擦一擦，但是要用凉水冲洗干净，以免下次放进孩子嘴里的时候带有酒精的味道。

应该持续测量多少天的体温？下面这种情况偶尔也会发生。孩子得了严重的感冒，还发烧。医生给孩子看过病，或者问了一些情况，然后要求父母每天给孩子量2次体温。最后，孩子退烧了，也恢复得不错，只是有点轻微的咳嗽和流鼻涕。医生嘱咐父母，只要孩子的感冒完全好了，就让他到户外去活动。2周以后，父母打电话说，他们和孩子都在屋里待烦了，孩子已经有10天没有出现过咳嗽和流鼻涕的症状，看起来非常好，吃饭也很正常，只不过每天下午，孩子的体温还是高达37.6℃。就像我前面解释的那样，这对一个欢蹦乱跳的孩子来说不见得是发烧。在室内待着担心体温的那10天简直是浪费时间和精力，而且是个错误。

在大多数情况下，如果体温持续几天在38.3℃以下，一般就不用再为孩子量体温了。除非医生提出了这样的要求，或者孩子似乎在某些方面病得更厉害了。先不要让孩子上学，要等到正常的体温恢复并持续了24小时以后，孩子感觉好多了，再让他上学，但这时感冒的症状不一定非得完全消失。不要养成没病也给孩子量体温的习惯。

发烧的处理（到医院之前）。孩子1～5岁时，一些轻微的感染就会使他们发烧到40℃，有时甚至更高。这些小毛病包括伤风感冒、嗓子痛、流行性感冒等。其实，危险的疾病反而可能不会使体温高过38.3℃。所以，不要对发烧的温度过于担心。当孩子看起来不舒服或者是跟平时不一样的时候，不管体温是多少，都要和医生取得联系。

有时候，孩子会因为高烧而感到

特别不舒服。如果孩子在生病的第一天体温就达到了40℃以上，可以用退烧药给孩子退烧，比如服用扑热息痛或布洛芬。这些药既有片剂，也有水剂。按照药品包装上的说明，使用合适的剂量。要记住，药品的使用剂量会随着年龄和体重的不同而变化。

这些退烧药只能给孩子吃一次。如果三四个小时以后还没有跟医生联系上，才能给孩子再吃一次。（一定要把这些药收好，别让孩子拿到或者打开。虽然这些都是非处方药，但也不是完全无毒无害的，过量服用会带来致命的危险。）

父母可能想给孩子洗个澡，或者想用湿布或海绵给孩子擦一擦。给孩子洗温水澡或者用湿布擦一擦的目的，是想通过摩擦把血液带到体表，再通过皮肤上水分的蒸发把这些血液的温度降下来。人们习惯用酒精给孩子擦洗，但是在一个小屋子里频繁地使用酒精，会有很多被吸进肺部。用水擦拭效果其实是一样的，而且既便宜又安全。然而，这些办法只能使体温暂时降下来，由于体内的恒温器还“设置”在一个较高的温度上，所以很快又会使体温回升。

如果孩子发烧的温度很高，脸都烧红了，那么在一般的室温下，给孩子盖上薄薄的一层，也许一条床单就可以了。这样一来，孩子可能会舒服一点，还有助于身体散热。

警 告

决不要给儿童或者十几岁的孩子吃阿司匹林退烧，也不要用它来治疗伤风感冒或者流行性感冒的症状，除非医生让你用这种药。只有扑热息痛、布洛芬和非阿司匹林类的药品才能给少年儿童服用。如果孩子患的是病毒引起的疾病，尤其是流行性感冒或者水痘，那么阿司匹林会增加孩子感染雷氏综合征的危险。那是一种不太常见却非常危险的疾病（参见第382页）。

发烧与抽搐。父母经常担心持续的高烧会引起抽搐。事实并非如此。孩子的抽搐（参见第325页）一般都出现在发病初期，是体温的急剧上升引起的。退烧的目的在于缓解孩子的痛苦，而不是为了预防抽搐。

患病期间的饮食

医生会根据疾病的性质和孩子的口味，告诉父母孩子得什么病应该吃什么食物。下面是一些得到医疗服务之前应该遵循的原则。

对于不发烧的感冒。孩子得了感

冒，却不发烧，这期间的饮食完全可以照常。但是，就算只是轻微的感冒，也会使孩子的胃口下降。原因可能是他们待在屋里，不像平时运动量那么大，也可能是因为身体不舒服，还可能是因为他们总是吞咽黏液，所以觉得恶心。不要强迫孩子吃太多东西。如果孩子吃得比平时少，就在两顿饭之间多给他喝一点流食。有人认为，流食越多越好。让孩子们想喝多少就喝多少确实没有害处，但是喝太多的流食并不会带来额外的好处，还是适量比较好。鸡汤在许多文化中都是一种传统的治疗方法。有科学证据表明，它真的有助于病情的好转。一天中少量多次地小口服用最有效。

发烧期间，咨询医生之前的饮食。当孩子由于伤风、流感、嗓子疼，或者任何一种别的感染性疾病而发烧达到 38.9℃以上时，在患病初期他们的胃口一般都会大大下降，对固体食物尤其不感兴趣。发烧前一两天，如果孩子看起来不饿，就别给他们吃固体食物，但是一定要不断给他们喝流食。橘子汁、菠萝汁和水都是最常用的饮料。不要忘了给孩子喝水。水虽然没有营养，但这暂时不重要，因为生病的孩子最需要的就是水。至于是否需要其他饮料，就要看孩子的口味和患病的情况了。

如果孩子的感染引起了口腔的疼痛，就可能不想喝柑橘类饮料，因为酸味会刺痛口腔。有的孩子喜欢葡萄柚汁、柠檬汁、梨汁、葡萄汁、淡茶。冰棍也是很好的液体来源。大一点的孩子可能喜欢姜汁汽水和果味苏打水这类碳酸饮料。可乐里含有咖啡因，最好不要让孩子喝。乳制品可能会带来更多的痰，在上呼吸道感染时饮用会感觉很不舒服。

最重要的原则是：不要强迫生病的孩子吃任何他不想吃的东西，除非医生有特殊的理由要求这样做。勉强吃东西很容易导致呕吐，引起肠道不适，还可能形成饮食障碍。

出现呕吐时的饮食。许多疾病都会导致呕吐的现象。因为胃被疾病搅得不舒服，消化不了那些食物。这时的饮食安排取决于很多因素，应该由医生规定。但是，如果不能马上见到医生，也可以参考以下建议。还可以把一茶匙的盐和八茶匙的糖放到 1 升的水里搅拌均匀，就成了自制的口服溶液。

可以先给孩子小口小口地喂一点水或补液盐水。补液盐水是一种按照最容易吸收的比例配制的盐和糖的混合溶液。一开始，每隔 15～20 分钟喂 15 毫升。等孩子适应了以后，再逐渐加量，一直加到每隔半小时喂 120 毫升（半杯）。如果喝了这么多补液盐水，孩子也没有呕吐，就可以试着喂一些稀释的苹果汁或草药茶（胡椒薄荷或黄春菊效果都不错）。很多孩子对冰棍的反应也很好。

也可以喂点固体食物。先给他吃一些简单的东西，比如一块饼干、一片烤面包、一点香蕉、一勺苹果酱，等等。不要给孩子喝牛奶或者食用乳制品，这类食物不太好消化。

腹泻孩子的饮食。腹泻期间，最重要的就是保证孩子摄取足够的水分，以免出现脱水。腹泻和呕吐都会使孩子流失一定的水分，当摄入的水分少于丧失的数量时，就会出现脱水的症状。最早的征兆就是不爱动。脱水的表现还包括口干、眼窝凹陷和皮肤苍白等。

到了 2 岁以后，孩子出现严重腹泻或长期腹泻的情况就少多了。在父母和医生取得联系之前，最好的办法就是随他的胃口给他吃一些日常的食物。研究表明，像果冻饮料、苏打饮料和苹果汁这类传统的“止泻食品”实际上会加重腹泻的症状，还会延长腹泻的时间，所以不要提倡这种饮食。

如果出现严重的腹泻，就要考虑给孩子服用补液盐水。当然最好还是先跟医生商量一下。病情比较严重，需要喝补液盐水的孩子一般都应该到医院检查。如果孩子不断把喂给他的电解质溶液（比如补液盐水）吐出来，可能就要到诊所或医院打点滴，以补充体液。

患有慢性病的孩子。对于患有慢性病的孩子来说，营养是关键的问题，这些疾病包括糖尿病、乳糜泻以及囊性纤维化。当孩子除了潜在的症状之外还伴有感染现象的时候，营养问题就更重要了。在这种情况下，最好的办法就是跟医生密切配合，此外还要经常跟有经验的营养专家或膳食学家交流。

即将痊愈时的饮食障碍。如果孩子烧了好几天，也没怎么吃东西，体重自然会下降。头一两次发生这种情况时，父母都会很担心。烧终于退下去了，医生会说孩子可以恢复正常饮食了，这时父母迫不及待地喂孩子吃饭。但是，孩子经常会跑掉。如果父母一顿接一顿，一天接一天地强迫他吃饭，他的胃口可能再也不会恢复了。

这样的孩子并不是忘了怎么吃饭，也不是太虚弱了不能吃饭。真正的原因在于，当体温恢复正常时，孩子体内仍然残存一些炎症，足以影响他的肠胃。所以，孩子一看到那些食物，消化系统就会警告他肠胃还没有做好准备。

疾病已经让孩子觉得恶心了，要是再催着他或强迫他吃这些食物，他就会比胃口好的时候更容易马上产生反感，甚至会在几天内就形成长期的饮食障碍。

一旦胃和肠道从疾病的影响中恢复过来，一旦能够重新消化食物，孩子的饥饿感就会一下子爆发——而不是仅仅回到以前的状态。为了弥补损失，孩子会在一两周之内显得很饿。有时候，父母会看到这些孩子饱饱地吃了一顿之后刚刚 2 小时，就闹着还想吃。到 3 岁时，孩子饥饿的消化系统最渴望什么，他就会特别想吃什么。

在孩子病快好的时候，父母的任务就是给孩子提供他们想要的饮料或者固体食物，不要强迫孩子，要耐心又自信地等着他们发出想吃东西的信号。如果孩子的胃口在一周以后还没有恢复，应该再去找医生诊治。

喂药

遵循医嘱。为了保证用药安全，给孩子服用任何药物之前，都要咨询医生。在医生规定的用药疗程结束之后，如果要继续给孩子吃药，也要经过医生的认可。让我们举个例子来说明为什么擅自用药不可取：有个孩子因为感冒出现了咳嗽的症状，医生给他开了一种止咳药。2 个月以后，孩子又开始咳嗽，父母没有问医生就给孩子用了原来的药。这种药在头一个星期似乎有效，但后来咳嗽反而变得更厉害了。于是，父母不得不去找医生。医生马上意识到，孩子这次得的不是感冒，而是肺炎；如果父母一周以前就带孩子来看医生就好了。

那些用同样的方式处理过感冒、头疼或胃病的父母可能会觉得自己已经是专家了。虽然从某种有限的程度上讲，父母也可以算是专家，毕竟没有像医生那样受过训练。所以，父母不会先认真地考虑如何确诊。对于父母来说，两种不同的头疼（或两种不同的胃疼）看起来可能是一样的。但对于医生来说，一种头疼和另一种头疼很可能完全不同，需要不同的治疗方法。

有时候，当医生给孩子开过一种抗生素（比如青霉素）以后，父母很容易对相似的症状也使用相同的药物。他们觉得这种药物非常有效，也很容易服用。而且，从上次经验中也知道了使用的剂量——所以，为什么不可以呢？第一，这一次这种药可能已经不管用了，孩子也可能需要不同的剂量，或者需要完全不同的药物；第二，等孩子去看医生的时候，抗生素可能会影响诊断；如果在一个疗程结束之后还有剩余的药物，最好的处理办法就是扔掉。

最后，孩子对这些药品偶尔会有严重的反应，比如发烧、出疹子、贫血等——好在这些并发症很少见。但是，如果经常使用这些药品，尤其在使用不当的时候，这种现象更容易发生。这就是为什么只有在医生已经确定需要时，才能使用这些药物。即使像扑热息痛这样的常用药，长时间服用偶尔也会带来严重的问题。出于同样的原因，父母决不应该把邻居、朋友或亲戚的药拿给孩子吃。过度使用抗生素会使细菌产生抗药性，要使用更大的剂量或者改用完全不同的抗生素。

斯波克的经典言论

抗生素的真正意思就是“抵抗生命”。我宁愿看到人们使用诸如“抗菌药”、“杀菌剂”或者“抗病毒药”等专业词语。这些词语更加准确，对各种药物针对的问题也表述得更加具体。

对抗生素产生抗药性。滥用抗生素已经使一些细菌对很多常规药物产生了抵抗力。比如，在幼儿园里，一般的孩子每年至少会生病发烧十几次。对许多耳部感染的情况，标准用量的抗生素都已经不起作用了。所以我们不得不把剂量加倍，以便杀灭那些引起感染的顽固病菌。医生经常无法确定某一次感染是细菌还是病毒引起的。在这种情况下，最好能够等待和观察一段时间，而不是猛吃那些抗生素。因为抗生素可能起不到任何作用（抗生素无法杀灭病毒），反而会增强细菌的抗药性。

不易溶解的药片可以碾成细细的粉末，再加上一点粗糙的、好吃的食物，比如苹果酱。把药和一勺苹果酱混在一起，不要太多，以免孩子吃不下去。苦药片可以和苹果酱、大米糖浆或米粉牛奶糊调在一起（有些食物会影响某些药物的吸收，所以在随意调配之前，要向药剂师询问清楚）。

给孩子喝药时，最好选一种他不常喝的饮料，比较容易成功。如果在孩子的橘子汁里加了一种怪味的药品，孩子可能一连几个月都不喝橘子汁了。

害怕吃药。有的孩子一想到吞食药片就想吐。有时可以先拿小块儿糖果或薄荷糖练习，这样可能会克服他们的恐惧感（四五岁以下的孩子不要尝试这种办法，有卡住喉咙窒息的危险）。也可以使用专门的塑料杯，这种杯子有一个放置药片的管子。当孩子用这种杯子喝水的时候，药片就会被冲进食道。物质奖励有时候也能奏效。只要还有办法让孩子把药吃了，最好不要因为吃药而跟一个充满恐惧的孩子发生争执。

非处方药。单凭某种药物不需经过医生处方就能销售这一点，不能证明这种药物就是安全的。解充血药物和其他感冒药尤其是这样，它们已经引起了很多严重反应，不再是儿童的常规用药。

眼药膏和眼药水。有时可以在孩子睡觉时使用，也可以给年纪较小的孩子使用。方法是，把孩子放在父母的腿上，双腿围着父母的腰。把他的头轻轻地、稳当地放在父母的膝盖之间，用一只手给他上眼药，另一只手要扶着他的头（这种姿势也可以用来给孩子吸鼻涕和往鼻子里滴药水）。

一般处方。一般处方指的是不使用药品的商品名称，而使用其化学名称的处方。在这种处方上的大多数药品都要比那些用商品名称做广告的药便宜一些，但实际上都是完全相同的药品。父母可以要求医生使用一般处方。大多数时候——不是所有时候——这都是个好办法。

传染病的隔离

得了传染病的孩子最好待在家里。等到不发烧了，医生也说不会传染了，再让他出来活动。应该尽量减少近距离的接触（包括亲吻、拥抱等），只留一个人照顾孩子就可以。这些都是正确的预防措施，有助于防止别人感染这种疾病。把生病的孩子隔离起来的另一个原因就是，不让他再从别的病人那里感染新的细菌，从而使病情变得更复杂。

当家里有人得了传染病的时候，大人们可能并不严格地采取隔离措施。但是，在拜访那些有孩子的家庭时，必须理性地想清楚，只要远离他们，大人带给其他孩子细菌的机会就等于零。同理，如果第二年那些人家的孩子得了你家孩子的传染病，你也会被人责怪的。

洗手。减少疾病传播的最好办法就是经常彻底地洗手。要教育孩子，洗手时要向上一直洗到手腕，要每个手指缝都洗到，还要搓洗 1 分钟以上——这个时间实际上是挺长的。脚凳可以帮助孩子轻易又舒服地够着水池；用小块的肥皂，就像酒店浴室里用的那种，好让孩子的小手更容易抓住。在家里多放几盒纸巾，提醒孩子经常擦鼻涕。同时还要放上废纸篓，这样，用过的纸巾就不会被扔在地上了。虽然现在有许多肥皂都在广告中自称能够“杀灭细菌”，但是我们还不清楚这些肥皂是否比普通肥皂好，这些肥皂中所含的杀菌剂本身也会造成健康隐患。不论旅行还是居家，含有酒精的洗手液都有助于限制细菌的传播。每次洗手要多挤一些洗手液，把所有的缝隙都洗到，还要反复揉搓大约 10 秒钟以上。

去医院

因为突然生病或者意外受伤而住院的孩子，肯定会觉得茫然无助，还会非常害怕。如果一位家长或者关系比较亲近的亲属能在身边陪伴，孩子的心理感受可能会完全不同。约好了要去医院看病的孩子可能一想到即将发生的事情就忧心忡忡。比如，去做切除扁桃体的外科手术就属于这种情况。这时候，如果孩子能够说出自己的恐惧，能够得到安慰，会有很大的帮助。患有慢性疾病，需要特别治疗的孩子可能会频繁住院，对于他们和家人来说，儿童生活专家的作用可能是无法估量的。这些受过训练的专业人员可以帮助孩子适应医院的生活，也熟悉治疗的过程。

为什么医院会让人心烦意乱。在 1～5 岁时，孩子最担心的就是和父母分开。只要有一位家长能够全天候地陪伴左右，大多数年幼的孩子就能应付身处医院的情况。虽然疾病本身会让人难受，打针和其他伴有疼痛的治疗过程也会让孩子心神不安，但是只要有一个值得信赖的家长陪在身边，就是孩子巨大的安慰。

孩子 5 岁以后，容易更加害怕别人即将对他做的事情、自己身上受的伤，以及疼痛。不要跟孩子保证医院会美妙得像玫瑰花床。因为一旦有不愉快的事情发生，孩子就会对父母失去信任感，更何况，让孩子难受的事情肯定要发生。但是另一方面，如果把可能发生的每一件坏事情都告诉孩子，他就会在想象中遭受比实际在医院里更大的折磨。

对父母来说，最重要的事就是要尽量表现出平静、自然的信心。不要过多强调这件事情，那样反而会使这件事听起来像是个错误。除非孩子以前住过院，否则他肯定会想象医院是什么样的，很可能还会害怕发生最坏的事情。父母最好能给孩子大致描述一下医院的生活，好让孩子放心。别跟孩子争论即将接受的治疗会不会很疼。

父母可以跟孩子说一说医院里有趣的事情。比如，他要带上哪些玩具和图书，医院的床上会悬着电视机，呼叫护士可以使用电子按钮等。许多儿童病房还设有游戏室，里面有各种各样好玩的游戏和玩具。

着重谈论医院这些愉快的日常生

活很有用，因为即使在最坏的情况下，孩子们也会把大部分时间用来玩耍。父母不必对医疗项目避而不谈，但是要让孩子看到，那只是医院生活的一小部分。

在美国，很多儿童医院为那些预约住院的孩子安排了准备程序。在入院的前几天，孩子和父母就可以去参观医院，还能咨询一些问题。很多医院都在准备程序里安排了讲解，工作人员会用幻灯片和木偶表演给孩子演示住院是一次怎样的经历。医院里经常配有儿童生活专家陪伴儿童就医。这些专家知道如何根据儿童的年龄使用恰当的语言、玩具和图片来宽慰孩子，帮助他们为即将进行的治疗做好准备。同时，还能指导家长在住院治疗的时候，利用有效的物品和玩具最有效地缓解孩子的紧张情绪。

让孩子说出自己的担心。一定要给孩子提问的机会，让孩子把自己的想象告诉你。年纪小的孩子看待这些事情的方式十分独特，成年人根本不会那样想问题。首先，孩子经常会认为，自己必须做手术或被送进医院，是因为他们以前的表现很坏，比如不穿靴子，生病时赖在床上，或者跟家里的其他人生气等。孩子可能会想象，切除扁桃体的时候他的脖子必须被切开，还可能认为只有把他的鼻子切掉才能够得到扁桃体。所以，一定要让孩子随便提问。父母要做好准备，孩子心里的恐惧很可能非常离奇。父母要尽量让孩子放心。

什么时候跟孩子说。对于年龄较小的孩子来说，如果没有发现住院的安排，我认为最好等离开家的前几天再告诉他。因为让他担心好几个星期没什么好处。对于7岁大的孩子来说，提前几个星期告诉他可能更好一些。如果他已经开始猜疑了，就更要早点告诉他。但前提是这个孩子能够比较合理地面对现实。当然，不管多大的孩子提问，都不要对他们撒谎，也决不要对他说医院是别的什么地方，把孩子骗到医院去。

麻醉。如果孩子要动手术，可以跟医生商量一下麻醉师和麻醉的事情。孩子对麻醉的态度对他的精神状态产生很大影响。有的孩子会因此对手术感到非常不安，有的孩子却可以心情放松地做完手术。在医院里，一般都有一位特别善于激励孩子信心的麻醉师，能顺利地给孩子麻醉，而不会吓着他们。如果可以选择，应该找一位这样的麻醉师，这非常值得。有些时候，将要使用的麻醉药品也可以选择，这也会对孩子的心理产生不同影响。一般说来，使用气体麻醉很少会吓到孩子。当然，医生才是最了解情况的人，也必须作出这个决定。但是，当医生认为几种麻醉药品的医学效果相同时，父母应当认真考虑一下孩子的心理因素。

给孩子解释麻醉的时候，不应该说“它会让你睡觉”，这样会使孩子在做完手术以后产生睡眠障碍。可以把麻醉解释成一种会让人进入特殊睡眠的办法。要告诉孩子，一做完手术，麻醉师就会把他从麻醉状态中唤醒。要在麻醉生效之前陪着孩子。已经有研究表明，麻醉的时候有一位家长陪伴，能够减轻孩子对手术的恐惧和紧张，还能减少镇静剂的使用。

探视。对于1~5岁的孩子来说，只要有可能，父母就应该陪孩子待在医院里，尤其是白天。至少每天都要有一位家长去看望孩子。大多数医院现在都有方便的住宿条件，一位家长或者孩子熟悉的大人晚上可以在孩子房间里过夜。

如果父母只能断断续续地去探望孩子，这种看望会给年纪小的孩子带来暂时的困难。父母的出现会让孩子想起他有多想他们。父母离开时，孩子会哭得特别伤心，甚至在整个探视过程中都哭个不停。父母可能会觉得，孩子在医院时一定总是很伤心。实际上，只要父母一走，孩子就会调整好状态，对医院生活表现出惊人的适应，哪怕他正觉得难受，或者正在接受不舒服的治疗。实际上，他们可能是因为太害怕了，所以才表达不出任何感情，当父母回来以后，他们真实的情感就表现出来了。

但是，这绝不是说父母就应该远离孩子。如果孩子能意识到父母离开后总是会回来，就会获得一种安全感。但是如果必须得走，应该尽量表现得高兴一些，让孩子看不出你的担心。因为父母苦恼的表情会使孩子更加焦虑不安。

出院后的反应。在接受住院治疗的时候，年幼的孩子看上去可能已经完全恢复了，但回到家就会立刻做出讨人厌的行为。有的孩子会变得特别黏人，总是担惊受怕；有的孩子则会在行为上显露出攻击性。这些现象虽然可能让人不高兴，但都是正常的反应。要耐心安慰孩子，冷静又坚定地告诉孩子，他很快就会舒服多了。这样一来，孩子就会忘掉住院的经历，继续无忧无虑地生活。

免　疫

斯波克的经典言论

在我成长的那个年代，所有父母都特别担心孩子会患上小儿麻痹症。那是一种能让人瘫痪的病毒。当时，这种病每年会使大约25000人丧生，其中大部分是儿童。那时候，父母都警告我们不要喝喷泉的水，夏天要避开人群，还要预防各种病毒感染。但是，现在已经用不着那样了。自1979年以来，美国再也没有出现过小儿麻痹症的病例。世界上的其他国家虽然比美国晚一些，但也发生着同样的变化。天花这种病也已经从地球上绝迹了。

这些疾病的消灭简直就是医学奇迹，是人类最骄傲的成就之一。我们能取得这样的成功，是因为有了疫苗。

疫苗怎么起作用

一个人在抵御感染时，免疫系统会留下记忆，以后能更容易地对抗同一种感染。疫苗就是让人在不生病的条件下产生同样的免疫记忆。人体对疫苗做出的反应就是制造抗体——也就是制造出一些蛋白质，识别并瞄准特定疾病带来的细菌和病毒，并且在这些细菌和病毒还没有引发疾病的时候，帮助身体把他们清除掉。

疫苗预防的疾病。目前，美国的大多数儿童都要在12岁之前通过免疫预防17种的疾病。这些疾病中有很多如今都很罕见了，其原因就在于实施了免疫。但是，只要疫苗接种一减少，那些疾病就会像无人收拾的花园里生长的野草一样重新疯长起来。儿童接种的疫苗预防的疾病一般包括：

• 白喉。得了白喉，咽喉里会形成一层厚厚的膜，可能导致严重的呼吸困难；

• 百日咳。经常会有阵发性的剧烈咳嗽，以致孩子一连几个星期都无法正常吃饭、睡觉或呼吸；

• 破伤风。患者会不由自主地出现肌肉紧缩，甚至呼吸困难或根本无法呼吸；

• 麻疹。麻疹不仅会引起难受的皮疹，还会出现高烧、肺炎以及脑部感染等症状；

• 流行性腮腺炎。症状包括发烧、头痛、耳聋、腺体肿大，以及卵巢或睾丸肿大和疼痛；

• 风疹。风疹在儿童期基本上都比较轻微，但如果孕妇在怀孕期间受到了传染，就可能导致婴儿严重的先天缺陷；

• 小儿麻痹症。这种疾病会导致身体麻痹或极度虚弱无力。即使患儿已经康复，症状也可能在几十年后复发。

• 乙型流感嗜血杆菌（Hib，不要跟流行性感冒混淆）。这种细菌会感染大脑（脑膜炎），导致听力受损或癫痫，也可能感染气管，引起窒息。

• 脑膜炎球菌疾病。这种疾病可能导致突然的、经常也是致命的脑部感染（脑膜炎），还可能中断手脚部位的血液循环，最终导致截肢。常感染住校大学生。

• 乙型肝炎。这种疾病最终可能导致肝功能衰竭或肝癌的高发。

• 甲型肝炎。这是严重（但短暂）腹泻的一种常见诱因。

• 轮状病毒。这是严重又极易传染的腹泻的另一个诱因。

• 肺炎球菌病。这种疾病会导致多种耳部感染，也可能引发脑膜炎、肺炎和其他严重的炎症。

• 水痘。这种疾病经常带来又痒又难受的皮疹，还可能导致严重的肺炎、大脑积水或者雷氏综合征。

• 流行性感冒（流感）。一般会导致发热，同时伴有肌肉疼痛、头痛和呕吐，也可能引起严重的肺炎，甚至危及生命。

• 人乳头状瘤病毒。这种病毒与宫颈癌、生殖器疣以及咽喉癌的许多病例有关。

各种疫苗不仅为接受免疫的孩子提供了保护，也减少了其他人感染相关疾病的危险。这主要是因为免疫措施削减了易患病者的人数，否则这些人就会使疾病在人群当中传播开来。另一方面，如果一定数量的人拒绝免疫，这种“群体免疫力”就会失去作用，使越来越多人受到感染。

特别疫苗。除了抵御以上疾病的疫苗，还有其他一些疫苗专门针对免疫系统脆弱的孩子或与北美以外地区常见疾病有接触的孩子。医生可以告诉父母孩子是否需要接种特别的疫苗。

人乳头状瘤病毒疫苗。这种针对人乳头状瘤病毒（HPV）的疫苗比较新。当人们发现宫颈癌和生殖器疣会因为感染这种性传播病毒而发病之后，才研制了宫颈癌疫苗。人乳头状瘤病毒还可能引发一种非常危险的喉癌。这种疫苗虽然无法避免这种病毒的所有致癌菌株导致的感染，但阻断了绝大多数此类菌株的传播。美国有成千上万人死于宫颈癌，全世界则有几百万人因此而死亡。这种疫苗极大地降低了女性患宫颈癌的风险，但前提是这些女性一定要在接触病源之前接受免疫，才能起作用。这种疫苗中的一种（即四价型，也叫 HPV4）可以减少男性患生殖器疣的几率，还能降低这些男性传播这种病毒的危险。无论男孩还是女孩，9 岁以后都应该接种这种疫苗。虽然很多父母都很难想象自己 9 岁的孩子会有性行为，但我们了解到许多青少年都会参与性行为。没有理由认为接种了这种疫苗就会鼓励青少年发生性行为，也没有理由认为不接种这个疫苗就会打消他们类似的念头。完全的免疫需要接种 3 次，每次间隔 6 个月以上。

流感疫苗。几种不同的流感病毒随时在全世界传播，在任何一个特定的流感季节都会有某一种病毒迅速传播，成为传染性疾病。如果这种传染性病毒碰巧非常严重，那么患病人数和死亡人数就可能迅速增加。科学家试图预报哪些病毒最容易引发流行性感冒，并研制出预防这些病毒的疫苗。2009 年，H1N1 病毒在当年的流感疫苗已经被设计出来之后才出现。结果，人们必须接种常规的季节性疫苗和 2009 年 H1N1 疫苗——这简直是一场噩梦。次年，这种病毒就被纳入到常规疫苗中去了。现在，我们建议，每个 6 个月以上的孩子每年都应该接种流感疫苗。

接种疫苗的风险

权衡利弊。可以找到大量关于免疫风险的信息。但是，很多错误的信息也混杂其中。许多父母都很关注这些问题，有些父母还会感到恐惧。是否接受一种免疫的判断标准就是，接种疫苗带来的好处应该远远超过风险，所有专家小组和负责任的医生都是这个标准的坚定支持者。

让我们以一种比较新的疫苗为例：在乙型流感疫苗发明以前，美国曾有 20000 名 5 岁儿童患上了严重的乙型流感，其中还包括脑膜炎。2000 年，这个数字下降到了大约 50 例。我还是医学院学生的时候，我照顾的第一个孩子是个漂亮的宝宝。她就是因为乙型流感而丧失了听力。在过去的 20 年里，得益于免疫工作的有效开展，美国的乙型流感患病率极低。但是最近，在疫苗暂时短缺的时候，明尼苏达州有 5 个孩子患上了这种疾病，其中 1 人死亡。

疫苗带来的风险一般都很小。打针确实比掐一下要疼，但总比截去一个脚趾头好吧。有的孩子打针的地方会疼痛发炎，有时还会形成一个坚硬的肿块，要过好几周才消退。少数时候，孩子会发高烧。而在非常罕见的情况下（大约 1/100000），孩子会表现出令人担心的症状。他会一小时又一小时地哭闹，显得一反常态，或者出现抽搐。这些反应都会让人担心，而且在极少数情况下会引起长期的严重问题。但是我要说，疫苗预防的那些疾病比这常见得多，也严重得多。这一点怎么强调都不过分。

疫苗是如何制成的？大部分疫苗都是由已经被杀死或减毒的（比如脊

髓灰质炎病毒）以及分离纯化的病毒或细菌（比如无细胞型百日咳、乙型流感、乙型肝炎以及链球菌疫苗）制成的。有些疫苗用来抵抗细菌（比如白喉、破伤风等）产生的毒素；能抵抗毒素的抗体也有利于击败细菌。少数疫苗，如预防麻疹、腮腺炎、风疹和水痘的疫苗，是由已经被减毒的活菌制成的，已经不能给健康的孩子带来疾病，最多只会引起非常轻微的小问题。这些疫苗对那些免疫系统遭到严重破坏的孩子来说（例如正在接受某些癌症治疗的孩子）并不安全，对那些跟其他免疫系统遭到破坏的人共同生活的孩子来说，也不安全。

越来越安全的疫苗。百日咳疫苗曾经因为会引起疼痛、肿胀、充血以及发烧而恶名昭著。新改良的这种疫苗，即非细胞型百日咳疫苗或无细胞百日咳疫苗，注射时引起的疼痛少多了。过去，有几种疫苗含有一种叫做硫汞撒的防腐剂，这种防腐剂中含有汞。那时疫苗中的硫汞撒从未显现出危害性。尽管如此，从安全的角度出发，现在一般用于儿童的疫苗都不含硫汞撒，汞的含量顶多是微量。有一种早期轮状病毒的疫苗会增加肠梗阻的几率。这个问题已经在目前使用的轮状病毒疫苗中解决，接种的时间也作了调整。免疫反应在全美都有追踪调查，目的是即便有非常罕见的危险也能得到标示和避免。

疫苗和孤独症。患孤独症的儿童数量似乎正在迅速增加，也没有人知道这是为什么。人们有理由怀疑疫苗或疫苗里的某些成分是罪魁祸首。许多理论和谣言早就把焦点集中在了麻疹、腮腺炎和风疹联合疫苗（MMR）上了。但是，研究并没有找到这种联合疫苗和孤独症之间的关系。也就是说，接种过麻疹、腮腺炎和风疹联合疫苗的孩子患孤独症的几率和那些没有接种过疫苗的孩子没什么区别。

2001 年，一个医学院的专家小组得出一个结论：麻疹、腮腺炎和风疹联合疫苗跟绝大多数的孤独症病例没有关系。但是，这项研究并没有说明这种疫苗是否可能使极少数孩子患上孤独症。如果没有麻疹、腮腺炎和风疹联合疫苗，麻疹病例的数量会急剧增加。那样一来，大脑损伤的儿童数量就会比疫苗造成的残疾儿童多得多。专家小组建议孩子们继续接种麻疹、腮腺炎和风疹联合疫苗。美国儿科学会的专家委员会以及美国疾病预防控制中心（CDC：the U.S. Centers for Disease Control）也赞成这个建议。近年来，旨在证明孤独症和麻疹、风疹、腮腺炎联合疫苗有关的最初研究已经被该中心出版的杂志撤销。这些研究曾经在该杂志发表，但后来发现研究者在这项研究中撒了谎。到目前为止，对疫苗的担忧本身就像病毒一样传播开来，许多父母听不进政府的保证，也不愿意听从科学家的建议。在那些恐惧感根深蒂固的人群当中，免疫率已经下降，麻疹的流行已经出现。有关孤独症及其原因和治疗的更多信息，参见第579页。

疫苗还一直被指责是引发其他疾病的元凶，其中一种严重的疾病叫做炎症性肠病（IBD）。科学研究已经再次证明，接种疫苗和炎症性肠病之间没有任何关系。

从哪里了解更多信息？美国法律规定，每一位注射疫苗的医生都要向父母提供一份每次注射的情况说明书，又叫疫苗信息陈述[①]。这些说明书都由美国疾病预防控制中心制作，清楚准确。提前向孩子的医生索取这些免费的宣传单，就可以了解即将进行的免疫。

计划免疫

孩子这么小，却要打这么多针。疫苗预防的大多数疾病都最容易侵袭年幼的宝宝，应该及早开始接受免疫。但许多疫苗都需要孩子不止一次地接种才能形成完备的免疫反应。这就是为什么许多疫苗在头一年需要接种好几次，才能尽早获得最好的预防效果。

美国大多数医生遵循的标准免疫时间表都来自美国疾病预防控制中心，并且通过了美国公共卫生部的计划免疫咨询委员会（ACIP:The Advisory Committee on Immunization Practices）、美国儿科学会以及美国家庭医生学会（AAFP: The American Academy of Family Physicians）的审批。这一时间表每年都会更新。

好像"字母粥"。许多针剂都是用开头字母或品牌名称来称呼的。下面的术语列表对父母应该有帮助（参见第338页，了解更多关于这些疾病的内容）：

- DTaP（白喉、破伤风和百日咳疫苗，一种三合一联合疫苗），Tdap（带有减量白喉联合疫苗的破伤风疫苗，适用于十几岁的青少年）
- Hep B（乙型肝炎疫苗），Hep A（甲型肝炎疫苗）
- Hib（乙型流感嗜血杆菌疫苗）
- HPV（人乳头状瘤病毒疫苗）
- IPV（减毒的脊髓灰质炎疫苗）
- MCV（脑膜炎球菌疫苗）
- MMR（麻疹、腮腺炎和风疹疫

①在中国，婴儿出生后要在医院领取免疫预防接种证，接种证上列出了所有要接种疫苗的详细接种时间。

基础免疫

年龄	疫苗	注射次数
出生	Hep B	1
2 个月	DTaP + IPV + Hib（三合一联合疫苗），Hep B , PVC , RV*	3
4 个月	DTaP + IPV + Hib , PCV , RV*	2
6 个月	DTaP + IPV + Hib , Hep B , PCV , RV*	3
12～15 个月	MMR , Varicella , PCV , Hib , Hep A	5
15～18 个月	DTaP , Hep A	2

*RV 每个月注射一次。

强化注射

年龄	疫苗	注射次数
4 ～ 6 岁	DTaP , IPV , MMR + Varicella	3
11～12 岁	DTaP , HPV（从 9 岁开始注射，3 剂量）	1 或 2

苗，另一种三合一联合疫苗）

- Varicella（水痘疫苗）
- PCV（肺炎链球菌疫苗）
- RV（轮状病毒疫苗）

标准免疫时间表。为了获得最好的预防效果，儿童要按时接种疫苗，可以根据具体情况对上面的日程表进行一些小调整。医生和父母可以推迟其中一些免疫项目，最多可以晚接种几个月。这可能是为了把注射分散开来，也可能是因为孩子在应该接种疫苗的时候正好生病了。如果孩子远远地落在了时间表的后头，医生可以帮助他们快一点赶上来。目标就是到孩子 2 岁时，完成基础系列的疫苗接种。轮状病毒疫苗是口服的。流感疫苗需要每年接种，没有列入免疫日程当中。

在新的疫苗开发出来并且得到审批时，免疫时间表要相应修改了。就在父母们阅读这张表的时候，可能更多可以减少注射次数的联合疫苗已经出现。最终，疫苗可能会变得可食用，根本不会带来疼痛。与此同时，父母也可以做很多事来帮助孩子克服对打针的恐惧。

帮助孩子打针

药物。你可以问一问医生，是否

可以通过某些药物缓解免疫过程中出现的不适。用冷喷雾让注射部位失去知觉是个有效的办法；在免疫注射前后服用扑热息痛，也可以减少疼痛感（但有些专家认为，这也可能降低免疫的效果）。

身体安慰。宝宝在父母的怀里会有安全感。刚刚出生的宝宝可能需要刺破脚跟来验血，如果母亲在穿刺的时候紧紧抱住宝宝，宝宝就不会哭得那么凶，而且表现出的紧张反应也比较少。让孩子面朝着妈妈，胸口对胸口，这是个很好的姿势，对五六岁大的孩子也很有效。

对宝宝来说，安抚奶嘴、摇晃摇晃，以及抚摸都是有效的安慰方法。

用父母的声音安慰孩子。对宝宝来说，父母说什么并不重要。父母说话时的语气会让他们感到安全。对蹒跚学步的孩子以及学龄前儿童来说，打针的恐惧往往比实际的疼痛更严重。为了减少恐惧，父母要提前告诉孩子即将发生的事情会是怎样的。比如说，"一会儿，医生会用酒精给你擦一下——是不是感觉凉凉的？"

父母可以不用打针这个词，可以用"疫苗"或者"药物"。对有些只会从字面上理解问题的学龄前儿童来说，"打针"听起来好像是要用什么暴力工具完成的事情。

孩子害怕的时候，经常会忽视否定性词语。如果父母说"不要尖叫"，他们听到的就是"尖叫"；如果父母说"别哭了"，他们会听成"哭了"。所以，最好用肯定性的词语："你很好"，"好了，好了"，"马上就好了"。

给孩子选择的机会。有的孩子想看看护士或者医生正在做什么，有的则不想看。有选择余地的孩子会觉得自己更有主动权。同样，如果尖叫管用，也可以允许孩子尖叫。可以说："如果你想叫的话，可以，但是不能动。干吗不等到你感到针扎的时候再叫呢？"

转移注意力。对蹒跚学步的孩子以及学龄前儿童来说，比较有效的方法是给他们讲故事、唱歌，或是让他们看图画书。儿童有很强的想象力。如果一个孩子能够想象自己正在做一件最喜欢的事情——比如跑步、飞快地骑自行车，或者在床上跳，就不会那么痛了。对四五岁的孩子来说，有两个特别有用的分心法，就是吹风车和吹泡泡。如果孩子特别喜欢吹泡泡，在你们去医院做体检时，就可以带上一瓶肥皂水和一个塑料管。

帮助害怕的孩子。如果孩子特别

斯波克的经典言论

让孩子为每一次接种疫苗做好准备的最好办法，就是考虑孩子的年龄特点和理解水平，父母的解释尽可能简单而诚实。可以告诉孩子，打针是有点疼（就像让人使劲儿拧了一下似的），但是打针可以让他以后不再得病，得病可比接种疫苗难受多了。

害怕打针，可以让他把快要发生的事情画下来。如果图上画的是一个非常小的小人儿，旁边有一个特别大、特别吓人的针管，也别感到吃惊！要帮助孩子明白针管其实非常小。

孩子经常会在游戏中适应一些可怕的事情。给孩子一个玩具注射器和玩具听诊器，让他扮演医生，给“生病”的娃娃看病。孩子可能会通过打针体会到更多的主动权，也就不那么害怕了。

如果还是摆脱不掉严重的恐惧感，就要跟孩子的医生沟通。很多儿童医院都有被称为儿童生活专家。他们在帮助儿童适应医疗方面很在行。为了让孩子感到舒服一些，有必要去拜访一位这样的专家。如果年幼的孩子打完针离开时感觉没什么大不了，他就会认识到，他可以应付那些害怕的东西。对任何年龄的孩子来说，这都是很重要的一课。

保存记录

保存好免疫记录。一定要把孩子所有的免疫记录和药物过敏记录都保存好（记录上要有医生的签名）。外出旅行或更换医生时，要带着这些记录。最常见的紧急情况通常发生在孩子受伤的时候。这时必须对伤口进行特别的保护，以免患上破伤风。所以，现场的医生必须知道孩子是否接种过破伤风疫苗。从幼儿园的孩子到小学生、中学生、大学生，乃至年轻人，都要做好免疫记录。

预防意外伤害

保证孩子的安全

作为父母，保证孩子的安全是头等大事。爱、管束、价值观、创造乐趣，以及学习，离开安全就失去了价值。我们向孩子承诺保证他们的安全，孩子们也期望我们这样。心理健康的起点就是这种深深的信任，孩子相信有个强壮的大人总会在身边保护自己的安全。

我们最原始的本能都集中在安全上：婴儿一哭，父母就会有把他们抱起来的强烈欲望。我们很容易想到，正是这种保护性的反应，使我们的祖先在史前险恶的环境中得以生存下来。但是，就算在现代社会中，危险也随处可见。在美国，意外伤害造成的 1 岁以上儿童的死亡人数比所有疾病造成死亡的总人数还要多。每年都有超过 1000 万的儿童因为这些伤害而接受医疗救治。因为意外伤害而住院的孩子里，有 17% 会留下终身残疾。还有 5000 名以上的儿童会因此死亡。

父母知道这些事，有助于他们采取合理的预防措施。父母要意识到外界存在的危险——以及家里存在的危险——但也不必过分担心。孩子们应该知道有父母为他们操心，但他们更需要机会探索，做出选择，甚至是冒险一些。通过观察父母，孩子就能学会如何在小心谨慎与勇往直前之间把握分寸。

为什么不简单地称之为意外事故？对许多人来说，意外事故这个词暗含了“有些事情不可避免”的意思，比如说，在“我也没办法，这是一次意外事故”这句话里，就有这种含义。但事实上，许多被称作意外的儿童伤害事件可以避免，并不是意外发生的，而是因为大人们容许了意外情况发生的可能。比如，有些汽车的安全带不是专门按照儿童的身材设计的，任何一辆这种没有安装儿童安全座椅的汽车都属于这种情况。如果乘坐这种汽车的孩子在车祸中丧生，他的死亡就不是一场意外事故。这场事故可以预见，而且本来可以避免。

谁会遭到意外伤害，意外如何发生？根据具体的统计数字，儿童乘坐汽车遇到意外伤害的数量位居榜首。步行和骑车的儿童受到的意外伤害也很常见，另外，烫伤、窒息、中毒、气管梗塞、坠落，以及枪击误伤的情况也不少。孩子的年龄决定了哪种非故意伤害最危险。对1岁以下的孩子来说，最常见的伤害来自于窒息和气管梗塞。1～4岁，溺水是最大的儿童杀手。5岁以后，乘坐汽车的儿童最容易因为意外伤害而死亡。

另外一些意外伤害带来的常常是健康问题，而不是死亡。比如，从高处掉下来，或者撞在咖啡桌上一般都会导致划伤、淤伤和骨折。如果孩子骑自行车不戴头盔的话，从车上摔下来常常会导致严重的大脑损伤。铅中毒是另一种十分常见的意外伤害，很少会导致儿童死亡，但可能给孩子带来终生的学习障碍。

要避免所有伤害是不可能的，但是我们现在已经有了足够的知识，可以减少大多数孩子面临的风险。

预防的原则。一点磕碰都没有或许不太可能，但是我们已经掌握了足够的知识，可以为大多数孩子减少受伤的危险。人们对待意外事故有一种自然的倾向，觉得“我不可能出这种事”。所以，首先要做的，就是让人们意识到伤害发生的可能性，然后按照以下3种有效预防意外伤害的基本原则去做。

清理孩子活动的地方，排除危险隐患。某些危险物品绝对不能出现在有孩子的房子里，比如，带尖角的咖啡桌、没有护栏的楼梯，以及将家具和床放在敞开窗户的旁边等。你可以对照备忘清单（参见第313页）系统地找出危险，然后一一排除。

严格地看管孩子。即使在安全的环境里，孩子也需要严密的监管。处在学步期的孩子特别爱冒险，又缺乏判断力，更需要大人的保护。父母固然不能从一睁眼就时刻跟着孩子，但有些环境的确比较危险，需要父母格外留心。如果孩子的活动室里十分安全，你可以稍微放松一些。但是，当孩子在比较大的户外环境中活动——

比如在厕所或厨房里——的时候，就一定要特别警惕。

有压力的时候尤其应当小心谨慎。当生活突然发生变化，父母的注意力就容易转移，意外伤害往往在这种情况下发生。当亲戚突然登门拜访，而你还有很多准备工作亟待完成，就要回想一下剪刀放在哪里了，公公的心脏病药是不是收好了，还有你特别想喝的那杯热咖啡是不是放得太靠桌子边了。

家里和外出的安全问题。在为孩子的安全问题作计划时，要在两种环境下考虑：一是家庭之外，一是家庭之内。接下来的内容由两个部分构成，大致是根据以上两种背景环境来安排的。当然，任何有关安全问题的清单都不可能面面俱到，因为危险会随时随地以不同的方式出现。所以父母既要考虑下面的建议，也要充分运用自己的判断力。此外，还可以参考本书第一部分，其中介绍了各年龄段的孩子相应的安全预防措施。

家庭之外的安全问题

乘坐汽车

乘车的意外伤害。死于车祸的儿童数量比任何其他意外伤害造成死亡的数字都要多。乘车时，成年人和大一点的孩子都必须使用固定肩部的安全带，婴幼儿一定要使用正确安装的汽车安全座椅。这些安全措施的重要性无论怎么强调都不过分。全美 50 个州都有相关法规，要求汽车在行驶时，4 岁以下的儿童都必须正确地固定在安全座椅中。

现在，越来越多的州都要求坐在前排座位上的人必须系好安全带。有的父母说，他们的孩子不愿意系安全带，这种借口毫无道理。只要父母态度坚决，所有的孩子都会按照父母的要求去做。要想避免事故的发生，最保险的办法就是，等车上每个人都稳当地坐在安全座椅里或者系好了安全带后，再发动车子。

让孩子坐在安全座椅上或者系好安全带，还有另一个好处，那就是当他们得到这样的保护之后，会表现得更听话。

汽车安全座椅的选择和安装。如果有能力购买汽车安全座椅，就买一个新的。如果要用二手座椅，就要确保它没有经历过撞车事故。此外，使用多年的座椅也不能要。经历过交通事故的座椅也许看起来还不错，但万一再遇到碰撞就会散架，塑料也会随着时间的推移而老化变脆。新生产的汽车有一种叫做LATCH[①]的闩锁，它用一根带子固定座椅，使它不至于向前倾斜。这种闩锁还让汽车安全座椅的安装变得容易多了。阅读座椅附带的安装说明，尽最大的能力把它安装好；然后，如果可能，再到正式的汽车安全座椅检测站，请有资格认证的儿童汽车安全座椅检测师进行一次检测。我最近参加了一个关于取得NHTSA[②]认证的汽车安全座椅检测师培训班。在整整一个星期的学习和实践之后，我仍然要费很大工夫才能把某些汽车安全座椅正确地安装好。检测人员发现，在座椅的安装上，十个有八个都存在问题。换句话说，如果进行一次免费的汽车安全座椅检查，当你离开检测站的时候，孩子很可能比进去时获得更多的安全保障。

婴儿汽车安全座椅。刚出世的宝宝第一次乘车回家，以及以后每一次坐车的时候，都要坐在汽车安全座椅中。这是美国联邦机动车安全标准中规定的内容。安装汽车安全座椅是法律的要求，也是普遍的常识。尽管父母能够安全地把宝宝抱在大腿上，但实际上，那样做不能保证孩子的安全。把宝宝系在大人的安全带里，或者系在你的肩带下面就更危险了，这样一来，宝宝在车祸中可能受到大人身体的挤压。

在宝宝12个月大，体重超过9千克前，唯一安全的乘车方式就是坐在一张婴儿安全座椅上。座椅要牢牢地固定在汽车的后座上，面向车尾（从安全角度考虑，对于各个年龄的人来说，汽车后排中间的座位都是最好的）。尽管一个10个月大的宝宝体重已经大约13.5千克了，但还是应该面朝后坐着。一个14个月大，体重大约8.6千克的宝宝也一样。因为小于12个月、体重低于9千克的儿童，如果朝前坐着的话，脊椎骨和脖子就很容易在意外事故中严重受伤。可以选择一个只能朝后放置的座椅，许多这样的座椅还可以兼作婴儿背带。也可以选择那种既能朝前又能朝后的两

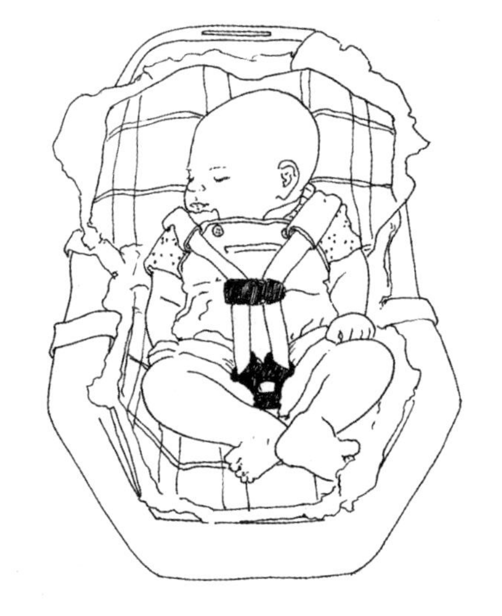

①即"Lower Anchors and Tethers for Children"的简称，意思是儿童使用的下扣件和拴带。

②即美国高速公路安全管理局。

用型座椅，这样，即使宝宝长到一定的年龄，体重增加到一定的分量，还可以继续用。在一岁之后仍然把孩子放在朝向后面的座椅里一点错误都没有；即使是两岁甚至更大的孩子，面朝后坐在车里也可以在撞车时得到更好的保护。

还有一点非常重要，婴儿和12岁及以下的儿童千万不要坐在有安全气囊的汽车前排座位上（几乎所有的新车都配备了安全气囊）。安全气囊虽然能够拯救成年人的生命，但充气时产生的力量却可能严重地伤害儿童，或是要了孩子的命。

学步幼儿安全座椅。等宝宝长到12个月，体重至少9千克时，就可以坐在朝前的汽车安全座椅里了。如果是可以调节方向的两用婴儿座椅，那就把它转个方向。换保险带、重新固定座位的时候，一定要按照说明来做。某些新型座椅使用了LATCH固定系统，这个系统用一条带子斜拉向前来固定整个座椅。如果正打算买儿童安全座椅，可以选择一个能调节成垫高辅助安全座椅的产品，这样你就能省下以后再买一个座椅的钱。

最好的儿童安全座椅使用的都是五点式安全带。这种安全带会绕过两侧的肩膀和臀部的两边，并从两腿中间穿过。少数仍然带有硬塑料防护罩的座椅不太好，因为如果孩子在发生车祸时向前冲，这个防护罩就可能打到他的脸。

安装汽车安全座椅要按照安装说明操作，然后请一位有资格认证的儿童汽车安全座椅检测师来检验。孩子在体重达到18千克之前，都必须使用儿童汽车安全座椅。然后，他们就可以换用垫高辅助安全座椅了。

垫高辅助安全座椅。垫高辅助安全座椅是为那些个子太大，不适合使用汽车安全座椅的孩子准备的。美国官方出台的指导方针规定，体重不足36千克，或者身高1.4米以下的儿童，都必须使用垫高辅助安全座椅。下面解释一下为什么要作出这样的规定：如果没有垫高辅助安全座椅，成人用的安全带对孩子来说太松了，当孩子坐在座位上时，胯部安全带会滑到孩子的腹部；发生车祸时，安全带可能对孩子的内脏或脊椎造成伤害。当孩子坐在垫高辅助安全座椅上时，胯部安全带能正好贴在他的骨盆上，这里粗壮的骨头能够承受压力，不会让柔软的内脏受到挤压。垫高辅助安全座椅还能使过肩的安全带更舒适地贴合肩膀，而不是勒在孩子的脖子上。这样一来，儿童会更愿意系安全肩带。事实上，垫高辅助安全座椅必须要和过肩的安全带一起搭配使用。如果只系一条胯部安全带，就不能在发生车祸时很好地把孩子固定在一定的位置上。许多父母不买垫高辅助安全座椅，那是因为他们不想再买一套约束系统。但是，垫高辅助安全座椅是目前最便宜的一种汽车安全座椅，还能大幅提高儿童乘车的安全性和舒适度。

备忘清单：乘坐汽车的安全提示

千万不要把12岁以下的儿童放在正在工作的安全气囊前面。

后排中间的位置对任何年龄的人来说都是最安全的座位。

除非所有人都扣好安全带，否则决不发动汽车。

在汽车行驶途中，把孩子抱在你的腿上，或者把安全带系在孩子身上不安全（也不合法）。

就算觉得自己已经正确地安装好了汽车安全座椅，也可能会犯错误（安装座椅比看上去难多了）。要请一位有资格认证的儿童汽车安全座椅检测师作一次检查，以防万一。

在飞机上。关于旅途飞行安全和使用儿童安全座椅的建议让人十分糊涂。2岁以下的儿童可以免费乘坐飞机，但是不能占用座位。这样一来，如果座位旁边没有多余的空位，就没法使用儿童安全座椅。把孩子抱在怀里乘飞机当然不如让孩子坐在儿童安全座椅中安全，但这还是要比在汽车上抱着孩子安全一些，因为飞机不会经常紧急刹车。所以，就算你不给孩子单买一张飞机票，那也要比开车前往目的地更安全。

另外，不管在飞机上是不是用得上儿童安全座椅，都最好带着它。这样，到达目的地时就能用了。

飞机上为2岁以下幼儿准备了小床，但是只能在第一排座位上使用。超过2岁的孩子就需要买票了。如果孩子的体重低于18千克，乘坐飞机时最好带上学步幼儿安全座椅。另外，美国联邦航空局（FAA）还建议，不要把婴儿学步带和充气座位背心带（inflatable seat vests）带上飞机。

在马路上

步行时的意外事故。5~9岁的孩子被汽车撞到或致死的危险性很高，他们觉得自己能够保证在街上的安全，但其实做不到。他们的周围视觉还没有发育完全，还不能准确地估计驶来汽车的速度和距离。所以，许多孩子都不知道什么时候过马路才安全。

调查显示，成年人一般都会高估孩子在道路上的应变能力。然而，最让父母为难的还是如何让孩子明白，由于司机可能会闯红灯，所以人行横道也不一定是安全地带。在行人受伤的事故中，有33%都是在孩子通过人行横道时发生的。停车场是另一个事故高发的地方，因为倒车的司机可能看不到汽车后面的孩子。

备忘清单：步行安全的指导建议

从孩子能在人行道上走路的时候起，就应该教育他，只有抓紧大人的手，才能走人行道。

只要学龄前的孩子在户外活动，就必须有人看管。决不要让他们在机动车道和马路上玩耍。

要把过马路的规则一遍又一遍地讲给5~9岁的孩子听。跟他们一起过马路时，要做好安全示范。告诉孩子红绿灯和人行横道线是做什么用的，还要告诉他们过马路之前先看左边，后看右边，然后再看左边的重要性。哪怕前面是绿灯，哪怕就在人行横道线上，也要仔细看清楚。

记住，孩子至少要到9岁或10岁才能发育完全，这时才可以让他独自穿越交通繁忙的街道。

要和孩子一起，在附近找一些安全的地方玩耍。要反复告诉孩子，不管游戏多么有趣，都决不能跑到马路上去。

考虑一下孩子经常走过的地方，特别是从家到学校的路线，去运动场的路线，以及去伙伴家的路线。父母可以像探险家一样跟孩子一起走走这些路线，再确定一条最安全也最容易过马路的路线。然后让孩子知道，他应该走这条最安全的路线。

要抽时间关心一下社区安全的问题。看看孩子上学的路上是否有足够的交通标志和交通督导员。如果新的学校正在建设中，应该查看一下附近的交通状况。看看那里是否会有足够的便道、路灯和交通督导员。

在停车场，要特别当心那些正在学走路的孩子，一定要让他们抓着你的手。当你买完东西往汽车里装时，一定要把孩子放在购物推车里，或放在汽车里。

在家用车道上。家用车道是孩子们玩耍的天然场所，但也可能非常危险。父母要教育孩子，只要有车辆开进车位或离开车位，就应该马上让开车道。司机在倒车离开车位之前，应该绕着汽车看一圈，确保车后没有孩子在玩耍。只是向后看一眼是不够的，因为小孩很容易被忽视。

自行车意外伤害

骑自行车的危险。在美国14岁以下的孩子中，每年因为骑自行车而意外死亡的人数超过250人，受伤看急诊的人数则高达3.5万人之多。这些伤亡事故经常发生在放学以后，天黑以前。如果遵循基本的安全法规，就可以预防大部分的严重事故。要知道，在骑自行车受伤的人当中，60%伤的都是头部。而头部受伤则意味着潜在的脑损伤，经常可能导致永久性的伤害。正确使用自行车头盔可以把头部受伤的概率减少85%。

选择头盔。头盔应该有结实、坚硬的外壳，还有一层聚苯乙烯的衬里。套住下巴的带子应该有3处和头盔相连——两个在耳朵下面，一个在脖子后面。要能找到表明这种头盔符合ASTM（美国材料试验学会）、ANSI（美国国家标准学会）或者安全标准的标签。

头盔的大小要合适，能够水平固定在孩子的头顶上，不要前后左右地摆动。选购头盔时，先用软尺量一下孩子的头围，然后再根据包装上的说明选择一个合适的型号。包装上的说明要有具体的尺寸，以保证大小合适。不要只看盒子上给出的年龄范围。一个基本的原则就是，1~2岁的孩子戴婴儿头盔；3~6岁的孩子戴儿童头盔；7~11岁的孩子戴少儿头盔；更大的孩子就得戴成人头盔了，分为小号、中号、大号和特大号。

如果遭遇了交通事故或严重的头部撞击，头盔受到损坏，就应该换新的。只要把头盔送回去，大部分公司都会免费更换头盔的缓冲衬里。一定要买一个安全的头盔。

自行车安全的提示和规则。最重要的原则就是："不戴头盔不骑车。"父母骑自行车的时候，也应该戴头盔。如果不能以身作则，就不可能指望孩子遵守这项规则。在9~10岁之前，只能让孩子在便道上骑车，因为孩子只有到了这个年龄后才具备足够的能力，应付在马路上骑车时的交通情况。再有，就是要告诉孩子道路上的基本规则，好让他们懂得遵守跟机动车司机一样的交通规则。

给孩子买的三轮车和自行车都要大小合适，这样最安全，不要因为孩子还在长大就买太大的车。孩子一般要到5~7岁时才能骑自行车。9~10岁以下的孩子要选用带脚刹装置的自行车，因为这时的孩子还没有足够的力量和协调性来操纵手动车闸。要在孩子的车上、头盔上和身上佩带一些反光的标志，以便引起别人的注意。这一点对于在黎明和黄昏时骑车的孩子来说特别重要。晚上骑车的时候必须佩戴头灯，尽量不要让孩子在夜间骑车。

自行车儿童座椅。父母用自行车座椅载孩子的时候，还应该注意以下事项：要选择有头部保护装置、手扶装置和肩带的儿童座椅。骑自行车时决不要用背带把孩子背在身上。载孩子骑车之前，先在座椅装上重物，骑一下试试。试骑时要选择没有其他车辆的开阔的地方，以便习惯这些额外的分量，同时树立信心，找到带孩子骑车的平衡感。决不能载着不满一周岁的孩子骑自行车，也不能载着体重超过 18 千克的孩子骑车。

把孩子固定在自行车座椅上时一定要给他戴上头盔。决不要把孩子单独留在座椅上。很多孩子就是从支着的自行车上掉下来而受伤的。尽量在安全而不拥挤的自行车道上骑车，不要在大马路上骑行。天黑以后就不要骑车了。此外要注意佩戴头盔。

运动场上的意外伤害。每年都有超过 20 万的孩子由于运动场上的意外伤害被送到医院看急诊。这类伤害大都十分严重：包括骨折或脱臼、脑震荡，以及内脏损伤。还有少数情况会导致死亡。发生在户外游乐场地的致命伤害，原因经常是被绞住或勒住——在孩子摔落时，松开的衣服拉绳或衣服上的帽子可能会被攀爬设施挂住，从而勒住孩子引起窒息。户外游乐场地的非致命伤害(类似骨折等)一般都发生在学校操场上和公园里，而致命的伤害更容易发生在家里的后院。5～9 岁的孩子最危险。

在家里，要保证所有游戏器具都结实牢靠，还要好好地维护。在孩子玩这些游戏器具之前，要换掉宽松的衣服，拿掉夹克衫和运动衫帽子上的拉绳。由于消费品安全委员会的建议，美国有几家服装生产厂家已经主动停止生产带有拉绳的儿童服装。

学走路的孩子不仅会在运动场上检验自己能力的极限，还会学习新的运动技能。许多孩子在运动场上受伤，都是因为缺乏平衡能力和协调能力。所以，一定要有成年人的监管。对于那些喜欢冒险又无所畏惧的孩子，大人必须时刻注意他们在游乐设施上的活动。

运动和娱乐安全

据计算，美国有 2000 万儿童在校外参加有组织的体育运动，另有 2500 万儿童参加学校的体育比赛。体育锻炼可以增强体质，提高身体的协调性，培养孩子自我约束的能力，还能树立团队意识。但是，意外伤害也会让孩子遭到疼痛的折磨，使他们中断训练，错过比赛，还会导致长期的伤残，甚至带来更加严重的后果。

谁面临着最大的危险？年纪小的孩子尤其容易在训练和比赛中受伤，

因为他们的身体还在成长。青春期以前，男孩和女孩在运动中受伤的概率是一样的。但是，到了青春期，由于男孩的力量和体格变得更强，所以受伤的频率会高于女孩，受伤的程度也会比女孩更严重。75% 的运动损伤都发生在男孩身上。

需要互相冲撞和身体接触的体育运动导致损伤的概率最高。男孩最容易在橄榄球、篮球、棒球和足球等体育项目中受伤；女孩则最容易在棒球、体操、排球和曲棍球等项目中受伤。因为越来越多的女孩也参加比赛，所以打篮球时受伤的现象还会增加。带伤运动或不顾疲劳地坚持运动都会导致许多慢性疾病的出现，比如肌腱发炎和关节炎等。头部受伤的概率虽然比较低，却可能造成更严重的后果。

保护装置。在许多运动中，都必须佩戴保护眼睛、头部、面部和嘴巴的装备。在运动中发生的面部创伤里，牙齿损伤最常见。护齿套可以保护牙齿免受这些伤害，还可以在遭到击打时起到缓冲的作用，减少脑震荡或下巴骨折的可能性。在进行球类运动的时候，应该戴上眼护具，打篮球的时候也是。

具体的运动项目：

棒球。穿戴合适的防护用具，以保护眼睛、头部、脸部和嘴巴不受损伤。球员应该穿上带橡胶鞋钉的鞋子，不要穿带有金属鞋钉的鞋。把球员休息处和长板凳作为安全屏障，能够有效地减少伤害。另外，应该教孩子正确地掌握滑垒的技巧，不要采用头部朝前的姿势滑垒。应该使用低于标准硬度的棒球，或使用比较软的球，这样可以减少头部和胸部受到打击时造成的损伤。还应该限制年纪小的孩子投球的次数，以避免对手臂或肘部造成永久性的损伤。

足球。在孩子刚开始踢足球时，我们不主张让他们学习顶球。顶球的动作会对头部产生反复的撞击，这很可能对任何人都没有好处。要在地面上把球门固定好，以免因为翻倒而砸伤孩子。另外，还要禁止孩子攀爬活动球门。优秀的足球运动员经常要忍受膝盖受伤的折磨，就像其他一些需要迅速改变身体运动方向的体育项目（比如篮球和长曲棍球）的运动员一样。女孩尤其容易发生前交叉韧带（ACL）断裂。前交叉韧带是一个稳定膝盖的组织，这条韧带很容易受到损伤，它的断裂具有破坏性，需要手术治疗和长时间的恢复。

这种损伤有可能使运动员终生承受行走的疼痛。人们设计了一些专门预防前交叉韧带断裂的培训项目，所有优秀的足球队——尤其是女子足球队——都应该利用这些项目。

滑旱冰和玩滑板。每年都有几千个孩子在滑旱冰时受伤，其中大多数都是手腕、肘部、脚腕和膝盖扭伤或骨折。佩戴好护膝、护肘和护腕等护具，就能把这些损伤降到最低的限度。头部的损伤可能会比较严重，戴上头盔就可以有效地避免受伤。现在，市场上有一种多功能的运动头盔，可以给后脑提供特别的保护。目前，多功能运动头盔的安全标志是"N-94"，购买的时候要注意。如果孩子没有专门的运动头盔，那么在滑旱冰或玩滑板时，戴上自行车头盔也能提供充分的保护。要让孩子在平坦、光滑又没有车辆的场地上滑行。还要提醒他，不能在大街和机动车道上滑旱冰。一定要让孩子学会使用旱冰鞋底部的制动装置，从而能够安全地停下来。

滑雪橇。下滑雪橇是冬季一项流行的娱乐项目，也是一项极其危险的运动。在滑雪橇之前，先要复习一下这些安全提示。

备忘清单：滑雪的安全提示

允许孩子滑雪之前，要检查一下相关场地，看看有没有危险的东西，比如树木、长凳、池塘、河流、大石头和明显的凸起等。

滑雪场的下面应该远离马路和水域。

充气滑雪管不仅速度非常快，而且很难控制方向，所以，孩子使用时要格外小心。有转向装置的雪橇比较安全。

在没人看管的情况下，千万不能让 4 岁以下的孩子自己滑雪橇。是否允许大一点的孩子自己滑，要根据滑雪场的坡度来决定。

滑雪时要避开拥挤的山坡，一辆雪橇上不要坐太多孩子。

不要一个人滑雪橇，也不要在傍晚光线不足的时候滑。

为了保护头部，要考虑一下是否应该让孩子戴上头盔。但是，不能因为带着头盔就忽视了安全。

寒冷和炎热天气里的意外伤害

寒冷的天气。天气变冷的时候，要让孩子保持干爽，穿戴暖和。最好多穿几层衣服，还要注意手脚的保暖。在温度低于 4.4℃的天气里，婴儿只能在室外待一小会儿，还要注意宝宝是不是发抖。如果孩子不停地发抖，就表示该回屋里去了。寒冷的天气对身体的威胁包括体温过低和冻伤。

体温过低是长时间暴露在寒冷的环境中，身体丧失热量造成的。这时候，婴儿会表现出一些应该引起警惕的症状，包括皮肤发凉、脸色发红、体力降低等。大一点的孩子则会发抖、昏昏沉沉、犯糊涂、说话打颤等。如果孩子的体温下降到35℃以下，就应立即看医生，还要马上让孩子暖和过来。喝杯热的饮料或洗个温水澡效果都很好，也可以把孩子彻底弄干，然后让他站在火炉或加热器旁烤一烤。

最容易冻伤的部位是鼻子、耳朵、脸颊、下巴、手指和脚趾。冻伤的部位会失去知觉和血色，还可能会出现一片发白的或灰黄色的区域。冻伤可能会造成永久性的损伤。冻伤以后，应该把冻伤的部位泡在温水里，决不能放进热水中，还可以用体温来温暖它。冻伤的皮肤十分脆弱，所以按摩、揉搓，或者用冻伤的双脚走路，都会造成进一步的伤害。用火炉、壁炉、电暖气或电热毯去温暖冻伤的部位，也会给冻伤部位的表层造成烫伤。最好的办法就是预防。湿手套和湿袜子更容易导致冻伤，所以除了适当保暖以外，还要保持干爽，这一点很重要。

炎热的天气。4岁以下的孩子对高温都十分敏感。要让他们经常喝水，戴上遮阳帽，活动量不要太大。如果可能，在一天里最热的时候，也就是上午10点到下午2点之间，尽量让他们待在室内。所有的孩子都要注意防晒，无论他们的皮肤怎样，都应该避免接受阳光中有害光线的直接照射。除了晒伤之外，热皮疹是最常见的高温造成的儿童疾病，而中暑是最严重的问题。

*痱子。*在闷热、潮湿的天气里，如果孩子大量出汗，刺激了皮肤，就会起痱子。痱子看上去像一片红色的丘疹或水疱。最好的治疗方法就是保持患处干燥，不要抹药膏，药膏会使皮肤潮湿，反而使病情恶化。

*热痉挛。*这种症状最容易出现在5岁以下的孩子和上了年纪的成年人身上。如果在高温环境下运动的时间太长，又不怎么喝水的话，即使是身体健康的青少年，也很容易受到伤害。热衰竭（轻度中暑）的症状包括大量出汗、面色苍白、肌肉痉挛、疲惫或虚弱、晕眩或头痛、恶心或呕吐，以及晕厥。热射病是一种更加严重的情况，表现为全身发红发烫、皮肤干燥或潮湿、脉搏快而剧烈、头痛或晕眩、意识混乱，以及晕厥。

预防是避免中暑的关键，要让孩子在运动中时经常停下来凉快凉快、休息一下，补充水分。一旦出现虚弱、恶心或流汗过多的症状，就立刻停止活动。如果孩子穿得很厚，或者空气湿度很大，就更要注意这个问题，因为这两个因素容易导致温度过高。千万不要把婴儿或儿童单独留在汽车里。即使在多云的天气里，车里的温度也会在短时间内上升到危险的水平，速度之快可能比你取出一管防晒霜用的时间还要短。

日晒安全

虽然在户外沐浴阳光的感觉棒极了，但为此付出的代价却可能有些离谱。能够把皮肤晒成棕褐色的紫外线同样可以造成晒伤，而且幼年时期的晒伤会增加以后患皮肤癌的危险。即使是少量的紫外线照射，经过长时间的累积也会使裸露的皮肤表面长出皱纹和斑点，还会使眼睛出现白内障。如果你从小就热爱阳光，现在作为父母，可能需要重新看待这个问题。

谁面临最大的风险？肤色越浅的人危险越大。美国的黑人和其他深色皮肤的人都有天生的防晒功能，就是因为他们的皮肤里含有较多的黑色素。即使这样，这些深色皮肤的孩子也应该采取防护措施。婴儿的风险也比较高，因为他们的皮肤很薄，含有的色素也比较少。任何水里的活动或靠近水边的活动都会使日晒的危害加倍——比如坐在游泳池边、躺在沙滩上、划船等，孩子不仅会受到直射阳光的灼晒，还会受到水面反射的紫外线的照射。等孩子觉得自己的皮肤发热发红时再去防晒，已经晚了。所以，父母应该提前考虑这些问题，要在晒伤的症状发生前就减少日晒的时间。

避免阳光直射。首先，不能让孩子的皮肤直接暴露在阳光下，特别是上午 10 点到下午 2 点之间。这段时间的阳光最强烈，对皮肤的危害也最大。所以，一定要给孩子穿上防晒的衣服，还要带上帽子。有一条简单又有效的原则是，如果你的影子比你短，就证明阳光很强，可能把你晒伤。要记住，即使是多雾或多云的天气，紫外线也会伤害人的皮肤和眼睛。所以，在海滩上应该支一把阳伞，烤肉野餐派对也要在树阴下进行。要穿上长衣长裤，戴上帽子——只要能防止阳光直晒皮肤，任何衣物都可以。但是，并不是所有的衣物都能很好地阻隔阳光，即使穿着衬衫，皮肤也可能会被晒伤。水也不能阻挡日晒，所以，游泳的时候也要特别注意。

必须使用防晒霜。防晒霜或隔离霜里含有 3 种有效的化学成分：对氨基苯甲酸酯、肉桂酸酯和苯甲酮。所以，防晒霜的包装上应该标有以上一种或几种化学成分。对于 6 个月以下的孩子来说，防晒霜会刺激他们的皮肤。因此，最好的办法就是不要直接晒太阳。6 个月以后，就要给孩子使用防晒指数（SPF）大于 15 的防晒品。也就是说只有 1/15 的有害光线会照到皮肤。使用这种防晒霜之后，在阳光下待 15 分钟，只相当于不用防晒霜在阳光下晒 1 分钟。最有效的防晒霜是浓稠的白色膏体，含有诸如氧化锌和二氧化钛等化学物质。这些化学成分非常有效且安全，但是只适用于身体的小面积部位——比如鼻子尖和耳朵。

要使用防水抗汗型防晒霜，并在晒太阳之前半小时涂好。涂防晒霜时不要漏掉某个暴露的部位，但是不要抹在眼睛上，因为防晒霜会刺激眼睛。每隔半小时左右要再涂一次。对于那些生活在日照充足地区的白皮肤孩子来说，每天早晨出门前的任务之一就是擦上防晒霜或防晒乳。放学以后和出去玩之前，还应该再涂一次。

太阳镜。每个人都应该佩戴太阳镜，婴儿也不例外。紫外线对眼睛的危害到老年才会显露出来，所以不能等问题出现了再采取保护措施。你没有必要购买特别昂贵的太阳镜，只要标签上注明能防紫外线就可以。镜片颜色的深浅跟防紫外线的性能没有任何关系。镜片上必须涂有专门阻挡紫外线的特殊化合物涂层。既然大多数婴儿都能忍受遮阳罩，他们也能逐渐

习惯戴太阳镜。

防止蚊虫叮咬

虫子叮咬总让人不愉快，有时还很危险。几年前，西尼罗河病毒让每个人都恐惧不已；在此之前还有所谓的杀人蜂。虽然这些灾害仍然伴随着我们，但是简单的防范措施不但可以降低染病的风险，还能让孩子无忧无虑地享受户外时光。

你能做什么？要想保护孩子不被叮咬，就要在蚊虫最活跃的时候让他穿好衣服，尽量遮住暴露的皮肤。穿浅色的衣服不太容易吸引蚊虫。在蚊虫出没的季节不要用太香的洗涤剂和香波。要用专为儿童研制的防虫剂。如果这种产品含有避蚊胺，给孩子使用时，浓度不能高于10%。不要把防虫剂抹在孩子的手上，避免孩子抹到眼睛里或嘴里。万一避蚊胺被孩子误食，可能会产生毒性。孩子一回到屋里就要马上把防虫剂洗掉。

蚊子。把所有存水的地方都清理干净，减少蚊子的滋生。晚上是蚊子最活跃的时候，要让学步的孩子尽量待在屋里。把门窗关严，还要把破损的纱窗和纱门修理好。

蜜蜂和黄蜂。附近有蜜蜂的时候，不要在室外吃东西。孩子吃完东西以后要把手洗干净，以免招引蜜蜂。如果有蜂窝或黄蜂巢，最好请专业人员清除。

蜱。鹿蜱是莱姆病的携带者。这是一种很小的动物，和大头针的针帽差不多（树蜱比鹿蜱常见，大约有小钉子帽那么大，但是对人无害）。如果不知道所在地区有没有莱姆病的病例，可以咨询医生。还可以通过疾病预防控制中心的网站 www.cdc.gov 了解到大量关于莱姆病的信息，只要点击“健康话题”（Health Topics）就可以了。

虽然穿上长衣服和喷洒含有避蚊胺的驱虫剂有所帮助，但是，孩子从外面玩耍回来时，还是要检查一下他们身上有没有扁虱。要是孩子在比较高的草丛或树木较多的地方玩过，就更要仔细检查。如果找到一个扁虱，它很可能还没有机会传播疾病。去除扁虱的最佳方法，就是用镊子在尽量贴近皮肤的部位夹住它，然后直接把它拔出来。不要使用矿物油脂（如凡士林）、指甲油、火柴。可以用杀菌剂清洗皮肤，并咨询一下医生，看看是否需要服用抗生素。

防止被狗咬伤

应该教育孩子别去招惹陌生的狗。年纪小的孩子可能更喜欢吓唬动物或伤害动物，也更容易被动物咬伤。大多数被狗咬伤的都是10岁以下的孩子。

在选择一条家养狗之前，要了解各个品种的情况。不要选择好斗的品种，也不要选择容易兴奋的狗。阉割可以降低犬类出于地盘意识而产生的攻击性。决不要让婴儿或幼儿跟任何一条狗单独在一起（有一套特别好看的无字书，讲的是一条名叫卡尔的狗的故事，它能够出色地照顾小孩。可以欣赏这些书，但是千万不要在家里实践）。

给孩子定规矩。对于敏感又焦虑的孩子来说，在靠近一条狗之前可能需要许多鼓励。那些胆大又毫不畏惧的孩子则需要仔细叮嘱，告诉他如何与狗打交道。这里有一些常规的原则：

备忘清单：与狗接触的常规原则

不要靠近陌生的狗，哪怕是拴着的也不行。

不得到狗主人的同意，决不要摸狗，也不要跟它玩。

不要戏弄狗，也不要盯着陌生狗的眼睛对视。很多狗都会认为这是一种威胁或挑衅。

不要打扰正在睡觉、吃东西或照顾小狗的狗。

当一条狗靠近你时，不要逃跑，它很可能只是想闻闻你。

如果狗把你扑倒，就缩成一团，不要动。

骑车或滑旱冰时要小心狗。

节日焰火和“不请客就捣蛋”游戏

7月4日。每年美国独立纪念日7月4日的焰火都会造成约6000名儿童受伤。受伤的部位一般都是手掌、手指、眼睛、头部，有时候甚至会失去手指或手臂，还可能导致失明。孩子不适合放鞭炮。燃放烟花爆竹在很多地区都是违法的，而且也不提倡私人燃放。即使是焰火棒这种看起来很安全的东西也会造成严重的后果。何必去冒这个险呢？在公共场所看烟花时，要站得远一点，还要注意保护孩子的耳朵，以免受到爆炸声的伤害。有些家长坚持认为燃放花炮是童年时期不可剥夺的权利。这样的家长需要认真看管自己的孩子，保证没有人受到伤害。烟花从远处观赏也同样美丽，不一定非要近距离观看，这样孩子不会受到巨大的爆炸声的惊吓，也能避免耳朵受伤害。

万圣节（鬼节）。在10月31日这一天发生的伤害，经常都是由于摔倒、碰撞和火烧等事故造成的，而不是因为吸血鬼和巫师的出现。最重要的是，要保证孩子的服装和面具不会遮挡视线。一般来说，把油彩涂在脸上或化妆都比戴面具安全。玩“不请客就捣蛋”游戏的孩子应该拿着手电筒，不要抄近路穿越别人的院子，那样容易被看不见的东西绊倒。孩子们穿的鞋子和衣服都要合身，防止被绊倒。制作佩带的假刀和假剑应该用柔软的材料，防止不小心伤着人。为了避免烧伤，孩子们穿的衣服，戴的面具、假胡子和假发都应该由防火材料制成。特别宽大的衣服很容易碰到蜡烛（比如，不小心弄到南瓜灯里）。一定要在孩子拿的袋子上和衣服贴上反光胶带，保证汽车司机能看到这些玩“不请客就捣蛋”的孩子。要提醒孩子遵守所有的交通规则，不要突然从停着的车子中间蹿出来。父母一定要陪着孩子，要等回到家以后再吃别人给的东西。对于 8 岁以下的孩子来说，如果没有成年人或哥哥姐姐的看护，就不能玩“不请客就捣蛋”的游戏。父母要指导孩子们走安全的路线，只有在外面亮着门灯的人家，才能停下来做这个游戏。如果没有成年人陪同，就不要走进别人家里。在许多居民区，人们都认为“不请客就捣蛋”的游戏不安全，已经改为开万圣节晚会了。

家里的安全问题

家里的危险

对于孩子来说，家里也可能是危险的地方。溺水是仅次于交通事故的第二大杀手，一般都发生在浴盆里或后院的游泳池中。此外还有烫伤、中毒、误食药物、窒息、坠落等。这些灾难听起来都够吓人的。当然，光害怕没有用，我们应该做好充分的准备。只要做好家里的安全防范措施，就能够大大降低孩子遭受意外伤害的可能性。密切的监管当然不可或缺。事先的计划也必不可少（参考第一部分的“宝宝生命的头一年：4～12 个月”和“学步期宝宝：12～24 个月”的内容，了解更多关于婴儿和学步期儿童的安全措施）。

溺水和用水安全

美国每年都有将近 1000 名 14 岁以下的儿童死于溺水。在这个年龄段的孩子的意外死亡原因中，溺水位居第二。溺水的孩子要立即送到医院抢救。虽然 80% 的溺水孩子都被及时送到了医院，但还是有很多孩子留下了永久性的大脑损伤。4 岁以下儿童溺水的死亡率要比其他年龄段的孩子高出2～3倍。

学龄前儿童的溺水死亡事故多数都是在浴缸里发生的。人们已经知道，孩子会爬到没有水的浴缸里打开水龙头，意外就会发生。年龄比较小的孩子会头朝前脸朝下掉进马桶或水桶里，因此，仅仅10厘米深的水也会夺去孩子的性命。所以，容量只有20升的空水桶也不能放在室外，因为下雨的时候里面会存水（还会滋生蚊子），万一孩子掉进去就会发生危险。厕所里的坐式马桶要盖好盖子，塑料弹簧锁也能防止好奇的孩子向里探头探脑。

用水安全。要防止孩子溺水，就需要父母始终提高警惕，加强对孩子的看管，还要对保姆强调以下这些要点：

• 千万不要把5岁或5岁以下的孩子单独留在浴缸里，哪怕一小会儿也不行。就算在两三厘米深的那么一点水里，孩子也可能发生溺水事故。不要让12岁以下的孩子看护浴缸里的孩子洗澡。如果大人非得去接电话或去开门，那就用浴巾把浑身肥皂泡的孩子裹住，抱着他一起去。

• 当孩子靠近水边时，即使有救生员在场，也要注意孩子的行动。如果孩子水性很好，有足够的脱险技巧和判断能力，那么，到了10～12岁时，只要他和小伙伴们一起游泳，就可以离开大人的监管了。另外，只有在水深超过1.5米，而且有大人在场的时候，才能允许孩子往水里跳。

• 盆里的水应该倒掉，不用的时候还要把盆扣过来放着，以免孩子溺水。

• 如果家里有游泳池，那么四周都要有防护栏。防护栏至少要1.5米高，栏杆之间的距离不要超过10厘米。栅栏门还要上锁，要能自动关闭，自动锁上。另外，不要把房子的一面墙当成那一段的护栏，因为对孩子们来说，通过门窗溜到游泳池里去简直太容易了。

• 不要指望游泳池的警报装置来提醒你去保护孩子，只有有人掉进了水里，警报才会响起来，那时再去救孩子可能就太晚了。更好的警报系统是装在游泳池的栅栏门上的。

• 在雷雨天气里，任何人都要远离池塘和其他水域。

• 在没有正式宣布池塘和湖泊里的冰已经达到安全标准以前，要让孩子远离冰面。

• 不要让孩子在水域附近滑雪橇。高尔夫球场虽然是不错的滑雪橇场地，但是，由于这些地方经常存在水域，所以有潜在的危险。

• 各种水井和蓄水池都必须做好安全防护。

游泳课。父母可能觉得游泳训练可以防止婴儿、学步期的幼儿和学前班的孩子溺水，但是，没有任何证据能证明这一点。即使接受了训练，5岁以下的孩子也没有足够的力量和协调性让自己浮在水面上，不能靠游泳脱险。实际上，早期训练反而会增加孩子溺水的危险，因为父母和孩子会因此产生一种错误的安全感。

火灾、烟熏和烫伤

火灾是儿童意外死亡的另一个最常见的原因。5岁以下的孩子面临的危险最大。实际上，在火灾造成的死亡中，大约有75%都是因为吸进了烟尘，而不是烧伤。同时，大约80%的火灾死亡都是在家里发生的。其中，一半的家庭火灾都是由香烟引起的，这也是禁烟的又一个有力的理由。火势的蔓延非常迅速，所以千万不要把孩子单独留在家里，哪怕几分钟也不行。如果大人必须外出，就把孩子一起带上。

最常见的非致命烫伤就是热液烫伤。其中，大约20%是水龙头里的热水造成的；另外80%是溅出来的食物或液体造成的。50%烫伤都很严重，需要做皮肤移植手术。

父母能做什么？只要采取以下这些简单的措施，就能起到长期的防护作用：

• 在房子的每一层都安上烟雾探测器。要安装在卧室和厨房外面的过道里，每年定期更换电池。

• 在厨房里放一个干粉灭火器。

• 把热水器的温度设定在48.9℃以下。因为在65℃～70℃（这是大多数生产厂家预设的温度），2秒钟之内就会造成孩子三度烫伤！而在48.9℃时，则要5分钟才会形成烫伤（还能减少电费开支）。如果你住的是单元楼或公寓，可以让房东或物业管理员把水温调低。使用低于54.4℃的水仍然可以把盘子洗干净。还可以在淋浴喷头、浴缸的水龙头和洗碗池的水龙头上安装防烫伤装置。这样一来，水温一超过48.9℃，水流就会自动被切断。

• 打开的热水器、炉子、壁炉、绝缘性能不好的烤炉和容易打开的烤箱都很危险。所以，要在炉子、壁炉和壁挂式暖风机的前面或周围放上栅栏或围挡。还可以安上散热器罩来避免烫伤。

• 要把所有的电源插座都盖上盖子。这样，当孩子往电源插座里插什么东西时，就不会触电了。另外，不要让电源插座超负荷。

• 电线老化了要及时更换，接头处要用胶布粘紧。不要把电线铺设在地毯下面，也不要让电线从过道里穿过。

父母可以养成以下谨慎的习惯，从而降低火灾和烫伤的危险：

• 把孩子放进浴缸之前要试一下水温。即使刚刚试过，也要再试一次。另外，还要摸一摸水龙头，保证它们不会因为温度过高而造成烫伤。

• 决不能在把孩子放在大腿上时喝热咖啡或热茶。也千万不要把盛着热咖啡的杯子放在桌边上，以免孩子够到桌子，打翻杯子。桌子上不要铺桌布或桌垫，因为孩子会把它们从桌子上拽下来。

• 用茶壶烧水时，要把壶把转到孩子够不到的方向。最好使用靠内的灶眼。

• 火柴要装在盒子里，放在高处，别让三四岁的孩子够到。在这个年龄段，很多孩子都会经历一个特别喜欢玩火的阶段，很难控制自己想玩火柴的欲望。

• 如果家里用取暖炉，一定要保证接触不到窗帘、床单或毛巾。

• 法律规定，9 个月以上孩子的睡衣要么用防火材料制作，要么就做成贴身的（贴身的衣服不容易着火，因为衣服与皮肤间没有氧气）。如果反复地用无磷洗涤剂或肥皂洗涤睡衣，那么上面的防火物质就会被洗掉。

最后，教育孩子怎么防火，告诉他们在发生火灾时该怎么做，以保证安全。

• 要告诉学步期的孩子哪些东西是烫的，警告他们别碰这些东西。

• 要跟年幼的孩子谈论防火安全知识。包括教他们如何在起火时遵循“停下、蹲下、滚动”的原则，以及如何“在烟雾下面贴着地爬行”。

• 要教育孩子，在闻到烟味且怀疑着火时，应该迅速离开房子，跑到外面。还要教孩子用邻居家的电话报火警。

• 制订一个在火灾中逃跑的计划，每一间卧室都要有两条逃生的路线，然后确定一个在外面集合的地点。让全家人都演习一下这个计划。

中毒

孩子们胡乱吃下的东西既令人吃惊又让人恐惧。最容易引起孩子中毒的物品包括：阿司匹林和其他药品、杀虫剂和灭鼠药、煤油、汽油、苯、清洁剂、家具上光液、汽车上光剂、碱液、冬青油、除草剂，以及清洁下水道、便池和炉灶的强碱性物质等。浴室里潜在的有害物质包括：香水、洗发液、护发素和护肤品等。

每年，美国有毒物质控制中心都会接到 200 万通以上的电话，说孩子

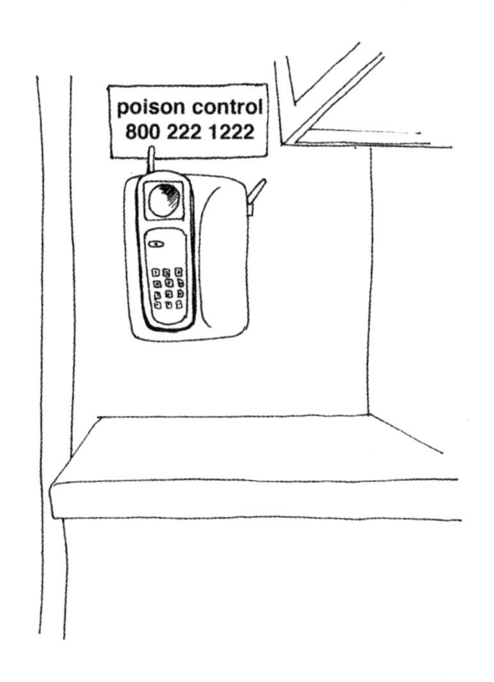

误食了可能有毒的东西。对孩子来说，每一种药物、处方药品、维生素和家用产品都可能有毒。即使是孩子的常用药，一旦大量服用，也可能造成危险。有些东西虽然看起来好像没什么危险，却可能有害，比如烟草（1 岁的孩子吞食 1 根香烟就很危险）、阿司匹林、含铁的维生素片剂、洗甲水、香水，以及餐具清洁剂等。不管孩子误食了什么，最好都给有毒物质控制中心或医生打个电话问清楚。

从大约 12 个月开始一直到 5 岁，是孩子们最容易中毒的时期。在中毒总人数当中，6 岁以下的孩子占到了一半以上。家里发生的中毒事件比任何地方都多。那些活泼好动、胆大又执著的孩子更可能拿到有毒的东西。但是，即使是那些看上去老实又安静的学步期孩子，也可能找到机会吞下一些不应吞下的东西，比如打开盖的一瓶药丸，或者一棵非常诱人的室内植物等。

清除家里的危险物品。第一步就是用敏锐的眼光，更确切地说，是用孩子的眼光，仔细地检查一遍房间。然后，再遵循下面的步骤，把家变成防止儿童中毒的安全环境。

• 将急救中心的电话号码贴在电话旁边，或写在一张纸上贴在电话上。如果可能，最好再把它设置成单键快速拨号。如果孩子吞下了有毒的东西，或者误食了可能有毒的东西，就要打这个电话紧急求助专家。

• 把可能有害的药物都储存在孩子够不着的地方，或者放在装有儿童安全锁或儿童安全插销的橱柜里。可以在浴室门的高处安一个简单的插销，以免孩子进入浴室而遭遇危险——包括有毒物品、溺水以及烫伤。

• 在厨房、厕所和储藏室里找一些孩子接触不到的地方，存放以下物品：洗衣液、去污粉、洗浴用品、下水道清洗剂、洁厕剂、炉灶清洁剂、氨、漂白剂、除蜡剂、金属上光剂、硼砂、卫生球、打火机燃料、鞋油，以及其他一些危险物质。上了锁的小橱柜比较安全。安装在高处的柜子也可以，只要周围没有可供攀爬的家具，那就是安全的地方。要把灭鼠药、杀虫剂和其他毒药清理干净，因为它们都太危险了。

• 在地下室和车库里，一定要把下面这些物品放在绝对安全的地方：松节油、油漆稀释剂、煤油、汽油、苯、杀虫剂、除草剂、防冻液、汽车清洁剂、汽车上光剂等。在扔掉这些瓶瓶罐罐之前，一定要把它们清空，并且冲洗干净。向相关卫生部门查询一下，看看有毒的废物应该怎样处理。

有益的习惯。有效防止中毒，取决于日常习惯。以下是一些需要注意的事情：

• 每次吃完药，立即把剩下的药放到孩子够不着的地方；最好放在带儿童安全锁的橱柜或抽屉里。

• 要把所有的药品都贴上醒目的标签，免得你不小心给孩子吃错了药。病好了以后，要把剩下的药品倒进厕所冲走，因为你不太可能再用到它们，再说，药品也可能变质。另外，不要把以前的药和正在使用的药放在一起，因为这样容易混淆。

• 在药物中毒的事例中，有 33% 以上都是由于孩子误食了祖父母服用的处方药。所以，在带孩子看望祖父母之前，一定要让他们把自己的药品都锁起来，或者放在孩子够不着的地方。

• 国家和各州的法律都规定，药剂师配制的所有药品都必须装在孩子打不开的容器里。不要把药品换装到别的容器里。

• 要把清洁产品和其他化学用品放在原来的包装里。不要把杀虫剂装在饮料瓶里，也不要把炉灶清洁剂放在茶杯里，这是造成严重中毒的常见原因。

有毒的植物。对于植物和花朵，我们只会觉得它们很美丽。但是，刚会爬的婴儿却会把它们看成美味的点心。这很危险，因为有七百多种植物和花朵都能引起疾病，或导致死亡。所以，最好的原则就是，等孩子过了什么都吃的年龄，能够接受禁令的时候，再在家里养花种草。真要养花的话，至少也得放在孩子够不到的地方。另外，孩子在花园里或外面时，如果他们待在植物和花草旁边，就一定要看好他们。

这里有一个很实用的清单，列举了一些可能会带来致命危险的植物：五彩芋、万年青、喜林芋、象耳草、丝兰、常春藤、风信子、黄水仙、水仙、槲寄生、夹竹桃、一品红、相思子、蓖麻子、翠雀花、飞燕草、颠茄、毛地黄、铃兰、杜鹃花、月桂树、瑞香属浆果、金链花、绣球花、女贞（常用作树篱）、红豆杉、曼陀罗、牵牛花籽、蘑菇、冬青果。

有的植物虽然有毒，但是并不会带来致命危险。接触这些植物以后一般会刺激皮肤，万一咽下去，会使嘴唇和舌头肿胀起来。要会识别毒葛、毒橡树、毒漆树，以免引起过敏，造成皮肤疼痛。

父母要查证家里或院子里的植物是否带有毒性。

铅和汞

铅中毒的危险。在我们这个工业社会中，铅是一种随处可见的金属元素。到目前为止，建筑用漆、汽油，以及食品包装罐里都含有铅。有些金属元素（比如铁和铜）是维持生命必不可少的元素。我们早就知道，铅跟这些金属元素不同，它对人体没有任何用处。但是，直到大约 20 年前我们才了解到，铅元素实际上对我们十分有害，平均起来，对于儿童来说危害更大。

我强调“平均”这个词，是因为低浓度铅带来的危害在任何一个孩子身上都很难察觉。只有当专家把成百上千个孩子放在一起研究时，才能清楚地发现铅降低了儿童的智商。换句话说，如果一个孩子的血铅浓度稍微上升了一点，在每升 100～200 微克的范围内，就没人能断定铅是否会给这个孩子造成影响。许多非常聪明的人小时候的血铅浓度也曾偏高。但这不是说我们就可以忽略铅的危害，只是说如果孩子血铅浓度有点高，父母没有必要惊慌失措。

什么人容易铅中毒，怎样中毒的？总体来看，铅中毒的问题多数都出现在年幼的孩子身上。1～5 岁的幼儿常常在地上爬来爬去，经常把不是食物的东西放进嘴里。饥饿或缺铁的孩子会吸收更多的铅元素。所以，充足又全面的营养对于预防铅中毒来说至关重要。

铅一般来自于窗户周围或外墙上老化的油漆。油漆剥落时，铅就混在了灰尘里，然后粘在孩子手上。其他的来源还包括涂有含铅瓷釉的陶器（现代机器制造的陶器是不含铅的）、老房子的水管里所含的铅，以及一些传统药品的成分。

父母该怎么做？如果现在住的房子修建时间较早，或者居住的城市铅污染比较严重，那么，孩子小时候，就应该定期让他接受血铅浓度的检测。如果浓度偏高，医生就会给孩子开一些药，排出体内的铅；如果浓度比较低，那么主要的治疗方法就是去除生活环境中的铅，同时保证孩子摄入充足的铁元素，让孩子的身体自动把铅排出来。此外，这里还有一些安全提示，可以帮助防止铅的危害：

• 检查剥落或干裂的油漆，门窗周围要重点检查。除去所有松动的漆皮，刷上新的油漆。

• 去除含铅涂料的时候，不要剥除或打磨，也不要使用加热枪，因为这些方法反而会明显地增加孩子跟铅的接触。如果非得去除含铅涂料，就请专业人士来做，大人和孩子则应该待在房子外面。

• 定期用磷酸盐含量较高的清洁剂擦地板，去除铅尘。

• 注意孩子活动的所有地方，比如家里、户外、走廊、保姆家里或日托中心等。

• 如果你家的水管设备比较老，打开水龙头让自来水流几分钟再饮用或做饭。这样一来，就不会用到已经在含铅的水管里积存了很久的水了（把水烧开并不能除掉里面的铅，只会让问题变得更严重）。

• 不要使用上釉的陶器，除非肯定它不含铅。

• 谨慎使用根据老方子制成的民间传统药物（也许是你的祖母非常信赖的药），因为其中有一些含铅。

多多学习！如果现在生活的环境中含有铅，那么只知道眼下安全远远不够。可以咨询一下孩子的医生，也可以从当地的卫生服务部门领一些小册子。

汞。汞和铅在许多方面很相似：它们都是金属元素；在我们这个工业社会中都很常见；如果浓度较高，都能引起大脑的损伤，即使浓度较低也可能导致大脑发育异常。来自工厂和矿场的汞会污染湖水和海洋，然后被水里的微生物、小鱼和大鱼吸收，最后又被终极消费者——也就是我们吸收。所以，在怀孕和哺乳期间不要食用太多鱼类。最好不要食用从污染严重的水域捕来的鱼类，也不要食用食肉的大型鱼类（比如剑鱼），因为它们的寿命比较长，体内的汞元素容易积累起来。

汞的另一个来源就是水银温度计。温度计破裂的时候，可爱的液态水银珠会释放出无臭的有毒雾气。所以，最好把玻璃温度计作为有毒垃圾处理掉，但不要一扔了之，要把它们带到诊所交给医生，或送到医院正确地处理。应该买一支便宜、准确、安全的电子温度计（参见第 265 页）。

异物窒息

异物窒息是导致幼儿死亡的第四大原因。对于那些喜欢把东西放进嘴里的婴幼儿，父母不要把任何小东西（比如扣子、豆子、珠子等）放在他能够到的地方。这些东西很容易吸进气管里，从而引起窒息。

危险的玩具。5 岁以下的孩子最容易被玩具或玩具上的零件卡住，从而造成窒息。不管年龄多大的孩子，只要把不是食物的东西放进嘴里，就可能引起窒息。标准的卫生纸筒心可以提供很好的测试标准，如果一个玩具小到可以塞进去，它就可能带来异物窒息的危险。美国消费品安全委员会研制了一种类似的测试工具，被称为防窒息测试管（No Choke Test Tube），只比卫生纸的筒心稍微小一丁点。凡是通不过防窒息管测试的物品也一定通不过卫生纸筒心的测试。

还要检查所有可能在激烈的游戏中脱落的玩具零件。可以将玩具的各个部分拉一拉，拽一拽。小圆球或小方块（儿童玩具和游戏器材上的）也是造成 3 岁以下儿童窒息的常见物品。要想把某个孩子的玩具藏起来，不让弟弟妹妹或串门的孩子发现，通常是件很有挑战性的工作。

引起异物窒息的常见物品还包括破碎的气球，这些碎片很容易被吸进气管里。孩子吹气球时，万一气球炸了，也可能引起窒息。所以，最好不要让孩子玩气球。

食物引起的窒息。到四五岁时，大多数孩子都能像大人一样吃东西了。然而在此之前，你一定要小心某些食物可能带来的危险。那些又硬又滑的圆形食品对孩子尤其危险，比如坚果、硬糖块、胡萝卜、爆米花、葡萄，以及葡萄干等。热狗会像瓶塞一样卡在气管里。直接用勺子或刀子挖花生酱吃是一种最危险的做法，因为一旦吸进去，任何东西都没法把花生酱从肺里弄出来。所以，花生酱只能薄薄地抹在面包上给孩子吃。

防止大块食物噎住嗓子的最好办法就是咀嚼，而且要仔细地嚼。要让孩子养成细嚼慢咽的习惯。如果父母做出榜样，孩子就会模仿。如果不催着他们吃饭，他们就更喜欢模仿了。孩子在跑跑跳跳时，不能让他们嘴里含着棒棒糖或者冰棍。也不要让孩子躺着吃东西。另外，绝不能让婴儿独自用吊瓶吃奶。参见第 325 页，了解窒息的应急措施。

憋闷窒息和勒束窒息

憋闷窒息是 1 岁以下的婴儿意外死亡的主要原因。婴儿的大部分时间都是在小床里度过的。所以要采取措施保证小床里的安全。关于预防婴儿窒息的基本方法参见第 46 页。

处于学步期的孩子可能会把自己勒在窗帘、百叶窗，或者其他东西的绳子上。要把绳子系起来，绕在墙上的挂钩上，也可以把绳子藏在笨重的家具后面，还可以用电线收纳盒（用于绕紧绳子的小型塑料收纳装置）把绳子收拾好。

对大一点的孩子来说，父母一定要清醒地认识到塑料袋的危险性。由于某些原因，许多孩子都有把塑料袋套在头上玩的强烈，于是有时候就会酿成悲剧。把塑料袋和家里其他有危险的日常用品放在一起，放进孩子够不着的或者带锁的抽屉或橱柜里。

如果家里有一台闲置或废弃的电冰箱或冷藏柜，一定要把门卸下来。

家里的枪支

许多家庭都有手枪或来复枪。父母一般都觉得他们需要一支枪来保护自己，尽管所有的研究都表明，跟破门而入的歹徒相比，自家的枪支更容易成为儿童（还有成年人）的致命威胁。在美国，每天都有一个孩子因为遭到意外枪击而死亡。对于枪支而言，我们现在能做的最保险的事情就是不要拥有它。

如果很小的孩子拿着装了子弹的枪玩，或者和一个拿着这种枪支的孩子一起玩，都可能会成为意外枪击事件的遇难者。7～10 岁的孩子在向朋友们炫耀手枪的时候，一不留神就可能成为枪击者或受害者。也许你不好意思向孩子伙伴的父母询问他们家里是不是有枪，但是，这些悲剧的统计数字告诉我们，还是应该了解一下。

大一些的孩子和青少年往往会失去自制力，当他们开始试着喝酒时尤其如此。如果他们手头有枪，就容易无缘无故铤而走险。另外，如果家里有枪，那些心情沮丧或使用麻醉药品的青少年很可能用它来自杀。

如果家里确实有枪。来复枪和手枪的子弹都要退出来保存，最好放在上了锁的柜子里。子弹要锁起来单独存放。除了要完成当地警察局和手枪俱乐部提供的安全培训以外，枪主还应该尽量了解新近的安全技术，比如扳机锁或智能手枪等。这种手枪只有枪主本人才能射击。但是这些预防措施可能会被充满好奇又固执己见的孩子破坏掉，也可能在家长疏忽大意时失去效果。唯一真正安全的选择就是，只要家里有孩子就不存放枪支。

摔伤

摔伤是导致意外死亡的第六大原因，也是造成非致命伤害的首要原因。其中，摔伤死亡率最高的是 1 岁以内的婴儿。每年都有 300 万儿童由于摔伤而被送到医院看急诊。但是，接受治疗的孩子只占摔伤人数的 10%。有些孩子虽然摔伤了，但是并没有医治。

你能想到的地方都可能发生摔伤，比如床上、尿布台上、窗户和门廊上、树上、自行车和游戏设施上、冰上、楼梯上等。正在学走路的幼儿最容易从窗户上和楼梯上摔下来；大一点的孩子最容易从屋顶上或游乐设施上摔下来，或者在运动场上摔伤。在家里发生摔伤的大部分都是 4 岁以下的婴幼儿。发生摔伤的高峰时间是吃饭前后，其中有 40% 都发生在下午 4～8 点。

楼梯。为了防止学步期的孩子从楼梯上摔下去，应该在楼梯的顶部和底部安上防护门，防止孩子单独爬上楼梯。门廊的台阶也要这样处理。等孩子能够稳当地上下楼梯时，再把防护门拆掉。要教孩子在上下楼时扶着栏杆，还要让他看到你也是这样做的。

从窗户上掉下来。在春季和夏季，城市里经常发生孩子从窗户里摔下来的事故。这种意外经常发生在二层和三层，最严重的也有从三层以上的窗户上掉下来的。有许多方法可以防止孩子发生这种意外。可以把窗子都锁起来，但是，在好天气里你当然不愿意这样做。也可以把靠近窗户的玩具和家具都挪开。但是，到了孩子能把椅子推来推去时，这个办法就没用了。如果可能的话，可以从上面打开窗户。

如果父母很会使用工具，或者有个手巧的朋友，就可以在窗框上装一个金属扣，让窗户最多只能打开 10 厘米（用木块把窗户别住也可以）。

还可以给窗户安上护栏。窗户的护栏由金属制成，栏杆之间的最大间距是 10 厘米，能承受大约 70 千克的压力。所有窗户的内侧都应装上护栏。但是，每个房间至少要有一个窗户的护栏是活动的，不用钥匙或者特殊工具就能打开（父母很可能在最重要的时候找不到钥匙和工具，比如着火的时候）。儿童安全窗户护栏和防盗护栏不一样，后者是为了防止成年人进入而设计的。有些州、市已经制定了相关的法律，规定必须使用窗户护栏。

婴儿学步车。婴儿学步车曾经被视为必备的婴儿用具，但如今已经被看成了危险品。学步车给了小宝宝很大的活动性，而小宝宝却对危险无知无觉。他们可能一下子就滚下楼梯，却没有任何办法来缓冲摔下去的力量。这一切可能就发生在父母转过身去的一刹那。每年都有几千名婴儿因此受伤。

学步车不能帮助宝宝学会走路。事实上，使用学步车的宝宝的体力和协调性反而会发展得比较慢，而这些能力正是独立行走所必需的。学步车包揽了所有工作，所以宝宝就得不到锻炼了。现在，没有轮子的学步车（你可能把它叫做站立辅助器）越来越受欢迎。它能让孩子感受到独立活动的乐趣，却没有摔倒的危险。一定要确保没有露出来的弹簧，以免夹到孩子的手指。

玩具安全

每年都有数以千计的孩子因为他们的玩具而意外受伤，同时，还有数以百计的玩具因为被证明有危险而被收回。给孩子购买玩具时，一定要参考包装上的适用年龄。现在的联邦法律规定，制造商们必须在带有小零件的玩具上印制警告标签，但是，还是有很多不带标签的玩具悄悄地流向了市场。对于3岁以下的孩子——或者对于那些喜欢把东西放进嘴里的孩子来说，像弹球、气球、小块积木这样的玩具，很容易造成窒息。带尖角或边缘锋利的玩具可能会把年幼的孩子或别人刺伤或割伤。可以投掷的玩具，比如玩具飞镖和自动弹射的玩具，可能会打伤眼睛。只有8岁以上的孩子才能玩电动玩具。软塑料制成的玩具含有一种叫做邻苯二甲酸酯的化学物质，可能引起肾脏损伤，还会带来其他的健康问题。如果不知道某种产品是否含有邻苯二甲酸酯，可以给玩具制造商打电话询问。

可以登陆美国消费品安全委员会的网站 www.cpsc.gov。还有一个非常有用的网站，网址是 www.toysafety.net。通过浏览这些网站的信息，能了解更多关于玩具安全的知识。

家庭安全装备

购买什么装备？各种小装置的制造商热衷于向紧张的父母推销安全用

品。我个人的最爱就是那种做成大象鼻子形状的浴盆龙头橡胶套，虽然它并没有增强多少安全性，却因为可爱而受到好评。对家庭安全来说，其实只有少数东西必不可少，其中包括装上新电池的正常运转的烟雾探测器、厨房里的灭火器、储存药品和其他危险化学品的带锁的橱柜。如果有手枪或来复枪，就再加上一个手枪扳机锁和上了锁的储藏柜。如果家里有楼梯，就要在两端都装上防护门，防止孩子从上面摔下来。如果住在二楼或更高的楼层，可能还需要安装窗户护栏。

下面这个清单列出了其他一些东西，其中大多数都在前文中提到过。虽然不怎么贵，但父母会觉得这些东西很有用。一定不要忘了，任何东西都不能代替大人的严密看管。

备忘清单：安全装备购买提示

厨房和浴室里防止孩子打开的橱柜和抽屉插销。

装在门上高处的钩扣铰链门闩，可以防止小孩子走进浴室或楼梯间，也可以防止他们进入存放有毒清洁剂或危险工具的地方。

维可牢尼龙搭扣锁，可以防止学步的孩子打开不容易上锁的东西，比如电冰箱、抽水马桶，或带滑动门的橱柜。

电线收纳盒，可以防止孩子把长绳子绕在脖子上。

可以重复使用的水温计，保证热水不超过 48.9℃。

螺旋弹簧式电源插座保护罩，可以防止触电。（螺旋弹簧式插座保护罩是永久性地装在墙上的，比安全插头更安全，因为这种保护罩不会被弄掉，也不会被孩子吞下去。当你拔下插头的时候，它还能自动挡住电源插座。）

桌角防撞垫，可以缓冲碰撞。

在浴缸的水龙头上安装塑料垫，以缓冲孩子的碰撞。（但是不管怎样，任何一个可能把头撞在水龙头上的孩子，洗澡时都应该有成年人在旁边看护。）

急救和急诊

割伤和擦伤

对于擦伤和轻微的割伤来说，最好的处理办法就是用肥皂和温水清洗伤口。彻底的清洗是预防感染的关键。用干净的毛巾把伤口擦干，再用绷带把伤口包扎好，让它在愈合之前都能保持清洁。每天都要这样清洗一次，直到伤口完全愈合为止。

对于伤口裂开的严重割伤，应该请医生处理。比较大的伤口甚至需要缝合，目的是使伤口合拢，同时尽量缩小可能留下的不规则疤痕。拆线之前，一定要保证缝合部位的清洁和干燥。每天都要检查伤口，看看是否出现感染症状，比如疼痛加重、红肿，或有分泌物渗出等。现在许多医生都会用组织黏合剂缝合伤口，这比用线缝合要快，效果一样，而且不必用针。

如果伤口有可能被灰尘或泥土污染，或者伤口本身就是不干净的物体（比如刀子）留下的，就应该向医生说明。医生也许会建议打破伤风针，对那些很深的割伤或刺伤尤其是这样。如果孩子已经打完了4针白喉、破伤风和百日咳疫苗的前几针，并在近5年内打过加强针，可能就不用再打针了。如果不太清楚，最好让医生检查一下。

有时候，孩子会摔倒在碎玻璃或木头上，从而产生伤口。小碎片、玻璃碴、木头渣或沙子可能会留在伤口里。除非可以轻易地取出那些碎片，否则，最好还是让医生检查一下这些伤口。X光检查可能会看到那些异物。所有久久不愈或者出现感染的伤口（有发红、疼痛或有分泌物的现象）里面都可能存有异物。

刺伤

刺伤是儿童时代最常见的小外伤之一，仅次于轻微的割伤和淤伤。可以试试下面这个办法：先用肥皂和清水把受伤部位洗干净，然后在比较烫的水里浸泡至少10分钟。如果受伤的部位不方便泡在水里，就用一块比较烫的布热敷（必须每隔几分钟就把水或布重新弄热）。如果异物从皮肤里伸了出来，用镊子夹住它，轻轻地拔出来。如果异物完全埋在皮肤里，需要一根用酒精擦过的缝衣针。因为热水的浸泡已经使皮肤变软了，所以可以用针尖轻轻地把它拨开。要尽量拨开皮肤，好用镊子夹住里面的异物。异物弄出去以后，要用肥皂和水清洗受伤的部位，再用干净的绷带把它包扎好。

不要过分拨弄皮肤。如果在第一次浸泡之后取不出异物，就再用热水泡10分钟，再试一次。如果还是弄不出来，就让医生来做吧。

咬伤

动物或人造成的咬伤。所有动物（包括人类）的口腔里有很多能引起感染的细菌。咬伤一般都会留下很深的伤口，可能比简单的伤口更难清洗。如果咬伤弄破了皮肤，就应该接受医生的检查。与此同时，要用应对割伤的方法进行紧急处理。用流动的水和肥皂冲洗几分钟。

动物或人的咬伤最常见的并发症就是细菌感染。为了防止感染，医生可能在初步处理时就开抗生素。但是，即使孩子用了抗生素，一旦伤口出现红肿，一碰就疼，或者有分泌物产生，还是应该通知医生。

想一想因为动物咬伤引起的狂犬病吧。狂犬病可能是致命的，而且一旦传染流行起来就没有办法治疗。但是，只要在咬伤发生以后尽快注射一种专门的疫苗，就可以预防最严重的症状。野生动物，尤其是狐狸、浣熊和蝙蝠常常携带狂犬病毒。一些宠物，包括狗和猫，也可能传播这种病毒。但不用担心沙鼠、仓鼠或豚鼠。如果孩子被咬到了，不仅要向当地的卫生部门报告，还要打电话告知医生。可能需要捉住咬人的动物，观察它是否带有狂犬病的症状。

昆虫咬伤。大多数昆虫叮咬都不需要就医，但还是应该注意抓搔伤口可能引起的感染（参见第314页）。被蜜蜂蜇了以后，要看看螫针是不是还在皮肤里；如果还在，就用信用卡之类的硬卡片轻轻刮一刮这块皮肤。不要用镊子去夹，这样可能会把更多的毒液挤到孩子的皮肤里。要轻轻地清洗被蜇的部位，再用冰块来预防或缓解叮咬后出现的鼓包。

对于那些虫咬引起的发痒，可以用几滴水和一汤匙烤面包用的小苏打（碳酸氢钠）调成糊状，敷在发痒的部位上。口服的抗组胺剂（苯海拉明，非处方药）能够减轻发痒的症状；服用抗组胺剂以后，有些孩子会感到疲劳，有些孩子会兴奋，还有些孩子没什么特别的反应。解决蚊虫叮咬问题的最好办法就是预防（参见第 299 页）。

出血

小伤口的出血。大多数伤口都会出几分钟的血。这有好处，因为出血会把一些进入伤口的细菌冲掉。只有大量或持续的出血才需要特殊的处理。多数情况下，止血时要给伤口施加直接的压力，同时把受伤的部位抬高。让受伤的孩子躺下，在受伤部位的下面垫一两个枕头。如果伤口继续大量出血，要用消过毒的纱布或干净的布压住伤口，直到不再出血为止。在受伤部位抬高的条件下清洗并且包扎伤口。

要想包扎一个流了很多血，或仍在出血的伤口，就要用几个纱布块(或折叠起来的干净布片）摞起来压在伤口上，这样就有了一层厚垫。然后，紧贴着这层厚垫缠上带黏性的绷带或纱布绷带，它们会给伤口施加更多压力，使伤口不容易再次出血。

严重的出血。如果伤口以惊人的速度出血，就必须立即止血。可能的话，要直接在受伤部位施加压力，同时把相应的肢体抬高。用手边最干净的东西做一个布垫，不管是纱布块、干净的手帕，还是孩子衣服上或者大人服上干净的部分都可以。用这个布垫压住伤口，保持压力，直到救援人员赶到或伤口不再出血为止。不要拿掉原先的布垫，当它完全湿透时，就在上面加一个新垫子。如果出血得到了控制，又有合适的材料，就可以用弹力绷带了。伤口上的垫子要有足够的厚度。只有这样，包扎时才能对伤口施加压力。如果弹力绷带无法控制出血，就用手在伤口上直接施加压力。如果找不到布，也找不到可以用来止血的其他东西，就用手在伤口的边缘施加压力，甚至可以直接按在伤口上。

大量的出血通过直接增加压力的方法一般都能止住。如果正在处理的伤口流血不止,继续施加直接的压力，同时让人去叫救护车。在等待救护车时，要让伤者躺下来，给他保暖，把他的腿和身体的受伤部位抬高。

头皮被划了一个小口，可能会导

致大量出血。按压住伤口可以快速止血。

鼻出血。差不多每一个孩子都有过流鼻血的经历，这种情况几乎没有危险。当血液从鼻子里流出来的时候，即使只有一点点，看起来也显得很多。如果孩子坐下来安静几分钟，鼻血大都会自行停止。对于比较严重的鼻出血，可以轻轻地捏住鼻子下部，保持5分钟（可以看着手表，因为在这种情况下5分钟就像永远不会结束一样漫长）。

然后轻轻松开手。如果鼻子还是继续出血达10分钟，就要跟医生联系。

鼻出血的常见原因包括空气干燥、抠鼻子、过敏和感冒。止血后，鼻子里会结痂；一天以后，结痂会脱落（孩子也可能会把它抠出来），导致鼻子再次出血。在鼻子里涂一点凡士林有时可以防止结痂过早变干。

如果孩子反复流鼻血，医生可能会建议烧灼裸露的血管，或者做一个化验，以确保血液能够正常地凝结。但是，百试不爽的应对方法就是耐心。

婴儿流鼻血的情况并不常见。如果婴儿流鼻血，就应该报告医生。

烫伤

烫伤的严重程度。烫伤分为3种类型。一种是皮肤最外层的烫伤，通常只是出现局部的皮肤发红，这种情况常被称作一度烫伤。中等深度的烫伤会影响到皮肤深层，一般还会出现水疱，也叫二度烫伤。最严重的一类烫伤会影响到皮肤最深层，损坏皮下的神经和血管，这就是三度烫伤。三度烫伤是十分严重的外伤，经常需要皮肤移植。烫伤的面积也很重要。大面积的表皮烫伤（类似晒伤）会让孩子非常痛苦。

轻度烫伤。虽然热油、热调料和其他热的东西也能对皮肤造成伤害，但烫伤一般都是意外地接触热水造成的。对于轻微的烫伤，要把受伤的部位放在冷水下面冲洗几分钟，直到感觉麻木了为止。不要用冰块冷敷，冷冻会加重伤情。决不要用任何油膏、油脂、奶油、黄油或石油产品涂抹伤处，它们会影响散热。用冷水冲过之后，再用一大块无菌纱布把烫伤的部位包好。这样可以减轻疼痛。

如果出了水疱，不要动它们。只要水疱不破，里面的液体就是无菌的。如果弄破了一个水疱，就会把细菌带进伤口里。如果水疱还是破了，最好能用一把在沸水里煮过5分钟的指甲刀或镊子把松脱的皮肤取下来，然后用无菌绷带把伤口包上。所有破了的水疱都应该让医生看一下，医生可能会开一种专门的抗生素药膏来防止感染。如果水疱完好无损，却出现了感染的症状——比如，水疱里有脓，或者水疱的边缘发红，就要向医生咨询。决不要在烫伤处使用碘酒，也不要使用任何类似的消毒液，除非医生说可以这样做。

对于脸、手、脚或者生殖器上的烫伤，一定要让医生诊治。一旦耽误了处理，就会留下疤痕或者造成功能性损伤。轻微的晒伤除外。

晒伤。对于太阳的灼伤，最好的办法就是不要碰它（参见第 297 页）。严重的晒伤会很疼，也很危险。在夏季的海滩，半个小时的阳光直射对于没有防护的白皮肤的人来说，足以造成灼伤。

用冷水敷一敷可以缓解晒伤，还可以给孩子吃一点非阿司匹林类的止痛药，比如布洛芬或扑热息痛等。如果出了水疱，就要像前面描述的那样处理。中等程度晒伤的人可能会打寒颤、发烧，感觉比较难受。在这种情况下，应该向医生咨询，因为晒伤可以严重得和烫伤一样。在红色消退之前，晒伤的部位要彻底防晒。

触电。大多数儿童触电都是在家里发生的，一般都比较轻微。受伤的程度跟通过孩子身体的电流量成正比。水或者潮湿都会增加严重受伤的危险。由于这个原因，当孩子正在浴室里洗漱或洗澡时，决不应该使用任何电器。

多数触电情况都会产生一个重击，因此，孩子会在受伤之前把手缩回去。触电造成的损伤比较严重时，孩子可能会出现伴有水疱或局部发红等症状的烧伤。你还可能看到一片烧焦的区域，那是坏死的皮肤。处理这些损伤的应急措施跟烫伤的相同（参见第 317 页）。电流能够顺着神经和血管传导。如果孩子的伤口有入口和出口，那么电流可能已经沿着这条路线损坏了神经和血管。如果孩子出现麻木、刺痛或严重疼痛等神经性症状，应该带他接受医生的检查。

有时候，孩子咬到电线的芯也会触电，嘴角附近可能会出现小面积的烧伤。有这种烧伤的孩子都要请医生诊断。因为所有的烧伤都可能留下疤痕，所以这些孩子需要特殊的护理，以免形成某些影响微笑和咀嚼功能的疤痕。

皮肤感染

轻微的皮肤感染。要注意孩子的皮肤上是否有红肿、发热、疼痛或化脓等症状。如果孩子起了疖子、指尖上出现了感染，或者任何伤口发生了感染，应该让医生检查。如果不能及时得到医疗处理，最好的急救措施就是把被感染的部位泡在温水里，或包在温暖、湿润的布里——使皮肤变软，从而加速脓包的破裂，让脓尽快流出来。温水还可以防止开口过快地闭合。在感染的部位缠一卷相当厚的绷带，然后往绷带上浇足量的温水，让它彻底湿透。这样湿敷患处 20 分钟，然后用一卷清洁、干燥的绷带替换下这一卷。在和医生取得联系时，每天都要这样湿敷 3～4 次。如果有消炎药膏，也可以涂在被感染的部位。即使采取了这些措施，也还是应该去看医生。

更严重的皮肤感染。如果孩子发烧，或者出现从感染部位向外发散的红色条纹，或者在腋下、腹股沟里有一碰就疼的淋巴腺，说明感染正在迅速地扩散。这时候，要马上把孩子带到医生那里，或者送往医院，因为在严重感染的治疗过程中，静脉注射抗生素非常重要。

鼻子和耳朵里的异物

较小的孩子经常把一些东西——比如小珠子、玩具上的小碎片、游戏时的小东西、纸团等——塞到自己的鼻子或耳朵里。塞得不太深的软东西，可能用一把镊子就能把它夹住取出来。千万不要去取又滑又硬的东西，那样会把它们推得更深。如果孩子不能安静地坐着，就要小心尖利的镊子，它比那些异物本身造成的伤害还大。即使你看不见异物，它也可能还在那儿呢。

有时候，大一点的孩子可以把鼻子里的异物擤出来。但是如果孩子很小，让他擤鼻涕的时候，他可能会吸鼻涕，所以不要这样做。孩子也可能过一会儿就通过打喷嚏把异物排出来了。如果有缓解充血的喷鼻剂，可以在让孩子擤鼻涕之前往鼻子里喷一点。如果异物还是取不出来，就把孩子带到医生或鼻腔专家那里去处理。在鼻腔里塞了几天的异物经常会形成难闻带血的黏液，如果孩子有一个鼻孔里流出了这样的液体，就应该想到里面可能塞着什么东西。

眼睛里的异物

把少量灰尘或砂粒从眼睛里弄出来，可以试着让孩子在洗脸池的水里眨几次眼，或是轻轻地往他眼睛里倒水，同时让他眨眨眼。如果有沙子的感觉持续超过 30 分钟，就要找医生看一看。如果孩子的眼睛受到较重的碰撞、被尖锐的物体戳到，或者眼睛有疼痛感，可以用潮湿的布盖住眼睛，再去寻求帮助。眼睛充血、眼睑肿胀严重、眼周呈现紫色，或者突然出现视线模糊，都要立即采取医疗措施。

扭伤和拉伤

肌腱把肌肉和骨骼连接在一起；韧带则把关节连接在一起。当肌肉、肌腱或韧带受到过度拉伸或不慎撕裂的时候，就是拉伤或扭伤。这些损伤可能特别疼，甚至会怀疑骨头是否也断裂。但是，在任何一种情况下，急救护理的措施都一样：抬高、冰敷和固定。

如果孩子扭伤了脚腕、膝盖或手腕，先让他躺下待半小时，用枕头把扭伤的部位垫高，在受伤的部位放一个冰袋。立即冷敷可以防止肿胀，减轻疼痛。如果疼痛消除了，受伤的部位能正常运动，而且没什么不舒服，就不用找医生了。

如果受伤部位又疼又肿，需要找医生诊治。即使骨头没有断裂，可能也要给孩子打石膏或戴夹板，以便使韧带和肌腱良好地恢复。有些扭伤和拉伤需要很长时间才能痊愈。如果孩子过早地进行剧烈活动，容易使尚未长好的关节再次受到损伤。最好能够遵从医生的嘱咐；理疗师可以提供具体的运动方法。

学步宝宝的肘部受伤。父母经常担心地发现孩子忽然就不愿活动某一条胳膊,总是无力地垂在身体的一侧。这种情况经常发生在这条胳膊被用力拉扯过之后，比如说，父母为了防止孩子摔倒，拽了一把他的小手，孩子肘部的一块骨头发生了移位。对孩子的肘部十分了解的医生通常都能轻而易举地使错位的骨头恢复原位，而且不会让孩子觉得疼痛。

骨折

孩子的骨骼和大人不同。骨折就是指骨头折断或碎裂的情况。孩子的骨折和成年人有很大差别。孩子可能会折断生长板(骨头两头的分裂组织，即脆骨)。这种骨折一般都出现在较长的骨头末端，可能影响到未来的成长。孩子发生骨折时骨头一般只会折断一面（青枝骨折)。有时候，孩子也会发生典型的成人骨折，也就是骨头的两面发生穿透性的断裂。

父母可能很难分辨出一处损伤究竟是骨折还是扭伤。如果出现了明显的变形——比如，胳膊弯曲的角度很奇怪，几乎可以断定发生了骨折。但是在通常情况下，唯一的反应可能就是轻微的肿胀。如果受伤的部位一连几天出现淤血或疼痛，就表示可能发生了骨折。完全确诊的唯一方法一般都是拍X光片。

如果怀疑发生了骨折，就不要让受伤的部位活动，以免出现进一步的损伤。扑热息痛、布洛芬和阿司匹林都可以缓解疼痛。如果可能，可以给孩子打上夹板，用冰块冷敷。同时，马上送孩子去医院。

手腕骨折。孩子经常会出现手腕受伤的情况，可能是因为他从儿童攀爬设备上摔了下来，或者在冰上摔倒时伸着手臂的缘故。受伤后，手腕会立刻出现疼痛，但是痛得不是很厉害，往往几天之后，孩子才会被送到医院。手腕的X光片能确诊病情，打石膏可以促进伤势的好转。

夹板疗法。大多数骨折的情况都应该尽早就医。任何一次严重的骨折，都要叫救护车来接诊；除非万不得已，否则不要自行挪动孩子的位置。如果出于某些原因，不能立刻带孩子就医，可能需要用夹板固定孩子的相关部位。戴上夹板不仅可以减轻疼痛，还能避免因为骨折部位移动而导致的进一步损伤。夹板应该保证肢体受伤部位上下部固定不动。踝关节的夹板应该达到膝盖；如果腕关节损伤，夹板应该从手指尖夹到肘部。

需要一块板子做一个长夹板。也可以折一块纸板，给较小的孩子当短夹板。放置夹板的时候，要轻柔地移动肢体，不要让受伤部位附近出现活动。把肢体紧贴着夹板绑好，用手帕、布条或绷带在4～6个地方固定。有两个固定点应该靠近骨折的地方，一边一个，夹板的两端应该各有一个固定点。固定好夹板以后，还要在受伤的部位放一个冰袋。但决不要直接在受伤的部位放冰（而不装袋子）。按照常规，每次放冰袋的时间不要超过20分钟。如果是锁骨骨折（锁骨在前胸的顶部），就要用一块大的三角巾做一个吊带，系在孩子的脖子后面，这样吊带就会托起小臂，让小臂横在胸前。

脖子和背部受伤

大脑是通过一系列的神经和身体其他部位相连的，脊髓就是这些神经汇集而成的粗粗的神经纤维束。脊髓的损坏会导致永久性的瘫痪和大小便失禁，还可能造成知觉丧失或者长期疼痛。脊髓就长在由脖子和背部组成的柱形体里面，也就是所谓的脊椎，对脊髓起保护作用。

如果脊椎由于摔倒或其他原因受到损坏，脊髓神经也会面临损伤的危险。危险可能来自于最初的那个损伤，也可能来自受伤后想要移动身体的举动。所以，决不要移动伤者，因为可能会伤到他（她）的脖子或背部。这种情况包括所有使孩子失去知觉的外伤，以及所有可能导致严重后果的损伤。反之，应该在救护车赶到之前，尽量让受伤的孩子觉得舒适，帮助他保持镇静。只有接受过特殊训练的医护人员，才能移动可能损伤了脖子或背部的孩子。

如果必须挪动孩子，而专业人员还没有赶到，那么，应该有一个人扶着孩子的头和脖子，不要偏转。在整个移动的过程中，都要让孩子的头和脖子保持在这个固定的位置。这些措施能降低脊髓进一步受伤的可能性。决不要不顾孩子的头部，单独翻转他的身体。

头部受伤

在婴儿开始走路之前，他可能因为从床上滚下来，或从尿布台上掉下来而使头部受伤。如果婴儿摔了头部以后立刻哭了起来，但是 15 分钟内就停止了哭闹，而且脸色很好，没有呕吐，表现得若无其事，头上也没有严重的肿块，那么大脑受伤的可能性就很小。可以马上允许孩子恢复正常的活动。

有时候，孩子摔倒以后，前额很快就会肿起一个包。这是皮肤下面的血管破裂引起的。只要没有其他症状，鼓包本身并不意味着什么严重的问题。但头上其他部位肿起的鼓包有可能是骨折的症状。

如果头部受到更严重的损伤，受伤的孩子很可能会呕吐，没有食欲，一连几个小时脸色苍白，还会表现出头痛和眩晕的症状，时而兴奋异常，时而无精打采，而且看起来也比平时爱睡觉。

如果孩子出现上述任何症状，都要跟医生取得联系，让他们给孩子做一下身体检查。即使没有其他症状，所有摔倒之后失去知觉的孩子都应该马上送到医院接受检查。

头部的任何损伤，在接下来的 24～48 小时内都要密切地观察。头皮下面的骨头出血可能会对大脑产生压力，起初出现的症状可能不太明显，但是一两天之后就会逐渐加重。行为上的任何变化，特别是越来越嗜睡，过度兴奋，头晕，都是病情加重的先兆。

最后，还要留心观察，看看孩子在头部受伤以后在学校的表现如何。患有脑震荡的孩子——也就是头部受伤后失去知觉或对整个事件失去记忆的孩子，也许会很难集中注意力，或者会出现学习障碍。

想要了解关于牙齿受伤的内容，参见第 332 页。

吞食异物

非食品的东西一般情况下都能毫无困难地通过孩子的肠胃，甚至不会引起人们的注意。但是，这些东西也许会卡在消化道里，通常是卡在食道里。这些东西会引起咳嗽或窒息，还会引起喉咙里的异物感或疼痛，或者出现吞咽困难、拒绝进食、流口水，以及不停呕吐等症状。

纽扣电池尤其危险，因为它们会渗漏出酸性物质，从而损伤孩子的食管和肠道，需要及时取出来。最麻烦的东西是针、大头针、硬币和纽扣电池等。如果孩子吞进一个光滑的东西，比如梅子核或纽扣，随后并没有感到不舒服，那么这个东西可能已经通过了他的肠胃（尽管如此，还是要告诉医生）。很明显，如果孩子不断地呕吐，感到疼痛，或者出现上面提到的任何症状，就应该马上向咨询医生。

父母可能认为，让孩子呕吐或给孩子服用强力泻药（或通便药物）有助于排出吞入异物。其实，这些措施一般都不会奏效，有时反而会使情况恶化。还是让医生把异物安全地取出来比较妥当。关于如何处理卡在气管或支气管里的异物，参见第 325 页的“窒息和人工呼吸”。

中毒

如果怀疑孩子中毒了，急救措施其实很简单：如果孩子表现出病态，就赶快叫救护车，即使孩子看起来比较正常，也要这么做。其他需要注意的问题还有：

- 和孩子待在一起，确保他呼吸通畅，并且保持清醒。如果孩子表现出不舒服，就要立即拨打当地急救中心的电话求助。
- 拿走剩下的物质或溶液，防止孩子吞下更多异物。如果可能，带孩子上医院时把这些东西一起带上，协助医生判断它们的性质。
- 就算孩子看起来还好，也不要延误求助的时间。许多有毒物质——比如阿司匹林——要几个小时以后才会出现反应，尽早处理可以防止这些反应的出现。
- 拨打急救中心热线，并告诉他们孩子误食的药物或产品的名称，以及吞下的数量。

皮肤上的有毒物质。尽管我们经常认为皮肤是个保护的屏障，但一定要意识到，药品和有毒物质可以通过皮肤被人体吸收，并且导致中毒。如果孩子的衣服或皮肤接触了可能有毒的东西，就要脱下弄脏的衣服，马上用大量清水冲洗皮肤 15 分钟。然后，用肥皂和水轻轻地清洗这个部位，再彻底冲干净。把污染的衣服放在塑料袋里，让它远离别的孩子。拨打急救中心的热线，或者给医生打电话。如果他们建议去医院，把弄脏的衣服也带去，医生可能需要检查这件衣服，以辨认有毒物质。

眼睛里的有害液体。如果孩子不小心把可能有害的液体喷进或溅到眼睛里，要马上冲洗眼睛。让孩子脸朝上平躺着，在距离他的脸 5～8 厘米的地方，用一个大玻璃杯盛温水（不能太热）冲洗他的眼睛，同时让孩子尽可能多眨眼。也可以把他的眼睛扒开，在温水的龙头下冲洗。用这些方法冲洗 15 分钟，然后打电话给有毒物质控制中心，或者给医生打电话。有些液体——尤其是腐蚀性的液体，可能对眼睛造成严重的伤害，所以需要医生或眼科专家进行医学诊断。尽量不要让孩子揉眼睛。

过敏反应

孩子可能会对某种食物、宠物、药品、昆虫叮咬，或其他任何东西过敏。症状可能是轻度的、中度的，也可能是重度的。

轻度过敏。有轻微过敏反应的孩子可能会抱怨眼睛流泪或发痒，经常还会伴有打喷嚏或鼻子不通气的症状。有时候，孩子还会出一些皮疹，也就是皮肤上出现非常痒的局部肿胀，看上去就像一个蚊子咬的大包。过敏还会引起一些又小又痒的皮疹。轻微过敏的症状一般都用抗组胺剂治疗，比如非处方药苯海拉明。

中度过敏。中等程度的过敏症状，除了荨麻疹，还可能出现诸如哮喘或咳嗽等呼吸症状。有这些症状的孩子应该马上请医生诊断。

重度过敏。严重的过敏症状也叫过敏反应，其中包括口腔肿胀或喉咙肿胀，呼吸道阻塞引起的呼吸困难，以及血压低等。大多数时候，过敏反应的症状是觉得不舒服或惊恐；只在极少数情况下，过敏才可能导致非常严重的后果，比如死亡。针对过敏反应的应急措施是进行肾上腺素的皮下注射；所以，发病的孩子必须马上送到医院看急诊。如果孩子出现了一种过敏反应，他可能会出现另一种。为了避免产生系列反应，医生会预先给孩子注射肾上腺素（Epi-Pen，Anakit 或其他品牌）父母和老师要随身带着注射器，以保证孩子能及时接受注射。只要孩子注射了肾上腺素，就一定要立即送他到急诊室，即使他看起来好多了。

过敏症专科医生能够给出建议，看看是否应该采用脱敏疗法。

惊厥与抽搐

一般的抽搐或惊厥看起来都很吓人。一定要保持冷静，还要认识到发病的孩子基本上没有危险。把孩子放在一个不会伤到他自己的地方——比如离家具有一定距离的地毯上。让孩子侧躺，好让口水流出来，同时保证他的舌头不会阻塞气管。不要碰他的喉咙里边。打电话叫医生或者拨打急救中心电话。

窒息和人工呼吸

大多数孩子的心脏都很健康。如果一个孩子的心脏停止了跳动，一般都是因为这个孩子停止了呼吸，从而切断了心脏的氧气来源。儿童突然停止呼吸的原因包括窒息、溺水，以及被食物或其他物体卡住了。严重的肺炎、哮喘，或者别的疾病偶尔也可能导致呼吸停止，但这种情况不会突然发生，所以不太可能出现需要父母单独面对的情况。

心肺复苏术。每个成年人都应该接受急救和心肺复苏术的专门训练。消防队、红十字会，以及许多医院和诊所都能提供这方面的培训。他们会教父母如何判断病情严重的孩子的状况，如何获得帮助，如何进行人工呼吸，以及在心跳停止时如何恢复心跳等。以下的说明不能代替亲自参加的培训；因为说明只能提供一个大致的概念，让父母知道该做什么。学习心肺复苏术，必须接受专门的培训。

窒息和咳嗽。当孩子吞下了什么东西，正在剧烈咳嗽的时候，尽量让他把异物咳出来。咳嗽是把异物从呼吸道清除出去的最好办法。如果孩子还能呼吸、说话，或者哭喊，就可以待在孩子身边，让别人去找医生。不要试图把异物取出来。不要拍孩子后背，不要让他倒立，不要把手伸进他的嘴里试图把异物取出来。这些行为都会把异物推进更深的呼吸道里，从而使呼吸道完全阻塞。只有在气管已经完全阻塞的时候才应该采取急救措施。

无法咳嗽或呼吸。如果孩子出现了窒息，无法呼吸和哭喊，也不能说话，说明异物完全堵住了呼吸道，空气不能进入气管。在这种情况下——也只有在这种情况下——才能采取以下急救措施。

婴儿（1岁以下）气管阻塞的急救措施：

1．如果孩子是清醒的，就把一只手放在他的背部，支撑他的头和脖子。用另一只手捏住他的下巴，用小

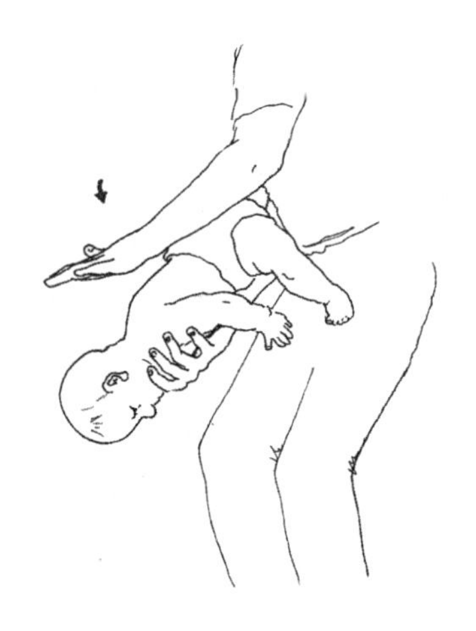

臂支撑他的腹部。

2. 把孩子翻过来，脸朝下趴着，头部低于躯干。大人用贴在自己大腿上的小臂支撑孩子的腹部。

3. 用一只手的掌根在孩子后背中央靠上的地方，肩胛骨的中间，快速捶打5次。

4. 如果捶打没能使噎住的东西出来，就用小臂支撑孩子的后背，把他翻过来，脸朝上。要记住，孩子的头应该比脚低。用食指和中指放在孩子的胸骨上，就在胸口中央，比乳头的连线稍微低一点的位置。再快速地按压5次，希望能够人为地引起咳嗽。

5. 如果孩子还没开始呼吸，或者不太清醒，应该立刻给孩子做人工呼吸，同时让人去寻找救援。先用拇指和其他手指捏住孩子的舌头和下颌，往上抬起来，在孩子的喉咙后部找一找异物。如果能看到，就把小手指沿着孩子一边面颊的内侧伸下去，一直伸到舌根那里，用钩的动作把那个东西扫出来。如果看不见什么东西，不要把手指伸进孩子嘴里，因为这会使堵塞的情况更加严重。

6. 接下来，把孩子重新放好，开始做人工呼吸。把孩子的前额往后按，同时抬高下巴，打开孩子的嘴巴。

7. 如果孩子还没有开始呼吸，让他的头向后倾斜，抬高他的下巴，用你的嘴唇把孩子的嘴和鼻子完全封住。吹两次气，每次大概1秒半。压力要刚好能够使孩子的胸部鼓起来。

8. 如果空气没有进入孩子的肺部，他的胸部没有鼓起来，说明他的呼吸道仍然是堵着的。重新捶打他的后背，重复3~7的步骤。不断重复这个过程，直到孩子开始咳嗽、呼吸或哭喊为止，或者等到救援赶到。

儿童（1岁以上）气管阻塞的急救措施：

1. 别忘了首先检查气管是否完全堵住了。如果孩子还能咳嗽、说话或者哭喊，就不要轻举妄动，细心看护就可以了。如果孩子头脑清醒，就先用海姆利克式操作法[①]。跪或站在孩子的身后，用胳膊围住他的腰。一

①1974年海姆利克教授（Heimlich）发明了这种通过按压腹部抢救异物卡喉的急救方法。此后12年，这种急救法在美国已经救活了一万多个生命。海姆利克教授也因此被誉为“世界上挽救生命最多的人”。

手握拳，拳头的拇指对着孩子肚脐上方。这个位置正好在孩子胸骨的下方。

2．把另一只手放在这只拳头上，迅速向上按压5次孩子的腹部。对年纪比较小或者个子比较小的孩子，动作要轻缓一些。重复海姆利克式操作法，直到卡住的物体被喷出来为止。这会让孩子开始呼吸或者咳嗽（即使这种办法解决了窒息的问题，孩子看上去也完全恢复正常，仍然要给医生打电话）。

3．如果在施用了海姆利克式操作法之后，孩子还是不能呼吸，就用拇指和其他手指捏住他的舌头和下颌，提起他的下巴，让他张开嘴巴。看看喉咙里有没有东西。如果看见了什么东西，就把小拇指沿着孩子一边脸颊的内侧伸到舌根的地方，用钩的动作来扫出那个物体。如果你看不见什么东西或钩不出那个物体，就不要把手指伸进孩子嘴里，因为这会使堵塞的情况更严重。重复海姆利克式操作法，直到异物被清除，或孩子恢复知觉为止。

4．如果孩子失去了知觉，要让孩子面朝上躺下，然后施行海姆利克式操作法。大人要跪在他的脚边（对于大一些的孩子或者个子比较大的孩子，可以跨在他的腿两侧）。把一只手的掌根平放在孩子肚脐上方，正好是胸骨下方的位置。另一只手放在第一只手上，双手手指都指向孩子的头部。用向前的推力迅速按压孩子的腹部。对于年纪小或个头小的孩子，动作要轻柔一些。重复这个过程，直到异物被吐出来为止。

5．如果孩子仍然没有知觉，或者你无法取出异物，就要立刻让人去寻求救援。让孩子脸朝上躺着，头向后倾斜，再用手指提起他的下巴，打开他的呼吸道。捏住他的鼻子，用嘴完全盖住他的嘴，吹2次气。每一次吹气要持续大约3秒钟。吹气的力度刚好能使孩子的胸部鼓起来。如果不能让他的胸部起伏，重新打开呼吸道，再吹2次气。

6．如果空气不能进入孩子的肺部，重复第4和第5个步骤。不断交替进行嘴对嘴的呼吸和海姆利克式操作法，直到孩子恢复呼吸或救援赶到为止。

怎样进行人工呼吸？决不要给一个还有呼吸的人做人工呼吸。如果给成年人做人工呼吸，用自然的速度就可以。对于孩子，就要用稍微快一点、短促一点的呼气。要让每一次呼气都进入被抢救的人体内。

首先要打开呼吸道。具体做法是：把孩子的头转到合适的位置，让他的前额向后倾斜，抬起他的下巴。每次做人工呼吸时，都要让被抢救的人保持这个姿势。

孩子的脸比较小，所以可以对鼻子和嘴一起吹气（如果是成年人，就捏住他的鼻子，对着嘴吹气）。

给伤者吹气，要用最小的力量（孩子的肺部较小，容纳不下你一次呼气的总量）。松开嘴唇，在吸进下一口气时，让孩子的胸部收缩。然后，再次给孩子吹气。

家庭急救装备

发生紧急情况时，人们都会变得焦虑不安，这是人的本能。所以，这不是找绷带、电话号码和其他急救用品的时候。更何况，这些东西很可能放在家里不同的柜子里。有必要在家里准备一套急救装备，以便在紧急情况下使用。在附近商店里买的小箱子就够用了。如果孩子很小，要把这个箱子放在他够不着的地方。这个装备箱里应该包括下面这些物品。

紧急救援电话号码，包括：

- 急救中心热线（应该把这个号码贴在家里的电话机上）；
- 孩子医生的电话号码；
- 邻居的电话号码，当你需要成年人帮助时可以拨打。

急救用品包括：

- 无菌的小绷带；
- 无菌的大绷带或纱布垫；
- 弹力绷带或类似的有弹性的包扎用品；
- 遮眼布；
- 胶布；
- 冰袋；
- 孩子可能需要的紧急药品；
- 电子体温计；
- 凡士林油；
- 小剪刀；
- 镊子；
- 消毒液；
- 消炎药膏；
- 退烧药（用非阿司匹林的药物，比如扑热息痛或布洛芬）；
- 球形注射器；
- 一管 1 % 的氢化可的松乳膏。

牙齿的发育和口腔健康

> **斯波克的经典言论**
>
> 年轻的时候，我问过一位聪明的老绅士，幸福生活的奥秘是什么。他回答说："保护好你的牙齿！"这是我得到的最好忠告。

作为父母，你也可以遵循一样的建议，保证孩子的牙齿健康，同时保持快乐。科学研究越来越明确地证明，口腔健康与一个人的健康状况密切相关。我们不再认为蛀牙仅仅是一件让人心烦的事情。现在，我们把它看成一种疾病：一种会导致严重健康后果的慢性感染。比如说，患有龋齿的孩子上学时经常难以集中精力，还可能睡眠不好。长大以后，龋齿还会增加早产的危险以及心脏病的发病率。预防是关键，而且预防措施甚至要在宝宝长牙之前就开始。

牙齿的发育

宝宝的牙齿。宝宝的牙齿是怎么长出来的？会在什么时候长出来呢？一般的孩子都会在6个月左右长出第一颗牙。但是孩子之间也有很大的差别。有的孩子可能3个月时就长出了第一颗牙，也有的孩子要等到第18个月。他们可能都十分健康，也完全正常。长牙的年龄取决于每个孩子的生长模式；只有在很少的情况下，出牙迟缓才是由疾病导致的。

一般来说，最先长出来的是下排中间的两颗门牙。"门牙"指的就是前面的8颗牙（上面4颗，下面4颗），它们有锋利的边缘，适合切碎食物。再过几个月，就会长出4颗上排门牙，所以1周岁的婴儿一般都有6颗牙，上面4颗，下面2颗。然后，通常要再等几个月才能长出别的乳牙来。过不了多久会再长出6颗牙：2颗原来没长出来的下排门牙和4颗第一磨牙。磨牙不是紧挨着门牙生长的，它们的位置靠后一些，给犬牙（尖牙）留出位置。

第一磨牙长出来后，要过好几个月，犬牙才会从门牙和磨牙之间的空缺处冒出来。犬牙通常在孩子1岁半～2岁时出现。孩子的最后4颗乳牙是第二磨牙，正好长在第一磨牙后面，一般都是在孩子2岁～2岁半长齐。这些都只是平均时间。如果孩子比这些时间早了或晚了，也不必担心。

恒牙。恒牙大约在6岁时开始出现。六龄齿（第一恒磨牙）会在乳磨牙后面长出来。最早脱落的乳牙一般是下排中间的门牙。恒门牙会从下面往上顶，然后从乳牙的根部冒出来。最后，所有的乳牙都会松动、脱落。孩子换牙的顺序与长牙的顺序基本上一致。当一颗颗乳牙按部就班地脱落时，可能很难想象它们的价值。

长在乳磨牙位置上的恒牙叫做双尖齿或前臼齿。十二龄齿（第二恒磨牙）长在六龄齿后面。第三磨牙（十八龄齿，或者叫智齿）可能会挤压下颌，有时，为了不让它们损害旁边的牙齿或颌骨，甚至要把它们拔掉。恒牙的边缘经常带有锯齿，这些锯齿会在使用过程中被磨平，也可以找牙医修整。另外，恒牙的颜色要比乳牙黄一些。

有时恒牙长出来就是歪的，或者位置不正。最后它们都可能在舌头、嘴唇和面颊的肌肉运动中得到纠正。如果不能自己纠正过来，或者挤在一块，歪七扭八，在颌骨上排列得不正常，可能需要进行牙齿矫正（戴牙箍），以便改善咬合机能。

长牙

长牙的表现。长牙对不同的孩子影响不同。有的孩子会咬东西、烦躁、流口水、入睡十分困难，基本上每长一颗牙都会给家人带来一两个月的烦恼。还有的孩子在不知不觉中就长出了牙齿。大多数孩子都会在三四个月时开始流口水，因为这时他们的唾液腺会变得更加活跃。但不要误以为流口水就一定表示孩子开始长牙了。

孩子在3岁以前会长出20颗牙，所以在婴幼儿时期的多数时间里似乎一直都在长牙。这也是为什么人们特别容易把孩子的很多问题都归罪于长牙。人们曾经认为，长牙会引起感冒、腹泻和发烧。实际上，有些宝宝在长牙时会出现脸红、流口水、易怒、揉耳朵和体温轻微升高（低于38℃）等现象。咳嗽、充血、呕吐和腹泻都不是长牙的症状。长牙带来的最主要后果就是牙齿。如果孩子生病了，要找医生咨询，不要简单地认为是长牙的反应。

帮助长牙的孩子。每一颗牙齿都可能让孩子觉得不舒服，尤其是在12～18个月长出来的4颗磨牙。该怎么办呢？首先，允许孩子咬东西。但是，让他啃咬的必须是又钝又软的东西。这样，即使孩子含着它摔倒了，也不至于对嘴巴造成什么损伤。各种形状的橡皮牙胶就很好。不要给孩子玩那些细小、易碎的塑料玩具，因为它们碎了以后很容易卡住。如果家具和其他物品上的涂料有可能含铅，就要注意别让孩子把这些涂料啃下来（1980年以前的油漆里都可能含铅）。对宝宝来说纸板书咬起来更安全；因为这些书不含铅，虽然会被浸湿，但不会碎成小片，孩子也就不会面临被这些碎片卡住喉咙的危险。

冰凉的东西一般会有帮助。可以试着把一块冰或者一个苹果包在一块方布里让他咬，或者试试只给他一块冰凉潮湿的布。有的父母愿意给孩子冷冻的百吉饼。一块冻香蕉效果也很好。许多孩子有时喜欢使劲磨自己的牙床。所以，父母要有创造性。只要没有危险，孩子想咬什么就让他咬吧。也不要担心橡皮牙胶或布片上的细菌。宝宝拿着什么都会往嘴里放，那些东西没有一样是无菌的。当然了，要是橡皮牙胶掉在地上，或被狗叼过，还是应该把它清洗干净。偶尔也要把布片洗一洗或煮一煮。在给孩子使用任何治疗出牙症状的药物之前，都要咨询医生。市场上有很多出牙期使用的凝胶，或许能够缓解孩子的不适，但是有些产品中含有潜在危险的药物。一剂扑热息痛可以不时地缓解出牙的不适感，但即使这是一种安全的药物，一旦用量过大，或者用药时间太长，也可能对身体有害。

怎样才能有一副好牙齿

能够强健牙齿的营养成分。其中包括大量的钙和磷、维生素D和维生素C。牙齿在孩子出生以前就已经在牙床里形成了。所以孕妇应该确保摄取了充足的营养。富含钙和磷的食物有蔬菜、麦片、加钙果汁和牛奶（但是无奶饮食可能有好处，参见第240页）。维生素D的来源包括添加了维生素的牛奶、维生素滴剂和阳光（参见第238页）。如果采用母乳喂养，为了保险起见，最好服用维生素D补充剂（每天5微克）。大多数水果（特别是柑橘类水果）、维生素滴剂、番茄、卷心菜和母乳中都含有维生素C。

时间的把握也很重要。整天零食不离口，容易长蛀牙。口腔需要在两餐之间进行自我清洁。孩子每天需要三顿正餐和三次加餐；大一点的孩子可以有一次加餐，也可以不用加餐。粘在牙齿上的甜食会给导致蛀牙的细菌提供养分。

氟化物。母亲在怀孕期间的饮食和孩子的饮食中只要有少量的氟，就能在很大程度上降低以后出现蛀牙的危险。氟是一种自然界中存在的矿物质，如果牙齿的珐琅质里含有氟，就能更好地抵御酸的侵蚀。另外，口腔里的氟还能抑制细菌的活动，从而减少它们对牙齿的侵害。

饮用水里含氟量比较高的地区蛀牙的情况就很少。大多数美国城市的水里都添加了氟，也有同样的好处。孩子还可以服用药片和滴剂来补充氟。在牙膏、漱口水和牙医使用的牙齿清洁剂中加氟对牙齿都有益处，直接在牙齿上使用也可以。把含氟牙膏、漱口水或者牙医使用的专业用品直接涂抹在牙齿上也有帮助。

宝宝和氟。如果选择了母乳喂养，而且喝的是加氟的水，就不用再给宝宝额外补氟了。如果喝的水没有加氟，就要考虑给孩子服用加氟的婴儿维生素制剂。婴儿配方奶粉几乎不含氟，但如果用加了氟的水来冲调奶粉，宝宝也会得到足够的氟。否则，就要考虑给孩子补氟的问题了。

如果饮用水里没有氟，医生可能给孩子适当地开一些补充剂，让他每天服用，剂量会根据所在的社区、孩子的年龄和体重有所变化。摄入太多的氟会使牙齿上出现难看的白色和褐色斑点，所以一定要适量。孩子也可以在牙医的诊室里定期接受特殊氟溶液的局部治疗。含氟牙膏对牙齿的珐琅质表面也有好处。但是要小心：大多数小一点的孩子都会吃牙膏，从而带来补氟过量的危险。所以要用少量的牙膏（豌豆大小就可以了），然后把牙膏收起来，防止特别小的孩子把它当成盥洗室的“方便快餐”。

看牙医

跟牙医和牙科诊所的医生建立良好的关系非常值得。带孩子看牙医的最佳时间就是在长出第一颗乳牙之后，一般也就是1岁左右。父母可以向大夫询问孩子牙齿的保护方法，了解有关牙齿问题的更多知识。前几次的就诊都是预防性的，医生能够尽早发现牙齿发育中的问题。这时治疗起来比较容易，孩子也不怎么疼，还比较便宜。更重要的是，孩子会对牙科诊所有个先入为主的好印象。到 3 岁时，他就会是牙科诊所的常客了。以后的就诊也基本上是预防性的，而不是“先钻孔再填补”的常规步骤——这种经历给许多成年人的童年记忆投下了阴影。

如果父母出现过严重的牙齿问题，尽早治疗尤其重要。龋齿和牙龈疾病常常会通过父母传递给孩子。早期治疗可以帮助孩子走上一条不同的道路。如果孩子的确有牙齿问题，你需要跟一位值得信赖的牙医建立密切的联系，这一点非常重要。越来越多的牙科医生都把为每个孩子建立“牙科之家”视为自己的工作，这就像儿科医生努力建设“医疗之家”一样。当然，如果牙齿问题在家族中很普遍，那么孩子就应该加入牙科之家的医疗服务。

蛀牙

细菌和牙垢。有的孩子有很多蛀牙，有的孩子却几乎没有。为什么会这样？蛀牙的主要原因是口腔里的细菌产生的酸。细菌和食物残渣会形成一种叫牙垢的物质，粘在牙齿的表面。每天牙垢在牙齿上停留的时间越长，细菌的数量就越多，产生的酸性物质也就越多。这些酸会侵蚀构成牙釉和牙质的矿物质，最终损害牙齿。

细菌是依靠孩子饮食里的糖分和淀粉生存的。任何使糖分长时间留在嘴里的东西都可能对细菌有利，对牙齿有害。这就是为什么频繁地吃零食会加速龋齿的产生。棒棒糖、黏糊糊的糖果、蜜饯、汽水、饼干等食品的危害更大，因为它们会紧贴在牙齿上。

唾液里含有一些能够帮助牙齿抵御细菌的物质。因为人在睡眠中唾液分泌比较少，所以晚间最容易形成龋齿。这也是为什么一定要在睡前刷牙的原因。口香糖等能够增加唾液分泌的食品可以帮助预防龋齿的形成。某些无糖口香糖里含有的成分——比如木糖醇和山梨糖醇等，能够杀灭造成龋洞的细菌；而其他的成分，比如酪蛋白等，可以加固牙齿。

口香糖。经常吃口香糖对牙齿非常不好，会使糖分长时间存留在口腔里，从而为有害细菌提供养分。无糖口香糖则完全是另一码事。它的主要甜味剂是木糖醇和山梨糖醇。这些成分对导致蛀牙的细菌来说是有毒的。每天咀嚼无糖口香糖 4 次以上，能够有效地预防蛀牙。如果孩子喜欢吃口香糖，该怎样做就很明确了。

牙齿不好的父母。如果父母有很多牙洞，要特别注意保护孩子免受那些损害你牙齿的细菌的侵袭。如果可以，要找牙医进行诊治。每天都要用抗菌型漱口水漱口两三次，杀灭那些细菌。还可以咀嚼无糖口香糖，特别是含有木糖醇的口香糖。不要和孩子共用勺子和杯子，也不要分吃孩子的食物；不要在你嘴里清洁宝宝用的橡皮奶嘴，也不要把宝宝的手指放进你的嘴里。要给孩子准备专用的牙刷。

奶瓶龋。最严重的蛀牙叫做“乳龋”或“奶瓶龋”。当配方奶或母乳长时间停留在孩子牙齿上时，奶里的糖分就会促进引起蛀牙的细菌的生长，进而损害牙齿。最容易受到危害的就是上排的门牙，因为在哺乳和吮吸的过程中，舌头会盖住下排的牙齿。正常情况下，在两次喂奶之间，宝宝都有充足的时间来分泌唾液，清洁牙齿。但是如果宝宝含着乳头的时间太长，唾液清洁牙齿的过程可能很难完成。如果宝宝叼着奶瓶入睡，会导致最严重的蛀牙。

上排门牙最容易受到损害，因为在哺喂和吃奶的时候，舌头会把下排牙齿覆盖住。宝宝含着奶瓶或防溢杯睡觉，就容易出现最严重的牙齿腐蚀。在他们睡觉时，嘴里的液体会留在牙齿上，与此同时，口腔中的细菌会大量繁殖。

奶瓶龋可能会在孩子还不到 1 岁时就出现了。严重的时候甚至不得不把坏牙拔掉。所以，父母不应该让孩子抱着一瓶奶、果汁，或别的甜水上床睡觉。睡觉时唯一能给孩子喝的饮料就是水。即使是经过稀释的甜饮料也会加重龋齿的问题。

刷牙和用牙线剔牙

有效的刷牙。怎样才能避免蛀牙？关键就是要在牙垢对牙齿造成危害之前把它清除，还要每天坚持。首先，给孩子清洁牙齿的技巧就是，用软毛牙刷。在这个问题上存在一种误区，认为要用软纱布或棉布给孩子擦拭牙齿和牙龈，这样才不会弄伤孩子娇嫩的牙龈组织。但这些娇嫩的牙龈组织却能啃桌子腿、啃婴儿床、啃咖啡桌、咬兄弟姐妹，几乎没有它不能啃咬的东西。孩子牙龈的结实程度不差于比鳄鱼皮。所以要刷，而不是擦。孩子很喜欢刷牙。

早饭后和睡觉前要仔细地给孩子刷牙。每天还要用牙线清洁牙缝，时间一般是在晚上刷牙之前。可能的话，在午饭以后刷一遍牙对于清除牙齿上的食物残渣也有好处。要在孩子一岁以前开始，这样他就会把刷牙看成是每天生活中的常规内容（如果孩子还没长牙，就从擦拭牙龈做起）。如果孩子抵触刷牙，也要坚持。刷牙应该像系安全带一样，没有选择的余地。

从孩子2岁左右起，他就可能坚持自己做所有的事情。但是，大多数孩子在9～10岁之前都还不够灵巧，所以不能很好地把牙齿剔好刷干净。父母可以让孩子从很小的时候起就自己刷牙，但需要最后把一下关，以便把所有的牙垢都清除干净。一般在6～10岁，当孩子的技能逐渐熟练的时候，就可以逐步地让他开始独立刷牙了。

用牙线剔牙。有的父母怀疑是否有必要给孩子剔牙。孩子嘴里靠后的牙齿大部分都挨得很紧。甚至前面的牙齿有些也可能紧靠在一起。这样一来，饭渣和牙垢就会挤在牙齿的缝隙里。无论用多大的力气，刷得多么认真，牙刷的毛都无法深入到牙缝里去，也就无法把里面的牙垢清除。牙线可以把这些小碎片搅动起来或者剔出来，然后就能用牙刷刷掉了。

只要发现孩子的牙缝里塞着食物，就应该让孩子习惯用牙线轻轻地剔牙。孩子的牙医会做演示，告诉父母怎样给孩子彻底地刷牙和剔牙。这样做的最大好处是，当孩子到了不用你帮忙就能熟练地刷牙和剔牙的时候，已经养成了每天刷牙的习惯。

窝沟封闭剂

对于无法找牙医就诊的幼儿来说，有时也可以找儿科医生用氟化物涂层来保护他的牙齿。这是一个快速、安全又没有痛苦的治疗过程，却可以改变牙齿的健康状况。

大一点的孩子常常会得益于封闭剂。很多牙齿的珐琅质上都有小的沟槽或者带麻点的区域。食物和牙菌斑可能在这些地方堆积，导致窝沟龋。窝沟封闭剂就是一些液态的树脂。它们可以流过牙齿表面，将沟槽和小坑填满。这样一来，食物就进不去了。封闭剂对乳牙的附着力不像对恒牙那么好。虽然牙科医生有时也会给封填乳牙的臼齿，但大多数封闭剂都是用在恒牙上的。封闭剂可以保持很多年，但是孩子的饮食习惯和口腔习惯不同，这些封闭剂最终都需要修复或替换。

牙齿损伤

所有的牙齿都可能受到损伤，最常见的损伤出现在门牙上。牙齿会出现碎裂、松动甚至完全从牙床上掉下来。牙科医生不仅非常关心对乳牙造成的创伤，更关心恒牙的损伤，因为恒牙对人的一生都很重要。孩子的牙齿出现外伤以后，父母应该立即带孩子去看牙医。有些损伤不太容易看到。牙科医生都受过专门训练，能够作出全面的诊断，还会给予适当的治疗。

牙齿破裂。牙齿是由 3 部分组成的：最外面的是防护层，叫做“珐琅质”；里面的支撑结构叫做“牙质”；牙齿中间的软组织里藏有神经，称为“牙髓”。牙齿的破损（断裂）会影响其中某个部分或所有的结构。对于小的破损，医生只要用类似砂纸的仪器打磨一下就可以了。较大的破损可能需要修补，重新塑造牙齿的形状、功能和外观。如果牙齿的破损伤到了牙齿里中空的部分，露出了牙髓（暴露的部位一般都会流血），就要尽快找牙医诊治，及时修补，防止牙髓的损伤。如果牙髓的一部分已经坏死，也可以用牙髓疗法（根管疗法）保住牙齿：先去除已经坏死的牙髓组织，再把无菌填充物填进牙根管。然后，就可以用常规的方法补牙了。

牙齿松动。大多数情况下，松动的牙齿都能重新长好，只要休息几天，牙齿就能自己固定。有时，牙齿松动得太严重了，牙医就要在牙齿恢复的同时用薄片把它们固定在一起。有时还需要用抗生素来防止牙髓和牙床组织感染。牙科医生会建议病人在一段时间内吃软一点的食物，帮助牙齿痊愈。

牙齿脱落。有时，牙齿可能会被彻底撞下来（撕脱）。如果婴儿的牙齿掉了，牙科医生一般不建议重新嵌进去。因为当受伤的乳牙被重新植入牙床后，下面的恒牙可能会受到发育性的损伤。但是，如果恒牙脱落了，就要尽快重新植入，一般要在 30 分钟之内，以便最大限度地保存牙髓的活力。首先，要确认这颗牙的确是恒牙，而且完好无损。然后轻轻地拿着牙冠（在嘴里露出来的部分），不要拿着牙根。在水龙头下轻轻地冲洗。千万不要揉搓或刮擦牙根会损伤附着在上面的组织，它们对于重新植入的牙齿是必需的。最后，再把牙齿插进原来的位置。如果不能重新植入牙齿，就把它放到一杯牛奶里，或泡进生理盐水中。然后，带孩子去找牙科医生，或者到医院的急诊室去看牙科急诊。对于恒牙撕脱的情况，时间至关重要。牙齿离开口腔达到 30 分钟，成功植入的可能性就会急剧减少。

预防口部损伤

年幼的孩子经常绊倒，他们的高度又正好容易使牙齿撞到咖啡桌的边上。所以，在孩子的活动区域要做好防范措施。尤其需要注意的是，要保证孩子咬不到任何电线（与此同时，要把墙上所有电源插孔遮盖好，防止孩子触电）。不要让孩子含着牙刷在家里到处走，万一摔倒，就会造成严重的损伤。

孩子在进行体育运动时，牙齿受伤的危险会增加。小队员可能会被踢着嘴巴，被球砸着，被球拍打着，或被对方跑垒的队员撞倒。无论男孩还是女孩，几乎在所有的体育运动中都会受到类似的伤害，比如足球、曲棍球和篮球等。所以，在有组织的运动中，孩子一般都要戴上一个舒适的护齿，就是那种防止牙齿撞伤的护套。护齿在体育用品商店或药店有售，也可以请孩子的牙医给孩子订做一个。有些剧烈的单人体育运动，比如滚轴溜冰、滑板、武术等，也要戴上护齿。

儿童常见疾病

每个父母都会遇到孩子感冒和咳嗽的时候，很少有孩子连一次耳部感染都没得过。过去，很多疾病都很常见，比如麻疹、小儿麻痹症和一些脑部感染等。现在，因为有了疫苗，这些疾病已经很少，甚至完全消失了。但是，仍然有些比较棘手的疾病，像哮喘和湿疹等,仍然困扰着一些孩子。所以，了解一些常见或罕见的儿童疾病，能让父母在这些疾病出现时更有信心。但是所有信息都不能代替医生的诊断。

我根据最容易染病的身体部位大致编写了以下内容：可能影响到鼻子、耳朵以至肺部的呼吸道疾病；影响从食道以下直到直肠的消化系统疾病；皮肤疾病等。其他情况都放在急诊或疾病的预防等章节中讨论。

感冒

普通感冒的症状。一般来讲，多数宝宝在出生后第一年得的感冒都不严重。开始时，可能会打喷嚏、流鼻涕，冒鼻涕泡泡或鼻子不通气，还可能有点咳嗽，可能不发烧。当孩子冒鼻涕泡泡时,父母可能希望帮他吹开，但这些泡泡似乎并没有让孩子感到不舒服。另一方面，如果宝宝的鼻子被很黏的鼻涕堵住了,他就会烦躁不安。总想闭上嘴，还会因为不能呼吸十分生气。当孩子吃母乳或吃奶瓶里的奶时，鼻子不通气的影响最大。孩子有时甚至会坚决拒绝吃奶。

当孩子 6 个月以后，感冒的表现就不一样了。比如，一个 5 岁的小女孩上午很好。吃午饭的时候，她看起来有点累，而且胃口也比平时小。午睡醒来的时候，她显得有点任性，父母也注意到有点发烧。他们给孩子量了体温，38.9℃。到医生给她作检查的时候，体温已经达到了40℃。脸颊发红，眼睛发涩，但看起来病得还不是特别厉害。她可能一点也不想吃晚饭，也可能想要一大份晚餐。她没有感冒的症状，除了嗓子有点发红以外，医生没有发现其他明显的症状。第二天，她可能还有点发烧，而且开始流鼻涕了，偶尔还会咳嗽两下。这只是一次平常的轻微感冒，一般会持续7～14天。

感冒是怎么回事？引起感冒的病毒有一百种之多，还有一些细菌也会导致感冒。最常见的罪魁祸首就是小RNA病毒，还有名称恰如其分的鼻病毒。这些病毒本身不会造成多大的损害，引起感冒症状的反而是孩子的免疫系统。

感冒病毒总是通过鼻子或眼睛进入人体，最常见的情况是孩子用自己的手把病菌带入体内；其次是病菌在喷嚏的推动下飞到鼻子和眼睛里。一旦到达人体内部，这些病菌就会进入鼻子或咽喉的内壁细胞，开始以病毒特有的方式繁殖。于是，人的身体会作出反应，释放出让血管向有关组织渗漏液体的化学物质，出现肿胀。其他免疫信号会引发流鼻涕和发热的症状。白细胞迅速聚集到位，战斗打响。

但是，事情并不总是这样令人兴奋。孩子和成人在感染了感冒病毒后，经常不出现任何值得注意的症状。但仍然能够把这些病毒传染给别人，而下一位受感染者可能会体验到所有常见的痛苦。

感冒严重时。有时候，感冒病毒会引发更加严重的感染。感冒病毒会降低鼻腔和咽喉对比较棘手的细菌（如链球菌和肺炎球菌等）的抵抗力。这些细菌在冬春两季经常存活在人的鼻腔和咽喉中，但人体有抵抗力，所以不会造成什么危害。只有在感冒病毒把人体的抵抗力降低了之后，这些细菌才会得到繁殖和传播的机会。然后，就会引起中耳炎、鼻窦炎和肺炎。

父母能看出什么时候出现了这些继发性感染，因为孩子会病得更严重，胃口和精力可能会大幅下降，可能会开始发烧。感冒第一天的发烧不需要特别担心，但是感冒发作以后出现的发烧症状则往往是感染更加严重的信号。其他危险信号包括耳朵疼痛、面部疼痛、咳嗽越来越严重，或者呼吸急促。如果孩子出现以上任何一种变化，应该立即跟医生取得联系。

许多医生都认为，流鼻涕超过14天就应该像细菌性鼻窦炎那样治疗，使用抗生素。然而，感冒有时会持续两周以上，就像过敏一样。鼻涕由清变绿也不见得就是患上了鼻窦炎；只不过是免疫系统正在工作的表现。随着人们对滥用抗生素问题的日益关注，医生们也变得更加谨慎，只有在真正需要的时候才采用这些药物。

类似感冒的情况。多数感冒的症状都会持续 1～2 周；有时也可能持续 3 周。而一周接一周持续不断地流鼻涕，可能不是感冒的症状，而是鼻子过敏。流眼泪或眼睛痒还有稀薄的鼻涕都是鼻子过敏的典型表现。参见第 356 页，了解更多关于过敏的内容。

咳嗽特别剧烈的时候，就要考虑百日咳（百日咳感染，参见第 277 页）的可能性。不要被表面现象欺骗：不是所有患了百日咳的人都会发出典型的咳嗽声，如果这位患者是比较大的孩子或成年人，更容易出现这样的假象。患儿长时间干咳或气喘，同时伴有流鼻涕症状，可能是哮喘。感冒病毒很容易诱发哮喘。一定要考虑这种疾病的可能性，有专门治疗哮喘的有效药物。如果咳嗽和气喘很严重，也可能由其他传染病引起，比如支原体，这种疾病需要特殊的治疗。医生可能需要听诊孩子的胸部，或者查看 X 光片，才能做出诊断。

患病的最初症状可能是流鼻涕、咳嗽和发热，但随后症状就会向下蔓延到内脏，出现几天的呕吐和腹泻。这些感染经常是由不同的病菌引起的（常常是腺病毒），而且可能会更严重一些，因为身体有更多部位受到了影响。参见第 368 页，了解更多关于呕吐和腹泻的内容。如果主要症状是头痛、肌肉疼痛和全身乏力，同时伴有发热，那么诊断可能是流行性感冒（参见第 353 页）。

应对感冒。虽然我们还不知道如何消灭人体内的感冒病毒，但幸运的是，我们不必非得知道答案，因为感冒会自行好转。治疗的重点在于，当孩子的免疫系统发挥应有作用的时候，尽量缓解他的不适。

*洗鼻器。*对于婴儿和孩子来说，首要步骤就是疏通鼻腔。可以使用洗鼻器吸出鼻涕。具体做法是，先挤压洗鼻器的球囊，把尖端插到孩子的鼻子里，再放开球囊。要记住，婴儿的鼻腔内部十分敏感，所以不要太用力。最好买一个带有宽大塑料头的洗鼻器，这个塑料头会卡在鼻孔处，但不会真的进入鼻腔。这种类型的洗鼻器最好用，因为鼻孔和洗鼻器的尖端之间可以紧紧地贴合在一起，让气囊把鼻子后部的空气彻底地吸进去。有了合适的气囊，就不用担心清洁鼻子的时候刺激到孩子了。

滴鼻液。对于浓稠的鼻涕，可以在每一个鼻孔里滴进一两滴盐溶液，停留大约 5 分钟，以便在吸出鼻涕之前把它软化。虽然婴儿很不喜欢这个过程，但是完成之后他会感觉好很多。也可以自己调配盐溶液（在 230 毫升水里溶解 1/4 茶匙的盐）或者购买非处方的含盐滴鼻剂。这些滴剂都很便宜，而且带有使用方便的滴管。

不要使用含有药物成分的滴鼻液。这类滴剂有收缩鼻腔内血管的作用，也会减少分泌物。但是它们的效果并不持久，而且在使用几次之后，效果就会越来越差。此后，患者的鼻子常常会依赖这些滴剂，以至于一停用，鼻腔的分泌物就会增加。这种治疗方法比疾病本身还要糟糕。另外，这些药物会对一部分孩子产生严重的副作用。

喷雾器和加湿器。房间里湿度大一些可以稀释鼻子里的分泌物，让它们不至于很快变干。但如何增加湿度却不那么重要。冬季，房间里越暖和，空气就会越干燥。感冒的孩子在气温 20℃时可能比在 23℃感觉更舒服一些。对任何型号的加湿器来说，至少每周清洗一次水箱。用 4.5 升水稀释一杯含氯的漂白剂后清洗。这样可以防止水箱里滋生霉菌和细菌，而这些东西会随着水雾被吹进房间里。

电子蒸汽加湿器是通过电热元件把水“烧开”来增加空气湿度。但是水蒸气的加湿效果不如冷雾。而且，水蒸气还可能烫着孩子的手或脸，一旦打翻了这种加湿器，还会造成孩子烫伤。如果要买这种蒸汽加湿器，就买容量 1 升以上的，而且当水“烧”干时，加湿器可以自动切断电源。

抗生素。常见的抗生素（比如阿莫西林）虽然可以杀灭病菌，但是对引起感冒的病毒却没有什么作用。服用抗生素治疗感冒可能不会立刻对孩子产生危害，除非有过敏反应或者出现腹泻的症状。但是随着时间的推移，危害非常严重。过度使用抗生素会造就出带有抗药性的细菌。也就是说，下一次当孩子真的生病时，就更容易出现常规抗生素不起作用的情况（参见第 644 页）。

咳嗽和感冒药。从来没有有力的证据表明，非处方的咳嗽和感冒药真正有效；现在我们了解到，它们反而可能是危险的，对婴儿和幼儿来说尤其如此。不要让广告欺骗了你。这类药物虽然有许多不同的品牌，但是几乎没有一种具有它自称的疗效，也没有一种对两岁以下的孩子是安全有效的。

对于大一点的孩子来说，短期（两三天）的解充血药物治疗，比如伪麻黄碱，有时可以缓解堵塞的鼻窦里的压力。但是，一盆热水中吸进蒸汽也经常能奏效，抗组胺剂虽然对过敏有效，但是对治疗感冒则没有什么作用，而且这类药物会使孩子困倦，有时还会让孩子心情烦躁和过于活跃。含有右美沙芬的镇咳药（名字里经常带有“DM”字样）没有疗效。还可能带来危险的副作用，有时会被想长高的青少年滥用。蜂蜜很可能是一种更好的镇咳剂（参见下文）。

维生素、补品和草药。没有任何证据表明，超出正常需要量的维生素C能够防止感冒。锌是一种矿物质，在大多数人的饮食中含量都比较低。人们曾经认为锌能够防治感冒，但更多的研究表明，这种物质对于身体状况基本良好的孩子并不管用。但是，体内含锌量较低的人确实会因为补锌而受益。松果菊是一种很好的治疗感冒的药草。一项主要在欧洲进行的广泛调查表明，含有松果菊的止咳糖浆或者茶叶能够稍微缩短感冒的周期，但是，没有任何证据表明它对孩子有帮助。紫锥菊有很多种，紫锥菊制成的产品也没有受到严格的监管，所以很难了解拿到手里的到底是什么东西。仅凭它是天然的并不能断定它就是安全的。

其他非药物疗法。鸡汤可能真的含有可以缓解感冒症状的物质。即使不含这类物质，它的温热感也让人感到安慰，汤汁可以给孩子提供水分，其中的盐分也有助于电解质的平衡，而且鸡汤里的蛋白质和脂肪很有营养。鸡汤真的无害，任何一种温热的汤都有好处。按摩后背和前胸也可以减轻痛苦，但是涂抹薄荷醇可能没什么作用，反而使情况变得更糟糕。轻轻地按摩额头和眼睛以下的部位（双手向下朝着鼻子的方向移动）可能对鼻塞有帮助。尽管没有有力的证据显示牛奶会让鼻涕变稠，但几天不喝牛奶也没什么害处（除非孩子一定要喝）。把蜂蜜和柠檬放到温水里制成饮料，加不加茶叶都可以，可能比任何非处方药都能更好地治疗咳嗽。但是，一岁以下的孩子不应该吃蜂蜜，因为可能会有肉毒梭菌中毒的危险。

感冒的预防。一般来说，学龄前的孩子每年都会患6～8次感冒；上幼儿园的孩子感冒次数还会更多。每次感冒，孩子都会获得对引起那次感冒的特定病毒的免疫力，但还是会有几十种孩子不曾接触到的感冒病毒无法预防。随着时间的推移，孩子的免疫系统会获得更多的“阅历”，感冒的次数会随之减少，严重性也会逐渐减弱。最后的一点安慰在于：幼年时期总是感冒的孩子，一般在长大以后就不会经常感冒了。

为了预防感冒，父母能做的最重要的事情就是避免跟已经感冒的人有近距离的身体接触。这一点说起来容易，但是如果孩子正在上幼儿园或上学，就很难做到了。认真洗手（参见第 272 页）也是有效的预防方法。含酒精的杀菌洗手液可能会比肥皂和水更有效地杀灭感冒病毒。还应该告诉孩子，咳嗽时要冲着衣袖（不要用手遮挡），擤鼻涕时要用纸巾，然后把它扔进垃圾桶。

天气比较凉的时候待在室内并不能预防感冒。结果恰恰相反：因为孩子们冬天被关在窗户紧闭的屋子里，感冒病毒很容易传染。虽然冷空气的确会使人流鼻涕，但是只有病菌才会引起感冒。

让孩子吃好睡好，让家里免受香烟的污染，这样就能提高孩子抵御感冒的能力。二手烟会影响鼻子和咽喉里的细胞，而这些细胞能够将鼻涕包裹着的病菌清除出去。虽说暴露在二手烟中的孩子接触到的病毒可能不见得更多，但他们会病得更严重，生病的时间也会更长。如果家里有人吸烟，这是一个很好的戒烟理由。

尽量让家里没有压力（比如说，把噪音控制在最低限度）。长期不断的压力会提升皮质醇的水平，皮质醇是一种能够削弱免疫系统功能的激素。大约 7 个孩子里就会有一个遗传到一些基因，这些基因会使他特别容易受到压力带来的副作用的影响（参见第 477 页）。但无论孩子是否容易受到压力的负面影响，一个安宁的家对任何人来说都是更加健康的。

耳部感染

耳朵里有什么？为了理解耳部感染，首先要了解耳朵的构造。我们能看到的那部分（耳廓）可以把声波聚集起来，将其送入耳道。这些声波在耳道的末端遇到耳鼓，使耳鼓振动。耳鼓之所以会振动，是因为它的两侧有空气——也就是耳道里的空气和中耳里的空气。有一些很小的骨头和耳鼓相连，它们会接收到耳鼓的振动，并通过中耳，传递到内耳，那里有一个令人惊奇的小器官，叫耳蜗。它会把这些振动转化成神经信号，再把这些信号传送给大脑。

耳朵是怎样受到感染的。中耳里的空气是理解耳部感染的关键。这些空气通过咽鼓管到达中耳，咽鼓管连接着中耳和咽喉后部。这些管道可以容许空气以外的物质进入。当来自鼻子和咽喉的细菌通过咽鼓管的时候，就会使中耳充满带菌的脓水。这就是中耳炎，意思就是中耳出现的炎症。

中耳炎通常是由感冒引起的。在人体抵抗感冒病毒的时候，鼻腔和咽喉里的组织就会肿起来，导致不通气，

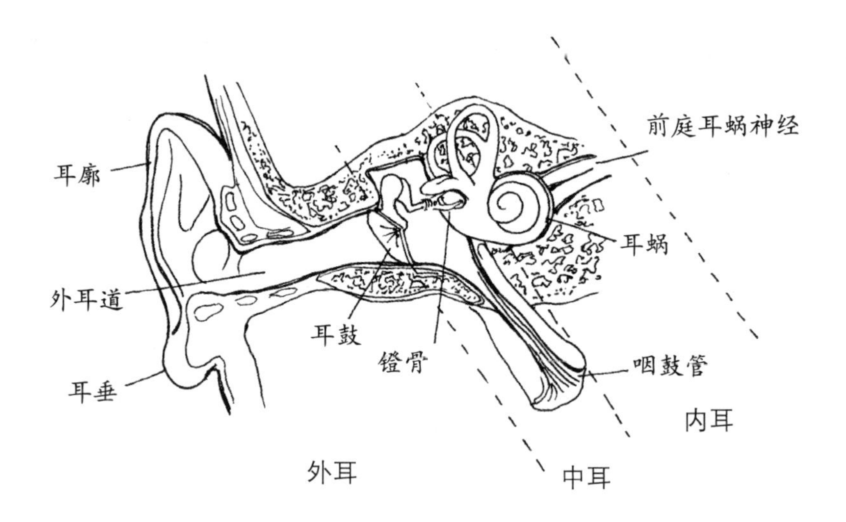

同时影响到咽鼓管。结果就是，咽鼓管阻挡细菌进入中耳的能力减弱，驱赶已经进入中耳的细菌的能力也被削弱。

最早进入中耳的细菌一般就是引起感冒的细菌。这些病毒性的耳部感染就是感冒的一部分症状，而且就像感冒一样，很容易被免疫系统击败。但有时候，在这些病毒之后会紧跟着出现第二次进攻。那些一直平静地生存在鼻腔里的细菌会趁着防御下降的时机进入中耳，并且引起一次更严重的感染。中耳充满了脓水，会压迫耳鼓，从而引发疼痛。人体会发动更强烈的免疫反应，这时候就会发烧，孩子就会病得更严重。

父母看到什么？一般来说，如果不是感冒发作了好几天，耳朵不会发炎到引起疼痛的地步。在感冒过程中出现发烧，伴有易怒的症状，那很可能是中耳炎。两岁以上的孩子经常能够让父母明白情况是怎样的：他的耳朵疼，可能听不清声音，因为中耳里的脓水阻碍了耳鼓的正常振动。婴儿可能会不停地揉耳朵，也可能只是尖声哭闹几个小时。把他抱起来的时候，他可能会好一些，因为直立的姿势减少了耳朵里的压力。有时他还会呕吐。

如果中耳内的压力太大，耳鼓可能会出现破洞，脓水就会流出去。父母可能会在孩子的枕头上发现干了的脓液和血迹。虽然听起来很可怕，但是耳鼓的破裂经常会给孩子带来很大的解脱，还会加快感染康复的速度。可以在孩子的耳朵里放一个松松的棉球，吸收脓水。用棉棒在耳道里清洁脓水是不安全的，可能会不小心碰到发炎的耳鼓，从而进一步损伤到它。含有药物的滴耳剂可能也会有所帮助。

缓解疼痛。耳部感染有时会很疼。把孩子的头支撑起来可以减轻耳鼓承受的压力。热水瓶或者加热垫可能会有帮助，但是幼儿经常会对这些东西不耐烦(不要让孩子在加热垫上睡着，这可能会造成烫伤)。常规剂量的扑热息痛或布洛芬可以起到一定的缓解作用。奥腊耳甘（止耳痛剂——译者注）是一种处方药，滴到耳朵里可以减轻疼痛。对于比较剧烈的疼痛，医生可以跟可待因一起开扑热息痛，但这种处方很少用得到。抗生素需要72小时才能见效。因此，在患病的前3天，最好昼夜不间断地给孩子服用一些布洛芬等缓解疼痛的药物。

目前还没有证据显示非处方的咳嗽药和感冒药对耳部感染有疗效，包括解充血剂和抗组胺剂，任何草药或顺势疗法也一样。但是木糖醇制成的不含糖的口香糖真的可能缓解耳部感染带来的症状，因为木糖醇可以杀灭大部分导致耳部感染的细菌。有力地咀嚼有时也有助于打开堵塞的咽鼓管，和吹气球的道理一样。当然了，温柔体贴的照料和心平气和的安慰总是有效的。

抗生素，用还是不用。以前，所有耳部感染都要使用抗生素。但现在我们知道，人体可以自行抵抗大部分的耳部感染。只有在非常少的情况下，耳部感染才会传染到邻近的组织，因而密切观察几乎总可以让我们尽早发现这些感染，从而有效地治疗。

尽量不使用抗生素的主要原因在于，过度使用抗生素会使细菌产生抗药性。当具有抗药性的细菌出现时——这种情况多年来一直在发生——医生就不得不使用更多外来的昂贵的抗生素，而且这些抗生素还具有潜在的危害性。医生们比以往更加担心几乎无药可医的“超级细菌”。孩子服用各种抗生素的频率越高，就越容易因为那些无法杀灭的细菌的入侵而生病。解决办法就是，只有在真正必要的时候才使用抗生素。医生和家长必须通力合作才能做到这一点。

有时候，医生仅凭观察孩子的耳鼓不能确定是否真有受到感染的脓水。那或许是初期（病毒性）耳部感染，很可能自行好转。在这种情况下，最好推迟抗生素的使用，先缓解疼痛，48～72小时以后再进行观察。那时很多患病的孩子都会好转；如果不见好转，才是开始使用抗生素的时候。对于那些明显患了耳部感染，出现发热和其他严重症状的孩子来说，使用抗生素还是有必要的。那些免疫系统有潜在问题或带有如唇腭裂等解剖学问题的孩子也应该使用抗生素。

如果医生真的开了抗生素，就一定要保证在整个疗程里一次不落地给孩子服用。病情刚见好转就早早地停药是另一种促使病菌产生抗药性的有害作法。如果孩子刚刚把药吃下去就吐了出来，就再服用一剂。如果孩子吃了几次都吐出来了，或者出现了皮疹或腹泻的症状，又或者过了 48 小时还是很难受，而且还在发烧，就要找医生诊治。有时需要采用不同的抗生素。

耳部感染的预防。预防耳部感染需要做很多事情。母乳喂养不仅可以促进孩子免疫系统的发展，还能锻炼附着在咽鼓管上的肌肉。用奶瓶吃奶的孩子吃奶时应该坐在父母的怀里，不要平躺着，因为躺着会让牛奶流进咽鼓管，使细菌进入。对于幼儿园的孩子来说，如果班里孩子的数量在 10 人以下，那么感冒和耳部感染的情况都会较少出现；那些待在家里的孩子感染这些疾病的机会也比较少。二手烟会破坏咽鼓管的重要防御功能。那些远离香烟烟雾的孩子，耳部感染的发病率要低很多。长期过敏的孩子容易出现耳部感染，这些问题都值得考虑（参见第 356 页）。在极少数情况下，反复发作的耳部感染是因为某种潜在的免疫系统问题，如果觉得自己的孩子可能有这种情况，就要找医生咨询一下。

慢性耳部感染（有渗出物的中耳炎）。在细菌被杀灭以后，通常会有一些液体（渗出物）留在中耳里。患有耳部感染的孩了听声音的效果就像用手指堵住耳朵时那样。这就是孩子之所以会在耳部感染治愈后还用力揪耳朵的原因之一；所以，不停地揪耳朵并不是服用另一个疗程抗生素的理由。这些液体一般会在 3 个月内被吸收掉。与此同时，孩子语言的发展或者集中注意力的能力可能会受到影响。虽说这种情况不经常发生，但是如果孩子有影响语言或注意力的其他问题，反复发作的耳部感染或者中耳里长期存在的液体会使已有的情况变得更加严重。如果孩子每年耳内感染在 3 次以上，或者觉得孩子在听觉、注意力或说话方面有些异常，就应该想到这种可能性。

首先要做的就是听力测试。无论年龄多小的孩子都可以做这项测试。如果孩子的听力有所下降，并且在两三个月内都没能恢复正常，就要找耳鼻喉专家咨询。尽管我们没有特效药来治疗带有渗出物的中耳炎，但是通过手术排出中耳里的液体可能是有效的。这种手术一般都是把细塑料管或者索环穿过耳鼓。这是幼儿最常见的手术之一。但是关于这种手术能否促进语言发展或者能否提高注意力仍有争论。

游泳者的耳朵问题（外耳炎）。 到目前为止，我一直都在讨论中耳感染的问题。其实，外耳道的皮肤也可能受到感染，这种情况叫做外耳炎。这些感染开始于皮肤正常防御机能的损坏，一般都是因为小小的抓痕或者耳道里长期存在的湿气，又或者出现在中耳的炎症被排出以后。其主要症状就是疼痛越来越严重，孩子会揪自己的耳朵。有时候会出现脓水或臭味（如果臭味非常难闻，父母会想到有什么东西塞在耳朵里；参见第 319 页）。扑热息痛或布洛芬可以缓解这种疼痛。凭处方购买的滴耳剂含有抗生素和抗炎成分，是主要的治疗方法。

预防外耳炎，就要教育孩子游泳后要用吹风机把耳朵彻底吹干（注意：要把温度调低，以免烫伤）。还可以把几滴水和等量的白醋混合起来擦拭外耳道。这样可以提高耳道的酸性，抑制大部分细菌的滋生。最后，不要把孩子耳朵里的耳垢清除得太干净。耳垢（就像车蜡一样）具有保护作用。如果把它全部清除出来，也就失去了这一层保护，还容易在这个过程中擦伤耳道。

嗓子疼和链球菌性喉炎

嗓子疼多数都是由引起感冒的病菌导致的。这些感染一般都很轻微，能够自行好转。链球菌引起的嗓子疼——也就是链球菌性喉炎——会比较严重。链球菌性喉炎一般也能自行好转，但在极少数情况下，感染会扩散到颈部组织里，这是一种非常危险的并发症。但是，需要关注的主要问题在于，它会引起风湿热。这是一种很难治疗的慢性病，可能引起关节疼痛、严重的心脏病和其他问题。这种病不可等闲视之。好在服用常见的抗生素就可以相当彻底地消除风湿热的威胁。但必须在这种疾病还能够治疗的阶段确诊。

链球菌感染还是普通的嗓子疼？ 链球菌性喉炎的典型症状很容易辨别。生病的孩子通常会发高烧，几天不退，而且嗓子也会疼得几乎无法吞咽。孩子会很难受。扁桃体会变得又红又肿，一两天后，上面还会出现白色的斑点或斑块。颈部的腺体（淋巴结）也会肿起来，摸上去比平时软。患儿会出现头痛和胃痛，全身乏力。他的呼吸会有一种发霉似的难闻味道。链球菌感染一般不会引起流鼻涕和咳嗽，这些更多地由病毒引起的；如果这两种症状都出现，就不太可能是链球菌感染。

但情况不总是如此。如果孩子发低烧，有轻微的嗓子疼，扁桃体微微发红，就有可能感染了链球菌（但是也很可能只是嗓子发炎而已）。令人惊奇的是，年幼的孩子可能几乎不会受到嗓子疼的干扰；链球菌性喉炎在两岁以前很少见。已经摘除扁桃体的孩子仍然会感染链球菌。因为很难肯定嗓子疼一定不是由于链球菌感染，所以在嗓子疼伴有 38.6℃ 发热的情况下，明智的做法还是请医生诊断。

我们不能靠猜测解决问题，要给扁桃体涂药，同时做一个化验。一个快速化验一般在一两个小时之内就能得出结果；如果不得不做细菌培养，就要花上几天的工夫。治疗延迟两天对于预防风湿热没什么影响；抗生素仍然可以很好地发挥作用。常见的治疗就是服用 10 天儿童口味的抗生素，每天早、中、晚各一次。效果稍好但不那么令人愉快的治疗包括两次疼痛的打针，臀部两侧各打一针。

如果化验没有检查到链球菌，孩子很可能只是感染了某种病毒。让他休息一下，服用扑热息痛或布洛芬，同时补充大量水分，有助于病情好转。对不至于吞下异物而窒息的大孩子(4岁以上）来说，用温盐水漱口和含服润喉糖也可以很好地缓解不适。

有时候，如果出现了流鼻涕等感冒症状，医生可能不建议做链球菌化验。有些人的喉咙本身就带有链球菌。给这样的人做链球菌化验会得出假阳性结果：虽然有链球菌存在，但并不是致病原因。如果不弄清楚就加以治疗，不但治不好病，还有产生抗药性的风险。即使有经验的医生也很难准确地辨别链球菌感染。

猩红热。人们经常觉得猩红热很可怕——还记得电影《小妇人》里可怜的贝丝的遭遇吗——那一般是伴有典型皮疹的链球菌性喉炎而已。这种皮疹经常在孩子生病后一两天出现。首先会在温暖潮湿的部位显现，比如胸部两侧、腹股沟和后背。从远处看就像一片潮红，但是如果靠近观察，就可以看到它是由细小的红点组成，长在淡红色的皮肤上。如果用手抚摸这些皮疹，感觉就像细砂纸一样。它可能会蔓延到全身和脸颊两侧，但是嘴巴周围的区域会呈现出白色。孩子的舌头看上去可能像草莓一样，红红的带着白色的斑点。当猩红热伴随着嗓子疼一起出现时，治疗方法和一般的链球菌感染一样。不同的细菌偶尔也会导致猩红热，需要不同的治疗方法。孩子的猩红热甚至单纯的链球菌性喉炎好转以后，孩子可能会有一些脱皮的现象。这种现象不需要特别处理就会消退。

扁桃体切除术。直到最近，对于那些经常嗓子疼的孩子来说，切除扁桃体都是常见的做法。这种手术太常见了，甚至就像童年时期的必然经历一样。后来的研究显示，只有特别频繁地嗓子疼的孩子——每年7次以上——才会真正受益于这种手术。即使在这些极少数情况下，也要权衡手术带来的疼痛和风险以及少得两三次嗓子疼的好处，哪个更重要。虽然扁桃体切除术比以前少了很多，但仍然有它的作用，主要是对于患有睡眠呼吸暂停的孩子有效（参见第356页）。

其他类型的咽喉疼痛。不同的病原体，主要是病毒，会引起各种程度不一的咽喉感染。每当感冒开始的时候，许多人都会感到咽喉有些轻微的疼痛。在给发烧的孩子作检查的时候，医生经常会发现生病的唯一症状是咽喉轻微发红。孩子可能根本注意不到这种疼痛。有的孩子在冬天的早晨醒来时经常会出现咽喉疼痛。但是他们没有其他不适感，而且咽喉痛也很快就会消失。这种咽喉痛是由冬季干燥的空气造成的，并不是疾病的症状，也没有什么关系。感冒时如果流鼻涕而且鼻子不通气也能引起咽喉疼痛，早晨尤其如此，因为鼻腔里的分泌物会在夜间流进咽喉的后部，造成刺激。

*单核细胞增多症。*如果严重的嗓子疼经常伴有发烧、乏力和腺体肿大，可能是传染性单核细胞增多症，通常是EB（Epstein-Barr virus）引起的。这种疾病可能只是轻微感染，也可能相当严重；通常会持续一两周，但也可能拖延更长时间。这种疾病在青少年身上更常见；其病毒是通过唾液传播的，由此获得了“亲吻病”的别名。单核细胞增多症没有具体的治疗方法，但是医生应该通过测试来确诊是不是链球菌感染，并仔细地检查，看看肝脏或脾脏有没有增大，那些情况需要特殊的关注。

*白喉。*在白喉盛行的年代，这种细菌感染每年会夺去几千人的生命。现在，白喉很少了，多亏了免疫的实施（白百破三合一疫苗中的“白”指的就是白喉）。但是白喉病菌仍然存在，如果免疫水平下降，还有可能卷土重来。这种感染的特征是扁桃体表面会覆盖上一层浅灰色的膜，很多时候还会出现肿块，但是发烧并不多见。病人会因为窒息而死亡。

淋巴肿大。脖子两侧纵向分布着一些淋巴腺或淋巴结，轻重不一的各种咽喉疾病都会使它们疼痛和肿大。淋巴肿大最常见的原因就是扁桃腺发炎引起的，不管是链球菌还是病毒引起的炎症都会这样。少数时候，各种腺体本身也会发炎。在这种情况下，它们一般都会肿胀得很明显，还会发热或者变软。所有类似的颈部肿大都应该找医生诊断。治疗的方法就是使用消炎药。如果孩子身上出现了肿胀，父母自然会担心是否出现了癌症。儿童颈部的肿大很少与癌症有关，如果有任何疑虑，还是要找医生谈一谈。

哮吼和会厌炎

哮吼有什么症状。两岁的孩子会出现类似一般感冒的症状，流鼻涕，同时低烧38℃。两天以后，晚上9点左右，他会开始咳嗽，发出很大的刺耳声音。在两阵咳嗽之间呼吸的时候，会发出一种特别的几乎像音乐一样的声音。锁骨和肋骨之间的皮肤会凹陷下去，显示出孩子正在费力地呼吸。父母会很担心，驱车将孩子带到医院。等他们到医院的时候，孩子看起来好了很多。

这就是哮吼的典型表现。由于某些原因，男孩得这种病的几率比女孩高一倍。这种病容易侵袭到婴儿和学步期儿童，从6个月到3岁都有可能，一般在深秋或初冬发病。它会由感冒开始，但哮吼会从鼻子往下蔓延，进入喉部，靠近声带。气管在那里一般都比较狭窄，而病菌带来的肿胀会使它变得更加狭窄。当孩子通过这道阻碍用力呼气的时候，增厚的声带就会发出犬吠似的声音。当他吸气时，肿大的气管壁就会向内凹陷，进一步阻塞了呼吸道，并且发出一种很大的声音，叫做喘鸣。咳嗽和喘鸣总是在夜里变得更严重。它们会突然出现，但也可能迅速地好转，这种情况经常出现在孩子接触到晚上的冷空气以后。

当父母第一次见到哮吼时会觉得非常吓人，但它很少会像看上去那么严重。这种疾病虽然经常会把孩子带进急诊室，却很少留下永久的损伤。有些不太幸运的孩子会在幼儿时期患上好几次哮吼。这些孩子发病的诱因可能是某种过敏反应，而不是病菌，这是哮吼的变种，叫做痉挛性哮吼。在过去几年中，医学界已经掌握了有效的治疗方法，这种疾病不那么危险了。

急症治疗。喘鸣，也就是吸气时发出很大的声音，即使不去看急诊，也要立即给医生打电话。尽管哮吼很少发生危险，但也会有其他一些导致喘鸣的原因可能有相当大的威胁性。比如说，孩子嗓子里可能卡了异物，或者可能患有会厌炎，又或是气管出现了一种罕见却严重的细菌性感染，叫气管炎。

不要慌乱，但要迅速采取行动。如果无法立即见到自己的医生，就找另外一位医生。如果一个医生也找不到，就带孩子去医院。虽然有药物可以扩张哮吼发病时的气管，但这些药物只能在医院或急诊室服用。任何一个挣扎着呼吸的孩子都应该有医生和护士在身边监护，以防万一。

家庭治疗方法。如果喘鸣不是特别严重，而且孩子也没有什么不舒服，可以正常地喝水，医生可能会建议待在家里。从传统上说，我们会极力主张父母打开淋浴器，让浴室里充满了热蒸汽，跟患有哮吼的孩子一起坐在里面。最近的研究显示，对于缓解哮吼的症状而言，湿润的空气可能不如冷空气有效。如果家里的空气十分干燥，就有必要增加一些湿度。最重要的一点是尽量让孩子保持镇定。心烦意乱又惊慌失措的孩子会更加用力和快速地呼吸，从而使病情恶化。帮助孩子保持镇定的最好办法或许是自己保持冷静。讲个故事，或者自己编一个故事，都能让时间过得更愉快。

如果孩子很快就平静下来了，可以回到婴儿床上。只要哮吼的症状还没有完全消退，父母就应该保持清醒，在哮吼好转两三个小时以后，还要醒来看一看，确保孩子呼吸通畅。哮吼的症状经常在清晨以前逐渐消退，只是第二天夜里还会出现，有时还可能拖延到此后的两三个晚上。

会厌炎。这种感染现在很罕见，多亏了乙型流感疫苗的免疫作用。会厌炎看起来很像伴有高烧的严重哮吼。会厌是位于气管顶部的一个很小的组织。它就像阀门一样，能够阻挡食物的进入。如果它受到感染肿起来，就可能完全堵塞气管。

得了会厌炎的孩子很快就会表现出生病的症状。他会身体前倾、流口水、拒绝饮食，一般还会一声不发，因为他怕引起典型的哮吼咳嗽。还可能不愿意转动头部，因为他要让脖子保持在一定的位置，以便最大限度地允许空气从肿起的会厌软骨和气管之间通过。会厌炎是真正紧急的医疗状况，必须尽快把孩子送到医院。

支气管炎、细支气管炎和肺炎

支气管炎。肺里最大的管子叫做细支气管。如果这些支气管发炎，几乎总是因为感染了病毒所致，这种情况就叫支气管炎。支气管炎也就是指通向肺部的支气管出现了感染，孩子的支气管炎几乎都是病毒引起的。患者一般都会频繁地咳嗽。有时孩子好像都喘不过气来。有时候，能隐约地听到孩子短促而尖锐的呼吸声。父母会认为他们听到的是黏液在胸腔里的振动，所以很担心。实际上，那是喉部的黏液发出的声音，只是传到了胸腔而已。

轻微的支气管炎可能会有一点咳嗽，但既不发烧也不影响食欲。这种情况只比伤风感冒严重一点。治疗的方法和对待重感冒一样：要注意休息、适当增加流质食物，还要细心周到地照顾。如果咳嗽影响了睡眠，可以吃点止咳药。医生不应该给孩子开消炎药，因为它并不能杀灭引起支气管炎的病毒。非处方的镇咳药对儿童没有效果，反而可能存在危险；最好完全避开这些药物。

但是，如果孩子表现出生病的样子，喘不上气，或者发烧超过 38.3℃，就要马上给医生打电话。支气管炎可能会被误认为是别的更严重的感染，而那些疾病可能需要使用抗生素治疗。

细支气管炎。如果患了细支气管炎，炎症就已经从较大的气管（即细支气管）向下蔓延到肺部小一些的空气通道（即小支气管）了。细支气管炎的英文名称是 bronchiolitis，词尾“-itis”意思就是“炎症”，是一种包含了肿胀、黏液和白细胞的混合状况，会使气管变窄，甚至是部分阻塞。在引发细支气管炎的几种不同病毒当中，最常见的就是呼吸道合胞病毒（RSV）。呼吸道合胞病毒感染很容易通过身体接触传染，在冬季的几个月中最为多发。

细支气管炎一般会侵袭两个月到两岁大的孩子。病程会从感冒开始，经常伴有发热症状，接着出现咳嗽、气喘和呼吸困难。孩子吸气时，鼻孔会张开，与此同时，肋骨周围和锁骨上方的皮肤也会被向内吸进去。医生会寻找这些迹象——鼻孔张开和皮肤内缩——当然还有呼吸频率，把它们作为严重疾病的标志。呼吸急促是一个重要的标志：任何一个长时间以每分钟 40 次以上的频率呼吸的孩子都应该接受检查；每分钟呼吸超过 60 次（平均一秒钟一次）就要立即就医。

对于轻微的病例，最好的治疗方法和治疗感冒一样：休息，多喝水(提供饮水，但不要强迫)，服用对乙酰氨基酚或布洛芬来退烧，轻轻地吸出鼻涕以清理鼻腔。适当湿润的空气会有好处，但如果湿度特别高（蒸汽浴或类似热带雨林似的环境）只会让孩子湿乎乎的，十分难受。以前曾经得过气喘的孩子很可能对常用的哮喘药（主要是舒喘灵，参见第 644 页）有反应，但是患有细支气管炎并且第一次出现气喘的孩子很少会这样。

严重的细支气管炎需要住院治疗。在医院里，可以根据需要补充氧气。病得特别严重的婴儿和儿童有时需要精心的照看。患有某些慢性病(特别是心脏病或肺病）的早产儿和幼儿在冬季都应该打专门的防疫针，预防严重的呼吸道合胞病毒感染。

肺炎。一旦患上肺炎，就说明感染已经从支气管或细支气管蔓延开来，到了肺部。肺炎与支气管炎和细支气管炎不同，经常是细菌而不是病毒引起的。细菌性感染一般都更加严重，但是与病毒性感染不同的是，它们对抗生素有反应，无论是口服还是注射同样有效。而病毒引起的肺炎一般都能在2～4周内自行好转。X光片有时可以帮助我们分辨不同类型的肺炎。

肺炎一般会在感冒几天以后发作，但有时也会毫无征兆地出现。要注意以下症状：超过38.9℃的发烧、呼吸急促（每分钟呼吸超过40次）以及频繁的咳嗽。患有肺炎的孩子有时会发出低沉的咕噜声。孩子很少会把痰吐出来，因此不要因为看不到痰而忽视了症状。虽然不是每一个患有肺炎的孩子都需要住院治疗，但是所有发烧和频繁咳嗽的孩子都要接受医疗检查。

流行性感冒（流感）

流感会带来哪些症状。流行性感冒很“狡猾”，因为它的病毒每年都在变化。在一般的年份，流感会让人很难受，但不会带来真正的危险。突然出现的发烧、头痛和肌肉疼痛都是流感的标志，经常还伴有流鼻涕、嗓子疼、咳嗽，呕吐和腹泻等症状；流感可能持续一或两周。有些孩子会病得很严重，需要住院治疗。

在特殊的年份，情况可能特别糟糕。如果流感病毒菌株特别容易传染，就可能迅速蔓延，几乎可以感染到接触过的每一个人。2009年臭名昭著的甲型H1N1流感的大规模流行就是这种情况（一种传染病会影响到一个社区或者一个国家；一次大规模流行的疾病是世界性的灾难）。

流感的预防。人们一般会在接触流感病毒几天以后病倒。但可以在感觉生病之前就把这种疾病传递给别人，而且在发烧消退后的几天里，仍然具有传染性。这正是这种疾病传播得如此迅速的原因之一。

认真洗手和用衣袖遮着打喷嚏都是预防流感的有效作法，但关键还是接种疫苗。每个6个月以上的孩子每年都应该接种流感疫苗，无论是通过注射还是通过喷鼻剂都可以。理想地说，每一个人都应该进行免疫，那些跟年龄太小无法接种疫苗的婴儿一起生活的人，尤其应该接受免疫。每年都会有新的疫苗研制出来，以预防那一年四处传播的流感菌株。

在2009年的流感季节，人们不得不研制出一种专门针对H1N1病毒的疫苗。一年一度的常规疫苗之所以不包括H1N1，是因为H1N1的流行开始于年度疫苗投产之后。疫苗的短缺，以及后来对其安全性的担忧都说明了许多孩子没能得到完全的保护。

应对流感。医生可能会在观察症状和检查身体的基础上确诊流感。医学化验能够找出特定的病毒。通常的治疗措施都有帮助：休息，静养，多喝水（提供饮水但不要强迫），扑热息痛和布洛芬都可以缓解发热和疼痛。不要给患有流感的儿童或青少年服用阿司匹林；它会增加雷氏综合征的风险（参见第382页）。

抗病毒药物也有帮助，如果在患病早期服用，效果更好。如果孩子在流感发作的过程中病情加重，就要再次检查，以确保没有出现耳部感染、肺炎或其他并发症。

哮喘

什么情况下才是哮喘？如果孩子一年发生好几次气喘，他很可能患上了哮喘。哮喘就是肺部气管狭窄，通常都是某种过敏原（比如花粉）、病毒、冷空气、香烟或其他烟气，或心情烦乱引起的反应。空气通过变窄的气管时会发出哨音，这就形成了气喘。气管没那么狭窄时，孩子只在呼气时出现气喘；气管中度狭窄，孩子就会在吸气和呼气时都发生气喘；狭窄程度严重时，气喘反而会停止，因为没有足量的空气进出，所以发不出声音。有时候，生病的孩子并不表现为气喘，而是咳嗽，这种情况一般出现在夜里或者运动以后。

一阵气喘既可能是哮喘的开始，也可能是其他问题。比如说，孩子可能误食或吸入了一个塑料玩具，也可能出现了严重的过敏反应（参见第360页）。除非已经知道孩子患有哮喘，并且知道他正在经历的就是典型的哮喘症状，否则，只要出现新一轮的气喘，就要找医生诊治。

哮喘的致病原因。孩子会通过遗传而获得易患哮喘的弱点。肺部的刺激因素会诱发这种疾病。某些病毒感染，比如呼吸道合胞病毒，可能是原因之一（参见第352页）。二手烟肯定是致病因素之一。对蟑螂和尘螨过敏是常见的病因。这些昆虫的甲壳和粪便会破碎成细小的粉尘，飘浮在空气中，从而被吸入孩子的肺部。其他哮喘的诱因还包括猫狗的皮屑、霉菌和多种食物。

有些幼儿在每次病毒性感冒时都会出现气喘，但其他时候没有异常。

这些孩子可能会被认为是患上了反应性气管疾病。基本上，这就是轻微的哮喘。这种情况常常会自行消失；有时候，它也会发展成典型的哮喘。

治疗方法。治疗要从尽量消除致病因素做起，尘螨和香烟的烟雾是首要目标。体育锻炼对于患有哮喘病且体重超标、身体欠佳的孩子来说十分重要。良好的营养、健康的睡眠，以及比较宽松的家庭气氛都很重要。

首选的药物就是支气管扩张剂。它可以使气管周围的小肌肉松弛下来，从而打开（扩大）支气管。我们把这些药物看成是“援救性药物”，因为它们能够作用于已经紧紧挤压在一起的气管。如果孩子只是偶尔出现气喘，那么救援性药物可能正是他需要的。舒喘宁是这类药物中最常用的一种。对于运动员来说，在锻炼之前喷一两下舒喘宁，常常可以预防呼吸障碍。

如果孩子一周出现两次以上气喘，可能需要一种更强力的控制性药物，而不是一次又一次地依赖援救性药物。控制性药物可以减弱肺部对哮喘诱因的反应,从而阻止气管变狭窄。这些药物通过阻断炎症来发挥作用，而炎症是哮喘反应的主要现象。

许多患有哮喘的孩子长大后都摆脱了这种疾病的困扰，也有一些孩子会伴随着它进入成年时期。这种病很难预测。早期的有效治疗可以改善孩子的身体活动，降低急诊的必要性，还能减少以后出现慢性肺病的危险。

哮喘的护理和计划。每个孩子——特别是患有哮喘等慢性疾病的孩子——都应该加入“医疗之家”（参见第 573 页）。父母们需要一个稳定的信息来源和援助渠道，以防止哮喘侵害他们的家庭，还能确保孩子所处的其他环境（学校、朋友的住所、社团）尽可能远离哮喘。成功的治疗取决于细节：要了解如何用药，何时加大治疗强度，还要知道如何处理病情突然加重的情况。每个孩子都应该有一份应对哮喘的计划，孩子本人、父母和学校都能看懂，并依照这份计划采取行动。

如果治疗不当，哮喘就会带来很大的损失，孩子的活动会受到限制，他会缺课，花好几个小时看急诊，甚至还要接受好多天的住院治疗。但是，如果事先做好规划并且坚持治疗，患有哮喘的孩子都可以过上完美、没有症状的生活。

打鼾

一般来说打鼾只不过是一种令人讨厌的毛病，但有时却是阻塞性睡眠呼吸暂停（OSA）的征兆。阻塞性睡眠呼吸暂停是个严重的问题。当一个人进入深度睡眠的时候，控制喉咙打开的肌肉就会松弛下来，呼吸道因此变窄。扁桃体肥大或者出现肿胀也可能使问题加重。空气从狭窄的呼吸道通过时，就会发出打鼾的声音。当呼吸道完全闭合时，空气不再流动，鼾声就会停止。这时，孩子血液中的含氧量就会降低，于是会醒来大口地呼吸。

这样的循环一个晚上可能重复很多次，到早晨，孩子会觉得自己好像几乎没怎么睡觉似的，还可能感到头疼。上学的时候，他容易犯困或紧张（就像有些孩子过度疲劳时的表现一样），学习成绩很可能会随之下降。随着时间的推移，血氧量较低还会损害他的心脏。睡眠呼吸暂停常常在家族中遗传；父母一方或双方可能因为长期过度疲劳而有打鼾的问题。

有时，患有阻塞性睡眠呼吸暂停的孩子，睡觉时会把头枕在好几个枕头上或悬在床沿上，想打开呼吸道。然而有时候，唯一的症状就是打鼾。医生通过睡眠研究，或称多导睡眠图，对阻塞性睡眠呼吸暂停进行测试。这种测试需要孩子整晚待在医院里。如果扁桃体肥大，可能需要切除。如果孩子肥胖，主要治疗措施往往是减肥。有的孩子睡觉时需要戴一个面罩，往鼻子里吹进压缩空气，这是一种叫做持续气道正压呼吸器(CPAP)的装置。有些人需要一段时间才能适应这个面罩，但它的效果是立竿见影的。

鼻腔过敏

季节性过敏（花粉热）。你很可能认识一些患有花粉热的人。当花粉随风飘散的时候，这些人就开始打喷嚏，鼻子发痒和流鼻涕。春季，常见的罪魁是树木的花粉；秋季则是豚草（花朵很少会导致花粉热，因为花朵的花粉颗粒太大，吹不到太远的地方；花粉的结构特点适合被昆虫和其他生物携带到各处）。

花粉热一般在孩子三四岁以后出现，常常是家族遗传的。眼睛长期流泪和发痒也可能是过敏症状。医生可以根据症状和体检结果，以及各种花粉在一年的哪些时间最为常见等知识诊断花粉热。

鼻腔过敏。许多孩子都对尘螨或霉菌（最常见的过敏原）、宠物的毛发和皮屑、鹅毛或许多其他东西过敏。这种一年到头的过敏会让孩子一周又一周地遭遇鼻腔堵塞或流鼻涕，习惯性地用嘴呼吸，经常还会使耳朵里存留液体（参见第346页），或者引起反复发作的鼻窦炎（参见第340页）。

这些症状在冬天可能更严重，因为紧闭的门窗会把过敏原关在室内，同时把新鲜空气挡在室外。鼻腔过敏的体征包括黑眼圈以及眼睛下和鼻梁上出现的皱纹。患有慢性过敏症的孩子在学校里经常难以集中精力，原因可能是过于疲惫，听不清声音，或者感觉不舒服。

鼻腔过敏的治疗。要治疗花粉热，有时候一些简单的方法就足够了：开车和睡觉的时候把窗户关好，可以的话用空调，在花粉数量最多的时候待在室内。对于常年的过敏来说，通过血液测试通常可以查明诱因；有时候，过敏症专科医生需要做皮刺试验才能确定原因。

如果过敏原是枕头里的鹅毛，可以换一个枕头。如果过敏原是家里养的狗，可能需要换一只宠物。对于尘螨而言，有的家长会用一种高效空气过滤器，每周吸尘 2～3 次；还有一些家长甚至会揭下地毯，取下窗帘，尤其在孩子的房间更是不遗余力。可以把毛绒玩具拿走（那是尘螨的居所），或者每过一两周都用热水洗一下。也可以把孩子用的床垫和枕头用带拉链的塑料罩子套起来；拉链上的布基胶带可以把过敏原封闭在罩子里。此外，还要把室内的湿度控制在 50% 以下，这样可以减少尘螨和霉菌的滋生。静电空气净化器也有帮助。

如果躲避过敏原的措施没能奏效，还有多种药物可以尝试。抗组胺药（如苯海拉明）可以阻碍过敏反应过程中的关键步骤。这些药物已经应用多年；它们既便宜又安全，但常常会让孩子昏昏欲睡，因而可能会影响一课效果。新型的抗组胺药(开瑞坦、仙特明和许多其他药品)价格高一些，效果也差不多，但有时副作用会少一些。可以先试试传统的抗组胺药。抗组胺药有液态形式,也有片剂和喷雾。

其他抗过敏药会阻断过敏反应过程中的不同步骤，或者从整体上缓和免疫反应。如孟鲁斯特（顺尔宁和其他药品）或丙酸氟替卡松（比如喷鼻氟替卡松）药物可能会起作用，为了预防副作用，使用这些药物需要严密的医疗监督。如果对使用多种对药物仍没有反应，免疫疗法（打脱敏针）可以奏效。在采取这种方法之前，要权衡治疗效果和治疗成本及带来的不适之间的利弊得失。

预防过敏。发达国家的过敏现象比欠发达国家多得多。原因之一可能与肠道寄生虫有关。过敏是由排斥寄生虫的那一部分免疫功能过度活跃造成的。在现代卫生设施已经消除了寄生虫的地方，人类的免疫系统可能会转向不那么严重的威胁因素，比如花粉或猫的皮屑，而这些威胁因素以前基本上是被免疫系统忽视的。虽然这种被称作卫生假说的理论言之有理，但我们还不知道它是否正确。让孩子接触一些脏东西及其中的细菌，也许有好处。如果真是这样，预防过敏就会成为放孩子到户外玩耍的又一个有力理由。

湿疹

寻找迹象。湿疹就是粗糙又发痒的片状皮疹，常见于非常干燥的皮肤上。湿疹一般会从婴儿的面颊或额头上开始长。然后，从这些部位向后蔓延到耳朵和脖子。在孩子快一岁时，湿疹可能会出现在任何部位——比如肩膀上、手臂上、胸口上。在1～3岁，最典型的长湿疹的部位是双肘和膝盖的褶皱处。

当湿疹还不那么严重或刚刚开始的时候，颜色通常是浅红色或浅褐红色；如果情况变得严重，就会变成深红色。频繁的抓挠和揉搓会在皮肤上留下抓痕，导致皮肤渗出体液。当渗出的体液干了以后，就会形成硬痂。抓过的地方经常会被皮肤上的细菌感染，使渗出更严重。当一片湿疹痊愈之后，甚至当皮肤的红色都已经消退了以后，仍然能够感觉到皮肤的粗糙和厚度。对于肤色较深的孩子来说，皮肤上长过湿疹的部位或许要比别的地方颜色浅一些。时间一长肤色就会一致，但可能需要几周时间。

与过敏的关系。湿疹跟食物过敏和鼻腔过敏一样，容易在家族中遗传。这三种烦人的问题合在一起，被称为特应性；描述湿疹的另一个词语就是特应性皮炎（也叫过敏性皮炎——译者注）。长湿疹的时候，过敏反应可能是由不同的食物或材料引起的，比如与皮肤接触的羊毛或丝绸。很多时候，湿疹与皮肤对食物的敏感性和来自外界的刺激都有一定的关系。总体来说，冬天对湿疹更加不利，因为它会使本来已经十分干燥的皮肤变得更加干燥。也有些孩子会在炎热的天气里长出严重的湿疹，因为他们的汗液会刺激皮肤。孩子会因为发痒而抓挠皮肤，抓挠又会进一步刺激皮肤，造成更明显的瘙痒。

在严重的情况下，更要想办法弄清究竟是什么食物可能引起过敏反应（参见第223页）。牛奶、大豆、蛋类、小麦、坚果（包括花生）、鱼类以及水生贝壳类动物都是最值得怀疑的过敏原。少数婴儿只要彻底放弃牛奶，湿疹就会好转。最好能够在经验丰富的医生的指导下寻找食物过敏的原因；自己尝试经常会陷入迷惑。

治疗方法。关键是水分。每天用温水（不是烫水）洗澡约 5 分钟，可以让水分渗入皮肤。不要用太多肥皂；普通肥皂既刺激皮肤又会使皮肤干燥。如果必须用肥皂的话，就选用含有丰富保湿成分的产品。要远离带有除臭功效的肥皂，也不要做泡泡浴。可以在即将洗完澡的时候加一些沐浴油，锁住水分。用软毛巾把孩子轻轻拍干；不要揉搓。然后，还要使用大量保湿乳。如果孩子的皮肤特别干燥，也可以用凡士林油来锁水。白天要涂两三次保湿乳，多涂几次也可以。冬季，要打开加湿器，让家里的空气舒服、湿润。

为了减轻对皮肤的刺激，不要给孩子穿着和使用含有羊毛的衣服和床上用品。如果天气比较冷，那么刮风的天气也会诱发湿疹，因此在室外活动时，要找一个避风的地方。一定要把婴儿的指甲剪短。孩子越是不抓皮肤，皮肤就越不容易发痒，发生感染的机会也就会减少。对于那些已经长了湿疹的婴儿来说，夜里戴上一副白棉布手套会很有帮助，因为孩子睡着的时候也会抓挠。通过药物缓解瘙痒也能奏效。

除了保湿霜以外，医生还经常采用氢化可的松软膏。氢化可的松是一种皮质类固醇。这些类固醇与一些运动员——以及想让自己看起来像运动员的青少年（参见第 133 页）——使用的合成类固醇非常不同。氢化可的松的药效不一样，而且市场上也有相关的乳霜和药效更强的软膏（比如去炎松）。抗组胺药可以缓解瘙痒。也可以用保湿霜、含量 1% 的氢化可的松、苯海拉明来治疗轻微的湿疹。但是对于比较严重的湿疹，最好还是跟孩子的医生或皮肤科医生密切配合。如果严重湿疹的部位感染了细菌，抗生素可以奏效；抗生素一般都必须口服。

湿疹也许很难治疗。通常来说，我们能做的顶多就是控制湿疹的发展。在婴儿时期早早出现的湿疹常常会在随后一两年间完全消退，至少也会变得轻微许多。在患有湿疹的学龄孩子中，大约一半都会在十几岁之前彻底好转。

其他皮疹和皮疣

如果孩子长了新的皮疹，最好让医生看一看。皮疹很难用语言描述，而且人们很容易被它弄糊涂。介绍这部分内容的目的不是要把你变成专家，只是想介绍一些平时可能见到的皮疹的情况。对于婴儿身上皮疹的相关内容，包括尿布疹在内，参见下文。

危险的皮疹。皮疹很烦人，但是很少会带来危险。一个患有轻微病毒感染的孩子，脸上、胳膊上或者躯干上常常会长出红色的疹斑或边缘不规则的斑块、小肿块。这种情况很快就会复原。重要的问题在于，这些皮疹会变白。也就是说，如果用手指展开长有皮疹的皮肤，红色就会褪去。这是好现象。

如果皮肤展开时红色不褪，就要小心了：可能是因为血液渗入了皮肤。毛细血管出现破裂或渗漏，就会造成不规则的红色或紫色斑痕。这种情况不一定那么可怕。比如，用力地咳嗽有时就可能使面部的小血管发生破裂。但是，皮下出血也可能是危及生命的感染或严重血液问题的最初征兆。如果见到不会变白的红色斑块，即使孩子看起来病得不太严重，也要立即跟医生取得联系。

荨麻疹（风疹）。这是一种会长出凸起的红色肿块或疹斑的过敏反应，这些斑块的中央常常有一块白色区域。荨麻疹很痒，有时甚至难以忍受。与大多数其他皮疹不同的是，荨麻疹会到处移动，会在一个地方出现几个小时，继而逐渐消退，然后再出现在别的部位。荨麻疹也会变白。

这种过敏反应的诱因可能很明显：孩子最近吃了新的食物或者服用了新的药物（荨麻疹和其他过敏现象一样，有时会在第二次或第三次接触过敏原之后才表现出来，因此不要被迷惑）。其他诱因还包括冷、热、植物、肥皂或洗涤剂、病毒性感染（包括感冒），乃至强烈的情绪。尽管如此，我们往往还是无法说出荨麻疹是由什么引起的。少数孩子会反复患上荨麻疹，但很多孩子只会没有明显来由地患上一两次。一般的治疗方法就是口服苯海拉明或其他非处方的抗组胺药。效力更强的药物可以通过医生处方购买。

在极少数情况下，荨麻疹会伴有口腔和喉咙内部的肿胀以及呼吸困难（过敏反应）等症状。如果出现这种情况，就要看急诊；要立即打电话叫救护车。哪怕只发生过一次过敏反应，也要为孩子随身带一个预先装好肾上腺素的注射器（参见第 324 页）。

脓疱疹。这种病开始时经常只是一个顶端带有淡黄色或乳白色水泡的小疙瘩，一般靠近鼻子，但也可能长在其他部位。水泡会破裂，然后结一个棕色或蜂蜜颜色的痂或硬壳。脸上有任何一处结痂都应该想到可能是脓疱疹。这种皮疹很容易扩散，通过双手携带到身体的其他部位，还会传染给别的孩子。

脓疱疹是一种葡萄球菌或链球菌（分别简称为 staph 和 strep）引起的皮肤感染。抗生素可以治疗这种皮疹。

在找到医生之前，尽量不要让孩子揉脸或抠脸，也不要让别人用他的毛巾、被褥；一定要认真洗手。如果得不到治疗，脓疱疹可能导致肾脏损伤，所以要认真对待这种情况。

疖子。如果皮肤上出现了很疼的红色凸起，可能就是疖子，这是一种会形成脓泡的皮肤感染。其中越来越常见的原因是一种葡萄球菌，叫耐甲氧西林黄色葡萄球菌（MRSA）。这种感染可能很严重，需要立即治疗。一种口服药物就能奏效，或者需要在医院把脓疱里的脓液释放出来，然后用抗生素治疗。

毒葛皮炎。如果皮肤发红、发亮，上面还有一撮极痒的小水疱，很可能就是毒葛皮炎，如果这种情况出现在温暖的月份，长在身体暴露的部位，就更容易认定了。这种皮疹看上去可能像脓疱疹，孩子有时会因为抓挠皮肤而带入细菌，结果造成脓疱疹和毒葛皮炎同时出现的情况。

要帮孩子认真清洗患处，还要给他的双手尤其是手指尖清洗消毒。毒葛皮炎是对植物汁液产生的过敏反应，哪怕只是很少的一点汁液也可能使这种过敏反应扩散到身体的其他部位。可以用非处方的氢化可的松药膏或口服苯海拉明（苯那君）来止痒。如果病情很严重，就要找医生咨询。

疥疮。另一种发痒的凹凸不平的皮疹就是疥疮，是一种对螨虫的过敏反应。螨虫是一种能够钻入皮肤的微小生物。疥疮看上去就像一簇簇或一排排顶端结痂的粉刺，周围还有很多抓痕。疥疮特别痒，通常出现在经常触摸到的部位：手背上、手腕上、阴部和腹部（但不会出现在后背上）。虽然疥疮并不危险，但它的传染性也很强。处方洗液可以杀灭螨虫，但是瘙痒的感觉可能会持续几个星期。

金钱癣。这种皮肤问题不是虫子引起的，而是感染到皮肤表层的真菌引起的（与脚癣有关）。我们会看到椭圆形的斑块，大小跟5美分的硬币差不多，边缘凸起，微微发红。外缘是由小小的凸起或银白色的鳞屑组成的。这种皮疹会随着时间慢慢变大，中间会变光洁，形成一个环。金钱癣会微微发痒，还有轻微的传染性。处方药膏疗效很好。

头皮上的金钱癣会导致头屑和脱发。有时还会出现一大片软软的肿胀，脑袋背面和脖子上的淋巴结也会肿起来。抗真菌的药膏对长有毛发的部位不起作用；这些部位需要连续治疗几周治疗，每天都要口服药物。

皮疣。有的皮疣是扁平的，有的是堆状或细高的。有一种常见的皮疣，会在皮肤上长出一个又硬又粗糙的堆状凸起，大小就跟大写字母“O”差不多。皮疣一般不疼，但如果长在脚底就会疼痛。还有一种皮疣叫传染性软疣，是白色或粉色的小包，像大头针的针头那么大，中间有个小坑。这种软疣可能会大量增加、变大，也可能不会。皮疣是病毒引起的。一般说来，最终都能脱落。治疗皮疣的非处方药可以使脱落过程加快；每天贴上布基胶带也有同样的效果。如果这些方法都不管用，皮肤科医生可以把它们切除掉，或者通过冷冻的方法去除。

头虱

头虱并不是传染病，而是一种害虫。虱子不进入体内，只是寄居在人身上，以血液为食。真正的问题是发痒，可能会非常痒，令人恶心。

虱子很容易在人与人之间传播，无论是头部直接接触（并排午睡），还是通过梳子、头刷或帽子，都能传染。虱子离开人体以后，大约可以存活 3 天，但虱子卵可以存活更长时间。卫生条件不好并不是问题所在。

虱子隐藏得很好，你会看到虱子卵（也叫虮子）很小，比芝麻粒还小，珍珠白色，粘在头发上，经常在靠近头皮的位置。在头发与后脖颈接触的位置，特别是耳朵后面，可能会出现发痒的红色小包。

可以先试一试非处方的除虱用品，但是如果去除不干净，也不要吃惊：虱子对这些化学物质产生抗药性是很常见的现象。像马拉硫磷这样的处方刹虫剂效果不错。不奏效的对策是：在头上大量涂抹凡士林或蛋黄酱。有一个最简单的办法，就是把孩子头上的每一个虮子都逐个挑出来，并且每隔几天就检查一下，看头上是否出现了新的虮子。把头发淋湿并抹上润发剂可以使头发易于梳理，这样一来，虱子也不容易逃跑。

胃痛和肠道感染

大多数胃痛都是短暂的，一般也不严重，简单地安慰一下孩子也就过去了。可能 15 分钟之后，就会发现孩子又在正常地玩耍了。对于持续 1 小时以上的胃痛，最好找医生诊断一下。如果胃疼得很厉害，就不要等那么长时间才去看医生。胃痛和胃部不适的原因很多。少数胃痛比较严重，但大多数都没什么关系。人们容易仓促地下结论，认为胃痛是因为得了阑尾炎，或是因为孩子吃了什么东西。实际上，这些都不是胃痛的常见原因。孩子一般都能吃一些奇怪的食物或是大量的普通食物，不至于因此消化不良。

在跟医生取得联系之前，要给孩子测量一下体温，以便向医生描述。见到医生之前，应该把孩子放到床上，不要给他吃东西。如果孩子口渴了，就让他小口地喝一点水。对于伴有呕吐和腹泻症状的胃痛，参见下文和第369页的内容。

胃痛的常见原因。刚出生的宝宝经常会出现肠痉挛（参见第46和第73页），看上去就像胃疼或者肚子疼。如果宝宝肚子疼，觉得不舒服或呕吐，最好立即给医生打电话。

孩子1岁以后，最常见的胃痛原因就是一般的感冒、嗓子疼或流感，发烧的时候也特别容易出现胃痛。胃痛说明炎症不但影响了身体的其他部位，还扰乱了肠道。对于孩子来讲，几乎任何一种炎症都可能引起胃痛或腹痛。当较小的孩子说自己肚子疼时，他真正的意思很可能是觉得恶心。说完肚子疼以后，孩子很快就会呕吐。

便秘是反复出现胃痛的最普通原因（参见第366页）。这种疼痛可能比较缓和，也比较烦人；也可能突然发作，而且非常剧烈（但也可能突然消失）。这种疼痛经常在饭后变得更厉害。在用力挤压又干又硬的大便时，消化道产生的收缩会引起这样的疼痛。

胃痛和精神紧张。所有的情绪问题，不管是害怕、高兴、激动，都会影响肠胃，导致疼痛、缺乏食欲，甚至呕吐和腹泻、便秘。这种疼痛一般会出现在腹部中部。因为没有受到感染，所以孩子不会发烧。

如果孩子面临着多吃一点或者要吃不同食物（比如蔬菜）的压力，他会经常在坐下来吃饭时，或者刚吃了几口，就说自己肚子疼。父母会认为孩子在编造理由，只不过想把肚子疼当成不吃饭的借口。但是，孩子的疼痛很可能来自吃饭时的紧张心情，肚子疼其实是真的。应对这种情况的办法就是，吃饭时，父母应该想办法让孩子爱吃桌上的食物（参见第552～567页）。

如果孩子有其他忧虑，也会肚子疼，吃饭前后更是如此。我们可以想一想秋季因为即将开学而感到紧张的孩子，或者做错了事还没被发现而感到惭愧的孩子，他们就会肚子疼，对早餐也失去了胃口。父母之间的冲突，无论是口头的还是肢体上的，都会经常使孩子出现肚子疼的现象。

与压力有关的胃痛在孩子和青少年中很普遍，经常在两周或更长时间内会复发。疼痛会出现在中间部位，即肚脐周围或肚脐眼上面。孩子通常很难描述这种疼痛。治疗方法是找出家里、学校里、体育运动中以及孩子社会生活中的压力，想办法减轻这些压力，医生将这种情况称为复发性腹痛综合征。

阑尾炎。我先反驳一些有关阑尾炎的普遍说法。患者不一定发烧，疼痛也不一定很厉害。开始的时候疼痛不总是出现在腹部的右下方，病情发展了一段时间以后才会这样。患者不见得总会呕吐。验血也看不出胃痛是不是阑尾炎引起的。

阑尾是大肠的小分枝，大约有小一点的蚯蚓那么长（一般位于腹部右下方的中心，朝着腹部的中间，但也可能低一些或高一些，有的甚至可能长得跟肋骨差不多高）。阑尾发炎是一个渐变的过程，就像疖子的形成一样。所以，那种持续了几分钟就消失的、突发的剧烈腹痛并不是阑尾炎。最大的危险就是发炎的阑尾会破裂，很像疖子溃裂。破裂的阑尾会把感染传播到整个腹部。接下来发生的情况就叫腹膜炎。发展迅速的阑尾炎可能在 24 小时内出现穿孔。之所以要把任何持续了 1 小时的胃痛都向医生报告，就是这个原因。尽管 10 次有 9 次的诊断结果都是别的问题，也要及时就诊。

在最典型的阑尾炎病例中，疼痛都是围绕着肚脐持续几个小时。只有到了后来，疼痛才会转移到腹部的右下方。孩子可能会有一两次呕吐，但这并不是必然的症状。孩子的食欲一般都会下降，但也有例外。孩子的大便可能很正常，也可能有感染的迹象，但很少出现腹泻。在这种情况出现了几小时之后，孩子的体温很可能稍有上升。也有些孩子得阑尾炎的时候一点也不发烧。当孩子屈伸右膝或四处走动时，都可能感到疼痛。

阑尾炎的症状在不同病例中会有很大的差别，所以你要让医生来做诊断。如果医生在腹部的右侧发现了一块柔软的地方，就会怀疑是阑尾炎，但有时他们需要通过验血、X 光或超声波诊断来帮助确诊。

有时候，即使是最优秀的医生也不可能绝对肯定孩子得了阑尾炎。但是，如果病情非常值得怀疑，一般都要做手术。这是因为，如果真是阑尾炎，拖延做手术很危险。阑尾可能破裂，引起腹部感染。

肠梗阻。幼儿发生肠梗阻，有一个很常见的原因，叫肠套叠。当一小段小肠像收缩的望远镜那样，被拉到它后面那段小肠里面去的时候，就是肠套叠。在典型情况下，患病的孩子会突然出现不适、呕吐，并且因为疼痛而把双腿蜷缩到腹部。有时候，呕吐的症状会比较突出；有时则是疼痛感较明显。腹部绞痛每隔几分钟就会出现一阵；在两阵绞痛之间，孩子可能会感到相当舒适或十分困倦。若干个小时之后，孩子可能会排出带有黏液和血的大便——也就是典型的“果酱状”粪便。这是小肠受到损伤的迹象；最好能够在这种情况出现之前让孩子得到治疗。

从4个月的幼儿到6岁的孩子都容易发生肠套叠。解决问题的关键在于及早发现，及时就医。如果发现得比较早，这种情况常常都能够轻松得到解决；但是,如果肠道受到了损伤，可能需要通过手术治疗。

肠道寄生虫（蠕虫）。在世界上许多地区，大部分孩子都有肠道寄生虫。卫生条件越好的地方，蠕虫越不常见，因而只有少数孩子会因为体内的蠕虫较多而忍受腹痛的困扰。

蛲虫也叫“线虫”，是最常见的肠道寄生虫。它们看起来好像长度大约8毫米的白线，生存在肠道下方，夜晚会从孩子的肛门里爬出来产卵。所以夜晚能在孩子的肛门处发现这些蛲虫，或者在粪便中发现它们。蛲虫会使肛门周围发痒，从而影响孩子的睡眠（以前，肠道寄生虫被认为是孩子晚上磨牙的主要原因，其实并不是这样）。

尽管蛲虫并不危险，但它让人很痛苦，也很难驱除。药物虽然能够杀死成虫，但虫卵却可以在人体之外存活几天或几周。孩子可能在不知不觉中手指沾上了蛲虫的虫卵，然后又把它们带到自己嘴里或父母的嘴里。蛲虫会在家中和儿童看护中心传播开来，孩子常常会多次受到侵扰。要打破蠕虫感染的循环，就要认真洗手（尤其是指甲下面）；清洁衣物、床单、地毯和地板；有时候还要重复多个用药疗程。

蛔虫看上去非常像蚯蚓。最初怀疑孩子长了蛔虫都是因为在粪便里发现了蛔虫。如果孩子体内不是存有大量的蛔虫，一般不会引起什么症状。钩虫在美国南部一些地区很常见，可能导致营养不良和贫血症。在寄生虫大量滋生的土壤里，光着脚走，就会感染这种疾病。

在不太发达的国家出生的孩子，以及在许多家庭杂居的环境里或收容所里生活过一段时间的孩子，可能携带肠道寄生虫，但一般都表现不出什么症状。要想弄清这些问题，就要把大便样品送到化验室,用显微镜检测。肠道寄生虫用处方药就很容易清除。

便秘

便秘在儿童中很常见，也经常被误解。如果孩子排出很硬的大便或者排便时伴有疼痛，而且大便的体积比较大，就是便秘，即便每天都按时排便也是便秘。如果孩子的大便是软的，那么即使他每隔一两天才排便一次，也不是便秘。便秘是许多疾病的症状——比如，甲状腺功能减退或铅中毒——但是多数便秘的孩子都没有这些问题。然而，便秘本身经常是其他问题引起的，这些问题既有身体上的，也有心理上的。

便秘如何发生。便秘常常由轻微的流感开始。任何一种使人感到全身不适的疾病都容易让人没有食欲，并且使排便过程减慢。发热或呕吐会增加水分的丧失。结肠会从粪便中吸收更多水分，使大便变得更干燥和坚硬。排出这种硬硬的大便会感到疼痛，所以孩子就会憋着不去排便。粪便在体内停留更长时间，也就变得越来越干燥。当一大块大便最终排出来时，那种疼痛会让孩子吸取教训，下次该排便时会更努力地憋住。

随着时间的推移，这些坚硬的粪便堆积在一起，会把结肠撑开，减弱正常情况下向下推动粪便的肌肉的力量。结果就是，通过结肠排便会越发缓慢，大便会变得更干燥、更坚硬、更让人难受。这样一来，开始的小病小灾就会发展成为长期的问题。其他因素也与此有关，包括遗传、对食物的敏感性、运动量和饮食等。

生活方式与便秘。在饮食结构中，如果肉类和精加工谷物比较丰富，提供的膳食纤维往往太少，而膳食纤维又是促进排便和软化大便的成分。食用大量全谷类食物和蔬菜、水果的孩子就不那么容易发生便秘。

对有些孩子来说，牛奶蛋白会抑制结肠的收缩，从而为便秘提供条件。这种情况往往是受家族遗传的影响。减少食用乳制品，或者完全不食用往往有助于解决这个问题。如果采取这种办法，就一定要通过其他途径保证钙和维生素 D 的供应（参见第 331 页）。

便秘在超重和肥胖的儿童中很常见，这些孩子饮食中的膳食纤维含量往往较低，体育活动也比较少。

便秘带来的问题。关于便秘使孩子抵制上厕所训练的内容，参见第 542 页。便秘常常会导致尿床和日间小便频繁（参见第 546 页）。粪便在直肠里越积越多，就会压迫膀胱的下部，阻塞部分尿液的流通。于是，膀胱必需更加用力地推动尿液冲破这种阻碍；导致膀胱丧失在尿液充盈时松弛下来的能力，哪怕只是很少的尿液也会使膀胱收缩，孩子就会急着去厕所。

对很多孩子来说，大便渗漏是特别糟糕的问题。长期便秘造成大块坚硬的粪便积存在结肠里，就像管道中的石块一样。粪便中的液体会通过块状大便的缝隙，从肛门里渗出去。这种情况叫做大便失禁，需要立即就医，以免发生严重的心理问题（参见第 368 页）。

便秘带来的最大问题之一在于，会让家长过于关注孩子的这一问题，而对于大部分学龄儿童来说，排便本应是个人的隐私。家长要十分敏锐地把握处理问题的方式，既要参与其中，又不能过分干预。如果便秘的问题已经引起家长和孩子之间的权利之争，或者已经造成家庭关系的紧张，最好还是找心理医生、咨询顾问或其他专业人士寻求指导。

改变生活方式治疗便秘。这是解决这个问题最合适的切入点。解决办法很可能就是用全麦面包代替白面包，用新鲜的橘子或苹果代替饼干或蛋糕，就是这么简单。要记住那些“让你排便的 P 字头水果”：西梅、李子、桃子和梨[①]。杏也属于这一类。可以试着在松饼、苹果酱或花生酱三明治里加入未经加工的麦麸（大部分超市有售）或麦麸麦片。如果添加了麦麸或者其他已经烘干的膳食纤维，就要让孩子多喝些水。用苹果酱、麦麸和西梅汁混合而成的果浆又甜又脆，效果很好。

一定要保证孩子每天都有充分的体育活动，这一点很重要。强健腹部的运动（如仰卧起坐）可以让孩子排便时更加有力，还能获得一种控制感。孩子需要每天有一段专门的时间，安安静静地坐在厕所里排便。最合适的时间常常在餐后 15 分钟左右，因为吃东西的动作会自然地刺激结肠活动。成功排便需要的时间大约是 15～20 分钟。

治疗便秘的药物。如果孩子排便时伴有疼痛，排出的大便又干又硬，就应该立即接受治疗，以免因为憋大便而造成更严重的便秘，形成恶性循环。对小一点的孩子来说尤其如此。医生可以推荐多种药物中的一种，帮助孩子软化大便。治疗通常会持续至少一个月，以便让孩子树立信心，相信再也不会出现硬硬的大便带来的那种疼痛。如果便秘已经持续了很长时间，除了改变生活方式之外，还需要采取其他方法来扭转这个过程。

虽然很多药物都针对便秘，但我还是建议一定要在医生的指导下使用。有些东西就像矿物油一样久经使用，但还是可能妨碍维生素的吸收，有的孩子甚至可能不小心把这些药物

---

①这些水果的英文名称都以字母P开头，而“大便”一词的英文表述也是字母P开头的。——译者注

吸入肺部，从而引发肺炎（出于这种考虑，不建议 3 岁以下的孩子使用这类药品）。服用泻药的孩子有时可能会对它产生依赖性。有经验的医生可以预防这种问题。

无论选择哪种药物，都包含两个阶段的治疗：清理肠道和保持效果。清理肠道虽然不那么舒服，却至关重要。如果结肠被石头一样坚硬的粪便塞得满满的，那么任何药物都不会奏效。含有聚乙二醇的口服液（Miralax 或其他牌子）通过冲刷肠道起作用。有些孩子对磷酸钠灌肠剂的反应更好，但最终的效果都一样。

下一个阶段就是保持效果。这需要在药物治疗的同时改变生活方式，逐渐做到每天排出软而成形的大便。关键在于不要让粪便再次堆积起来，不要重新开始曾经的恶性循环。这种治疗需要坚持 6 个月或更长时间，直到结肠的力量恢复到可以自己完成排便的程度为止。孩子和家长都很难那么长时间坚持治疗，有时需要多次尝试才能彻底解决便秘问题。在药物不起作用时，可能需要请儿童消化科医生进一步检查和治疗。

呕吐和腹泻

传染病（肠胃炎）。多数孩子的腹泻都是病毒引起的。这些感染被人们起了不同名字：肠胃感冒、肠道流感、某种“感染”或肠胃炎。患儿可能出现发热、呕吐和胃痛（通常比较轻微）等症状。虽然孩子一般会在几天之内好转，但家里人或同班同学常常会因为相同的感染而病倒。

对此没有特别的治疗方法。给患儿补充水分，少量多次，以免脱水。现成的口服补液溶液很好用，可以用盐和糖自己配制补液溶液（参见第 171 页）。让孩子想吃什么就吃什么。不必限制他喝牛奶或食用乳制品，但是也不要逼他们吃这些东西。

如果孩子看上去病得很重，发高烧或有严重的痉挛，腹泻时大便里带血或含有黏液，问题可能是细菌感染。沙门氏菌是比较常见的致病因素之一，其他致病菌还包括大肠杆菌、志贺氏杆菌、弯曲杆菌和其他几种病菌。这些情况，有些需要使用抗生素，所以要给医生带一份便检样本，以便化验。

沙门氏菌、大肠杆菌和其他具有潜在危险的细菌，在食品店的肉类甚至是蔬菜中都很常见。为了保护孩子和父母，要遵循卫生习惯，妥善地备菜、烹饪、上菜和储存食物。

不伴有腹泻的呕吐。伴随腹泻的呕吐常常是因为传染病或食物中毒。不伴有腹泻的呕吐更需要关注。其原因可能是肠道堵塞（如果吐出的东西是黄色的，更是如此），可能是误食了有毒物质或药物，可能是身体某个部位出现了严重的感染，还可能是大脑受到了压迫。总之，这种情况需要立刻就医。

对于婴儿来说，长时间呕吐的原因可能是胃食管反流症，有时会伴有心情烦躁、后背拱起和体重减轻等症状。在食管和胃之间有一块肌肉，起着阀门（瓣膜）的作用。它一打开，食物就会进入胃里，一关闭，食物就无法倒灌回嘴里。对于婴儿来说，控制这道阀门的神经,反应还比较迟缓，而且神经信号也容易交织在一起。因此，这道阀门常常会在错误的时候打开，于是胃里的东四——食物混合着胃酸——就会向错误的方向流动。随着时间的推移,胃酸可能会刺激食道，引起烧心。这种刺激还会进一步削弱瓣膜的作用。

一旦知道出现的问题就是胃食管反流症，解决的办法就是让孩子少吃多餐，仅此而已。这样胃部再也不会撑得太满，胃里的压力始终保持在较低水平，食物也就不会到处流动了。还可以把孩子的配方奶调得稠一些，用约 1 大汤匙米粉配上 230 毫升配方奶即可。还可以试着让宝宝俯卧，让他的头比胃部高出十几厘米，让地心引力助一臂之力。（要认真看护好宝宝，如果他睡着了，就帮他翻个身，让他面朝上；婴儿猝死综合征较少发生在仰卧着睡觉的宝宝中。）如果这些措施不见效，药物或许能够减少胃酸，有时还能强化瓣膜的肌肉。

食物中毒。食物中毒是某种细菌产生的毒素引起的。被污染的食物尝起来可能有些异常,也可能毫无异样。尤其要当心用乳脂或生奶油作馅的糕点、含有奶油的沙拉，以及家禽肉做的馅。这些食物在室温条件下很容易使细菌大量繁殖。另一个诱因就是在家里封存不当的食物。

食物中毒的症状包括呕吐、腹泻和胃痛。有时候还会发冷和发热。任何人食用了受到污染的食物，一般都会在大致相同的时间受到某种程度的影响，这一点与肠道流感不同，后者通常若干天之内在家里扩散开来。如果怀疑孩子食物中毒，一定要找医生诊治。

脱水。腹泻和呕吐带来的主要问题在于，孩子可能会丧失过多体液。婴儿和幼儿的风险更大，因为他们没有太多的体液储备，而且他们的皮肤会更快失去水分。某些传染病因为会导致脱水而臭名昭著。其中最有名的就是霍乱，这种疾病在发达国家十分少见，但在卫生条件匮乏的时候比较常见（也令人十分恐惧），如发生自然灾害和人为灾难的时候就是如此。脱水对幼儿来说可能十分危险。

脱水的最初表现就是孩子的尿量比平时少；但是，如果孩子用尿布，而尿布上又满是稀稀的大便，尿量的多少很难判断。随着脱水变得越来越严重，孩子会无精打采或者昏昏欲睡；他的眼睛看上去很干涩，哭闹的时候可能也没有眼泪；嘴唇和口腔看起来又干又渴；婴儿头顶上那个软软的部位会凹陷下去。如果孩子有任何脱水的迹象，要尽快带他去找医生，或去医院（了解更多关于呕吐和腹泻时饮食的内容，参见第 368 页）。

迁延性腹泻。这种情况往往出现在幼儿身上，这些孩子生命力旺盛，不会抱怨自己不舒服。这种病可能会伴随着一阵肠胃感冒而突然出现。发病当天，孩子可能在早晨排出正常的大便，随后会排出 3～5 次或稀或软、味道很重的大便，其中还可能带有黏液或尚未消化的食物。孩子的食欲可能仍然很好，也能玩能闹。体重会照常增长，大便检测也查不出什么反常的情况。

这种症状一般会逐渐自行好转。让孩子少喝果汁往往能在很大程度上缓解腹泻。最可疑的诱因就是苹果汁。所以这种症状有时会被称作苹果汁腹泻或学步期腹泻。总体来说，孩子喝的果汁应该控制在每天 230～280 毫升。

什么时候应该担心。有几种不太常见却更加严重的疾病也会导致慢性腹泻。体重增长缓慢就是一个尤其应当引起关注的现象。如果腹泻持续一周以上，或大便带血，又或者大便的颜色异常深或特别白，最好针对这些现象做一些医学检查。

头痛

头痛在儿童和青少年中都很常见。头痛可能是很多疾病的前兆，从普通的感冒到比较严重的感染都会出现这种症状。但是，目前头痛最常见的原因紧张。设想一下，有个孩子将参加学校的演出，几天来一直在背台词；或者，他一直在放学后参加学校体育队的训练。这种长时间的疲劳、紧张和期待经常会综合在一起，使流向头部和颈部肌肉的血液发生变化，引起头痛。

当孩子说自己头痛时，要马上给医生打电话，因为在这个年龄段，头痛很可能是生病的早期症状。如果大一点的孩子出现头痛，可以给他适当剂量的扑热息痛或布洛芬，让他休息一段时间。在药物开始生效之前，孩子可以躺一躺，做一些安静的游戏，进行其他休息活动。有时候，还可以用个冰袋。如果孩子服药4小时后头痛还在继续,或者出现了其他症状(比如发烧)，就应该打电话给医生。

经常头痛的孩子应该进行彻底的体检，包括视力检查、牙齿检查、神经学鉴定，以及详细的饮食评估。此外，还应该考虑一下，在孩子的家庭生活、学校生活或社会活动中，是否有什么事情会使孩子过度紧张。

儿童的确会患偏头痛，尽管他们可能较少表现出明显的偏头痛症状，比如眼冒金星或其他视觉变化、手足无力等。孩子长时间的严重头痛可能是偏头痛的症状。当这种问题在家族里出现得较普遍时，就更值得怀疑。

如果头部受到撞击或摔倒之后出现了头痛,应该立即与医生取得联系。起床时或早晨出现的头痛和夜里把孩子惊醒的头痛经常是严重疾病的先兆。对于早晨出现的周期性头痛，要跟孩子的医生讨论清楚。任何伴有眩晕、视觉模糊或重影、恶心、呕吐的头痛也要及时向医生报告。

抽搐

抽搐（痉挛）。有时候可以明显看出孩子出现抽搐。孩子会失去意识并跌倒在地，眼睛上翻，身体僵硬，然后剧烈地抖动。他可能会口吐白沫，发出低沉的咕噜声,还可能小便失禁，或咬着自己的舌头。几分钟后，他的身体会松弛下来,但是仍然昏昏欲睡，在恢复正常之前，有几分钟甚至几小时神志不清。这种极具戏剧性的抽搐是全面的，因为涉及到大脑的大部分区域。它还被描述为强直阵挛，因为患者的身体一开始会变得僵硬，继而出现抖动。“癫痫大发作”的旧称也仍被使用。

其他的抽搐类型则不那么明显。婴儿眼睛可能会突然盯着一边，或做出吧唧嘴、骑自行车的动作。这种抽搐常常伴随着大脑损伤而出现。5～8岁的孩子可能会从睡梦中醒来，一半面颊或一侧身体出现抽搐；几分钟以后恢复正常。这种抽搐一般都会在孩子升入八年级之前好转,且不会复发。

还有一种常见的抽搐类型：两岁以上的孩子，常常是女孩，会突然目光空洞地凝视前方，叫她的名字或拍她也没有反应。5～10分钟后，她会重新回过神来，继续她正在做的事情，完全不知道刚刚发生的“插曲”。这种抽搐在一天当中可能反复出现，会干扰孩子的学习。或许是因为孩子看起来好像走开了一会儿似的，所以这种现象被叫做失神发作（absence seizures)。这些类型的抽搐用药物可以很好地治疗。其他孩子可能会反复表现出一系列复杂的举动——走来走去或双手做出特别的动作——却意识不到自己的行为。这也可能是一种抽搐。

总之，孩子的行为或意识发生任何突然的改变，都可能是抽搐。如果怀疑孩子有此类问题，就要接受医学检查。

什么情况下才是癫痫？癫痫描述的是在没有发热或其他明显原因的情况下反复发作的抽搐。神经科医生会根据抽搐的类型、患儿的年龄、身体检查和神经学检查的结果和各种检测，来诊断某种特定的癫痫综合征。这些诊断将会指导治疗，还可以提供一些信息，预测以此发展下去可能出现的情况。

癫痫对孩子和家长来说都是很痛苦的，甚至比许多其他慢性病还痛苦。无知和恐惧是主要的障碍。通过教育，孩子和家长都能获得控制能力和心理安慰。癫痫患者能够过上正常而丰富的生活。

抽搐的原因。神经细胞不断发出微小的电流震动。当成千上万或几百万神经细胞几乎同时发出电流震动时，一股强大的电波就可能通过大脑，从而造成行为或意识的改变——这就形成了抽搐。抽搐发作时出现的反应取决于大脑哪个区域受到异常放电的影响。有时候，我们可以发现脑电活动的潜在原因——比如，脑部的某个区域形成了瘢痕，或是带有特殊的基因。但我们常常无法确定抽搐的原因究竟是什么。

伴有发热的抽搐。到目前为止，抽搐在幼儿身上最常见的诱因就是发热。3 个月到 5 岁的孩子中，每 25 人就有一人在发烧时出现短暂的强直阵挛性抽搐。这些孩子大部分都完全正常而且非常健康（除了引起发烧的感染外）；这种痉挛似乎没什么长期影响，而且这样的情况大多也不会再出现。大约 1/3 的孩子会出现第二次伴有发热的抽搐，但还是那句话，从长期来看，这些孩子大部分都完全健康。在发烧时首次出现抽搐的孩子中，差不多有 1/20 以后会患上癫痫。

热性惊厥常常出现在生病初期，比如感冒、嗓子疼或流感。体温突然升高似乎会引发大脑的异常活动，有些孩子会出现意识混乱甚至幻觉。有过这类抽搐病史的孩子有时可能刚生病就要服用抗惊厥的药物，但是由于这种抽搐常常是突如其来的，所以家长很难预防。

如果你的孩子真的在发烧时出现抽搐，可以按照下面的指导去做。孩子好转的机会很大。当然，父母可能会被吓得有点不知所措，因为孩子一旦出现抽搐，正常反应就是想到最坏的情况。孩子几乎总会在把父母吓坏之前恢复正常。

如何应对全面强直阵挛性抽搐（癫痫大发作）。要立即给医生打电话。如果不能立即见到医生，也不要紧张。抽搐通常都会结束，孩子也会在父母跟医生交谈时进入梦乡。孩子抽搐时，父母能做的只有防止他伤到自己，此外几乎没有什么可做的事情。要把他放到地板上，或放在他不会摔落的地方。让他侧卧，以便唾液从嘴角流出来，也防止他的舌头堵住气管。要注意别让他到处挥舞的四肢，打在尖利的东西上。不要往他嘴里放任何东西。如果一阵抽搐持续 5 分钟以上，拨打急救中心电话。

眼睛问题

看眼科的原因。在下列情况下，要带孩子去看眼科医生：在任何年龄出现内斜视（对眼）或外斜视，看黑板有困难，抱怨眼睛痛、刺痛或疲劳，眼睛发炎，头痛，看书时把书本拿得离眼睛过近，仔细看什么东西时把头偏向一边，检查视力时，发现孩子的视力很弱。视力表检测应当由孩子的医生来做，从孩子 3～4 岁时起，每年都应该检查。但是，即使孩子在学校测的视力很好，也不能保证他的眼睛没有问题。如果孩子有眼部疲劳的症状，也应当检查。

近视。近视是指距离近的物体看得清楚，距离远的物体比较模糊。这是影响学习最常见的眼睛问题。近视大部分出现在孩子 6～10 岁的时候。来势可能比较迅速，所以，不要因为孩子的视力在几个月前还很好，就忽视了某些症状的存在，例如孩子看书时书本离眼睛更近了，在学校看黑板出现了困难等。

眼睛发炎（结膜炎）。这是多种不同的病毒、细菌或过敏原引起的。大部分比较轻微的病例都是引起伤风感冒的普通病毒引起的。患者的眼睛会有点发红，眼部分泌物减少，但是没有混浊。不出现感冒症状的炎症很可能是严重的感染信号。要跟医生取得联系。如果白眼球发红，有疼痛感，或眼部分泌物发黄变稠，就更要及时找医生诊治。细菌性结膜炎可以用医生开的抗生素药膏或滴液治疗。结膜炎很容易传染，只要每次接触了感染的眼睛或分泌物后都认真洗手，就可以显著减少炎症的传播。

如果结膜炎在用药几天后没有好转，也可能是因为患者眼睛里有一些灰尘或其他异物，这些东西只有通过眼底镜才看得到。

睑腺炎（俗称麦粒肿或针眼）。 睑腺炎就是睫毛根部出现的炎症，是生活在皮肤上的普通细菌引起的。睑腺炎一般都有一个脓头，随后会破裂。医生可能会开一种眼药膏，加速伤处的愈合，同时防止炎症的扩散。热敷会使被感染的睑腺感觉舒服一些，也会促进伤处的恢复（眼睑对温度非常敏感，所以只能用温水，不要用热水）。一侧的睑腺炎经常会感染另一侧，其原因很可能是细菌在脓包破裂时传染到了其他的睫毛根（像结膜炎患者一样，长有麦粒肿的成年人在照看婴幼儿之前，应该把手洗干净，以防接触传染）。

无损于孩子眼睛的行为。 看电视时距离电视屏幕太近，以及大量的阅读很可能对眼睛没什么影响。但是，经常在昏暗的光线下看书可能会使近视有所加重。

关节和骨骼

生长痛。 孩子经常会抱怨胳膊疼和腿疼，而父母又找不出什么原因。2～5岁的孩子一觉醒来可能会大声哭号，说他的大腿、膝盖或小腿疼痛。这种现象可能只在傍晚出现，也可能一连几周每个晚上都出现。有人认为，这种疼痛是由肌肉抽筋引起的，或是因为骨骼的生长迅速。

总体来说，如果疼痛从一个地方转移到另一个地方，并且没有出现肿胀、发红、某些部位一碰就疼、走路不稳等症状，孩子也一切正常，这种情况不太可能是严重的疾病。如果疼痛总是出现在同一个部位，或还有其他症状，就应该引起注意。

髋部、膝盖、脚踝和足部。 髋关节很容易受伤，所以髋部疼痛都要进行医学检查。髋关节的疼痛并不反映在我们通常认为的臀部，而是反映在腹股沟或大腿内侧一线。如果孩子走路跛脚，不管是否伴有髋部疼痛都要引起注意，除非有明显的原因，比如足部受伤。超重的孩子不仅膝盖、脚踝和足部容易出现问题，髋部也容易受到损伤。

因为韧带就在膝盖骨下面，与小腿骨的上端相连，那里的疼痛常常是韧带拉紧造成的，正在生长发育的青少年尤其如此。在做完包含跳跃动作的体育运动之后，疼痛一般会加重。这其实也是一种劳损，与网球肘相似；病情的恢复需要休息，还要通过药物减轻炎症（比如布洛芬）。膝盖骨旁边或下面的疼痛也很常见，除了锻炼那些把膝盖骨稳定在原有位置上的肌肉之外，休息和药物治疗也有作用。

脚踝扭伤或崴伤是时有发生的情况。冰敷、把腿抬高和休息都有助于恢复。理疗师提出的锻炼方法可以加快康复的速度。如果没有疼痛，平足就不是问题，如果有疼痛的感觉，要检查一下，因为有些情况需要手术治疗。关于双脚内八字或外八字的内容参见第 83 页。

脊柱。脊柱侧凸是一种通常出现在 10～15 岁孩子的脊柱弯曲问题，多见于女孩；这种情况容易在家族中遗传，原因尚不明确。只要脊柱异常弯曲就应该找医生检查，但大多数情况都是轻微的，只要加以监督就好。如果孩子背部下方疼痛，应该进行检查，以便排除罕见却严重的原因。在青春期的生长高峰结束之前，儿童应该避免提举重物。青春期过后，他们的脊柱就发育成熟，不容易受伤了。

什么时候需要担心。如果关节疼痛还伴有发烧，可能表示关节处存在炎症，需要看急诊。走路跛脚如果不是因为近期的损伤造成的，也需要立即就医，因为有时那可能是严重疾病的征兆。如果一个或多个关节长期疼痛或肿胀，可能是关节炎；关节炎有几种不同的类型，有些类型要比其他类型严重。所有类型的关节炎都需要医疗方面的关注。关于骨折和脱臼的问题在第 320 页讨论。

心脏问题

心脏杂音。心脏杂音只是血液流过心脏时发出的声音。大部分杂音都是无害的，或者是功能性的，也就是说心脏其实十分正常。家长有必要了解孩子是否带有无害的杂音，因为此后如果有位初次见面的医生发现孩子有心脏杂音，就不必担心了。真正新出现的杂音需要检查。最常见的原因是摄入铁质偏低而引起贫血。

如果杂音是心脏异常造成的，最可能的原因就是两个心室之间存在缺口。这些缺口一般都比较小，医生会等它们自行闭合。大一些的缺口有时需要一个治疗过程，一般不须动手术。在此期间，大部分存在这种问题的孩子都要在清洁牙齿之前服用抗生素，但其他方面则没有什么问题。一般情况下，医生通过简单的听诊就能分辨出某种杂音是否无害。如果有必要，超声波检查可以显示任何异常情况的性质。

胸部疼痛。胸部疼痛在儿童中很常见，但心脏病却十分罕见。大部分胸部疼痛都是胃酸倒流造成的（参见第 369 页，胃食管反流症）。青少年连接肋骨和胸骨的软骨组织容易发炎。在这些情况下，用力按压胸部就会引起疼痛。布洛芬和家人的安慰一般都能奏效。心情烦乱或心理焦虑都可能引起胸部疼痛。在极少数时候，胸部疼痛的原因可能是肺病或心脏病，因此，如果不确定，一定要询问医生。

昏厥。如果孩子在躺着的时候突然站起来，或突然出现疼痛、紧张的情况，他可能是感到头晕。如果他失去了知觉，最好让医生检查一下。大多数昏厥都很常见，也不严重，但在少数情况下，昏厥是因为心律异常。通常只要做一个心电图就能让人放心，或显示需要进一步的检查。当然，如果家族有昏厥或猝死的病史，应该告诉医生。

生殖器和泌尿系统失调

排尿频繁。如果孩子突然开始频繁排尿，有可能是膀胱感染、糖尿病或其他疾病。医生需要见到孩子并给他化验小便。有时问题在于便秘（参见第 366 页）。

少数人的膀胱容量可能达不到平均水平，即使是很镇静的人也会这样，这些人可能生来就如此。但是有些不得不频繁小便的孩子（也有成年人）的确是高度紧张或比较焦虑的。在有些情况下，这是一种长期的问题；另一些情况下，频繁排尿则经常是因为一时的紧张。即使是健康的运动员，比赛之前也可能不得不每隔 15 分钟就去一趟厕所。

如果确实有什么问题使孩子精神紧张，父母的任务就是找出这些原因。有时候是家庭生活的问题，有时候是跟其他孩子相处的问题，还有时候则是孩子学校里的问题。最常见的是这些情况综合形成的问题。

有一种普通的情况就是孩子比较胆怯，而老师看起来则很严厉。一开始，孩子的担心会使膀胱无法充分放松，也就不能储存太多尿液。然后，他会担心自己上厕所的请求被老师拒绝。如果老师再小题大做地批评两句，情况就会更糟。在这种情况下，最好从医生那儿开一张证明，这样不仅能让老师准许孩子上课时去厕所，还能解释孩子的先天特点，以及为什么他的膀胱会那样。如果能够找到跟老师沟通的机会，父母又比较懂得沟通的技巧，那么亲自去拜访老师也有帮助。

排尿疼痛。如果女孩尿道周围的部位受到刺激，就可能导致排尿疼痛。常见的原因包括在擦拭少量大便时沾到尿道，或者泡泡浴里的化学物质刺激了尿道。可以把半杯碳酸氢钠用温水调配成小苏打水，浅浅地倒在浴缸里,让孩子每天到里面坐几次。然后，轻轻地把小便部位的水吸干。不要让孩子洗泡泡浴，洗衣服时不要使用包括软化剂在内的衣物柔顺剂，也不要用带香味的卫生纸，要给孩子穿纯棉内裤，不要穿尼龙内裤。如果这些做法都没能解决问题，要跟医生沟通一下；那可能是膀胱感染。

排尿稀少。在炎热的天气里，如果孩子大量排汗又没喝足够的水，就可能不怎么排尿，也许会长达 8 小时以上都不排尿；即使有尿也是少量的，颜色很深。发烧时也会发生同样的情况。当身体缺水时，肾脏就会尽量保持住每一滴水，从而产生浓缩的尿液。孩子在炎热的天气里和发烧时都需要大量饮水。每顿饭之间也需要不时地提醒他们喝水。如果孩子太小还不能告诉父母他的需要，就更要注意及时补充水分。

阴茎末端的疼痛。有时候，阴茎开口处的附近会出现一小块红嫩的区域。那里可能有些组织肿起来了，关闭了尿道口的一部分，使得男孩出现排尿困难。这一小块疼痛的地方就是局部的尿布疹。最好的处理办法就是让疼痛处尽量暴露在空气中。每天用温和的香皂洗澡可以促进创面的愈合。如果孩子好几个小时不能排尿而感到疼痛,让他在温水中坐浴半小时，同时鼓励他在浴盆里排尿。如果这还不能让他排尿,就得打电话给医生了。

膀胱感染和肾脏感染。患有膀胱感染的成年人常常抱怨小便频繁，排便时还伴有灼热感。儿童虽然有时也有同样的症状，但一般不会。幼儿可能只是肚子疼或发烧，或者一点症状都没有；这种感染只有通过化验小便才能发现。如果带有很多脓水，尿液就可能呈现出混浊的状态，但是正常的尿液也可能因为含有常见的矿物质而看上去混浊。受到感染的尿液闻起来可能有点像大便的味道。如果感染转移到肾脏，经常会出现高烧和背部疼痛。出现这些症状的孩子需要立即就医。

出生后的最初几周里，女孩会比男孩更容易出现尿路感染。女孩膀胱感染的原因常常在于排便后从后往前擦拭的错误方法。没有割除包皮的男孩也比较容易出现尿路感染。如果孩子出现了发热和肚子疼的症状，或者排尿时有任何不舒服，就应该想到这些原因。

尿路感染的治疗十分重要，可以防止慢性肾脏损伤。有时候，肾脏潜在的异常情况或连通肾脏的管道存在异常，都会让孩子反复出现尿路感染。针对这些异常情况进行检查很重要，有时可能需要手术治疗。

阴道分泌物。小女孩出现轻微的阴道分泌物是相当正常的现象。如果不能马上找到医生，就让孩子每天在加了半杯小苏打的温水里坐浴两次，不要大惊小怪。要给孩子穿白色的棉质内裤，用不带香味的白色卫生纸，穿能让阴道部位充分通风的衣服。这些都有助于预防和治疗阴道的不适。上完厕所要正确地擦拭（从前往后），不要洗泡泡浴。

如果分泌物又多又稠，让人烦恼，或者一连几天都有分泌物排出，可能是由更严重的感染造成的。在少数情况下，可能是性虐待的表现。医生受过专门训练，知道如何询问性虐待的情况，也知道如何检查外阴部，以寻找其他迹象。

一部分是脓、一部分是血的分泌物有时是因为小女孩把什么东西塞进了阴道。如果那个东西还没取出来，就会引起不适和感染。如果情况真是这样，父母自然都会告诉她别再这样做了，这种教育是正确的。但是，最好不要让她真有负罪感，也不要暗示她这可能会带来严重的伤害。孩子所做的这种探索和实验跟这个年龄的孩子所做的其他事情没有太大不同。

疝气和睾丸问题

疝气。如果婴儿的腹股沟或阴囊出现时隐时现的肿胀，就可能是疝气。这种肿胀是因为一截肠子向下滑入一个小小的通道造成的，而这个通道在正常情况下应该是闭合的。用力或咳嗽都会把肠子推进这个区域；当孩子放松或躺下时，这段肠子就会回到原来的位置。

如果这段肠子被卡住了，肿胀会固定在那里，还会疼痛；这种情况需要立即就医。等待医生时，可以试着抬高婴儿的屁股，放在一个枕头上，用冰袋冷敷（或把碎冰放在塑料袋里，再放进一只袜子里）。这些措施也许会使肠子滑回到腹腔里。一定不要用手指去推按那个凸起。在跟医生讨论孩子的病情以前，不应该给孩子喂母乳或配方奶——如果需要做手术，孩子应该空腹。

如果怀疑自己的孩子出现疝气，要立即向医生反映情况。现在，腹股沟疝气一般都是通过外科手术而迅速修复。这种手术并不复杂，孩子经常在术后当天就能出院。

阴囊积水。人们常常分不清阴囊积水和疝气，因为它们都会导致阴囊肿大。阴囊里的每个睾丸都被一个精巧的液囊包围着，液囊里包含着少量的液体。这一点有助于睾丸四处滑动。新生儿液囊里的液体通常比较多，因此，他们的睾丸就显得比正常尺寸大好几倍。有时候，这种肿胀会出现得稍晚一些。阴囊积水一般不需要担心。随着孩子的成长，那些液体会逐渐消失，不需要做什么处理。还有时候，大一点的男孩会出现慢性阴囊积水。如果它大得让人感到不舒服，就应当手术。疝气和阴囊积水可能同时出现，因而令人迷惑。可以让孩子的医生帮忙确定到底发生了哪种情况。

隐睾。参见第 66 页。

睾丸扭转。睾丸依靠一束血管、神经和管状器官悬在阴囊里。有时候，一个睾丸会因为扭动而挤压到那束支撑组织，从而阻断血流。这种情况叫睾丸扭转，非常疼。阴囊的皮肤可能会发红或发紫。这属于急诊情况，要立刻找医生诊治，以保住睾丸。

睾丸癌。患睾丸癌的风险会出现在青春期，所以青春期的男孩应该学会至少每月检查一次自己的睾丸。具体方法就是用手仔细触摸每一个睾丸，看看有没有异常的肿块或一碰就疼的地方。任何可疑的变化都应该马上去检查。如果尽早治疗，痊愈的机会很大。

婴儿猝死综合征

在美国，大约每 1000 个婴儿里就有一个死于婴儿猝死综合征（SIDS）。婴儿死在小床上的情况多发于 3 周～7 个月大（其中 3 个月时最危险）的孩子身上。即使进行尸检也无法找到其他的解释——比如感染或某种未知的代谢疾病。

所有的婴儿都应该面朝上躺着，除非医生不允许他采取这种姿势。仅仅把睡觉的姿势从面朝下改为面朝上，就已经使婴儿猝死的概率降低了 50%。第 46 页描述了可以降低婴儿猝死危险的其他方法。但是，就算采取最周全的预防措施，也不可能完全避免这种情况的发生。

对婴儿猝死综合征的反应。父母很震惊——突然的死亡比病情恶化之后的死亡更有破坏性。父母会被负疚感压倒，因为他们认为自己本该注意到什么，或者应当随时查看婴儿。其实父母没有理由这样自责。即使是细心的父母也不会因为孩子有一点轻微的感冒就把医生请来。就算是医生给孩子看了病，他也可能不采用任何疗法，因为完全没有必要。没有人能预料到悲剧的发生。

父母的悲痛一般都会持续很久，而且还会经历很多的起伏。他们可能难以集中精力，难以入睡，胃口很差，出现胸口疼痛或胃痛。还可能会强烈地想要逃走，或者非常害怕独处。如果家里还有别的孩子，父母可能会害怕他们离开自己的视线，想躲避照顾他们的责任，或者对孩子没有耐心。有些父母想倾诉；而另一些则会把自己的情感封闭起来。

家里的其他孩子肯定也会难过，不管他们的悲伤是否表现出来。小一点的孩子要么会黏着父母，要么会表现得很差，他们想借此引起父母的注意。大一些的孩子可能会表现得特别冷漠，但是经验告诉我们，他们正在用这种方式来保护自己，不让悲伤和内疚感完全爆发。成年人很难理解孩子的内疚感，但是，几乎所有的孩子都会怨恨自己的兄弟姐妹。他们不成熟的思想会让他们以为，是那些敌对的情绪带来了家人的死亡。

如果父母故意回避死去孩子的话题，他们的沉默就会增强其他孩子的内疚感。所以，父母应该谈一谈死去的婴儿，解释死亡的原因是一种特殊的婴儿病，不是谁的过错。像“宝宝离开了”或“他永远不会醒来了”之类的委婉说法，只能增加新的神秘感和焦虑情绪。父母要温和地回应孩子的问题和评论，这样做特别有好处，孩子也会觉得把心底的担忧表现出来没有问题。父母也可以向家庭社会机构、指导诊所、精神病医生、心理学家求助，表达或逐渐理解自己失控的情感。

获得性免疫缺陷综合征（艾滋病）

艾滋病是由人体免疫缺陷病毒（HIV）引起的。HIV 会削弱人体抵抗其他感染的能力，所以患上艾滋病的人会死于一些普通的感染。对于正常人来说，这些感染很快就能被身体的免疫功能治愈。据估计，截至2010年，世界上大约有3100万～3500万人感染了 HIV，但并不是所有这些人都患艾滋病。

HIV 最容易通过体液传播，比如性交时分泌的精液和阴道分泌物。这种病毒还会在共用针头的吸毒者之间通过血液传播。HIV 的传播在实行肛交的人群中更为多见，因为直肠内壁比阴道内膜更容易受到损伤。受到感染的男女，即使没有任何染病的症状，也可能传染 HIV。所有输血过程和其他血液产品都要经过筛查，以防止 HIV 的传播。

儿童感染的艾滋病几乎都是他们的母亲在怀孕或分娩的时候传染给他们的。不是所有携带 HIV 或患有艾滋病的孕妇都会把这种疾病传染给自己的孩子。在怀孕期间服用药物，可

斯波克的经典言论

我觉得，预防 HIV 的最好方法有两种，一是进行安全性接触的教育，二是强化性爱的精神内涵。其中包括帮助青少年树立较高的理想，让他们懂得要在双方有了较深的信任感之后，再进行性接触。要让孩子们认识到，这一点和单纯的身体接触同等重要，也同样有价值。

以大幅降低婴儿感染病毒的几率。如果治疗得当，感染了艾滋病的婴儿存活的时间也会越来越长。综合药物疗法的运用已经把艾滋病变成了一种可以控制的疾病，患者的平均寿命也很长，但我们仍然无法真正治愈它。

HIV 一般通过体液传染，比如血液、精液和阴道分泌物等。不会传播 HIV 的方式包括：手或身体接触、亲吻、住在同一所房子里、坐在同一间教室里、在同一个游泳池里游泳、使用同一个餐具喝水吃饭，或使用同一个马桶。尽管艾滋病高度致命，已经在全世界扩散开来，但它并不是一种很容易通过接触传染的疾病。

如何（为什么）让孩子了解艾滋病？要跟孩子谈论这个话题，即使是很随意的谈话也可以让孩子有机会提出问题，并且得到父母的安慰和帮助。孩子很可能会从电视上、录像里、电影中或学校里听说过艾滋病。

应该让青少年知道，最容易感染 HIV 的行为就是跟别人共用针头，以及没有防护地和几个人发生性行为。性伙伴的数量越多，就越有可能遇到患有艾滋病或携带 HIV 的人，但是可能还没有表现出相应的症状。防止感染最保险的办法当然就是把性行为推迟到结婚以后。但是，单纯告诉青少年这些道理实际上没什么效果（参见第 443 页）。青少年还应当知道，避孕套——乳胶的而不是小羊皮的——虽然不能完全保证性交的安全，但也能提供多得多的保护。子宫帽和药片都不能预防艾滋病。12 岁以下的孩子和青少年也应该明白，为什么吸毒者共用吸毒用具时会面临很大风险。

孩子们会从电视上或其他媒体上了解静脉注射毒品、肛交与艾滋病之间的关系。这就使公开的交流和信息的沟通显得越发重要了。跟孩子谈论性和毒品并不会让他们对这些危险的事物更加沉迷，结果恰好相反。

肺结核

肺结核（TB）。这种疾病在美国虽然很少，但在很多发展中国家仍然十分常见。在美国，患病风险最大的儿童就是那些在海外出生（如东南亚或中南美洲）的孩子，有家庭成员在海外出生的孩子，生活在低收入社区的孩子，或与可能患有肺结核的久咳不愈者有接触的孩子。

大部分人都觉得肺结核发生在成年人身上。患者的肺部会出现斑点或空洞，他会咳嗽，痰多，发热疲劳，体重也随之下降。但是，儿童时期的肺结核一般会有不同的表现。很小的孩子对此几乎没什么抵抗力，而且这种疾病常常会蔓延到全身。在童年后期，肺结核可能不会表现出任何症状；它会在孩子的体内蛰伏，等到抵抗力降低时才出现。肺结核发病的时候，症状常常并不十分典型。因此，当孩子出现不明确的症状时，比如反常地疲劳或食欲减退，就要想到会不会是肺结核。这一点很重要。

潜在肺结核的检测要通过结核菌素皮肤试验（TST、纯蛋白衍生物或结核菌素皮内试验），如果有必要，还要接着做胸部X光的检查。多种新的检查方式仍在不断地研发。任何一个肺结核疑似患者都应该接受检查。新来的管家、保姆或家里任何一位新成员都有必要接受结核菌素皮肤试验（任何在医院工作的人每年都应该接受检查）。

如果孩子的检查呈阳性，那该怎么办？大部分在儿童时代中期发现的病例要么已经痊愈了，要么随着时间好转，父母没必要大惊小怪。一般来说，大约一年的药物治疗可以预防这种疾病在日后发作。

雷氏综合征

这是一种很罕见但又很严重的疾病，可能导致大脑和其他器官的永久性损伤。这种疾病有时还是致命的。雷氏综合征的病因还没有完全弄清楚，但一般都在病毒性疾病发作期间出现。现在我们知道，如果儿童和青少年在病毒性疾病发作的时候服用阿司匹林，会比服用扑热息痛和别的非阿司匹林药物更容易患上雷氏综合征，患有流行性感冒和出水痘时更是这样。

西尼罗河病毒

西尼罗河病毒（WNV）让很多人感到恐惧，但其实很少会给人带来严重的疾病。这种病最严重的影响是脑部感染，其症状表现为肌肉无力、抽搐，或其他神经方面的问题。这种情况只会在感染病毒的一小部分人身上出现。西尼罗河病毒是由蚊子携带的，不光传染给人类，还会传染给鸟类。预防这种疾病的最好方法就是避免蚊子叮咬。可以使用有效的驱虫剂（参见第299页），尽量穿长衣长裤，在蚊虫最多的早晨和傍晚待在室内。家里的窗户装上纱窗。参加社区的清洁活动，破坏蚊子滋生的环境，例如清除旧轮胎和其他积水的东西等。西尼罗河病毒致病的症状一般都比较轻微（如果有的话），跟流行感冒相似，如发烧、乏力、头痛、肌肉酸痛、恶心、食欲减退等。通过验血可以确诊是否感染了西尼罗河病毒，但还没有专门的药物来对付这种病毒，病人必须依靠自己的身体来抵御它。

第四部分

培养精神健康的孩子

孩子需要什么

关爱和限制

要培养精神健康的孩子，最可靠的办法就是逐步和他们建立一种充满关爱呵护又互相尊重的关系。关爱首先意味着要把孩子作为一个人来接纳。每个孩子都有优点和缺点，都有天赋和挑战。父母要调整期望，适应孩子的特点，不要试图改变孩子来满足自己的期待。

关爱的另一层含义就是要找到与孩子快乐相伴的途径，可能是互相挠痒痒的游戏，一起看书，到公园散步，也可能只是聊一聊各种事情。孩子并不是整天都需要这样的经历。但他们的确每天都要有一些时间跟父母分享快乐。

当然，孩子也有其他需要。我们要理解那些需要，还要承诺去满足它们，这就是呵护的全部含义。新生儿什么都需要：喂奶、换尿布、洗澡、让人抱着，以及交谈。出生后的第一年里，那些有人呵护的体验不但能使

斯波克的经典言论

父母要热爱并欣赏孩子天生的特点，爱他们天生的样子和做的事情，还要忘却那些他们不具备的优点。这个建议不是出于情感原因，而是包含着十分重要的实际意义。那些得到父母欣赏的孩子，即使相貌平平，手脚笨拙，反应迟缓，也会充满信心并快乐地成长起来。他们会有一种精神状态，让他们具备的能力得到充分发挥，也会让降临到他们身上的机会得到充分利用。

他建立起对别人最基本的信任感，还会养成他对整个世界的乐观心态。

随着能力的增强，孩子越来越需要自己做事的机会。他们需要迎接那些既能让他们施展技能又不超越他们能力范围的挑战。他们需要冒险的机会，但又不能轻易受伤。如果不容许婴儿在一开始时把食物弄得到处都是，他们就学不会自己吃饭。要想学会自己系鞋带，他就得不断地尝试，不断地失败，然后再去尝试。父母的责任就是要设定一个界限，让孩子可以在这个界限之内安全地冒险。

孩子想要某样东西时，就要得到这样东西。所以，他们应该知道想要和需要的区别。有安全感的孩子知道，他们总是能够得到需要的东西，但不一定能得到想要的东西。还知道别人也有需要的东西和想要的东西。如果父母友好地对待孩子并尊重他，同时也要求孩子以尊重、合作和礼貌的态度回应父母，孩子就能学到这些品质。在养育孩子的问题上，光有关爱是不够的。孩子既需要关爱也需要限制。

早期人际关系

人际关系及更广阔的世界。无论在情感、社交还是智力方面，究竟是什么促进了孩子正常而全面的发展？婴儿和儿童天生就会主动接触人和事物。慈爱的父母会细心地观察宝宝，耐心地引导他，宝宝也会有所反应，宝宝的第一次微笑会让父母激动不已；类似的互动会在宝宝醒着的每小时里不断重复，这种情况会持续好几个月。饥饿时父母给他们喂奶，痛苦时父母给他们安慰。所有这些事情都会对宝宝产生刺激，让他们感觉自己被别人充分关爱，与别人有所联系。

这些最初的感受不仅为孩子形成基本信任感打下了基础，还会影响他们未来的人际关系。孩子以后对事物的兴趣以及在学校和工作中处理问题的能力，都要依赖这份爱和信任，并以它们为基础。

要让孩子相信，至少有一个大人是爱他的，他属于这个人，可以依靠这个人。有了这种安全感作基础，孩子就能欣然面对成长的挑战，比如上学、尝试各种新事物、应付挫折和失败等。如果大人们给予孩子大量的关爱和照顾，孩子身上的积极特征就会自然地显露出来。当积累了丰富经验之后，他就有信心和动力去掌握一些技巧，发展他的天赋。

孩子渐渐长大，他们会伸出双手去拥抱这个世界。这种天生的探索精神和父母合理的爱护积年累月相互作用，让孩子成长为聪明、能干、善于交流又充满爱心的年轻人。要培养出精神健康的孩子，真正的诀窍只有一个，就是和孩子建立一种充满关爱、相互促进，且彼此尊重的关系。

情感需求

早期护理。孩子在生命最初一两年的经历会对其性格产生深刻影响。由充满关爱和热情的父母照料的婴儿和学步期的孩子，会产生一种内在的力量，去应对成长过程中不可避免的挑战。相比之下，如果父母三心二意，疏远冷漠，变幻无常，那么这些孩子从生命一开始就面临着难以弥补的缺憾。他们可能很难控制自己的恐惧和愤怒，很难坦率而大方地做出反应，还可能认为学习是一件困难的事，因为他们无法忍受不了解某种事物的感觉。他们的第一反应可能是怀疑别人正在利用他们，因而会努力成为利用别人的人。

通过对孤儿院里婴幼儿的研究，我们已经知道了极端情感忽视（extreme emotional neglect）带来的影响。孤儿院里的孩子就是这样，他们虽然有人喂奶，有人换尿布，有人带着去洗澡，但大部分时间都被独自放在小床里。这些孩子的身体和情感都会出现退化，几乎没有人能够完全恢复。这种空虚童年的破坏作用在孩子大约 6 个月时就会显现出来，到孩子 12 个月大时，这些影响就很难逆转了。大部分在孤儿院里生活过两三年的孩子终身都会带有伤痕。但是，也有少数孩子表现得完好无损，他们即使面对制度化的生活，也能与一个稳定的看护人培养出温暖而亲切的关系。

为什么一个充满爱心的看护人对幼儿的发展如此重要？无论是母亲、父亲、祖父母，还是儿童护理专家都可以担任孩子的看护人。在第一年，婴儿主要依赖成年人的专注、直觉和帮助来提供他需要和渴望的东西。如果这些成年人感觉过于迟钝或对他漠不关心，他就会变得有些冷漠或沮丧。

儿童通过人际关系来发展所有的核心态度和核心技能。当他们始终如一地受到友好对待，就会觉得别人充满关爱，而自己值得关爱。语言技能是一个孩子处理情感和应对世界的至关重要的能力。这项能力的发展开始于周到而敏感的看护人和婴儿之间令人兴奋的互动。

每当孩子们取得了一点进步，父母都会表现出骄傲和喜悦。父母周到地为孩子准备玩具，回答他们的问题，只要孩子不搞破坏，就让他们尽情玩耍。父母给孩子读书讲故事，把周围所有的事情都告诉他们。这种态度和这些活动培养了父母和孩子之间深厚的感情，也启发了孩子的智慧。

孩子长大后是积极乐观还是消极悲观，是充满爱心还是孤僻冷漠，是对人充满信任还是充满怀疑，这些在很大程度上都取决于 2 岁以前照顾他们的人的态度。因此，尽管父母和保姆的个性特点不是唯一的决定因素，但却非常重要。

有的看护人对待孩子的态度好像孩子生来就坏，总是怀疑他们，责备他们。这样的孩子长大后不会信任自己，经常自责。有的看护人脾气很大，每小时都会找出一堆理由对孩子发火，孩子也会形成相应的敌对心理。还有的看护人非常想支配孩子——不幸的是，做到这一点很容易。这些孩子长大后常常会控制自己的孩子，或者无法运用权力，也无法设定恰当的界限。（情况不总是这样：有些人虽然经历了可怕的童年，但仍然凭借自己的意志力，成为出色的父母。他们是真正的英雄。）

持之以恒的照顾。孩子对于看护人的变换有一种特殊的敏感。从几个月大时，婴儿就开始喜欢经常照顾他的那个家长，而且习惯于依靠他。能够赢得婴儿这种信任的只有少数几个人。孩子会从他们那里寻求保护。如果这个家长离开一段时间，即使宝宝只有 6 个月大，也会变得很忧郁，没有笑容，不爱吃东西，对人对事都没有兴趣。即使是保姆离开了，孩子也会表现出情绪低落，只不过不像父母离开时那么严重罢了。如果负责照顾孩子的人经常更换，几次以后，孩子就会失去深爱别人和深信别人的能力，好像一次次的分离带来的失望让他太痛苦了。

因此，在最初两三年，不要突然给孩子更换看护人。如果主要看护人不得不离开，就一定要在新来的看护人逐渐熟悉照料工作之后再离开。接管看护任务的人也要坚定地把这项工作坚持下去。在孩子进托儿所之后，应该保证孩子由固定的一两个人照顾，让她们和孩子建立起母子般的关系。

3 岁后的感情需求。孩子知道自己没有经验，需要依靠别人。他们需要父母的引导、爱护和保护。总是本能地观察、模仿父母。他们的个性、品行、信念和处事能力都是这样学来的。从很小的时候起，孩子就开始模仿父母，学习长大后如何当一个公民和一名劳动者，如何当别人的配偶或父母。

孩子从父母那里得到的最好礼物就是爱。父母表达爱的方式不胜枚举：做一个喜爱的表情，发自内心地拥抱或抚摩，为孩子取得的成就感到高兴，孩子受到伤害或感到害怕时安慰他们，为了安全而约束他们，帮他们树立远大的理想，好让他们长大后成为有责任心的人，等等。

父母（或看护人）的尊重给了孩子自信。在以后的生活中，这种自信会帮助孩子接纳自己，让孩子在各种人面前都能泰然自若。父母对孩子的尊重也能教会孩子尊重父母。

学做男人或女人。3 岁时，男孩和女孩都开始注意父母的角色。男孩会意识到，他的目标是当个男人，所以他会特别注意自己的父亲——父亲的兴趣、举止、言谈、爱好、对待工作的态度、与妻子和子女的关系，以及他如何与其他男人交往和相处等。女孩对父亲的需要表面上不像男孩那么明显，但实际上同样重要。她一生中总会和一些男性建立关系。她对男人的了解，主要是通过对父亲的观察得到的。她最终爱上并以身相许的男人，可能在个性和观念的某个方面和她的父亲相似，比如，那个男人是强硬还是温和，是忠诚还是浪荡，是自负还是幽默等。

母亲的个性在很多方面都会被崇拜她的女儿继承。母亲对于做女人、妻子、妈妈、劳动者的态度，都会给女儿留下深刻的印象。她跟丈夫相处的具体方式也会影响女儿将来和丈夫的关系。对男孩来说，母亲是第一个伟大的爱人，她还会以一种明显的或微妙的方式决定儿子对爱情的理想。这不仅会影响他最终选择什么样的妻子，还会影响他和妻子的相处。

父母的共同陪伴是最好的。如果没什么特殊情况，孩子最好能和父母生活在一起。假如其中一个是继父或继母，只要双方互敬互爱，那也一样。父母双方可以在感情上互相支持，能够平衡或化解对方对孩子不必要的担心和忧虑。这样，孩子就会对婚姻关系有所认识，长大以后就能够参照某种模式来经营自己的婚姻。孩子可以真实又理想化地理解男人和女人。

这并不是说没有父亲或没有母亲的孩子就不能健康成长。很多那样的孩子都过得很好。如果没有父亲，他们可以运用自己的想象力，根据他们的记忆、母亲的讲述，或者经常看到的友好男人的优点创造一个父亲的形象。这个“综合的父亲”可以很好地满足他们对男性形象的需要。同样，没有母亲的孩子也可以根据记忆、家族故事、与其他女性的关系，来创造母亲的形象。如果只是为了让孩子有个妈妈或有个爸爸而匆忙地选择一个不合适的配偶，是父母极大的错误。

父母是孩子的伙伴

友好而宽容的父母。不管男孩女孩，都需要有待在父母身边的机会，也需要父母欣赏他们，和他们一起做事。然而，父母忙碌了一天后，回到家里最想做的事就是放松一下。如果父母明白自己的友好态度对孩子有多么重要，就会更愿意做出适当的努力，起码跟孩子打个招呼，回应孩子的问题。当孩子希望父母分享某种乐趣时，父母应该表现得比较感兴趣。这并不是说一位尽职尽责的家长就应该突破底线地勉强自己。宁可和孩子高高兴兴地聊 15 分钟，然后跟他们说“我要看报纸了”，也不要和孩子气呼呼地玩上一个小时。

男孩需要友善的父亲。有时候，父亲非常希望自己的儿子能尽善尽美。这种望子成龙的愿望常常使他们和儿子在一起时不开心。比如，一位急于让儿子成为运动员的父亲可能在孩子很小时就带他去练习接球。很自然，孩子每次投球、接球都很难准确地掌握要领。如果父亲不停地批评他，哪怕是用友好的口气，儿子心里也会不舒服。这样的活动不但没有一点乐趣，还会使儿子产生一种印象，觉得自己在父亲眼里什么也不是，进而瞧不起自己。其实，如果一个男孩既自信又开朗，那么到了一定年龄，他自然就会对体育产生兴趣。而父亲给他的肯定比对他的辅导更有帮助。如果儿子玩接球纯粹为了乐趣，那么玩一玩还是很好的。

男孩并不会因为他生来有着男性的身体，就必然会在精神上成为一个真正的男子汉。要让他觉得自己是个男子汉，并且表现得也像个男子汉，必须接受外界力量或信念的驱动。有了这种驱使，他才会去模仿他认为友好的成年男子和大男孩的样子，才会按照他们的样子去塑造自己。只有当他觉得某个人既喜欢他又认可他时，才可能去效仿这个人。要是父亲总是对儿子不耐烦，总是对他发脾气，那么儿子不但会在父亲面前感到不自信，在别的男人面前也会心虚。

所以，如果父亲想帮助自己的儿子成长为一个信心十足的男子汉，就不该在儿子哭的时候冲他发脾气，不该在儿子和女孩一起玩的时候批评他，也不该强迫他去参加体育运动。他应该一看到儿子在身边就高兴，让儿子觉得自己和爸爸非常亲密。父亲有什么秘密也可以告诉儿子，还可以时常带他去旅行。

女孩也需要慈爱的父亲。在女孩的成长过程中，父亲起着不同的作用，其重要性也同样不容忽视。尽管女儿只是在有限的程度上模仿父亲，但她会从父亲的赞许中获得女孩和做一个女人的信心。为了不让她觉得自己不如男孩，父亲应该让女儿感到，不管

她是否接受邀请，爸爸都希望能和她一起到后院打球，一起去钓鱼、野营，或者一起观看各种球类比赛等。当她意识到父亲对她的活动、进步、观点和抱负都很感兴趣时，就会对自己充满信心。

在女孩们懂得欣赏父亲的男性气质后，她们就做好了成年的准备，也就可以在这个有一半是男人的世界上独立生活了。将来她同男孩和男人建立友谊的方式，她最终爱上的男人类型，以及婚姻生活方式等，都会受到童年时代父女关系和父母那种互敬互爱关系的强烈影响。

母亲也是孩子的伙伴。不管是男孩还是女孩，不光需要和母亲一起做那些反反复复的日常琐事。就像有时跟父亲一起参加一些活动一样，孩子也需要和母亲一起参加一些特殊的活动，例如参观博物馆、看电影、看体育比赛、远足、打篮球或骑自行车兜风等。不管做什么，母亲都不该把它当成任务，那些活动应该是她和孩子真正喜欢的事情。这种投入的态度十分关键。

单身家长怎么办？积极的父子关系和母子关系对孩子非常有好处。但是，现实生活中有很多特殊情况，比如家里只有一位家长，或者两位家长性别相同等。该怎么办？孩子的心理健康是否一定会受到影响呢？

这个问题的答案是个响亮的"否"字。孩子们的确需要不同性别的榜样，但这些大人却不一定非得住在一起。孩子们最需要的是教育和爱护，最需要有人一直在生活中为他们提供情感支持，教育他们如何在世界上生活。即使孩子在单亲家庭长大，只要父亲或母亲能提供以上所有条件，孩子也可以快乐地长大。反过来，就算孩子父母双全，如果父母因为自己不幸福而忽视了孩子的需求，那么孩子的情况很可能还不如前者。多数单亲家庭的孩子都在自己家庭之外找到了家里缺少的榜样，比如某个特别的叔叔或阿姨，或是家人的一个好朋友。

孩子的适应性很强。他们不需要完美的童年。他们真正需要的是爱和始终如一的照顾。当这些条件都具备时，孩子在各种不同的家庭环境中都能健康地成长。

父亲要当好监护人

分担责任。如今，越来越多的女性成了赚钱养家的人，男性越来越多地参与到照料孩子的各项活动中去。但是，从社会角度看，我们仍然会认为养儿育女是女人的工作。除了母乳喂养以外，父亲也可以像母亲一样很好地照顾孩子，对孩子的安全和发展做出同等的贡献。如果父母共同分担养育子女的责任，即使劳动量的划分并非严格的一人一半，家里的每个人也都会受益。最好的情况是，养育子女的过程能够在平等的伙伴关系中实现。

即使孩子的母亲在家里做全职太太，父亲在外面承担全职工作，只要父亲能在下班后和周末承担照顾孩子的一半工作（还要参与家务），将是对孩子、妻子和自己的最大善待。一

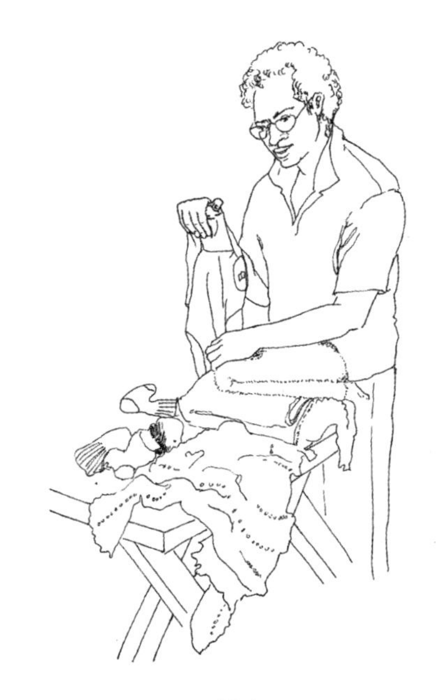

天下来，母亲的管理能力和耐心可能已经非常有限（如果父亲一天到晚单独和孩子在一起也会这样）。其实，孩子们从父母的不同领导风格和管理风格中都能获益，这些风格既不互相排斥，也不互相削弱，而是互相丰富、互相补充。

如果父亲认为做家务是自己分内的事，就不会只为减轻妻子的负担或为了陪伴妻子才去做家务，他会认为这些工作对家庭的幸福至关重要，不仅需要判断力，还需要技巧。他会认为自己和妻子对家庭负有同样的责任。如果希望儿子或女儿长大后也能这样看待女性和男性的能力和作用，就要让他（她）看到父母的实际行动。

父亲能做的事情。在照顾孩子方面，父亲能做的事情很多。他们完全可以用奶瓶给孩子喂奶、固体食物、换尿布（长久以来，父亲们一直不去接触这种灵巧的劳动，丧失了换下一块难闻的尿布需要的智慧、灵巧性和视觉运动技巧）、换衣服、擦眼泪、擤鼻涕、洗澡、哄孩子睡觉、讲故事、拼插玩具、劝架、辅导功课、解释行动规则和布置任务等。其实，父亲可以参与各种家务，比如购物、准备食品、做饭端菜、刷碗、铺床、打扫卫生以及洗衣服等。斯波克博士 7 岁左右时，他的母亲就开始教他做这些事情了。

越来越多的持家男性娶了有全职工作的妻子。这些男性在孩子很小时都承担起了照顾孩子和家务活的大部分工作。研究表明，由这种“妈妈先生”带大的孩子，无论在情感上还是在心理上，都和传统家庭培养的孩子一样健康，没什么例外。那种担心男孩会变得女人气，或女孩会变得男子气的观念毫无根据。

自尊

要自尊，而不是自满。每个人从小就应该自然地感到自己是个可爱的孩子，有人爱着他，相信只要努力做了该做的事，父母就会满意。但是，不要让孩子感到自满，也不要总让周围的人夸奖他们。家长有时会觉得，不管孩子是不是值得表扬，都要不断地夸奖他们，只有这样才能保护他们的自尊心。其实不必这样。

自尊的要素之一是自信。表扬孩子的确能培养他们的自信心。但是，如果这种表扬带有虚假的成分，孩子能感觉到。帮助孩子树立自尊心的方法之一，就是帮助他处理好情感上的一系列问题，还要让他相信，每个人都会遇到类似的问题，当父母遇到这种问题时，也能妥善处理好。如果孩子在赞扬声中成长，那么，一旦父母

斯波克的经典言论

我认为，不管男孩女孩，都应该让他们深信，生活中获得满足感最多也最长久的源泉就是家庭。这样，女人就不会因为要接受男人的传统价值观念而压力重重。同时，一旦男人从迷恋工作和追求地位的狭窄世界观中解放出来，他们也会学着去做许多女人的工作，还会接受她们的价值观。如果爸爸妈妈把照料孩子的事情看得像他们的工作那么重要，如果他们在决定每件家庭事务时都仔细考虑一下给家庭带来的影响，这样的家庭该是多么幸福啊！

对孩子提出批评，他们就会觉得自己受到了侮辱。这样的孩子无法树立自尊心。相反，他会变得焦虑，缺乏安全感。所以，在培养孩子自尊的过程中，始终如一的严格要求比空洞的表扬有用得多。

另一种情形是，父母要么不断地挑孩子的毛病，要么认定孩子做了错事或即将犯错误。在这种环境下成长起来的孩子，可能会形成习惯性的内疚感和自责感；他们很难做出良好的行为。在自尊心的问题上，第一步也是最重要的一步，并不是通过一连串的赞美来树立孩子的自尊心，而是避免撕毁孩子与生俱来的自信。过多的称赞可能会造成孩子自负和过分自满。

积极增强孩子的自尊心。不要因为一次较好的表现或取得了一点成绩就不断表扬孩子。举个例子，有这样一个小孩，父母一直鼓励他学游泳。每次他把头扎进水里时，父母就会拼命地夸奖他。一个小时过去了，虽然孩子并没有取得实质性的进步，但他仍然不断要求父母“看我游泳”。因为他形成了一种对赞扬和关注的欲望。过分的赞扬不能促使孩子独立(虽然这种做法和过分的贬低批评相比，危害要小得多)。

除了避免不停地责备和贬低外，让孩子树立自尊心的最佳做法，就是给他一种令人愉悦的关爱。我指的不是父母随时都能为孩子作出牺牲的那种奉献精神，而是指父母和孩子在一起时要感到愉快，听孩子讲故事、讲笑话，毫不犹豫地赞赏他的艺术作品和体育技能等。还可以偶尔给他一次特殊的奖励，比如搞一次郊游或一起散散步等，这些方式都能表达关爱。卓有成效的父母也会乐于给孩子设定限制，因为他们明白，想让孩子了解他们需要了解的事情，限制就是很重要的措施。并不是说这些家长喜欢通过拒绝孩子的要求让他们不高兴，而

斯波克的经典言论

我发现，弄清儿童在哪些方面缺乏自尊心并找出其中的原因，是一件比较容易的事。这样说也许是因为我的母亲就特别注意防止孩子出现自满的倾向。她认为自满本身就很让人讨厌，而且还会导致更严重的问题。我至今仍记得这样一件事。有一次，她的一位朋友夸奖青春期时的我很好看。这位朋友刚走，我的母亲就迫不及待地对我说："本尼，你长得并不好看，只是你的微笑比较迷人。"我们6个孩子长大以后，都觉得自己没有什么吸引人的地方，也没有成就感。

是说他们能够享受帮助孩子成长、让孩子在每个方面进步的整个过程。

父母通过表现出他们尊重的态度，使孩子逐渐获得自尊，就像对待一个值得尊重的朋友。这意味着，父母应该优雅而有礼貌。不应该因为孩子还小，就对他们很粗鲁、冷淡和漠不关心。

有的父母的确做到了尊重自己的孩子，但这些父母又常常会犯这样的错误：他们不去要求孩子的尊重。孩子和大人一样，当他们和那些既有自尊又希望得到别人尊重的人打交道时，就会感到舒服和快乐。但是，父母也不必为了获得这种尊重就变得不友好。如果孩子在吃饭时大声地打嗝，那么，提醒他用手遮住嘴巴比呵斥他更有效。理想地说，尊重是一种相互的行为。

对于成就的压力。即使通过努力教会2岁的孩子识字，让1岁的孩子辨认图片，这种做法也不明智。有些父母总想塑造一名早熟又才华横溢的孩子。他们都怀着一种希望，认为只要从孩子幼儿时期开始就给他买合适的玩具，在家里在学校都给他适当的精神鼓励，那么，自己的目标就一定能够实现。在美国这个对智力给予高度奖赏的国家里，父母的这种期望可以理解，但它仍然是一种错误的观念，而且很容易导致令人失望的结果。智力仅仅是一个方面的能力，只有在热情、常识以及尊重他人等方面取得平衡时，才能带来成功的人生。过早强迫孩子取得成功总会带来负面的影响：父母和孩子之间的关系可能会变得紧张；父母可能过度关注智力上的成功而忽略情感上的交流；当孩子想在某个领域获得成功时，反而可能忽略自己成长的另一些方面。

虽然培养超常儿童的想法可以理解，但仍然是家长常犯的严重错误。当然，我们都希望孩子能够充分利用他们的天赋，尽可能多地获取知识。但是，人为地过早发展这些天赋却是一种错误的做法，有时对孩子也不利。到目前为止还没有证据表明，过早的强制学习能给孩子未来的发展创造优势。即使现在孩子在各个方面都是最棒的，也并不表示他一定会比后赶上来的孩子优秀。而且，人为促使孩子早熟总要付出相应的代价，要想让孩子在某一方面超前——比如让他很小就学会识字——往往就要牺牲另外一方面的能力，比如与其他孩子相处的能力。只有让孩子按照自然的速度发展天赋和本性，对他才是最好的。

除了家教之外

除了家教之外，还有很多因素也会影响孩子的心理健康。内在力量起着一定的作用，比如通过遗传获得的生理和心理上的弱点和气质。家庭内部也会出现其他的压力：比如，兄弟姐妹就是孩子情感类型的强有力塑造者。来自邻里和学校以及整个社会的力量也在施加影响，而这些方面是父母们常常力不能及的。虽然养育子女的过程主要体现在父母有着最多控制权的方面，但也要想到可能影响孩子心理健康的所有情况，因为父母对这些外在因素做出的反应能够影响孩子的成长。

遗传特征。我们知道，许多精神和情绪失调问题都受基因影响，也就是受遗传因素的影响。遗传疾病不同，受影响的程度也不同，有的影响不大，有的影响深远。比如说，如果父母双方都患有狂躁型抑郁症（躁郁症）——也称为双相障碍，那么孩子患病的几率高于50%。焦虑症、强迫症，以及精神分裂症等，都受遗传因素的巨大影响，这一点类似于注意缺陷多动障碍以及其他许多疾病。

事实上，基因很可能和所有的精神健康问题都有关系，可以增加也可以降低孩子对生活中挑战（心理学家有时也称之为“环境”）的敏感性。敏感性的差异在一定程度上解释了为什么生活在同一个家庭，由同一对父母养育的两个孩子的精神健康状况常常会截然不同。产生这种情况的另一个原因是，就算在同一个家庭，不同的孩子面临的挑战（环境）也可能不尽相同。

遗传特征也会通过更微妙的方式发挥作用，从而影响孩子的性格或行为模式。有的孩子乐观开朗，有的则安静敏感；有的孩子似乎对温度、噪声或光线的细微变化都很敏感，有的则好像注意不到这些变化；有的孩子总是以积极的态度处理问题，有的则以消极的态度开始，但最终也能取得积极的结果。

人们说，那些性格消极、反应剧烈、生性固执的孩子不容易相处，甚至难以管教。但是很显然，性格类型决定相处容易与否，都是相对而言的，跟对孩子的期望有关。在一年级教室这个环境里，大多数6岁男孩的性格都难于管教，因为大多数这样的环境里，孩子们总是被要求一动不动地安静坐着，而孩子们却正好处在非常好动的年龄。我们不能选择孩子的性格，但理解和接受了这些特点之后，就可以选择合适的方式做出回应。在父母的帮助下，孩子能学会跟父母好好相处，也会跟同龄人及其他大人好好相处。

兄弟姐妹。育儿书籍常常忽视兄弟姐妹在孩子成长过程中扮演的至关重要的角色。但是，如果回忆一下自己的童年，可能会同意我的观点。兄弟姐妹的确对我们的性格产生了巨大的影响（除非是独生子女）。可能会把能干的哥哥姐姐当成榜样，也可能做一些与众不同的事来确定自己的特权。如果遇到支持你的兄弟姐妹，那么你很幸运；如果兄弟姐妹的性格曾经（或者现在仍然）和你相抵触，就会了解那有多么难过。

对父母来说，有些方法可以缓和兄弟姐妹之间的嫉妒（参见第495页），然而手足之间是真正互相喜爱还是彼此容忍，基本上就靠运气了。年龄相仿并且脾气相投的兄弟姐妹可能成为一生最好的朋友。而性格抵触

的兄弟姐妹在一起，则永远不可能真正感到舒服和放松。

父母们经常责备自己，因为他们对每个孩子的感觉都不一样。但实际上，他们是在要求自己做一件不可能做到的事情。好父母平等地关爱自己的每一个孩子，是指他们珍爱每一个孩子，给孩子最好的祝愿，为了实现这个愿望，甘愿作出必要的牺牲。但是，每个孩子都是那样不同，哪位父母也做不到对两个孩子付出完全一样的感情。我们对不同的孩子会有不同的感情，会对某个孩子感到不耐烦，也会为另一些孩子感到骄傲。这些都是正常的，也是人类在所难免的情感。要接受并且理解这些不同的感情，不要感到内疚。这样，我们才能针对每个孩子的需要，把爱心和特殊的关注带给他们中的每一个人。

出生顺序和间隔。出生顺序似乎影响着一个人的性格，这真是一种奇妙的现象。比方说，最大的孩子经常是坚强能干的领导者和组织者。最小的孩子常常自行其是、以自我为中心，还有点缺乏责任心。中间的孩子往往缺乏鲜明的特点，他们性格的形成常常取决于家庭以外的因素。独生子女总是集老大的特点（如能力强）和最小孩子的性格（渴望关注）于一身。

这当然只是笼统的划分。各个家庭的情况都不同。比如说，如果两个孩子年龄的差距超过 5 岁，最小的孩子就会在某些方面表现得很像独生子女；如果两个孩子只差 1 岁，他们可能表现得很像双胞胎。如果老大不愿掌握对兄弟姐妹的领导权，那么小一点的孩子就会取代他的角色。如果母亲曾经是家庭的长女，那么她可能和自己孩子中的老大相处得很好，却觉得最小的孩子很烦（就像她自己最小的弟弟妹妹那样）。作为父母，你或许明白其中的缘由，但真的无法控制。

同龄人和学校。6～7 岁以后，同龄人群体的作用会变得越发重要。如果不加控制，孩子说话的方式、穿戴的风格以及谈论的话题，几乎都会受到附近的小孩、学校的同学以及电视里孩子的影响。如果孩子中间正在流行灯笼裤和不系鞋带，那么任何父母都不可能让自己的孩子喜欢上短裤和懒汉鞋。

有时候，邻居和同龄人的影响可能会强烈地威胁孩子的精神健康。比如说，总是被人欺负的孩子（或本身恃强凌弱的孩子）长大以后很可能形成长期的行为障碍。不适应学校生活也没有什么朋友的孩子也很容易患上抑郁症。作为父母，你有时必须退后一步，让孩子自己去处理来自人际关系的挑战。有时，也需要上前一步，

斯波克的经典言论

我认为，要想缓解这些压力，迈向一个更加稳定的社会，我们必须进行两方面的改进。第一，要用不同于以往的、更积极的态度来教育我们的孩了，让他们学会与人合作，保持善良、诚实，并且能够包容差异。从小就要教育孩子不能只考虑自己的需要，这种价值观会让孩子在长大以后愿意帮助他人，主动与人交流，为世界和平贡献力量。和拥有高薪的职位或崭新的豪华轿车相比，拥有这种价值观能够获得更大的自豪感和成就感。我们要做的第二个改进就是改良我们的政府，纠正那种受到庞大社会集团利益影响的体制。要改变那种对人类个体、生存环境和世界和平毫不关心，只顾赚取最大利润的政治观念。我们必须更积极地参与政治，这样我们的政府才能真正为所有公民的需求服务。

插手帮忙（参见第631页，了解更多相关内容）。

在庞杂的社会中如何养育孩子

美国社会从来没有像现在这样令人紧张过。一方面，我们的社会保持着极度的竞争性和物质化倾向。我们崇尚财富，把财产的匮乏看成是个人失败的标志。与此同时，数百万的中产阶级已经消失，而且不大可能很快重现。家庭面临多重压力，包括经济不稳定，周边环境恶化，家长找不到稳定工作，有时甚至找不到任何工作。在经济衰退中，中产阶级的家庭面临这些压力时已经难以承担，那些低收入家庭面临的困境就更是艰难。军人家庭也面对特殊的压力，因为父母长期在外，有时虽然回到家里，却带着永久的伤病和心理创伤。对于全球环境恶化的忧虑还在增长，与此同时，飓风、干旱和洪水等自然灾害频发，其严重性也在与日俱增。所有这些压力都影响着父母和孩子的生活。

当然，并非都是坏消息。空前扩大的财富似乎越来越像一个空洞的诺言，人们正在寻找精神追求和所属群体的价值。他们一起打理花园，发现低科技娱乐方式的乐趣，还为创造力而欢欣鼓舞。麻烦和灾难，贫困和污染都会为父母们带来机遇。当他们为了让这个世界变得更美好而努力时，就在给予孩子一份双倍的礼物；他们教孩子懂得，奉献会带来快乐。父母正是通过自己的身体力行来传授这一重要的生命课题。

有无数种方法可以教会孩子如何去关心别人和社会。可以将开车时速从 110 公里降到 100 公里，将空调的温度调低几度，以此来告诉孩子如何节约能源；当看到社会的丑陋面或不公正时，应该指出来，并鼓励孩子说出他的想法；与社区内志趣相投的人一起，帮助和照顾那些不幸的人；多关心政治等。

亲近大自然

父母可以观察一下 3 岁孩子探索两块水泥板之间裂缝的过程。一只爬过树叶的小蜘蛛也会让他着迷。长大一些，她会从公园里长满草的小山坡滚下来，脸上洋溢着纯粹的快乐。

幼儿与大自然有着强大的联系。所有正在生长的东西都能让他们着迷。一粒豆子发芽的慢镜头会让他们激动不已。如果给他们提供机会，他们会被大大小小的动物吸引。月亮和星星都是他们幻想世界里的角色。孩子和大自然之间这种特殊的感情，弥漫在许多伟大的儿童文学作品中：比如《夏洛的网》、《彼得兔》、《秘密花园》和《晚安月亮》等。

如果让孩子按照自己的意愿行事，他在户外会自然而然地探索，用棍子戳，用尖东西捅，用眼睛观察，用心学习。他会学到许多东西，其中包括与一个按照自身规律运转的世界互动，这些规律与室内的机械规则不同。他学着去创造自己的娱乐方式，并且享受自己的伙伴。他会在自然界中找到自己的位置。

过去，孩子们花大量时间在户外活动，大自然的这些馈赠常常被看成理所当然的事，或是留给诗人们去描绘的事。而现在，当那么多孩子都生活在完全人造的环境里的时候，科学才开始测量大自然带来的医学价值和心理收益。与那些室内生活的同龄人相比，经常在户外玩耍的孩子不容易患肥胖症和哮喘，不容易抑郁和焦虑，也不容易出现注意力缺陷多动障碍。如果我们能够把大自然做成药片，医生就一定会开这个药方（斯波克博士的母亲过去经常把他送到户外，无论

晴天还是雨天，一玩就是几个小时；她认为户外活动对孩子有好处。她是对的）。

要给孩子时间，让他们在小树林和其他野外环境里活动。可以到附近的公园里散散步，不是去看景物，而是漫无目的地溜达。假期去国家公园，做一次自然主义的徒步旅行，找一群人一起去看鸟，种点植物。

大自然可以促进孩子的身心健康。这种关系也会反过来发生作用。如果孩子对自然的热爱得以生根，那么他们就容易成长为自然界的朋友。他们会懂得为什么森林值得人们为之去战斗，为什么我们应该关掉不需要的灯，以及为什么我们要循环利用铝罐。作为父母，可以把这个世界交给孩子，也可以把孩子交给这个世界。

工作和孩子

家庭和工作

大多数父母都要工作，拓展自己的事业，同时还要照顾孩子。或者那种父亲工作、母亲在家照看孩子传统模式只是多种选择之一。在有些家庭中，这些角色是反过来的。

父母的分工常常很复杂，而且每天、每年都在发生变化。每个家庭都必须做出艰难的选择，以平衡家庭成员的需要。

这不光是决定为了孩子而做出牺牲的问题：想让孩子成长为幸福又满足的成年人，他们就要有幸福又满足的父母(虽然为人父母也是一种工作，但在下文中，我会用“工作”来表示有酬劳的工作或培训)。

什么时候重返工作岗位

应该休多长时间的产假? 对很多家庭来说，3～6 个月似乎很合适。这段时间可以让宝宝养成相当有规律的饮食和睡眠习惯，从而适应家里的生活节奏。在这段时间，父母也可以逐渐适应自己在生理和心理方面的变化，同时形成哺乳的规律，以便将来在工作时间多挤一两瓶母乳。大约 4 个月时，大部分宝宝都会对周遭的世界表现出更多的兴趣，因此每天和父母分开几小时的过程也更加可行。

无论什么时候恢复工作，父母都会产生复杂的情感，这很正常。几周后，很多父母都会盼望回到工作中去，哪怕只是为了白天能够跟成年人交谈。但是，他们也会因为离开孩子而经常感到难过或内疚。有些家长宁可跟孩子多待一些时间。如果有选择的余地，父母要听从自己情感的需要。如果觉得自己需要更多时间和宝宝一起待在家里，就争取实现这个想法。

产假和病假法案[①]。美国 1993 年颁布的这项法律很好地体现了以家庭为中心的进步政策，这是许多维护儿童利益的团体不断呼吁的结果。这部法律规定，如果雇主有 50 名以上的员工，就必须准许刚做了父母的员工享受 12 周的停薪假期，让他们照顾刚出生的宝宝（或收养的孩子）。我认为，12 周实在是产假的下限了。在其他科技发达的国家，新妈妈休产假照顾宝宝的时间比美国长得多。即使是这样，许多美国妈妈仍然觉得，她们不能真的休满 12 周的产假。

要记住，父亲也可以照看孩子。从法律上讲，父亲同母亲一样享有 12 周假期的权利。母亲可以先请 12 周假，然后父亲再请 12 周假来接替母亲的角色。这样一来，父母就可以在开始照看孩子之前有 12 周的时间做准备；或父母也可以同时请假。

照看孩子的方式

第一年的安排。在美国，大多数一岁以下的孩子一天里至少会有一部分时间是跟父母以外的看护人一起度过。研究显示，年幼的婴儿能够在父母以外的看护人的照料下茁壮成长，他们的智力发育和情感发展都没有任何明显的损伤。这也是高质量儿童护理机构的总体情况（参见第 410 页）。然而，个别婴儿可能很难适应集体护理；对这样的孩子而言，安静的一对一的照料可能是他健康成长需要的条

斯波克的经典言论

孩子是否应该上日托中心？我认为这完全是个因人而异的问题，要从家庭的实际需要出发。如果打算送孩子去日托中心，只要他们的服务质量比较高，孩子就不会受到不利的影响。长远来看，只有当父母感到幸福和满足时，孩子才能发展得最好。如果父母在家里感到孤独和痛苦，讨厌整天待在家里看孩子，那么对孩子来说，去一所比较好的日托中心反而比待在家里好得多。相反，如果父母非常愿意待在家里，希望尽量和孩子多待一段时间，那么在家照顾孩子也很好。武断地建议必须送孩子上日托，或决不能上日托，都是在给孩子的父母帮倒忙。其实，最适合自己家庭的办法就是最好的办法。

①中国劳动法规定，一般情况下，女职工生育可以享受不少于98天的产假。

件。由父母决定孩子采取哪种照看方式最合适。

如果父母对某个机构或某个看护人存有顾虑，那就听从内心的声音，做其他打算。有些家长可以调整自己的工作安排，让自己或另一半有更多时间待在家里；可以再找一位保姆来填补剩下的时间。如果这种方式不可行，还有 4 种日间护理模式可以选择：托付给亲属，居家看护，家庭日托中心和集体看护。

调整工作时间。一般来讲，最好的办法就是父母能够协调工作时间，这样，不但双方都能上班，而且在一天的大部分时间里，都有一方能够待在家里照顾孩子。越来越多的公司都在实行弹性工作时间。这种灵活性往往是双赢的选择，因为它会提升员工的满意度和生产力。在经济不景气时，许多公司都决定缩短工作时间，而不裁员；如果能够灵活利用这些时间去满足家庭需要，那将是在减少收入的乌云边上透出的一缕阳光。当然，下班后父母都应该待在家里。孩子醒着时，父母也要有一段时间同时在家，因为父母的共同陪伴对孩子很重要。父母不在时，可以请一位看护人帮忙照看孩子。和父母意见一致的亲戚可能是最理想的看护人。

另一个办法就是，父母双方或一方在两三年内改做兼职的工作，一直到孩子上幼儿园或学前班为止。当然，对于那些父母双方都必须全职工作才能满足日常开销的家庭来说，这种做法不太可行。

上门服务的看护人（保姆）。有些在外工作的父母请了看护人（“看护人”这个词的意思似乎比“保姆”更确切一些）到家里来照顾孩子。如果这个人每天要工作好几个小时，她就可能成为除父母外另一个影响孩子个性发展的重要人物。所以，父母应该尽量找一个跟自己差不多的人，能给孩子几乎同样的关爱、乐趣、耐心和约束。

最重要的一点是这个人的性情。她应该充满热情，善解人意，容易相处，细腻又自信（当然，花钱请来的看护人也可以是男性）。她应该爱孩子，喜欢和孩子相处，而不是关心过度，让孩子喘不过气来。她应该既不用唠叨也不用过分严厉就能管理好孩子。换句话说，她要能和孩子建立融洽的关系。因此，当父母和看护人面谈时，可以让孩子待在旁边。通过观察她的行为，父母可以更好地判定她对孩子的态度，这比单听她的一面之词要好得多。千万不要找容易发怒、爱骂人、好管闲事、没有幽默感或满口理论的人来照顾孩子。

在挑选看护人的问题上，最常犯的错误就是先看带孩子的经验。把孩子交给一个知道如何处理小孩的肠痉挛或哮喘的人，父母当然会比较放心。但是，孩子生病或受伤的情况并不多，更重要的是每天如何度过。所以，如果这个人既有经验，性格又好，对孩子来说是再好不过了。但要是这个人的性格不好，那她拥有的经验也就没什么价值。

还有一个比经验还重要的因素，就是看护人的卫生习惯和认真态度。如果她不愿按照卫生要求给孩子冲调奶粉，就决不应该让她来做这项工作。当然，也有许多人平时有些邋遢，但在重要的事情上却表现得很认真。此外，宁可找一个比较随意的人，也不要找一个喜欢大惊小怪的人。

有的父母很看重看护人的受教育程度，但是，与个人品质相比，这没那么重要，在孩子还很小的时候尤其如此。还有些父母很希望看护人能讲点英语。但在绝大多数情况下，孩子都不会被看护人和父母的不同语言弄糊涂。如果这个看护人跟孩子一起生活了很长时间，孩子长大后还可能得益于自己早年所学的另一种语言。

有的年轻父母没有经验，有时候尽管对看护人不是很满意，也会接受她。这些父母要么觉得自己还不如她，要么觉得她说得头头是道。要坚持找到那个真正合适的人。如果找到了合适的人选，就在力所能及的范围内尽量多支付一些报酬，目的是让看护人没有理由去考虑换工作的事情。当父母在外工作时，知道孩子得到了很好的照顾，这就很值得。

有关看护人的注意事项。如果已经找到了一个很好的看护人，孩子会对她产生依赖。这时，父母感到嫉妒是很正常的事。但是，即便孩子逐渐爱上了保姆，他对父母的爱也不会减少。要努力去觉察自己的情感，并坦率地应对这些情感；否则，可能会不由自主地无端挑剔看护人。从另一方面来说，有些看护人也有照顾孩子的强烈需求，她们会把父母推到一边，显示出自己最了解情况。她们可能根本意识不到自己的这种需求，也很少会改变这种做法。

有个常见的问题：看护人可能会偏爱家里最小的孩子，尤其是她来到这个家庭以后才出生的孩子。如果看护人不能理解这样做的危害，就不能让她继续照顾孩子们。因为这种态度无论对被偏爱的孩子还是被忽视的孩子都是不利的。

作为家长，你要掌握主导权。同时也要知道自己和看护人是搭档的关系。所以，无论对看护人还是对父母来说，最重要的问题是他们双方能否以诚相待，能否接受彼此的意见和批评，能否开诚布公地交流，能否认可彼此的优点和好意，能否为了孩子而合作。

托付给亲属。如果有亲属可以帮父母照看孩子，那就太好了——比如，祖父母。以上那些针对其他看护人的要求，同样适用于帮忙照顾孩子的亲属。照顾孩子的亲属必须认同，你们是孩子的父母，关于孩子的事情要由你们来作决定。有了这种共识，把孩子托付给亲属照顾可能是一种理想的选择。

日托中心。“日托中心”指的是在父母工作期间对孩子进行集体照料的机构。有的日托中心由政府机构或私人资助。好的日托中心往往具备学前班的特质：有自己的教育理念，有经过培训的教师，还有齐全的硬件设施。

在美国，日托中心起源于第二次世界大战。那时的联邦政府为了鼓励有孩子的父母去兵工厂工作，建立了日托中心。起初，日托中心主要照顾1～2岁的幼儿，现在常常为包括婴儿在内的更小的宝宝提供服务。还为上幼儿园的孩子和一、二年级的小学生提供课后看护。

日托中心一般都常年开放。它们能提供稳定又井井有条的环境，还具备可供评价的明确的儿童看护规范。然而，这种机构的费用一般都比较昂贵。另外，日托中心的工作人员往往更换得比较频繁，所以宝宝很可能无法长期由同一个人看护。每家日托中心对工作人员的培训水准都不尽相同，孩子和工作人员的比例也不一样，服务质量也会有很大的差别，提供的服务也很不同。日托中心一般都有执照，有的还有资质认证（参见第411页）。

家庭式日托中心。家庭式日托中心指的是一个看护人和一两个助手在看护人的家里照料少数孩子的形式，这是一种比较普遍的选择。事实上，去家庭式日托中心的孩子要比去大型日托中心的孩子多得多。家庭式日托中心要比大型日托中心更方便、更经济实惠，在时间上也更加灵活。那种比较小的、类似于家庭的环境能让年幼的孩子觉得更舒服。人员的调整往往不那么频繁，所以孩子有机会跟一两个专门照顾他的人建立相互信任的关系——这是一件非常好的事情。

另一方面，很多家庭式日托中心既没有执照也没经过认证（参见第411页），这样就很难保证基本的健康措施和安全措施严格到位。而且，因为看孩子的大人比较少，虐待儿童或出现疏忽的可能性就更高。如果想选择家庭式日托中心，就要特别注意，父母必须对看护人绝对放心，他们也要欢迎父母随时到访，允许父母想待多久就待多久。孩子应该喜欢日托中心。接孩子回家时，要向工作人员打听一下今天孩子都干了些什么。

日托对孩子是否有好处？日托对年幼的孩子是否有好处？这个问题在美国一直争论不休。有些人断言，集体生活不适合年纪较小的孩子。他们提出，每个孩子都需要一两个为之"着迷"的重要看护人，这样的看护人会全身心地照顾他，对他有强烈的依恋。反对日托的人担心，如果孩子在很小的时候就让几个看护人照顾，长大以后就可能在人际交往中出现障碍。这些反对日托的人还深信，对孩子来说，什么样的老师也比不上全心全意的父母。

支持日托的人则有不同的说法。他们断言，养育孩子可以有很多种方法。他们指出，在有些地方，孩子都是由哥哥姐姐或大家庭抚养的，也没有产生什么不良结果。他们还指出，没有任何研究结果可以证明，高质量的日托会给儿童的情感发展带来什么害处。他们担心的是，有些在外工作的父母由于把孩子送到日托中心而内疚，好像他们把孩子害了一样。实际上，孩子都是很有活力的小家伙，根本不用担心高质量的日托会影响他们的发展。孩子需要的是对他们尽心尽力的成年人，不管是一个单身的家长还是一群日托老师。孩子需要跟成年人保持连贯的关系，这种关系既可以从家里获得，也可以在许多日托中心里建立起来。

少量研究已经开始关注上日托的孩子和不上日托的孩子的差异；研究显示，高质量的日托——孩子较少，教师精挑细选，训练有素——对大部分孩子没有害处。跟充满爱心的成年人和其他小朋友共同生活在一个安全又充满鼓励的环境里，可以激发孩子的好奇心和求知欲。但是，如果需要照顾的孩子很多，工作人员又没有受过严格的训练，这种集体生活就会对孩子产生不利的影响。另外，研究还发现，过惯了这种集体生活的孩子比较容易适应同龄的伙伴，也愿意和他们交流，但对成年人的反应就显得差一些。相对地，那些没有集体日托经历的孩子则更容易以成年人为中心，但对同龄伙伴却不那么热心。这种差异究竟会不会影响到孩子以后在学校的表现，会不会影响到他们的成年生活？还不得而知。

但是，每个人都同意这一观点：日托的质量对儿童的身心健康至关重要。关键就是要及时对孩子的问题作出反应，要耐心地教育他们、鼓励他们，还要保证由固定的看护人员照顾。这样的服务质量，只有那些工作人员训练有素、队伍稳定和资金有保障的日托中心才能提供。然而遗憾的是，这种高水准的日托中心数量实在有限，即使真的找到了，普通家庭也付不起昂贵的费用。所以，唯一的解决办法就是不断对地方政府和联邦政府施加压力，让他们帮助设立更多高质量的儿童看护机构。

为了照料孩子而结成搭档。照顾同一个孩子的所有人都应该把彼此视为搭档。父母和看护人要沟通信息，交换看法，还要互相支持。如果孩子在日托中心遇到了很大的困难——比如不会用蜡笔——那么晚上接他回家时，父母就应该知道这件事情。同样，如果孩子因为夜里打雷而没睡好觉，也应该在第二天早上跟老师说一声。

当我还是个研究儿童发育的年轻医生时，女儿所在那家日托中心的老师们告诉了我许多非常重要的知识。我非常重视在早晨或晚上花15～20分钟和老师、孩子们一起坐在地板上交流的机会。通过观察那些富有经验的专业人士的工作，我学到了很多育儿知识。

如果父母能和照顾孩子的人建立一种互相合作和彼此尊重的关系，孩子就会从中获益，家长也会受益匪浅。

选择日托

选择合适的机构。首先，要搜集一下社区附近的日托中心或学前班的信息，列一张清单。可以先向朋友征询一些建议，还可以上网查询有关儿童看护的信息，再找到附近负责介绍日托机构的组织。这些非营利性组织能够帮助父母找到合适的儿童托管机构，它们可以提供这些机构的名单，还可以提供其他方面的重要信息，比如这些机构是否持有执照，是否经过了资质认证，组织的规模如何等。

情感关系和人员更替。相关机构应该大力发展孩子和看护人之间相互支持的关系，尤其是幼儿。儿童只有对照顾他们的成年人充满信任才能有安全感，看护人也需要彻底了解孩子，跟他们建立情感关系，以便弄清孩子每时每刻的需要。如果某个机构的负责人说，只要看护人都是和蔼可亲的，孩子就不会介意看护人的频繁更替，那么就该换一家看护机构。

实际上，强调情感关系就意味着要给每个孩子指派一两个最主要的看护人，应该尽一切努力让同样的看护人照顾孩子达一年以上。看护人的低频率更替十分关键，原因有两个：如果看护人经常更换，孩子就不能跟她们形成持久的情感关系；低频率的人员更替也是看护人心情愉快的标志，也是她们感觉自己得到了良好关照的表现。

电话咨询和实地考察。列一份日托中心和学前班的清单，并逐一打电话，看看这些地方能否提供需要的服务。咨询几位能够提供参考意见的家长，了解一些详细情况，比如，这些机构是否会对孩子进行体罚，是否采取其他的教育方法。父母可以亲自到这些机构看一看，观察一下看护人员与孩子之间的关系是否亲热、教育方法是否有效、监护措施是否合理、安全措施是否完备，以及开展的活动是否适合孩子的发展水平。还要看一下孩子们是否轻松自在，是否信任老师并且愿意请老师帮忙，孩子们是否彼此合作、很少吵架。要知道，老师和孩子之间的友好关系往往也能从孩子之间的关系中反映出来。

父母应该经常到日托中心看一看。去之前不要通知工作人员，这样看到的情况会让父母更放心一些。无论什么时候，家长的拜访应该都是受欢迎的。

执照和资质认证。如果一家儿童看护中心或家庭式日托中心拥有执照，就证明它达到了国家要求的安全

儿童的年龄	每个大人照料孩子的最大数量	每组儿童的最大数量
婴儿期（初生～12个月）	4人	8人
学步期（12～24个月）	4或5人	12人（配备教师3人）或10人（配备教师2人）
2岁（24～30个月）	6人	12人
2岁半（30～36个月）	7人	14人
3～5岁	10人	20人
上幼儿园的儿童	12人	24人
6～12岁	15人	30人

水平。比如，有执照的机构必须符合防火安全和传染病控制的特定标准。资质认证与执照不同。申请资质认证的机构必须达到更高的服务标准，包括看护人的训练、机构的组织规模、场地面积、服务设施和教育活动等。受过良好训练的看护人会更了解孩子的需求，并能以最有利于孩子的方式作出回应。资质认证由国家相关组织授予。

看护机构的规模。高质量的儿童看护机构最重要的标志之一，就是每个孩子都能获得足够的个体关注。为了达到这个标准，小组或班级的规模都不应该太大，每个大人照看的孩子也不能太多。孩子越小，需要的个体关注就越多。全美幼儿教育协会建议，看护机构的组织规模最大不应超过下表所示的限度。

课后看护

6 岁以后，孩子就开始追求并喜欢独立了，8 岁以后，这种要求会更加强烈。孩子会在父母以外的成年人中寻找偶像，还愿意和这些人交往，尤其喜欢好老师。这个年龄的孩子跟同龄人的交往也更加密切。尽管孩子们不需要大人的帮助也能在几小时内融洽相处，但父母仍然应该了解孩子放学后的去向，这对孩子很有好处。父母可以找一位和蔼可亲又细心周到的邻居帮忙，在父母下班回家之前照顾孩子一会儿。课外活动中心对每个孩子来说都很好，对双职工子女来说更是如此。

挂钥匙的孩子。由于缺少又便宜又好的课外活动中心和课外活动小组，美国有数百万学龄儿童随身带着家里的钥匙。放学以后，他们就用自己的钥匙打开家门，自己照顾自己，等着爸爸妈妈下班回家。他们被称为“挂钥匙的孩子”。

如果孩子既懂事又能干，既有安全感又有事可做，那么就能把自己照顾得很好。只要事先安排好一切，父母和孩子都能放心。挂钥匙的孩子必须知道有事的时候应当怎样跟父母联系，在紧急情况下可以在附近找可信任的大人求救。父母要给孩子详细的安全指导，比如接电话或有陌生人敲门时该说什么话。孩子要知道自己可以做什么，比如能看多长时间的电视，还要知道什么事情不能做。

有些社区会为挂钥匙的孩子提供一些课程；这些措施是有帮助的。家长要了解孩子的感受，这一点很重要。有的孩子可以舒服自在地短时间照顾自己；有的孩子则对此感到恐惧。让大孩子照看小孩子的想法很诱人。如果年长的孩子责任心很强，而小一点的孩子也很听话，那么这种方法就很管用。否则，会出现许多不愉快和打架的情况。如果是那样，可能需要另做安排了。

父母可能认为大孩子比小一点的孩子更会照顾自己，但现实情况并非总是这样。长时间没人监管的青少年更有可能进行危险的活动，比如抽烟、吸毒、饮酒以及发生性行为等。十多岁的孩子尽管会对严格限制他们行为的做法表示反抗，但（就像学步期的孩子一样）还是会觉得这样更安心。除非父母十分肯定自己的孩子又冷静又可靠，否则还是找一家有组织的课后看护机构比较好。

保姆

对父母来说，有了保姆真是非常方便，而且还可以培养孩子的独立性。父母和孩子都必须非常了解保姆。让我们假设这个保姆是女的（但没理由要求保姆必须是女的）。晚上照顾熟睡的宝宝，保姆只要敏感、可靠就足够了。但是，要照顾从睡梦中醒来的宝宝，保姆就必须是宝宝认识和喜欢的人才行。如果醒来看到一个陌生人，大多数宝宝都会害怕。

如果家里请了新保姆，最初几次父母中的一个人要待在家里，要观察她对孩子的反应，确保她理解孩子，关心孩子，能够亲切又坚定地照顾孩子。要尽量找一两名可靠的保姆，而且要保持不变。

为了确保万无一失，最好给保姆一个笔记本，让她长期使用。要求她记下孩子的生活习惯、她自己可能需要的东西、父母不在时发生紧急情况可以拨打的医生和邻居的电话号码、睡觉的时间、厨房里可以由她自己取用的东西，以及床单、睡衣和其他可能需要的用品放在哪里，怎么把炉火关小或开大等。最重要的是，必须了解这个保姆，还要保证孩子信任她。

年轻的还是年长的？选择保姆时应该考虑她们是否成熟、态度是否端正，而不是仅仅把年龄作为参考标准。有些保姆只有14岁就特别能干、特别独立了。当然，父母不能指望所有14岁的保姆都能达到这种水平。有些大人也可能不可靠、苛刻，或者不能胜任保姆的工作。有些年纪大的人对孩子很有一套；有的则不懂得灵活变通，或者谨小慎微，无法适应新情况。许多社区都有保姆培训，这种培训是由红十字会或当地医院提供的。培训包括安全措施和急救措施的介绍。选择保姆时有必要看看她们是否受过这方面的培训。

和孩子共度的时光

优质时间。父母不必为了创造优质时间而打破常规地去做任何事情。任何日常活动——一起开车出行，一起采购，一起做饭、吃饭，一起做家务——都能成为亲密、有益又充满爱的积极互动时间。如果工作时间很长，就需要做一些特殊的安排留出优质时间和孩子相处。对于学龄前儿童来说，如果早晨经常可以睡睡懒觉，或者在日托中心可以午睡的话，晚上就可以不时地让他们晚睡一会儿。在父母双全的家庭里，一段时间只要有一位家长关注孩子，就能很好地满足他们的需要。

有些家长错误地理解了优质时间的概念，认为那意味着只要他们花在孩子身上的时间被各种活动塞得满满的就行，而时间的长短则无关紧要。其实时间长短也很重要。孩子需要父母的陪伴，他们需要看着大人活动，从他们日复一日的身体力行中学习，同时知道自己是父母生活中很重要的一部分，这样就足够了。

另一方面，时间长短也有过度的时候。那种尽职尽责，不辞劳苦的家长可能会把陪着孩子聊天、游戏和阅读当成一种责任，认为即使耐心和乐趣早已消耗殆尽也要做到。那些为了给孩子提供优质时间而时常忽视了自身需求和愿望的父母，到头来可能会怨恨这种牺牲，亲切感随后也会消失。如果孩子感觉到自己可以迫使家长超出意愿给他更多的时间，他就会受到刺激，变得要求苛刻，爱找麻烦。解决问题的诀窍在于找到恰当的平衡点：既可以跟孩子一起度过很多时间，又不至于牺牲父母的个人需要。

特别时间。特别时间是指一小段时间——5～15分钟一般就够了——每天专门留出这段时间跟每个孩子单独相处。这段时间的特别之处不在于父母做了什么，而在于孩子得到了全部的关注。关闭手机和录音电话，不要为了惩罚孩子而取消特别时间。孩子理应每天享有一点特别时间。如果要出差，也可以通过电话与孩子分享这一时间——朗读书籍，讲故事，或者仅仅聊聊天也可以。

溺爱的念头。有工作的父母可能会发现，他们渴望陪伴孩子，或因为跟孩子见面的时间太少而感到内疚，所以他们经常给孩子买很多礼物，给孩子太多优待，听从他所有的愿望，忽视自己的愿望，对他犯的错误视而不见。

有工作的父母可以很自然地向孩子展示随和与慈爱的一面，但是他们也应该毫无心理负担地在疲劳时休息一下，考虑自己的需求，不要每天都送礼物，应该有限度地为孩子花钱，并要求孩子给家长适当的礼貌和关心——换句话说，做每一件事都要像全职父母一样充满自信。这样一来，孩子不但会成长得更好，还会更喜欢父母的陪伴。

纪　律

什么是纪律

纪律不是惩罚。多数人提到执行“纪律”时，其实指的是“惩罚”。尽管纪律的执行包括惩罚（但愿只是一小部分），但惩罚绝不是纪律的全部。“纪律（discipline）”来源于“弟子（disciple）”这个词，实际上是“教导”的意思。所谓纪律，不只是教孩子遵守规矩，还包括教育他对别人表示关心，在没人监督的时候也要做正确的事，以及质疑和反对那些不合理的规矩。

作为父母，你可以制定一套严格的惩罚措施，让孩子像个听话的小机器人一样中规中矩——至少在他们觉得有父母监督时会这样。另外，也可以想象这样一个孩子：无论他如何异想天开，都能得到父母的支持，无论行为对错，他都能得到父母的赞赏。这样的孩子肯定会有自己的一套衡量快乐的标准，但是，大多数人都不会愿意接近他。父母要让孩子明白，怎样才能让别人接受他的所作所为，为什么要让人接受。但决不能损害他的自尊心和乐观精神。

孩子为什么会有不同的行为。良好纪律性的主要来源就是成长在一个充满爱的家庭里——孩子既能得到关爱，也能学会用爱做出回应。因为我们喜欢身边的人，也想让他们喜欢我们，所以才会（大部分时间）表现得友好而合作（暴力犯常常都是那些童年时期没有得到足够关爱的人，他们没有受到太多正面的熏陶。有很多人还受过虐待，或者亲眼目睹过严重的暴力行为和骚乱）。孩子在3岁左右，那种对物品抓住不放的特点就会逐渐减弱，开始学着和别人分享。这主要不是因为他们受到了父母的提醒（可能有些关系），而是因为他们快乐的感觉和对其他孩子的喜爱之情已经有了充分的发展。

另一个关键因素就是孩子们强烈地渴望自己能像父母那样。在3～6岁这个时期，会特别努力地做到讲文明，有礼貌和负责任。他们会非常认真地假装照顾玩具娃娃，假装做家务和外出工作，因为他们看到父母就是这样做的。

严格或宽松？这对很多新父母来说是个大问题，而且在很多家庭里都成为造成关系紧张的根源。对有些家长来说，宽松的方式只不过意味着随和的管理风格，对另一些家长来说，就表示放任自流，愚蠢地溺爱孩子，纵容他为所欲为。从这个观点来说，宽松灵活的规矩会使孩子变得娇生惯养，粗鲁无礼。

问题的关键不在于严格还是宽松。善解人意的父母在必要时也能对孩子严厉起来，适度地采取严格或宽松的标准来约束自己的孩子，也会收到良好的效果。反过来，如果对孩子严格是因为父母冷酷无情，或者过度的宽容是由于父母胆小懦弱，这种管教就收不到良好的效果。问题的关键在于父母管教孩子时的情绪，以及孩子在这种管教下最终达到的效果。

坚持你的标准。天性严格的父母应该对孩子严格管理。应该适当地要求孩子讲礼貌、听话、做事有条理等。只要父母基本上态度和蔼，并且保证孩子能快乐地成长，就不会对孩子有什么害处。但是，假如父母态度专横、粗暴、经常批评孩子，或者不考虑孩子的年龄和个性，这样的严格要求对孩子来说就是有害的。这种严厉的管教只能使孩子变得逆来顺受、缺乏个性、心胸狭窄。

只要父母在重要的事情上坚定不移，就算以随和的方式也能培养出体贴而具有合作精神的孩子。只要孩子的态度是友好的，许多出色的父母也会满足于宽松随意的方式。这些父母或许对及时行动或保持整洁的要求不十分严格，但会毫不犹豫地纠正孩子自私自利或粗鲁无礼的行为。

态度要坚定，要求要一致。父母的任务就是日复一日、坚持不懈地保证孩子在正确的道路上前进。尽管孩子的良好习惯主要是通过模仿形成的，但是父母要做的工作仍然很多。用汽车术语来说，就是孩子提供动力，父母掌握方向。有的孩子比别的孩子更难管——他们可能比大多数孩子活跃，更容易冲动，甚至更加顽固——因此，要使他们的行为不出格，就需要父母花费更多精力。

在大多数情况下，孩子的动机都是好的，但是他们没有经验或缺乏恒心，不容易把好习惯坚持下去。父母要一遍又一遍地强调："过马路的时候拉着我的手。""你不能玩那个，会伤着人的。""向格里芬太太说声谢谢。""咱们进去吧，令人惊喜的午餐正等着我们呢。""我们得把车留下，因为这是哈利的车，他还要用呢。""该上床睡觉了，好好睡觉才能长得又高又壮。"等。

父母的引导是否有效，取决于他们是不是始终如一地坚持同样的标准（当然，没有人能绝对地保持一贯的标准），是不是说话算数（而不只是提高声调），在指点或阻止孩子的时候理由是不是充分，而不是因为他们觉得自己可以专横。父母说话的口气很重要。气愤或轻蔑的语气容易引起愤怒和怨恨，不能激发孩子改进的愿望。

奖赏和惩罚

行为规范。有一些基本的行为规范同样适用于动物、儿童和成年人：获得奖赏的行为会随着时间出现得越来越多；那些被忽视或遭到惩罚的行为则会越来越少。即时的奖惩比延迟的奖惩更有效。行为习惯一旦养成，不时地给予奖赏要比每次都给与奖赏更能使这种行为持续下去。如果奖赏突然停止，这种行为就可能在一段时间内出现得更频繁，随后则会逐渐消失。这些规律既不是有效管教孩子的秘诀，也不是惯例。但是，能动的父母要么懂得这些道理，要么能够把这些原则自觉地运用到实际生活中去。

了解这些规范之后，就应该想到，如果想让孩子养成一种新的习惯——比如，对别人说"谢谢"——就应该想好如何奖赏这种行为，也许可以通过表扬的方式。如果想让孩子改掉某种行为习惯——比如吃饭时打嗝——就应该想一个合适的惩罚措施，每当孩子在餐桌上打嗝时都用这种方式提醒他改正。对于孩子的许多行为习惯，都可以用奖励或惩罚的方法加以管教，也可以双管齐下。

奖励还是惩罚？大体上看，奖励要比惩罚更有趣，对父母和孩子来说都是如此。而且，让人高兴的是，奖励往往也更有效。因为惩罚容易让孩子感到愤怒，他们就不那么积极地去做父母希望的事。奖励容易让孩子更愿意取悦父母。

父母可以想办法把惩罚变成奖励。如果不想惩罚孩子的某种行为

(比如打人)，也可以鼓励他相反的行为（友好地玩耍）。一旦习惯了这样看待问题就会发现，大多数本以为需要惩戒的行为都有值得褒奖的相反行为。例如：粗鲁的餐桌礼仪对应着优雅的举止风度；挑剔任性对应着随和友善；自私自利对应着慷慨大方或宽宏大量。

有效的赞扬。最有效的奖赏一般都是赞扬或认可；最有效的惩罚一般是忽视或批评。有效的赞扬包含两部分内容。要告诉孩子他做了什么，以及你对此的感觉怎样。有时候，有效的赞扬还会包含第三部分内容，那就是他的行为会带来什么好处。比如告诉孩子“你把衣服捡起来放到了篮子里。我真为你骄傲。现在我们就有更多的时间玩了。”只是简单地说“好孩子”并不会那么有效，因为孩子很可能不清楚究竟是什么行为赢得了赞赏。毫无理由地随便赞扬孩子也不会有效，因为“乖”并不一定表示孩子做了什么。

有效的批评。有效的批评与有效的赞扬一样，包含相同的三部分内容。要让孩子知道自己做了什么，父母对此的感受如何，以及这种行为会带来怎样的后果。比如说，“你把鸡蛋扔到地上，我很生气。现在我们必须把地板清理干净。”请注意，与简单说“你这坏孩子！”相比，前者传递的信息更多了。

立规矩还是纠正行为？以上内容并不是主张父母应该用非常刻板的方式跟孩子讲话。经过一段时间的实践后，你就能学会清楚明确地与孩子交流了。在现实生活中，很多情感交流都是不用语言的，而是通过微笑、皱眉以及高兴或担心的表情传达出来。孩子们天生就善于体察这些表情，当这些表情来自于他们生活中重要的成年人时，孩子的感觉就更加敏锐了。

传授式交谈。要把奖赏和鼓励看成给孩子传授所需常识的一种途径。另一种方法是直接告诉孩子你们要做的事情，以及期望他做出的表现。如果你们正准备去奶奶家探望，就可以说：“今天我们要去奶奶家。到那儿以后，我们先要跟奶奶聊聊天，告诉她你上学的情况，或者我们正在做的有趣的事情；过一会儿才是玩的时间。”如果孩子们知道了即将面对的情况，以及自己应该怎样做，就更容易有良好的表现。

保持积极的态度。正如大多数时候赞扬比批评有效一样，当期望以一种积极的方式表述出来时，效果几乎总是会更明显。例如，我们比较一下这两种表达方式："我们去商店购物会很开心；你要听妈妈的话，待在我的身边。"以及"不许在商店里乱跑！"一种表达方式描绘了一个画面的场景，而另一种方式则预示了一幅不好的画面。孩子们容易按照这些画面行事："不要"或"不许"等否定性词语不会在孩子头脑中留下深刻的印记，反倒让他们对父母想要防止的那种行为形成了很深的印象。

对于幼儿来说，你经常可以直接改变他的行为，让他不做大人禁止的事情（比如玩墙上的电源插座），而去做大人许可的事情（玩积木）。父母可能会说"别动，那个不安全。"但是接下来要马上提出一个安全又被许可的活动。

有必要惩罚孩子吗？许多善良的父母觉得，他们有时不得不惩罚孩子。但是，也有父母认为他们用不着动用惩罚措施就能把孩子管教好。实际上，这个问题在很大程度上取决于父母小时候的受教育方式。如果他们偶尔会因为犯了错误而受到惩罚，那么，在他们的孩子犯了同样错误的时候，他们也会采用惩罚的方式。如果他们在成长过程中始终受到正面的引导，也会采取同样的方法教育自己的孩子。

另一方面，表现不好的孩子也确实不少。有些孩子的父母经常惩罚孩子，而另一些父母却从不这样做。所以，我们不能笼统地说应该惩罚还是不应该惩罚。一般说来，这些都取决于父母培养孩子的最终目标是什么。

在进一步讨论"惩罚"这个问题之前，我们必须明白，惩罚从来就不是管教孩子的主要内容，它只是具有一种极强的提示作用。也就是说，父母用了一种激烈的方式表达了自己要说的话。我们都见过那样的孩子，他们虽然经常挨打挨骂，但是仍然恶习不改。

斯波克的经典言论

有必要惩罚孩子吗？大多数父母认为有必要。但这不代表孩子需要那么多惩罚，他们需要的是牛奶和鱼肝油，以便以正确的方式成长。

什么时候惩罚孩子才有道理。父母不能坐在一边看着孩子毁坏东西而不加干涉，事后再惩罚他。而应该阻止他，引导他。惩罚只是在正面的期望和清楚的沟通行不通时才采取的办法。也许孩子在难以抑制的冲动之下想要知道，几个月前父母定下的规矩是否仍然有效。也许他很生气，所以才故意惹是生非。

要知道惩罚是否有效，最好的检验方法就是看它是否达到了预期的目的，又没有产生副作用。如果父母的惩罚使孩子变得愤怒，和你较劲，而且比以前表现得更差，那么这样的惩罚显然没有达到目的。如果惩罚让孩子很伤心，说明你的做法可能太严厉了。当然，每个孩子的反应都会有所不同。

有时候，孩子因为意外或不小心打碎盘子或扯破衣服的事经常发生。如果孩子与父母关系很融洽，他会为自己的过错感到很难过，父母也不必惩罚他，反倒应该安慰他。如果父母对已经知错的孩子暴跳如雷，反而会使孩子不再自责，还会和父母争辩。

尽量不要威胁孩子。威胁容易削弱管教的效果。“如果你再到大街上骑自行车，我就把车没收。”这样的话听起来合情合理。但是，从某种意义上讲，威胁就等于试探，而试探就意味着孩子可以不听父母的话。如果孩子觉得父母说话总是当真的，那么，当父母用坚决的口气告诉他必须走人行道时，他就会更加认真地对待。反过来，如果父母觉得非得采取比较严厉的措施不可，比如把孩子心爱的自行车拿走几天，最好还是提前给他一个警告。只会威胁孩子，却从来不执行，这种做法很愚蠢，而且会很快毁掉父母的威信。所以，用类似“野兽来了”或“警察来了”的话去吓唬孩子，不会有真正的效果，还会导致严重的行为问题。如果不希望孩子总是战战兢兢的，就不要随便吓唬他们。用走开或抛下不管的态度去威胁一个漫不经心的孩子，效果也一样，因为这种威胁会破坏孩子心理安全感的核心支柱。作为父母，一定不希望孩子随时都担心自己会被抛弃。

体罚（打屁股）。为了“给他们一个教训”而打孩子是世界上许多地方的传统，而且大多数美国父母坚信打屁股有用，但大多数专家不同意这种观点。杜绝体罚的理由很多。首先，体罚会让孩子认为，比自己高大的人无论对错都有权管教他。因此，那些挨过打的孩子在欺负比自己小的孩子时，会觉得理直气壮。跟其他国家相比，美国的暴力行为更加猖獗，这可能就是因为美国人有体罚孩子的习惯。

当一个优秀的公司主管或一家商店的领班对某个员工的工作不满意时，他不会盲目地冲过去大喊大叫，不分青红皂白地把员工痛打一顿。相反，他会以一种不失身份的方式向这位员工解释怎样做是正确的。在多数情况下，有这种解释就足够了。孩子也一样，他们也想尽自己的责任，也想让别人说自己好。因此，当别人表扬他们或对他们报以期望时，总会表现得很好。

过去人们认为好孩子是打出来的，所以大多数孩子都会挨打。到了20世纪，专家研究发现，不用体罚，孩子照样能有很好的表现，成为彬彬有礼且具有合作精神的人。我本人就知道成百上千这样的孩子。在有的国家，人们根本不体罚孩子。

打过孩子的父母常常为自己辩解说，自己小时候就挨过打，而且“挨打没有对我造成任何伤害”。从另一方面来讲，几乎所有这么说的父母都能想起自己挨打以后产生的强烈羞耻感、愤怒和怨恨。我怀疑，这些父母之所以挨了打也能心理健康地成长起来，并不是因为受到了责打。大多数科学研究都没能发现责打本身特别有害或特别有益。父母和孩子之间的关系——无论温情、关爱，还是冷酷、严厉——其本质才是孩子发展过程中一种更加强大的力量。

非体罚教育。很多非体罚的教育手段都有逻辑性。比如，当宝宝抓住妈妈的鼻子用力捏时，就可以把他放到地上。这个惩罚就是和妈妈分开(尽管妈妈就在他的旁边)。父母及时使用这种温和但有效的办法可以教育宝宝，如果宝宝想抓别人的脸，父母就会控制这种欲望。年幼的宝宝打父母的脸，只不过想引起他们的注意。这种行为通常会带来一个富有讽刺性的场面——父母一边打孩子的手一边说“不要打了。”其实，应该说：“噢！真疼！”然后把孩子放下来，找点别

的事做，让孩子单独待几分钟。这样一来，孩子就会明白，这种让人不快的行为不但得不到关注，反而会造成相反的结果。

另一种形式的非体罚措施是暂停游戏，让孩子在游戏围栏里待几分钟，这种方法适用于大一点的学步期孩子。如果学步期孩子非要把安全插头从电源插座里拔出来，父母当然不能允许他们这么做。但是孩子可能很倔强，根本不听口头警告。让他玩另一个游戏时，他会兴致勃勃地跑回去玩电源插座。他觉得自己正在玩一个特别有趣的游戏。这时，父母不该无可奈何地陪着他玩，而应该把他抱到游戏围栏里，简单地说一句"不能再玩了"，然后离开他几分钟。大多数学步期的孩子，不论正在玩什么，只要被抱开，他们就会作出反抗，所以要做好心理准备，他们可能会大哭大闹。但是这种轻微的惩罚对于教育学步期孩子来说很有效，可以让孩子明白父母不是随便说说，而是认真的。

暂停游戏。一种更正式的暂停游戏的方法对学龄前儿童和低年级的小学生都非常管用。暂停游戏就表示暂时不理睬孩子，也不让他玩。可以在家里找一张离家人活动的区域较远的椅子；不要太远，免得不知道孩子正在干什么，但是也不要把它放在很多东西中间。宣布暂停游戏时，孩子就要坐到那把椅子上去，直到告诉他时间到了才能起来。可以用一个煮鸡蛋用的计时器，按照孩子的年龄设置时间（时间不要太长，否则孩子容易忘记为什么要坐到椅子上去，还会觉得难过或怨恨）。如果孩子在计时器响之前就站起来了，要重新计时，他必须从头开始再"服刑"一次。

在暂停时间快结束时，可以让孩子告诉你为什么要暂停游戏，以及以后要有怎样不同的表现。如果他说不出来，要告诉他，还要让他再暂停一小会儿去想想这个问题。这个过程会让孩子负起责任，真正吸取父母教给他的这个教训。

有的父母发现了一种有效的惩罚方法，他们把孩子关在房间里，告诉孩子，如果保证不再捣乱就把他放出来。这种方法理论上有一个缺点——它可能会让卧室变得像一间囚室。但是，这种方法也可以教育孩子，和其他人在一起的权利是可能失去的，还能让孩子知道，生气的时候最好找个地方单独待一会儿，让自己平静下来。

合理的惩罚。对大一点的孩子来说，如果一犯错误就马上受到惩罚，效果一般都比较好。如果已经严厉地让孩子收拾东西了，但他还是把玩具丢得满屋子都是，就可以没收玩具，在他拿不到的地方放几天。如果一个十几岁的孩子就是不把他的脏衣服放到洗衣篮里，就让他上学时没有干净衬衫可穿（虽然不是所有孩子都很在乎这种情况，但对许多青少年来说是相当严厉的惩罚）。如果一个十七八岁的孩子晚上很晚才回家，也没有打电话提前告诉父母，就在一段时间内禁止他晚上外出，直到能证明他会为自己的行为负责。有效的惩罚总是有原因的，孩子自己也必须清楚为什么被罚。这些惩罚让孩子明白了极其重要的人生道理——每一种行为都要承担后果。

过度施行体罚的父母需要帮助。有的父母说，他们必须不断地惩罚自己的孩子。我认为这些父母需要某种帮助。少数父母对管教孩子感到十分苦恼，他们要么说自己的孩子不服从管教，要么就说他是个坏孩子。观察这类父母时会感觉到，虽然他们很想努力，也认为自己正在努力，但是看起来不像真在努力。有的父母常常威胁、训斥、惩罚孩子；有的父母却从来不去履行他们的威胁，他虽然让孩子服从了一下，但是5分钟或10分钟以后，似乎就不再关注这件事了；有的父母虽然真的惩罚了孩子，却始终无法让孩子听自己的话；还有的父母只是一个劲地冲孩子大喊大叫，说“你真是个坏孩子”，或者当着孩子的面问邻居是不是从来没见过比这更坏的孩子。

这些父母总是觉得孩子的不良行为会持续下去，而且不论父母怎么努力都无济于事。其实，正是父母诱发了孩子的不良行为，他们却没有认识到这一点。他们的训斥和惩罚只是挫败感的一种表示。当他们向邻居抱怨时，只是希望能得到一些令人宽慰的认同，承认这个孩子是真的无药可救。这样的父母需要善解人意的专业人士的帮助。

给孩子设定限制的技巧

既严格又友好。再随和的父母也要知道应该怎样严格要求孩子，不能由着孩子无理取闹，要让孩子懂得，父母也有自己的权利。这样一来，孩子就会更喜欢爸爸妈妈。父母的严格要求从一开始就能培养孩子有理有节地与人相处。

受宠的孩子即使在自己家里也不会觉得快乐。不管2岁、4岁还是6岁，只要走出家门，孩子就会不可避免地遭到突然的打击。他们会发现没人愿意对他们唯命是从。他们会真正明白，所有人都因为自己的自私而讨厌自己。这样一来，他们要么一辈子不招人喜欢，要么就必须费很大的劲学会如何与人友好相处。

善良的父母常常会暂时容忍孩子的顽皮，等耐心耗尽的时候，他们就会把怒气撒在孩子身上。其实，父母根本不必如此。如果父母有着健康的自尊心，完全可以为自己着想，同时保持友好的态度。比如，女儿非要让你继续陪着她玩，而你已经筋疲力尽了，可以愉快而坚定地对她说："我太累了。现在我要去看会儿书，你也可以去看你的书。"

有时，女儿可能会坐在别的孩子的小车上不下来，而那个孩子又想把车拿回家去。这时，父母要试着拿别的东西来诱惑她，转移她的注意力。但是不能总对她这么温柔。有时候哪怕她会大声哭喊，也要坚决地把她从小车里抱出来。

生气是正常的。如果孩子因为大人要纠正他的错误，或者因为妒忌兄弟姐妹而对父母态度粗暴，应当立即制止他，还应该要求他有礼貌。同时，父母可以告诉孩子，他们知道孩子有时候对父母很生气（所有的孩子都有跟父母生气的时候）。可能这话听上去有点矛盾，好像是在放弃对孩子的管教。管教的经验告诉我们，如果父母坚决要求孩子行为举止得体，那么他们不仅会有更好的表现，还会更加快乐。但是，承认孩子的情绪并不等于原谅他的错误。通过这种方式可以让孩子明白，父母知道他很生气，但是不会被他的情绪激怒，也不会因此而疏远他。这种认识有助于孩子缓解怒气，不再感到惭愧或担心。

在现实生活中，把孩子的愤怒和敌对情绪以及敌对行为区分开很有必要。事实上，心理健康的基础就是能够意识到自己的各种情绪，然后决定如何合理地排解这种情绪。父母可以帮助孩子准确地表达自己的感受，这样能促进情商的发展。情商是成功人生非常关键的因素。

不要说："……好吗？"该做什么就做什么。大人跟孩子说话时，很容易养成问这种问题的习惯："坐下吃午饭好吗？""咱们穿衣服好吗？""你想小便吗？"另一种常见的习惯是，"现在该出门了，好吗？"这种问题带来的麻烦是，孩子——尤其是1～3岁时——往往会回答"不"。这时候，可怜的父母就得说服孩子去做他本来就该做的事了。

如果真正的目的是给孩子提供指导，最好不要给他们选择的余地。对幼儿来说，非语言的方式更有效。午饭时间到了，可以一边和他聊着刚才的事情，一边把他拉到或抱到餐桌前。如果看出他该上厕所了，把他领到卫生间，或把小马桶拿给他，用不着告诉他要干什么，给他脱裤子。

这并不是说父母应该对孩子发动“突然袭击”，然后把他赶到那儿去。把孩子从他专注的事情上带走时，最好巧妙一点。如果一个15个月大的孩子在晚饭时间仍然玩着积木，可以让他拿着积木，把他抱到餐桌前，然后,在递给他勺子的同时把积木拿走。如果一个2岁的孩子到了睡觉时间还在玩玩具狗，可以对他说：“我们把狗放到床上吧。”如果一个3岁孩子在该洗澡时还在地上起劲儿地玩着玩具汽车，可以建议他让小汽车做一次到浴室的“长途旅行”。父母对孩子做的事情表现出兴趣，他就会心甘情愿地配合。

随着年龄的增长，孩子的注意力会越来越集中。这时最好能给他友好的忠告。如果4岁的孩子已经花了半小时用积木搭一座车库，就可以对他说：“赶紧把小汽车放进去吧。在你睡觉之前，我想看见汽车已经在车库里了。”应该建议孩子：“找个合适的时间停下来。”或者告诉他你会给他一个“5分钟提醒”，让他知道什么时候准备结束游戏。这种方法可以让孩子知道游戏很重要，同时也在设定的限制范围内给他一些节制感。要做到这一切需要耐心，但父母也不可能总是很有耐心，这很正常。任何父母都不可能永远耐心。

不要给孩子讲太多道理。当孩子还小的时候，最常用的方法还是把他的注意力转移到有趣而无害的东西上去，从而直接把他从危险或禁止的情况中引开。等他长大一点并学到一些教训时，就要以就事论事的态度提醒他“不可以”，然后进一步分散他的注意力。如果他想让父母解释或追问理由，就用简单的语言告诉他。但不要以为他需要你对每一点指导都做出解释。他知道自己缺乏经验，需要依靠父母保证自己远离危险。只要做得巧妙，不过分，父母的指导会让他觉得很安全。

有时候，会看到1～3岁的孩子因为大人的警告太多而变得焦虑不安。有个2岁的小男孩，他的母亲总想用这种思想来控制他：“杰克，你千万不能碰医生的灯。要是你把它打破了，医生就看不见东西了。”杰克一副焦急的表情,眼睛瞪着医生的灯，嘴里咕哝着：“医生会看不见。”一分钟后，杰克要把临街的门打开，他的母亲又警告他说：“不要出去啊，杰克会迷路的。杰克迷了路，妈妈就找不到他了。”可怜的杰克想了想，重复道：“妈妈找不到他。”对孩子说这么多坏结果是有害的，会导致孩子病态的想象。父母不该总让一个2岁大的孩子对自己的行为后果担心，这个年龄正是孩子在实践中学习的阶段，是通过做事来获得经验的阶段。这并不是说不能警告孩子，而是说不应该用他理解不了的思想来引导他。

我又想起了一位很有责任心的父亲。这位父亲觉得他应该把什么事情都给 3 岁的女儿解释清楚，因此，每次准备出门时，他从来不会给孩子穿上衣服就走。他总是问孩子："我给你穿上衣服，好吗？""不！"孩子回答道。"噢，可是我们要出去呼吸一下新鲜的空气呀。"孩子已经习惯了父亲的这种做法，因为父亲总是觉得必须把任何事情都解释清楚。孩子利用这一点迫使父亲对每件事情都做出说明。所以，她接着问："为什么呢？"其实，她并不是真的想知道。"新鲜空气能让你身体健康强壮，这样你就不会得病了。""为什么？"她又问。如此这般，从早到晚，问个没完。这种毫无意义的争论和解释既不能使她成为一个愿意与人合作的孩子，也不能让她把父亲当成一个明理的人去尊敬。如果父亲十分自信，并且平常总是以一种友好、主动的方式来引导孩子，她会觉得更幸福，还会从父亲那里获得更多安全感。

斯波克的经典言论

虽然有人指责我娇惯孩子，但我一点也不觉得。所有使用这本书并和我讨论过这个问题的人也都同意我的观点。说我娇惯孩子的人都承认没有读过这本书，也不愿意读。这样的指责第一次出现在 1968 年——第 1 版问世后第 22 年，来自一位有名的牧师。他对我反越战的政治观点十分不以为然。他说我在误导父母，让他们给自己的孩子"及时的奖励"，这些孩子以后会变成不负责任、缺乏纪律、不爱国的人，还会反对自己的祖国和越南打仗。这本书并没写过及时的奖励。我也总是建议父母要尊重孩子，但也要注意维护自己的权威。父母应该给孩子坚定、清晰的引导，让孩子既懂得合作又有礼貌。

放纵的问题

如果父母对孩子过分放纵，结果会非常糟糕，因为他们对孩子的要求太少，而且不能理直气壮地对孩子提出要求，或者因为他们在不知不觉中纵容了孩子在家里的霸气。

由于不能理解孩子的个性，或者自我牺牲精神太强，也可能因为害怕引起孩子的反感，有些父母每到应该适当约束孩子的时候就会犹豫不决。这样一来，孩子必然会养成不良习惯，而父母也会因此而生气。这些父母会经常生闷气，却不知道如何是好。这

时候，孩子也会不知所措。这很容易使孩子产生负罪感并且变得谨小慎微。与此同时，他们还会变得更加自私和骄横。例如，假如孩子尝到了晚上不睡觉的甜头，而父母也不敢剥夺他的特权，长此以往，后果肯定不会令人愉快。孩子占据了晚上的大部分时间，父母则饱受煎熬，整晚睡不好觉。这时，父母肯定会因为孩子的任性而讨厌他们。如果态度坚决，当机立断，父母会惊讶地发现，孩子很快变得讨人喜欢了，父母也会因此感到舒心。

换句话说，只有要求孩子举止得体以后，父母才会感到孩子可爱。孩子只有举止得体，才会感到快乐。

回避管教的父母。有不少父亲或母亲（虽然经常和孩子一起玩）常常逃避对孩子的引导和约束，把大部分工作留给了自己的配偶。信心不足的母亲总是说："等你爸爸回来再说。"每当问题出现时，有些父亲就躲在报纸后面，或全神贯注地看电视。当母亲责备他们时，有些不参与子女教育的父亲会说，他不想让孩子恨他们，他想成为孩子的朋友。

有既友好又能陪孩子玩耍的父母当然好，但孩子们也希望父母有家长的风范。在孩子的一生中，他们会有很多朋友，但只能拥有一对父母。

要是父母心软或不愿意管教孩子，孩子就会感到像没有支撑的藤蔓一样无依无靠。如果父母不自信、态度不坚决，孩子就会试探父母的容忍限度，给自己和父母找麻烦，直到把父母激怒，决定惩罚孩子为止。这时，父母又会感到惭愧，再次退却。

由于父亲躲避教育孩子的责任，母亲就必须担起两个人的责任。此外，父亲也不会得到孩子的友情。孩子知道自己表现不好会让大人生气。因此，当孩子做错事情，而父亲却假装没看见时，孩子会很不自然，会猜想父亲在掩盖怒气，在孩子的想象中，这种怒气比实际上要强烈得多。有些孩子甚至会害怕这样的父亲。但是，另一类父亲能自然地管教孩子，被激怒时也会表示气愤。这样，孩子就能明白父亲为什么生气，以及自己该如何表现，父子（父女）关系也会好一些。当孩子发现自己能够摸透父亲脾气关系时，会获得一种自信，就像他们克服恐惧学会了游泳、骑车或夜里一个人走回家时获得的信心一样。

关于纪律的疑惑。在传统社会，人们的育儿观念代代相传，所以大多数父母非常清楚如何以最佳方式养育自己的孩子。现在的情况则与此相反，养育孩子的观念已经发生了巨大的改变，因此很多家长都感到迷惑。这些改变有很多是科学发展引起的。比如，心理学家已经发现，和严肃的命令型教养方式相比，亲切而深情的教养方式更容易培养出行为端正且快乐的孩子。了解了这一点，有些家长就会以为孩子需要的全部内容就是关爱；认为应该允许孩子表达对父母和他人带有侵犯性的情绪；还以为当孩子行为不当时，父母也不应该发火或惩罚孩子，而要展示出更多的关爱。

如果这样的错误观念表现得太过分，就很难处理。它们会刺激孩子变得要求苛刻和难以相处，也会使孩子因为过度的不良行为而感到惭愧。父母的错误观念还会使他们自己极力地想要成为“超人”。

内疚会成为阻碍。很多原因会使父母感到对某个孩子有愧。以下是几种会产生这种内疚的典型情况：母亲上班前没顾上仔细想一想，是否有怠慢孩子的地方；孩子身体残疾或精神有缺陷；领养孩子之后，总觉得自己必须付出超常的努力才能具备做父母的资格；父母小时候总是受到大人的指责，直到被证明是清白无辜时才能摆脱自己的负罪感；学过儿童心理学的父母，知道哪些做法对孩子不好，因此觉得自己必须把孩子教育得比别人好。

无论父母内疚的原因是什么，这种感觉都不利于父母对孩子的培养。父母总是对自己要求过高，而对孩子期望值太低。即使父母的耐心已经达到了极限，而孩子也确实淘气过了头，需要明确的纠正，这些父母也会努力保持宽容的态度和温和的口气。每当孩子需要严加管教时，父母就会犹豫不决。

孩子其实像大人一样清楚自己什么时候太淘气或太放肆。即使父母假装没看见，他也知道自己太过分了。他会在心里觉得自己不应该这样，希望有人阻止他。但是，如果没有人管，他就可能闹得不可收拾，好像在说，“看我闹到什么分上才有人管？”

最后，父母会因为孩子行为太过分而忍不住发火，训斥或惩罚孩子。等事情平息以后，父母会对自己的“失态”惭愧万分。所以，他们不是去巩固这种管教的结果，而是纠正自己的做法，或者干脆让孩子惩罚自己。父母要么在惩罚孩子的过程中容许孩子对自己无礼，要么在问题处理到一半时就把处理决定收回去，要么当孩子再次调皮时假装没看到。

有时，如果孩子没有什么反抗的表示，父母反而会故意刺激他。当然，这些父母根本没想到这样做的后果是什么。父母可能觉得这些描述听起来很复杂难懂，或者不合常理。如果无法想象为什么父母会允许，甚至鼓动杀了人的孩子负罪逃跑，这只能说明你对孩子没有愧疚的感觉。但是，愧疚感并不是个别问题。大多数明事理的父母在觉得对孩子有失公正或考虑不周时，都会偶尔放纵孩子一下，但很快就会恢复正常的做法。而如果父母说：“孩子每说一句话，每做一件事，都让我气不打一处来。”这就是一个明显的信号，说明父母感到极端内疚，而且一直都在妥协让步，所以孩子就表现得越来越过分。没有哪个孩子会无缘无故地那样惹人生气。

要是父母知道自己在哪些方面可能太纵容孩子了，并在这些方面严格管教，坚持不懈，就会高兴地发现，孩子不仅变乖了，还更加快乐了。这样，父母就会更爱自己的孩子，孩子也会更爱父母。

讲礼貌

讲礼貌是自然养成的习惯。让孩子学会讲礼貌，不一定要先教他们说“请”或“谢谢”，最重要的是要让孩子喜欢周围的人，还要对自己的人品感觉良好。否则，只是教他们一些表面的礼节，也相当困难。

给孩子创造一个彼此关心、互相体贴的家庭环境很重要，孩子会从家人的相互关爱中吸收营养。他们想说“谢谢”是因为家里人都这样说，而且确实心怀感激。他们还愿意与人握手并且说“请”。所以，父母互敬互爱，对孩子讲礼貌，这一切都会给孩子树立良好的榜样。这种模范作用对孩子养成礼貌的习惯很关键。

要让孩子看到父母友好又体贴地对待家庭以外的人，尤其是那些社会地位比较低的人，这一点对孩子也非常重要。当父母带着诚恳的尊重与送餐的人或清洁工打交道时，就是在向孩子传授礼节的真正含义。

教较小的孩子讲礼貌。尽量不

斯波克的经典言论

我认为教孩子讲礼貌应当成为培养孩子的重要内容。良好的行为习惯会让孩子获得正确的信息：在我们的社会中，人们做事必须遵循某种能够令人接受的方式；对别人讲礼貌可以使每个人都更快乐也更可爱。

让孩子在陌生人面前感到不自在，这一点也很重要。我们总习惯于把孩子——尤其是家里最大的孩子，介绍给陌生的成年人，还要让孩子说点什么。对于2岁的孩子，这样做只会让他难为情。以后，每当他看见父母和别人打招呼，就会觉得不自在，因为他知道自己也得作出某种反应。

但是对3～4岁的孩子来说，情况就会好多了。这时候，孩子需要时间来打量陌生人，把与陌生人的谈话从他身上岔开，而不是转向他。3～4岁的孩子可能会看着陌生人和父母谈话，过一会儿，他可能会突然插一句："便池里的水流出来了，流了一地。"这当然不是查斯特菲尔德勋爵[1]提倡的那种礼貌，但这确实是一种礼貌，因为他想和大人分享一份让他着迷的经历。如果孩子对陌生人一直保持这样的态度，用不了多久，他就能学会怎样以更符合习惯的方式与人相处了。

父母的感觉才是关键

做父母注定会生气。如果孩子连续哭好几个小时，用了所有的耐心去安慰他，可他还是哭个没完，这时，父母对孩子就不会有同情心了。在你眼里，他简直就是一个讨厌、固执、毫不领情的小东西。父母会忍不住生气，而且非常生气。有时，大儿子会明知故犯，做不该做的事：也许他非常想要你那件很容易摔碎的东西；也许他迫不及待地要和马路对面的一群小孩一起玩，不顾劝阻就跑了过去；也许他会因为父母不给他某样东西而发脾气；也许因为新宝宝得到的关心比他多而生宝宝的气。于是，他就会因为单纯的恶意而表现不好。

如果孩子违反了一项被大家普遍接受的合理规则，父母就很难做一个冷静的裁判了。优秀的父母都有着强烈的是非观。从童年时代就一直遵循的规则被打破了，或者财物被毁坏了，而犯错误的是孩子，你对他的性格又非常在意。这时，父母难免会感到愤怒，孩子自然也会明白这一点。这时

[1]Lord Chesterfield，英国著名政治家、外交家及文学家，他最著名的成就是集几十年心血写给儿子菲利普的信——《查斯特菲尔德勋爵给儿子的信》（*Lord Chesterfield's letters*），成为有史以来最受推崇的家书，被誉为"一部使人脱胎换骨的道德和礼仪全书"。

斯波克的经典言论

我想，一些即将做父母的夫妇会理想化地认为，如果他们是出色的父母，他们就会对天真无邪的孩子表现出无限的耐心和爱心。但是，作为人来讲，这是不可能的。

候，只要你的反应合情合理，也不会伤害孩子的感情。

有时，父母要过好一会儿才能意识到自己在发脾气。孩子可能从吃早饭开始就一直在做一件又一件惹人生气的事，比如对着饭菜说一些让人不舒服的评论，有意无意地洒了牛奶，摆弄不让他玩的东西还把它打碎了，捉弄比他小的孩子等。父母先是以极大的忍耐不去理会这些事情，可是当孩子做出最后一件事的时候，愤怒终于爆发了。其实这最后一件事本身并不那么严重，可爆发的程度却连你自己都有点震惊。多数情况下，如果回想一下就会明白，在这一连串令人恼火的行为中，孩子其实一直在期待父母的坚决态度。倒是父母充满善意的容忍使他一次次地挑衅，又一次次地期待着有人能阻止他。

由于来自其他方面的压力和挫折，我们也会对自己的孩子发脾气。比如，一位丈夫可能会因为工作中的问题而烦躁不安，回到家里就跟妻子找茬。于是，妻子可能会为一件平时根本不算什么的小事打孩子，挨打的男孩又会拿他的小妹妹出气。

敢于承认自己生气。父母有时会对孩子失去耐心，或者对他们产生不满，这些都是不可避免的，所以我们一直都在讨论这个问题。与此同时，我们还得考虑一个同样重要的相关问题：父母能坦然地对待自己的愤怒情绪吗？对自己要求不是过分严格的父母通常都能承认自己在发怒。如果孩子一直捣乱，让人不得安宁，直率坦白的母亲就会对她的朋友半开玩笑地说“在屋里和他多待一分钟我都受不了”或者“我真想痛快地揍他一顿”。虽然她不会真的那样做，但是她敢于向同情她的朋友承认自己的确很生气，或者接受自己很生气的事实。这样，弄清了自己生气的原因，并在交谈中说出来以后，她的心里也就舒服了。这样做也使她明白了自己一直在容忍的问题，有助于她以后更坚决地制止孩子的不良行为。

有些父母为自己制定的标准过高。他们经常生气，却又觉得优秀的父母不应该像自己这样。真正受折磨的正是这种父母。当他们意识到自己的愤怒情绪时，要么感到非常内疚，要么就设法否认这种情绪的存在。但是，如果一个人总想压制自己的愤怒，只能让这种情绪以别的方式爆发出来，比如紧张、疲劳或头疼。

对孩子感到生气的另一种间接表现就是过分地保护孩子。如果一位母亲不愿意承认自己对孩子有不满情绪，就会凭空想象出一些可怕的事情，并且认为这些来自别处的厄运会降临在孩子头上。因此，她会过分地注意细菌或交通。她想寸步不离地保护自己的孩子远离这些危险。这很容易让孩子对父母产生过分依赖。

承认自己的愤怒，你会感觉舒服一些，孩子也会心情放松。在一般情况下，父母感觉痛苦的事情同样也会让孩子感觉痛苦。当父母害怕自己对孩子的愤怒而不敢承认时，孩子也会有同样的担心和恐惧。在儿童心理诊所里，我们就能见到这样一些有幻觉恐惧心理的孩子，他们害怕昆虫，害怕上学，害怕与父母分开。调查证明，这种恐惧心理之所以产生，就是由于孩子不敢承认自己对父母有一些愤怒，于是采取这种手段掩饰。

换句话说，如果父母敢于承认自己生孩子的气，孩子就会更加愉快。因为在这种情况下，如果孩子有同样的情绪，也会感到很坦然。所以，父母把合理的怒气发泄出来有助于澄清事实，使每个人都感到心情愉快。

什么时候不能生气。当然了，不是所有对孩子的抵触情绪都是正当的。到处都能见到没有爱心的粗鲁父亲，他们整天毫无道理地用言语或体罚来虐待孩子，而且丝毫不感到愧疚。我们这里针对的不是他们，而是那些对孩子充满爱心又有奉献精神的父母，两者的区别显而易见。

如果一位慈爱的家长总是生孩子的气，那么，不管他把怒气发泄出来还是憋在心里，都会在精神上受到不断的折磨。在这种情况下，我建议他找心理医生咨询，因为他的怒气可能是其他原因导致的。生气或恼怒的状态实际上常常是情绪低落的表现。低落的情绪影响着相当多的父母，尤其是那些孩子还很小的母亲，那是一种非常痛苦的精神状态。好在这种症状比较容易治疗（参见第 518 页）。

父母往往特别容易跟某个孩子生气，并因此感到十分内疚。尤其是无缘无故地产生这种愤怒情绪的时候，父母的内疚感会更加强烈。有的母亲会说：“这个孩子总是惹我生气。我尽量对他更好一些，不去理会他犯的错误。”心理咨询或许有助于这样的母亲更好地了解自己，做出必要的改变。

祖父母

我们经常可以听到祖父母问："为什么我没能像喜爱孙子（或孙女）那样地喜爱我自己的孩子呢？我想我那时可能太想把孩子带好了，感觉到的只有责任。"

而肩负着教育责任的父母则需要不时地被人提醒，让他们认识到自己的孩子有多出色。丰富的阅历和隔代人的特点使祖父母常常能劝慰父母，告诉他们孩子的不当行为实际上只是成长过程中的小问题，并不是不可超越的障碍。祖父母会把孩子和他们的文化传统以及构成家族传奇的那些故事联系在一起。父母不在家或生病时，祖父母也会被请来帮忙照顾孩子。长期看护孩子的祖父母面临着特殊的挑战。

心理紧张是正常的。有些家庭里，父母和祖父母之间的关系非常融洽，在少数家庭里则存在巨大的分歧。还有些家庭，父母和祖父母关系可能有点紧张，一般都是在护理头胎孩子的问题上意见不一致。但是随着时间的流逝和不断的调整，这种分歧会慢慢消失。

有的年轻母亲很幸运，她们天生就很自信。在需要帮助的时候，她们能毫不犹豫地向自己的母亲求助。当母亲主动提出建议时，如果她们认为合适，就会接受，如果认为不合适，就把它放在一边，按自己的方式去做。但是多数年轻母亲一开始没有这么自信。就像其他刚开始从事陌生工作的人一样，她们很容易发现自己的不足之处，对别人的批评也很敏感。

多数祖父母都对自己当年刚刚成为父母时的情景记忆犹新，所以，他们总是尽量不去干涉年轻的父母。但是，祖父母有经验，认为自己有判断力，又非常疼爱孙子，因此，他们常常忍不住说出自己的观点。他们可能很难接受自从他们年轻时照看孩子以来的一切变化——比如，把婴儿送到家庭之外照看，或者晚一些才进行如厕训练。即使接受了新方法，在实施这些方法的过程中，还是会觉得这么做有些过分。

我认为，如果年轻父母有勇气，就应该允许甚至恳请祖父母说出他们的看法，这样年轻的父母才能和祖父母保持愉快的关系。从长远看，坦率的讨论通常要比含蓄的暗示或令人不自在的沉默更让人舒服。一位母亲如果对自己照料孩子的方法非常自信，可以说："我知道你可能觉得这个方法不太合适。我再去问问医生，看看他的意思我是不是理解错了。"这样说并不意味着这位母亲作出了让步，因为她保留了作出最后决定的权利。她只是承认了祖父母的好意和明显的关心。如果年轻的母亲能这样理智地处理眼前的问题，以后出现问题时也能处理得让祖父母放心。

如果祖父母对自己的子女有信心，并且可以尽可能地接受子女的方法，他们就能帮助年轻父母把孩子照料得很好。这样，年轻父母在有疑问的时候就会主动地向祖父母请教。

把孩子交给"隔代人"照顾。如果要把孩子交给祖父母照料，无论是半天还是两个星期，年轻父母与祖父母之间都必须相互理解，作出适当的妥协。一方面，年轻父母要有足够的自信确保在重要的问题上必须按照自己的意见办。另一方面，年轻父母不应该指望祖父母会像自己的翻版一样，完全按照自己的方法去管教和约束孩子，这对祖父母是不公正的。他们可能会让孩子脏点或干净点，不严格按固定时间吃饭，这对孩子都没什么害处。如果年轻父母认为祖父母照料孩子的方法不对，就不要请他们来照顾孩子。

有些父母对别人的劝告很敏感。如果年轻父母在儿童时代经常遭到父母的批评，他们照顾孩子时就会比一般人紧张，会觉得不自信，容易对别人的反对意见感到不耐烦，而且还会固执地显示自己的能力。为此，他们可能会极其热衷于育儿方面的新理论，并且在实践中努力运用这些新理论。他们似乎很喜欢彻底的改变，最好和他们的经历完全不同。另外，他们还希望能以此证明祖父母的做法有多么过时。如果年轻父母发现自己不断地使祖父母不愉快，就应该至少作一下自我检查，看看自己是不是有意这样做而自己却没有意识到。

说一不二的祖父母。有个别的祖父母一直对子女管得很严。即使子女都已经有了孩子，还是一如既往，不肯放手。这样一来，年轻父母可能一开始就很难按自己的主意行事。例如，年轻的母亲会害怕自己的父母提建议，她会生气，但又不敢表达出来。如果接受建议，她就会觉得自己总是受人摆布。如果拒绝了这个建议，又会觉得内疚。那么，这样的新妈妈怎样才能保护自己呢？

首先，她可以不断地提醒自己，现在自己是母亲了，孩子是自己的，她应该按照自己认为最好的方法来照顾孩子。如果别人的观点使她对自己的方法产生怀疑，可以从医生那里得到支持。她当然有权利要求丈夫的支持——尤其是当婆婆总是干涉自己的时候。如果丈夫认为自己的母亲在某个问题上是对的，应该私下里向妻子说明，与此同时，他还要让母亲明白，他站在妻子一边，而且他也反对别人的干涉。

年轻的母亲不应该躲避孩子的祖母，也不应该害怕听她提意见，如果年轻的母亲能慢慢地学会这样做，她就会表现得更好。无论是躲避祖父母还是怕听意见，都在一定程度上显得她太软弱，不敢坚持己见。还有一件更难做到的事：她不仅需要学会不生闷气，而且还要学会不发脾气。她的确有权利生气。但如果她压抑不住自己的怒火而发了脾气，这就说明她害怕祖母生气而忍耐得太久了。喜欢发号施令的祖母通常能间接地觉察到子女这种胆怯的反应，还会利用这一点。

如果事情到了非得冒犯祖母的地步，年轻的母亲也不应该为此感到内疚。实际上，对祖母发脾气没有必要。即使出现这种情况，最多也不应该超过两次。在祖母生气前，年轻的母亲完全可以用一种平静而自信的口气为自己辩解，“医生告诉我要这样喂孩子”，“你看，我是想让孩子尽量凉快些”或者“我不想让他哭得太久”。平静又肯定的语气通常最能说服祖母，让她相信孩子的母亲有勇气表达自己的观点。

这种偶尔出现的情况会带来长时间的紧张气氛。因此，孩子的父母和祖父母可能需要分别找专业人士（比如聪明的家庭医生、儿童精神病专家、社会福利工作者、通情达理的牧师）咨询一下，以便每个人都能把自己的看法清楚地说出来。最后，两代人可以重新坐在一起好好谈谈。无论怎样，大家应该有这样的共识，教育孩子的责任是父母的，作出最后决定的权利也是父母的。

充当父母的祖父母。有一些孩子由祖父母抚养，因为他们的父母因为精神问题或吸毒成瘾而不能抚养他们。祖父母承担这种责任时，感情常常十分复杂：对他们孙子孙女的爱，对他们自己孩子的气愤，可能也有一些内疚和后悔。这种养育孩子的任务可能会让人格外满足，但也会令人疲惫不堪。祖父母在这种情况下可能会向往正常的关系——可以溺爱他们的孙子孙女，还可以另外有一个安静的家。

这些照顾孩子的祖父母也会经常担心，如果他们的身体不行了将会怎么样？为孩子的看护提供支持的政府机构往往无法给这些祖父母提供同样的支持。然而，类似的家庭和社会团体则会提供很大的帮助。很多城市都有提供育儿技巧和精神支持的祖父母团体。

性

生活的真相

无论你是否愿意，性教育都会早早地开始。人们一般认为，性教育就是在学校里听讲座或在家里听父母严肃地谈话。这种理解未免太狭窄了。在整个童年时代，即使孩子没有了解某些生活事实的合适渠道，他也会通过不太系统的方式获得这些信息。性的问题不光是指婴儿是怎样产生的，它包含的内容比这广阔得多，例如男人和女人如何相处，他们在世界上各自的地位如何等。

当然，尽管 1 岁的孩子有着对父母强烈的依赖之情作基础，要他完全理解这些也是不可能的。到了 3 岁、4 岁或 5 岁时，孩子就会把他的爱慷慨大方地献给父母。这时，要让孩子了解到，父母不光想要彼此拥抱和亲吻，他们还渴望友好相处，互相帮助以及彼此尊重。这对孩子有好处。

斯波克的经典言论

我觉得，性既是肉体的，也是精神的，孩子应该知道他们的父母就是这样认为的。这种想法把恋爱变成一种强烈的情感体验。恋爱中的男女都希望互相关心、互相照顾、互相取悦、互相安慰，而且最终共同孕育优秀的孩子。如果他们有宗教信仰，还会希望神成为他们婚姻的一部分。这些渴望对于构建牢固又理想的婚姻起到了一定作用。

这个年龄段或更大一点的孩子会问到小孩是从哪儿来的，以及父亲的作用是什么等问题。这时父母就应该真诚地告诉孩子，他们是如何爱着对方，如何希望为对方做点事情，送给对方礼物，共同孕育并且共同照顾孩子，以及他们是如何伴随着肉体的爱和希望把父亲阴茎里的种子放到母亲的阴道里去的。这一切对孩子来说都很重要。换句话说，在对孩子进行性教育时，父母不应该只从解剖学和生理学的角度去解释性，要始终把性与理想和精神联系起来讲解。

婴儿的性教育。性教育甚至在孩子会说话、会提问之前就可以进行了。在洗澡和换衣服的过程中，父母可以很自然地谈论身体的各个部分，包括宝宝的性器官。可以对孩子说“现在，我们要擦擦你的外阴”或者“让我们把你的阴茎洗干净”。父母要使用正确的词语——外阴或阴茎，而不用“小沟沟”或“小鸡鸡”这样的说法，这样可以消除生殖器官带来的禁忌感。同样，在谈论性器官的时候，父母也会变得更加自然，不会局促不安——这将为以后的几年打下良好的基础。

3岁儿童会问到相关的问题。从2岁半～3岁半起，孩子对有关性的事情就了解得越来越明确了。这是孩子不断提问的一个阶段，他们好奇的触角会伸向四面八方。他们很可能问到为什么男孩和女孩不一样。他们并不认为这是一个有关性的问题，只是一系列重要问题中的一个。但是，如果他们形成了错误的印象，以后就会把这种误解和性的问题混淆在一起，从而导致对这个问题的曲解。

宝宝是从哪儿来的？3岁左右的孩子也很可能提出这个问题。对此，父母最好以实相告，因为这比先编一个故事，然后再修改要容易得多，也好得多。回答这个问题的时候要像孩子提问时那样简单明了，因为如果一次给这么小的孩子讲很多，他会糊涂，要是每次都用简单的语言做一点解释，孩子就会理解得比较好。例如，可以说：“宝宝长在妈妈身体里一个特殊的地方，这个地方叫做子宫。”暂时只告诉他这些就足够了。

但是，很可能在几分钟以后，也可能在几个月以后，他们又想知道其他一些事情：宝宝是怎样进入妈妈身体里的？他又是怎么出来的？第一个问题很容易让父母感到尴尬，他们会妄下结论地认为，孩子想了解关于怀孕和性关系的知识。孩子当然不会有这样的要求，他们认为东西能进入胃里是因为人们吃了它，所以会猜想宝宝会不会也是那样进入妈妈体内的。简单的答案就是：宝宝是由一颗种子长大的，而这颗种子一直待在妈妈的肚子里。孩子要再过几个月才会问到或理解父亲在其中扮演的角色。

有些人认为，在孩子第一次问到这些问题的时候，就应该告诉他们，是爸爸把种子放进妈妈身体里的。也许这样做有道理，对那些认为男人与此没有任何关系的小男孩来说，更应该这样解释。但是，大多数专家都认为，没有必要把父母之间的肉体接触和感情交流准确地告诉三四岁的孩子。孩子提问时可能原本没想了解这么多。因此，我们该做的只是在孩子能理解的前提下满足他们的好奇心。更重要的是，要让孩子觉得问任何问题都可以。

至于“宝宝是怎么出来的”这个问题，有个比较好的答案：宝宝在妈妈的肚子里长到足够大的时候，就会从一个专门的通道钻出来，这个通道叫阴道。一定要让孩子明白，这个通道既不是肛门也不是尿道。

小孩可能对月经的现象感到困惑，并且很可能认为那是受伤了。这时，父母应该对孩子解释，所有的女人每个月都会有这种分泌物，它不是从伤口流出来的。对3岁以上的孩子还可以解释为什么女人每个月都有月经。

为什么不能编造故事作答案？你也许会说：“编个故事给孩子讲怀孕的事岂不是更容易？大人也用不着那么难为情。”但是对于3岁大的孩子来说，如果妈妈或姨妈怀孕了，他可能会注意到女人体形的变化，或者听到大人的只言片语，进而疑惑宝宝到底长在哪儿。如果大人告诉他的情况与他看到的事实不符，很容易使孩子感到迷惑和担心。即使他在3岁时没有怀疑家长的答案，到5岁、7岁或9岁也一定能发现事情的真相或部分真相。因此，最好不要一开始就误导他，免得以后让他觉得你是一个说谎的人。另外，如果他发现你因为某种原因不敢告诉他实情，父母和孩子之间就会出现情感障碍，还会使孩子感到不自在。这样一来，他以后就不大可能再向父母请教其他问题了。在3岁的时候应该跟孩子说实话的另一个原因是，这个年龄的孩子其实很容易满足于简单的答案。这样还可以为父母以后回答更难的问题打下实践基础。

有些时候大人会感到很困惑。因为孩子听了大人编造的故事以后，好像也相信了这种说法。他们甚至会同时把两三种说法混在一起。这种情况很自然。孩子会相信自己听到的零碎的东西，因为他们有丰富的想象力，不会像大人那样总要找到唯一的正确答案，然后抛开那些错误的。还要记住，孩子不可能把你一次告诉他的东西通通记住。他们每次只能记住一点内容,然后回过头来再问你这个问题,直到他们觉得自己已经明白了为止。随后,孩子每到一个新的发展阶段,都会为接受新的观点做好准备。

做好吃惊的准备。要提前意识到,孩子的问题很少在父母预期的时刻出现,而出现的形式也常常出乎父母的预料。家长常会设想那种睡觉前和孩子推心置腹的情景。实际上,父母在超市里或大街上和怀孕的邻居谈话时,孩子更容易突然提出这样的问题。这时父母要控制自己的冲动,不要慌忙让孩子住嘴。方便的话,可以当场回答他的问题。如果不方便,可以自然而随意地说:"我待会儿告诉你。这些事情我们一般会在没有别人的时候谈。"

不要把气氛搞得特别严肃。当孩子问你为什么草是绿色的,或者为什么狗长着尾巴这类问题时,你会很随意地回答他,他也会觉得这些都是世界上再自然不过的事情。同样地,在回答这些有关生活真相的问题时,也要尽量回答得自然。要知道,即使那些让父母反感和难为情的问题,对孩子来说也只不过是出于单纯的好奇心才问的。即使父母已经觉得难为情了,只要回答简单明了,孩子也不太可能感到难堪。

除非孩子观察过动物,或者他的朋友家里有小孩出生,否则,孩子要到四五岁以后才能提出其他问题,比如"为什么你们结婚以后才有孩子"或者"爸爸和生孩子有什么关系"等。你可以向孩子解释,种子从爸爸的阴茎里出来,然后进入妈妈的子宫,子宫是个特别的地方,但不是胃,宝宝就在子宫里生长。但是,孩子要过一段时间才能想明白这种情形。当孩子能够理解这件事情的时候,就可以用自己的话说说有关爱抚和拥抱的事情。

没提过这些问题的孩子。有的孩子到了四五岁甚至更大的年龄还提不出什么问题,父母又该怎么办呢?有时候父母会认为这样的孩子很单纯,从来没有想到过这些问题。但是,多数专业人士都会质疑这一点,他们认为,无论父母是否有意回避这类话题,孩子都会觉察到这样的问题是令人尴尬的。父母不妨仔细观察,孩子为了试探父母的反应可能会间接地提出问题,或者旁敲侧击,或者开一些小玩笑。

比如说,大人们会认为7岁的孩子不知道怀孕的事情。但实际上,这么大的孩子会不断地以一种既羞涩又像开玩笑的方式提到妈妈的大肚子。出现这种情况反倒是好事。这正是父母向孩子解释的好机会。到了一定年龄，如果小女孩想知道她为什么和男孩不一样，有时就会作出勇敢的尝试，她会像男孩一样站着小便。在和孩子谈论人类、兽类和鸟类的时候，父母应该留意孩子间接的提问，并帮助孩子解答真正想知道的问题。这样的机会几乎每天都有。这样一来，即使有时候孩子并没有直接提出问题，父母也能给出令人安心的解释。

学校如何提供帮助？如果父母能够尽量自然地回答孩子早期提出的问题，等孩子长大一些，想了解更确切的知识时，他就会不断向父母讨教。但是，除了父母之外，学校也可以帮助孩子解决疑问。许多学校让幼儿园或一年级的孩子去照顾兔子、天竺鼠或白鼠之类的小动物，而且对此非常重视。这种活动给孩子们提供了很好的条件，让他们熟悉动物生活的各个方面，比如饮食、争斗、交配、出生和哺育等。让孩子们在不针对人的情景之下了解这些事实会更容易一些，而且这也是相关家庭教育的补充。孩子们也可能把学校里学到的知识带回家里和父母讨论，以得到进一步的证实。

到了五年级的时候，学校最好能给孩子安排生物课，内容要包括对生物繁殖的讨论，并采用简单的方式。因为这时候，班上至少已经有几个女孩正在进入青春期，她们需要确切地知道自己体内正在发生着什么变化。学校里这种科学角度的讨论可以帮助孩子们在家更个人化地提出这些问题。

性教育也包括精神方面的内容，是广泛的健康教育和道德教育的组成部分。从孩子上幼儿园起一直到高中毕业都要坚持性教育，父母和教师要达成默契，相互协作。

和青少年谈论性

性教育会引发性行为吗？很多家长担心，和青少年谈性会被当作是对孩子性行为的认可。没有比这更错误的想法了。事实刚好相反，如果父母和老师给孩子解答了疑惑，或者孩子通过阅读合适的书籍，了解了足够的性知识，他们就不会被迫亲身探究。消除性的神秘感非但不会增加它对青少年的吸引力，反而可以削弱这种吸引力。让孩子学会抵制诱惑也很必要，比如，告诉孩子为什么要拒绝这种引诱，以及如何表明“不，谢谢”的态度。但是，很多研究都证明，单纯要求孩子抵制欲望和诱惑并不能减少不负责任和不安全的性行为。要获得更好的效果，性和性行为的教育必须照顾到各个方面，包括生育知识和避孕措施，媒体如何利用性来赚钱，性的情感内容和精神内容，宗教信仰和其他价值观念，以及节制欲望等。

要交谈，不要说教。对青少年谈性，要像对小孩子一样，最好能够不时轻松自然地进行，不要把它当作一种严肃的训教。如果性从来都是公开的谈话主题，与青少年谈论性最容易了。把性话题变成谈话的常规内容，方式之一就是对电视、报纸和杂志上随处可见的性形象加以评论。如果初中的孩子知道他可以和父母轻松自然地谈论性话题，那么即使到了高一或高二，他和父母谈起性话题来也不会局促不安。你们一起坐在车里的时候是和孩子谈论性话题的好时机，也许你正开车带着孩子去参加某个有趣的活动。沿途的风景可以缓解你们不自然的感觉。而且，在行车过程中，孩子显然也不容易起身离开。这些讨论应该包括避孕的话题，要具体地谈到男孩和女孩的责任。如果实在找不到一种自在的方式跟十几岁的孩子谈论性话题，那就找一位你和孩子都认为能够胜任的成年人帮忙，这一点很重要。

超越恐惧。有一个很容易犯的错误，就是把注意力都集中在性带来的危险上。当然，即将进入青春期的孩子应该了解怀孕是怎么回事，也要知道混乱的性行为会带来染病的危险。对有些孩子来说，对负面后果的恐惧会帮助他们做出明智的选择。但是，十几岁的孩子爱冒险是出了名的，他们相信不好的事情根本不会发生在自己身上。对这些孩子来说，有关艾滋病的可怕事例和意外怀孕的危险都阻挡不了他们冒险的脚步。

除了提醒以外，十几岁的孩子还需要指导，帮助他们彻底想清楚青少年时期性行为的心理和情感关系等诸多方面的问题。是怎样的期待或恐惧在驱使他们？他们是把性交看成进入热门群体的入场券，还是当成一种巩固脆弱情感关系的方式？他们是迫于压力而做出了妥协还是自主的决定？他们在自己的情感关系中是诚实而公开的还是在玩弄别人？虽然旁人的建议很重要，但是青少年一般都不善于听取建议。为了帮助他们彻底想清楚自己必须做出的决定，父母应该做好倾听的准备，而不要一味地说服教育。

如果青少年拥有坚实的自尊基础，如果他们对期待的大学生活或其他事业有着正面的期待，他们就更容易做出明智的决定——要么避免不顾后果的乱交，要么将性行为整体向后推迟。聪明的父母会在孩子成长过程中帮他们做出如何选择朋友、如何安排时间，以及如何做正确的事情等小决定。孩子通过这种方式学到的常识和价值观念，会帮助他们在青春期性行为这个充满暗礁的大海上平稳地航行。

女孩与青春期。青春期教育应该在身体出现变化之前进行。女孩通常在 10 岁左右进入青春期，有的会提早到 8 岁。开始进入青春期时，女孩们应该知道，再过两年她们的乳房就会长大，阴毛和腋毛也会长出来，她们的身高和体重会迅速增长，皮肤的肌理也会有所改变，还可能长青春痘。大约 2 年以后，她们会第一次来月经（有关青春期的更多内容，参见第 142 页）。

给孩子讲有关经期的事情时，侧重点不同，对孩子的影响也会不同。有的母亲可能会强调经期很令人讨厌，这是不对的，因为孩子还没有成熟，这样容易给她留下错误的印象。还有的母亲会强调女孩在这个阶段有多么脆弱，必须如何小心。这样的谈话内容也会给女孩留下不好的印象。有些女孩在成长过程中本来就觉得她们的兄弟在任何方面都比自己强，或者总是为身体健康担心。对这样的女孩讲经期的不利因素，会给她们造成更坏的影响。女孩和女人完全可以在经期享受健康、正常又精力充沛的生活。只有少数女孩会因为剧烈的痛经而不能参加任何活动，但现在已经有了治疗痛经的有效方法。

应该强调的是，月经的出现说明子宫已经开始为孕育宝宝作准备了。在女孩等待初潮来临的时候，可以给她一包卫生巾，帮助她保持正常的心态。应该让她觉得，自己已经长大了，已经准备好安排自己的生活了，不再被动地接受生活带来的变化。

男孩与青春期。男孩应该在青春期开始之前了解有关的性知识。他们大约在 12 岁左右进入青春期，但有时也会提早到 10 岁。应该告诉他，阴茎勃起和遗精是很自然的事情。遗精常被称作梦遗，就是睡眠时精液（贮存在睾丸内的液体）喷出的现象，常常伴随有关性的梦境发生。有的父母知道男孩夜间必然会遗精，也知道男孩有时会有强烈的手淫欲望，所以就告诉儿子，只要这种事情发生得不太频繁就没有什么危害。但是，父母这样给孩子限定范围很可能是个错误。因为青少年容易担心他们的性能力，担心自己和别人不一样或不正常。如果对他们说“这么多是正常的”，“那么多是不正常的”，他们就会对性的问题心事重重。所以，应该告诉男孩，不管他们遗精频繁与否都是正常的，而且，也有少数很正常的男孩从来不遗精。

性心理的发展

> ### 斯波克的经典言论
>
> 从出生到死亡，我们一直都是有性别的动物。性心理是天生的，也是我们本性的一部分。但是，由于家庭、文化和社会价值观念的不同，人们表露性欲的具体方式也有很大的不同。在有些文化中，人们把性行为看成是日常生活中基本而自然的组成部分。

性欲。这里说的性欲有两种。一种是指通过生殖器官获得的快感，另一种泛指通过其他感官获得的享受。宝宝们都是感觉敏锐的小东西，被触碰时，他们全身都会有一种难以抑制的舒适感，某些部位对此尤其敏感，比如嘴和生殖器。这就是为什么他们吃东西的时候总是津津有味，吃饱了还要咂咂嘴表示满足，饿了会大声哭闹。当他们被人抱着、抚摸、亲吻、搔痒和按摩的时候，就会表现得很快乐。快乐就是他们的最高追求。

随着时间的推移和外界对孩子这种欲求的反应，孩子开始把某些情感和想法与舒适感联系起来。如果孩子在用手摸生殖器的时候听到父母说："别摸那儿！脏！"就会把这种感觉与不允许联系起来。当然，他可能不再做这种动作。但是他对快感的欲望并不会因此而消失，他不明白这种令人愉快的行为为什么要被禁止。

随着孩子的成长，他们需要把身体的享受和社会接受的标准协调起来。例如，他们会认识到挖鼻孔或者抓挠身体的某个部分是可以的，但是在别人面前不能这样做。于是，他们就逐渐懂得了什么是隐私。有的孩子会说他在厕所里需要私人空间，却不觉得光着身子在屋里玩耍有什么不好。到了一年级大多数孩子对于隐私的认识就和成年人差不多了。

自慰行为。4~8 个月大的婴儿会通过随意摸索自己的身体发现自己的生殖器，这和他们发现自己的手指和脚趾的方式完全一样。他们抚摸生殖器的时候会有快感，而且会在成长过程中一直记得这种感觉。所以会时常有意地抚摸自己的生殖器。

18~30 个月时，孩子开始意识到性别的差异，尤其会注意到男孩有阴茎而女孩却没有（他们这样开始了解性别，以后他们还会知道女孩有阴道，小宝宝可以生长在子宫里，而这两样东西男孩都没有）。这时，这种对生殖器的本能兴趣会导致他们手淫次数的增多。

到了 3 岁时，如果父母还没有禁

止他们的手淫行为，孩子就会时常手淫。除了用手触摸生殖器以外，还会用大腿相互摩擦，或者有节奏地前后摇晃，或者骑在沙发或椅子的扶手上，躺在常玩的填充玩具上做一些向前顶胯的动作。当感到紧张，受到惊吓，或担心什么不好的事情会发生在生殖器上时，他们还会抚摸生殖器来安慰自己。

大多数学龄前儿童都会继续手淫，只不过不像以前那么公开，也不那么频繁。有的孩子会频繁地手淫，有的则很少这样。孩子手淫是为了获得快乐，他们还会利用手淫带来的平静、舒服的感觉帮助自己应付各种各样的焦虑情绪。

幼年时期对性的好奇心。学龄前的男孩和女孩经常公开地表现自己对异性身体的兴趣。如果得到允许，他们还会自然地让对方看一看、摸一摸，来满足对性的好奇心。玩过家家或医生看病的游戏有助于满足孩子对性的好奇心，也让孩子有机会以更加平常的方式去体验作为成年人的样子。在学龄前孩子中，男孩互相比较阴茎的大小，女孩互相比较阴蒂的样子和大小都是正常的事情。孩子之间一直存在着相互比较的现象，学龄阶段的这种情况只是其中的一部分。有的孩子会探究这方面的问题，有的则不会。

家里的性回避应该保持多大程度？每个家庭对道德的标准都不尽相同。在家里、海滩和幼儿园的浴室里，让不同性别的孩子适当地看到彼此光着身子是很平常的事，没有理由认为这种暴露会产生不好的影响。孩子们对彼此的身体感兴趣是很自然的事，这和他们对周围世界里的许多事物产生的兴趣是一样的。

但是，如果孩子经常看到父母裸露的身体，就应该多加注意了。这主要是因为孩子对父母有着强烈的感情。一个男孩爱他的母亲胜过爱任何小女孩，他对父亲的竞争感和敬畏感比对其他男孩强得多。所以，看到母亲裸露的身体对他来说可能会过于刺激。他每天见到父亲的时候总会感到自愧不如。可能在他也有了成熟的生殖器以后，这种不够格的感觉也不会消除。有时，男孩会非常妒忌父亲，甚至想对父亲用点暴力。比如，崇尚裸体主义的父亲曾提到，早上刮胡子的时候，他三四岁的儿子曾朝他的阴茎做抓捏的动作。接着，男孩就会为自己的想法感到内疚和害怕。一个经常看到父亲光着身子的小女孩也会受到同样的刺激。

这并不是说所有的孩子都会被父母的裸体行为扰乱心思。许多孩子都没有这种心理反应。如果父母是出于健康的自然主义才这么做，而不是为了挑逗或者炫耀，这种反应就更不会发生了。因为我们不太清楚这么做到底会对孩子产生多大的影响，所以我认为，当孩子到了2岁半～3岁时，父母就应该注意正常地着装。在此之前，让孩子和大人一起上厕所还是有好处的，这样孩子能明白厕所到底是做什么用的。偶尔地，在大人不注意时，好奇的孩子可能会闯进浴室看到父母的裸体。这时，父母不该表现出惊恐或生气的样子，而要简单地说："你在外面等我穿好衣服好吗？"

那么，从什么时候开始父母应当有所避讳了呢？对于这个问题，最好还是以自己的感觉为准，当你裸露着身体面对孩子会感觉不自在时，就应该适当地回避了。因为，如果你感觉不自在，孩子也会有所察觉，于是会加重这种情况下的情感负担。

从六七岁开始，多数孩子有时会希望自己多一点隐私权。在这个阶段，他们也能更加熟练地自己上厕所，自己洗漱了，所以，父母应该尊重孩子对于隐私的要求。

性别差异与同性恋

2岁时，男孩就知道自己是男孩，女孩也知道自己是女孩了，而且他们一般都会接受自己的性别。年龄较小时，男孩会觉得自己也能生孩子，女孩则会想她们也应该有阴茎，这很正常。这些愿望并不代表剧烈的心理骚动，只能说明孩子们相信任何事情都有可能。

性别意识的发展是生理因素和社会因素共同作用的结果。睾丸素和雌激素起着主要作用，它们不仅决定着一个人的身体会发育成男性或女性，还会影响到脑部的发育。男性的大脑和女性的大脑不同，但是否好斗、是否能言善辩等男女性别方面的差别实际上比个体之间的差异要小得多。换句话说，世上有很多情感细腻又喜欢和平的男孩，也有很多武断又争强好胜的女孩。

有必要强调性别特点吗？玩具汽车和牛仔服并不能使男孩清楚地认识到自己是个男子汉。真正使他强烈地认识到这一点的，是童年初期和父亲之间的良好关系。正是这种关系使他渴望长大以后成为像父亲那样的人。

即使父亲有意拒绝儿子玩布娃娃的要求，或者担心儿子的品位女性化，也不会增强孩子的男子气质。事实上，儿子可能会觉察到自己和父亲的男子气质都不可靠，或者认为两人都缺乏男子气质。如果父亲对自己的男子气质充满自信，就能够跟儿子一起玩布娃娃的游戏，并以此来帮助儿子发展父性中母性的一面。

同样，女孩也会在母亲身上寻找自己的形象。如果母亲鼓励女儿去参加许多活动来突破自我，同时母亲自己也能够身体力行，她就能培养出又自信又健康的女儿来。但是，如果母亲过分质疑自己的女子气质，或者担心自己对男人没有吸引力，就会过分看重女儿的女子气质。如果她只给女儿玩布娃娃和炊事玩具，还总是把她打扮得花枝招展，就会让孩子曲解女性的特点。

斯波克的经典言论

我敢肯定，我之所以成为儿科医生，就是因为我在关爱婴儿方面很像我的母亲。在我之后，我母亲又生了5个孩子。我记得我特别喜欢用奶瓶给他们喂奶，还喜欢用白色婴儿车推着性情急躁的小妹妹在走廊里走来走去地哄着她，让她不哭。

良好的父女关系对女孩也很重要。如果父亲不理女儿，轻视她，不愿和她玩球，或者不让她参加野营和钓鱼等活动，女儿就会产生自卑感，而且这种自卑感很难消除。我认为小男孩想玩布娃娃，小女孩想要玩具汽车都很正常，父母完全可以满足他们的要求。男孩想玩布娃娃是因为他具有做父母的情感，而不是因为他女孩子气，那会帮助他将来成为一名好父亲。不论男孩还是女孩，如果他们想穿中性服装——比如牛仔裤和T恤衫，或者女孩喜欢穿燕尾服，也不会有什么坏处。

关于做家务的问题，我认为，应该给男孩和女孩分配同样的任务。同时，无论家里还是外面，男人和女人都应该承担同样的工作。男孩和他的姐妹一样，能够胜任铺床、打扫房间和刷碗的工作。女孩则可以干院子里的活，也可以洗车。但这并不是说什么活他们都不该交换，必须完全平等，而是说对他们不该有明显的歧视或分别。父母双方的榜样作用会对孩子产生强烈的影响。

我记得，有些找我看病的女孩就像她们的父亲，有的喜欢养鸟，有的成了免疫学家（而母亲没有这种兴趣）。所以，孩子的性别意识只有程度、兴趣或对事物看法上的差别，而不是非此即彼，要么是100%的男性，要么就是100%的女性。从这个意义上讲，每个人都在某个方面或某种程度上存在着异性的特点。这样有利于孩子长大以后理解异性，塑造更丰富、更善于融通的个性。从整体上讲，这对社会也有好处，因为人们能够对各种职业都有一个综合的看法。

同性恋和同性恋恐惧症。在美国

社会，有 5%～10% 的成年男女是同性恋者。因为同性恋的名声较坏，所以很多同性恋者都会隐瞒性取向，使得专家们很难统计出有关同性恋者的确切数据。另外，同性恋和异性恋之间的差别并不像人们想象的那样泾渭分明。不少认为自己是异性恋的人都与同性别的人有性关系或有过性关系。还有数量可观的人是双性恋。很多人虽然觉得同性恋很有吸引力，但却把自己的行为限制在异性恋的范围之内。人类的性行为就像许多其他现象一样,处在一个统一体（continuum）中。

同性恋在我们的流行文化中随处可见，在电影里、杂志上和电视上都能看到。像音乐家、时装设计师、运动员甚至政治家这样的公众人物，也越来越愿意公开承认自己是同性恋者。尽管如此——或者正因为如此，仍然有很多人对同性恋怀有恐惧，这种恐惧叫“同性恋恐惧症”。对同性恋的憎恶可能来源于人们对差异的恐惧，也可能是因为他们担心自己也怀有同性恋的欲望。在这种情绪表现得最激烈的时候，对同性恋的憎恶会导致仇恨犯罪,人们还会因此制定法律，限制同性恋男女的行为自由。

有些父母认为，如果自己的孩子和成年同性恋者有来往，就会成为同性恋者。然而没有任何证据表明，孩子的性取向会因为榜样的作用而受到影响或发生改变。反而有越来越多的证据表明，一个人的同性恋或异性恋倾向早在出生时就已经确定了。人的基本性取向是在最初几年的发展中确定的，无论孩子生活在什么样的家庭环境中，也无论他受到什么样的保护，都不会改变他成年以后基本的性取向。

如果孩子问到同性恋的事情，或者要跟 6 岁以上的孩子简单地谈论性问题，我认为应该简单地告诉他们，有些男人和女人爱上了同性别的人，他们还住在一起。如果家里信仰的宗教把同性恋看成是罪恶的，就要特别谨慎地处理这个问题，因为谁也不能保证你的孩子不会成为同性恋者。真是那样的话，应该采取适当的方式跟孩子谈一谈这件事。要让孩子很自然地信赖父母，愿意听父母的意见，而不至于被羞愧压倒。

对同性恋的憎恶还可能导致杀人。有同性恋倾向的孩子如果生长在谴责同性恋的家庭或文化中，就很容易出现严重的心理上和身体上的健康问题。如果家庭排斥他们的同性恋身份，这些孩子出现严重抑郁的几率是同龄异性恋孩子的 7 倍以上，他们的自杀行为也是后者的 8 倍以上。

对同性恋和性别混乱的担心。男

孩喜欢烤面包、搞清洁、玩娃娃，偶尔还扮演妈妈，甚至假装自己有了宝宝，这些都是正常的。如果男孩除了衣服和布娃娃什么也不要，只愿意和女孩玩，还说他想当女孩，这时我们就应该关注一下他的性别意识问题。如果一个女孩特别喜欢和男孩玩，有时还希望自己是个男孩，那么她很可能只是抱怨女孩不像男孩那么强壮和聪明，并且想试试自己的能力。她也可能是在表示对父亲或哥哥的佩服和认同。但是，如果她只愿意和男孩玩，而且总是因为自己是女孩而闷闷不乐，就应该带她去找专家看一看。

一个孩子坚决地认定自己应该成为另一个性别的人，精神病医生或心理医生可能会将其诊断为性别认同障碍（GID）。未来，科学家很有可能会发现，性别认同障碍有着生物学或遗传方面的原因。无论什么原因，性别错位都容易成为孩子痛苦和困惑的源头，也会成为所在家庭烦恼的来源。

如果父母认为自己的儿子有些女孩子气，或者女儿太男孩子气，他们可能担心孩子长大后成为同性恋者。由于对同性恋的偏见广泛存在，父母可能十分焦虑。但是，性取向与性别意识是两码事。很多患有性别认同障碍的孩子长大后真的成了同性恋者；也有很多孩子不会这样。面对所有这些问题，父母要有理解和支持孩子的意愿，这是取得良好效果的关键。

性虐待。希望孩子在性方面健康成长的父母面对着一场艰难的战斗。从无孔不入的网络色情内容到主流的户外广告、媒体广告和电视剧，我们的文化始终如一地把性跟暴力和控制混为一谈。许多孩子在家里也是目睹着同样混乱的场景成长起来的。如果一个男孩看到爸爸对妈妈的态度是强制和粗暴的，他就会学到两性关系的负面经验，难以忘却。要是一个女孩看到妈妈任人摆布，她可能很难想象自己会成为一个独立而受人尊敬的成年人。性和权力结合在一起，最终最坏的结果出现在成年人强迫一个孩子做出性行为的时候。有关性虐待的内容，参见第480页。

一定要把家营造成为远离负面性形象的避风港，这一点很重要。那意味着要限制或杜绝充斥着暴力性内容的电视、网络和其他媒体（参见第451页，了解关于媒体的内容）；要告诉孩子人们是如何利用性来达到商业目的的；此外，最重要的是，要在自己的生活中做出健康的性表率。

媒 体

媒体与生活息息相关

父母是否应该忧虑？电视、电影和流行音乐是对孩子有害，还是仅仅是娱乐而已？任何一个时期的父母都会怀着警惕之心去看待音乐和其他娱乐方式对孩子的影响，却总是觉得自己年轻时的歌曲和故事都是无害的，并欣然接受。人们会很自然地重视伴随自己成长的东西，同时排斥新事物。流行音乐和其他媒体创造了能够在校车上和学校大厅里与人分享的体验。在儿童和青少年塑造独立人格并为生活中层出不穷的挑战寻找答案时，这种儿童文化是健康的组成部分。

另一方面，很显然媒体可能对儿童的行为产生强大又令人困扰的影响。随着社交网站的兴起，电子媒介会带来越来越多的危险因素。

电视

一种高度危险的媒介。在所有媒体中，电视对孩子的影响最普遍而深入。年轻人平均每天花费 3 小时看电视，另外花 3 小时以上在以荧幕为基础的娱乐方式上。据统计，孩子每年平均会看到 1 万次谋杀、袭击和强奸，2 万个广告，1.5 万次性行为——其中只有 175 次包含了避孕内容。2～7 岁的孩子中，近 33% 的孩子的卧室里有电视；在更大的孩子中，这个比例将近 67%。

毫无疑问，一些节目可以给孩子提供良好的学习经验。这些节目以娱乐的方式进行教育，让孩子了解关心他人与友善的价值，唤起了孩子较高级的本能。不幸的是，这些节目只是少数。大多数儿童电视节目的目的都是推销产品，并通过快速、暴力的行为来吸引孩子的注意力。

电视对观众还会产生一种令人担心的微妙影响，它使人缺乏创造性，变得十分被动。看电视不需要观众动脑，只需坐着让画面从眼前经过就可以了。这和读书有很大差别，因为读书强迫孩子运用想象力。而对电视观众来说，不管电视播放的是什么节目，他们都只是被动地接受。一些人认为这种非参与性的观看活动让孩子养成注意力集中时间短的习惯，同时使他们难以适应学校的学习方式。

肥胖——现在的流行病——是看太多电视带来的另一个负面影响。孩子看电视时，几乎不消耗热量，而且，还一直受到高热量快餐零食广告的狂轰滥炸。研究表明，电视和肥胖有直接的联系：一个孩子看的电视越多，他严重肥胖的可能性就越大。如果你一天大部分时间都是静止地坐着，几乎不可能减肥。电视呈现了一个歪曲现实的情况，电视里女人瘦得不合乎自然规律，男人也健壮得不真实，难怪很多的青少年通过比较会觉得自己没有魅力。

暴力是另一个实实在在的值得关心的问题。很多研究表明，在屏幕上接触暴力会导致孩子对待同龄人表现得更有攻击性，同时又会感到自己无力抵抗攻击。当然，这并不表示每一个看了动作片的孩子都会模仿他看到的东西。但是毫无疑问，这些孩子实施暴力行为的几率会比较高。让孩子接触那些有代表性的电视节目，就是把孩子置于危险中，就像在马路上玩耍或不系安全带开车一样。

> **斯波克的经典言论**
>
> 我们每周有23个小时把孩子留给了电视这个“临时保姆”。这个临时保姆告诉孩子：可以用暴力解决问题；在没有爱情的情况下做爱是令人兴奋的，并没有什么真正的副作用；拥有最新的产品是获得成功与幸福的手段。看起来，在电视保姆展示给孩子的世界和我们希望看到的世界之间，几乎没有相似点。父母为什么愿意把孩子托付给这样一个保姆呢？

为什么大多数电视节目都这么糟糕？很多人错误地认为电视产业的生产线就是广告，事实上，电视公司销售的是电视观众的注意力。他们积聚的这种产品越多，可以从广告中赚取的钱就越多。电视是抓住你注意力的一种方式（不是为了教育、启发或娱乐），这样就很清楚地解释了为什么大多数电视节目要努力地吸引最广大的观众基础，因为只有这样才能引发轰动效应。

电视明确地被设计用来捕获和维持电视观众的注意力，所以看电视可能是睡觉前最不该做的事情。电视没有助你入睡，而是让你熬夜，直到你困得几乎睁不开眼。我见过的大部分有严重睡眠问题的孩子，事实上都是因为看电视而不睡觉的。

需要电视吗？几乎没有几个父母会选择完全没有电视的生活。但是，那些确实作出这种选择的父母似乎总是为他们的决定而高兴。那些从来没有养成看电视习惯的孩子不会思念电视，他们会用其他活动来填补自己的生活。父母通常认为电视让生活更轻松，因为这让孩子在大部分时间内有事可做。但是，还要另外花时间来讨论孩子要看多长时间的电视，什么可以看，什么不可以看，还为了让孩子停止看电视去做作业和家务而激战，这些又要花多少时间呢？如果这样计算，可能还是根本没有电视会更省事吧。

控制。如果父母是选择电视生活的大众群体中的一员，最重要的事情就是要控制电视。如果孩子的卧室里有电视，把它撤掉吧。把电视搬出来放在公用空间里，父母可以轻松地监控孩子看电视的内容和时间。

有的孩子从下午一进家门直到晚上被强迫上床，都粘在电视机前。他们不想花时间吃饭，做作业，甚至不跟家里人打招呼。让孩子没完没了地看电视对父母也有吸引力，因为这样孩子可以保持安静。

关于什么时间进行户外活动，什么时间与朋友在一起，什么时间做作业，什么时间看电视，父母和孩子最好达成一个合理而明确的共识。孩子做完作业、家务或完成其他任务后，最多有一两个小时看电视，这对大多数家庭来说是一个合理的尺度。

对于较小的孩子，处理的办法很简单，因为父母对他的控制是近乎绝对的，要选择好的录像带让孩子重复观看。当孩子非要看商业节目时，一定要经过父母的同意。如果把电视当做临时保姆，要弄清是否符合要求。比如说，父母能够也应该直截了当地禁止孩子观看暴力节目。

年纪小的孩子不能完全区分戏剧与现实的关系。可以解释说："人们相互伤害和残杀是不对的，我不想让你看他们这样做。"即使孩子对父母撒谎并偷偷地收看那些节目，他也会很清楚父母不同意他看，这会在一定程度上保护他不受那些粗劣的暴力场面的影响。最有可能的效果是，孩子会暗暗地感到安心，因为父母不让他看那些暴力节目。报告显示，在看电视时受到严重惊吓的孩子占了很高比例。谁愿意这样呢？

大一点的孩子很可能会趁父母不在的时候偷着看。因此，频道锁定装置就很有必要了。在美国,法律规定，所有新生产的13英寸以上的电视机都必须带有这种装置，父母可以根据国家公布的分级标准，屏蔽掉那些带有较多暴力、性和成人内容的电视节目。

等孩子再长大一点，他当然会对父母监督他看电视的做法表示愤怒："其他人都看这些卡通片，为什么我不能看？"这时父母应当坚持自己的观点。毫无疑问，孩子会在朋友家里看这些被禁止的节目，但仍然要告诉他这种节目和家庭的标准不符，这就是不想让他们看的原因。

和孩子一起看电视。处理电视上那些不利于孩子身心健康的节目的最好办法就是和孩子一起看这些节目，并帮助他成为一个有辨别和批评能力的观众。可以就刚刚看完的节目是否和现实社会相似进行评论。如果刚刚看完一个动作片，在打斗中，有人挨了打却若无其事,可以对孩子说："那个人鼻子上挨了一拳，事实上一定受了伤，你说对吗？电视并不像真实的生活，是不是？"这也会教孩子同情暴力的受害者，而不是认同攻击者。看广告时，可以说："你认为他们说的是真的吗？我认为他们只想让你买他们的产品，这样他们就可以发财。"要让孩子为了知道广告是什么而看广告，并开始了解广告发布者的企图。看到带有性内容的场面时，可以这样评论："这一点也不像生活中的样子。通常，这种情况是在两个人相互了解了很长时间并真正相爱后才发生的。"

斯波克的经典言论

我认为，不买电视似乎是个合乎逻辑的办法。那样的话，孩子和家人就不能依赖被动的娱乐方式，而要学着人类几千年来的做法，通过读书、写作或交谈来积极地创造和发展他们的兴趣。

父母可以利用电视帮助孩子学会用更真实、更健康的方式了解世界，而看电视只是因为节目好看。当孩子学到了这些，他就能避免全盘接受媒体信息。

发表意见。有一种简单的办法可以促进电视节目的改善，就是给电视台写信，告诉他们在儿童节目中喜欢什么，不喜欢什么。当电视台接到一封信时，他们会认为有1万人持同样的看法。这样就能够对电视节目施加一定的影响。

电脑游戏

电脑游戏非常有趣，但是对孩子却存在潜在的危害，因为它们能提供即时的反馈。只要调整指示图标的位置，在适当的时间按下按钮，某个东西就会爆炸——然后就得分了。它们会自动调整难度，从而使游戏任务总是具有挑战性，却不让人产生真正的挫败感，同时还时常提供奖励（积分），这样就抓住了儿童的注意力。换句话说，电脑游戏是理想的教学工具。不幸的是，这些游戏教给孩子的常常是如何快速而准确地射击。随着科技的发展，电脑屏幕上显示的画面变得更加生动逼真，孩子们射击的目标也做得越来越像真人。开枪的次数越多，孩子们想到杀人的时候就越不害怕，也不会感到恶心了。他们并不是真的冷酷，只不过心肠没有那么软了。当他们想到飞驰的子弹时，主要的感觉是兴奋，而不是恐惧或厌恶。电脑游戏比暴力电影更能抓住孩子的想象力，更容易让他们从情感上接受暴力，因为在电脑游戏里，孩子们是主动的参与者。

即使是非暴力的电脑游戏也可能完全俘获儿童的想象力，让孩子们欲罢不能，无法去思考包括学业在内的其他事情。孩子们会谈到痴迷于电脑游戏时那种被俘获的无助感，如果父母禁止玩这些游戏，他们就会彻底崩溃。这个问题已经随着手持型电池供电游戏机的日益流行而变得越发严重。

电脑游戏有积极作用吗？手和手指要随着视觉的刺激做出准确动作，这似乎可以促进孩子的手眼协调能力。从某个角度说，这为他们从事要求快速反应的工作（例如飞行员或出租车司机）做好了准备。对于那些还不善交际又不擅长运动的男孩来说，玩电脑游戏的技巧是获得同龄人认可的一个途径。如果孩子们在操场上谈论的都是最新的电脑游戏，那么不能玩电脑游戏的孩子就会感到很不自在。

当然，也不是所有的电脑游戏都是暴力或具有破坏性的。有的游戏会鼓励孩子们构建一些东西，例如房子、城市或设计云霄飞车轨道等。有的游戏锻炼了孩子的视觉或逻辑思维，还有的游戏能让数学或阅读变得更有乐趣。要区分比较平和的游戏和射杀类的游戏并不难，只要经常瞥一眼电脑屏幕就可以。

电脑游戏和电视一样，关键在于父母的控制。大多数孩子能够承受一定限度的打斗游戏，不会受到不好的影响。父母必须做的事情就是制定这个限度，让孩子们不至于毫无节制地沉迷于电脑游戏。如果孩子经常强烈地反对这个限制，就彻底禁止游戏。如果孩子对武力十分着迷，甚至经常会练习空手道踢腿或比划射击动作，建议你绝不要让他接触暴力影像——他的脑子已经在加班加点地幻想打斗的情景了，最好让非暴力的东西填充一下他的头脑。建议他玩云霄飞车吧，这个游戏也很激动人心，而且没有子弹。

电影

恐怖电影。让 7 岁以下的孩子看电影是一件冒险的事情。比如，听说有一部卡通片可能是最理想的儿童电影，但是带孩子到了电影院，却发现故事中的一段情节把孩子吓得不知所措。父母必须记住，四五岁的孩子还不能清楚地分辨编造的故事和真实的生活。对孩子来说，屏幕上的女巫是活生生的，和生活中看到的有血有肉的窃贼一样可怕。

唯一安全的做法就是不带 7 岁以下的孩子去看电影，除非其他了解孩子的人看过这部电影，知道其中没有不合适的内容。即使这样，也应该有一个富有同情心的大人陪着孩子去看电影，可以在必要的时候安慰孩子，给他解释那些让他不舒服的场景。

孩子适合看什么电影？这个问题显然没有唯一的标准。答案取决于孩子的发展水平和成熟度、对恐怖故事的反应、对电影的渴望，以及家庭的价值观。想避开所有的暴力还是某些类型（比如特别直观）的暴力？孩子到了什么年龄才能看关于性的镜头，

在这些场面中哪些行为是可以接受的？这些问题都需要考虑。

对允许孩子看什么电影这个问题，宁可严厉一些，也不要疏忽大意。在孩子的接受能力还不够时，与其让他看那些令人不舒服或不合适的电影场面，还不如干脆连一些他已经能够观看的影片也一齐禁止，因为前者的危害更大。如果孩子和你争论，说他可以看某部电影，就要听一下孩子的理由，为什么他觉得自己可以看也必须看这部电影。然后解释说，不管什么年纪，那种没有爱情的、野蛮的性都是不好的。孩子很可能不会马上心悦诚服，但是父母这种非常直接的方式可以让他了解父母的标准，同时你也可以更多地了解孩子的内心世界。

斯波克的经典言论

我记得很清楚，在摇滚乐刚刚出现的时候，每次猫王在电视上表演舞蹈，父母们都会担心。电视上只能看到他腰以上的部分，就是为了避免他扭动的臀部腐蚀年轻的观众。10 年之后，甲壳虫乐队的唱片遭到大批焚毁，因为有人认为他们会使青少年崇拜者变得精神颓废。

摇滚乐和说唱音乐

如果说在过去几十年中，青少年的音乐有一种普遍的威胁，那就是要颠覆古老又保守的音乐，还要反叛社会现状。如果青少年的音乐不能引起大人的反感，它很可能就不会成功。音乐和其他事物一样，是一种手段，每一辈人都用它来区别自己与上一辈人，并给同辈人提供一种可以认同的文化和身份标志。

这并不是说讨厌的音乐只会搅扰听众的耳朵。听到那些赞美攻击行为、不尊重女性和吹捧吸毒的歌词让人非常难受。有没有办法防止孩子听到这样的歌曲？可以坐下来和孩子谈谈，问一些关于这些歌曲的问题："为什么这首歌用藐视的口气称呼女性？为什么歌词那么不尊重警察？这些带有性内容的歌词实际上是什么意思？"跟孩子讨论这些时，父母可以明确地表明自己对歌曲主题的看法。可以说："我不喜欢说毒品好的歌曲。"对那些音乐一定要慎下结论，即使觉得它听起来尖锐刺耳，像一连串的猫头鹰叫，也要给予尊重。还要注意说话的口气，不能不尊重孩子和他的同辈人。如果从一开始就表现出对这种音乐的排斥，孩子就会认为父母对此一窍不通，也就不会相信父母说的任何事情。

研究显示，对于绝大部分儿童来

说，最露骨的歌词都是左耳进右耳出。这一点与电影和电视不同，没有太多证据表明露骨的歌词对儿童的健康成长产生了多少影响。但是对一些歌词令人厌恶的庸俗本质却不该视而不见或避而不谈。这也是一个进入孩子世界的机会，父母可以了解他们的文化，还能帮助他们理清自己的思想和观念。

音乐电视（MTV）。现在大多数家庭都有有线电视，能够收看音乐电视。多数音乐电视都含有性镜头，而且往往与色情片只有一步之遥。其中暴力内容也很普遍，还包括对女性使用暴力。音乐电视把吸引人的影像和曲调结合在一起，用这种强有力的方式抓住了人们的想象力。然而，人们认为观看音乐电视会导致攻击行为和青少年性行为，也不是什么令人惊奇的论断。不安装有线电视是减少这种接触的一个办法，另一个办法是和孩子一起看，找机会对孩子进行教育。有些音乐电视也会表现负责任的行为，主张用非暴力的方式解决冲突。如果碰到了这样的节目，要让孩子知道父母赞成这些内容。

互联网

对儿童来说，互联网提供了一个令人兴奋的机会，让他们在一个看起来更安全的世界里享受独立和自由。互联网可以让孩子接触到无穷无尽的信息，也能与志趣相投的同龄人沟通。比如说，有一种聊天室可以让残障的孩子同世界上任何地方类似的孩子交谈。互联网帮助孩子们突破孤立的状态，建立了“地球村”。

伴随这些实实在在的好处，危险也一齐出现。对孩子来说尤其如此。不幸的是，在互联网的虚拟世界中，也有现实中的人利用孩子的单纯和幼稚来获得好处。比如，一个儿童聊天室可能会因为假装成小孩的成年人而变成下流的脱口秀。孩子很容易看到专提供暴力或色情内容的网站；不论上网时间长短，孩子们都可能无意中看到一些这样的网站。社交网站——脸谱网（Facebook）和聚友网（My space）是最流行的在线社交网站——把儿童和青少年跟无数的陌生人连接起来。网“友”不一定真是朋友，却可能是被多次删除的熟人，或网络骚扰者的别称。十几岁的孩子经常会在网上公布个人信息，包括电话号码和地址，他们意识不到这些行为可能带来的伤害和危险。随着越来越多的孩子可以通过自己的手机上网，父母失去了监管和控制孩子虚拟活动的能力。互联网成了一个没有父母的世界。

还有一种风险虽然不那么引人注

目，但是同样令人忧虑，就是网络上大量的广告。企业花费数十亿制作令人兴奋的网站，其目的就是销售他们的产品和品牌。跟这些网站接触，容易形成物质至上的观念，还容易形成一种错觉，认为大公司都是良性的实体。

父母了解互联网。如果孩子已经了解了互联网，可以让他教你，也可以和孩子一起学。通过这种方法，父母至少可以在一段时间内和孩子一起上网，聊聊你们要去哪里，讨论一下要做什么，不做什么，并且说出父母对得体举止的标准。这种一起上网的经历会让父母有机会和孩子深入地交谈。但是，如果父母对互联网没有基本的了解，就会错过这种机会。通过学习，父母会知道互联网上的聊天室和网站是怎么回事，它们是如何运作的。父母可以创建自己的 Facebook，逐渐了解它如何运作。还要阅读更多关于网络安全的材料（参见第 460 页）。这些知识会让父母更好地判断什么网站会对孩子构成威胁，还能帮助父母更好地判断自己的是否有必要。

监控并设定限制。父母应该给孩子制定基本的规则，实行有效的监控，保证孩子切实地遵守。对青少年来说，所谓的监控可能就是在他们上网时，父母偶尔瞥一眼电脑屏幕。13 岁以下的孩子需要更直接的监管，父母要商讨他们在网上做什么。较小的孩子上网时，父母大部分时间都要陪在他旁边。除非网站有很好的监管机制，否则少年儿童不该进入聊天室。

如果孩子在使用社交网站，父母应该经常访问他们的网页，以保证这些网站符合父母的安全标准和价值观。青少年有时会建立两个网页，一个给父母看，一个真正自己用。网络社交就像电子游戏和网络聊天一样，可能会上瘾。成瘾的标志就是无法停下来，甚至在生活的其他方面已经明显受到影响时也难以自拔。

上网的时间多长合适呢？就像对待电视一样，父母要给孩子限定每天上网的时间。对孩子来说，迷失在互联网的虚拟世界里，忽视现实生活中的交谈、体验和朋友，这对身心健康没有好处。要把电脑放在公共的房间，不要放在卧室里，这样更方便父母对孩子的监督和限制。

当孩子有了自己可以无线上网的笔记本电脑和掌上设备时，监管变得极为困难。有一些可以追踪网页浏览历史的程序。但是我怀疑，充满创造力的青少年可以轻而易举地找到规避这些程序的办法。父母可能认为自己的孩子不需要手机，或者只要一部不能上网的手机就可以了。但是，有些时候，父母还是不能在孩子身后盯着他上网；唯一正确的做法就是沟通、教育和信任。

网络安全的基本规则。像过马路、骑自行车、开汽车一样，孩子上网时也要遵守一些规则来保证他们的网络安全：

- 绝不要把个人信息发给网上的任何人。也就是说，不要把地址、电话号码或学校名称发给尚未谋面的人。
- 不要把自己的照片发给没见过面的人。
- 不要把密码告诉别人。尽管聊天室里的人感觉很像朋友，但实际上仍是陌生人。对这些陌生人要谨慎，要像对街上的行人一样。
- 如果某些信息使你感到不舒服，就要停止上网，告诉大人。
- 只发布那些可以让别人看到的评论和图片。一旦把它公布出去，就失去了对这些材料的控制权，因为别人可以把它复制下来转发给其他人。从网页上删除的材料并不会从网络中清除。

网络上的性。很多网络内容都是色情的。父母可以通过商业服务以实行控制，或者购买过滤程序软件来避开大部分色情内容。很多在线服务都为家长提供了一种方法，让孩子只能进入仔细筛选过和监控下的儿童信息网站和聊天室。有一些软件可以保存访问记录，父母可以看到孩子曾经访问过哪些网页。

此外，也不太可能把孩子完全庇护起来。与其费力地假装色情内容不存在，不如借此机会对孩子进行引导。在孩子独自上网之前，可以告诉他有可能会看到的东西。向他解释色情内容是一种生意：有些成年人会花钱去看其他成年人的裸体照片。要帮助孩子理解把商业和性混合起来的做法的错误之处。要告诉孩子，如果偶然碰到一个色情网站，希望他怎样做（离开那个网站，关掉电脑，告诉父母）。要跟孩子讲一讲色情内容中的人会有哪些损害（他们常常都是性侵害的受害者），以及模仿这些内容的人会有哪些伤害。

不要忘记，谈论性并不会使孩子参与性。当父母用一种就事论事的语气来讨论性的时候，反而会削弱这个话题的神秘感和孩子的好奇心。另外，孩子也会感到父母很平易近人并乐于回答问题（参见第442页，了解更多关于跟孩子谈性的内容）。

科技能够帮助我们保护孩子免遭大部分最肮脏的网络垃圾的危害，但还是要给孩子灌输责任感和价值观念，让他自己有能力作出正确的选择，这才是最根本的办法。

不同类型的家庭

随着社会的开放，我们认识到，孩子可以在很多不同类型的家庭中健康成长，比如单亲家庭，有两个爸爸或两个妈妈的家庭，以及很多其他类型的家庭。同时，来自社会的羞耻感和舆论压力已经很微弱了，因此，与别人不同也不再是很有压力的事情。现在的人们可以自由地在传统模式之外组建家庭，这意味着有更多的人能够倾尽自己的心思与智慧去抚养孩子。

斯波克的经典言论

一直有种说法认为，在美国，家庭作为一个社会结构正在消亡。我认为不是这样。家庭的模式当然已经改变了。自20世纪80年代中期以来，只有不足10%的美国家庭仍然遵循着父亲在外工作、母亲在家照看两个孩子的传统家庭模式。但是，不论家庭结构怎样变化，都是我们日常生活的中心。

收养

收养孩子的原因。人们因为各种各样的原因想收养孩子。只有当夫妻双方都很爱孩子，进而非常想要一个孩子的时候，才应该收养孩子。不管是亲生的还是收养的，所有孩子都需要有归属感，觉得自己属于父母。他们需要安全感，相信自己被父母深深地、永远地爱着。被收养的孩子很容易感到缺少父母一方或双方的疼爱，因为他以前经历过一次或多次分离，所以一开始就没有安全感。孩子知道，因为某种原因他被亲生父母遗弃了，可能偷偷地担心养父母有一天也会弃他而去。

如果只有丈夫或妻子想收养孩子，或者夫妻二人考虑的都只是实际的原因，比如想在岁数大了的时候有人照顾，收养孩子的想法就是错误的。有时候，担心失去丈夫的妻子想收养一个孩子，徒劳地指望这样会留住丈夫的感情。这样的收养对孩子来说不公平，就算从父母的角度来看，这也常常会带来不好的结果。

有的夫妻只有一个孩子，而这个孩子又郁郁寡欢，不善沟通，所以他们有时会考虑再收养一个孩子给他做伴。在这样做之前，父母最好先和心理健康专家或收养代理机构商量一下。被收养的孩子很容易觉得自己像个局外人。如果父母过分地对收养的孩子表示喜爱，不但不能帮助他们的亲生孩子，还有可能让他感到难过。从任何角度考虑，这都是一种冒险行为。

通过收养来代替一个死去的孩子也很危险。父母需要时间来平复他们的悲伤。如果只是想要一个孩子来爱，就应该收养孩子。让一个人去扮演另一个人不公平，也不健康。他注定扮演不了一个死去的人。父母不应该提醒这个领养的孩子，另一个孩子是怎样做的，也不应该在口头上或心里把他和另一个孩子作比较，让孩子做自己（这些建议也适用于对待大孩子死后出生的孩子）。

多大年龄的孩子适合被收养？从孩子的角度考虑，收养越早越好。但是由于很多复杂的原因，这一点对于成千上万生活在孤儿院和福利机构的孩子来说是不可能的。调查显示，大一点的孩子也可以被成功地收养。孩子的年龄不应该影响他们的去向。代理机构会帮助父母和大一点的孩子分析收养是否适合他们。

斯波克的经典言论

夫妻俩不应该等到他们的想法太模式化了才去申请收养。如果他们已经设想了很长时间，希望有一个金色卷发的小女孩，她的歌声会充满整个屋子，那么即使是最好的孩子对他们来说也会显得粗鲁不堪。收养孩子不仅要考虑到时间投入的问题，还要考虑到一个人有多大能力去满足一个特定孩子的需要。

通过好的代理机构收养孩子。最重要的原则大概就是要找一家一流的代理机构来安排收养事宜。希望收养孩子的夫妻如果直接和孩子的亲生父母,或者跟没有经验的第三者打交道,会是很危险的事情。那些亲生父母可能会改变主意,要领回自己的孩子。就算法律不会支持孩子亲生父母的请求,这种不愉快的经历也会破坏收养家庭的幸福,还会让孩子失去安全感。

好的代理机构首先会帮助孩子的亲生母亲或亲属作出正确的决定,看看他们是否应该放弃这个孩子。这些机构也会根据他们的判断和经验劝导一些夫妻不要收养孩子。代理机构的工作人员还可以在磨合阶段为被收养的孩子和收养他们的家庭提供帮助。所有的目的都是要帮助孩子成为新家庭的成员。在收养关系最终确定之前,聪明的代理机构和明智的法律都要求收养双方先磨合一段时间。考察代理机构服务质量的办法之一就是致电各地区的卫生局咨询。卫生局专设有部门为代理收养的机构办理执照。

灰市收养。等待收养的孩子大多数年龄比较大,因此大部分想要收养婴儿或很小的孩子的人将无法实现他们的愿望,或者必须等待很长时间。于是,这些人可能希望通过律师或医生来收养婴儿,而不是通过领养代理机构办理正规的手续。很多人认为,以这种方式收养一个"灰市"婴儿不会有什么麻烦(这与完全不经过合法手续去收养一个"黑市"婴儿不一样)。但是这些人经常发现,他们以后还是会遇到麻烦,不仅是法律上的,也有感情上的,比如孩子的亲生母亲可能想要回自己的孩子。

有特殊需求的孩子。越来越多未婚妈妈或未婚爸爸都选择抚养自己的孩子。所以,需要被收养的婴儿或较小的孩子并不多。与此同时,另一些孩子却在等待着父母,他们大部分到了上学的年龄。有的孩子可能有一个不想分开的兄弟姐妹,有的可能在身体上、情感上或智力上存在障碍。也可能是战争孤儿。他们和其他孩子一样需要关爱,同时也能带给养父母感情的回报。

然而,这些孩子确实有一些特殊的需求。既然他们年龄大一些,就有可能在一个以上的社会福利机构待过。由于曾经失去父母(先是亲生父母,然后是领养者),他们会缺乏安全感,害怕再次被抛弃。孩子们会用各种方法来表达这种不安,有时他们会试探,看看是否会被再次被"送回去"。孩子的这些忧虑给收养者带来了特殊的挑战。只要养父母事先了解这一点,并预先做好准备(而不是指望孩子的表现称心如意),这些孩子就会带给养父母特殊的回报。收养代理机构的责任就是集中精力为这些孩子寻找家庭，而不仅是为收养者找到孩子。

非传统型家长。以前，大多数收养代理机构都只为没有亲生子女的已婚夫妇提供服务。现在，很多代理机构也欢迎独身者、同性恋者、与孩子不同种族的人士，以及其他非传统类型的家庭提出收养申请。孩子的童年很快就会过去，目前拥有一个稳定的家长比将来找到两个家长的可能性更大，也更有实际意义。另外，代理机构也已经认识到，成功的收养更多地取决于收养者的内在品质，与家庭的外在特征关系不大。在某些情况下，这样做还有别的好处，比如有的孩子在感情上受过某种伤害，对他们来说最好能有一个特定性别的家长；还有的孩子极其需要关注和照顾。有的非传统的家庭是没有配偶的，刚好可以给孩子提供了他需要的照顾。

公开的收养。近年来，亲生母亲（有时也可能是亲生父亲）与孩子的养父母之间彼此了解得更多了，这种情况也越来越常见了。想要获得这种了解，可以通过代理机构得知对方的大致情况，收养者也可以和孩子的亲生父母在代理机构见面。有时，孩子的亲生母亲甚至可以选择她喜欢的收养者，有时也可以定期获得孩子的信息——比如，每年一次或几次收到孩子的照片和养父母写的信。

尽管公开领养的历史相对比较短，但是这种公开性似乎对每个人都有益处。很多孩子都好像能够处理有一个亲生妈妈和一个“照顾我的妈妈”的情况。知道自己的亲生母亲是谁可以消除孩子的许多疑虑，比如“她长什么样”，“她觉得我怎样”。尽管现实可能令人伤心——例如，母亲可能有严重的问题，但是，和不美好的现实相比，孩子想象中的完美形象（或魔鬼般的形象）会让他们更加烦恼。

告诉孩子实情。应该在什么时候告诉孩子他是收养的？不管养父母怎样小心地保持这一秘密，孩子迟早都会从某个人那儿得知这件事。对于大一点的孩子来说，这是一个令人非常不安的消息。就算是一个成年人，如果突然发现自己是被收养的，也会这样。这可能会打破他多年来的安全感。

养父母不应该把这件事当成秘密，希望等到某个年龄再告诉孩子。应该从一开始就在他们的谈话中，以及跟孩子、熟人的交谈中自然而然地透露收养的事实。这就会创造一种轻松氛围，在这种氛围下，无论什么时候孩子想知道这件事，他都可以询问。随着理解能力的提高，孩子会慢慢地明白收养的含义。

养父母常犯的错误，就是想保守收养的秘密；也有一些养父母会犯相反的错误，就是过分强调这件事。多数养父母一开始都有一种过度的责任感，好像他们必须表现得十分完美，好让人相信他们可以照顾好别人的孩子。这种心态非常自然。如果养父母急于给孩子解释收养的情况，孩子可能会疑惑："被收养有什么不对吗？"但是，如果养父母能像接受孩子头发的颜色一样自然地接受收养这个事实，就不会把它当成一个秘密，也不会不断强调这件事。

回答孩子的问题。一个 3 岁左右的孩子听到母亲跟一个新认识的朋友说自己是收养的，问道："妈妈，什么是'收养'？"母亲可以回答："很早以前，我非常想要一个小女孩，我想爱她、照顾她。于是我就到了一个有很多婴儿的地方，我告诉那儿的一位夫人说：'我想要一个长着棕色头发和蓝眼睛的小女孩。'然后，她带给我一个婴儿，那就是你。我说：'这就是我想要的婴儿。我想收养她，把她带回家，永远拥有她。'这就是我领养你的过程。"这样的谈话会创造一个良好的开端，因为它强调了收养行为的积极方面，强调了母亲得到的正是她想要的这个事实。这个故事会让孩子高兴，她可能想一遍一遍地听这个故事。

收养年龄较大的孩子要用另一种方法。他们可能记得自己的亲生父母和哺育他们的家庭。代理机构应该帮助孩子和新父母解决这个问题。新父母要认识到，在孩子生活的不同阶段，这些问题都会反复地出现。应该尽可能简单、诚实地回答这些问题。新父母应当允许孩子自由地表达他们的感情和恐惧。

3～4 岁时，孩子可能很想知道婴儿是从哪里来的。养父母最好诚实、简单地回答，这样孩子就容易理解了。但是，向领养的孩子解释婴儿是在母亲的子宫里长大的，她会觉得奇怪：这怎么和通过代理机构找到她的那个故事不一样呢？随后，或者几个月以后，孩子可能会问："我是在您肚子里长大的吗？"这时妈妈可以简单、随意地解释说，在她被收养之前，她是在另一个母亲的肚子里长大的。这可能会使孩子在一段时间内迷惑不解，但以后会弄明白的。

最后，孩子会提出更难回答的问题：为什么亲生父母不要她了？如果她知道亲生父母不想要她，会动摇她对所有父母的信任。而且，任何一种编造的原因都会在将来以某种意想不到的方式困扰孩子。最好也最接近事实的回答是："我不知道他们为什么不能照顾你，但我相信他们是愿意照顾你的。”在孩子慢慢理解这个解释后，要紧抱着她说，她现在是你的孩子了。

关于亲生父母的情况。不管是否表现出来，所有被收养的孩子都会对自己的亲生父母非常好奇。这种好奇很正常。以前，收养代理机构只向收养者透露孩子亲生父母的身体情况和心理健康方面的概况，会完全隐藏亲生父母的身份。在某种程度上，这样可以让养父母很容易地回答孩子可能问到的极端困难的问题，比如他的来历以及他为什么会被抛弃等。养父母可以说：“我不知道。”这还可以更好地保护亲生父母的隐私（因为多数是未婚，所以很多人会选择保守曾经怀孕的秘密）。

如今，为了尊重个人的知情权，法院有时会强迫代理机构向被收养的孩子或需要这方面信息的成年人揭示亲生父母的身份。有时候，被收养者会要求和亲生父母见面，这会平复被收养者狂乱的心情，也能满足强烈的好奇心。但也有些时候，这种见面对孩子、养父母、亲生父母都会造成强烈的不安。不管是否诉诸法律，任何一方有这种要求，都要跟双方和代理人商讨。

被收养的孩子必须完全属于养父母。被收养的孩子可能会偷偷地担心，如果养父母改变了想法或因为他表现不好，有一天也会像亲生父母那样抛弃他。养父母应该时刻记住这一点，并且发誓在任何情况下都不会说出或表现出曾经有过抛弃他的念头。没经过考虑或生气时的一句威胁，足以永远毁掉孩子对养父母的信任。养父母应该做好准备，发现孩子有任何疑虑，让他知道他永远是他们的孩子。例如，当孩子问到收养问题时，养父母就应该明确地表达这种态度。但是，养父母有时会因为非常担心孩子的安全，而过多地用语言强调对孩子的关爱，这也是错误的。从根本上讲，能够给被收养的孩子最大安全感的，是养父母全心全意的、自然的爱。它不是言语，而是宝贵的和谐感。

跨国收养。在美国，被收养的孩子大约有 25% 都是在别的国家出生的。从国外收养孩子的机会是很多养父母梦寐以求的。但是，跨国收养的孩子和他们的养父母会面临特殊的挑战。很多孩子刚被收养时营养不良，没有接受全面的免疫，或者有其他疾病。这些一般都很好处理。但是，很多孩子会有发育和情感上的问题，这才是比较困难的。

很多跨国收养的孩子以前都过着艰苦的生活，很多收容机构都无法满足这些孩子的生理和心理需求。而那些曾经有过慈爱的养父母的孩子则不得不忍受分离的痛苦。基本上，一个孩子在孤儿院或类似机构里生活的时间越长,就越有可能承受长期的身体、智力和情感的伤害。但是也不要忘记，大多数跨国收养的孩子长大后都能拥有健康的情感和体格。最初，他们可能会感到迷惑或痛苦，但是多数孩子最终都能和他们的新家庭建立稳固的、充满爱意的关系。按照美国的标准，几乎所有跨国收养的孩子都有发育迟缓的表现，但他们大多数都会在两三年内达到标准。

孩子原来所在国家不断变化的政治情况也会产生影响。比如，某个国家可能规定外国人只能领养严重残疾的孩子，几个月以后，法律可能又有改变。正是由于这些不确定因素的存在，养父母们才特别需要专业服务机构的帮助，这些机构要全面地了解跨国收养的情况，或者非常清楚被收养者所在国家的相关情况。

跨国收养的孩子通常都和收养他们的父母长得很不一样，因此他们可能会遇到毫无恶意的评论或是明显的偏见。对于那些来自非英语环境的孩子来说，突然出现的交流障碍会增加收养的难度。因为孩子的遗传因素把他们和原有的文化联系在一起,所以,无论在孩子小的时候,还是稍大一些，他们与原有文化的关系都是养父母要解决的一大问题。

对很多养父母来说，从其他国家收养一个孩子的做法还有政治意义和道德意义。养父母们明白，他们是因为孩子所在国家的恶劣条件才得以收养这个孩子。虽然孩子有机会过更好的生活，但代价却是被迫远离自己的国家和文化。有的家庭会把这些思虑转化成行动，通过捐助财物去帮助仍旧留在那里的孩子们。

很多从国外领养的孩子最终都过得很精彩，但是也有一些过得不好。儿童发育行为医生和其他专家可以帮助养父母作出分析与权衡。养父母必须知道自己是否真的想要一个孩子，还要知道自己能够承受多少已知和未知的困难。那些决定抚养残疾儿童的养父母们都是英雄。而那些对自身作了深刻的分析，然后承认自己不能抚养这种孩子的养父母也是同样有勇气。

单亲家庭

美国有 25% 以上的孩子生活在单亲家庭里。一半以上的孩子一生中都会有某个阶段在单亲家庭里度过，要么因为父母离异（参见第 485 页），要么因为父母根本就没结过婚。差不多 90% 的单亲家长是母亲。大部分单身母亲和孩子的收入都在国家贫困

斯波克的经典言论

不论怎么看，抚养孩子都是一个艰难的工作。对于单身家长来说，这项工作更是难上加难。因为他（她）没有伴侣，也就没人帮助分担日复一日照顾孩子的繁重工作；家里的每个人和每件事全都靠自己支撑；得不到真正的休息或休假；如果他（她）是家里唯一的经济支柱，那么在生计上的操劳还会加重负担。有时还会感到，好像身体和感情上已经没有余力来保证生活的正常运转了。

线以下。

过去，单身与未婚是同一个意思，但是我认为有固定伴侣的未婚女性不能算是单身。丈夫长期不在身边的女性和根本没有伴侣的女性一样会面临许多挑战，她们的丈夫可能出门在外，可能在服兵役，也可能在监狱里服刑。

单身家长的潜在危险。对单身家长来说，一个潜在的危险就是他们不愿意严格地管束孩子。许多单身家长都会感到内疚，因为孩子享受不到双亲的关爱。这些家长担心，孩子的健康成长会因此受到损害。由于没有足够的时间和孩子待在一起，他们也感到很惭愧。结果很可能是，他们会放纵孩子，屈从于孩子的每一个怪念头。

对这些家长来说，没有必要用礼物或顺从来溺爱孩子，也不理智。在陪伴孩子的大部分时间里，如果家长把注意力都集中在孩子身上，好像孩子是个来访的公主一样，那是不对的。孩子可以发展他的业余爱好、做作业或帮忙干家务，与此同时，家长也可以做自己的事情。但这不代表他们互不接触。如果家长和孩子互相协调着做事，就可以随着兴致聊天或讨论。

单身家长常犯的另一个错误就是，他们会把孩子当成最亲密的朋友，向孩子袒露自己内心最深处的感受。他们有时会让学龄孩子跟自己同睡，不是孩子害怕或孤单，而是家长希望有人陪伴。虽然所有孩子都能干一点杂事，还能给烦恼的家长一些情感支持，但是没有哪个孩子能够既扮演好成年人的角色，又不对自己情感的成长和发展造成严重的影响。

单身母亲。让我们以一个身边没有父亲的孩子为例。有人觉得有没有父亲对孩子来说没什么关系，也有人认为母亲很容易用其他方式来弥补这种缺憾，这些观念都有很大问题。但是，如果处理得当，孩子也可以健康地成长。

母亲的精神状态是非常重要的因素。单身母亲可能会感到孤独无助，还会时常发脾气。有时，她会把这些情绪发泄在孩子身上。这都是正常的，不会对孩子造成太大的伤害。

对单身母亲来说，重要的是要做个正常的人，维持朋友圈，参加娱乐活动，坚持工作，并且到尽量远一些的地方进行户外活动，不要让自己的生活总是围着孩子转。如果她没有帮手，那么照顾孩子的工作会很困难。但是，她可以请别人到家里来帮忙。要是孩子能适应在陌生的地方过夜，也可以带孩子去朋友家里玩。对孩子来说，有个快乐而开朗的母亲比完美无缺的日常生活更加重要。如果母亲把所有行动、心思和关爱都放在孩子一个人身上，对孩子也没有好处。

不管多大的孩子，也不论男孩女孩，如果父亲不在身边，就需要和其他男性建立一种友好的关系。当孩子长到一两岁时，如果能频繁地接触令人愉快的男性，经常听到他们低沉浑厚的嗓音，看到他们与女人截然不同的服饰和举止，将对孩子非常有好处。如果没有比较亲近的朋友，就算是一个经常微笑着打招呼的杂货店主也可以。到了孩子 3 岁多时，他们和男性之间的同伴之情就显得更加重要了。他们需要机会与男人和大男孩待在一起，体会那种亲近感。这些男性包括祖父、外祖父、叔叔、舅舅、侄子、外甥、男老师、神父、牧师或教士、家人的朋友。如果这些男性喜欢陪孩子玩耍，还能定期和孩子见面，就能代替父亲为孩子的成长提供一些帮助。

3 岁以上的孩子都会在心里勾画父亲的形象，那是他们的理想和榜样。孩子看到和接触到的其他男人为这个形象提供了模板，从而形成了父亲的概念，并给孩子带来更加深远的影响。母亲的某些做法对孩子也有帮助，包括：对男性亲戚格外友好；送孩子参加有男老师的夏令营；如果可能，就选一个有男老师的学校；鼓励孩子参加有男负责人的俱乐部和其他组织等。

从 2 岁起，母亲更应该鼓励那些没有父亲的男孩和其他男孩一起玩，多提供这样的机会。如果可能，最好每天如此，而且主要玩儿童游戏。那些交际范围比较狭窄的母亲经常希望儿子能够成为她们最亲密的伙伴，所以会培养儿子对她们的工作、爱好和品位的兴趣。如果母亲真的用自己的世界占据了儿子的兴趣，而且让儿子觉得，跟男人的世界相比，母亲的世界更容易相处。因为男人的世界需要一套完全不同的行为模式，这个孩子就可能带着明显的成人兴趣长大，导致跟同龄人没有什么共同语言。母亲可以和儿子分享很多快乐，但前提必须是她允许儿子走自己的路。不能让儿子过多地分享她的兴趣，也要注意分享孩子的兴趣。另外，还可以经常邀请别的男孩到家里来，或者带儿子和他们一起外出游玩和旅行。

单身父亲。对单身母亲的每一项建议，同样也适用于单独抚养孩子的父亲。但是，一般还有个问题，那就是在我们的社会中，几乎没有哪个父亲能够完全适应抚养孩子的工作。许多男性在成长过程中都形成了一种观念，觉得照顾孩子的人都是柔弱的、女性化的。所以，许多父亲发现自己很难对孩子表示温柔，给孩子必要的抚慰，至少在最初的时候会这样，对年幼的孩子更是如此。但是，随着时间的推移和经验的增长，他们都能胜任这项工作。

重组家庭

许多童话故事都把继母或继父描述成邪恶的坏人，这种现象绝不是偶然。重组的家庭关系会使人们互相误解、嫉妒和怨恨。父母离婚以后，孩子可能会对负责监护的家长产生一种异常的亲密感和占有欲。然后，一个陌生男人出现了，占据了母亲的心和床，还会吸引母亲至少一半的注意力。不管继父多么想建立一种良好的关系，孩子都会情不自禁地怨恨这个侵入者。

这种怨恨经常通过极端的形式表达出来。孩子的做法会激怒继父，于是，继父只能以同等的敌意来回应。随后，母亲和继父之间的新关系很快就会变得紧张，因为这就像一场没有赢家的较量，也是一项非此即彼的选择。对继父来说，重点是要意识到，这种敌意对双方几乎都是不可避免的，这并不是自身价值的反应，也不能预示彼此关系的最终结果。这种紧张关系经常会持续几个月，甚至几年，只能逐渐地缓解。孩子轻易就能接受继父或继母的情况也有，但是非常少见。

为什么如此困难？很多原因可以

斯波克的经典言论

几年前，我给一份杂志写了一篇关于继父继母的文章，当时自认为写得不错。后来，在1976年，当我自己成了一位继父，我才意识到我很难实施自己的建议。我曾建议继父继母一定不要变成纪律监督员，而我却总是因为11岁继女的粗鲁举止而不断责备她，还想让她遵守我的规则。这是我最痛苦的经历之一，也是收获最多的一件事情。

充分地解释为什么在重组家庭中，至少在最初阶段，大多数孩子的生活是紧张的：

- 损失：进入再婚家庭时，多数孩子都已经经历了重大的损失，包括失去父亲或母亲，或者因搬家导致失去朋友。这种遭遇损失的感觉影响了孩子对新家长的最初反应。
- 忠诚问题：孩子可能感到迷惑，现在谁是我的父母？如果我对继父或继母表示接纳，是否意味着我就不爱那个不和我在一起的家长了？我怎么能分割我的爱呢？
- 失去控制：没有一个孩子是自己决定在重组家庭生活的。这个决定是成年人为他作的。所以孩子会感到他对人缺乏控制能力，还会觉得遭到了别人的强迫和打击。
- 继父或继母的孩子：一旦继父或继母的孩子出现，以上这些紧张情绪就会更加严重。孩子不能理解，如果我的父母对继父或继母的孩子比对我好，那该怎么办？为什么我必须和这个完全陌生的人分享我的东西或共用我的房间？

重组家庭的积极影响。虽然孩子出现紧张情绪相当普遍，但绝不是重组家庭的全部生活内容。重组家庭还有许多潜在的好处。首先，尽管最初都会有困难，但是大多数家庭成员最终都会适应新环境。孩子和继父(母)之间一般都会建立一种长期的紧密关系。毕竟，他们都有过家庭破裂和组建新家的共同经历。生活在两个家庭中的双重身份可以促进孩子对不同生活方式和文化差异的理解与接纳。

给继父继母的建议。下面是一些大致的原则，虽然不是很容易遵循，但可能会有帮助。继父或继母要做的第一步就是提前与配偶取得一致意见，商量好对待孩子的态度和方式等问题，还要对新家庭有切合实际的期望。

继父或继母一定要理解孩子，因为孩子需要很长时间来适应新的环境。对于作息时间、日常事务和家庭作业等方面的规矩要前后一致，还要给孩子一定的时间去接受这些规矩。

作为继父或继母，最好不要过早进入管教孩子的全职家长的角色。如果你一开始就在日常事务、作息时间和外出活动等方面限制孩子，孩子一定会把继父（母）看成一个严厉的侵入者，就算继父（母）制定的规矩和孩子的亲生父母一模一样，孩子也不会改变他的想法。

另一方面，如果子女侵犯了继父或继母的领地，比如说私自动用了他们的东西，继父或继母也不应该表示纵容。应该用友好而坚定的态度给孩了设定限制，可以说，“我不希望你伤着自己或弄坏自己的东西，我也不希望你弄坏我的东西。”但是不能做出带有敌意的愤怒表情，那样只会整天都生气。所以,要忽略那些小事情，但如果孩子严重违反了家庭规矩，就要严肃对待了。

何时寻求帮助？继父继母养育孩子的压力常会使婚姻关系紧张，面临崩溃，或直接导致婚姻失败，这些情况都十分常见。所以，明智的做法是，现实问题刚出现，就寻求专业帮助，不要让问题进一步发展。精神专家和心理医生很可能处理过很多有关继父继母的家庭问题，所以他们可以很好地提供帮助。这种帮助的形式可能是指导家长如何进行婚姻或家庭的治疗，或者为一个或几个孩子进行个人咨询。许多儿童指导中心都有继父母团体，也很有帮助。更多关于重组家庭的内容,参见 485 页“离婚”一节。

同性恋父母

在美国，大概有 2/3 的同性恋伴侣正在养育孩子。同性恋父母是否被接受，各个地区都不相同。有些社区对此表示宽容，有些则持反对态度。

对孩子的影响。很多研究都在关注同性恋家庭孩子的发展问题，也得出了不少成果：异性恋父母抚养的孩子和同性恋父母带大的孩子没有显著的区别。关键不在于父母的性别或性取向，而在于他们对孩子有多么慈爱

和关心。因为同性恋的男性和女性可以像异性恋父母一样充满温情和关怀（也可能同样地不和睦），所以他们孩子的心理健康也是相似的，这一点不足为奇。

与生活在异性恋家庭里的孩子相比，当同性恋家庭的孩子上小学时，同样可能与同性别的孩子一起玩耍，长大后，他们会选择异性的恋爱对象。他们更能包容不同的性别取向，对少数族群的地位也更加敏感，不那么容易成为性侵害的受害者。他们在学校里并不会比别的孩子受到更多嘲笑。

法律问题。近期的法庭裁决已经为同性恋父母燃起了希望。在美国，最高法院已经肯定了成年人享有同性恋关系的权利，不必担心受到起诉。同性婚姻合法化的运动虽然面临强大的压力，却也在不断发展。在同性婚姻不合法的地区，同性恋家长在为孩子做决定时可能会感到困惑。比如谁有权对医疗方案表示认同等。对于这些问题，同性恋家长可能需要向律师咨询。

寻求支持。有很多写给同性恋父母的书，这些书会有帮助。我尤其喜欢《同性恋父母育儿手册》（*The Lesbian and Gay Parenting Handbook*）这本书，作者是埃布尔·马丁（April Martin）博士。这本书后面的“信息指南”部分包括一些美国同性恋父母组织的地址和电话号码，这些组织可以提供信息和帮助。很多社区也能为孩子和父母提供支持。

对异性恋家庭的帮助。近年来，随着对同性恋父母的了解日益深入，很多异性恋父母对这种情况已经习以为常了。也有些父母仍然感到担心，如果拥有异性父母的孩子和拥有两个爸爸或两个妈妈的孩子交朋友，前者会不会感到困惑呢？我认为答案很简单——不会。当事实简单地呈现出来时，孩子们就有非凡的能力去接受这些平常的事实。

可能出现困惑的情况反倒是，如

斯波克的经典言论

同性恋家庭的存在提供了一个机会，父母可以教育孩子，告诉他社会上有不同的家庭类型，还可以对孩子说明什么才是真正重要的——不是别的家庭与自己的家庭是否相同，而是他们是否有你的家庭看重的特点：和蔼仁慈、体谅他人、亲切温馨。教育孩子忍受和接受不同家庭的结构将帮助他很好地应付 21 世纪正在加剧的文化差异。

果父母告诉孩子同性恋是不好的，而孩子却遇见了非常好的同性恋父母，而且他们的孩子也很出色，这个孩子就会发现，自己的第一手经验和父母的教导无法吻合。

反对同性恋抚养孩子的论点仍然经常出现，我认为这是因为大家担心与同性恋的接触会促使孩子变成同性恋。还没有证据表明这种情况会发生。相反，性取向似乎主要是生物学上的问题（参见第449页）。有时候，这种反对是来自宗教的，一些宗教会判定同性恋有罪。这样的教规会给不适合异性恋模式的孩子带来巨大的压力，从而使他们出现一系列心理健康问题，包括自杀（参见第449页）。父母可能会竭力使自己的信念与为孩子提供爱和安全的需要保持一致。

压力和伤害

在 21 世纪，孩子的日常生活可能会有巨大的压力。电视打开了儿童的视野，他们会看到恐怖行为、地震、战争和全球变暖。但是，对许多孩子来说，这些灾难与家园的距离更近。身体伤害和性虐待产生了可怕的负面作用。即使没有伤害到孩子的身体，家庭暴力一样会毁了孩子的一生。家庭成员的去世，父母的暂时离开，或者是离婚带来更长久的分离，这些情况虽不会带来极端的压力，但仍然会让人很难过。

尽管面对着压力和伤害，还是有那么多的孩子健康长大，而且充满爱心又乐观向上。想到这些，我们就会感到惊奇。这种达观的态度来自内心对幸福和健康的强烈渴望，也来自他们与关心、信任他们的成年人之间的关系。哪怕能跟孩子建立这种关系的人只有一个，也会对孩子的成长起到积极的作用。成年人在帮助孩子应对这个充满压力的社会时，一定要记住这一点。

压力的含义

压力是一种生理反应。在面临威胁时，我们的身体会产生压力激素，肾上腺素和可的松。在分泌量较少的时候，这些激素会增强注意力和忍耐力。在分泌量比较大的时候，会产生所谓的趋避反应：脉搏加速，血压升高，肌肉紧张，消化等非关键功能显著下降，注意力高度集中，时间也好像过得更慢了。

压力影响着大脑。巨大的压力过后，危险刺激因素与压力反应系统之间会形成神经系统的联系。结果是，当同一种刺激因素再次出现时，这种反应会出现得更加迅速。这种联系的另一种表现就是，与最初那个威胁因素相似的任何事物都会引起过度的压力反应。这就是创伤后应激障碍（PTSD）的症状。这种病症在参加过战争的士兵中很普遍（过去称作炮弹震惊症），在那些遭受过暴力或目睹过暴力的孩子中也会出现。伴随着这种压力的反应，最初那段令人痛苦记忆会清晰地出现，它会在醒着的时候折磨孩子，在睡着的时候又会带来清晰恐怖的噩梦。

面对压力时的脆弱。每个人面对压力的反应都不尽相同。大约14%的孩子在压力面前会表现得十分脆弱。即使是婴儿，在见到生人或面对陌生事物时，也会分泌压力激素。年龄大一点的孩子往往会变得小心翼翼或害羞，过一段时间才能在新的情况下觉得自在，他们还可能产生恐惧感或其他由焦虑带来的问题。这种容易紧张的特点是天生的，而且常常是家族性的。科学家已经基本探明了导致这种情况的基因。难以应付压力的孩子在面对刺激的时候更容易产生紧张的症状，比如，在被狗追赶或者遭遇地震时。

如果知道自己的孩子在压力面前会特别脆弱，可以只让他接触能够应付的压力，慢慢锻炼处理这种情况的能力。比如，当看到报道战争或地震的新闻，就可以关上电视，只在晚饭的时候谈论这些事情，这种接触就不会那么紧张了。每当孩子成功地处理一次适度紧张的情况，他承受压力的能力和信心就会增加。

恐怖主义与大灾难

2001年9月11日的事件，是近年来最鲜明的一个警示，提醒我们这个世界是危险的。在那以前，美国曾经发生过一连串的校园枪击事件，还发生了俄克拉荷马城的家庭恐怖事件。说得更深入一点，世界存在着对核毁灭问题的潜在恐惧。在较小的范围里，每一次洪水、飓风或地震都摧毁了受到直接影响的家庭，也摧毁了孩子对于安全的幻想。

无论是亲身体验还是反复接触电视上的图像，经历过灾难的孩子都很可能显示出紧张的迹象。例如，“9·11”事件以后，很多学龄前的孩子会画出火焰中的飞机，或者用积木搭建楼房，再拿他们的玩具飞机去撞这些楼房。玩这种游戏是孩子接受恐怖现实的一种方式。如果孩子创造了一个圆满的结局，就标志着一种健康的处理方式。比如，飞机安全地着陆了，楼房没有倒塌，孩子做完游戏的时候看起来很安心等。精神上受过创伤的孩子玩的游戏则不同：飞机不停地撞击，大楼接二连三地倒塌，孩子结束游戏的时候显得很疲惫，比以前更焦虑。这种反复的强迫性的游戏表示，这个孩子需要资深心理学家或临床医生的帮助。

应对灾难。无论天灾还是人祸，都会威胁到父母和孩子之间最根本的信任，这种信任就是相信父母会保证孩子的安全。因此，父母一定要向孩子保证，大人们——妈妈、爸爸、市长——都在做着一切必要的事情，以保证没有更多的人受伤。父母也要保护孩子，不让电视里反复播放的灾难画面进一步影响孩子的精神健康。尽管在"9 · 11"以后，或伊拉克战争期间，人们很难关掉电视，但关电视的确是父母明智的做法。

孩子精神紧张的具体原因可能出乎你的意料，因此，最好的办法就是先认真听孩子说话，再尽量回答他们的具体问题，或者处理他们具体的忧虑。熟悉的环境和日常生活习惯会让孩子感到安心，因此尽快恢复正常的生活规律很有帮助，比如按时吃早饭，按时上学，以及像平常一样讲故事哄他们睡觉等。

最后，父母还要注意自己对压力的反应，因为孩子们总是跟着父母学。如果父母表现得烦躁不安，孩子也会感染这种情绪。父母可以用简单的语言说出自己的感受，这种做法很不错。这样孩子就会知道是什么让你心烦（否则，他很可能认为是自己的问题）。向朋友、家人、牧师或社区里的其他人寻求帮助也非常重要。对于父母或孩子持续的紧张状态，专家通常可以提供帮助（参见第 585 页）。

身体上的虐待

生孩子的气。大多数父母都会跟孩子生气，有时甚至有伤害他们的冲动。父母可能对哭个不停的婴儿生气，因为已经花了好几个小时尽力地安慰他。也可能刚让孩子把一件珍贵的东西放下，他就把它打碎了。父母有理由表示愤怒，但是一般都能控制住情绪，不让自己把个人的挫折感转移到

斯波克的经典言论

我记得当我还是个医科学生的时候，有一天半夜，我抱起自己那个哭得没完没了的半岁婴儿，对他吼道："闭嘴！"我几乎控制不住自己的情绪，真想给他两巴掌。几个星期以来，他晚上一直不睡，弄得我和他的母亲都筋疲力尽，无计可施。

孩子身上，否则父母就会感到惭愧和羞耻。要知道，大多数父母都有同样的经历。父母的愤怒会沸腾起来，但是在大多数情况下可以控制住自己。父母可能会在事后感到惭愧和难堪。如果这样的情况反复出现，就表示可能需要援助，应该咨询医生。

虐待儿童的根源。虐待和忽视指的是威胁或没能保护到孩子基本的生理和心理健康的行为。加重家庭中紧张气氛的任何事物都会增加虐待孩子的危险。虽然贫困、成瘾和心理疾病都是虐待和忽视的诱因，但是整个社会的孩子都会受到影响。那些身体残疾、心智不健全，或有特殊需要的孩子也更容易遭到虐待。许多虐待孩子的成年人在自己的童年就遭受过虐待、忽视或骚扰。这些人需要治疗，可以单独进行，也可以群体进行。大约 1/3 受到虐待的孩子长大以后会变成施虐者。

反虐待的法律。美国的联邦法律要求父母和其他看护人要达到保护孩子安全和健康的最低标准，但是虐待和忽视的明确定义在各州都有所不同。每个州都有一套儿童保护体系，负责鉴别和调查可能出现的虐待事件。法律也要求医生、教师和其他专业人士举报可疑案例；其他人也可以报告。在任何一年中，美国都有多达 5% 有儿童的家庭可能受到举报，最常见的原因就是有忽视孩子的嫌疑。在大部分情况下，调查人员都无法证实虐待或忽视孩子的情形存在。总体来说，在经过确认的案例中，大约 1/5 的结果会是把孩子带离原来的家。

从全世界来看，联合国儿童权利公约赋予儿童免受身体上或精神上的暴力、伤害、虐待、忽视和性剥削的权利（192 个国家都已签署了这项国际公约，但美国没有签署）。在许多其他的发达国家，虐待儿童和忽视儿童的比例都比美国低，这或许是因为这些国家通过普遍的医疗保健等政策为家庭提供了更大的支持。我们应该在防止虐待和忽视方面做得更好，而不仅仅是宣布这些行为不合法。

身体虐待和文化。在世界上很多地方，掴巴掌、打屁股和抽鞭子都被视为正当的教育方式，而不是虐待。在美国，留下瘀伤或疤痕的体罚可能受到举报。对孩子可能被带走的担心有时会令人不知所措。有一位母亲对我说："我的孩子们不尊重我，因为他们知道我什么办法也没有！"

其他的育儿习惯有时看起来也像是虐待。其中一个例子是拔火罐，就是把一个弄热了的杯子扣在孩子的皮肤上，当杯子里的空气冷却下来以后，皮肤会被吸进杯子里，然后出现一个瘀痕。拔火罐的目的是消除疾病，而不是惩罚孩子。这在东南亚是很正常的事情。在不同的文化里培养孩子的方式不同，医生在这方面有了越来越多的了解，他们不太可能再把传统的治疗方式错误地当成虐待儿童了。

性虐待

孩子遭到的性骚扰绝大多数都不是堕落的陌生人干的，家庭成员、继父继母、家人的朋友、保姆或者孩子早已认识的其他人更有可能做出这种事情。认识到这一点非常重要。女孩更容易受到危害，男孩也会成为受害者。

告诉孩子什么？有的学校组织学生们和警员座谈，让孩子警惕给他们糖果和带他们坐车的陌生人。我担心，如果让没经过专门训练的权威机构进行这种谈话，会给孩子造成病态的恐惧，这样做的效果也非常非常有限。我建议父母们可以根据自己对危险的判断，给孩子提出他们觉得合适的警告。

为了使这种警告听起来不那么令人恐惧，我会跟 3～6 岁的小女孩说，如果大孩子想碰她的私处（她的阴蒂或阴道），不应该让他（她）这么做（参见第 128 和第 438 页有关生殖器问题的内容）。可以在说到洗澡和上厕所等父母自然会触碰到孩子敏感部位的活动时，顺便提起这个话题，也可以在回答孩子的问题时引到这个话题上，或者在发现孩子玩“医生看病”的游戏以后告诉她。多讲几次效果会更好。

母亲可以让孩子学会说：“我不想让你这么做。”还要让孩子马上把这件事告诉她。也可以补充说：“有时，一个大人可能想摸你，要告诉他你不想让他那么做。如果他想让你摸他，你也不应该听他的，告诉他你不想那样做，然后告诉我。这不是你的错。”最后这句话一定要说，因为孩子可能会觉得自己有错而不汇报这种事情。当骚扰者是家里的亲戚或朋友时，孩子就更倾向于隐瞒事实。

何时产生怀疑？父母很难对性虐待有所觉察，医生也很难对此作出诊断，孩子沉默的原因不仅在于害羞、内疚和难堪，还因为经常缺少性虐待留在身体上的证据。当孩子不时地出现生殖器或直肠疼痛，同时伴有出血、外伤或感染的症状时，应该想到性虐待的可能，并带孩子接受医疗检查。但是要注意，青春期以前的女孩有时会出现轻微的阴道感染，那不是性虐待的表现。

受到性虐待的孩子常常会表现出与年龄不相称的性行为，比如在其他孩子面前模仿成年人的性行为。这种表现与正常的性探索非常不同，孩子的正常探索包括玩“医生看病”的游戏，以及“你让我看你的，我就让你看我的”等行为。如果孩子有难以控制的自慰行为，或者公开进行自慰，那么他可能是在重演难忘的经历痛苦。

其他与儿童和青少年性虐待有关的行为表现则不太明确，其中包括畏缩、易怒、攻击性、离家出走、恐惧(尤其对与虐待有关的情景)、食欲的变化、睡觉不安稳、忽然开始尿床或把大便拉在裤子里、学习成绩下降等。当然，这些行为也可能是儿童和青少年面临其他压力的结果，实际上，在大多数情况下，都不是性虐待的标志。重点是，要对性虐待的可能性存有警惕，但也不要草木皆兵，甚至在孩子的一举一动中去寻找性虐待的迹象。孩子的医生可以很好地解释孩子的反常行为。

寻求帮助。如果怀疑孩子遭到了性虐待，就给他的医生打电话。很多大城市里都有专门的医务人员、精神科医生和社会工作者能够对可能遭到性虐待的孩子进行评估。这些评估的关键是弄清楚虐待是不是已经发生，并且在避免孩子受到进一步伤害的前提下，搜集可以控告施虐者的证据，这对于防止孩子受到进一步的伤害至关重要。这种评估也包括对疾病的检查，比如感染的症状等，因为这些疾病可能需要治疗。

在遭受虐待以后，孩子常常会在羞愧和内疚中挣扎。父母要常常安慰孩子，这不是孩子的过错，告诉孩子你们会保证这种虐待永远不再发生。要让遭遇不幸的孩子了解，父母总会站在他的一边，还会在未来竭尽所能保护他，这一点至关重要。

已经遭到性虐待的孩子也应该接受心理评估和治疗。性虐待产生的心理影响总会再次出现，所以孩子可能需要一些简单的治疗，也许还需要重复这种治疗。孩子最终可以走出性虐待的阴影，获得心理上的痊愈，但是通常都需要好几年的时间。

家庭暴力

每个家庭都会存在分歧。有时候，争论会演变成大喊大叫，接着是威胁、推搡、打骂和更严重的暴力行为。很多目睹过这些场面的孩子即使身体上没有损伤，心理上也会出现创伤。父亲常常是发动攻击的人，但也不都是这样。父母打架时，孩子可能会蜷缩在角落里，感到恐惧、愤怒和无能为力。事后他容易变得很黏人，就好像害怕让母亲离开他的视线一样。再往后，这个孩子似乎会改变立场，具有了施虐者的特征。他会打他的母亲，还会用他父亲用过的一模一样的话大骂母亲。心理学家把这种行为叫做攻击者认同；这是情感创伤的迹象。

除了攻击性以外，目睹了家庭暴力的幼儿还经常出现睡眠问题，在学校也无法集中精力；他们还容易出现成长方面的问题，因为当你感到惊恐时，一般都没什么胃口。虐待儿童的行为和家庭暴力现象常常会同时出现。

你能做什么？第一件事就是必须停止暴力。也就是说，母亲和孩子有时不得不离开自己的家。这是一个非常困难的决定,但通常也不可避免(我在这里说“母亲”，是因为母亲最有可能成为受害者，但是家庭暴力也可能针对另一方)。可以通过法律或相关组织获得帮助。那些由于目睹家庭暴力而出现行为问题的孩子一般都需要专业的帮助，以摆脱情感的伤害，恢复原有的安全感，重新开始享受生活（参见第 585 页）。

死亡

生命的现实。死亡是每一个孩子都必须面对的现实。对有的孩子来说，他们第一次面对死亡可能是看见一条金鱼死了；而对另一些孩子来说，他们第一次对死亡的接触可能是（外）祖父（母）的去世。在许多文化里，人们把死亡看成一种自然的事情，认为它是日常生活的一部分。在另一些文化里，人们仍对它感到十分恐惧。

帮助孩子理解死亡。学龄前的孩子对死亡的看法都会受到奇妙的思维逻辑的影响。比如，他们也许会以为死亡是可以逆转的，认为死去的人有一天还会活过来。他们还会觉得自己似乎要对身边发生的每一件事情负责，包括死亡在内。他们可能担心自己会因为对死去的人或动物有过坏念头而受到惩罚。还可能把死亡看成是“会传染的”，就像感冒一样，因此担心另外一个人也会很快死去。

这个年龄正是孩子们严格按照字面意义理解事物的阶段，因此要特别注意，一定不要用睡觉来指代死亡。很多孩子随后就害怕去睡觉，害怕自己也会死去，或者当听说有人死了的时候,他们会说：“那就把他叫醒吧。”与此相似，如果父母说“我们失去了阿奇博尔德叔叔”，可能会引起那些迷过路的孩子心中的恐惧感。[①]我记

① 英语中“失去”和“迷路”是同一个词 lost。——译者注

斯波克的经典言论

由于成年人一想到死就不舒服，所以许多父母不知道如何帮助孩子克服对死亡的恐惧。这种现象不足为奇。于是，有的父母就干脆否认死亡的存在，当孩子看见路边躺着一只一动不动的狗时，他们就会告诉孩子："它只是在休息，它很好。你今天在学校里学了什么？"有的父母会回避确切的说法，采取含糊其辞的方式，比如："天使把爷爷带走了，现在他正在天堂里和奶奶待在一块儿呢。"还有的父母则会完全逃避这个问题，对孩子说："不要担心死亡是什么。没有人很快就死。你从哪儿得到这些想法的？"

得，有个孩子听说一个死去的亲人是"去了他在天上的家"，就对飞行产生了恐惧。

孩子还倾向于非常具体地考虑事情，他们会问："如果鲍勃叔叔在地底下，那他怎么呼吸呢？"所以父母可以用同样具体的方式来帮助孩子，可以说："鲍勃叔叔不会再呼吸了。他也不会再和我们一起吃饭或刷牙了。死亡就表示人的身体完全停止工作，你不能活动，也不能做任何事情了。一旦你死了，就不可能再活过来。"大人要跟年幼的孩子说，死亡绝对不是他们导致的。有时这一点需要反复强调。

即使孩子只有三四岁，他们也会理解死亡是生命循环的一部分。人都有起点，他们开始的时候很小，然后长大、变老，最后死去。

死亡和信仰。所有宗教都有对死亡的解释。无论一种宗教是否包含着天堂、地狱、转世或灵魂在地球上到处飘荡的内容，我认为父母都要向孩子澄清，这些信念建立在宗教信仰基础上，是理解世界的一种特殊方式。父母这样做很重要。孩子要学会珍视自己的信仰，同时也要接受别人的信仰，那会引导他们以不同的方式看待事物。

葬礼。许多父母都不知道是否应该让 3～6 岁的孩子去参加亲友的葬礼。我认为，如果孩子愿意去，父母也对此感到很平常，还提前给孩子做了必要的讲解，那么，3 岁以上的孩子可以参加葬礼，甚至还可以让他和家人一起到墓地去观看下葬仪式。孩子通过葬礼会明白大人们在做什么，了解死亡的事实，也有机会在朋友和家人的陪伴下向死去的人告别。

但是孩子一定要有熟悉的大人陪着，这个大人要随时都能给孩子安慰，回答他的问题，或者在孩子觉得难过时带他回家。

处理忧伤的情绪。有的孩子通过哭泣来表达他们的忧伤，有的孩子则会变得异常活跃或非常黏人，还有的孩子虽然事后会显得很伤心，但当时却似乎没受什么影响。父母要承认失去一个朋友或祖父母是非常令人伤心的，想到这个人再也不会回来了也很难过，这样能够帮助孩子处理忧伤。作为父母，不需要假装自己并不难过。让孩子看到父母也有强烈的感情，就表示也允许孩子接受自己的感情。恰当地抒发情绪——比如，说出这些感情——可以给孩子树立一个榜样，也在用最有力的方式教给孩子如何面对忧伤。

如果孩子问起你的死亡。对孩子来说，最让他惊慌的事情或许就是父母的死亡。如果最近有朋友或者亲戚去世了，或者孩子很认真地问一些关于死亡的问题，就可以推断，最可能的问题就是他正在担心父母会死去。

这里有一些安慰孩子的办法（假设父母没有什么威胁生命的状况）。可以说，在孩子完全长大并且有了自己的孩子之前，父母是不会死去的。然后，你会成为年纪很大的祖父母，那时候就快去世了。把这种可怕的事情推迟到遥远得无法想象的未来，对大多数孩子来说是一种安慰。他们知道自己还没有长大，所以就不必担心父母会死去。虽然不能绝对肯定自己会活那么长时间，但现在不是探究那些可能性的时候。如果父母充满信心地承诺自己会活下去，孩子就会得到他需要的安慰。

与父母分开

孩子从他们与父母的关系中获得安全感。当孩子不得不与父母中的一方分开时，哪怕只是很短的一段时间，分离的压力也会产生长久的障碍。年幼的孩子对时间的概念跟成年人不同，“仅仅几天的时间”看起来像是永远。

会带来创伤的分离。如果母亲需要出门几个星期，比如，去照顾生病的外婆，那么，她6~8个月的宝宝很可能变得闷闷不乐。如果在此之前母亲一直是唯一照料孩子的人，孩子的这种表现就会更加明显。他会显得很沮丧，食欲减退，对生人和熟人都不理睬，多数时间都仰卧在床上，一会儿把头转到左边，一会儿转向右边，不再试着站起来，也不再探索周围的环境了。

两岁左右，孩子就不会因为和

母亲分开而沮丧了；取而代之的是焦虑。常见的情形是，母亲会因为紧急事务出门在外，或者在孩子还没有准备好去日托中心时就决定开始全职工作，或者孩子不得不在医院里独自生活好几天。

当母亲不在家时，孩子可能看起来很好，但是她一回到家，孩子所有压抑着的焦虑感就会迸发出来。他会扑过去倚靠在妈妈身上，只要妈妈去另一个房间，他就惊慌地大声喊叫。临睡觉时，也会死死地缠着妈妈，很难放手。睡觉时他会紧紧地挨着母亲或父亲，生怕被放进他的小床里。当父母终于得以脱身，朝门口走去时，他就会毫不犹豫地从小床侧面爬下来，追着父母，而以前他从来不敢这样做。这真是一个令人揪心的惊恐场面。就算父母能让孩子待在小床里，他也会整夜不睡。

有时，也许母亲迫不得已要离开家一些日子，也许孩子要住几天医院，当他们再次团聚时，孩子可能会用不认母亲的方式来"惩罚"母亲。当他决定再次承认母亲的时候，可能会一边大哭一边生气地看着她，或者用手打她。（当然了，如果父亲是孩子的主要看护人，这种情况也会引起同样的反应。）

父母能做什么？对于年龄较小的孩子来说，把暂时不在的父亲或母亲的照片放在他能从小床里看见的地方；用父母的衣物来包裹孩子（小心，对婴儿来说，可能会有窒息的危险）；让父母讲孩子最爱听的故事，并录成一盘磁带，唱孩子最喜欢的歌曲；尽量缩短分开的时间；让家庭成员来照顾孩子，不要用陌生人。

对于年龄大一点的孩子，可以给他做一个日历，每过一天就划掉一天，到父母回来的那天为止；还可以讨论团聚之后会做些什么；要经常打电话聊天、写信或发电子邮件。对于长达几个月的分离，大人要把父母回家这件事和季节的变化，或孩子明白的其他时间标志联系在一起。不要说"爸爸 6 月份会回来"，而要说"我们先要过一个冬天，然后天气会变暖，花儿都开放后，爸爸就回来了"。给孩子讲一些家人不得不分开后来又团聚的故事。我最喜欢的是罗伯特（Robert McCloskey）写的那个经典的《给小鸭子让路》（*Make Way for Ducklings*）的故事。如果父母回来的日期不确定（比如必须在国外服役的那种情况），那么双方要互通电子邮件、写信、打电话，回忆他们在一起的日子，谈论将要到来的快乐时光。此时，这种畅想更重要。

离婚

在 20 世纪 70 年代以前，离婚在美国并不多见；现在则有一半左右的婚姻以离婚收场。虽然在小说里读到友好离婚的情节，在电影里也会看到这样的故事，但现实生活中，大部分分手和离婚的过程都会使两个人对彼此充满愤怒。离婚对孩子来说常常十分痛苦。大多数时候，它会使生活水平下降；孩子们常常要离开朋友和学校，搬到别的地方去生活；父母常常会心烦或郁闷，从而不太容易照顾到孩子的情绪；孩子可能会因为家庭破裂而（不切实际地）责怪自己，还觉得自己无法在不背叛父母一方的情况下忠诚于另一方。从好的方面看，离婚可能会把孩子从有害的家庭关系中解脱出来。从坏的方面看，离婚带来的感情伤害可能会影响孩子几十年。

分手的几个阶段。婚姻关系恶化的过程一般要经历几年，离婚则是一个转折点。婚姻的终结可能从分歧和不满的逐渐积累开始，也可能因为暴力或不忠而突然决裂。在这段时间里，孩子要忍受父母难以理解又让人焦虑的沉默或不遗余力的大声吵架；其中也可能穿插着相安无事的时间，只是他们的关系还会再次崩溃。当事的父母很可能像孩子一样困惑和忧虑。在这个过程中可能会有间断的分居与和解。最后，他们中的一方或双方都会清楚地认识到他们的婚姻已无药可救。在此后的一段时间之内，真正的离婚就开始了。

从离婚的阴影中走出来的过程也遵循着一个可以预测的顺序。在一段时间的失衡和不确定之后，一切都会进入一种在两个家庭之间定期造访和来回跑的常规模式中。孩子最终会放弃父母复合的希望；父母也会从自己的震惊中恢复过来，开始重建他们的社会生活。在某个时刻，孩子可能会面对继父（母），或许还有继父（母）的孩子；那既可能是令人欣喜的进展，也可能是让人紧张的变化。

这个过程每年要上演数百万次，其中也会有一些不同形式。值得注意的是，多数孩子在经历了这个过程之后的确不会受到太多影响，甚至完好无损。这有力地证明，即使父母的婚姻已不复存在，孩子的复原能力和父母希望他们茁壮成长的愿望仍然起着重要的作用。

婚姻咨询。在婚姻出现问题时，进行婚姻咨询、家庭治疗或家庭指导对父母来说是有意义的。如果丈夫和妻子都能定期去咨询，对家里出现的问题，每个人都能有更清楚的认识，那当然最好。一个巴掌拍不响，吵架是夫妻双方的事。但是，即使一方拒绝承认自己在冲突中的影响，另一方去咨询一下是否需要挽救婚姻，以及怎样挽救也是值得的。毕竟恋爱时双方曾有过强大的吸引力，而且许多离了婚的人都说，他们后悔过去没有努力挽救婚姻并维持下去。

告诉孩子。不管父母是否考虑离婚，孩子总能清楚地感觉到父母之间的冲突，也会对此深感不安。为了让孩子明白实际情况不像他们想象的那么糟糕，父母应该允许孩子和他们讨论这些事情（也可以分别与父母讨论）。要想让孩子长大以后能够相信自己，就要让他们相信父母双方。所以，尽管刻薄地互相指责是一种自然的倾向，父母也不应该这样做。相反，父母可以用概括的说法来解释他们的争吵，而不是盯住对方的过错不放。与此相对的是，他们可以用简单的言语跟孩子解释吵架的原因，从而清楚地说明，他们正在尽力解决问题，让家里的每个人都更幸福。

一定不要让孩子听到父母在盛怒中大叫“离婚”这个词。当离婚几乎成为必然的时候，夫妻双方应当反复斟酌这个问题。对孩子来说，世界是由家庭组成的，而父母是家庭的组成成员，所以提出打碎这个家庭简直就像宣布世界末日一样。因此，向孩子解释离婚的问题应该比向大人作解释更谨慎。

孩子总想知道自己会跟谁一起，住在哪里，在哪儿上学，搬出去的那个家长会怎样。他们需要一遍又一遍地听大人说，父母双方都会一直爱着他，父母并不是因为他做错了事情才离婚的。年幼的孩子以自我为中心，因而会猜想是他的行为导致了父母的分手。孩子需要很多机会提出自己的疑问，也需要听得懂的耐心的回答。父母很可能忍不住给孩子太多信息，但是大人最好能够认真聆听孩子的问题，然后尽量回答。

所有孩子都会紧张。一项研究表明，6 岁以下的孩子最容易担心自己被抛弃，也最容易出现睡眠不好、尿床、爱发脾气和攻击他人等现象。7～8 岁的孩子会产生悲哀和孤独的感觉。9～10 岁的孩子对离婚的现实理解得多一些，但是他们会对父母一方或双方表示出敌意，并且抱怨胃疼和头痛。青少年在说起离婚给他们带来的痛苦时，还提到他们会感到悲伤、气愤和羞耻。有的女孩也会因此对与男孩交往产生障碍。

帮助孩子的最佳途径就是经常让他们谈一谈自己的感觉，并且让他们放心，他们的感觉没什么问题。如果父母本身很痛苦，无法进行这样的讨论，一定要找一位经常能见面的专业人士咨询。父母和孩子都会有情绪上的反应；咨询和治疗即便不总是立竿见影，也会常常收到良好的效果。

父母的反应。取得监护权的母亲通常会发现离婚后的一两年非常艰难。孩子会更紧张，要求也更多，还会变得爱抱怨；总之变得不那么可爱了。母亲不能像父亲那样果断做出决策，处理争论，也不能为制订的计划承担责任。母亲既要工作，又要料理家务，还要照顾孩子，这些事情常使她筋疲力尽。她失去了成年人的陪伴，包括男性在人际上的或浪漫情感上的关注。大多数母亲都表示，最严重的问题是她们害怕不能谋得一份令人满意的工作来养活这个家。这是一种现实的恐惧，因为离婚以后，贫困往往会接踵而至。虽说获得了孩子监护权的父亲情况常常不那么严酷，但也要面对类似的问题。

有人想象，那些离了婚又没有监护权的父亲简直就是重新拥有了快乐的旧日时光，他们可以安排所有的约会，除了孩子的抚养费和探视之外，没有其他家庭义务。但是，研究表明，大多数父亲在很多时候都是愁苦的。如果他们随意地交朋友，会发现这种交往是如此空洞又毫无意义。由于不能为孩子的各种计划发表意见，他们很不高兴。他们会怀念孩子的陪伴。更重要的是，孩子不会来征求他们意见或请求他们的许可，父亲们失去了这种权利，而这正是做父亲意义的一部分。周末，孩子过来玩，他们就经常带孩子吃快餐，看电影，这能满足孩子快乐的需要，但那并不是孩子和他们父亲对于真正父子关系的需要。父亲和孩子可能会发现，在这种情况下很难互相交流。

监护权。过去几十年里，就算孩子的母亲明显不适合教育子女，监护权也会常规性地落在母亲身上。现在，法院越来越多地把父亲视为有能力承担抚养孩子主要责任的人。抢夺监护权的斗争常常使父母难以集中考虑什么安排对孩子才是最好的。

父母应该考虑以下几种因素：谁一直承担着照顾孩子的主要工作？孩子和父母双方的关系如何？孩子表现出偏爱父母中的哪一方？孩子是否需要和兄弟姐妹中的某一个住在一起？

如果孩子发现，自己和有监护权的家长待在一起很紧张，他就会想象或许和另一个家长一起生活会好一些。这种思维方式在青春期表现得尤其明显。有时候，让孩子和另一个家长住在一起确实会好些，哪怕只住一段时间，也会有所帮助。但是反复几次之后，孩子可能会对问题置之不理，而不是寻找解决办法。因此，努力找到困扰孩子的真正原因很重要。

共同监护。过去人们通常认为，由于离婚的过程涉及监护权、孩子的抚养费、赡养费和财产的处理等问题，夫妻双方会在法庭上成为敌人。应该尽量避免这种敌对的态度，尤其是在监护权方面，矛盾越少，对孩子越好。近年来兴起一种共同监护的运动，就是为了让没有监护权的家长（多数是父亲）能多享受一些探视权。更重要的是，不让这个家长感到和孩子断绝了关系，觉得自己再也不是真正的家长了。这种感觉经常使他们跟孩子联系越来越少。

谈到共同监护，有的律师和家长指的是平等地分享与孩子相处的机会，比如让孩子和这个家长待 4 天，再和那个家长待 3 天，或者和这个家长待一周，再和那个家长待一周。对父母来说，这种做法不一定行得通，孩子也可能感到不舒服。孩子必须坚持去同一所学校读书，上同一家幼儿园或学前班。孩子们喜欢有规律的作息时间，也会从中受益。

共同监护应该被看成是离婚父母为了孩子的幸福而协力合作的一种精神，这是一种更积极的态度。夫妻双方应该就计划、决策和多数对孩子的要求商讨。这样一来，父母双方就都不会感到被忽略了（也可以找一位对孩子比较了解的咨询专家，他会帮助父母做一些决定）。在分配孩子时间的时候，应该保证父母任何一方都能与孩子尽量密切地接触。这依赖于父母双方住所的距离、住处的大小、学校的位置，以及孩子长大以后的偏爱等因素。很显然，如果一位家长搬到了很远的地方，那就只能等到假期才能看望孩子了。当然，这位家长仍然可以通过电子邮件、书信或电话与孩子保持联系。

共同的生活监护指的是把孩子与父母双方相处的时间进行分配；共同的法律监护则意味着父母双方在涉及孩子生活的重要决定上都拥有发言权，包括上学、露营和宗教信仰问题等。无论在哪种情况下，如果父母能够为了孩子的利益而通力合作，共同监护就会产生巨大的积极作用。总之，如果父母双方都能继续参与到孩子的生活中去，孩子就会更好地适应社会，调整情绪和安心学习。

斯波克的经典言论

共同监护让父母双方知道他们在孩子的生活中都很重要。虽然有一个具备法律效力的契约，但最重要的事情是父母之间的合作精神。

安排探视时间。孩子和母亲一起待 5 天，周末和父亲在一起，这种安排听起来挺合理，也很常见。但有时候，母亲可能非常想和孩子一起过周末，因为那时她会更放松。另一方面，父亲可能偶尔也想过一个没有孩子的周末。同样的问题也出现在学校放假期间。随着孩子慢慢地长大，朋友、体育运动或其他活动都可能把孩子吸引到父亲家或母亲家。所以需要灵活掌握时间安排。

没有监护权的家长不要随便破坏探视的约定，这很重要。如果孩子觉得家长的其他职责比他更重要，他就会受到伤害，这样孩子既会丧失对家长的信任，也会否定自身的价值。如果家长不得不取消探视，就应该提前告诉孩子，可能的话还要安排好替补这次探视的活动。最重要的是，没有监护权的家长不应该频繁地、反复无常地破坏约定。

当探视时间来临时，有些离了婚的父亲常常感到羞愧和怯懦。父亲经常一味地款待孩子——出去吃饭、看电影、看体育比赛、外出旅行等。偶尔这样做并没有什么不好，但是父亲不应该觉得每次都必须这样款待孩子；这种行为表示父亲害怕沉默，于是才不得不每次都安排这些特别的活动。

其实，对待孩子的拜访，完全可以像在自己的家里那样放松和随意。这样，家长和孩子就有机会进行很多其他的活动，比如读书、做作业、骑自行车、滑旱冰、投篮球、踢足球、钓鱼等，还可以做一些与个人爱好有关的事情。父亲也可以参加孩子喜欢的活动，这就为随意的交谈赢得了绝好的机会。

父母经常发现，当孩子从一个家长转到另一个家长那里时，会变得急躁易怒。这种现象在年幼孩子的身上表现得尤为明显。当孩子从没有监护权的家长那儿回来以后，特别容易因为疲劳而变得爱生气。有时候，孩子很难在两种生活模式之间切换。每一回往返都至少在潜意识里让孩子想起他与没有监护权的家长最初的分离。在这种转换过程中，父母要有耐心，一旦约好了接送孩子的时间和地点就要绝对算数，尽可能避免这些转换带来的冲突。这些做法都是父母帮助孩子的有效途径。

与（外）祖父母保持联系。父母离婚后，要让孩子和（外）祖父母保持和以前一样多的联系，这一点也很重要。和前夫（妻）父母保持联系非常困难，如果双方都觉得受了伤害或很气愤，局面就会令人更加为难。有时，得到监护权的家长可能会说："孩子可以在探视时间和你去看你的父母。但我和你的父母已经没有关系了。”但是，这样就再也不能方便地安排生日、假日或特殊日子的活动了。要记住，（外）祖父母是孩子获得持续支持的巨大源泉，所以努力和他们保持联系是很有价值的。另外，（外）祖父母对他们的孙子(女)或外孙(女)的情感需要也应该受到尊重。

避免让孩子产生偏见。虽然父母会忍不住向孩子指责另一个家长，让他在孩子面前丧失信誉，但还是不要这么做，这很重要。父母双方都对婚姻的失败抱有负罪感，至少在潜意识中是如此。如果他们能从朋友、亲戚、孩子那里得到前夫（妻）有过失的信息，这种负罪感就会减轻。所以他们总是尝试把前夫（妻）最不堪的事情告诉孩子，把自己的错误抹得一干二净。问题是，孩子意识到自己是由父母共同孕育出来的，如果其中一方是恶棍，他们会怀疑自己遗传了这个家长的坏基因。另外，他们很自然地希望有两个家长，并且被他们爱着，这让他觉得，听到关于其中一位家长的恶劣行径是不忠的，让他很不舒服。如果其中一位家长要孩子对另一位家长保守秘密，他们也会很痛苦。

到了青少年时期，孩子就会明白所有人都有缺点。尽管他们牢骚满腹，却不容易被父母的错误观念深深影响。让他们自己去发现父母的错误吧。在这个年龄，父母最好不要希望靠指责另一方来赢得孩子的忠诚。青少年容易对一些小事感觉非常愤怒或非常冷漠。当他们跟自己一直喜爱的父亲（母亲）生气时，就会发生很大的转变，认为以前听说的另一方家长的所有过错都是不公正的，也不是真的。如果父母教育孩子爱他们两个人，信任他们两个人，花时间和他们两个人在一起，那么他们就能长期保有孩子的爱。

父母任何一方都不该盘问孩子在另一方那里时发生的事情，那样做不对，只能让孩子感觉不舒服。这个多疑的家长最后还可能引火上身，遭到孩子的怨恨。

父母的约会。父母刚离婚时，孩子会有意无意地想让父母再回到一起，因为孩子认为他们还是一家人。孩子很容易认为，父亲或母亲和别人约会是不忠诚的表现，而他们的约会对象也是惹人讨厌的入侵者。所以父母最好慢慢地、有技巧地向孩子解释自己的约会。

孩子会花好几个月的时间来领悟父母离婚是一件永久的事。注意孩子对此事的意见。过一段时间跟孩子说，你感到孤独，所以想开始新的约会。不要让孩子永远控制父母的生活。可以简单地告诉他，你可能开始新的约会，这会让你过得更舒服。

如果你是一位母亲，一直和年幼的孩子生活在一起，孩子很少见到他的父亲，或者从来都没见过他，那么孩子可能会央求你结婚，再给他找一个“爸爸”。但是一旦孩子看见你和另一个男人越来越亲密的时候，他就很可能妒忌。如果你已经再婚，这种情绪会更加明显。不要因为孩子强烈又矛盾的感情而吃惊；这些感情都是正常的。

对孩子的长期影响。虽说经历过父母离婚的孩子肯定会受影响，但是很多孩子还是能够拥有快乐、充实的生活。也有一些孩子会在很长时间里怀有愤怒、失落或不安的情感。那些继续跟父母双方保持着密切关系的孩子表现得最好。如果孩子的表现不好，应该寻求专业的咨询和治疗。

第五部分

常见发育和行为问题

兄弟姐妹间的敌对情绪

兄弟姐妹间的嫉妒

兄弟姐妹之间难免会互相嫉妒。如果这种嫉妒不太严重，很可能帮助孩子们成长为更加宽容、独立和慷慨大方的人。父母的教育会影响孩子面对自己嫉妒心理的方式。在很多家庭里，孩子之间的嫉妒反而被转化成友好的竞争、相互的支持和彼此的忠诚。

父母们或许听说过，有的孩子讨厌自己的兄弟姐妹，甚至长大以后彼此也没什么交往。除了父母的作用会导致孩子之间关系的变化，机遇有时也会起到一定的作用。有的孩子天生喜欢跟兄弟姐妹打成一片，就算不是一母所生，也不会在意。有的孩子则形成了截然不同的性格，有的喜欢热闹，有的则偏爱安静，因此他们的关系很难变得融洽。

同等的关爱，不同的对待。一般说来，父母的关系越融洽，这种嫉妒存在的可能性就越小。当所有孩子都对自己得到的温暖和关爱感到满足时，他们就不会去妒忌父母对其他兄弟姐妹的关心了。如果孩子觉得父母爱他，接受他天生的样子，他在家里就会觉得安全。

父母可以同样无私地爱每一个孩子，但对待每个孩子的方式却不一定相同。这里有一条实用的原则，就是“让家庭中的每个人各得其所，但有些时候，我们的需要并不相同”。年幼的孩子需要早点睡觉，大一点的孩子更需要责任感，可以安排他做一些家务。

如果父母或亲戚想同等地对待不同的孩子，而不是根据他们的需要区别对待，反而会加重孩子的嫉妒心理。

有一位母亲想尽量公正地对待互相妒忌的两个孩子，就对孩子们说："苏西，这个红色的小灭火器，给你。汤米，这个一模一样的灭火器，是给你的。"但哪个孩子都不满足，他们充满怀疑地仔细研究这两个玩具，想看看是否有区别。其实，母亲刚才的话好像在说："我给你们买这个，你们就不会埋怨我偏向谁了吧？"而不是暗示他们"我给你们买这个是因为我知道你们会喜欢"。

不要作比较，也不要下定论。对孩子们的比较和褒贬越少越好。如果对一个孩子说："你为什么不能像姐姐那样有礼貌呢？"就会使他讨厌姐姐，而且一想到"礼貌"这个词就反感。如果父母对青春期的女孩说："你不像姐姐那样有约会，这没关系。你比她聪明得多，这才是重要的。"这种话贬低了她的感情，她正因为没有约会而不高兴，父母还暗示她为此不开心根本没有必要，这为她进一步敌视姐姐埋下了种子。

父母很容易给自己的孩子分配角色。他们会认为一个孩子是"我的小造反派"，另一个则是"我的小天使"。从此以后，前者就会认定自己必须不断破坏纪律，否则就会失去在家里的地位；而后者有时也想做些淘气的事情，但却害怕如果不继续扮演"乖宝宝"的角色，就会失去父母的宠爱。于是，这个"小天使"或许会怨恨自己淘气的兄弟，因为他享受着自己没有的放纵的自由。

兄弟姐妹打架。总的来说，如果情况不是太严重，两个孩子打架的时候父母最好不要介入。如果父母只批评某个孩子，另一个就会更加妒忌。

孩子都想让父母偏爱自己，于是产生了嫉妒。有时候，孩子们吵架或多或少都有这种因素。父母有时想判定谁是谁非，于是很快地站在某一方的立场上说话。这样的结果只能让他们不一会儿又打起来。在这种情形之下，孩子打架其实就是一种竞赛，他们要比一比，看谁能赢得妈妈的疼爱，哪怕就这一次。每个孩子都想赢得父母的偏爱，都想看着另一个挨批评。

当父母必须保证孩子的安全，避免他们身体受伤，同时避免极端不公正，或者必须保持周围安静的时候，就会觉得必须制止孩子打架。最好命令他们马上住手，不要听他们争辩，也不要评价谁对谁错（除非是发生了公然的碰撞），要集中解决接下来该做的事，让过去的事就此过去。有时候可以提出一种折中的办法解决孩子的争执，有时候可以靠分散他们的注意力来扭转局面，还有的时候得把两个孩子分开，分别送到比较中立又有点无聊的地方去。

当兄弟姐妹之间的争斗变得严重，持续升级的时候，父母就要干涉了。大一点的孩子在家照顾弟弟妹妹时，也许会借助暴力或者威胁来控制他们。如果是这样，就需要另外找人来照顾孩子，比如请个保姆，或者找个亲戚帮忙。也可以找一家儿童看护机构或者课后管理机构来照看孩子（参见第405页）。

嫉妒心的多种表现形式

如何识别兄弟姐妹间的嫉妒？如果大孩子拿一块大积木去打小宝宝，母亲就会意识到他在嫉妒小宝宝。但是有些孩子的表现则比较微妙，他只是毫无表情、一言不发地看着小宝宝。有的孩子还会把怨气都集中到母亲身上，他会毫不犹豫地把室内植物盆里的土掏出来，一板一眼地撒到客厅的地毯上。还有的孩子性格会发生变化，他会变得闷闷不乐，对大人更加依赖，还会对沙堆和积木失去兴趣。他会含着手指头，拉着母亲的裙边形影不离地跟着。

父母偶尔也能看到孩子的嫉妒心理以相反的形式表现出来。他会对小宝宝格外热心。当他看到狗的时候，他能想到的话就是："宝宝喜欢狗。"当他看到小朋友骑自行车的时候，会说："宝宝也有一辆自行车。"在这种情况下，有的父母可能会说："我们认为根本没有必要为孩子的嫉妒担心。约翰非常喜欢新宝宝。"如果孩子表现得很喜欢宝宝，那当然很好，但是，这并不意味着嫉妒已经不存在了。事实上，这种嫉妒很可能会以某种间接的方式表现出来，或者只在某些特殊情况下才有所表现。大孩子可能会特别用力地抱宝宝。他也可能只在家里才假装喜欢宝宝，而在外面，当看到人们对他的小弟弟或小妹妹表示赞赏时，可能变得很粗鲁。大孩子可能好几个月对宝宝都没有任何敌意的表示，但是忽然有一天，当宝宝爬过去抓他的玩具时，突然改变友好的态度。也有的时候，直到弟弟妹妹开始学走路的那一天，他的敌视态度才会发生转变。

对宝宝过度热心是孩子应付紧张情绪的另一种方式。究其根源，这仍然是那种既喜爱又嫉妒的复杂情绪的强烈体现。这种强烈的情绪还会使有些孩子要么表现退步，要么不时地发脾气。对父母来说，不管孩子的情绪是否表现出来，最好还是认真看待这种可能出现的情况，认识到大孩子对宝宝既有爱也有嫉妒。所以，既不能对孩子的嫉妒心理视而不见，也不能强行压制这种情绪，更不能让孩子羞愧得无地自容，要帮助孩子，让他把爱心充分地表现出来。

处理不同类型的嫉妒。当孩子攻击宝宝的时候，父母自然的反应就是震惊，并且责怪他。这样做的效果并不好，原因有两个。首先，他不喜欢宝宝本来就是因为害怕父母只爱宝宝而不再爱他，父母的震惊就成了一种威胁，表示他们不再爱他了，这个孩子会更加担心，还会变得更狠心。另外，责备虽然会使孩子的嫉妒行为得到收敛，但是受到压制的嫉妒心要比不受压制、自然流露的情绪持续时间更长，造成的精神创伤也更大。

在这种情况下，父母应该做好3件事。首先，要保护宝宝；其次，让大孩子知道他绝不可以有恶意的举动；最后，要让大孩子相信，爸爸妈妈仍然爱他，他也确实是个好孩子。当父母看到他手里拿着“武器”，满脸阴沉地朝小宝宝走去的时候，当然应该立刻过去制止他，严肃地告诉他不许伤害小宝宝。（事实上，每当他的攻击行为得逞的时候，内心深处总会觉得内疚，而且会更难过。）

孩子表现出嫉妒也给父母提供机会让孩子知道，他的情绪是可以理解的，也是可以接受的，但不能接受的是他在这种情绪之下采取的行动。父母可以把制止他的方式变成拥抱，还可以对孩子说：“我知道你有时候会想什么。你希望家里没有小宝宝，妈妈爸爸也不用照顾他。但是你不用担心，我们仍然是爱你的。”这样孩子就会明白，父母理解他生气的情绪（但不是他发泄愤怒的行为），父母仍然爱他。这就是最好的证明，告诉他不必担心父母不再爱他，也不必采取气愤的行动了。

当孩子故意把花盆里的土撒到客厅里时，父母自然会感到恼怒和气愤，很可能还要责备他。但是，如果父母能理解孩子这样做是出于深深的失望和焦虑，或许就想去安慰他了。要好好想一想，到底是什么让他如此难过。

关注闷闷不乐的孩子。孩子的本性都比较敏感和内向，因此，那些由于嫉妒而变得闷闷不乐的孩子，要比那些用挑衅的方式释放情绪的孩子更需要大人的关爱和安慰。对于前者，大人还应该有意引导他们说出自己的不快。如果孩子不敢直接表现自己的烦恼，父母可以理解地对他说：“我知道，有时候你会因为我照顾宝宝而感到生气，而且还生我的气。”这样做或许能帮助他感觉好一些。如果他对你的话没有反应，就应该考虑是否要雇一个人临时照顾一下小宝宝。这样，就可以在这段时间给大孩子多一些关注，看看他是否能够恢复对生活的热情。

有的孩子似乎无法摆脱嫉妒心理，他们要么不断惹事，要么闷闷不乐，要么又对婴儿十分着迷。这时候，有必要咨询一下孩子的医生或心理专家，或者找专门研究儿童行为和发展的儿科医生看一看，他们能够发现这种嫉妒情绪，也能够帮助孩子意识到是什么让自己担心，然后一吐为快。

如果大孩子的嫉妒心在宝宝刚能抓他玩具的时候就强烈地表现出来，可以单独给他一个房间，让他觉得他和他的玩具以及房间都不会受到任何干扰。如果不能给他一个单独的房间，也可以找一个箱子或小柜子给他装东西，装上宝宝打不开的锁。这样不但保护了他的玩具，还让他觉得自己很重要。那个箱子只有他才能够打开，他还会觉得自己掌握了对事物的控制权。(要当心那种盖子很重的玩具箱，还有会把孩子关在里面的柜子，以免发生危险。)

分享玩具。父母应该鼓励或强迫孩子和宝宝分享玩具吗？如果父母强迫孩子和别人分享他的玩具，虽然他会按照父母说的做，但很可能产生强烈的不满。因此，可以建议大孩子给宝宝一件他已经不再需要的玩具，这会使大孩子产生一种比宝宝成熟的自豪感，还能让他展示出对宝宝的大方(实际上还不存在)。但是，要让这种大方的行动变得有意义，就必须让孩子发自内心地去做。要做到这一点，首先大孩子必须有安全感，他要爱别人，也要感觉到被别人爱着。当孩子既没有安全感又自私的时候，强迫他和别人分享自己东西只能让他觉得自己上当了，还受到了轻视。

一般说来，妒忌新生儿的情况在5岁以下的孩子中表现得最强烈，此时他对父母的依赖感还很强，而且，他们很少对家庭以外的事情感兴趣。6岁以上的孩子与父母的关系稍显疏远，他们会在朋友和老师中间找到自己的位置。虽然新宝宝取代了他们在家庭里的中心地位，但这么大的孩子不会感到十分难过。但是，如果父母由此就认为孩子已经没有了嫉妒心，那就错了。他仍然需要父母的照顾，仍然需要从父母那里得到关爱，在新宝宝刚刚来到这个家时尤其是这样。如果孩子特别敏感，或者尚未在家庭以外找到自己的位置，他就需要一般孩子要求的那种保护。对于已经进入青春期的女孩来说，因为她们当女人的愿望越来越强烈，所以看到母亲再次怀孕或者又生了宝宝，可能会下意识地产生嫉妒心。青少年常常对父母的性生活反感，典型的态度就是："我还以为我的父母不会做那种事呢。"

自责毫无用处。我想再加一句听

上去有点矛盾的忠告。用心良苦的父母有时因为孩子的嫉妒而感到焦虑不安，于是他们想努力制止这种嫉妒，结果大孩子不仅没能获得安全感，反倒觉得更不安全了。父母可能因为有了新宝宝而非常内疚，每当大孩子看到父母关注宝宝的时候，父母就会感到惭愧。于是，他们就煞费苦心地去讨好大孩子。当孩子发觉父母不自在，或对他有愧时，也会觉得不自在。父母的内疚表现会让他更怀疑父母干了什么不正当的事情，还会让他对宝宝和父母都更加厌恶。换句话说，父母对待年龄较大的孩子要尽量讲究技巧，同时，既不应该感到焦虑不安，也不必抱有歉意，更不应该对孩子百依百顺或牺牲自尊。

> **斯波克的经典言论**
>
> 想象一下这种情景：有一天，丈夫带着另一个女人回家。他对你说："亲爱的，我像过去一样永远爱你。但是这个人今后也要和我们住在一起。另外，她还会占去我更多的时间和精力，因为我非常爱她，而且她比你更需要帮助。这难道不好吗？你不为此而高兴吗？"在这种情况下，你觉得你能做到多么友善呢？
>
> 我听说有个小孩子，当访视护士要离开他家时，他跑到门口对护士喊道："你忘了带上你的宝宝了。"

对新生儿的嫉妒

家里最大的孩子的这种敌对情绪更加强烈，因为大家一直都把注意力放在他一个人身上，他已经习惯了这种没有竞争对手的状态。而之后出生的孩子从出生起就已经学会了与别人分享父母的关注，他们明白，自己只是家里几个孩子当中的一个。这么说并不表示老二和老三对弟弟妹妹没有敌对情绪，他们也有。问题主要在于父母处理这种敌对情绪的方式，而不在于孩子是不是老大。

嫉妒有害也有利。嫉妒和竞争会带来强烈的情绪，即使在成年人中间也一样。但是这些情绪更容易扰乱孩子的心思，因为他们还不知道如何处理这种情感。尽管无法完全预防，但是可以通过大量的努力把这种嫉妒心理减少到最低限度，甚至有可能把它转化成积极向上的情绪。如果孩子开始认识到自己不必害怕竞争，他的性格就会得到强化，将来也能更好地处理生活、工作和家庭中遇到的各种敌对情况。

孩子有嫉妒心不要紧，这是正常的。真正重要的是他会怎样缓解自己的嫉妒心理。让孩子把自己的情绪说出来有助于他学会自我控制。可以对他说："我知道你在生小弟弟的气，而且还在妒忌他。但是你欺负他也没用啊。"还可以加上一句："而且我也爱你。你和弟弟我都爱。"比如，一个2岁的孩子打了小宝宝一巴掌，父母可以拉着他的手抚摸宝宝，还可以对他说："宝宝是爱你的。"不管多大的孩子，他的感情都是复杂的，父母可以帮助他把心里的爱意表达出来。

最初几个星期和几个月。前面已经讨论过如何帮助大孩子调整心态准备面对新生儿（参见第25页，帮助大孩子适应新生儿）。在最初几个星期和几个月里，父母也可以通过巧妙的方式帮助大孩子适应新生儿的到来。在最初几周内，父母要适当地减少对新宝宝的关注，不要表现得过于兴奋，不要怜爱地盯着宝宝看，也不要过多谈论宝宝。如果方便，尽可能在大孩子不在的时候照顾小宝宝。父母可以利用大孩子出门或小睡的时间给小宝宝洗澡和喂奶。

许多大孩子看到母亲喂宝宝吃奶，尤其是用乳房喂奶的时候，会非常妒忌。这时，如果孩子愿意，也可以给他一个奶瓶，或者让他吃妈妈的奶。出于对小宝宝的嫉妒，大孩子会试着吸吮奶瓶，这种情景多少会让人觉得好笑。他会以为那很美好，但是当他鼓足勇气吸了一口时，脸上的表情却是失望的。毕竟，那只是牛奶，流得慢腾腾地，还有一种奇怪的橡胶味。所以，他可能一会儿要奶瓶，一会儿又不要，这种情况会持续几个星期。如果父母很高兴地把奶瓶给他，并且做点别的事情来帮助他学着处理自己的嫉妒心理，他就不会一直那样。如果妈妈喂宝宝的时候大孩子在附近，应该允许他随意接近。但是，如果他在楼下正玩得高兴，不必再去分散他的注意力了。这样做的目的并不是要完全避免孩子产生敌对情绪，因为那是不可能的。我们只是希望在最初几周内能让这种心理减少到最低限度。因为在这几周之内，可怕的现实状况已经开始深入孩子的内心世界了。

其他人也在一定程度上激发了孩子的嫉妒心理。家庭成员走进家门的时候，都应该控制自己的冲动，不要问大孩子："小宝宝今天怎么样？"大家最好能够表现得好像已经忘了家里还有个小宝宝，坐下来先和大孩子聊几句。过一会儿，等大孩子的兴趣转移到其他事情上时，再随意地走过去看一看小宝宝。

有时候，孩子的祖父母会对新宝

宝表示出过分的关心，这也容易带来问题。祖父会拎着一个系着缎带的大盒子，一进门，碰到家里的大孩子就问："你那亲爱的宝贝妹妹在哪儿呀？我给她带礼物来了。"这时，这位哥哥见到祖父时的快乐就会变成痛苦。如果父母对客人不太了解，不便告诉客人进门后该怎么做，可以准备一盒比较便宜的礼物放在架子上。每当客人给小宝宝送礼物时，就从盒子里取出一件礼物送给大孩子。

让孩子感觉自己长大了。玩布娃娃能给大一点的孩子带来很大的安慰。不管是男孩还是女孩，当妈妈照料宝宝时，他们都可以在玩布娃娃的过程中获得很大的安慰。他会像妈妈那样想给宝宝热奶，还想拥有类似妈妈的那种衣服和用具。但是，绝不能因此让孩子帮忙照料宝宝。

新宝宝回到家之后，多数大孩子的反应就是希望自己再变成婴儿。至少有一段时间他们会这么想。这种发育过程中出现的倒退现象是正常的。比如，在训练他们大小便时，他们可能会有所退步。他们会尿湿衣服，把大便弄在身上。说话方式也会退回到婴儿咿呀学语的阶段。做事情时，他们还会表现出什么都不会的样子。我认为，如果这种想成为婴儿的愿望变得十分强烈，父母可以用幽默的方式满足他们。父母可以把满足人孩子这件事当成一次友好的游戏，温柔地把他抱进他的房间，帮他脱衣服。于是，孩子就会明白，父母并没有拒绝他的这些要求。他本以为这种体验会很愉快，但结果让他非常失望。

只要这种暂时的倒退现象能在父母充满同情和温柔的态度下得到正确的处理，孩子渴望继续成长和发展的动力一般都能很快地超越倒退的愿望。作为父母，可以不注意他的倒退表现，多关心他希望长大的一面，以此来帮助他成长。

父母可以提醒他，说他有多么高大，多么强壮，多么聪明，多么灵巧。要让他知道，他会做的事情比宝宝多得多。我的意思不是父母要给孩子过分的表扬，而是说不应该忘记要在适当的时候给予他真心的称赞。如果是我，绝不会逼着他长大。但是，如果不断地把孩子偶尔想做的事说成是"孩子气"，把他有时不愿意做的事说成"像大人一样"，这只能让他觉得还是当个婴儿比较好。

不要拿小宝宝和大孩子作比较，说希望小宝宝快点长大。让孩子觉得父母偏爱自己可能会带来暂时的满足，但从长远来看，他和偏心的父母待在一起会觉得不安，担心父母再去偏爱别人。当然，父母应该明确地表示对宝宝的爱。同样重要的是，父母要给大孩子机会，让他慢慢体会成熟的自豪感以及婴儿的许多不利条件。

让怀有敌意的孩子变成小帮手。孩子会用很多办法摆脱跟弟弟妹妹竞争带来的痛苦。其中之一就是他不但不再和宝宝一般见识了，反而成了家里的第三个家长。当他对宝宝很生气时，他可能会充当一位严厉的家长。但是，当他觉得比较安全的时候，就会成为像你一样的家长，教宝宝如何做事情，给宝宝玩具，希望帮助父母给宝宝喂奶、洗澡、换衣服，还会在宝宝难过的时候安慰他，保护宝宝不受伤害。

在这种情况下，父母可以帮助他扮演好他的角色。比如，在他不知道该怎么做的时候告诉他如何帮忙，并对他的努力给予真心的表扬。有时候，孩子的帮助没有一点假装的性质。双胞胎宝宝的父母常常急需别人帮忙，他们会惊讶地发现自己3岁的孩子竟能帮他们做那么多事，比如把浴巾或尿布拿给大人，把奶瓶从冰箱里取出来等。

孩子总想抱抱宝宝，但父母往往犹豫不决，生怕他把宝宝摔着。但是，如果让孩子坐在地板上（铺上地毯或毛毯），或坐在一把大椅子上，又或者坐在床中央，那么即使宝宝摔下来，也不会有太大危险。

采取这些办法，父母就能帮助孩子实现从敌对到合作的真正转变。让孩子学着处理新弟弟或新妹妹带来的紧张和压力，还可以培养他解决冲突、与人合作以及与他人同舟共济的能力。让孩子明白不能孤芳自赏的道理，孩子会终生受益。

有特殊需要的兄弟姐妹

如果新生儿由于肠痉挛或其他原因需要大量额外的照顾，父母就要做出特别的努力，让大孩子相信父母仍然像以前那样爱他。如果父母在家务上能够分工协作，保证总有一方可以照顾大孩子，情况可能会好一些。父母还要让大孩子知道，宝宝生病与大孩子的所做所想无关。请记住，孩子小的时候容易认为世界上的每一件事都是因为他们才发生的。

如果孩子的兄弟姐妹有特殊情况，比如有慢性病或像孤独症这样的发育性问题，需要父母特别的关心和照顾。与此同时，父母还要注意，让没有特殊需要的孩子也觉得自己是家里的一员，而且他的要求在父母眼里同样重要。如果身体健康的孩子能够照顾有病的兄弟姐妹，固然是件好事，但是，他也需要时间和鼓励去做一般孩子做的事情，比如交朋友、打棒球、学钢琴，或者只是悠闲地待着。健康的孩子也需要父母至少腾出一点时间单独陪伴。

照顾一个孩子的特殊需要，同时满足其他孩子的日常需求，这对父母和父母的婚姻提出了很高的要求。有时候肯定会有某个孩子的要求得不到满足。问题是做出牺牲的不能总是健康的孩子。在健康孩子和生病孩子的需求之间找到平衡是一件很有挑战性的事情。父母也可以在家庭之外寻求帮助，像亲戚、朋友、专业人士，以及一些社会团体，都能提供一定的帮助。

如果有特殊需要的孩子总能享有特权，而他的兄弟姐妹却没有，这时后者可能会变得愤怒、伤心，从而带来情感上的压力，或者导致行为上的失误。但是，大多数这样的孩子都会成长为比较成熟、慷慨、坚忍、有责任感的人。这些品质会使他们受益终生。

行为表现

发脾气

为什么发脾气？ 1～3岁的孩子都有发脾气的时候（参见第106和第117页）。他们已经有了个人愿望和个性意识。受到挫折的时候，他们能够认识到失败，并因此生气。但是，他们一般不会攻击干涉他们的父母，这或许是因为他们觉得成年人太了不起也太高大了，也因为他们好斗的天性还没有充分发展起来。

取而代之的是，当感到怒不可遏时，他们能想到的就是把怒气发泄到地板上或自己身上。他们会猛地躺在地上，一边哭喊，一边拳打脚踢，甚至会用脑袋去撞地面。孩子发脾气一般持续30秒到几分钟，很少超过5分钟。这段时间感觉起来好像比实际上长得多。最后，孩子往往会感到伤心，想得到安慰。然后，这阵不愉快就会被抛到脑后（至少孩子会这样）。

孩子偶尔发一次脾气并不是什么大事，因为他们有时难免会受到挫折。但是，如果孩子总是发脾气，就可能是疲劳或饥饿引起的，也可能是父母让他们做的事情超出了能力范围（孩子在商场发脾气多数都属于这种情况）。如果孩子由于这种原因发脾气，父母就应该忽略表面现象，去解决真正的问题。可以对他说："你累了，也饿了，是不是？那我们回家吧，吃点东西，然后睡觉。你就会感觉好多了。"

无法躲避孩子每一次发脾气。有时候，父母能看出孩子就要发脾气了。这时，可以把他的注意力转移到不太有挫败感的活动上去，从而阻止他发脾气。但是，父母的反应不可能总是那么快。当孩子的怒火爆发出来时，要尽量泰然处之。要尽量随意地去对应孩子的脾气，但是一定不能屈服，不能温顺地让孩子随心所欲。不然，他会总是故意发脾气。也不要和他争辩，因为他根本就不想去认识这种错误。如果父母很生气，只会迫使孩子一直吵闹下去。所以，应该给他一个机会，让他体面地收场。如果父母轻松自然地从孩子身边走开，像平时一样去忙自己的事情，根本看不出厌烦的情绪，孩子就会很快平静下来。还有的孩子脾气很倔强，自尊心也很强。他们会一直哭喊，乱踢乱打，要是父母不做出友好的表示，他们能哭闹一个小时。这场暴风雨的高潮过去以后，他们就会突然提议做一件什么有趣的事情，还会让父母抱一抱，表示愿意和解。

孩子在人来人往的大街上发脾气是件令人难堪的事情。要是父母能做到，就微笑着把他带到一个安静的地方，双方都慢慢地平静下来。任何一个在旁观看的家长都会明白这是怎么回事，也会深感同情。关键在于要有掌控孩子坏情绪的能力，父母的情绪也不应该变得太差。

经常发脾气。爱发脾气的孩子一般都是天生就容易产生挫败感。比如，他或许对天气的变化和噪音大小非常敏感，或者对不同衣服接触皮肤的感觉非常敏感。父母帮他穿袜子时，如果脚趾部位的接缝没穿对位置，他就会发一通脾气。还有的孩子性格特别执拗，如果他在做自己喜欢的事情，那么九头牛都拉不走他。这样的孩子上学后成绩或许会非常突出，因为学习需要这种执著的精神；但是在他年纪还小的时候，这种固执就会导致他每天在家都要发几次脾气。

有些孩子的性格使得他们表达感情的方式比较激烈，这也是孩子经常发脾气的另一个原因。这种孩子的行为举止通常很有戏剧性。高兴的时候,他们就欢呼雀跃；一旦感到不安，就垂头丧气。还有一种爱发脾气的孩子通常对陌生人和陌生地方都非常敏感，他们要过几分钟才能适应这种陌生的情况。如果没等准备好就强制他们加入陌生群体，他们或许就会发脾气。

如果孩子经常发脾气，不妨考虑一下这几个问题：他是否有很多机会出去玩？外面有没有能够推、拉和可供攀爬的东西？家里是否有足够的玩具和日常用品可以摆弄？房间里的东西是否都不怕孩子动用？是否在无意中引起了孩子的反感，比如让他过来把衬衫穿上，而不是什么也不说就给他穿上？发现他要上厕所时，是不是问他上不上厕所，而不是把他领到那里？必须打断他的游戏让他回家或让他吃饭时，是否给他一两分钟，让他把手上的游戏告一段落？是否先让他把注意力转移到愉快的事情上去？发现孩子要发脾气时，是严厉地直接处理，还是用别的事情转移他的注意力？

学来的脾气。有些孩子已经知道发脾气是他们达到目的的最好方式。父母很难把这种假装的哭闹和挫折、饥饿、疲劳、恐惧导致的坏脾气区分开来。但是，假装发脾气通常会在孩子的要求得到满足时立即停止，这也是一种辨别的依据。假装发脾气还有一个特点，就是孩子通常会表现出有要求的哭诉。对待这种假装的情绪，父母的对策当然是坚持自己的立场。当父母说“现在不能吃点心”时，就算孩子发脾气，父母也不该妥协。

为了让这招管用，必须认真选择什么时候坚持立场。如果坚决反对饭前吃点心，那么不管孩子怎么胡搅蛮缠都不要妥协。如果认为饭前吃几块点心没什么不好，就应该在孩子发脾气之前就同意。因为，如果等到孩子发脾气以后才给点心，孩子就会认为这是自己发脾气的结果！

许多父母发现孩子会在要点心这样的事情上发脾气，但是很少会对在车上使用安全带提出抗议。原因是什么呢？因为父母在后一种情况下态度非常坚决，孩子知道对这件事情撒泼耍赖也没有用。

发脾气和语言发展迟缓。发脾气经常伴随着语言发展迟缓，特别是男孩。这样的孩子经常产生挫败感，因为他们不能及时把自己的需求传达出去。他们会觉得自己被排除在其他孩子和大人之外，从而备感孤单无助。他们无法在难受的时候用语言表达自己的失落感，所以只好用愤怒的情绪发泄。

当孩子再大一点时，就会懂得通过自言自语来控制情绪。如果注意一下，也许会发现，需要冷静或需要安慰时，人就会自言自语，要么大声地说出来，要么轻声地念叨。但是，那些在语言技能方面有欠缺的孩子无法口头表达，也就丧失了这种有效的自我安慰和自我控制的方式。因此，不良的情绪很可能通过发脾气来释放。

发脾气反映出的其他问题。四五岁时，大多数孩子就很少发脾气了，大概一周一两次。但是，平均 5 个孩子里会有 1 个继续发脾气，可能一天出现 3 次以上，也可能经常一发起脾气就超过 15 分钟。

大孩子经常发脾气原因之一是发

育问题，比如智力障碍、孤独症或学习障碍等。有些慢性健康问题也会降低孩子对挫折的忍受能力，比如过敏或湿疹。某些药物可能会使孩子烦躁不安。当孩子患上严重疾病时，父母常常很难对孩子做出限制。这样一来，就可能造成孩子经常发脾气的不良后果。

如果一个孩子在发脾气时经常打自己或别人，经常咬自己或别人，那就是情绪严重不安的表现。如果对此心存疑虑，就要听从自己感觉的指引。如果觉得孩子发脾气让人心烦或很好笑（父母当然不应该让孩子看出这种情绪），说明问题可能没有很严重。如果孩子发脾气让父母感觉非常愤怒、惭愧或伤心，或者父母担心自己有可能失去控制，那就真的是个问题了。如果家长的抚慰和时间的推移都无法解决孩子发脾气的问题，最好找一位有经验的专业人士寻求帮助（参见第 585 页）。

骂人和说脏话

说脏话。4 岁左右的孩子正在经历一个以说脏话为乐的阶段。他们彼此之间笑嘻嘻地互相侮辱。他们会说“你这个大傻子”，或者“我要把你从厕所里冲走”。他们以为这样做显得自己很聪明，很勇敢。父母应该把这看成很快就会过去的正常发育阶段。

以我的经验来看，那些年幼的孩子之所以会以说脏话为乐，是因为他们的父母对此公开地表示过震惊和惊慌，甚至还威胁他们说，如果继续说脏话，就会如何如何惩罚他们。父母这样做会适得其反。孩子会产生这样的想法：“嘿，这可是一个惹麻烦的高招。很有趣！我可有了战胜爸爸妈妈的办法了！”这种兴奋之情会胜过因为让父母生气而感到的任何不快。

要让年幼的孩子不再说脏话，最简单的办法就是忽视这些语言，或者说一些非常平淡的话，比如“你知道，我不爱听那样的话。”如果孩子说出的话没有引起任何反应，就容易对此失去兴趣。

小学阶段的骂人行为。随着年龄的增长，所有孩子都会从朋友那里学会一些骂人的脏话。一开始，他们只知道这些话很下流。很长一段时间以后，他们才会明白这些话的真正含义。出于人的本能，他们宁可让别人说自己有点坏，也要显示自己老成，因而会不断重复这些脏话。那些尽心尽职的父母总以为自己的宝贝单纯可爱，所以，听到孩子嘴里冒出这些脏话时，通常都非常震惊。

那么，父母应该怎么办呢？我认为最好还是像对待三四岁的孩子那样，不要对他们的脏话感到吃惊。如果父母表现得很惊讶，就会给胆小的孩子造成严重影响，他们会很害怕，可能不再敢和说脏话的孩子一起玩了。但是,多数孩子惊扰了父母之后，反而会感到很高兴，至少是偷偷地得意。有的孩子仍然会在家里不停地骂人，想让父母恼火。有的孩子虽然在父母的威胁下不敢在家里说脏话，但是在别的地方照说不误。孩子之所以会有这样的表现，完全是因为父母让他们知道了他们能让整个世界都不得安宁。这就好比给他们一挂鞭炮，然后说："看在老天爷的分上，千万不要放。"

另一方面，我认为父母也不必默默地忍受这一切。完全可以态度坚决地告诉孩子："大多数人都不喜欢听到那些脏话，我也不希望你说那样的话。"然后就不再多说了。如果孩子继续向你挑衅，就停止他的一切活动（参见第 423 页），让他知道这就是必然的结果。

青少年。我们再说说青少年。这个年龄的孩子经常在交谈中很随便地夹杂一些脏话。他们使用这些脏话有几种目的：表达厌恶和鄙视（这是许多青少年的常见心态）；强调话题的重要性；发泄情绪；对武断而过时的社会禁忌表示公开的藐视。但是在这个阶段，孩子骂人的主要目的就是把它作为一个标志，证明自己属于某个小群体。

跟孩子争论骂人是好是坏没意义，因为他已经知道有些行为会让父母不高兴。但是，还是应该要求他不准在可能引起别人反感的时候骂人，也不允许因为说脏话而给自己惹麻烦。比如：在父母面前不许骂人，不许当着弟弟的面骂人，也不许在学校里骂人。和孩子在一起时，如果父母对骂人的行为过分关注，结果或许是轻易给孩子提供了一个表现独立和显示能力的机会。特别是青春期的孩子，更要注意他们说话的内容，而不是说话的方式。

顶嘴。对于孩子顶嘴的现象，要像对待他们的骂人行为一样，关键是把重点放在他们说话的内容上，而不是他们说话的态度。孩子经常会把顶嘴当成一种突破限制和挑战权威的方式（参见第 116 页）。要让孩子明白父母已经听见他说的话了，然后让他知道规矩不会改变。可以说："我知道你还想顶嘴,但是你该住嘴了。"(同时帮助他慢慢停下来。)

如果对孩子保持适度的礼貌，也应该要求孩子对你同样保持礼貌。孩子有时需要有人指点和提醒，告诉他们那种自我表达方式实际上不优雅。

一句清楚、冷静的话常常最有用，比如：“你说话的口气让我觉得你不尊重我，这让我很生气。”还有一种方法是询问孩子他说那样的话是什么意思，比如：“刚才你是不是想故意显得很讽刺？我只是确认一下我是否明白了你想表达的意思。”

咬人

咬人的婴儿。1 岁左右的婴儿有时会咬父母的脸，这是正常现象。他们长牙的时候就想咬东西，在感到疲劳时就更是这样了。就算 1～2 岁的孩子咬了别的小孩，无论是出于友好还是生气，都没有什么。当这个年龄的孩子感到气馁，或者有什么愿望时，他们都无法用语言表达，所以他们会用原始的方式来表达，比如咬人。另外，他们也不会设身处地地为受害者着想，甚至连自己的行为会给对方造成多大的伤害都意识不到。

父母或其他看护人可以严厉地对他说：“疼！轻点。”同时，把他慢慢地放在地上，或者让他离开一会儿。这样做的目的只是让他知道，这种行为让别人不高兴了。即使他太小还理解不了父母的确切意思，也应该这样做。

学步期的孩子和学龄前的孩子咬人。如果两三岁的孩子咬人的问题比较严重，就必须弄清楚这是不是一个单纯的问题。回想一下孩子多长时间咬人一次，他在其他方面的表现又怎么样。如果他多数时间都显得神经紧张或不高兴，而且总是咬别的孩子，就表示有问题了。或许是因为他在家里受的约束或限制太多了，所以变得暴躁又高度紧张；也许是因为他很少有机会去熟悉其他的孩子，于是认为那些孩子对他有危险或造成了威胁；也许是因为他妒忌家里的小弟弟或小妹妹，就把他的担心和怨恨转移到其他所有比他小的孩子身上，好像他们也是竞争对手一样。

如果咬人还伴随着其他的挑衅行为和焦虑表现，就意味着更严重的问题。在这种情况下，父母要注意的应该是那个大问题，而不是咬人的问题了。

然而，也有的孩子在其他方面都表现良好，但是突然咬起人来，简直像晴天打雷一样意外。这种情况是儿童发育过程中一种正常的挑衅行为，并不是什么心理问题的症状。尽管如此，大多数父母仍然非常担心，害怕自己可爱的孩子长大后会变成一个残酷的人。咬人一般只是发育过程中的暂时现象，即使是最温顺的孩子也可能经历这样一个阶段。

如何面对咬人的情况？首先要做的就是在孩子开始咬人之前做好预防工作。孩子在咬人的时间上有规律吗？如果有，父母就可以在这段时间对孩子进行监督，一般都能收到比较好的效果。另外，孩子会不会因为自己是小伙伴中最没有能力的一个而咬人，或者因为父母对他的要求常常前后不一致？如果是这样，就要考虑一下，是否应该对他的日常活动安排作一些调整。与此同时，在他表现好的时候，一定要给他热情的肯定和鼓励。有的父母只有当孩子打碎了东西或咬了人时，才会给他大量的关注。父母应该更加关注孩子好的表现，这样会收到更好的效果。

如果发现孩子的沮丧情绪越来越强，就要想办法把他的注意力引到别的活动中去。如果孩子已经懂事了，就可以另外找个时间跟他谈一谈这个问题，让他想一想咬人有多疼，还要想一想当他想咬人时，是否有别的办法可以控制冲动。

如果咬人的事情已经发生，最好先把注意力放在被咬的孩子身上，暂时不管咬人的孩子。安慰完受害者之后，应该让咬人的孩子明确地知道，他咬人的行为让人多么生气，告诉他不许再去咬人。然后，可以陪着他坐几分钟，让他慢慢地消化这个教训。如果他想走开，要握住他的手或紧紧地抱着他。一定不要对他进行长篇大论的说教。

是否应该以牙还牙？有些被婴儿或1岁的小孩子咬过的父母问我，他们是否也应该反过来咬孩子？我认为，如果父母把自己摆在一个友好的领导位置上，就能更好地管教孩子，根本用不着把自己降低到孩子的水平去咬孩子、打孩子和大声喊叫。另外，对于一个非常小的孩子，如果真的去咬他或打他，他就会把那当成一场打着玩的游戏，然后和父母对咬或对打下去。他还会认为，既然父母可以这样做，他为什么不可以？有的家长想通过打骂来让孩子知道挨打的滋味，这种方法一般带来的不是共鸣，而是愤怒或恐惧。所以，发现他又想咬人的时候，最好的做法就是往后退，防止再次被咬。要让他明确地知道父母不喜欢他的行为，也不让他咬。

3岁以后咬人。孩子到了3岁时，咬人的现象就会明显减少或完全消失。因为这时他们已经学会运用语言表达自己的愿望，或者发泄自己的挫败感。而且，这么大的孩子也能更好地控制自己的冲动了。但是，如果孩子到了这个年龄还继续咬人，可能意味着更严重的发展问题或行为问题。要找有经验的医生或其他专业人员看一看，这很有必要。

多动症

什么是多动症？极度活跃对年幼的孩子来说属于正常现象，因为他们有无穷无尽的精力，却没有常识。当人们用多动症这个词来表示精神病学或神经病学上的障碍时，指的是注意缺陷多动障碍（Attention Deficit Hyperactivity Disorder，简称 ADHD）。按照标准定义，ADHD 包括 3 个主要部分：注意力不集中，容易冲动，以及过度活跃。也就是说，患有多动症的孩子，（1）对于不是特别有趣的任务，集中和保持注意力的能力很差；（2）很难控制冲动，比如在教室里大声叫喊或从车库顶棚上跳下来的冲动；（3）很难安静地坐下来，在教室里或餐桌前会坐立不安。

这些问题只有达到非常严重的程度才会影响孩子的生活。如果孩子在学校和家里的表现尚可，就不是多动症患者。即便他有无穷的精力，在教室里上蹿下跳或者有很多奇怪的想法，也不是多动症。另外，根据多动症的定义，这些问题会在孩子 7 岁以前表现出来。

多动症给孩子和家庭都带来了很多问题。孩子持续不断地陷入麻烦中；父母总是因为孩子的行为冲他大喊，惩罚他，即使他们很不想这么做；孩子的友谊也很短暂。普遍的结果是，孩子变得伤心、孤独、自卑和易怒。

多动症——注意缺陷型。有这种情况的孩子，注意力很难集中和持续；他们没有条理性，很容易分心，不仅仅是易冲动和好动。他们的症状和完全的 ADHD 有部分相同，但他们的问题可能更难发现，因为没有造成很多混乱。乖孩子中这种情况较多（有时这种情况也被称为注意力缺乏症，简称 ADD）。

多动症真的存在吗？尽管目前关于这一问题还存在着很大的争议，但几乎所有专家都同意，有些孩子大脑本身的构造使他们变得非常活泼好动、冲动、不专心。对于这种类型孩子的数量，专家们还存有争议。根据美国精神病协会（American Psychiatric Association）发表的多动症诊断标准，在美国，有大批的孩子——比例在 5%～10%——患有多动症。有这么多儿童大脑存在异常，真令人难以置信。

问题在于，美国精神病协会发表的这个标准是以父母和教师对一些比较模糊问题的答案来确定的。比如，其中有一项标准是“孩子在协调任务和组织活动方面经常遇到困难”。但是，这个标准的判断只是凭借父母或教师的主观看法。同时，“经常”、“困难”、“任务”和“活动”这些词语都没有明确的定义。“经常”是指一天一次还是一整天呢？修理一台割草机算不算“任务”或“活动”呢？而这类事情是很多患有多动症的孩子也能做好的。还是说，这里的“任务”或“活动”指的只是学业呢？无怪乎教师和父母在判断哪个孩子患有多动症的时候总是出现分歧。

所以，尽管孩子的表现显而易见——很多孩子存在多动症的3点基本特征：注意力不集中，易冲动，过度活跃，他们在学校和家里也困难重重——但究竟有多少人大脑不正常，仍是一件还不清楚的事。我猜想，他们当中的许多人有着健全的大脑，只是在我们认为所有孩子都应该做好的事情上表现欠佳而已，比如老老实实地坐着听讲、整天都能按照老师的要求完成作业等。

不恰当的家庭教育会导致多动症吗？毫无疑问，那些做事漫不经心、过度活跃、易冲动的孩子使他们的父母很有压力。这些多动症孩子的父母有的掌握着良好的家庭教育方法，但大部分水平一般，还有的水平非常有限。但是，没有证据表明家庭教育会导致多动症。一个被宠坏了的孩子可能受不了拒绝，也受不了等待，他在行为上很可能会有多动症的表现。但是，大多数患儿都是在比较合理的限制和规矩下长大的，却无法像大多数其他孩子一样对事情作出正常反应。

类似多动症的症状。很多孩子看起来好像患有多动症，但实际上并不是。这些问题有的源于孩子的体质，比如，惊厥会使孩子在一天之中多次昏厥，每次持续几秒钟。其他貌似多动症的问题则来自孩子所处的环境，比如学校的课程对孩子来说不是太困难就是太简单。有时候，很多困难会同时出现：有些孩子不仅在心理上承受着压力，在学业上也困难重重，再加上家庭环境比较压抑，校园的学习氛围欠佳等。

与多动症相似的症状包括：

• 精神问题，包括压抑，强迫性的精神紊乱，对于创伤或悲伤的反应。

• 听觉障碍和视力障碍。

• 学习吃力（对阅读感到困难的孩子经常会在课堂上做出惊人之举，参见第625页）。学习障碍通常和多动症一起发生，而有些时候，学习障碍经常被误诊为多动症。

• 睡眠紊乱（过度疲劳的孩子经常注意力不集中，而且行为冲动；参见第550页，“睡眠问题”）。

• 健康问题，比如惊厥，或者药

物的副作用。

任何人，即使是技术熟练的医生，也很难分辨出所有的可能性。人们很容易把某些情况笼统地称为多动症，然后就开药治病。但是，不论是否患有多动症，大多数人在使用了治疗多动症的常用药物之后，注意力都会提高。所以说，如果一个孩子用药以后情况有所改善，也不能证明他一定患有多动症。这些药物还可能使有些情况恶化，也可能让家长和医生错误地认为它们是有效的，从而掩盖了真正的问题。例如，如果一个孩子患有学习障碍，服用了治疗多动症的药物之后可能会更加安静地坐在那里，但是他仍然学不好。因此，很重要的一点就是，父母和医生在诊断多动症时，一定要从容和谨慎。

多动症还是双相障碍。越来越多的学龄儿童被诊断为双相障碍，这种疾病曾被称为躁郁症。在成年人中，这种症状表现为由精神振奋、精力充沛（狂躁）转向情绪低落、精力减少（抑郁），这一系列转变很明显。在孩子中，这一转变可能更短暂，而狂躁期可能表现出极端愤怒。实际上，这个问题很难分辨，是孩子在大发脾气，还是多动症引起了愤怒和攻击性的暴发，还是真正的双相障碍。

治疗多动症需要强效的药物，但也存在严重的潜在副作用。比如，利培酮可能导致体重急剧增加，以及增加糖尿病的风险。药物作用于精神的治疗方法对那些真正需要的孩子十分有效，但必须是受过专业训练的医生才能开这些药物，如精神病医生或发育行为儿科医生。

医生如何诊断多动症？诊断多动症不需要验血和脑部扫描。患有多动症的孩子有时在诊所里会表现得很正常，因为那正是他们最能自律的时候。（患有多动症的孩子行为有时可能很正常，他们只是不能把这种正常贯彻始终。）

因此，医生必须结合自己的观察、教师的反应和父母的描述进行分析。根据美国儿科学会2000年公布的专业标准，医生对一例多动症作出诊断，起码应该从一位教师和一位家长那里获得信息，可以采访他们、进行问卷调查，或者请他们做出书面描述。医生应该考察患有多动症孩子的成长轨迹和心理历程，研究他的家庭背景，询问相关问题，然后进行一次彻底的身体检查。如果一个医生只是花了15分钟和一个孩子相处，从而判断他是否患有多动症，是过于草率的做法。

一般而言，儿科医生或家庭医生

会跟心理学家和精神学家一起，共同考察某个孩子是否患有多动症，还可能用到心理测试和详细的学习能力评估。

多动症的治疗。多动症的治疗方法很多，而且多数孩子都可以从综合治疗中受益。也就是说，如果父母和老师只给孩子用药，而不去改变自己处理孩子挑衅行为的方式，就是一种错误的治疗方法。

如果一个孩子被诊断患有多动症，并不意味着必须接受药物治疗。虽然很多证据显示药物治疗对于多动症的主要症状最有效：比如注意力不集中、易冲动、过分活跃等。最近的一项较大规模的研究表明，同时接受药物治疗和心理治疗的孩子（在多动症的主要症状方面），并不比单纯接受药物治疗的孩子恢复得更好。

但是基于两个理由，心理治疗和其他的非药物疗法仍然很重要。首先，这些疗法能够帮助孩子应付多动症引起的问题，比如交友困难和面对挫折。其次，多动症会给孩子带来学习问题和行为问题，但这些并不是主要症状，而非药物疗法对这些问题很有帮助。比如，许多患有多动症的孩子也会有学习障碍。但是，治疗多动症的药物对于先天性的学习障碍没有作用，对于这些先天性的障碍，需要接受特殊教育。

治疗多动症的药物。用来治疗多动症的药物一般都是兴奋剂。和咖啡因一样，兴奋剂会在患者集中注意力的过程中激发大脑的某些活跃部位，从而使人的反应更加敏捷。另外，兴奋剂也会让心脏的跳动速度加快，尤其当剂量比较大时，更会使人产生紧张或兴奋的感觉，这一点也和咖啡因一样。有时，人们会把兴奋剂和镇定剂或麻醉剂相混淆，但它们在功能和作用于大脑的方式上非常不同。两种主要的兴奋剂是哌醋甲酯①（利他林 Ritalin、专注达 Concerta 和哌甲酯 Metadate 等药品中的成分）和苯丙胺（安非他明②、Dextrostat、右旋苯丙胺等药品中的成分）。除兴奋剂之外的其他药物有时也用于治疗多动症。但是，兴奋剂用在患有多动症的孩子身上，10 例中大约有 8 例都会取得疗效。

使用兴奋剂安全吗？很多父母不敢用药物来治疗孩子的多动症。这种担心不无道理，因为这些药物都会影响大脑。如果孩子必须长年服用这种药物，影响还会更加明显。然而，家长的担心许多都来自于错误的信息。

①methylphenidate，一种在利他林、专注达和盐酸哌醋甲酯缓释剂等药物中含有的成分。

②amphetamine，一种在得克西得林等药物中含有的成分。

比如说，没有证据显示兴奋剂会像海洛因或可卡因那样让人上瘾。突然停止服用利他林的孩子不会特别依赖这种药物，也不会出现戒断症状。有的人会通过滥用兴奋剂来振奋精神，但是当我们用兴奋剂来治疗多动症时，孩子却会因此而冷静下来，不会越来越激动。

患有多动症的孩子的确会比正常的孩子更容易酗酒，也更容易对其他一些东西上瘾，但这是否就是服用兴奋剂药物导致的，还值得怀疑。患有多动症的孩子在学校、家里以及与同龄人相处的时候都会遇到无休无止的问题，于是会产生一种悲伤绝望的情绪。实际上，如果多动症得不到恰当的治疗，这些孩子就会借助酒精或毒品去摆脱这种痛苦的情绪。因此，针对多动症的药物治疗还可能减少青少年滥用违禁药物的比例。

兴奋剂的确会产生副作用，比如胃痛、头疼、食欲下降、睡眠障碍等。但这些副作用一般都很轻微，在药物的剂量调配合适以后也会很快消失。正在接受兴奋剂治疗的孩子不会变得过于淘气，也不会变得反应迟钝，如果出现这样的副作用，是因为用药剂量过大导致的。这种情况下应该减少用药的剂量，或改用另外一种药物。问一个孩子感觉怎么样时，如果他回答："我感觉很舒服。"就说明这种药物起作用了。任何一种药物的安全使用主要依赖于医生的仔细监测。患有多动症的孩子在用药期间应该每年去看 4 次医生。服药初期还应该去得更频繁一些，因为那段时间正是调整剂量的时期。

尽管很多患有多动症的孩子在青春期还会继续用药，但是并不需要终生服药。随着年龄的增长，这些孩子生理上的多动症会逐渐减弱，但仍然很难集中注意力，因此应该继续服药，这对他们仍有帮助。对于其他情况比较好的孩子来说，只要勤于自律，离开药物的帮助也能做得很好。

多动症孩子会出现什么情况？通过精心的医疗护理和良好的教育，患有多动症的孩子也能健康成长。长大以后，那些让他们在学校四处碰壁的特点也许会让他们在工作中如鱼得水。这些特点包括：积极主动、精力十足、能够同时思考三件事等。除了多动症以外，孩子们还会出现其他问题，比如抑郁症或严重的学习障碍等。他们面临着更大的挑战，也需要更多的帮助。

如果想检验一下自己对待多动症孩子的方法是否正确，就多注意他的自尊心，这是个有效的判断方法。自我感觉良好的孩子会拥有朋友，喜欢学校，表现良好。而自我感觉很差的孩子会经常说自己“很笨”，或者说别的孩子不喜欢自己，这样的孩子更需要帮助。因为长久下去，较低的自我评价也许会变成比多动症本身更严重的问题。

你能做什么？如果觉得孩子可能患有多动症，就跟孩子的医生谈一谈，或者找其他的专业人士咨询（参见第585页）。对于任何一种慢性疾病或者不断发展的问题来说，父母知道得越多，与医生、教师和其他专家的交流就越充分，也就越能给孩子的健康发展提供支持。

伤心、忧虑和恐惧

伤心、忧虑和恐惧是童年生活的一部分。如果母亲因为工作而几天不在家，学步期的孩子就会感到伤心，不爱吃东西；4 岁的孩子会担心自己的愤怒想法真的会伤害到父亲，或者使父亲伤害到他；5 岁的孩子一想到打流感疫苗就会惶恐不安。这些都是正常的紧张情绪；大多数孩子都能克服这些情绪，变得更坚强。

然而有时候，这些情感会过于强烈，使孩子无法应对。原因可能是一个家长永远离开了他，可能去了另一座城市，可能进了监狱；也可能是出现了真正令人恐惧的事情，比如一个家长遭到了暴力侵害，遭到了枪击，或者学校里发生了暴力事件。虽说这些精神创伤在那些生长在贫困环境中的孩子周围更多见，但其实在哪里都会发生。情绪上的其他压力因素可能不那么引人注目：比如兄弟姐妹在感情上折磨他；不被察觉的学习障碍；父母因为工作而沮丧或烦恼，一连几天都对孩子很疏远，等等。

当孩子出于某种原因而难以承受这些伤心、忧虑和恐惧的时候，可能就会出现抑郁症或焦虑性障碍。虽然这些问题并不罕见，却常常找不到原因。

抑郁症

如果父母知道应该注意哪些症状，那么儿童和青少年的抑郁症常常很容易发现。很小的孩子可能会显得无精打采，也不爱吃东西。学龄期孩子则会出现肚子疼或头疼的症状，几天不能上学。（首先当然是让医生检查一下，看看是否患了其他疾病。）

患有抑郁症的孩子表现出的情绪往往不是伤心，而是易怒，他们会因为很小的事情而长时间感到愤怒。就像抑郁的成年人一样，患有抑郁症的孩子会对曾经感觉有趣的事情失去兴趣；什么也不能让他们兴奋。他们还可能没精打采，也无法集中精力学习。成绩常常会随之下降。虽然有时也会吃不好睡不着，但往往都要比平常吃得多，睡得多。如果父母温和地询问孩子，他可能会承认，觉得自己应该对所有坏事负责，还觉得情况永远都不会好转；甚至可能想到过自杀。

抑郁症受家族的遗传。了解这一点很有必要，因为它会提醒父母注意相关的现象。在年纪还小的时候，男孩和女孩患病的几率一样；在青少年中，抑郁症更容易出现在女孩身上。而十几岁的男孩一旦感到抑郁，自杀的风险就会特别高，尤其当他们喝了酒或吸过毒之后，这种危险更高。他们选择的自杀方式常常是手枪。把枪和子弹分别锁起来其实起不到什么作用；足智多谋的青少年可以克服这个障碍。有青少年或儿童的家庭都不应该存放枪支。

在少数情况下，大一点的孩子会时而抑郁，时而精力极为充沛。在后一种状态下，他会感觉到超乎常人的快乐、有魅力、智慧和坚强。这就是双相障碍。小一点的孩子也可能患上双相障碍，只是症状有些不同，精神病医生也可能对诊断结果意见不一。

抑郁症能够治疗。两种特殊形式的谈话疗法效果都很好——一种是认知行为疗法，另一种是人际疗法。药物也有效果。虽然有人担心抗抑郁药物可能会增加自杀的风险，但是许多专家都觉得事实刚好相反。无论哪种情况，都不需要立刻决定用药；最重要的事情就是开始一些治疗。接受治疗的孩子，多数都会好转；但是，抑郁症常常会卷土重来，需要再次治疗。

焦虑性障碍

焦虑在儿童身上有着不同的表现形式。学龄前儿童有恐惧感很正常。8 岁的男孩可能会担心在他上学不在家的时候，会有坏事降临到母亲头上，甚至会因此而无法专心听课。10 岁的女孩可能会非常害怕上课时被老师叫到，甚至会因此而呕吐。12 岁的孩子则会无时无刻地为每一件事情而担心。他会睡不着觉，身体也会因为这种紧张而疼痛。

其他焦虑性障碍还包括惊恐发作和强迫性精神失调。在前一种情况下，十几岁的孩子会突然强烈地感到自己就要死掉或疯掉，后一种情况则会使孩子表现出习惯性的举动——按照一定次数关灯和开灯，或者反复洗手——他觉得如果不这样做就会发生可怕的事情。极度的恐惧会妨碍孩子的正常行为，比如乘坐电梯时或在人群中时。这就是焦虑引发的相关障碍。

有两种因素可以透露出孩子患焦虑性障碍的可能性。一是家族中的焦虑问题。焦虑的父母可能会把这种基因传给孩子，使他们也容易出现焦虑问题，这些父母还可能在不知不觉中影响孩子，从而形成焦虑。另一个因素就是出现了其他行为障碍和情感障碍的迹象——比如多动症或抑郁症——因为焦虑性障碍常常是某种较大问题的一部分。

就像抑郁症一样，焦虑性障碍也能治疗，要么采用药物治疗，要么采用谈话疗法，要么同时使用。如果父母自己的焦虑性障碍得到了治疗，孩子的情况往往也会好转。

害怕说话。很多孩子在家庭之外的环境讲话或与家庭成员以外的人交谈，就会感到恐惧，这样的孩子数量惊人。在家的时候他们可以正常地聊天，但如果有陌生人来访，他们就会立刻陷入沉默。在学校时，他们可能非常不爱说话，老师甚至会以为他们的反应极为迟缓。患有选择性缄默症的孩子与容易害羞或慢热的正常孩子不同，前者永远都不能完全放松地与熟悉范围之外的人讲话或互动。如果父母想通过收买、逼迫或引诱的方法让这些孩子开口说话，只会给他们的焦虑雪上加霜，使情况变得更糟糕。但是，专业治疗可以奏效。

邋遢、磨蹭和抱怨

邋遢

有时干脆让他们脏。很多孩子喜欢的事都会把他们弄得脏兮兮的，但是这样做对他们也有好处。他们很爱挖土和沙子，爱在小水坑里走，爱用手去搅池子里的水。他们想在草地上打滚，想用手攥泥巴。他们做这些快乐的事情时，就能在精神上得到满足，对别人也更亲热。这就像美妙的音乐或美妙的爱情能够改善成年人的心态一样。

有的孩子经常受到父母的严厉警告，不许把衣服弄脏，也不许把东西弄乱。如果孩子严格遵守父母的警告，就会变得十分拘谨，还会怀疑自己的爱好是否正确。如果他们真的害怕弄脏衣服，在别的方面也会变得谨小慎微。这样一来，反而不能像父母希望的那样，成为自由、热情和热爱生活的人。

这并不是说，只要孩子高兴，就应该任由他们胡闹。但是，确实必须制止他们的时候，不要吓唬他们，也不要让他们觉得不舒服。只要采取比较实际的替换办法就行了。如果他们穿着新衣服时想玩泥做“馅饼”，可以先给他们换上旧衣服再玩。如果他们拿着一把旧刷子想给房子刷油漆，就让他们以水代漆在木柴棚上或厕所的瓷砖上刷。

杂乱的房子。当孩子到了可以弄乱房间的年纪，也就能收拾房间了。开始时他们可能需要很多帮助，慢慢地，就能独立做更多事了。孩子之所以弄乱房间后置之不理，是因为他们知道，别人——也许是母亲，肯定会

收拾好。有的孩子只是不知所措而已，需要有人给他们一些指点，帮助他们把任务分成容易操作的几个步骤：“先找到所有的积木，再把它们放在盒子里。”

如果孩子不去整理杂乱的房间，父母可以拿走那些乱扔的玩具，不让他们玩，几天以后再拿出来（参见第422页，非体罚教育）。如果把孩子的大部分玩具都收起来，他们就只剩下少量的玩具能够乱扔了。如果把玩具收起来的时间长一些，当这些玩具被重新拿出来时，它们就又成为“新”的了。孩子又能兴致勃勃地玩上一阵子。

凌乱的卧室。孩子的卧室就另当别论了。如果孩子有自己的房间，最好让他自己管理。如果孩子的卧室稍微有点杂乱无章，父母不必过问，只要他不在其他房间折腾就可以了。如果卧室里没有害虫出没，没有火灾隐患，地板也没有凌乱得让人没有立足之地，只要住在里面的人都无所谓，杂乱的房间也碍不着别人的事。如果孩子总要四处寻找自己最喜欢的裤子，总要为了找一双成对的袜子而翻箱倒柜，那么他总有一天会学着将东西放在合理的地方。

给孩子管理自己房间的自主权并不意味父母不该过问他的起居。有时，也可以温和地提醒他整理房间，还可以表示愿意帮他一把。房间乱到一定程度之后，很多孩子就不知道该从哪里入手整理了。但这个问题是他自己造成的，所以解决起来也需要他自己的努力。

磨蹭

如果见过有的父母在早晨如何让磨蹭的孩子动作快起来，很可能会发誓绝不让自己陷入那样的境地。为了让孩子起床、洗脸、穿衣服、吃早饭、上学，父母不厌其烦地催促、警告，甚至责备孩子。

在做没意思的事情时，所有孩子都容易反应迟缓。有的孩子比别人更容易走神，他们的目标感也比别的孩子弱一些。如果父母不断地催促，他们就会变成习惯做事拖拉的人。比如："快点把饭吃完！""我已经告诉你多少次了，你怎么还不上床？"父母很容易形成催促孩子的习惯，使孩子养成一种既漫不经心又执拗的态度。正像有些父母说的那样，孩子非得责骂才能按照要求去做。这样一来，恶性循环就开始了。其实，这种恶性循环一般都是父母引起的。孩子们天生都是慢性子，如果父母没有耐心，不给他们留出足够的时间，让他们从容地做完自己的事情，这种恶性循环就在所难免。

斯波克的经典言论

你或许觉得，我这样说其实是不赞成孩子承担任何责任。但事实恰恰相反。我认为吃饭之前孩子必须在餐桌旁坐好，早晨也应该按时起床。我只想说明一点，如果父母多数时候都让孩子靠自觉去做事，如果孩子自己做不好时父母能就事论事地给予指点，如果大人不总是催促他们，孩子们通常都能找到办法克服天性中的磨蹭。

早期学习。按照常规行事时，幼儿的表现最好。对于早上起床或准备出门这样的日常活动，每次都要引导孩子按照同样的顺序执行同样的步骤。如果在管理有序的学前教育机构观看过加餐时间的活动，就会知道当孩子按照熟悉的形式做事时，效率有多高。当孩子自己开始记住常规做法时，父母就要尽快退到一边。如果孩子出现倒退，忘了该怎么做，要重新引导他。

上学以后，要让他把按时到校当成自己的责任。最好能默许他迟到一两次，或者故意允许他错过班车，上学迟到。让他自己去体会那种难过的心情。父母都不愿意让孩子迟到，但实际上，孩子自己更不愿意迟到。这就是驱使他不断前进的最大动力。

应付孩子的磨蹭。大一点的孩子

如果总是磨磨蹭蹭，可能是做事缺乏条理或精神不集中。孩子本来想穿好衣服，但在走向衣柜的过程中，发现了一个好玩的玩具，一个应该放到床上的洋娃娃，一本想看的书。15 分钟过去了，她仍然穿着睡衣，玩得不亦乐乎。在这种情况下，父母可以帮助孩子做一个图表，用图形简单地表示需要完成的任务，如果孩子能看书写字，也可以写出这些任务，比如，早上准备上学等。用一层透明的塑料纸覆在图表上，让孩子在完成一项任务之后用可涂改的白板笔做出标记。设置好计时器，让孩子尽量在铃响之前把清单上的事情都做好。在她按时完成任务之后给一点小小的奖励。最好的奖励是随之而来的：如果孩子提前穿好衣服做好准备，不用爸爸妈妈提醒，就表示在她上学之前，还有几分钟时间可以大声地给她读书，或者让她玩一会儿游戏，甚至看看电视。

抱怨

爱抱怨的习惯。年纪较小的孩子喜欢在疲劳或不舒服时抱怨（参见第 505 页）。少数孩子会因为多种不同的原因而养成整天抱怨的习惯：他们因为厌烦或嫉妒，或者因为事情不如所愿，想得到特殊待遇或特权。这些孩子看上去似乎总是心怀不满或郁郁寡欢，还会让周围的人也很痛苦。他们的抱怨不光让人难受，还让人感到被胁迫：只要不满足他们的要求，他们就会一直抱怨下去。

如果孩子总是针对一位家长（比

斯波克的经典言论

我记得曾经和这么一家人待过一天。这家有 4 个孩子。母亲是个从不多说一句废话的人。那天，母亲和 3 个孩子在家。孩子们都很懂礼貌、乐于合作、独立又快乐，只有那个 5 岁的女孩不停地烦扰她的母亲。她不停地抱怨无聊、肚子饿、口渴和冷，其实这些小问题她完全可以自己解决。

开始母亲不想理她。然后，母亲让女孩自己去取需要的东西，但是说话时带着犹豫和抱歉的语气。母亲一直没有表现出家长的权威，甚至容许女儿不停地抱怨了一个小时。有时候，母亲甚至还反过来向女儿抱怨，想以此来终止女儿的抱怨。结果她没有达到任何预期的效果，反而导演了一场哭哭啼啼的二重唱。

某种意义上，这样的抱怨还不算特别烦人，但它肯定让家人和朋友讨厌。父母听得最多，他们可能感到极其沮丧。

如母亲）长时间抱怨，和父亲在一起或在学校时可能会懂事得多。经常有这样的情况：如果家长有两个以上孩子，他们也许只能忍受一个孩子抱怨。在这些情况下，哭闹反映出来的就不仅是孩子的习惯或情绪问题，而是对这个家长的态度问题。孩子的要求和抱怨，以及家长的抵制、恳求、叫嚷和让步，遵循着一个可以预见的模式。任何一方似乎都无法打破这个循环。

如何让孩子停止抱怨？如果孩子有抱怨的毛病，可以采取一些具体又实用的措施。首先必须弄清楚，父母对孩子的态度是否助长了他抱怨的习惯。比如，说话时是否经常模棱两可、犹豫不决、逆来顺受或内疚？是否为自己受制于孩子而感到恼怒？这种自我审视是最艰难的一步，因为除了孩子不断提出的要求和自己的不耐烦以外，父母通常意识不到其他的。

如果想不出自己有什么犹豫不决的表现，就应该看看自己是否有什么不明智的举动，助长了孩子抱怨的习惯。比如，是否对孩子的抱怨关注太多？是否最后总是对孩子的抱怨作出让步？

父母对孩子日常的要求都应该有相应的规定，必须坚决贯彻这些规定。比如，什么时候必须上床睡觉，什么电视节目可以看，多长时间可以请朋友吃一次饭，或者多久可以带朋友在家过一次夜。这些都是家里的规矩，没有讨价还价的余地。一开始，当父母不再对孩子的哭闹让步时，孩子往往会更频繁、更剧烈地抱怨。然后，在父母坚持了自己的立场之后，抱怨的现象就会消失。

如果孩子抱怨无事可做，比较聪明的做法就是不理他，不给他提各种建议，因为在这种心情之下孩子会轻视父母的建议，想都不想就把这些建议一个一个地否绝了。如果出现这种情况，不要徒劳地跟孩子争论，让他自己解决问题。可以对他说："我现在有好多事情要做。但是一会儿我还要做点有趣的事情。"换句话说，就是："跟我学，给自己找点事情做。别想让我和你争论，也别想让我哄着你玩。"

还可以告诉孩子，不会回应他们用抱怨的口气提出的请求。父母可以直截了当地说："现在请你马上住口，别再发牢骚了。"如果孩子继续抱怨，威胁着要让父母不好受，直到父母妥协为止，就强制他终止一切活动（参见第 423 页）。

给孩子讲道理是可以的，比如"晚饭不能再吃比萨了，我们午饭刚吃了比萨"，或者"我们现在得回家，要不就赶不上午睡时间了"。但有时候父母只需要作出决定，孩子只需要服从，不必讲太多道理。“今天不买那个玩具，因为我们今天没打算买玩具。”自信的父母不会在自己已经设置的规定上跟孩子无休无止地纠缠。如果允许孩子纠缠不休，他就会不停地争执下去，父母就会在每个问题上都疲于应付。所以，父母要表明自己的看法，设好底线，愉快而坚定地结束争执。

孩子偶尔提出特别的要求也无可厚非，如果父母认为这些要求合理，爽快地满足他们要求也没什么问题。但是，对于孩子来说，学会接受“不行”或“今天不可以”这样的答复也同样重要。有目的的抱怨表示孩子仍然需要学习这一重要的道理。如果发现自己对孩子严厉时会难过，或者发现自己对孩子的要求不予让步时会担心伤害他的感情，就要提醒自己，孩子很坚强（坚强到让父母的生活很痛苦），而一个严厉的家长正是孩子向前发展需要的条件。说“不”是爱的表现。

习　惯

吮拇指

吮拇指意味着什么？婴儿吮拇指的意义与大孩子不同。很多婴儿在出生前就吮吸自己的手指或拳头。吮吸是婴儿获得营养的方式，也是帮助他们缓解生理痛苦和心理压力的方法。吃奶次数比较多的孩子吮拇指的现象少一些，因为他们已经进行过大量的吸吮了。每个孩子天生的吸吮欲望都有所不同。有的婴儿虽然每次吃奶都不超过15分钟，但从来不把拇指放进嘴里。还有的婴儿虽然每次都要用奶瓶吃上二十多分钟，还是会没完没了地吮拇指。有些婴儿还没出产房就开始吮拇指了，以后也一直这样。还有些婴儿很早就开始吮拇指，然后会很快改掉这种习惯。大多数吮拇指的孩子都是在3个月之前开始的。

吮拇指的行为不同于咬手指和啃小手——几乎所有长牙的孩子都有这些举动（一般在3～4个月大时）。在出牙这段时间，婴儿会一会儿吸吮自己的拇指，一会儿又很自然地啃咬起来。

大一点的婴儿和儿童吮拇指的现象。当婴儿长到6个月时，吮拇指的行为就有了不同的作用。在某些特别的时候，那就是他需要的安慰。当他觉得累、无聊、遭受挫折或独自睡觉时，就会吮拇指。婴儿早期的主要快乐就是吸吮。长大一点后，如果因为做不好什么事情而感到沮丧，会退回到婴儿早期的状态。很少有孩子在几个月或一岁大的时候才开始吮拇指。

对此，父母有必要采取什么措施吗？如果孩子总体上比较开朗、快乐、活泼，主要在睡觉时吮拇指，白天偶尔才会这样，我认为，父母什么也不用做。吮吸大拇指本身并不意味着孩子不快乐、不舒服或缺少关爱。事实上，大多数吸吮拇指的孩子都非常快乐，不会吮吸拇指的反而是那些严重缺乏关爱的孩子。

有的孩子大部分时间都在吮吸而不是在玩。如果出现这种问题，父母就要问问自己，是否应该做些什么让孩子不再那么需要自我安慰。有的孩子也可能由于不经常见到其他孩子，或没有足够的东西玩而觉得无聊，也可能是因为他在游戏围栏里玩的时间太长了，觉得不耐烦。如果母亲总是禁止1岁半的儿子去做那些让他着迷的事情，而不是把他的兴趣引到可以玩的东西上去，他就可能整天和母亲闹别扭。有的孩子虽然有一起玩的伙伴，在家里也可以自由地活动，但是他可能太胆怯，不敢加入到那些活动中去。于是，当他看着别人玩耍时，自己就会吮吸拇指。我举这些例子就是想说明一点：如果想采取措施帮助孩子克服吮拇指的毛病，就让孩子的生活更丰富些吧。

有时候，大一点的孩子吮拇指只是一种习惯，也就是一种没有什么理由的重复性行为。孩子虽然希望摆脱这个习惯，但是他的手指似乎总是按照自己的意愿跑到嘴里去；他并没有清楚地意识到自己在吮拇指。

吮拇指对健康的影响。吮拇指对于孩子身体健康方面的影响不是特别严重：大拇指和其他被吮吸的手指皮肤经常会变厚（这种情况会自然消失），指甲周围也许会有轻微感染，这些问题一般都比较容易处理（参见第318页）。最严重的问题在于牙齿的发育。吮拇指确实会使婴儿上排门牙外翻，使下排门牙往里倒。牙齿错位的程度不仅取决于孩子吮拇指的频繁程度，还取决于他吸吮时拇指所在的位置。但是牙医指出，乳牙的这种歪斜对6岁左右长出的恒牙没有任何影响。大多数孩子在6岁以前就改掉了吮拇指的习惯，恒牙不太可能出现歪斜的问题。

防止孩子吮拇指。在吃奶的前几分钟，婴儿可能会吮拇指。不必为此担心，他们这样做可能只是饿了。如果婴儿刚吃完奶就吮拇指，或者在两次喂奶中间多次吮拇指，就要考虑可以怎样满足他们吮吸的欲望。

如果宝宝刚开始吮拇指、其他手指或小手，最好不要直接阻止他。而是要给他更多机会吃母乳、用奶瓶或叼橡皮奶嘴。如果宝宝不是一出生就有吮吸拇指的习惯，那么改掉这种习惯最好的方法就是在前3个月里多让他吸吮橡皮奶嘴。如果用奶瓶给孩子喂奶，可以改用开孔较小的奶嘴，让孩子在吃奶时更多地吸吮。如果采取母乳喂养，就让孩子多吃一会儿奶，即使他已经吃饱了也要这样做。

对吮拇指的孩子来说，断奶的时候最好循序渐进。孩子吮吸的需要能否获得满足，不仅取决于每次吃奶时间的长短，跟喂奶的频率也有关系。因此，要是已经尽量延长了每次吃奶的时间，但孩子还是吮拇指，那么，减少喂奶次数的计划就应该慢慢地进行。例如，即使一个 3 个月的婴儿晚上可以不吃奶，还能一觉睡到天亮，但是如果他不停地吮拇指，我建议还是过一段时间再取消晚上那次喂奶。也就是说，如果把孩子叫醒以后他仍然想吃奶，就过几个月再取消这次喂奶。

无效的措施。为什么不把孩子的手绑起来，不让他吮拇指呢？因为这样会让孩子感到非常沮丧，并带来新的问题。另外，把双手绑起来对克服孩子吮拇指的毛病没有多大帮助，因为它不能满足孩子的吮吸需要。还有少数绝望的父母用夹板把孩子的胳膊夹住，或者给孩子的拇指涂上怪味的液体。他们不只坚持几天，而是几个月。但是，一旦拿下夹板或不再往拇指上涂液体，孩子就会把手再次放进嘴里。

当然，也有父母说，他们采用这样的办法收到了很好的效果。但是，他们的孩子吮拇指的程度都非常轻微。许多孩子只是不时地出现吮吸大拇指的现象。即使不采取任何措施，孩子很快也能克服。所以，从长远来看，对那些严重吮吸手指的孩子来说，夹板、怪味液体和其他的威慑手段很少能够解决问题。

打破这种习惯。不要给孩子的胳膊上夹板，也不要让孩子戴手套或往他们的拇指上涂抹怪味液体。这些做法对大孩子和小宝宝都没什么效果，反而会引起孩子和父母的较量，从而延长这种习惯。父母也不应该训斥孩子，更不要把孩子的拇指从他的嘴里拽出来，这种做法同样收不到好的效果。那么，每当孩子要吮拇指的时候，就给他一个玩具，这种做法好不好呢？让孩子有可玩的东西当然是对的，这样他就不会觉得无聊了。但是，如果一看见孩子吮拇指，就迫不及待地把一个旧玩具塞到他手里，他很快就会明白你的意图。

用好处来引诱他，效果又会如何呢？ 5 岁以后还吮拇指的孩子很少，如果孩子刚巧就是这少数孩子中的一个，也担心这样下去会影响恒牙的发育，这时，父母很可能通过具有强人吸引力的“利诱”获得成功。如果一个四五岁的女孩想克服吮拇指的习惯，让她像成年女性那样涂指甲油可能会有效。但是，如果孩子只有两三岁，就没有足够的毅力去为了奖励而控制自己的本能。在这种情况下，父母可能会失去耐心，但却收不到任何效果。

如果孩子经常吮拇指，就要保证他的生活轻松愉快。应该告诉他，总有一天会长大，到时候他就不会再吮拇指。从长远来看，这种友好的鼓励会帮助孩子在时机成熟的时候立刻改掉吮拇指的毛病。但是，千万不要唠唠叨叨地催促他。

最重要的是尽量不去想它。如果总是担心，那么，就算什么也不说，孩子也会察觉到父母的紧张，还会产生抵触情绪。别忘了，吮拇指的现象到时候一定会自行消失。绝大多数孩子在长出恒牙之前就不再吮拇指了。不过，孩子的表现可能不稳定。它会在一段时间之内突然减少，继而在生病时或艰难地适应某些事物时，在一定程度上重新出现。这种习惯最终都会永久消失。吮拇指的现象很少在3岁之前结束，一般都在3~6岁逐渐消失。

有些牙科医生把金属丝缠在孩子的上排牙齿上，让吮拇指变得不舒服且十分困难。但这种办法应该等到实在无计可施时再使用，因为不仅花费很高，还会在孩子成长的重要阶段损害他们的权利，让孩子觉得无法自主支配自己身体。

婴儿的其他习惯

抚摸和拽头发。在1岁以后还吮吸拇指的孩子当中，多数人同时伴有某种抚摸的习惯。有的男孩喜欢用手捻着或捏着毯子、尿布、丝绸或毛绒玩具。有的喜欢抚摸自己的耳垂，或扯着一缕头发绕来绕去。还有的喜欢拿一块布贴近自己的脸，或者用闲着的手指触摸自己的鼻子或嘴唇。看到这些动作父母就会想起来，他们在婴儿时期吃奶的时候，就是这样温柔地抚摸着母亲的皮肤或衣服。当他们把某些东西贴在脸上时，似乎在回想靠在母亲胸口的感觉。

少数孩子会养成拽头发的习惯，结果可能会在头皮上留下难看的秃点，父母也会为此担心。孩子的这种行为只是一种习惯，不代表心理上的问题，也不代表生理上的不适。最好的办法就是把孩子的头发剪短，让他抓不到什么。当头发重新长出来时，他的习惯一般都已经改正了。

对于大一点的孩子来说，抓头发的强迫行为更可能是精神紧张和心理焦虑的表现。因此，应该找心理学家或其他专家看一看（参见第585页）。

倒嚼。有时候，婴儿或年幼的孩子会在下一顿饭之前不停地吮吸和咀嚼，有点像牛的反刍，被称作“倒嚼”，这种情况很少见。有些吮手指的孩子在胳膊被父母绑起来时就开始吸吮自己的舌头。我建议，在孩子还没有形成倒嚼的习惯之前，赶紧松开他们的手，让他们重新吸吮拇指。另外，一定要确保孩子经常有人陪伴、有东西玩、能得到关爱。当父母和孩子的关系出现严重问题时，这种现象也会发生。对此，专业指导通常会有所帮助（参见第585页）。

有节奏的习惯

摇晃身体，撞击脑袋。处在8个月到4岁之间的孩子经常会时不时地摇晃身体或撞击自己的脑袋。躺在婴儿床里的婴儿可能会左右摇自己的脑袋，也可能四肢着地爬起来，用双脚用力，前后晃动。他的头可能会随着每一次向前的动作撞到小床上；这个动作看起来好像很疼，但显然不是这样，而且这样的撞击不会导致大脑损伤（虽然有时会撞起大包）。坐在沙发上的宝宝会很用力地前后摇晃，好让撞击靠背的力量把自己弹回去。

这些有节奏的动作意味着什么呢？它们经常出现在孩子半岁以后，因为这个时候孩子已经产生了节奏感。当孩子累了、困了或感到挫折的时候，常会做出这些有节奏的动作。就像吮拇指或抚摸毛绒玩具的习惯一样，这种摇晃和撞击似乎是孩子自我舒缓的行为。这些行为一般出现在孩子困倦、无聊或心烦的时候，也可能是孩子对身体不适做出的反应，比如出牙或耳部感染等。这些动作是孩子自我安慰的方式，或许还体现着一种愿望，他们想重新创造那种很小的时候被父母抱着摇晃的感觉。

同一种运动最容易频繁而集中地出现在这样一些孩子身上，特别是撞头这种动作：情感上被忽视的孩子，身体上受到虐待的孩子，以及孤独症患者或带有其他严重发展问题的孩子等。如果在孩子身上发现了这样的行为，而且出现得非常频繁，最好跟孩子的医生谈谈这个问题。

啃指甲

啃指甲意味着什么？啃指甲有时候是紧张的表现，有时候没什么特别的意义，只是一种小毛病。啃指甲在高度紧张的孩子中比较常见，而且还会在家族中遗传。孩子感到紧张时就会啃指甲，比如等老师提问时，或看到电影中恐怖镜头时。

一般来讲，较好的解决办法就是找出孩子压力的来源，再想办法缓解这些压力。孩子是不是受到过多的催促、纠正、警告或责备？父母是不是对他的学习期望太高？父母应该咨询一下老师，看看他在学校的适应情况如何。如果电影、广播和电视上的暴力内容让他很紧张，最好不让他看这类节目（这样做对大多数孩子都有必要）。

改掉啃指甲习惯的方法。上学以后，孩子一般都会主动改掉啃指甲的习惯，要么因为同龄人的反感，要么因为他们想拥有比较好看的指甲。父母可以给孩子提供建议，加强这种积极的动力，但最好还是让孩子自己努力摆脱啃指甲的坏习惯。这个问题是孩子自己的事，应当让他们自己解决。

唠唠叨叨地责备或惩罚啃指甲的孩子，一般只能让他们停止一小会儿，他们很少意识到自己在啃指甲。从长远来看，责备和惩罚还会使孩子更加紧张，或者让他们觉得，啃指甲是父母的问题，不是自己的问题。如果孩子主动要求给他的指甲涂上苦味的药，提醒他纠正这个毛病，这种办法就会管用。但要是违背他的意愿强行这样做，孩子就会认为这是对他的惩罚。只能让他更紧张，让这种习惯继续下去。

要更全面地看待这个问题。如果孩子过得轻松快乐，就不要过多地提起他啃指甲的事。但如果啃指甲成了一种让人担心的行为，就要找专业人士咨询一下（参见第 585 页）。总之，最值得关注的是导致孩子焦虑的原因，而不是啃指甲这种行为本身。

口吃

口吃是什么引起的？几乎每个孩子都会经历这样的阶段：说起话来很费劲，该用的词语怎么也说不正确；于是，他就会重复说过的字词或迟疑一下，然后又一下子说得很快。这是学会正常说话的必经之路。大约有 5% 的孩子会在这个过程中遇到更多困难，他们会重复很多词语，或者把一些词语断开，把另一些词语拉长，也有一些词语会受到阻碍，完全说不出来。有些孩子还会显得非常紧张。幸运的是，这种轻微或不太严重的口吃通常会自行消失。只有 1% 的孩子会形成严重的长期性口吃。

我们还不能确切地知道口吃是由什么引起的。可能有些孩子天生就有口吃的倾向。像很多其他的语言问题和表达障碍一样，男孩口吃的情况更普遍，女孩相对较少。口吃的问题还经常在家族里出现，这表明遗传因素对口吃的形成也有一定的影响。大脑

> ## 斯波克的经典言论
>
> 有的孩子在新出生的小妹妹从医院回到家里以后就开始口吃，但他并没有公开地表示他的嫉妒，也没有想办法打她或掐她，只是觉得不自在。如果一位亲戚到家里来住了很久，2 岁半的女孩对他产生了很深的感情，那么在他离开时，这个女孩也可能开始口吃。2 周以后，她的口吃可能会暂时停止。但是当她搬进新居时，由于特别想念原来的环境，就可能出现一段时间的口吃。2 个月后，她的父亲应征入伍，全家人都心情不好，这时，这个女孩就可能再次口吃。

扫描发现，口吃的成年人大脑某些区域的大小跟正常人有些不同。人们曾经认为口吃是紧张的表现。这种说法有一定道理，因为口吃的孩子在面临压力的时候通常口吃得更厉害。但是，很多承受着沉重压力的孩子不口吃，这就说明压力不是导致口吃的唯一原因。

“大舌头”（当舌系带——也就是舌下的中部与口腔底部相连的那道皮皱——太短，限制了舌头自由活动的时候）与口吃没有任何关系。

如何面对口吃的问题。当孩子跟父母说话时，应当全神贯注地倾听，这样他们就不会慌乱不安。让孩子“慢点说”或重复说过的话只会增加他的紧张程度，让口吃更严重。反之，应该对孩子说话的内容进行回应，而不是挑剔他的表达方式。父母自己要学会轻松、和气地说话，同时让家里其他人也这样说话（但慢慢说的方式并不管用；最好的方式就是自然）。当孩子感觉他们只有几秒钟来表达自己想法时，就会口吃行更厉害。在家里要形成轮流发言的习惯，让每个家庭成员都有表达想法的时间。

任何能够降低孩子心理压力水平的做法都可能有效。孩子有很多机会跟其他孩子一起玩吗？家里和室外有足够多的玩具和器材吗？当父母和他一起玩时，要让他说了算。有时可以静静地玩，做些不用说话的事情。对此，有规律的日常安排，压力小的学习计划，尽量让他不到处跑，都会有帮助。如果孩子因为和父母分开了几天而难过，那么父母在几个月之内就尽量不要再和孩子分开。如果觉得自己一直都在过分地说服他或催促他讲话，应该努力改掉这个毛病。

何时寻求帮助。多数口吃的孩子都会自行好转，所以很难说什么时候应该带孩子去接受特殊的帮助。根据经验，严重的口吃和 4~6 个月不见好转的口吃，应该立即寻求帮助。

严重口吃的孩子一般都能非常清楚地感觉到自己的问题，而且不愿开口说话；说话时，他脸上的肌肉会非常紧张，音调也会提高（这是紧张的另一种表现）；即使在放松时，他也会结巴。当父母和一个严重口吃的孩子在一起时，自己也会不由自主地感到紧张。现在有这么多的育儿知识，父母应该根据自己的意愿决定怎样做（或者根据直觉）：如果孩子说话很费劲，就是应该寻求帮助的时候了。

严重口吃的孩子越早求得专业帮助，效果就越好。他们应该去找训练有素的语言能力专家诊断和治疗。有些技巧可以帮助孩子更流畅地讲话。虽然语言训练不能消除口吃的状况，但是会在一定程度上防止问题的恶化。严重口吃对孩子来说非常痛苦，会影响孩子一生。优秀的医生能够帮助口吃的孩子和他的家人理解这个问题，并通过积极健康的方法改善口吃的情况。

如厕训练、拉裤子和尿床

如厕训练的准备

首先，要放松。虽然所有人都在谈论孩子是否为如厕训练做好了准备，但是父母也必须做好准备。许多父母对这整个过程都感到紧张。父母可能听说过，有的孩子到四五岁还拒绝使用马桶，也有小一些的孩子因为还在用尿布而无法入托。一方面，我们会轻易把坚定的如厕训练看成一次很容易失败的试验。另一方面，也可能会担心，万一训练过度会引起孩子的反抗，或会引发情绪问题。

实际上，父母没什么可担心的。大多数孩子都会在两岁半到三岁半之间学会使用小马桶。有的孩子早在一岁半就开始这项学习了，也有孩子需要等到3岁。整体看来，那些较早开始练习的孩子不一定学会得更早；女孩要比男孩早几个月。无论什么时候开始进行如厕训练，都不要过于极端。严厉的惩罚常常会带来事与愿违的结果，而完全袖手旁观也有可能使孩子不愿意放弃尿布。如果采取中间策略，让如厕训练符合孩子的意愿和发展水平，那么长期来看，很可能会收到良好的效果。

斯波克的经典言论

很多人都认为教孩子学会上厕所的唯一途径就是父母的艰苦努力。这种想法不对。总体来说，随着宝宝的成长，他们自己会逐渐获得控制肠道和膀胱的能力。

重要的一步。开始培养孩子大小便习惯的时候通常也是孩子开始确立自我意识的阶段，也就是说，孩子开始意识到自己是个独立于别人的人了。因此，无论干什么，他们都希望自己有更大的自主权和控制权。他们也开始明白什么是自己的，能够决定某件东西是留着还是扔掉。他们对身体里排出来的东西自然也会很感兴趣，还会因为控制排便时间和地点的能力增强而感到高兴。

他们身体下面的两个排泄孔原来是不受控制的。通过如厕训练，孩子就能逐渐控制它们了。他们为此感到非常自豪，最初甚至会得意过头，每隔几分钟就想“表现”一番。他们接受了一生中父母赋予的第一项重大责任，在此过程中，他们跟父母的成功配合又增进了彼此的信任。原来对食物和大便漫不经心的孩子，现在也开始追求清洁带来的满足了。

父母可能认为这种转变的基本意义就是告别了尿布。这当然是很重要的一点。但是，对于2岁左右的孩子来说，懂得爱清洁的意义比这丰富得多。实际上，这是孩子一生爱干净的基础：他们会注意保持双手的卫生、服装的整洁、居室的干净整齐，做事也会有条不紊。孩子们后来之所以分得清做事方法的正误，就是因为他们在养成大小便习惯的过程中获得了这样的观念。这一点有助于培养他们的责任感，成为一个做事有条不紊的人。由此可见，培养孩子大小便的习惯对他们性格的形成和亲子之间基本信任感的建立，都有一定的作用。孩子生来就渴望变得成熟和自信。所以，如果能利用他们的这种愿望，培养孩子大小便习惯的工作对双方都会容易得多。

1岁以内的如厕训练。1岁以内的婴儿对大便的排泄几乎没有意识，所以也不会主动排便。当他们的直肠充满粪便以后——特别是饭后肠道比较活跃时，肠道的运动会对肛门内膜施加压力，使肛门出现某种程度的开放。这又进一步刺激小腹肌肉的收缩，使之产生向下推挤的动作。换句话说，这个年龄的婴儿不像大一点的孩子或成年人那样会主动地用力排便，他们的排泄都是自动进行的。

虽然小宝宝还不能有意识地控制何时大小便，但可以被训练成在预定的时间大小便。在世界上很多地方，早期训练都是常规做法；在那些不太容易得到纸尿裤的地方和母亲可以经常抱着婴儿的地方，早期训练很有意义。事实上，在几代人以前，类似的训练方法在美国和欧洲也很常用。其过程很简单。母亲能感觉到宝宝什么时候要大便了（常在宝宝吃完奶几分钟以后），然后把他放在小马桶上。随着时间的推移，这个孩子就逐渐地把坐在小马桶上的行为和放松肛门的动作联系起来。

也可以用类似的方法训练孩子按照预定的时间小便。当母亲感觉到孩子要小便了，就用特定的姿势抱他到特定的地点（比如水槽上方），同时发出“嘘嘘”的声音。这个孩子就会把这种姿势、声音和小便的动作联系起来。从此以后，如果母亲用正确的姿势抱着孩子，同时发出正确的声音，孩子就会通过反射作用排出小便。

这只是一种训练，还算不上学习，因为这时的孩子对排便还没有感觉，也意识不到自己在干什么。他还不能有意识地配合。训练孩子这方面的意识需要很多精力和很大的韧性，同时，父母也要保持冷静和乐观的态度。如果父母显得很沮丧或不耐烦，孩子就会把这种消极情绪跟坐在马桶上联系起来——这当然不是父母想要的结果。

1岁～1岁半的孩子对大便的控制。这个年龄段的孩子能逐渐有意识地排便了。他们可能会突然停下手头的事情，面部表情也会出现短暂的变化。但是，他们还不懂如何引起父母的注意。

当他们满怀喜爱地望着拉在尿布上、地上或碰巧接入小马桶中的大便时，很可能会产生一种强烈的占有欲。他们会把自己的大便当成一种迷人的个人作品，感到自豪。他们可能会像享受花香一样闻一下。对大便及其气味表现出来的自豪感，都是这个年龄段的典型表现。

有些父母在孩子刚过1岁时就能及时让他们在指定的地方大便。这些父母发现，孩子们非常不愿意把大便拉进小马桶里交给父母。这是孩子想占有大便的表现之一。而他们的另一个表现就是，当看到马桶里的大便被水冲走时，会感到不安。对于一些更小的孩子来说，这种不安很难忍耐，就好像自己的胳膊被吸到马桶里一样。

到了1岁半左右，孩子对大便的占有欲才会逐渐消失，慢慢转化成对洁净的喜好。父母不必教孩子对他的身体机能产生反感。孩子们对洁净天生的偏好最终都会推动他们接受如厕训练，并保持训练成果。

可以接受训练的间接信号。从2岁开始，有很多现象表示孩子可以接受如厕训练。但是，这些现象一般都会被我们忽视，根本想不到它们会跟如厕训练有关系。这个年龄的孩子很愿意送别人礼物，还会从中获得极大的满足。但是，他们一般还是希望送出去的礼物能很快回到自己手里。基于这种矛盾的心理，孩子可能会举着自己的玩具亲手送给客人，但却不松开手。他们还特别喜欢把东西放进容器中，看见它们消失，然后重新出现。他们非常愿意学习并掌握独立做事的技巧，也愿意接受这方面的表扬，越来越乐于模仿父母和哥哥姐姐的行为。这种主观动力对于孩子接受如厕训练起着重要作用。

停止进步。一岁多就已经能够使用小马桶的孩子，有时会突然改变行为习惯。虽然他们愿意坐在小马桶上，但坐上去却没什么“结果”。等他站起来后，不是把大便拉在屋子的角落，就是拉在裤子里。有时父母会说：“孩子是忘了该怎么做了！”

我不认为孩子会那么容易忘事。我想，那是他们对大便的占有欲又一次暂时地增强，所以不愿意把它排出去。1 岁～1 岁半的孩子会越来越希望用自己的方式做自己的事。但在他们看来，在马桶上排大便主要是父母的意愿。所以他们就尽力憋住，直到最后从马桶上站起来溜走为止。对他们来说，马桶简直就是屈服和放弃的标志。

如果这种抵制行为持续几周，孩子不仅在小马桶上不愿排便，如果他应付得了，可能一天都不愿排便。这就是心理原因造成的便秘现象。这种退步几乎在如厕训练的每个阶段都会出现，但是与 1 岁半～2 岁的孩子相比，1 岁～1 岁半的孩子这种行为的反复发生率往往比较高。一旦出现这种情况，就说明至少需要再等几个月才能开始训练孩子大小便。要让孩子觉得是他自己决定要控制大小便，而不是屈服于父母的要求。

1 岁半～2 岁的排便准备。在这个年龄，大多数孩子都明显地表现出乐于接受如厕训练。这时，他们能够认识到自己和父母是彼此独立的。这种越来越清楚的自我意识会让很多孩子变得缠人。他们更愿意取悦父母，满足大人的期望。这种特点非常有助于如厕训练。这个年龄的孩子还非常乐于学习那些能够独立完成的技能，更希望在这方面受到表扬。他们会逐渐形成东西应该各归其位的意识，愿意把玩过的玩具和脱下来的衣服收拾好。

孩子的感知能力在增强，因此，他们能更清楚地感觉到自己是否想排便，排便时也知道自己在做什么。在玩耍过程中，他们要么暂停几秒钟，要么表现得不太舒服；还会对父母做出某种表情或发出某种声音，提醒他们尿布脏了，就好像要求父母帮他们弄干净似的。父母可以温柔地问孩子是不是已经把尿布弄脏了，孩子很可能有所表示。当然，一开始孩子总是在大小便之后才说。但经过不断的实践，他们就能注意到大肠里的压力，知道自己要排便了。没有身体上的感知，孩子就很难学会独立如厕的技能。

另外，孩子此时的活动能力也会有很大提高。他们几乎可以爬到或走到任何地方，当然也能自己坐到小马桶上，还会自己取下尿布或脱下裤子。

到了这个阶段，孩子很可能已经具备了熟练控制大小便的能力。

一种温和的训练方式

非强迫式训练。如果等孩子做好了准备再进行如厕训练，不用催促他们就能自己学着使用小马桶。还可以使整个过程变得更放松和愉快，不会有太多的“权力斗争”。用这种方式训练的孩子，最后经常会感到十分自豪，还会准备迎接下一个成长的挑战。在 20 世纪 50 年代，T. 贝里 · 布雷泽尔顿（T. Berry Brazelton）[①]证明，这些孩子很少出现尿床和遗粪的问题。但是，在他那个年代的孩子中，尿床和弄脏衣物的情况很常见，因为那时的人们大都采用严厉的强迫性方法孩子。

按照这种方法，大多数孩子到 2 岁半左右就不再需要尿布了，在 3～4 岁时，晚上也不会再尿床了。实际上，孩子总是梦想着长大成人，所以当他们觉得自己能够做到时，就会自觉地控制大小便。要采用这种方法，父母就必须了解孩子渴望长大的心理，耐心等待这一天的到来。

这并不表示父母可以不对孩子抱什么期望。在孩子 2 岁～2 岁半时，一旦决定对他训练，父母的态度要始终如一，真心地期待他能像大孩子和成年人一样使用马桶。要表达这种期望，父母就要在孩子成功时给予温柔的表扬，不听话时给他们鼓励。不要在孩子出现错误时发火或批评他们。

使用厕所还是儿童马桶？可以买一个儿童马桶，放在普通马桶上，但它会让孩子高高地悬在空中，这种姿势很难受，让孩子总想站起来。选一个带坚固脚凳的马桶，再加上一个踏板，这样孩子就能自己爬上去了。

还有一个比较好的解决办法，可以给孩子用塑料儿童马桶。孩子对这种可以自己坐上去的专用小坐便器有一种亲切感。使用时，他们的脚可以够到地面，这种高度不会让孩子有不安全的感觉。另外，不要给男孩使用跟马桶配套的防尿护板，因为在他站起来或坐下去时，很容易受伤。孩子一旦伤着一次，以后就再也不会用

①美国著名儿科专家。

它了。

第一阶段。一开始要让孩子熟悉马桶，不要给他任何压力。如果让孩子看着父母使用马桶，他就会明白那是干什么用的，可能还想模仿这种成年人的活动。可以使用巧妙的建议和赞扬，但不要对孩子的失败表现出不满。如果孩子真的坐在小马桶上了，也不要勉强他坐太长时间；否则坐马桶肯定会变成一种惩罚。最好先花上几周时间让他熟悉小马桶，比如，父母可以让孩子先穿着衣服坐上去，把它当成一件有趣的玩具，不要让孩子觉得那是父母用来逼他大小便的东西。

第二阶段。孩子熟悉了小马桶后，父母就可以很随意地建议他把盖子打开，像父母使用马桶那样坐在上面大小便（对于这个阶段的孩子来说，如果大人催促或强迫他们尝试某种不熟悉的事物，他们就很容易警惕起来）。父母可以给他示范一下怎样坐在抽水马桶上排便，同时让他坐在自己的小马桶上。

如果孩子想站起来离开小马桶，父母千万不要阻拦。不管他在上面坐的时间多短，这种经历都对他有益。要让孩子充满自豪地自愿往上坐，不要让他有压迫感。

如果孩子非得带着尿布才肯坐上去，那就过一周左右再让他试试。可以再跟孩子解释一下爸爸妈妈使用马桶的方法，也可以跟他说说大孩子如何使用马桶。让孩子看到小伙伴的做法也能帮助他熟悉小马桶的用法（如果他有哥哥或姐姐，可能早就看会了）。

把小马桶的使用方法给孩子讲了几遍后，就可以在觉得他要大便时摘掉尿布，把他带到小马桶前面，建议他试一试。也可以利用夸奖和小小的奖励鼓励他。但是，如果他不愿意，一定不要强迫他，改天再找机会。当他真的把大便排到小马桶里时，就会明白父母的意图，也就愿意配合了。

除此之外，当孩子把大便排在尿布上时，可以拿着尿布把他领到小马桶前，让他看着父母把大便弄到小马桶里。同时告诉他，爸爸妈妈都坐在马桶上解手，他也有自己的小马桶，也应该像爸爸妈妈那样把大便排到小桶里。

如果还不能让孩子把大小便排到小马桶里，不妨先等几周，再耐心尝试。但是，一定不要小题大做地催促孩子，更不要训斥他。

在这个阶段，要等到孩子的注意力转移到别的事情上之后，再把他排在尿布上的大便冲进马桶。大多数 1～2 岁的孩子都很喜欢冲掉大便，也很想自己去做这件事。但是后来，有的孩子可能会害怕冲水的猛烈方式，还会因此害怕坐到小马桶上。他们可能是害怕自己也会被马桶里的水卷走。因此，在2岁半以前，要等孩子不在场时再冲马桶。

第三阶段。如果孩子开始产生兴趣并且愿意配合，就可以每天让他在小马桶上坐两三次。只要他有一点想大小便的表示，就应该让他这么做。哪怕是男孩，哪怕他只想撒尿，我也建议父母在这个阶段让孩子坐着进行，不要站着。孩子可能在饭后几小时都不解大小便。如果他这时让大人给他准备小马桶，父母就应该夸奖他长大了，和爸爸妈妈、哥哥姐姐或他最佩服的朋友一样会做事了。但是，这种表扬不能过分，因为这个阶段的孩子不喜欢别人百依百顺。

当父母肯定孩子已经能够进行下一步的训练，也就是能够练习独立排便时，可以让他光着屁股玩一会儿。同时，不管他在室内还是室外，都可以把小马桶放在他旁边，跟他说，这是为了他大小便时方便。如果他没有反对，可以每隔一小时左右就提醒他一次。如果他表现出厌烦，或产生抵触情绪，或往小马桶上坐时出现小小的意外，就要给他重新垫上尿布，过一段时间再说。

这个办法对你有用吗？现在，关于孩子如厕训练的书籍已经不少，其中很多都保证可以立竿见影。既然我们能够马上达到目标，为什么还要耐心地等待呢？为什么不直接告诉孩子你想让他做什么，然后期待他那么做呢？

如果孩子非常听话，父母只要简单地要求他使用小马桶，他就会照做不误。但是，如果孩子经常不听指挥——两三岁和学龄前的孩子很容易这样，那么上厕所就会变成一场权力的较量。

在这场较量中，最终败退的肯定是父母。跟父母相比，孩子显然在两方面享有更多支配权：就是他们吃的东西和拉的东西。如果孩子决心拒绝面前的食物，或憋着不排便，父母就毫无办法。当孩子憋着的时候，大便经常会变得又干又硬，因此排便时就会很疼（参见下文）。于是，这个孩子就有了新的理由抵制上厕所，问题会变得更严重。

很多父母认为应该早点对孩子进行这方面的训练，为上幼儿园做准备。另一方面，幼儿园老师经常跟孩子打交道，在孩子如厕训练方面一般都很在行，对孩子很有帮助。如厕训练是成长中一项典型的挑战，只要父母与幼儿园老师通力合作，孩子一般都能较顺利地获得成功。

在众多如厕训练的速成方法中，有一种是真正经过研究证明的方法。心理学家内森·阿兹瑞恩和理查德·福克斯在《用不了一天的如厕训练法》一书中，详细介绍了他们的方法。我怀疑，很多父母会发现这些方法很难执行，特别是现实生活中孩子并不会像他们预想的那样作出反应。孩子可能会不听话，发脾气，这些都会成为训练过程的障碍。比较可行方法是，在阅读那本书的同时，再从有经验的专业人士那里获得相应的指导。

害怕大便干燥的疼痛。有时孩子会突然出现大便干燥、排便时很痛苦的情况。如果大便是干燥的颗粒，一般很少会引起疼痛。引起疼痛的通常是一大块很粗的干燥粪便。上厕所时，大便可能在肛门的伸缩部位撕开一个小口，或形成肛裂，还可能会流一点血（如果发现孩子的尿布上有血，就要告诉医生）。如果出现了肛裂，那孩子以后每次排大便时都可能把裂口再次撑开，这种情况不仅很疼，而且伤口在好几周之内都难以愈合。孩子一旦经历过这种疼痛的折磨，就会非常害怕再次受罪，还会拒绝大便。如果孩子连续几天都不排便，就很可能形成恶性循环，大便就会积攒得更多，也变得更硬。

如果孩子出现了便秘，就很难进行如厕训练了，所以要首先解决便秘问题（参见第366页）。

如果父母知道孩子因为上次排便的疼痛而不敢上厕所，要安慰他，向他保证，他不用担心，因为现在大便已经变软了。如果孩子还是害怕，拒绝大便，就可能还有疼痛感，应该到医院接受检查，看看是否还有尚未愈合的肛裂。

小便的自理

突然学会控制大小便。前面提到的温和训练方法，优点之一在于，当孩子觉得能够自理的时候，他们几乎可以一下子学会控制大小便。换句话说，到了2岁半左右，无论从自我意识上还是身体机能上，孩子都已经具备了大小便自理的条件。这时，发挥作用的就是孩子想在这些方面成熟起来的愿望。他们几乎不再需要父母为他们做什么专门的努力。

对大小便的态度。孩子对自己大小便的态度存在着有趣的差别，这种差别或许可以帮助父母理解他们的行为。孩子在白天很少尿裤子。他们并不像对待大便那样，把小便也当成自己的创造。大多数孩子对大便的自控意识比对小便的意识形成得稍早一些，或是两者同时形成。因为肛门的括约肌对大便的控制要比尿道对尿液的控制来得容易得多。小便控制功能能够自行成熟,这与训练没什么关系。在一周岁以前,膀胱都是自行排尿的。但到了15～18个月，即使如厕训练还没开始,膀胱也可以贮尿几个小时。实际上，有少数婴儿在1周岁时夜里就已经不尿床了。

在睡眠状态下，膀胱的贮尿时间比醒着时还要长。当孩子能够做到在白天小便自理时，他可能已经有好几个月都能保证小睡2小时基本不尿床了。

但是，在完全实现小便自理几个月后，孩子可能还会偶尔在白天不自觉地小便。太贪玩，没顾上停下来小便时，就会出现这种情况。

训练穿裤子和脱裤子。当孩子大小便能自理时，就应该给他穿能自己脱下来的裤子。这是教孩子迈向自立的又一个步骤，能够减少孩子在大小便问题上的退步。在孩子能够熟练地脱裤子之前，不要给他穿整裆裤。整裆裤对不会脱裤子的孩子来说不但没有任何好处，还会损害他们追求独立的积极性。拉拉裤（pull-ups）也叫一次性训练短裤，实际上就是内裤一样的纸尿裤。这种纸尿裤会给孩子一种不需要控制身体机能就能摆脱纸尿裤的美滋滋的感觉，能减慢如厕训练的进程，又因为它吸收力很强，所以会去除那种湿乎乎的感觉，而这种感觉正是促使孩子使用马桶的正常因素。

出了家门就不会小便。这样的情况时有发生：2岁左右的孩子在家里能熟练地使用小马桶或大马桶，到了其他地方就不会了。遇到这种情况，不应该催促孩子，也不要训斥他。即使他最后还是把裤子尿湿了，也不应该责备他。在带着孩子出门时，一定要牢记这种可能性。必要的话，可以带上孩子的小马桶。

如果孩子憋得难受，尿不出来，也没办法回家，可以让他在温水里坐半个小时。告诉孩子他尿在浴缸里也没关系。这样可能会奏效。

最好能让孩子早点习惯在家以外的地方小便。有一种男孩女孩都适用的便携式尿壶。在家时孩子们很容易习惯它，出门时也可以带上。有的孩子外出时愿意使用尿布，也可以满足他们的这种选择。

站着撒尿。如果男孩2岁还不会站着小便，父母就会担心。其实，男孩在完全习惯小马桶之前可能一直坐着小便，这算不上什么问题。因为坐着小便时，他们不太容易尿到外面。只要这个孩子看见哥哥和爸爸站着小便，他早晚都能学会这种姿势。

夜里不尿床。许多父母都认为孩子夜里不尿床是因为他们临睡前带孩子去过厕所。他们问：“既然孩子白天已经不尿裤子了，那什么时候才能训练他晚上不尿床呢？”这是一种错误的想法，听起来好像训练孩子夜里不尿床是一件很困难的工作。其实，当他的膀胱发育成熟以后，晚上自然就不尿床了。事实清楚地表明，就算父母不对孩子进行任何训练，但是仍有 1% 的孩子从 1 岁开始就经常不尿床了。还有少数孩子尽管在 2 岁半～3 岁半时晚上就已经不尿床，但白天却控制不好小便。人在安静睡觉时，肾脏会自动减少尿液的产量，同时让尿液更加浓缩，所以膀胱能在人的睡眠过程中把尿液贮存更长的时间。

大约有 20% 的孩子到了 5 岁还会尿床，但多数孩子到了 3 岁，晚上就彻底不尿床了。

一般说来，男孩不尿床的时间要比女孩晚一些，高度紧张的孩子要比精神放松的孩子晚一些。很大了还尿床的情况常常是家族性的（参见第 546 页“尿床”）。

斯波克的经典言论

我认为，除了充满信心地期待着孩子自己不尿床，并不断地表达这种愿望以外，父母没有必要做什么特别的事情。孩子的膀胱发育成熟以后，再加上正确排尿意识的形成，自然就能在多数时候照顾好自己。当然，在孩子刚开始不尿床时，父母如果能表现得和孩子一样自豪，效果会更好。如果孩子能在白天控制小便，6～8 个月以后又希望晚上不垫尿布，父母对此要表现得很高兴，还要允许他这样做。

教孩子正确地擦小便和洗手。当女宝宝对擦小便感兴趣时，父母可以跟她商量让她自己先擦，然后再帮她擦完，直到她能独立做好这件事情为止。从这时开始，就应该教她从前往后擦，预防尿道感染。男孩也经常需要这样的清洁。

洗手是上厕所的一部分，放一个带台阶的凳子就能让小孩够到洗手池。他们的小手只能抓住小块的肥皂，旅馆里那种肥皂大小正合适。

用肥皂把手搓洗干净起码需要 15 秒钟，这段时间确实很长。为了使这段时间过得愉快，也为了让孩子养成认真洗手的习惯，可以在他洗手的时候编一首洗手歌，也可以针对每根手指讲一个故事。

大小便自理过程中的退步

做好孩子退步的思想准备。多数孩子在如厕训练方面的进步没有明显的阶段性。在他们学习的过程中，平稳进步和偶尔退步始终并存。心情不好、身体不适、旅途劳累和对初生的弟弟妹妹的嫉妒都可能使大小便已经自理的孩子出现退步。如果孩子出现这种情况，父母不要训斥孩子，也不要惩罚他们，要安慰孩子，帮助他们尽快恢复自理能力。告诉孩子爸爸妈妈知道他们想在这个方面成熟起来。

排便的退步。很多孩子，尤其是男孩，当他们学会排尿之后，就不愿意在马桶上大便了。需要排便时，他们可能躲在一个角落里，也可能非要带着尿布。有的孩子是因为害怕厕所，或患有便秘；很多孩子只不过不愿意立刻听从父母的要求。

孩子明知道怎样使用马桶却不愿意用，这是让父母非常沮丧的事。通过贴纸评分表、奖励、威胁、收买和央求让孩子听话的办法都可能无济于事。对家长来说，最有效的做法就是消除所有使用马桶的压力，让孩子重新使用纸尿裤或拉拉裤。要让孩子知道父母很有信心，相信他做好准备以后就一定能使用马桶，这样就行了。这种方法在绝大多数情况下会在大约几个月之内收到效果。如果拒绝使用马桶的情况持续到 4 岁以后，最好咨询儿科医生或心理医生。

大便弄脏衣物

正常的意外情况。对年龄还小的孩子来说，偶尔弄脏内衣，甚至把大便拉在裤子里都是很正常的事情。孩子也许会忘了擦擦小屁股。也许他玩得太投入了，以至于没注意肚子里面的膨胀感，等发现时已经晚了。这些问题的解决办法非常简单：父母要温和地提醒孩子，让他们便后擦干净，养成每隔一段时间就上厕所的习惯。对于一个贪玩的孩子来说，在卫生间里放个杂志架或放一叠图画书也会有帮助，这样孩子在上厕所时就能找点事干。

大孩子也会让粪便弄脏衣服。孩子 4 岁以后还拉裤子就是比较严重的问题了。典型的例子包括，早就受过训练的小学男生还经常让大便弄脏内裤。让家人感到不解的是，孩子好像并没有注意到他已经把大便拉到裤子里了，而且自己也说没有感觉到自己排过大便。更难以理解的是，孩子甚至不承认自己闻到了大便的气味。

别的孩子当然闻得到臭味，而且可能会无情地嘲笑他，管他叫“臭屎”，还会躲着他。拉裤子会遭到歧视，让孩子产生羞耻感，所以它确实是一种急需处理的心理问题和人际问题。有这种问题的孩子有时会说自己并不在乎，其实他只不过想否认这个问题，逃避这种令人沮丧的现实。这个问题的术语是“大便失禁”。

大便失禁一般是由严重的便秘引起的。因为大便储存在大肠和直肠中，会形成大块干燥的胶泥似的物质，这种物质会挤压肠道使肌肉扩展。当直肠和关闭肛门的肌肉长期受到过度拉伸，就不能有效地收缩了。孩子会失去那种胀满感，也会失去控制粪便溢出的能力。大便中的液体会穿过比较干燥的粪块的缝隙，从半开的肛门里滴漏出来，同时小的粪块也会在孩子不经意的时候排出来。至于闻不到大便味道的问题，是一种正常的反应：儿童和成年人一般都闻不到自己身上的臭味（比如口臭）。

要解决这个问题，首要是治疗便秘（参见第 366 页）。还要向孩子解释发生了什么事情以及为什么那不是他的错，这一点也很重要。强化腹部肌肉的运动（以便更有效地推动排便）和有规律地按时上厕所，都有助于孩子每天排便，也会给他一个对局面有所控制的途径。家里的任何人都不应该羞辱、奚落或批评孩子，因为普遍的原则认为，所谓家庭就是互相帮助，永不伤害。要有这样的信念：“我们都在一起面对这个问题。”孩子、父母和医生是同一个团队，这种心态最有帮助。

在极少数情况下，拉裤子并不是便秘引起的。有些孩子会把成形的不太硬的大便排在裤子里。这种大便失禁的现象更像是潜在的情绪问题的反映，也可能是巨大心理压力的反应。咨询儿童行为专家（参见第 585 页）可以使孩子的问题得到明显的改观。

尿床

在懂得夜里控制排尿之前，每个孩子都有过尿床的经历。大多数女孩学会晚上不尿床是在 4 岁左右，而男孩则是在 5 岁左右。没有人知道为什么女孩会比男孩早懂事（她们在语言发展和情绪控制方面也比男孩发育得早，所以答案或许是女孩的大脑发育成熟得更快）。到 8 岁时，还有 8% 的孩子仍然尿床。如果看到一个三年级的小学生尿床，可以安慰他说，他们班上至少还有一个小孩也尿床。

尿床的类型。如果孩子从来没有过夜间长期不尿床的经历，就是医生们所说的原发性夜间遗尿症。这是最常见的尿床类型。其原因和治疗方法将在下文讨论。

较为少见的类型是，已经几个月不尿床的孩子突然又开始尿床。医生把这种类型叫做继发性夜间遗尿症，原因可能是膀胱炎和糖尿病等医学问题。有时候，幼儿会因为正常的情绪紧张而再次开始尿床。这种情绪可能来自于弟弟妹妹的出生，搬家或其他变故。在这些情况下，耐心和安慰常常会得到理想的效果。几周以后，孩子的感觉就会好转，从而能够重新在夜间保持干爽。性虐待等严重的心理压力也可能使孩子开始尿床；记住这一点很重要，但也要明白，尿床的原因更可能是其他不那么容易被关注的问题。

第三种类型涉及白天遗尿。孩子的内裤可能总是湿乎乎的，可能在咳嗽或大笑时排尿，可能因为喝水太多而产生大量的尿液，也可能总说自己想小便却每次都排不出多少。所有这些症状都需要医学诊断（参见第 376 页，了解更详细的内容）。

尿床的原因。在孩子还没有学会在夜里保持干爽时（也就是原发性夜间遗尿症），很少会有需要通过医学治疗的原因。然而，这里的问题还是医学性的，基因起了一定的作用。如果父母双方在童年时期都尿床，他们的孩子有 75% 的可能性会尿床。父母通常认为，孩子尿床是因为比别的孩子睡得踏实，不容易醒来，但是，研究儿童睡眠模式的医生并没有发现这方面的证据。尿床的孩子膀胱并不比别的孩子小，但是他们的膀胱倾向于在蓄满了尿液之前就自动排空。

这种尿床很少由泌尿感染等疾病引起。大多数尿床的孩子都比较健康。但是，这些孩子有时会有便秘，而且类似的情况并不少见。在骨盆中，膀胱正好与直肠相邻。如果直肠里存满了很硬的大便，就会压迫膀胱，造成排尿困难。结果，膀胱只能用力挤压排出少量的尿液，而不是通过扩张来容纳更多的尿液。如果便秘得到治疗（参见第 366 页），尿床的现象也就消失了。同样道理，在治疗尿床之前如果不首先解决便秘问题，是没有用的。

但大多数情况是，孩子尿床只是不知道如何在晚上控制排尿。随着时间的推移，每过一年，都会有 14% 本来尿床的孩子学会控制排尿。对于那些仍然学不会的孩子，有很多积极有效的方法可以帮助他们尽早实现这种进步。

学会及时排尿。如果孩子知道怎样骑自行车，他就可以通过这种经历去理解晚上不尿床的道理。像骑自行车一样，不尿床也需要反复练习。当大脑学会了如何保持自行车平衡时，就不需要再刻意地注意它，你只要跨上自行车往前骑就行了。夜里控制排尿也是这样，当大脑习惯了有意识地控制时，你就可以安心地睡觉，其他事让各部分器官各司其职就行了。

学会及时排尿的前提就是让孩子意识到这个问题。人们一般用两种方法来保证晚上不尿床。要么夜里起床去上厕所，要么紧紧憋住等到天亮。憋尿需要两块肌肉的共同作用，这两块肌肉叫做括约肌。当这两块括约肌绷紧时，就封锁了尿道，尿液就流不出来；当它们松弛的时候，尿道口就会打开。两块括约肌中有一块是由意识控制的，可以把它绷紧，在到达下一个高速路休息站之前控制排尿。内部肌肉受到无意识的控制：也就是那块不必时刻想着就能让人控制排尿的肌肉。当膀胱里充满了尿液时，它就会向大脑发送神经信号。然后，大脑要么发回指令让这个内部的“阀门”保持关闭，要么产生一种不舒服的感觉，告诉你去找一间厕所或（如果你正在睡觉）醒来。要想在夜里保持干爽，孩子需要学会的是，哪怕睡觉时也要注意那些来自膀胱的信号。

治疗尿床。常见的治疗措施不少。一种办法就是在客厅里装一个灯，让孩子在夜里能够更方便地进出卧室。还可以提醒孩子在睡觉前一两个小时不要喝太多水。有的父母不让孩子在晚饭后喝任何东西，但这种极端的做法会让人十分难受，也不容易收到成效。另外，不喝含有咖啡因的饮料也非常管用，比如可乐和茶等，因为咖啡因有利尿的作用。

多年尿床的孩子已经习惯了睡在潮湿的床上。他们需要适应干爽床面的感觉，这样才会有保持干爽的积极性。给孩子准备一个“三明治床”是很好的方法，这样的床不但能让孩子睡得暖和干爽，而且能够帮助他变得独立起来。先找一块塑料垫子铺在孩子床上，再铺上一个棉垫子，然后铺上另一条塑料床单，最后再铺一层棉垫子。早晨，孩子可以帮助家长洗床单,还可以为下一个夜晚重新铺好“三明治床”。通过这种方式让孩子负起责任，可以帮助他认识到，尿床是他要解决的问题，而不只是父母的烦心事。

治疗尿床的药物包括丙咪嗪和去氨加压素（DDAVP）。这两种药物都可以相当有效地暂时减少尿床，但是也有缺点。一旦过量服用，两者都可能非常危险。去氨加压素价格很昂贵。而且两种药物都不能真正地解决问题。一旦孩子停止服药，再次尿床的可能性就很大。

比较好的办法是提高孩子大脑的学习能力。这种能力经常可以帮助孩子形象地想象出他们盼望的事情。当他们的膀胱充满了尿液时，大脑就会接到一个信号，要么让孩子醒来上厕所，要么收紧括约肌，阻止尿液排出。想象力丰富的孩子可能想象出一个站在大脑旁边的小人。当膀胱已满的信息通过电线（神经）传来时，这个小人就会跳起来，敲响警铃，或者用其他的方法提醒大脑控制排尿。如果孩子在睡前反复想象几次这种场景，晚上就可能更好地控制自己不尿床。(日有所思，夜有所梦；所有父母都有陪伴生病的孩子入睡的经历，每一次轻微的咳嗽或喷嚏都会让他们醒来。)受过催眠疗法专业训练的心理学家和儿童行为专家常常可以利用这种充满想象的方法帮助孩子控制尿床的问题。

另一个方法是使用尿床报警器。这种装置有一个电子探测器来监测排尿的情况。有些报警器会发出嗡嗡的声音，有些则会启动震动装置。孩子会学着在刚一尿床时醒来，然后在尿液流出来之前被唤醒。尿床报警器可以在使用一两个月以后使 3/4 的孩子在夜里保持干爽，而且在多数情况下，这种改善都是永久性的。尿床报警器的价格大约是 75 美元，大致相当于服用一个月去氨加压素的花费。有时，这种报警器还与可视化技术或药物相结合。可以在网上购买这种装置。

非药物治疗尿床的最后一个好处是能让孩子在解决自身问题的过程中充分发挥作用。再次遇到挑战时，父母可以让孩子想想以前成功的经历。从这个角度上看，尿床反而变成了促进成长的因素。

睡眠问题

夜惊和梦游

夜惊。三四岁的孩子睡觉时可能会突然坐起来，瞪大眼睛，糊里糊涂地哭或说话。当父母安慰他时，他会使劲挣扎，哭得也更激烈。10 分钟或 20 分钟后，他又会安静下来。早晨，他一点都不记得夜里发生的事情。夜惊一般发生在前半夜，此时正是大部分人处于深度睡眠的时候。夜惊似乎是大脑的不成熟造成的，因为大多数孩子都会在五六岁时摆脱这个问题。虽然这种现象会让家长非常苦恼，但没什么危险。有时候，夜惊似乎是由压力引起的——比如，在刚进入一个新班级的时候。要尽可能地为孩子去除容易带来高度心理压力的来源。这种做法永远都是明智的。在严重的情况下，药物可能会有帮助。

梦游和说梦话。这些问题与夜惊有着很多共同之处。它们会在孩子进入深度睡眠时出现，而且当孩子醒来时完全记不得这些情况。虽然梦游和说梦话本身没有什么危险，但是如果孩子绊到什么东西或摔下楼梯，梦游就可能带来损伤。为了保证孩子的安全，可能需要安装安全防护门，甚至给孩子的卧室装上门闩。这种情况很少需要服药，况且药物也很少奏效。

失眠

入睡困难。幼儿经常不愿意睡觉，他们很难跟这个世界上所有有趣的事物说再见，或者因为睡觉时与父母分开会让他们感到难受（参见第 107 和第 124 页，了解关于这些典型问题的更多内容）。对大一点的孩子和青少年而言，失眠的最常见原因就是卧室里的电视。一开始，电视看起来似乎能够让人更容易入睡，但是它很快就会成为一种难以打破的习惯。孩子非但不能放松地进入安静的睡眠，反而会保持清醒，直到他实在睁不开眼睛为止，而这时早已过了正常的困倦点。

这个问题的最佳解决办法就是不要把电视放进卧室，如果它已经在卧室里了，就把它搬出去。一开始孩子可能会很生气，但这绝不是动摇或让步的时候。要让孩子戒掉对电视机的依赖，可以尝试朗读出声或播放有声读物。孩子可以闭着眼睛听，然后伴随着熟悉的故事或诗歌迷迷糊糊地睡着。

药物对促进儿童睡眠常常没什么作用，或只在一段时间内有效。如果失眠是另一种疾病（比如注意缺陷多动障碍）的表现症状，医生可能会开出治疗失眠的药物。

半夜醒来。半夜醒来就再也睡不着的孩子有不同形式的失眠。对年幼的孩子来说，问题常常在于习惯（参见第 72 页）。如果是大一点的孩子，那么心情抑郁就可能干扰睡眠；过敏等慢性病也可能是问题的症结。儿童可能患上令人心烦的腿部综合征，因为腿疼而难以入睡。少数孩子在夜里醒来会忍不住吃东西。

怎么办。检查白天有没有新的压力来源，这些压力来源常常会妨碍孩子入睡，让他们容易惊醒。原因可能是在学校里受大孩子欺负等严重问题，也可能是想和某个人交朋友而对方却不感兴趣等小事；如果可以，帮助孩子减轻压力。坚持按时睡觉，让孩子有心理预期：提前一两个小时关掉电视、洗澡、换上睡衣、刷牙、讲故事，如果家里有睡前祷告的传统，就做祷告、亲吻。让孩子远离令人不安的电视节目，无论这些内容来自恐怖节目，儿童卡通还是电视新闻。在家里尽量营造平和的晚间气氛。如果这些常识性的方法没有效果，就让孩子的医生看一看，确保这个问题不是由疾病引起的。

进食障碍和饮食失调

进食障碍

问题是怎么产生的：为什么有这么多孩子不好好吃饭？最常见的原因就是父母太想让孩子好好吃饭了！在有些地方，母亲不太懂得营养知识，她们也不会为孩子的营养操心。这些地方的孩子也很可能出现不爱吃饭的问题。有的孩子一出生就狼吞虎咽，甚至在不高兴或生病时，胃口也丝毫不减。也有的孩子胃口比较小，而且很容易受到情绪或身体状况的影响。但有一点可以肯定，孩子天生的胃口足以保证他们身体健康，也足以让他们的体重正常增长。

问题是，孩子生来也具有一种反抗强迫的天性，还有一种对曾经给他们带来不快的食物感到厌恶的本能。更麻烦的是，孩子的胃口会随时变化，几乎是一分钟一变。比如，他在一段时间内可能想吃很多南瓜，或者想尝试一种新的早餐麦片，然而下个月，他就会厌恶这些食品。

明白了这一点，父母就会知道，在各个生长阶段，孩子都可能出现厌食的问题。出生后头几个月，如果父母总是想方设法地让宝宝多喝奶，他就会有抵触行为。同样，在刚开始喂固体食物时，如果孩子还没有适应，就让他吃很多，或者在他情绪不好时强迫他吃饭，他也会拒绝吃东西。许多孩子到了 18 个月以后会变得更挑剔，这也许是因为他们不打算长得太快，或是因为更有主意了，还可能因为他们在长牙。督促孩子吃东西会进一步破坏他们的胃口，而且很长时间都难以恢复。不好好吃饭的情况最容易出现在病后恢复时。如果父母着急，不等孩子恢复食欲就强迫他吃东西，孩子很快会产生反感。

当然，强迫孩子吃饭并不是造成厌食的唯一原因。孩子也可能因为妒忌自己新生的弟弟或妹妹而不吃东西，还可能由于某种焦虑所致。然而，无论最初的原因是什么，父母的催促和焦急一般都会使问题变得更加严重，从而使孩子的食欲无法恢复。

父母也有压力。当孩子经常不好好吃饭时，父母的压力就会很重。最明显的就是忧虑——他们担心孩子会营养不良，或者对一般的疾病失去抵抗能力。尽管医生反复地向父母们保证，吃饭有问题的孩子抵抗力不会比其他孩子弱，但父母还是很难相信（而且，如果吃饭问题持续时间很长，的确会削弱免疫系统的功能）。这些孩子的父母会经常感到内疚，想象亲戚、邻居和医生都认为他们是粗心的家长。当然,大家很可能不会这么想。实际上，这些亲戚、邻居和医生的家里很可能也有不好好吃饭的孩子，他们能够理解这种情况。

另外，父母还会不可避免地在精神上感到焦躁和恼怒。因为孩子可能我行我素，使父母的各种努力付之东流。这是一种最难受的心情，因为它会使那些负责任的父母感到惭愧。

有一种有趣的现象：很多不爱吃饭的孩子的父母都记得，自己在童年时代也有过类似的问题。虽然他们能十分清楚地想起被催着或逼着吃饭的感受，但面对自己的孩子，却想不出其他办法。此时，父母心里的焦虑、内疚和恼怒，在某种程度上说，就是他们童年时期遗留在内心的感觉。

不好好吃饭的孩子不会有什么危险。一定要记住，孩子天生具有非凡的生存本能，他们知道正常的生长和发育需要多少食物，也知道自己需要哪些食物。我们很少见到有孩子因为挑食而造成严重的营养不良、维生素缺乏或传染病等问题。当然，在给孩子体检时，应该向医生询问一下有关孩子饮食习惯的问题。如果能跟态度积极的医生共同努力，就可以缓解因为孩子挑食而带来的压力和担忧。每天吃一片复合维生素可以保证孩子获得身体需要的维生素和矿物质。

解决进食障碍。我们的目的不是强迫孩子吃饭，而是调动他的胃口，让他想吃东西。吃饭时尽量不要谈论孩子吃饭的问题，无论是恐吓还是鼓励都不好。不要因为他吃得特别多而称赞他，也不要因为他吃得少而显得失望。经过实践锻炼以后，就能做到不去想孩子吃饭的问题了。这就是真正的进步。当孩子感到没有压力时，他就会注意到自己的食欲了。

孩子的胃口就像一只老鼠，而父母着急的催促就像猫，猫会把老鼠吓回到洞里。老鼠不会因为猫变换了一种姿态，就变得勇敢起来。猫必须很长时间不管老鼠，老鼠才会再次从洞里钻出来。

斯波克的经典言论

消除孩子的饮食障碍需要时间和耐心。一旦孩子出现了不好好吃饭的问题，就需要用时间和理解来解决。父母会十分着急。只要孩子不想吃东西，父母就很难放松下来。其实，正是他们的担心和催促才是孩子食欲下降的主要原因。即使父母尽了最大的努力来改变自己的做法，孩子也要花好几个星期才能逐渐恢复胃口——他需要机会来慢慢地消除一切跟吃饭有关的不愉快的记忆。

也许父母会听到这样的建议："把饭放在孩子面前，什么也不要说。30分钟以后无论他吃了多少，都把饭撤走，在下顿饭之前不给他吃任何东西。"这话不假，因为只要孩子饿了，他就会吃东西。所以这种建议是可取的。但是，父母的态度不能是怒气冲冲的，也不能把它作为一种惩罚手段，应该表现出心情愉快的样子。也就是说，父母不要对吃饭问题小题大做，也不要担心不已，要保持一种宽容的态度。但是，因为气愤，父母常常会用错误的态度来实施这个建议。他们可能会气哼哼地把饭菜甩在孩子面前，严厉地说："听着！你要是在30分钟之内不把饭吃完，我就把饭端走。晚饭前你什么也别想吃！"然后就站在一边盯着他，看他到底吃不吃。这样做的结果往往适得其反，这种恐吓会使孩子变得更加倔强，一丁点食欲都没有。要知道，一个下决心不吃饭的倔强孩子，总是能在这种较量中战胜父母。

其实，无论父母采用强迫的手段还是以拿走食物相威胁，都不应该让孩子觉得因为他拗不过父母所以就得吃饭。应该让他觉得吃饭是因为他自己想吃。

要想做到这一点，首先应该给孩子准备他最爱吃的东西。要让他在吃饭时馋得直流口水，迫不及待地要吃东西。所以，培养这种进食态度的第一步，就是保证在2～3个月内提供孩子最爱吃的食品，同时，尽量让他的饮食保持均衡，不要给他不爱吃的食物。

如果孩子仅仅是不爱吃某一类食物，但是对其他大部分食品都比较喜欢，就可以适当地调换食物的种类——比如，用水果代替蔬菜，直到孩子恢复胃口，或吃饭的顾虑和紧张感完全消除为止。

接受孩子对食物的选择。有的父母可能会说：“孩子仅仅只是不喜欢吃一种食物，根本算不上什么问题。我的孩子只喜欢花生酱、香蕉、橘子和汽水。偶尔也吃一片白面包或几勺豌豆。除此之外什么也不吃。”

虽然这是一个更难解决的进食问题，但解决原则却完全相同：早餐可以给他准备一些香蕉片和一片涂了调料的面包；午餐来一点花生酱、两茶匙豌豆和一个橘子；晚餐准备一片涂了调料的面包和更多香蕉。如果孩子还想吃某一种食物，还可以给他第二份甚至第三份。为了保证营养全面，还要给他吃复合维生素。连续几天为他准备这类不同搭配的食物。要坚决地控制那些软饮料和垃圾食品，因为孩子吃了带有糖分的东西以后，仅有的那一点对健康食物的欲望也会荡然无存。

如果几个月以后孩子想吃饭了，可以增加一种他过去吃过的食物（不是他以前讨厌的那种），两三茶匙（不能太多）就够了。不要告诉他饭菜加量了。无论孩子吃还是不吃，都不要加以评论。要过两三周再给他吃一次这种食物，再试着加上另一种。隔多长时间才能增加新的食品，这取决于孩子胃口改善的情况，以及对新食品的接受程度。

不要给食物划分明显的界限。如果孩子想吃 4 份同样的食物，而另一种一点也不吃，那么，只要食物对健康有利，随他的意好了。假如孩子一道主菜也不想吃，只想吃甜点，也应该按照平常的习惯满足他的要求。千万不要说“把菜吃完才能吃点心”，否则，你只会进一步打消孩子对蔬菜或主食的兴趣，反而增加他对甜食的渴望，事与愿违。处理这个问题的最好办法就是，一周里至少一两次晚餐，

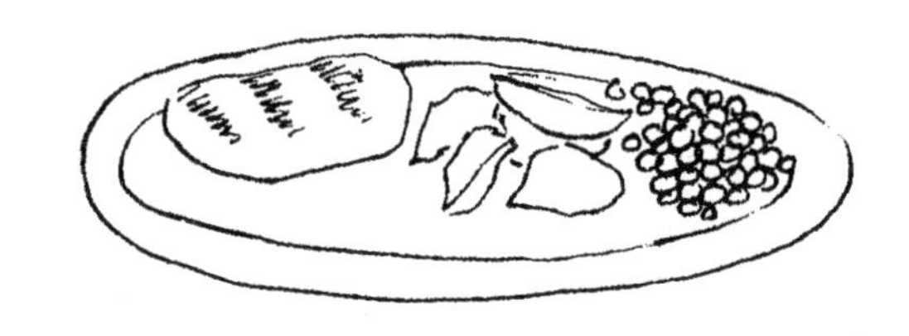

除了水果之外不要提供别的甜点。如果要吃一种非水果的甜食，就应该让家里所有的人都有份。

这样做当然不是想让孩子永远吃这种不均衡的饮食。但是，如果孩子存在偏食的问题，而且已经对某些食物感到厌恶，那么，要想使他们回到均衡合理的饮食上来，就应该让他们觉得父母根本不在意他们吃什么。

父母不应该强迫偏食的孩子去"尝一口"他们不爱吃的食物，那是一个巨大的失误。假如他们被迫吃了厌恶的食物，哪怕只是一点点，也会使他们不吃这种东西的决心更坚定，从而减少今后喜欢这种食物的可能性。与此同时，这么做还会破坏他们吃饭时的心情，打消对其他食物的食欲。另外，永远不要让孩子在吃饭时，去吃上一顿拒绝过的食物，那纯粹是自找麻烦！

每次不要给孩子吃太多。对于那些不好好吃饭的孩子来说，要给他们小份的食物。如果盘子里堆了很高的食物，就会提醒他要剩下多少，而且还会破坏他的食欲。如果第一次给他的量很少，就会让他产生"不够吃"的想法。那正是父母所希望的。要让他有渴望得到某件东西，渴望吃到某种食物的感觉。如果他的胃口确实很小，应该给他很少的分量：一勺豆类食品、一勺蔬菜、一勺米饭或土豆就可以了。孩子吃完以后，不要急着问："你还想吃吗？"让他自己主动要。即使好几天以后他才可能提出"还想要"的要求，也应该坚持这样做。另

外，用小碟子装食物是一个非常好的办法，因为不会像用大盘子盛少量食物那样，让孩子产生受到轻视的感觉。

留在房间里，还是离开？父母是否应该陪着孩子吃饭？这个问题要根据孩子的习惯和愿望来决定，此外还取决于父母控制自己担心的能力。如果父母一直都陪着孩子吃饭，他们突然离开就会让孩子难过。如果父母能够很随便地跟孩子说说话，对孩子吃饭的情况不闻不问，那么，不管父母自己是否也在吃饭，留在房间里都不会有什么坏处。但是，如果不管父母怎样努力，都无法忘记孩子吃饭的事情，总是忍不住督促他，最好还是在孩子吃饭时离开。但不要突然不高兴地离开，而要机智地逐渐延长离开的时间，让孩子感觉不出什么变化。

不要引诱、收买或威胁孩子吃饭。父母决不能用收买的方法让孩子吃饭——比如吃一口饭就给他讲一个小故事，或者吃完了菠菜就给他表演一个倒立等。尽管这种做法在当时看来很管用，能让孩子多吃几口饭，但从长远看，这样做只能使孩子吃饭的积极性越来越低。父母只能在条件上不断加码才能让孩子好好吃饭。结果，孩子吃不了几口饭，就会到把父母累

斯波克的经典言论

我遇到过一位母亲，她一直因为自己7岁女儿的吃饭问题而愁眉不展。她试过劝说孩子、跟孩子争论，还试图强迫孩子吃饭等各种手段，都无济于事。后来她终于意识到，或许女儿的食欲正常，愿意吃营养均衡的食物。她也明白了，使女儿恢复正常饮食的最好方法就是，不要因为吃饭的问题跟女儿发生冲突。于是，她又走向了另一个极端，变得充满歉意。但是，这时女儿已经由于长时间的冲突对母亲心存不满了。一发现母亲变得这么顺从，就想利用这一点进行报复。她会把满满一碗糖倒在自己的麦片里，然后从眼角偷看母亲吃惊的样子。每次吃饭之前，母亲都要问她想吃什么。如果女儿说“汉堡包”，母亲就立刻顺从地买回来送到孩子面前。但是，不管喜不喜欢吃，这个孩子都会说：“我不想吃汉堡包，我要吃腊肠。”于是，母亲只好再到商店去买。

得筋疲力尽。

不要用甜点、糖果或其他奖品去引诱孩子吃饭。不要让孩子为了某一个人去吃饭。也不要为了讨父母高兴而吃饭。不要让孩子为了长得又高又大，或者不生病而吃饭，更不要仅仅为了把饭菜吃完而吃饭。如果为了让孩子吃饭而采取用体罚或剥夺某些权利的手段来威胁他，就更不应该了。

让我们重复一下上面的原则：决不能用引诱、收买或强迫的手段让孩子吃饭。如果家里习惯在晚饭时，父母讲一个故事或演奏一段音乐，那么，只要不跟孩子的吃饭问题联系起来，就没什么害处。

比较适当的做法是这样的：应该要求孩子按时吃饭，要求他对别的就餐者有礼貌，不能挑剔饭菜，不能说自己不喜欢吃什么，还应该根据孩子的年龄，要求他在饭桌上的举止要得体等。这些都是孩子理所当然应该做到的。父母可以在准备饭菜的时候尽量考虑孩子的喜好（也要考虑家里的其他成员），偶尔也可以问问孩子爱吃什么，以此作为特殊的关照。但是，如果让孩子认为一切都是以他为中心，那就糟糕了。父母对某些食物的限制是合理、正确的。比如对糖、糖果、汽水、蛋糕，以及其他不太健康的食品，就是需要限制。只要父母知道该如何去做，就可以在不争吵的情况下实现这一切。

吃饭要人喂

孩子不好好吃饭，父母要喂他吗？在12～18个月，如果给予适当的鼓励，孩子完全能够自己吃饭。但是，如果父母总是不放心，一直把他们喂到2岁、3岁或4岁，或许还不断地督促，那么，这时候仅仅告诉孩子“从现在开始，你自己吃饭吧”，根本解决不了问题。

孩子现在还没有自己吃饭的愿望，因为他觉得让人喂饭是理所当然的。对他来说，喂饭是父母对他的关心和爱护的重要表现。如果突然不喂了，会伤害他的感情，让他感到不满。他很可能会绝食两三天，而父母又不可能在这么长时间坐视不管。等父母再次喂他吃饭时，他就会对父母产生新的怨恨。等父母再一次想要停止喂饭时，孩子就会认识到自己的力量和父母的弱点。

2岁以上的孩子应该尽早学会自己吃饭。但是，让孩子自己吃饭是一个棘手的问题，往往需要好几个星期才能见效。绝不能让他觉得你在剥夺他的特权，应该让孩子觉得，动手吃饭是出于自己的意愿。

父母要每一天、每一顿都给他吃最喜欢的饭菜。把碟子往他面前一放，就去厨房或另一个房间待一两分钟，好像忘了什么东西似的。以后，还要逐渐延长离开的时间。回到孩子旁边时，就高兴地给他喂饭。不管在离开时孩子吃没吃东西，都不要做任何评论。在另一个房间时，要是孩子等得不耐烦了，他可能会喊你。这时，就要马上回去给他喂饭，还要心平气和地向他表示歉意。孩子很可能不会平稳地进步。在一两周之内，孩子可能会在某顿饭的时候想自己吃饭，但在其他时候仍然坚持让父母喂他。在这种情况下，不要急于求成。如果孩子只想吃一种食物，就不要劝他再吃另一种。要是他对自己吃饭的能力感到很高兴,就应该适当地夸奖他长大了。但不要表现得太夸张，以免引起孩子的警惕。

有时,给孩子端去了可口的食物，让他自己吃，可是 10 分钟或 15 分钟以后他什么也没吃。假如这种情况持续了一周左右，就应该想办法让他再饿一点。可以在三四天之内，把他平时的饭量逐渐减少一半。只要把问题处理得机智得体，态度友好，就会使孩子感到特别想吃饭，并且会不由自主地自己动起手来。

我认为，当孩子能够有规律地自己吃到半饱时，父母就可以让他离开饭桌了，不要再去喂他剩下的食物。就算他剩了一些饭也不要在意。他很快就会感到饥饿,然后就会吃得更多。如果接着喂他剩下的饭菜，他可能永远也不会自己吃完一整顿饭。所以只要说“我想你已经吃饱了”就可以了。如果孩子还让父母喂，可以高兴地喂他两三口，然后漫不经心地表示他已经吃饱了。

如果孩子已经自己独立地吃了一两个星期的饭，就千万不要再喂他吃饭了。如果哪一天他觉得很累，要求大人喂他，可以随便喂他几口，然后说一些他并不太饿之类的话。我之所以说这些，是因为有的父母成年累月担心孩子的吃饭问题，长期喂孩子吃饭，等孩子最终能自己吃饭时还是不放心。只要孩子一表现出没有胃口，或由于生病不想吃饭，他们就会重新开始给他喂饭。这样一来，所有的工作又得从头开始。

噎住

有的孩子到 1 岁还只能吃粥状食物。这是因为他们常常被逼着吃饭，或者至少吃饭时被大人连说带骂造成的。他们不吃块状食物并不是因为接受不了，而是因为他们总是被逼着吃的缘故。这类孩子的父母经常这样说：“真是莫名其妙，如果是他特别喜欢的食物，即使是成块的，也能很顺利地吞进去。甚至能咽下从骨头上咬下来的大块肉。”

解决孩子不爱吃块状食物的问题可以分 3 个步骤：首先，要鼓励孩子完全独立地吃饭；第二，要基本上消除他对某些食物的疑虑（参见第 552 页）；第三，在给孩子吃质地比较粗糙的食物时，要循序渐进。必要时，还可以让他连续几周甚至几个月一直坚持吃粥状食物，直到完全消除恐惧感，真正想吃块状食物为止。比如，在他不喜欢吃特别细的碎肉时，就不要给他肉吃。

换句话说，就是要根据孩子的适应能力随机应变。少数孩子的嗓子十分敏感，连吃粥状食物都能噎住。这种情况有时是食物太稠造成的，可以试着用奶或水把它稀释一下，或者把蔬菜、水果剁碎，但不要捣烂。

大多数医院都有专门提供口头指导或讲授课程的病理学者或临床医生。他们专门研究哽咽和吞咽的问题，找他们咨询会很有帮助。

瘦孩子

身体消瘦有各种原因。有些孩子是遗传因素造成的。他们父母的一方或双方可能属于体形较瘦的家族。他们从婴儿时期开始就有充足的食物，而且既没什么病，也没什么压力。他们只是从来都不会吃得太多，尤其不合吃太多油腻的食品。

另外一些孩子身体消瘦则是因为父母过分催促，使他们对饭菜失去食欲（参见第 554 页）。还有的孩子是精神紧张而不想吃饭。比如说，害怕怪物、担心死亡，以及害怕父母离开等。父母之间愤怒的争吵或动手打架也会让孩子十分难过，从而失去应有的食欲。羡慕姐姐的小女孩容易整天跟着姐姐到处跑，这会消耗大量的能量，还会让她在吃饭时静不下心来。所以我们可以看到，处于紧张状态的孩子消瘦的原因有两个：一是食欲下降，二是体力消耗过多。

饥饿。世界上许多孩子的营养不良都是因为父母得不到充足的食物，或者无法提供合适的食物造成的。即使在富裕的美国，也有大批孩子——大约占 25%——会不时地经历食物短缺的情况。这种食物短缺不仅会影响孩子的成长发育，还会对他们的学习能力造成严重的损害。饥饿真是一种耻辱。饥饿的孩子也可能超重，如果家里提供的唯一食物含大量淀粉、廉价、含热量高而营养成分少，就可能出现这种情况。失业和丧失抵押品赎回权使很多美国家庭陷入困境，这有一个好处，就是人们逐渐不会羞于寻求帮助。在我们当前的社会中，很多自给自足的努力工作的人们需要帮助（参见第 249 页了解低价饮食的内容）。

生病。医生会注意观察孩子每次体检的发育状况，体重增长缓慢可能会引发慢性病。有一些慢性病也会引起营养不良。那些因为生病而消瘦的孩子康复以后，只要父母在孩子恢复食欲之前不催促他们吃饭，体重很快就能恢复。

体重突然下降是个严重的问题。如果孩子的体重突然或慢慢地大幅度下降，父母就应该给他做认真的检查，而且要马上做。体重下降的最常见原因包括糖尿病（还会引起过度饥饿、口渴，以及频繁排尿）、对非常紧张的家庭关系的担心、肿瘤以及青春期的节食行为等（参见第 564 页，了解有关神经性厌食症的内容）。

关心瘦孩子。如果每次让孩子吃饭都仿佛是一场战争，试着让自己和孩子都放轻松，放下压力（参见第 564 页）。

有些瘦孩子属于少吃多餐的类型。对于他们来说，正餐之间来点加餐很有好处。但是，不停地吃零食并没什么好处。可以在早餐和午餐以后，睡觉之前，分别给孩子加一顿有营养的快餐。但是千万不要因为孩子瘦就给他吃高热量、低营养的垃圾食品。既不要把这种食物当作奖赏，也不要贪图那种看着孩子吃东西的享受。最好给他们吃更有营养的东西。

有些健康的孩子虽然胃口很大，可就是胖不起来。这可能是他们与生俱来的特点。很多这样的孩子都更喜欢吃低热量的食物，比如蔬菜和水果等，而不爱吃油腻的甜食。如果孩子从小就很瘦，但看起来没有任何问题，而且他的体重每年都有所增加，就可以放心，因为他天生就是这样。

肥胖

从本书首次出版到现在的六十多年里，孩子们的遗传基因并没有改变，但是肥胖儿数量的增长却相当可观。在美国，严重肥胖的孩子比以前多了很多。与此同时，更多的孩子患上了糖尿病。然而在正常情况下，这种疾病只会困扰体形肥胖的成年人。胖宝宝常常会长成瘦小孩，从而成长为苗条的大人。但是，到了上学的年龄，大概六七岁时，仍然严重肥胖的孩子成年后可能还会很胖。

什么是肥胖？虽然我们很难精确地测量体内的脂肪，但有一种测量方法提供了一套相当不错的肥胖程度判断标准。那就是体重指数（BMI），也就是一种把身高和体重结合起来的考量方法。美国疾病控制中心公布了一套图表，标明了不同年龄的男孩和女孩体重指数的正常数值。一个孩子患有肥胖的标准定义是，体重指数大于等于第95，意思就是在同年龄的100个男孩或女孩中，这个孩子的体重指数高于其中95个人。按照这个定义，100个孩子中会有5个患有肥胖症。而在实际生活中，100个孩子中大约有20个属于肥胖，在某些地区，这个比例还会更高。

有时候,一个孩子很明显“背负”了太多的重量。也有些孩子只是看起来个头比较大，只有参照表格才能看出他们比正常情况重了太多。我们现在对于超重的孩子已经熟视无睹了，以至于对正常体重的看法也发生了改变。比如，一个6岁大的男孩本该看起来很瘦；如果他看起来像10岁或12岁孩子那样，十分匀称或特别健壮，他很可能已经过胖了。有的孩子体重指数比较高并不是因为肥胖，而是因为他们的肌肉十分发达；生活中我们经常看到这些“小运动健将”。

肥胖的原因。当人们持续吃得太多、运动太少时，就会产生肥胖问题。这看起来很简单,但潜在原因很复杂。其中包括食品制作、售卖的变化；工作和生活方式的改变；学校提供的和售卖的食物；学校减少了体育课的课时，住处附近缺少安全的活动场所和娱乐设施，以及看电视和玩电脑游戏时间增加等。

很多人认为，肥胖是甲状腺或其他内分泌疾病所致。但实际上，属于这种情况的例子极少。如果孩子的身高正常，他属于这种情况的可能性就更小了。很多因素都会增加孩子肥胖的可能性，其中包括遗传、性格、食欲和抑郁等。如果父母双方都身材肥胖，那么孩子长胖的可能性就会高达80%。这就使很多人认为基因是肥胖的主要原因。事实上，某些生活方式也起着同等重要的作用。比如摄入过多的脂肪和不爱运动等。

科学家们也在寻找其他因素，包括化工合成食品。目前为止我们了解到在实验中，某些化学物质（如双酚A）会导致肥胖，但这一点尚未在人类中证实。我猜想不久后有毒化学物质对肥胖及癌症等其他问题的影响将被证实。另外，还有一个重要因素就是电视。孩子看电视时间太长，会接受大量垃圾食品和快餐食品的广告，产生可预见的不良影响。一些医疗手段可能也会引发肥胖，包括治疗情绪困扰的手段。

肥胖的害处。肥胖会极大地增加糖尿病、心脏病、高血压和中风的危险，这一点现在已经是基本常识了。

对孩子来说，肥胖还会导致头痛、由胃酸倒流引起的胸痛、胃痛、便秘和背部、臀部、膝关节、踝关节以及双脚的疼痛。肥胖的孩子还容易出现障碍性睡眠呼吸暂停，在这种情况下，他们会打呼噜，尽管在床上躺了好几个小时，睡眠还是会长期不足。这些孩子中，有些人在白天会明显地表现出困倦，也有些孩子容易急躁，或者上课时难以集中精力。肥胖会加重哮喘的症状，而超重、膝关节疼痛和呼吸短促让许多肥胖的孩子面临障碍。他们不能像正常孩子那样玩耍。他们很容易陷入一种恶性循环，不愿活动会导致体重进一步增加，而体重增加又会让他们更不愿意活动。尽管肥胖已经不再罕见，但它还是孩子们遭人戏弄、感到羞愧、变得孤立以及丧失自信的原因。即使没有一长串的身体伤害，这些问题的代价也很高。

肥胖的预防和治疗。虽然无法改变孩子的基因，但还是有许多选择可以减少孩子患上肥胖的几率。可以给宝宝喂 6 个月或一年的母乳；给家人安排以植物性食物为主或全素的饮食（参见第 240 页，了解素食和严格素食的好处）；要限制孩子看电视，或者完全不看电视；经常享受全家聚餐的快乐；家变成一个精加工食品和高脂肪食品以及精制糖食品（尤其是高果糖谷物糖浆）的“零购买区”；购买优质的水果和蔬菜；每天都花一些时间跟孩子一起做一些积极活跃的事情；为孩子找到有趣的课外活动，让他们运动起来。

如果家族中有肥胖病史，就更有必要为家人和孩子选择健康的生活方式了。如果许多家庭成员都很瘦，也要记住健康的饮食和运动不只针对超重的孩子，对所有孩子都有益处。在这个问题上，家长的引导十分关键，这一点就像在家庭生活的许多方面一样。

如果孩子已经发胖，首要工作就是在全家范围内进行同样的健康生活方式的调整。除此之外，还应该找一位医生或营养师寻求帮助。这些专业人士应该经验丰富，善于引导孩子及其家庭成员做出必要的改变，以减缓或扭转体重的过度增长。如果孩子表现出想要配合大人进行健康生活方式调整的意愿，一定要鼓励他跟医生谈一谈，最好单独交流。与专业人士进行这样的讨论可能会给这个孩子带来一种像成年人一样管理自己生活的感觉。任何人都会更愿意听取局外人的饮食建议。儿童减肥不需要任何药物。治疗方法无非就是改变饮食习惯，不吃脂肪过多的食物，改吃健康食品，再加上循序渐进，稳步增加的体育活动。

节食、用药和手术。号称能够轻松减肥的稀奇古怪的饮食和药物无休无止,其中有许多都在广告中声称“全天然”。这些东西没有一种是卓有成效的。从长期效果来看，碳水化合物极低的饮食，效果并不比合理的饮食好。这些饮食以及其他一些断绝所有营养物质的饮食方案会妨碍正常的生长和发育，存在着现实的危险。

经过最充分调查研究的减肥药物也只是声称最多可以帮助成年肥胖患者减掉 5% 或 10% 的体重；更何况针对儿童的调查研究现在还不是很多。服用中枢神经兴奋剂的孩子体重常常会减轻。可是，一旦停止用药，又会很快反弹；在任何情况下，给没有注意缺陷多动障碍的孩子使用这类药物都是不对的。其他一些降低体重的药物都被发现有严重的副作用。因此，除非在极为罕见的情形之下，否则服用药物都不是解决肥胖问题的方法。

最后一点，减肥手术正在被越来越多地提供给极度肥胖的孩子。但是，这种手术仍然只在非常专业的医疗中心才能实施，而且接受手术的孩子必须满足严格的条件。减肥手术十分昂贵，并且存在一定的风险（尽管随着外科医生经验的积累，因手术而造成的死亡率一直都在下降）。最重要的是，为了使手术奏效，接受手术的孩子必须终身严格遵守健康饮食和运动的生活法则，不然体重还是会反弹。

饮食失调

如今,越来越多的孩子遭遇肥胖，许多女孩希望自己能更瘦，而男孩则希望自己更有肌肉。在 10～11 岁的女孩当中，有多达 60% 的人认为自己太胖了，需要节食。大量的青少年患上了真正的饮食失调症——神经性厌食和贪食症。

厌食症的主要表现就是强迫性的节食行为,同时伴有严重的体重下降。贪食症的主要特征是不可控制的进食（暴饮暴食）随后再采取自我引吐、滥用泻药，或者其他控制体重增长的极端方式。厌食症和贪食症的发病率在女性当中大约占到了 2%～9%（实际数字很难统计，因为患有饮食失调症的人经常会隐瞒情况）。饮食失调症患者中，只有大约 10% 是男性。

尽管新的研究认为，这个问题可能存在遗传和基因上的原因，但是科学家还没有确切地弄清楚，为什么有些人会得饮食失调症，而另一些人却不会。此外还有童年经历和文化的影响。

苗条上瘾。有一种观点把饮食失调症看成是一种成瘾现象，不是对毒品的上瘾，而是对节食或吃东西行为的上瘾。跟酒精和毒品的成瘾一样，饮食失调症患者常常是从一些似乎积极的事情开始的（最初减轻一点体重可能是好事）。刚开始，这个方法好像有点管用。然后上瘾的感觉就占了上风，逐渐控制了生活的方方面面。就像对酒精上瘾的人总是想着怎样喝到下一瓶酒那样，厌食症患者也总是想着怎样才能在下一次减轻几十克的体重，而贪食症患者则总是想着怎样才能避免暴饮暴食。

患有饮食失调症的人无法自行停止这种失常行为，这跟毒品上瘾的情况没多大差别。一些女性宣称，她们自己战胜了饮食失调症，而在我看来，这种情况简直是凤毛麟角。饮食失调症几乎都需要专业治疗，而且经常都是由一个专家组来进行的，其中包括医生、心理学家、营养学家和其他专家。恢复起来几乎都是缓慢又艰难。但是，随着治疗的进展和艰苦的努力，患有饮食失调症的人还是能够康复。

心理变化。神经性厌食症的表现不仅是过度节食。患有神经性厌食症的人多数都是十几岁的女孩或年轻女性。她们都认为自己太胖了，而事实上，她们很可能是太瘦了。就算父母、朋友和医生都告诉她们体重已经过低了，就算她们已经（或就要）虚弱得生病了，这种错觉还是会一直持续。这种对体重增加的极端恐惧感占据了她们的头脑。变胖是她们能够想象的最糟糕的事情，所以，其他的事情似乎都不那么重要了。

用医学术语来说，厌食意味着胃口的丧失。但事实上，很多患有神经性厌食症的人总是觉得很饿。他们对饥饿进行持续的抵抗，以获得那种不正常的、好像营养不良的体形，这种体形在自己的眼里是正常的。他们可能很喜欢食物，会精心地做饭，但是做好了却不吃。有些人会进行强迫性锻炼，每天2～3次；而且如果一不小心吃了含脂肪的东西，甚至会进行更大强度的锻炼，以消耗掉那些热量。神经性厌食症还经常伴随着其他的精神失调症状，比如临床抑郁症等。患有饮食失调症的人可能会疏远他们的朋友和家人——亲友们虽然能看到患者的自残行为，但无法说服他们停下来。

生理变化。厌食症患者中，身体脂肪减少会导致激素水平下降，从而使年轻女性的月经中止（或者根本不会开始）。男性厌食症患者的性激素水平也会出现异常。随着营养不良的情况不断恶化，骨骼中的钙质也会减少，骨骼会变得脆弱。同时，全身的肌肉也会受到损害，其中包括心脏和其他器官的肌肉组织。大约10%的神经性厌食症患者都会因为这些疾病而早早去世。贪食症患者中，频繁地呕吐会损坏牙齿的健康，并影响血液化学反应。

治疗方法。因为厌食症是一种复杂的失调性病症，涉及生理、心理以及营养等许多方面的问题，所以，最好还是请经验丰富的医生或医疗小组治疗，这个小组可能包括一位心理学家或精神病医生、一位家庭临床医生，还可能包括一位营养师。最要紧的就是增加体重。体重严重不足的人需要住院观察，以保证他们安全地增加体重。不同类型的精神疗法可能都有好处。这些疗法主要是帮助患者转变对自己身体的看法，也转变对魅力和成功的定义。患者要学着从其他活动(交友、艺术或只是找点乐子）中寻求满足，还要学会用非自残性的方式来抒发自己的感受。药物可以帮助治疗抑郁症或者饮食失调带来的其他心理问题。

预防饮食失调。重视健康的饮食，经常锻炼，不要只关注身材是不是苗条。过度追求苗条可能会导致贪食症和厌食症。不仅如此：对于很多儿童来说，被父母督促着减肥不但收不到效果，反而会导致饮食过度和体重的增加。

要尊重孩子天生的体形。如果孩子是中等身材（不太瘦也不太胖），要让他知道父母觉得他很好。如果遗传了胖嘟嘟的体形，那么即使想重塑孩子的体形也达不到什么效果。相反，要注重适当的锻炼和合理的饮食。

不要嘲笑孩子身材矮胖。父母的本意当然不是想伤害他们，但孩子会对这类玩笑格外敏感。他们会把这种信息烙在心里，产生需要节食的想法。如果孩子天生就很苗条，那很好，但不要反复地对他们说苗条有多好。天生瘦的孩子患上神经性厌食症的风险可能会更高，因为他们的身体更容易消耗热量。如果因为苗条而获得了许多的称赞和羡慕，那么想要更瘦并且瘦到极点的欲望就会十分强烈。

跟孩子谈谈，告诉他们电视、电影和广告是怎样追捧纤瘦。跟孩子一起看电视时父母可以说："看看这个女演员，她真瘦啊！大多数现实中的健康人不会瘦得那么只剩皮包骨头的。"既然商家总是为了销售商品而宣传那种"瘦就是美"的不健康观念，要想抵消他们的误导，就全靠自己了。即使是孩子们看的卡通片，也常常会推崇某种体形（女性角色丰乳细腰；男性角色肩宽背阔，显出夸张的"倒三角"）。孩子一小时一小时地看着这样的卡通片，就可能吸收这种美的观念。因此,这又是一个限制（或阻止）孩子看电视的好理由。

观察孩子的细微表现，看他们是不是过分关心体重问题。如果他们好像特别喜欢时尚模特，或者迷上了像电线杆一样瘦的名人，就要试着鼓励他们其他的兴趣——比如艺术或音乐,发展那些不会太注重体形的爱好。当他们开始提到节食的时候，如果父母可以改变他们的想法，让他们关注健康，不要一味地减肥。即使对那些矮胖的孩子来说，节食也不是最佳方案。最好的办法还是合理地饮食，要确保每天都有时间进行体育锻炼。

如果孩子从事芭蕾或其他注重身材的运动，譬如体操或摔跤（因为这些项目要限制体重），就要特别注意了。对于儿童和青少年来说，教练的当务之急就是确保年轻运动员和艺术家们身体健康。教练不应该建议孩子节食减肥，而要跟父母一起关注那些不健康的节食迹象。

研究已经表明，患有饮食失调症的孩子一般都是完美主义者。这样的孩子往往比同班同学更成功，但也更不快乐。对于这些孩子来说，首当其冲的是尽量减轻他们对于成功的心理压力。如果孩子上了舞蹈班或音乐课，不要找那种一味追求完美技巧的老师，找一个更看重快乐地抒发情感的老师。要表扬孩子取得的好成绩，但一定还要公开表示，他身上的其他方面也同样优秀——比如，良好的判断力或对友情的忠诚,这样他就会明白，考高分并不是最重要的事情。

父母要反省自己的行为。如果持续节食，就是在教育孩子应当控制体重。如果确实需要减肥，最好能把饮食作为引领健康生活的一部分来思考和谈论，而不是说节食只是为了看上去漂亮。对孩子来说，关注良好的健康状况对他更有好处。从长远来看，这对父母也可能更有益。

有特殊需要的儿童

一个意想不到的旅程

一个残疾或患有慢性病的孩子通常会使整个家庭踏上意想不到的旅程。这条道路历程艰险，路标隐蔽，目的地也十分陌生。这条道路也许从担心什么事情不对劲儿开始，或者以突如其来的可怕症状为起点。不管哪种开端，都会把父母带进一种暗淡的残缺的景象：他们失去了本来健康或称心如意的孩子。这种缺失的具体表现因人而异。很多父母表现出异乎寻常的愤怒、强烈的内疚、无可名状的悲伤和显而易见的麻木。

从这片沙漠一路走来的父母，无论在实际生活中，还是在个人情感中，大多数都会遭遇新的困难。在实际生活方面，为家里那个有特殊需要的孩子寻医问药，让他接受良好的教育，同时支付各种费用，都非常艰难。从情感方面来看，既要全心全意地照顾这个特殊的孩子，又要投入感情和精力去照顾其他的孩子，照顾爱人、关心自己，这又是一个巨大的挑战。

这段旅程也许非常孤单，但是并不尽然。美国大约有 33% 的孩子患有慢性病或长期性疾病，至少有 10% 的孩子问题比较严重，1% 的孩子有严重的残疾。1% 这个数字也许听起来并不庞大，但这意味着成千上万的孩子和家庭已经走上了这个艰难的旅程。这些家庭和那些帮助他们的专家组成了一个强大又宽容的集体，他们分享知识，分享智慧，也分担责任。对于任何一位残障孩子的父母来说，到集体里去寻求帮助和支持是一个切实可行又大有好处的办法。每个家庭都只能沿着自己的道路走下去，但是让有过类似经历的家庭提供一些指引，路会更加平坦。

关于这条道路，有一句话值得记住：这条道路可能很荒凉，也可能很崎岖，但是会发现几处惊人的美景和深深的甘泉，它们会支持残障儿童的家长继续前进。他们很可能会发现家庭有着出乎意料的力量。

残疾儿童指的是哪些孩子？过去，谈论残疾儿童时，人们通常用他们的身体状况来称呼他们，比如患唐氏综合征的孩子或得了孤独症的孩子。新的思维方式则更侧重于孩子。因此我们把功能残缺或需要特殊医疗护理的孩子（child special health-care needs，简称 CSHCN），统称为“残疾儿童”。

这样的孩子很多。他们当中有的患有常见疾病，像哮喘、糖尿病等；有的患有不太常见的疾病，像唐氏综合征、囊性纤维化等；还有的患有非常罕见的疾病，比如苯丙酮尿症。残疾孩子还包括患有各种早产并发症的孩子，比如脑瘫、耳聋或失明，还有因为外伤或感染而大脑受到损坏的孩子，以及身体畸形的孩子，比如唇裂、腭裂、侏儒，或破坏容貌的胎记。总的来说，大约有 3000 种不同的残障情况组成了全世界需要特殊健康护理孩子的群体。

每种残疾都会带来一系列独特的问题和专门的治疗方法。所以，患有这些疾病的孩子和他们的家庭都有独一无二的强势和弱点。因此，在讨论残疾儿童问题时，把他们当成一个单一的大群体不现实。尽管如此，仍有一些普遍适用的规律。

家庭的对策

不同的父母有不同的应对方式。有的父母会变得善于分析，愿意学习可能跟孩子健康问题有关的所有信息。有的父母则满足于让别人成为这方面的专家。有的父母表现出强烈的感情。有的父母则表现得很克制，似乎没什么感觉。有的父母不断自责，从而变得很压抑。有的父母则会责备别人和整个世界，而且变得非常暴躁。有的父母觉得希望渺茫，还有的投身到政治呼吁活动当中。

在一个家庭中，父母的不同反应可能会形成互补，也可能增加彼此的焦虑。虽然人们的观念已经有所改变，但在我们的文化传统中，还是存在“男儿有泪不轻弹”的看法。母亲们通常会非常焦虑，会觉得孩子的父亲不在乎孩子；也就是说，当发现孩子有缺陷时，父亲并没有流露出很多情感。同时，在父亲看来，孩子的母亲也许太情绪化了，只会使局面越来越糟糕。

所以，父母双方应该认识到彼此面对问题的方式不同，还要透过这种差异看到深层次的现实——就是父母都很关心孩子。当父母理解并接受了彼此不同的应对方式，双方都会感到备受鼓舞，也会更有力量。

接受悲伤。所有父母都会因为自己的孩子有缺陷而感到难过。这完全正常，也可以理解。父母在学着接受现实生活中的孩子之前，都不得不哀悼他们以前对于孩子的完美梦想。父母的痛苦心情通常可以分为这样几个阶段——震惊、否认事实、悲伤、愤怒。对大多数父母来说，所有这些痛苦的阶段都一直存在着，虽然程度时轻时重，但内容却从未改变。所以父母会发现自己有时候很愤怒，有时候又会没来由地感觉抑郁——比如在超市里，会意识到悲伤已经因为某种原因忽然降临了。

当父母沉浸在悲伤之中不能自拔时，他们会做出令人担心的举动：可能会对所有人发脾气，或者由于心情沮丧而起不了床，或者拒绝接受孩子有缺陷的现实。虽然这种反应开始时很常见，但如果影响到他们的正常生活，或者持续几个月不见好转，就应当引起注意。

一部分悲伤会转向内心，所以父母可能需要独处一段时间。但是，把自己孤立起来并不是正确的做法。如果有人分担，这种悲伤就会逐渐过去，能与伴侣、朋友、家人、教友，或专家分担忧愁，是一种达观的表现。人不应该独自承受不幸。

提防内疚心理。另一种常见的反应就是内疚。父母会认为“这肯定是因为自己做错了什么”。虽然专家已经告诉他们，这种情况只是一个不幸的意外而已，但父母还是会不停地检讨自己。有一位母亲深信，孩子的手部畸形是由于她在怀孕期间服用了阿司匹林造成的（这两者之间其实毫无关系）。另一些人则重复回忆事故发生的情景，并且严厉地自责：“要是我没有让他在那条路上骑自行车，这种事情就永远都不会发生。”

负罪感让人无法继续前进。对过去耿耿于怀会逐渐侵蚀掉父母应对现实问题必需的精力。负罪感甚至会变成一个很好的借口：“这都是我的错，所以我对这些事情无能为力。”不要落入悲伤的陷阱，如果伴侣已经深陷其中，要帮助他（她）面对现实，并把他（她）解救出来。

避免单独行动。在照顾残疾孩子的过程中，某个家长会起到领导性的作用，这种情况很常见。这位家长会约见医生等专业人士，参加父母互助

斯波克的经典言论

作为残疾儿童的父母，没有一条十全十美的路可走。他们总是免不了要做出取舍：有时候想离开一会儿，让脑子静一静；有时候又觉得由于专心满足一个孩子的要求而忽略了另一个家庭成员；也有时候觉得自己好像无法胜任这项工作。这些都很正常，因为不可能面面俱到。好在父母也不必真的面面俱到，没有人能做到这一点。

组织的会议，并学习所有跟孩子病情有关的信息。这种单独行动的问题在于，另一位家长——经常是父亲——会觉得自己越来越被排斥在外，照顾孩子时也觉得不那么舒服。这个“非专家”还会发现他跟那个“专家”越来越没话说，“专家”已经完全投入到残疾孩子的世界中去了。如果这种不健康的情况继续下去，也许会毁掉一桩婚姻。

避开这个陷阱的最好办法就是，父母双方轮流照顾有特殊需要的孩子。如果一个家长白天待在家里照顾孩子，另一个家长就应该保证下班之后或周末能花一些时间照顾孩子，还要不时地抽出工作时间去约见专家，参加相关会议。这似乎不太公平，毕竟有工作的家长整天都在努力工作，也应该放松一下。但不管公不公平，只要父母希望同舟共济、齐心协力，这些付出就都是必需的。

给其他孩子留出一些时间。无论在生理上还是情感上，残疾儿童都需要格外的关怀。但是，如果某个孩子的残疾成了全家唯一的中心问题，其他兄弟姐妹就会产生不满情绪。他们会感到疑惑，为什么一定要出了问题才会引起父母的关注？有些孩子甚至故意惹麻烦，好像在说：“嘿，我也是你的孩子，我怎么办？”有的孩子会变得有高度的责任心，好像他们通过保持完美就能在一定程度上弥补兄弟姐妹的不足之处，从而赢得父母的欢心。从长远来看，这两种反应对孩子的心理健康都没有好处。

虽然大多数孩子的需求并不“特殊”，但所有孩子都有需求。他们每天都需要爱护和关注。这并不是说父母必须为此花很多时间，只要能让孩子觉得自己在父母心目中是重要的，那就足够了。很多时候，学校的演出或足球比赛不得不给医院的临时约见让路。但有时候，如果父母能将残疾孩子的常规治疗重新安排一下，去参加健康孩子的学校活动，那是最好的选择。

如果健康的孩子愿意，还可以让

他们跟父母一起带着残疾孩子到医院检查和治疗。这样，他们就会明白为什么父母那么关心这个身患残疾的孩子，也能让他们亲身体会一下这些程序的乏味和单调。但是，如果某个孩子不想跟着父母去医院或诊所，就要尽量尊重孩子的意愿。一个在这种事情上有一定发言权的孩子在帮助父母时，就能够更热心，更自如。

做一个残疾孩子的兄弟姐妹不容易。但也会变成一种积极的生活经历，教他们懂得什么是同情和怜悯，如何包容人们之间的差异，以及什么是勇气和韧性。

不要忽视与成年人的关系。夫妻之间的关系也需要维护和关注。这些统计数据很值得我们思考：当孩子出现严重残疾时，大约有1/3的婚姻在压力之下濒临崩溃，1/3的婚姻保持如初，1/3则因为夫妻双方共同面对挑战而得到了巩固和丰富。夫妻关系的成长需要开诚布公的交流和彼此的信任。最重要的是，它需要积极的行动，夫妻双方都要投入专门的精力，还要主动承担义务。

和朋友以及街坊邻居之间的关系也会发生变化。如果听天由命，家里的残疾孩子就可能让父母备感孤立。如果处理得好，这件事也可能扩大朋友圈。许多父母通过这件事情了解了谁是真正的朋友——是那些向他们奉献爱心、提供帮助的人，不是那些觉得丢脸而躲避他们的人。只有不忽视生活中其他的重要方面，才能成为最优秀的父母。残疾孩子的父母需要朋友，也应该拥有朋友；残疾孩子的父母需要和朋友一起出去开开心，他们能够帮助残疾孩子的父母从繁杂的日常事务中暂时解脱出来。

稍事休息等于放松。在一项调查中，当问到生活中最需要什么时，残疾儿童的父母回答："短暂的休息。"他们希望有人替他们照顾孩子，让他们看一场电影，逛逛商场，或拜访一下亲戚朋友。他们可以在专业机构、朋友、教会，或家人的帮助下获得短暂的调节。不要觉得孩子离不开你，他和别的孩子一样，需要适应与父母分开，父母也应该学会踏踏实实地把孩子交给别人照顾。

关心你自己。要当优秀的父母，就要先做一个优秀的人。那些勉强自己作出牺牲的人最终不仅会抱怨自己作出的牺牲，还会怨恨带来这些牺牲的原因。所以，只有当父母感到幸福和满足时，才能给孩子提供最好的照顾。但是没有人能告诉父母们怎样做到这一点。对有些父母来说，办法就是给孩子找到优秀的看护者，然后自已重返工作岗位。还有些父母愿意在孩子身上多投入点时间。无论把精力重点放在哪里，都会有家人或朋友认为有些做法不合适。取悦所有人的认同是不可能的，所以不必太在意他们的态度。这种选择并没有正确与错误之分，只要最适合就行了。

采取行动

家里有个残疾或需要特殊护理的孩子，很容易让父母觉得无助和绝望。消除这些感觉的方法就是采取行动。父母能做的事情很多。

了解有关孩子病情的所有信息。了解的信息越多，那种疾病就变得越不神秘，就越能理解医生的行为，也就越能配合专家的治疗。可以给治疗这种疾病的全国性组织写信，可以从图书馆寻找资料，还可以跟孩子的医生或社会工作者沟通。

有条不紊。残疾孩子的父母要做的事情可能多得让人难以承受：约见医生、进行各种治疗、接受各种检测、去孩子的学校等。为了不让这些工作变成生活的全部，父母要提高做事的效率。很多父母随身带着一个活页文件夹，上面记录着完成的事情和出现的情况。他们每次都带着这个文件夹约见医生。把必要的会面尽量安排在同一天。他们还会寻找合适的诊所或医院，尽量把多次治疗安排在就近的地点和比较集中的时间（类似于一站式购物）。

寻找家庭保健医生。对于需要特殊健康护理的孩子来说，找一个专门的家庭保健医生很有好处。这种医生通常是初级保健医生，他们能够了解孩子的病情，熟悉有价值的医疗信息和社会服务信息，还能够对孩子的护理进行调整和完善。他们能够很好地了解小患者及其家庭情况，知道他们的优势和不足之处，还能够帮助父母采取措施，支持整个家庭的健康发展。近年来，美国儿科学会和其他的专业组织把这样的形式称为“医疗之家”(Medical Home)。当然，每个孩子都有权利得到单独的、得力的、以家庭为中心的护理。对于有特殊健康护理需要的孩子，这样的家庭护理是必要的。

能够并愿意担任家庭保健医生的人员通常都是经过特殊训练的。他们也许是“发展和行为儿科学会”(Society for Developmental and Behavioral Pediatrics，简称 SDBP）的成员。如果孩子已经有了自己的医生，就可以开诚布公地问他，是不是可以做孩子的家庭保健医生。如果不行，他很可能会提供其他一些经常做这种护理工作的医生的信息。

参加家长互助团体。家长团体不仅能够提供一些教育信息、找到最好的医生和治疗专家的经验，还能提供私人帮助。大多数疾病和发育问题都有国家性的组织。另一个获得支持的重要来源就是《非常父母》(*Exceptional Parent*) 杂志。他们定期刊登一些可靠的、内容充实又很有启发性的文章。这本杂志的网址是：www.eparent.com，想了解更多相关信息，这会是一个很好的开始。

为孩子而呼吁。父母可能会发现自己不得不周旋于一些大的官僚机构和各种各样的专家之间。有时候，学校提供的管理系统不能最大限度地满足孩子的特殊需要；保险公司可能会逃避某项检查或治疗款项。有的社区可能无视残疾人的需要，无法提供应有的支持。

在这种情况下，如果父母不断地提出有见解的意见，情况就可能得到改进。很多社区有这样的组织，他们的主要目的就是引导父母们进行积极的呼吁，为这些父母提供支持。可以向孩子的医生询问这方面的情况。

如果最初的努力遭到了拒绝，也不要泄气。通过不断的实践，父母会变得越来越有影响力。父母不一定非得独自行动。一位坚定的家长的呼声固然有力，但是比它更有力的声音就是一群这样的家长的呼声。可以加入全国性的父母联盟，让个人的意见汇入众人之声，并以此来影响立法机构和法庭。

参与社区生活。许多社区和宗教团体都为他们的残疾成员提供支持。可以把孩子介绍给邻居，常去的教堂以及整个社区，让他们了解残疾孩子的需要。当社区里的人们得知孩子的情况并且认识他之后，他们就会慷慨地给予支持，残疾孩子的父母也会因此而感到欣慰。

早期干预和特殊教育

早期干预。联邦法律规定，每个州都必须配备一套系统，为残疾儿童提供早期干预（EI）服务。这些服务包括：工作疗法、身体疗法、会话和语言疗法等。早期干预还包括帮助有需要的家庭寻找这样的服务，同时，通过个人保险，或通过社会基金项目帮助这些家庭支付治疗费用。每一个孩子的父母都应该与州立基金协会一起制订出个别家庭服务计划（IFSP：Individual Family Service Plan），列出孩子及其家庭的需求，同时写出执行这一计划的可行方案。很显然，如果医生是家庭保健医生，他就能参与制订这个计划，还可以加入到治疗的过程中来。

最令人兴奋也是最棒的一点在于，这条法规明确承认，孩子是作为家庭的成员而存在的，所以，要满足孩子的需求，就必须先考虑整个家庭的问题。对于3岁以下的孩子来说，这种早期干预系统是一个至关重要的资源。孩子的医生应该能够帮助父母跟他们取得联系。

“残教法”和特殊教育。美国联邦法律的另一部分条文对各州作出了规定，要求他们如何教育3岁以上的残疾儿童。残疾儿童的父母曾经发起过一次运动，他们希望自己的孩子不再遭受教育制度的忽视和不公平对待。随后，国家颁布了残障人士教育法案（IDEA：the Individuals with Disabilities Education Act）。该法案指出，所有孩子都拥有在“限制最少的环境”下获得“自由又适当的公共教育”的权利。根据这条标准，学校应该尽量提供必要的支持，保证残障儿童尽量广泛地参加正常的学习活动和社会活动。比如，如果一个孩子听力有问题，学校就应该提供助听器，保证他能够参与所有学校活动。

残障人士教育法案授予父母一种权利和一种责任，让他们确保自己孩子的特殊需要得到满足。父母有权要求学校给自己的孩子作出评估；如果发现孩子有特殊的需要，学校就应该制订出个别教育计划（IEP：Individual Education Plan）。这个计划要说明这个孩子的教育需求，以及学校将采取怎样的措施来满足这些需求。父母要在这些计划上签字，如果有异议则有权提出自己的要求（参见第629页，阅读更多关于特殊教育法案的内容）。

融入主流社会。以前人们认为，如果孩子的缺陷——比如视力问题和听觉问题——影响他们正常上课，那么，从一开始就应该把他们送到当地的特殊全日制学校。

如果附近没有这类学校，就应该送到专门的寄宿学校去。在最近20年里，让残疾儿童参加主流学校活动的呼声越来越高。

这项工作如果处理得当，对所有孩子都有好处，不管是残疾孩子还是正常孩子，都会从中受益；如果处理不好，没有对残疾孩子的特殊需求提供应有的满足，他们就会因此学不到什么东西。前面提到的残障人士教育法案（参见第629页，“联邦残障人士教育法案”）赋予父母一种权利，确保他们的孩子受到良好的教育。

智力缺陷

成见和耻辱。相对于所有其他残疾情况而言，智力缺陷更带有一定的羞耻感。这些年来，人们用了很多不同的词语来指代智力水平低于平均标准的孩子和成人：比如发育迟缓、发育滞后、认知能力受损等诸如此类的说法。这些词语无不累积了一个耻辱的大包袱，沉重到现在已经成了一种侮辱的程度。新的术语是“智力缺陷”，它把羞辱的感觉减到了最小。除了改变使用的词语之外，我们还要改变自己思考这个问题的方式。智力缺陷是一种残疾，跟失明或失聪一样，使人一旦离开了专门的帮助就很难在社会中正常生活。一旦有了这些帮助，这些人也可以生活得很充实、很满足、很有成就感。他们能够爱别人，也能被人爱。他们能够对自己的社区做出贡献。

发育迟缓和智力缺陷。很多正常的孩子在独自行走或使用完整的句子等标志性进步上也发育得比较晚。而发育非常缓慢的孩子就会被贴上发育迟缓的标签。这种标签并不能说明出现这种滞后的原因，更不能说明这种滞后对孩子的将来有什么影响。年幼的孩子在成长过程中发育经常表现得很不平衡，而且很多发育迟缓的孩子最终都能迎头赶上，一般也不需要医生和其他专业人士的帮助。

也有一些孩子的发育会始终滞后，不见改观。他们在学习和其他技巧的掌握方面明显慢于大多数孩子。这些孩子最后一般都被诊断为智力缺陷。发育严重滞后的孩子，或患有影响大脑发育疾病的孩子，可能在出生后一两年就被诊断为智力缺陷。很多孩子直到上学后才被诊断出有智力缺陷。

智力缺陷如何确诊。标准智力测试由接受过专门训练的专业人士进行,患有智力缺陷的孩子得分会很低。同样重要的是，患儿会表现出能力残缺，无法进行日常活动，比如照顾自己（吃饭、梳洗、穿衣服），向别人表达自己的需要和想法，上学和工作等。过去，我们会根据智商得分把孩子分成轻度智力缺陷、中度智力缺陷和重度智力缺陷。尽管专业人士很难完全摒弃这些词语，但是他们现在更多地把注意力集中在一个孩子生活中需要多少帮助上。智力有缺陷的孩子是仅仅在某些时候和某些情况下需要专门的帮助（比如在学校里），还是在大多数时间和大多数情形之下都需要帮助？这样一来，对智力缺陷的诊断就不仅是一种标识，反而成了对孩子需求的类型和数量的一种描述，从而帮助孩子不断成长，帮助他们更好地生活。

引起智力缺陷的原因。当智力缺陷很严重时，人们一般都能发现某种潜在的原因。其中包括先天性无脑回畸形，一种大脑无法正常工作的疾病；或者风疹，一种病毒性感染，在儿童时期症状比较轻微，但如果孕妇感染了这种病毒，就可能导致发育中的胎儿大脑受损。很多遗传疾病也会导致智力缺陷，像唐氏综合征（参见第 583 页）。

但是，当智力缺陷的症状还比较轻微时，一般不太可能找到原因。我们知道，很多因素都可能影响大脑的发育，比如接触到铅或汞，或生命初期营养不良等。众所周知，孕妇在怀孕期间饮酒会导致孩子的智力缺陷，事实显示，母亲在怀孕期间吸烟也会带来类似的影响，只不过不像饮酒的结果那么严重罢了。大致说来，上述这些原因可能导致孩子智商低下，但是在针对某个特定孩子时，我们不能说究竟哪一种原因使他的智力出现缺陷。很多智力缺陷仍被看作是先天的，这只能说明我们还不清楚带来这种问题的原因。

有轻度智力缺陷的孩子一般没有接受过家庭的智力开发。我们还很难说缺少智力开发就是他们智力缺陷的原因，因为很可能是若干因素的共同作用。但是很明显，高质量的学前教育能够提高那些缺少家庭智力开发孩子的智力。鼓励父母给孩子大声朗读，给孩子一些图画书，帮他们养成阅读的习惯，这些都可以刺激幼儿语言能力的发展。要知道，语言能力是智商的重要内容。额外的培养会有帮助，但这并不表示孩子的智力缺陷都是父母的责任，只说明大脑是一个适应性非常强的器官，只要给予正确的引导，它的发育就会非常惊人。

智力有缺陷的孩子需要什么？被人接受并喜爱会让所有孩子都发挥出自己最大的潜力。像所有孩子一样，智力有缺陷的孩子也需要适合他们能力水平的引导和挑战，即使那只是一些低于他们年龄水平的挑战，也会很有帮助。比如，一个七八岁的孩子可能需要玩一些假装的游戏，而他那些正常的同龄人也许已经开始玩下棋的游戏了。智力有缺陷的孩子需要有自己喜欢的小伙伴，这些伙伴的年龄可能比自己要小很多，但是他们的发展水平一定要旗鼓相当。在学校里，应该被安排在让他们有归属感的班级里，在那里他们要能做一些力所能及的事情。像所有孩子一样，当他们遇到与自身能力相匹配的挑战时，就会在学习中感到快乐。有智力缺陷的孩

斯波克的经典言论

如果孩子的智力一般，父母也不必为了找到孩子的兴趣点去请教医生或查阅书籍。只要观察孩子玩自己的东西以及邻居孩子的东西的情景，就会了解他还可能喜欢什么东西。父母还可以观察孩子愿意学习什么，再用巧妙的方法去帮助他。对待智力有缺陷的孩子也是这样。可以通过观察发现他喜欢什么，给他买一些适合的玩具，帮他找到和他玩得来的孩子，可能的话，最好每天如此。还可以教他一些他想学的自理技能。

子在学习的时候也会感到快乐，这一点跟其他孩子一样。

选择学校。为孩子找一所合适的学校非常关键。最好能够征求心理医生或儿童精神病医生的意见。这种咨询可以私下进行，也可以通过儿童指导诊所或学校的管理部门进行。不应该把孩子放进超出他能力水平的班级。如果他每天都感觉学习跟不上，自信心就会一点点地减少。如果必须留级，还会感到非常泄气。不应该因为孩子的智力有缺陷就推迟他们上学的时间。事实上，学前班能够给发育滞后或智力有缺陷的孩子带来非常大的帮助。

智力缺陷比较严重的孩子。如果孩子到了1岁半～2岁还不能坐起来，而且对周围的人和事都表现得没什么兴趣，问题就比较复杂了。这样的孩子会很长时间内像婴儿一样需要别人的照料。是继续在家里照顾他，还是委托寄宿机构照顾他，取决于孩子的智力缺损程度、孩子的性情、他对家里其他孩子的影响，以及他到了一定的年龄后能否找到让他快乐的伙伴和活动，还取决于当地学校是否有适合他、能够接收他的特殊班级。最重要的是，这取决于父母是否能够承受照料他的繁重任务，能否从中获得足够的满足感，从而年复一年地坚持下去。过去，人们认为智力有缺陷的孩子应该送到特殊学校，或编入专门的班级；现在的观念是，智力有缺陷的孩子应该住在家里，同时定期去学校学习一些必需的知识和技能。

青春期和走向成年的过渡期。智力有缺陷的孩子会慢慢地长大。在青春期，他们也会像其他青少年一样面临同样矛盾的欲望和恐惧，这些情感也会给他们带来痛苦和欢愉，只是这些特殊孩子面临的挑战会更加艰巨。凭着他们有限的独立性，那些社交的技能——比如到电影院看电影，跟朋友出去玩等——可能会更加困难。同时，对这些青少年来说，要理解主宰男女交往的那些社会规则也很困难。很多人认为智力有缺陷的人不会有或者不应该有男女之情，这种观点不能解决问题。孩子早期的和随后的性教育以及人际关系的教育对他们的正常发展很重要（参见第438页）。对于认知方面有困难的孩子来说，这些教育尤为重要。

很多父母都担心，那些智力有缺陷的孩子将如何在成人的世界里找到自己的位置？学校正在向年龄在21岁以内的学生提供越来越多的特殊教育，同时提供相应的服务，帮助他们适应未来的工作和生活环境。在整个青少年时期，确立教育目标和生活目标并对其进行评估的过程有双重作用：既能保证患有智力缺陷的孩子得到需要的帮助，又能鼓励他们尽其所能掌控自己的命运。

斯波克的经典言论

智力低于平均水平的人可以胜任很多有益又有尊严的工作。在成长过程中得到良好的调教和训练，以便能够从事智力所及的最佳工作，这是每一个人的权利。

孤独症

充满希望和关注的时期。孤独症正受到前所未有的关注。现在人们知道，孤独症是由大脑的非正常发育引起的，与不正常的家庭教育无关。如果早期接受高强度的特殊教育，患有孤独症的孩子就能学会比较灵活地交际和思考。由于目前对治疗方案有了更多的了解，人们的态度也更加积极，再加上更多可供选择的高质量疗法，专家们给孩子作出诊断的时间也在不断提前，从而大大增加了治愈的机会。

但是另一方面，患有孤独症孩子的数目似乎正在增长。这里说“似乎”是因为我们无法确定，这种增长在多大程度上是人们提高了认识的结果，又在多大程度上是孩子自身变化的结果。有一种流行的理论认为，孤独症是由注射疫苗引起的，这种观点很不可信（参见第280页）。还有很多其他因素可能导致孤独症，但是并非所有的因素都被仔细地研究过。当早期强化教育帮助更多孩子逐渐取得进步时，很多父母仍然寄希望于某种神奇的疗法，立即治愈他们的孩子。那些希望总是因为遥不可及而落空，随后的失落感可能会非常沉重。比较现实的一种可能性就是，患有孤独症的孩子会在以后的生活中继续遭遇特别的挑战。

我们现在对孤独症的了解比以往都多，但是我们还有很多东西需要了解。下面的段落只是一个简单的介绍。如果孩子或你爱的人患有孤独症，就会想要了解更多这方面的知识。

什么是孤独症？患有孤独症的孩子在3个重要的方面发展不正常：思想交流、人际关系和行为举止。大部分孩子在成长中都会在其中某个方面遇到困难，他们遇到困难时的表现可以作为是否是有孤独症的参考标准。下面有一些例子：

思想交流。患有孤独症的孩子可能不会在正常的年龄牙牙学语(6～12个月时)，会说单个字词的时间一般也比较晚。即使他们能够说话，经常也只是重复一些没什么意义的词语。他们还很难与别人进行交谈。有孤独症的孩子也会遇到非言语交流的障碍。不会用目光的交流来表示他们正在倾听，也不会指着什么东西来表示他们觉得那很有意思。

人际关系。有孤独症的婴儿可能不会正常地拥抱别人，也不会伸出双手要求别人的拥抱。有的孩子在别人逗弄他们时会不高兴，而大多数孩子则会喜欢那样的逗弄。有孤独症的孩子经常忽视自己的伙伴。他们还会作出错误的反应，因为看不懂表示“我现在可以玩了”或者“别理我”的行为暗示。他们可能对自己的父母充满感情，但表达方式却是奇怪的，比如用后背倒向一个人来要求拥抱。

行为举止。有孤独症的孩子经常会特别喜欢一两个动作，还会一遍又一遍地重复这个动作。有的孩子会把玩具车按照同样的次序摆成一排，或者不停地打开电灯再关上；有的孩子会把录像带放进录像机再把它拿出来，再放进去，再拿出来，一次持续几个小时。如果有人想改变他们的行为习惯，他们就会发脾气。旋转的东西对他们似乎具有特别的吸引力。有孤独症的孩子会经常旋转自己的身体，拍打或扭动手腕，或不停地前后摇晃。他们也许会对声音、气味、触摸做出出人意料的反应。比如，很多这样的孩子喜欢被人紧紧抱住，却不喜欢被轻轻地触摸。

孤独症问题的范围。专家们划分了孤独症的等级范围，从轻微的到非常严重的。“广泛性发展障碍”这个术语也许有点让人迷惑，但这个词有时会被用来泛指孤独症的所有等级，也可以用来指一种特殊的孤独症，有时被称为“高功能孤独症”，这种孤独症并不表现出全面孤独症的所有症状。

亚斯伯格障碍是孤独症的一种类型，患有这种孤独症的孩子能够正常地说话，但通常无法领会交谈语言的微妙含义。举个例子来说，他们说话的语调会很平淡，很单调，有的孩子说起话来就像小教授一样，但几乎不能进行轻松的交谈。越来越多的孩子被确诊患有亚斯伯格障碍，而他们只是具有轻微异常的人际关系和其他怪癖。在程度较轻的确诊患者中，是真的患有障碍还是仅仅和其他人有差异的界限十分模糊。

更糟糕的是，孤独症通常还伴随着严重的智力缺陷、听力障碍，或者顽固的强迫症等。虽然这样的孩子可能永远都学不会用语言交谈，但是细心的教师和医生经常能够帮助他们建立起其他的交流和交往方式。

与自我表达、人际关系和兴趣等核心问题相伴的情况是，患有孤独症的孩子常常出现抑郁、焦虑、愤怒或注意力缺陷等症状。治疗时既要针对核心问题，也要针对附带的问题。

孤独症会带来生理问题吗？这方面的理论很多。我认为有道理的一种说法是，孤独症会影响大脑处理那些通过神经传来的信息，就像一台信号接收不好的电视机一样。有的信号接收得还可以，有的信号会有点失真，还有的完全丢失。孤独症的核心障碍可能就是思想交流、人际关系和行为举止，孩子在这几方面的障碍正是对这种混杂信号的回应，也就是孩子为了应付这个混乱又令人惊恐的世界而作出的努力。

还有一些更严重的症状可能是一种宣泄。孩子由于被迫与别人隔绝而感到极度的灰心和痛苦，于是他们可能暴躁地发脾气。另一种常见的症状是喜欢旋转。这种表现可能反映出孩子的前庭觉发展得不正常，因为前庭觉是掌握平衡的能力。这个孩子也许会回避眼神接触，只喜欢看着一小部分非常熟悉的东西，因为人的脸在一瞬间提供的信息太多了，有孤独症的孩子会觉得承受不了，从而感到不舒服。也可能是患有孤独症的孩子缺乏能力去理解那些通过面部表情传达出来的信息，而这种能力是正常发展的孩子很小就已经掌握的（也许他们生下来就具备了这种能力）。在这种情况下，患有孤独症的孩子回避目光接触，不是因为这件事情让他不舒服，而是因为这件事并不有趣；目光交流对他们来说并没有表达出任何意思。新的研究显示，这可能是真正的原因。

如果孤独症扭曲了孩子的视觉、听觉、触觉和味觉的感知方式，那么那些本来可以增进孩子和父母感情的日常事物，比如对视、饼干、音乐等，就反而会使患有孤独症的孩子陷入孤立。治疗孤独症的难点在于要绕过这些混杂的感觉跟孩子交流，消除他的防御（比如逃避眼神接触等），再教孩子一些表达想法和感情的技巧。

孤独症的早期表现。如果孤独症能够在早期发现，就能够在很大程度上改善它的状况。在孩子还很小时，父母也许会隐隐约约地感觉到有什么地方不对劲。以后再回头想想，可能会意识到自己的孩子并不像别的孩子那样看着他们的眼睛，或者从来没有真正喜欢过大人的逗弄。其他的早期表现还包括：孩子到了12个月时还不会指着东西让父母看；到15个月时还不会用任何词语来表达需求或简单的想法；或者到2岁时，还不会把两个词连在一起组成简单的句子。上述这些情况并不一定就是孤独症的先兆（有时听力缺损、其他发育问题和正常发育的种种表现看起来是一样的），但是，如果在孩子身上发现了上述任何一种情况，都应该对孩子的发育作一次评估，不要想当然地认为他“长大点就好了”。

孤独症的治疗。治疗孤独症的主要方法就是重点针对人际交往进行早期的强化教育。提高孩子语言能力和交流技巧的活动一般都需要每天几个小时的练习，而且一天都不能间断。应用行为分析是经过最佳研究的治疗方法；接受过培训来提供这种专门疗法的专家可能会把自己称作获得认证的应用行为分析师（BCBAs）。孩子可能参加不止一个治疗项目，同时在不同水平的训练中拥有指导教师或聘请了助理人员。大量的训练科目有助于整套治疗方案的实施，包括正音和语障治疗、物理治疗，以及职业治疗等。

因为这种努力强度太大，几乎总会有一位家长不可避免地将自己全部的时间投入到照顾和教育孤独症孩子的工作中。关键的挑战在于找到一种平衡，让家中其他成员也参与其中，同时增进家人之间的关系。

至今还没有发现治疗孤独症的潜在问题的药物。但是，很多药物都被用来缓解孤独症的症状，减轻患者的愤怒、焦虑或强迫行为，从而使家庭生活不至于那样难以忍受，也不至于妨碍患病孩子的教育。很多家长在寻找治疗途径时会转而求助于辅助药物和替代疗法。在这个过程中，他们常常会发现令人困惑的庞杂理论和治疗方法，有些可能比别的更有道理。但是，到现在为止，还没有一种方案经受住了科学的审查。许多孩子都被迫吃上了不含麸质和牛奶的饮食，还服用大剂量的B族维生素。这种的饮食改变很难坚持，但是没有危险。

更有争议的治疗方法还包括给孩子服用旨在去掉体内重金属(比如汞)

的药物。螯合疗法就像它的名称一样，很昂贵，常常很痛苦，具有潜在的危险，而且疗效完全没有经过科学证实。家长想要为患有孤独症的孩子尝试所有可能有效的办法，这种努力没有错，但应该在那句医学格言确定的原则之内采取行动，即“首先，不要造成伤害。”

孤独症孩子的父母需要了解很多东西，以便安排孩子的教育。

唐氏综合征

天生患有唐氏综合征的孩子不仅面临着发育的困难，还要面对疾病带来的风险。一开始，哺乳困难和发育迟缓的情况比较常见。大多数患有唐氏综合征的孩子都有智力缺陷，有的比较轻微，有的比较严重。他们发育迟缓，而且很可能有听力障碍和视力障碍，或者耳部感染和鼻窦感染、睡眠不规律、甲状腺激素水平低下、心脏病、严重的便秘、关节疾病，以及其他一些问题。但针对某个特定的唐氏综合征患儿来说，他可能没有上述症状，可能有几种，也可能有很多。

尽管如此，患唐氏综合征的孩子及其家庭的生活仍然可以很充实、令人满意。在很大的程度上，这种积极的效果来自于患儿父母的勇气。这些父母不但没有把孩子封闭起来，反而向整个社会提出请求，希望他们给予患有唐氏综合征的孩子和成人，以及其他残障人士以正常生活的权利。

定义和危害。所谓综合征就是指一系列症状经常一起出现的情况。“唐”指的是发现这种疾病的人——约翰·朗顿·唐（John Langdon Down），早在1865年，他就第一次描述了这种综合征。差不多100年之后，人们才找到了这种综合征的病因：第21号染色体的遗传分裂错误导致了多余遗传物质的产生。大多数患有唐氏综合征的人都有3组第21号染色体，而正常情况下是两组。“21三体型”这个术语仅仅表示3组第21号染色体，也是唐氏综合征的别名。在罕见的情况下，第21号染色体多余的一小部分迁移到了另一条染色体上——用基因学的术语来说，就是“易位”。易位会增加这个家庭中第二个孩子患唐氏综合征的几率。

1.25‰的孩子生下来就患有唐氏综合征，遗传问题使得这种症状比较常见。女性年龄越大，某个卵细胞包含另一条21号染色体的几率就越大，这就增加了她们的孩子患唐氏综合征的风险。35岁以上的母亲生下患有唐氏综合征孩子的几率是4‰。

唐氏综合征的诊断。对唐氏综

合征的诊断可以在母亲怀孕的前3个月进行，通过检查羊膜液（羊水诊断）或部分胎盘（绒毛膜取样，简称CVS）得出结论。大多数产科医生都会推荐35岁以上的孕妇至少进行上述的一项检查。产前的超声波检查也能显示出这种疾病的某些特征。

出生之后，孩子的面部特征和其他体检结果也能显示出患有唐氏综合征的可能性，但是最终的确诊还要依靠血液化验。化验结果大概需要一两周。

治疗。目前还没有药物、饮食、营养补充剂或其他治疗方法能够治愈唐氏综合征。貌似神奇的药物和突破性的治疗手段层出不穷，但直到目前为止，没有一个能够经受住科学研究的考验。父母应该在决心尝试每种可行的治疗方法时调整自己的心态，以避免精力的过度消耗和接二连三的失望。一定要接受孩子的现实状况，在父母努力改善孩子生活状态的过程中，这一点也同样重要。

患有唐氏综合征的孩子会得益于家庭保健医生的帮助：一个有责任心的医生能够帮助父母参与到各种必将遇到的健康问题中来，还能帮助父母找到需要的专家或医学家。找一位技术过硬、经验丰富的医生非常值得，这对患有唐氏综合征的孩子尤其有好处。这样一位医生更可能规划孩子的特殊成长过程，从而帮助预测患有唐氏综合征的孩子成长中遇到的问题(他们的成长跟正常的孩子不同)。

教育计划应该根据孩子的兴趣、性情、学习类型来制订。这种方法当然对所有孩子都可行，但是对于患有唐氏综合征的孩子来说尤为重要。将患有唐氏综合征的孩子融入正常的班级经常会取得不错的效果，但这也常常需要知识广博的教育专家或学校心理专家的特别帮助。

对唐氏综合征患儿的护理在各方面的共同努力下成效最为显著，这就要求父母、医生和教师要同心协力地为孩子考虑。这个团队带头人的重担会责无旁贷地落在孩子父母身上。参加父母互助组织可以获得必要的信息和支持，帮助父母在照顾孩子的过程中当好带头人。

寻求帮助

为什么要寻求帮助

很多不同的专家都经过专门的训练，能够理解和治疗儿童的行为问题和心理问题。在 19 世纪，精神病学家主要只为精神病患者服务，有些人还会为了要不要咨询心理健康专家而犹豫不决。但是我们已经知道，严重的问题通常是从轻微的症状发展而来的，所以现在，心理健康专家已经开始更多地关注日常生活中的问题，这样一来，就能够在最短的时间里获得最好的效果。我们都知道，不能等孩子的肺炎变得非常严重了才去看医生，心理问题也一样，不能等孩子的精神已经受到严重影响才去找儿童心理健康专家诊治。

最初的步骤

需要帮助时，也许很难找到合适的求助对象。父母们可以首先向孩子的医生求助，因为可以相信他的判断力。也可以打电话给附近的医院，请求总机帮你联系相关部门。

针对个人需求，某一方面的专业人员可能比另一方面好。下面的内容简单地介绍了最可能帮得上忙的专家。

家庭社会服务机构。大多数城市都有至少一个家庭社会服务机构，大一些的城市有更多。这些机构可能以某种宗教命名，但他们的服务不分信仰。这些组织由社会工作人员组成，他们受过专门的训练，可以帮助父母解决常见的家庭问题，比如孩子的管理、婚姻调解、家庭预算、慢性病、住房、找工作、医疗服务等。他们经常会有顾问——精神病医生或心理学家，这些人能够帮助处理比较困难的情况。

许多父母都是伴随着这样一种想法长大的：他们认为社会机构主要提供救济，只为穷人服务。事实上，现代家庭机构既愿意帮助人们解决重大问题，也愿意帮助人们解决小问题，既愿意帮助那些付不起费用的家庭，也愿意协助那些付得起费用的家庭。

治疗的种类

治疗的方法多种多样。老套的做法是，躺在长沙发上谈论自己的梦境，长着胡子的精神分析医生会记下笔记——这是老掉牙的一套。以深入考察为主的治疗方法试图让患者更深入地了解自己的经历和动机，包括童年时的经历在内。而其他治疗方法则更多地关注患者当前的情况和状态，通过改变患者对自身和他人的看法来改变他的行为，这种方法就是所谓的"认知行为疗法"（CBT：Cognitive-Behavioral Therapy）。过去几年的研究表明，认知行为疗法可以收到显著的效果。举个例子来说，一个精神抑郁的孩子也许会通过看到自己不断重复的消极念头和过于挑剔的习惯，转变成更加现实和更有希望的孩子。

不善于用语言表达感受的孩子经常会从游戏疗法中受益。大一点的孩子也许能通过艺术疗法或故事疗法获得改善，他们能够从中学会叙述事情或讲故事，从而提高自己的语言表达能力。对于有行为障碍的孩子来说，行为疗法可能比较有效。这种疗法注重分析好的表现和不当行为的原因和结果。大多数行为疗法都包括对父母的训练，也就是帮助父母有效地参与孩子的治疗，提供一些可以改善孩子行为的具体指导和训练。

家庭疗法通常很有帮助，有时会与其他疗法结合使用，有很多选择。如果考虑与一位治疗专家合作，咨询一下是否有更舒服的治疗方法。

选择专家

咨询朋友和家人是否有推荐的专家。也可以通过与专家交谈来了解相关信息。治疗过程应该让父母和孩子都感到舒服，这点很重要。一些社区服务提供了免费或收取一定费用的帮助。最好在治疗之前了解计划能取得多大的改善。

发育和行为方面的儿科医生。这些医生都受过儿科医生通常需要的训练，同时还有2～3年研究和护理有发育和行为障碍儿童的经验。有些医生在发育障碍方面有专长；还有些医生则在行为障碍方面更擅长。如果觉得这种分类让人很糊涂,也不必紧张。最好的办法就是打听一下医生受过的训练和专长。

大多数发育和行为儿科医生在评估和诊治儿童常见行为和心理问题方面都有一定的经验。和精神病学家一样，他们都受过专门的训练，能够用药物治疗行为方面的问题（有些非常严重的问题，比如精神分裂症，最好还是让精神病学家来处理）。

精神病学家。这些人都是专门诊治心理失衡和情绪失调的医学博士。他们的介入对问题严重的孩子最有效，比如患有精神分裂症的孩子。少年儿童精神病学家在处理儿童和青少年的具体问题方面都受过特殊的训练。他们经常在团队中工作，主要负责开药方，而其他的专家——比如心理学家和社会工作者——主要进行咨询服务和交谈疗法。

心理学家。研究儿童问题的心理学家在许多方面都受过专门的训练，比如智力测试和智能测试，还有学习问题、行为问题和情感问题的病因和治疗等。有的心理医生专门研究患有慢性病并且反复住院的孩子，经常跟儿童生活专家合作。心理学家常常是通过认知行为疗法治疗儿童焦虑或抑郁的最佳人选。要获得心理学家的资格认证，必须有博士学位，还要具备临床实习医生的资格（在监督下为患者服务）。

社会工作者。这些专业人员在大学毕业以后至少还要接受 2 年的课堂学习和临床训练，才能获得硕士学位。要想得到临床认证社会工作（LCSW：Licensed Clinical Social Work）的学位，一个硕士水平的申请人必须在监管之下为患者提供咨询和治疗，还要通过一个州级的认证考试。社会工作者能够对一个孩子、他的家庭和学校环境做出评估，再从孩子和家庭两方面来治疗行为问题。

精神分析学家。这些人包括精神病学家、心理学家和其他心理健康专家。他们通过探测潜意识里的矛盾和防卫心理，以及患者与精神分析学家的关系来解决精神问题。很多精神分析医生也采用其他治疗方法和药物。儿童精神分析学家（跟心理学专家相似）除了跟小患者谈话以外，还经常通过游戏和艺术与他们沟通。同时，也经常与父母们一起开展工作。正规的精神分析学家都具有高级学位，已经对心理分析作过研究或正在进行这方面的研究，还必须在监管之下工作几年。但是，这些专家并没有获得国家的认证，他们中的任何人都可以合法地称自己是个精神分析学家。所以，在进行精神分析疗法之前应该仔细考察这个专家的各种证件。美国精神病协会的网站上详细又清楚地介绍了精神分析疗法，并列举了美国精神分析学家的名单。

家庭治疗专家。家庭疗法的主要特点就是每个家庭成员都要参与其中。一个孩子的行为障碍通常会给整个家庭带来麻烦，而家庭中的问题又经常会导致某个孩子的行为失常。改善孩子行为的最好方法通常是要帮助整个家庭更好地运转。

家庭治疗专家可以是心理学家、精神病学家、社会工作者，或其他已经完成家庭疗法额外训练的专业人士。大多数州都规定了获得此方面认证的条件，其中包括硕士以上学位、两年严格监管之下的家庭疗法实践经验，以及通过一项标准化考试。

获得认证的专业咨询员和学校咨询员。美国大多数州的专业咨询员资格都包括咨询学硕士学位和2～3年的监管实践，大约2000～4000小时。学校咨询员都经过专门训练，能够在学校里提供咨询服务。对于执业心理咨询师（LPC，Licensed Professional Counselor）或学校咨询员的培训，跟很多家庭治疗专家或硕士水平的心理学专家接受的训练范围差不多。

言语治疗师、职业治疗师和物理治疗师。对于有发展困难和行为困难孩子的评估和治疗，这些疗法可能格外有效。所有疗法都要运用各种技巧，包括教育、特殊的锻炼，以及亲自动手操作。最好的治疗专家也要和家长配合，以帮助他们在间歇时间继续这些治疗。在所涉及的问题和采用的技术方面，这些专业之间有着相当数量的重叠。这种情况可以理解，因为一旦涉及到儿童的问题，所有体系都是内在联系的——比如身体活动、玩耍、触摸物体、集中注意力、吃东西和思想交流等。这些专业的业务训练至少需要达到硕士水平，还要通过州委员会考试，很多人还要接受进一步的高级培训。

一起努力

父母应该做好计划，跟自己选择的专业人士一起努力。有的医生会限制父母的介入，不赞成他们把孩子送来之后再带回家去。但是，大多数医生会鼓励父母发挥更积极的作用。在家庭疗法中，整个家庭都是医生的患者。

父母应该尽早跟专业人士商量好治疗的主要目标，对什么时候会出现什么变化进行预测，然后不时地检查自己是否正在做着预期中的事情。对于具体的情况，比如尿床或发脾气，只要几个疗程就可以；其他问题可能会花费更长的时间。一般来说，如果能够在几年的时间里坚持和同一位专业人士配合治疗，那么孩子和父母都会从中受益。

早点确定自己的期望值有很多好处，其中之一就是能在进展不理想的时候帮助父母作出决定。对于长期以来形成的问题，不能奢望会有立竿见影的解决办法，而且病情在好转之前，通常会有恶化的表现。一旦选定了一个与你共同努力的专家，最好是坚持一段时间，尽管有时候你会觉得不太踏实。从另一方面来说，如果几个月过去了还见不到起色，父母也觉得早该见效了，可以和医生谈一谈，看看是否需要换一种新的方法或换一名临床医生。这样做很有必要。

哪怕是病情出现了反复，或者换了医生，也不是世界末日。最重要的是，父母和孩子能保持乐观，相信情况一定会好起来。我认为，长期来看，这种态度常常是决定成败最关键的因素。

第六部分

学习与学校

学习与大脑

最新的脑科学

我们现在对大脑有了足够的认识，可以逐渐了解婴儿和儿童是怎样学习的。例如，我们知道为什么当宝宝调动了所有感官学习的时候效果最好；为什么他们会不停地重复某种行为，又突然之间失去兴趣，比如摇拨浪鼓，听以前讲过的故事；为什么在某个年龄更容易掌握某种技能，比如在 10 岁之前学习一门外语。我们也开始运用针对大脑变化的已有认识，为有学习障碍的孩子设计新的治疗方法。

脑科学的新发展可以归结为几条原理。所有的思维活动都是大脑的运动。大脑会通过运动变得更有效率。虽然大脑不会停止这种变化，但是随着人的年龄增长，大脑会越来越不灵活。因此，生命最初几年的经验非常重要，它可以使大脑的运动有一个良好的开端，为终生的学习奠定良好的基础。

基因和经历。几十年来，科学家一直认为婴儿大脑的发育是按照基因携带的详细信息进行的。现在我们知道，基因只是勾画一个大致的轮廓，而细节则由个人的经历填补。孩子的经历决定着大脑的构成，进一步决定着大脑的功能。

之所以说大脑神经相互的连接方式是个人经历而不是由基因决定的，原因之一就是因为大脑的结构太复杂了。人类大脑包含着大约 1000 亿个神经细胞（神经元），每个神经细胞都与大约 10000 个其他神经细胞相连。如果把这两个数字相乘，结果就是1000万亿个连接。构成人类基因的26对染色体不可能容纳每一个连接的信息。

基因的责任是建立一个整体的结构。在孩子发育的早期阶段，基因使神经细胞以飞快的速度分化和生长，移动到合适的地方，然后开始建立彼此的连接。大脑中控制身体基本功能的区域会发育得比较早，例如控制呼吸和心跳的部分，它们必须早一些发育。但是控制其他功能的区域发育得要晚得多，比如理解语言和说话的能力，这些功能和复杂的神经回路会在个人经历的控制下发育起来。

换句话说，我们出生时大脑并没有发育完全。这是件好事情。如果我们的大脑在出生时就已经发育完全了，大脑就无法轻松地适应不同的环境。例如，对于一个听着汉语长大的孩子来说，他的大脑就会形成能够处理汉语发音的神经回路，而对于一些汉语中没有的英语发音，早在12个月之前，他就已经在很大程度上丧失了辨别的能力。同样，一个听着英语长大的孩子，即使他越来越善于辨别英语的发音，也会丧失辨别那些未曾出现在英语中的汉语语音的能力（也就是神经回路）。这种适应性在其他的感觉器官中也会出现，比如，在现代的房子中长大的孩子会比在圆顶小屋中长大的孩子更善于辨别直线和直角。

不用则废。为什么大脑会有这么好的适应性？重要的原因在于一条很简单的规则，这条规则决定了神经细胞之间的连接，就是不用则废。许多神经细胞之间由细小的空隙连接起来，这些小空隙就是神经腱，所有思考活动都依赖于这些连接起来的神经细胞。每当两个神经细胞发生信息传递，神经腱就会变得更加有力。强壮的神经腱会保留下来，弱一些的就会被剪除掉，就像园丁修剪玫瑰花枝一样。

起初，大脑会建立超过实际需要的神经腱。在不断学习的过程中，很多神经腱都会被剪除掉。一个22岁的大学毕业生神经腱的数量要少于2岁的婴儿。大脑通过减少不必要的没有使用的神经腱，使自己变得更有效率。但与此同时，这也使大脑更难适应全新的东西。因此，举例来说，尽管大学毕业生可以很快地掌握历史学的复杂概念（这是他曾经学过的东西），却要费很大的力气去学习外语发音，因为这需要他的大脑用一种完全不同的方式学习（而2岁的婴儿可以很轻松地完成）。

不用则废的原则之所以对宝宝的培养非常重要，是因为宝宝需要体验各种经历，使他们的大脑在发育过程中变得更有适应性。他们需要各种不同的体验，比如触摸、敲打和品尝不同的东西。以及画图、搭建、参与、跳上跳下、抓取、投掷等。他们需要听到大量的语言，也需要被倾听。随着他们不断长大，通过早期经历获得加强的神经细胞连接会使孩子便于接受各方面的新信息。

再来一次！再来一次！不用则废的原则帮助我们解释了为什么婴儿和幼儿总是爱起劲地做某些事情，一次次不停地重复。比如在10个月时，宝宝会抓住婴儿床的栏杆，用尽小胖胳膊和小肉腿的全部力量，拽着自己站起来。他不知道接下来该做什么，所以就松开手，一屁股坐下，一分钟后又重新把自己拉起来。他会不停地重复这件事情，直到因为厌烦开始吵闹，或者因为疲劳想要睡觉为止。

婴儿锻炼的不仅是肌肉，也在锻炼大脑。每当他重复向上拉和站立的动作时，某一组神经腱就会变得更有力一些，这些神经腱最终会带给他走路必需的平衡能力和协调能力。当然，一旦婴儿掌握了独自站立的技能，就会对向上拉的运动失去兴趣，然后转向下一个目标。

父母会在婴儿成长的各个方面看到这种重复。婴儿对学习有着强烈的内在动力。孩子会不停地把积木放进桶里，或者把同样的故事听上500次，这都是大脑正在发育的证据，父母了解这一点非常有好处。

学习和情感。我们曾经认为情感和逻辑是大相径庭的两件事，其实，它们的关系非常紧密。学习的时候，婴儿会非常专注、投入和快乐，积极的情绪会增强他探索和学习的能力。实际上，无论积极的情绪还是消极的情绪都能促进学习。孩子只会关注新鲜的事物，然后从中学到知识和经验，因为新鲜事物可以激发积极情绪或消极情绪（我们会因为某件事情的重要性而去主动关注它，但是学习的效果不会像我们在积极投入情感时那么好）。大脑中产生情感的神经系统与产生逻辑思维的系统连接得非常紧密。当这种连接被切断时（这种情况很少发生），这个人只能单纯地进行逻辑思考，会造成严重的学习障碍。

判断婴儿和幼童是否在学习的标志，就是他们是否开怀大笑、微笑或轻声低语，或者是否目不转睛地凝视什么东西。父母给予孩子所有的爱——包括晃动、拥抱、挠痒痒、哼歌和谈话，都有助于他的感情成长，同时还会增强他学习的欲望和能力。

孩子的思维方式

皮亚杰的观点。婴儿和儿童是如何认识和理解这个世界的？最早也是最好的一些答案来自于瑞士的一位心理学家让 · 皮亚杰（Jean Piaget）。皮亚杰在认真地观察了他的 3 个孩子之后，开始形成自己的理论。后来，他把自己毕生的时间都用在了科学研究上，想证明这些理论。然而，正是对孩子成长这种日复一日的观察触动了他的灵感。所以，父母也可以通过这样的观察获得启示。

皮亚杰认为，从阶段上来说，每个人的发展过程都一样。通过对这些过程进行的仔细描述，他解释了一个几乎没有抽象思维能力的婴儿最终如何实现逻辑推理，如何推测事物的发展，又是如何创造出他闻所未闻、见所未见的新想法和新举动。

小科学家。皮亚杰把婴儿和儿童看成“小科学家”。他相信我们生来就有想去认识事物的愿望，而且还会通过不停地实验去实现这种愿望。比如一个 4 个月的孩子会不停地扔东西，然后到处找。这就是他在检验自己对重力的想法。他还可能会想，即使一个东西看不见了，它仍然存在着，于是会试着把东西扔在地上。这一概念被心理学家称为“客体永存”。

在孩子一遍又一遍地进行这种试验之前，对他而言，除了当时看到、听到和摸到的东西以外，什么也不存在。离开了视线的东西也就离开了他的意识。婴儿在第 [illegible] 个月里，通过次又一次的试验，开始理解客体永存的概念。3 个月时，孩子可能偶然把奶嘴或奶瓶掉到地上，1 秒钟后，他惊讶地发现，掉的东西就在地上。这种事情可能一次又一次地发生，并且逐渐在他脑子里留下印象：地上的那个东西就是原来在他手里的那个东西。

当他满意地完成了往地上扔东西的“研究”之后，就会得到这样的结论：如果看到过的东西现在不见了，就一定在地上。如果不在地上，就很可能不再存在了。直到下一个阶段，也就是大约 8 个月时，孩子对于物体恒存性的认识才会变得更加复杂，才会开始到其他地方去寻找失踪的物体。

婴儿喜欢玩“藏猫猫”也是这个道理：一张脸忽隐忽现，一会儿看得见，一会又看不见了。孩子对这种游戏的兴趣是无穷的，因为这是他在这个成长阶段正在“思考”的问题之一。一旦他完全确信，就算他看不到这张脸也仍然存在，他就会把“藏猫猫”的游戏扔到一边，再开始一个符合他的成长阶段的新游戏。

感觉运动思维。皮亚杰把孩子 2 岁前的时间叫做感觉运动阶段。意思是，这个年龄的孩子的知识，是通过运用他们的感官和运动能力（也就是肌肉）学习获得的。如果孩子学会了抓住拨浪鼓，他就知道拨浪鼓是拿着玩的。当他摇拨浪鼓，用力地把它砸在高脚凳，或者放在嘴里时，就说明他对拨浪鼓有了更多想法。如果把拨浪鼓拿走，藏在一块布下，他会把布掀开拿走拨浪鼓吗？如果会，他就有了物品（至少是拨浪鼓）可以被藏起来然后被找到的概念（这时，当父母不再想让他玩什么东西，要把它藏起来，就没那么容易了）。

婴儿将要学习的另一个重要概念就是原因和结果。四五个月时，如果把细绳的一端系在宝宝的脚踝上，另一端系在婴儿床上方悬挂的玩具上，宝宝很快就能学会移动自己的腿来牵动玩具（要记住，离开时要把绳子拿走，否则有勒住孩子的危险）。皮亚杰在他一个最著名的实验中就做过这件事。随后，孩子就能学会如何使用物品达到想要的结果，比如用棍子去够拿不到的玩具。在其后的发展阶段中，他们会发现有些可以导致某些结果的原因是隐藏着的，带发条的玩具就是很好的例子，它们运转的原因就是隐藏着的。1 岁半～2 岁，大多数宝宝都会明白如何让这样的发条玩具运转。

在感觉运动阶段，婴儿们开始理解词语，并学会用它们指代事物和表达自己的需要。但是只有到了学步期，孩子才能学会把词语放在一起，变成有趣的组合，这时词语才能变成灵活思考的工具。比如，他们会说“画一张画”，或“饼干没有了”等。至此，感觉运动阶段就结束了。

父母必须知道，思维是按阶段发展的。企图加速正常的过程，跳过感觉运动的学习，直接进入更高级的语言学习阶段是一个错误。所有的乱敲乱打、胡涂乱抹和胡闹对于婴儿大脑的进一步发展都是必要的。

试运行阶段的思维。皮亚杰使用“运演”这个词表示建立在逻辑原则上的思考，他认为 2～4 岁的学龄前儿童处于思维的试运行阶段，因为孩子这时还不能进行逻辑思考。比如说，一个 3 岁的孩子很可能认为下雨是因为天空伤心了；如果他生了病，会认为这是因为自己不乖。处于思维试运行阶段的孩子只会用自己的方式看待事物，他不一定自私，但是以自我为中心。如果爸爸不开心，他可能拿来自己最喜欢的动物玩具，想要安慰爸爸(无论如何,这个玩具对自己管用)。

年幼的孩子对于数量的概念还没有发展完善。皮亚杰在他的一个著名实验中证明了这一点。在这个实验中，他在一些孩子面前拿出一个装满水的宽口浅盘子，然后把盘子里的水倒在一个又细又高的杯子里。几乎所有的孩子都说杯子里装的水更多，因为它

看起来大一些。同样多的水在盘子和杯子之间倒来倒去，但并不能改变孩子们的想法。如果一位医生试过让 2 岁的孩子相信用的针真的非常小，他就知道，对于一个处在思维试运行阶段的孩子来说，一个东西的实际大小根本不像它看起来那样。同样的迷惑使许多孩子都害怕会被冲到浴缸下水道里去。

具体运行阶段的思维。大多数孩子在入学的前几年，大概从 6 岁到 9 岁或 10 岁，都可以进行逻辑思考了，但是还不能进行抽象思维思考。皮亚杰把这种早期的逻辑思考叫做思维的具体运行阶段，也就是对于能够看到和感觉到的事物使用的逻辑思维。这种思维出现在孩子想判断对错的时候。例如，6 岁的孩子很可能认为一种游戏只能有一套规则。即使所有参与者都同意，改变规则也是错误的，因为会打破原先的规则。9 岁的孩子可能会认为玩棒球时打碎了玻璃比偷吃一块糖果还要严重，因为玻璃的价格更加昂贵。在思维的具体运行阶段，孩子不会想到打破玻璃完全是个意外，而偷吃糖果的行为则是故意的。

处在思维具体运行阶段的孩子可能很难分辨别人的动机。给已经上学的孩子讲完故事之后，再让他解释为什么某个人物会这样做，是一件非常有意思的事情。成年人很快就会发现，对大人来说很明显的答案对 8 岁的聪明孩子其实非常困难。我建议父母用比较经典的故事书给孩子讲故事，并向他们提问。E.B. 怀特（E. B. White）的《夏洛的网》或罗伯特的《霍默的价格》都不错。

抽象思维阶段的思维。在小学快毕业时，孩子会更多地思考比如公正、命运等抽象的概念。他们的思维会变得灵活得多，可以针对一个自然问题或社会问题想出很多不同的解决方法。他们能够把理论应用到具体的实践中，也能够从实践中总结出理论。这种抽象思维常常让十几岁的孩子对父母的教育和价值观产生疑问，有时还会在吃饭时引发激烈的争论。它也会使青少年形成高度的理想主义观念，进而产生强大的政治冲动。

正如皮亚杰所说的，不是所有的青少年思维都能达到这种正式运行的阶段。他们在某些领域可以使用抽象思维，在另一些方面则不能。例如，一个喜爱电脑的 15 岁孩子也许可以对防火墙和文件共享的方案进行抽象思考，但在处理跟女孩的关系方面却只能使用具体的思维。在某些方面，他可能还处于思维的试运行阶段。例如，他可能怀有青少年中常见的完全不合逻辑的观念，所以才会抽烟，还会跟那些嗜酒的同龄人一起驾车玩耍，但他不一定会真的变成坏孩子。

作为父母，要注意孩子正处在哪个思维阶段——思维试运行阶段、具体运行阶段还是抽象思维阶段，这对有效地与孩子交流很有好处。

孩子是不同的。对认知发展的理解使我们形成了一个重要的认识，那就是孩子不只是“小号”的大人。他们理解世界的方式跟多数成年人有着根本区别。根据认知阶段的不同，他们可能更以自我为中心，更固执，或者更理想主义。对我们来说非常合理的事情，对于孩子来讲可能没什么道理，甚至一点道理都没有。

斯波克的经典言论

就我的经验而言，父母之所以会觉得孩子难以管教，是因为父母没有真正认识到自己和孩子对世界的认识有着多么大的根本区别。于是，父母就认为，自己的孩子本来可以更加善解人意。正因为如此，父母有时候会长篇阔论地跟 2 岁的孩子解释，为什么孩子应该和别人分享一些东西。尽管这个阶段的孩子还不能理解分享的含义，但这并不意味着他以后也不会和人分享。由于这种类似的误解，有些成年人会对十几岁的孩子说，吸烟可能导致肺癌，吸烟的人会因此活不到 40 岁，所以不应该吸烟。其实，如果跟孩子讲一些直接的利害关系，效果要好得多。比如，吸烟会带来口臭、使耐力减弱，而且看起来也很傻等，这些才是这个年龄的孩子真正在乎的事情。

多样化的智力

上述皮亚杰的理论解释了儿童思维的很多问题，但这些理论讨论得并不全面。我们从一些非常巧妙的实验中得知，很小的婴儿就具有记忆的能力，甚至有简单的数学能力，虽然我们一直认为这是不可能的。

另一方面，我们认识到皮亚杰提到的语言分析能力，也就是由标准智商测试检验出来的能力，只是很多智力中的一种。事实上，每个人的智慧都是多方面的。其他的智商包括空间感、乐感、身体肌肉的运动知觉（运动感）、人际交往能力（与他人的关系），自察能力（自我了解与洞察）和自然力（理解和辨识大自然中的事物）。

智力水平不均等。理解多样化智力的关键，就是了解智慧源于大脑对信息的处理。各种信息不间断地通过大脑：比如说话的语调和节奏的信息、音乐方面的信息，以及个人空间位置的信息，等等。大脑的不同区域会分别处理这些不同的信息，并通过不同的方式把它们结合在一起。大脑的某个区域可能运转得很好，而另一部分可能不那么好。大脑控制语言的区域受到损伤的人也许会丧失说话的能力，但仍然可能唱出歌词，因为他们的音乐能力受另外一个区域的控制，而这个区域没有损伤。

即使是大脑没有损伤的人，各种智力水平也不是均等的。有些孩子通过听的方式学习效果最好，有些孩子最适合的学习方式则是看，有的孩子

最好把实物拿在手中，还有的需要全部感观同时体验一个概念。有些人可能天生能言善辩，但却怎么也算不清楚午餐时该给服务生多少小费。当同一个人的各种智力水平差别很大时，就可能导致学习障碍(参见第625页)。

想一想自己，你会明显地感觉到自己的某些方面比其他方面更有天分。拿我来说，我很善于讲话，但要是去打棒球就可能要我的命。我能演奏乐器，但却从没画出过一匹像样的马（有一次，我还为此练习了好几个月)。

注意观察孩子各种不同的能力，就会看到，有些父母认为他因为懒惰而不做的事情，事实上对他来说可能比想象的要困难。父母还会发现孩子在某些方面具有天赋，虽然这些天赋可能不会发展到更高的阶段。开始重视各种智力，就能更好地欣赏和培养孩子的强项，也能更好地发挥父母的优势。

为入学做好准备

任何对安全和健康有益的事情都可以帮助孩子成功地度过校园生活，比如教给孩子得体的行为方式，跟孩子共享快乐的时光等。孩子必须有机会和伙伴们一起玩耍，同时也要有能力自然地面对父母以外的成年人。除此之外，孩子在入学前必须具备在听说方面的基本能力水平，拥有探索事物的愿望，熟悉字母及其发音，喜欢听故事，还要有掌握印刷文字的强烈欲望。有的孩子在5岁之前完全待在家里，然后直接进入幼儿园。但大多数孩子的学前准备都要靠父母和学前班老师共同努力，充分的准备可以让孩子有一个良好的开端。

朗读

教育的目标不只是让孩子学会读写，而是让他们成为有文化的人。有文化的成年人通过阅读去了解他们感兴趣的东西，通过书写来交流思想。有读写能力的孩子会认为阅读和写作是令人兴奋的，而且对他们有益。他们会拥有丰富的想象力和广泛的爱好。读写能力可以拓宽孩子的视野。而且通常来讲，读写能力的培养是从父母的朗读开始的。

如果在年幼时很幸运地听过父母朗读，父母可能也会跟自己的孩子分享这种乐趣。即使没听过父母的朗读，也可能听说过朗读是一件有益的事情。但是，父母对一些具体的问题可能还不太清楚，比如为什么要朗读，什么时候朗读，以及怎么朗读。

为什么要朗读？有些孩子没有听

过父母的朗读也可以在学校中表现出色，这是事实。但是，如果孩子在入学时已经有了丰富的阅读经历，而且非常喜欢书籍，那么他就更容易具备较高的读写能力。

当父母跟孩子一起坐下来读书时，会发生很多美妙的事情。举个例子来说，通过讨论插图，可以让孩子接触很多新鲜有趣的词汇。通过阅读和重复阅读，可以给孩子提供大量的机会，让他了解各种词语怎样组合成有趣的句子，逐渐培养他的听力和注意力。父母会帮助他了解看到的字母和听到的单词之间的联系。最重要的是，当充满爱意的父母把图画书带进孩子的生活，并且通过朗读影响孩子的时候，就形成了愉快的互动体验。

双语家庭。成长过程中听过两种语言的孩子确实具有优势。虽然一开始他会需要较长的时间才能学会清晰地表达自己，但是此后，他很快就能熟练地使用两种语言说话。

在美国居住但讲不好英语的父母应该先用母语跟孩子交谈，给孩子朗读。对孩子来讲，先听到某种地道的语言，然后再接触不地道的英语，是大有裨益的。在家里学习西班牙语或俄语的孩子，一进入学前班或托儿所就能很快学会英语。但是，从来没有正确学习过任何语言的孩子（因为他没有机会听到正确的说法），以后的学习将会困难得多。

很多翻译成西班牙文或其他文字的图画书现在都能买到。同样，很多英文书每一页都有对照的西班牙文，可以帮助父母和孩子很好地学习。

为新生儿阅读。如果对着宝宝阅读，他就会喜欢朗读者的嗓音和被人抱着的感觉。父母常常在怀孕期间就开始出声地朗读，这样一来，他们的宝宝一生下来就已经了解并爱上了母亲朗读时的嗓音。这种嗓音和日常讲话时是不同的。许多父母从宝宝一出生就开始给他读书，而且在此后几年一直保持这个习惯。虽然我并不确定这种刚出生时的经历有多大影响，但这些孩子长大后往往很喜欢读书。

可以肯定的是，对宝宝阅读可以让他更多地接触人类的语言。听父母对他说话是孩子开始学习语言的重要途径之一。出色的语言技巧是以后读写能力的重要标志之一。另外，倾听还可以使宝宝安静下来。

如果想给新生宝宝读书，读什么不太重要。选择父母自己感兴趣的书籍，比如园艺、帆船，或一部小说。选择夫妻双方都喜欢的书籍更好，那样你们就可以在抱着宝宝的时候轮流给彼此朗读。

跟孩子分享读书的乐趣。大约6个月大的时候，一本崭新的、色彩鲜艳的图书可以让宝宝立刻兴奋起来。他会伸手去拿，轻轻地拍打，或者低声地咕哝。他可能想去抓住它，拿在手里摇晃或摔打，或者用嘴咬它。他还会兴奋地“说”起话来。不要因为孩子总是很粗暴地对待他的读物就丧失信心，当宝宝开始意识到书的特殊价值时，他就会逐渐学会尊重和爱护书籍。

要选择那些图画简单、色彩鲜艳的硬皮精装书。宝宝很喜欢带有其他小孩照片的书。还可以选一些韵律简单的诗歌。如果宝宝喜欢（很多宝宝都喜欢），父母也可以大声地给他读成人书籍，不时停下来跟他交谈。这个年龄的宝宝还听不懂那些话，但他喜欢那些声音。

9个月左右，婴儿就开始有自己的意志了。就像他想自己吃饭一样，常常想自己拿着书看。如果看书的时间变得像一场你争我夺的拉锯战，父母就要改变策略了。可以拿两本书，一本给宝宝，一本自己读。缩短每次阅读的时间。有时不妨让孩子把书当成玩具摆弄摆弄，让他拿着书，翻翻书页，敲打敲打。与此同时，父母可能会不时地发现某些特别的图片。指给孩子看的时候，父母声音中最好能传达出兴奋的情感。

还可以用图片玩藏猫猫的游戏。先把婴儿最喜欢的人物遮盖起来，然后问他：“狗狗到哪里去了？”如果配有诗歌的话，就可以抑扬顿挫地朗读出来。随着词语晃动身体（和怀里的宝宝）。如果书里有婴儿的图片，先指一下图片，再指指孩子身体的同一个部位。

很多婴儿喜欢长时间倾听(5～10分钟，或者更长)。活泼一些的宝宝也许只能集中1分钟的注意力，甚至更短。时间的长短并不重要。重要的是你们共同度过了愉快的时光并且喜爱这本书。如果孩子开始不耐烦（或者父母不耐烦）了，就另选一本书或做些别的事情。

学步儿童读书。9～12个月，一些婴儿开始明白事物是有名称的。一旦坚定地树立了这个观念，他就想听到每件事物的名称。图画书是了解名称的最好工具。拿一本孩子已经熟悉的书，问他“这是什么”，停顿一下，然后说出答案。如果孩子喜欢这个游戏，就说明他的头脑正处于学习的开放状态。父母不会马上听他说出这些新词，但是一两年后，可能会对他的词汇量感到惊讶。

随着时间的推移，到了学步期，孩子会更加注意图片的内容。12～15个月的宝宝可能会倒着拿书。大约从18个月开始，许多孩子会把书转过来，这时图片就是正立着了。

许多刚开始学步的孩子都喜欢运动。那些还不会走路的孩子也会喜欢一边听父母朗读一边被轻轻地晃动、挠痒痒和抱着。那些会走路的孩子每次只能安静地坐上几分钟，但他们还是喜欢站在房间的另一头听父母读书。已经走得很好的宝宝会拿着书到处溜达，或者把书拿给父母让他们朗读。已经有了个人愿望的宝宝可能会坚持要求读同一本书，如果父母选了别的书，他就会表示抗议。

为了避免拿书的困难，要把书放在低矮的架子上，让孩子可以自己取书，再自己放回去。一次只拿出3～4本书放在低处，太多的话，选择起来会比较复杂，父母也不得不捡起更多被随手扔在地上的书。

到了18个月时，许多孩子都能稳稳当当地走路了。这时孩子最偏爱的运动就是拿着东西到处走，通常都是一本书。如果他知道拿着书可以引起父母的注意，就会径直走到父母跟前，把书放到他们的大腿上，常常还会说：“读！”

跟会走路的孩子一起读书。孩子快两岁时，语言能力会突飞猛进。书籍可以帮助孩子学习语言，因为它能提供很多指认事物的机会，还能让父母做出很多反馈。父母会指着图片问：“这是什么？”然后，父母会根据宝宝的不同反应说出物体的名称，或者称赞他一番，又或者和蔼地纠正说：“不对，这个不是狗，是马。”

因为不断地重复，所以这种一问一答的学习方式非常有效。对于年幼的孩子来讲，重复是学习的关键。同样的图片随着同一页书上的同一个词语重复出现，就可以让孩子对书产生一种控制感。孩子期待着下一页会出现某个图片或某个词语，它就真的出现了！

在孩子掌握新词语的同时，他也逐渐明白了词语是如何组成句子，句子又是如何组成故事的。几个月之内看不出这种学习效果。但是到孩子2岁半～3岁时，父母就会注意到孩子在玩耍时开始使用复杂的、类似于故事中的词组了，比如“很久很久以前”，

“接下来会发生什么事呢”等。这是因为，在早期跟书本和故事的接触中，丰富的语言种子早已种下了。

破坏小狂人。婴儿和学步期的孩子可能对书非常粗鲁，很多孩子都会折书，甚至到处撕扯。几乎每个学步期的宝宝都会在书页上胡写乱画，这种情况在他们学习读写的过程中至少会发生一两次。虽然看起来很有破坏性，但这往往是宝宝想要进入书本，成为作者的一种表达方式。

温和地提醒宝宝，书本要轻拿轻放，给予特殊的爱护，这比批评更有效果（批评会让孩子觉得，书本就是一种麻烦）。如果能拿一些废纸和蜡笔让孩子按照自己的想法在上面涂写就更好了。学习书写的第一步就是乱涂乱画。孩子涂写了一段时间之后，父母很可能会发现一些很像文字的图形。

多样的学习方法。善于用视觉感知世界的宝宝会花好几分钟去研究书本里的图画。不妨用那种特别设计了隐藏形象的书。如果一个视觉型的宝宝能在每一页都发现同一只小鸭子，他就会非常欣喜。

听觉型的宝宝更喜欢听到朗读词语的声音。因为诗歌带有韵律，所以格外有吸引力。故事中重复的歌谣可以使很多宝宝开心。因为它们是可以预测的，所以孩子们也可以加入读书的行列。如果知道接下来会读到什么，他们就会有一种感觉——“书是我的”。

对许多孩子来说，触摸和身体的活动都是最好的学习方式。如果故事带有一些动态（比如小船随着波浪轻轻摇动，宝宝坐在秋千上，马在飞奔，或者妈妈在搅拌汤汁）的情节，就可以带着孩子做出这些动作。说话、触摸、移动和玩耍都能让书本变得生动起来。

孩子积极参与的时候学习效果最好。他们喜欢有机会把自己听到的内容表演出来。所以，如果读到了阿拉伯神话中魔怪或飞毯的故事，就可以翻出旧茶壶和毯子（或床单）。孩子会知道该做什么。

学龄前儿童的阅读。学龄前儿童拥有丰富的想象力。在他们的头脑中，魔法真的能够发生，愉快的心情能让太阳出来。因为儿童对实际生活缺乏经验，他们会相信很多大孩子不信的事情（比如圣诞老人）。从某种角度上讲，他们生活在一个由自己的想象力创造出来的世界里。

因此，学龄前儿童喜欢故事书是很自然的事。听故事的时候，有的孩子会瞪大眼睛，脸上的神情非常专注。

有的孩子需要不停地走来走去（有些学龄前儿童充沛的精力真的是大自然赋予的），却仍然能够听到每一个词。当孩子把真实的情感投入到故事情节中去，父母就该知道他陷入了书本的想象世界中。书里的人物会在他的游戏中出现，书中的词语也会溜进他的词汇库。

跟我们所有人一样，学龄前儿童也喜欢控制的感觉。其中一种获得控制感的方式就是选书的权利。虽然有的孩子能够顺利地从书架的书里挑出一本，但是很多孩子都需要小一点的选择范围（比如在 3 本书中选择）。学龄前儿童享受控制感的另一个途径就是记住书里的内容。他们也许记不住每个词，但能够记住一句话最后的那个词，当这些句子押韵时，他就更容易做好这种“填空”游戏了。

当孩子一次又一次地选择同一本书时，可能预示着这本书里有对他意义重大的东西。可能是一个问题（比如克服障碍的问题，像《三只山羊嘎啦嘎啦》[①]里描述的那样），一个生动的形象（也许是巨人站在大桥下面的图画），或许只是一个词。无论这个东西是什么，当孩子彻底明白以后，一般就会转向一本新书了。

和学龄前的孩子共享读书乐趣的方式有很多：

- 屋子各处都放着书，客厅里、洗手间、餐桌旁，特别是孩子的卧室里。

- 把睡觉前或起床后的时间变成一起读书的固定时间，或者把这两个时间都变成固定的读书时间。让孩子告诉你他什么时候看够了（同样，父母开始觉得厌烦时就停下来）。孩子喜欢看书是非常好的现象，但是跟其他事情一样，父母在阅读方面也应该给孩子设定必要的限制。

- 限制孩子看电视的时间。我个人认为不安排看电视的时间对学龄前儿童是最好的。电视里生动的画面（尤其是动画片）会淹没他们敏感的想象力，因此不会给比较安静却同样引人入胜的书籍留下空间。

- 利用公共图书馆。许多图书馆都设有讲故事的时间和集体游戏场所，有小号的儿童桌椅，还有可供选择的大量图书。即使每周都去图书馆，仍然能给孩子带来新鲜感。

- 不要想一定得把书读完，如果孩子没兴趣了，最好停下来或换一本书。也许书中的内容已经超过了孩子情感能承受的限度。动来动去或酣然入睡也许是孩子表达“我已经听够了”

① 《三只山羊嘎啦嘎啦》（*Three Billy Goats Gruff*），挪威民间童话，内容是：有 3 只都叫“嘎啦嘎啦”的山羊想到草原上吃草，但是路上有一只可怕的大妖怪。“小山羊”和“中山羊”都说，再过不久，有一只更胖的山羊会来，于是大妖怪便放走了它们。最后“大山羊”来了，它把大妖怪打得落花流水，和另外两只山羊顺利去了草原。

的方式。

- 让孩子一起朗读。孩子通过朗读可以学到最多的东西。如果他们主动参与，还可以在情感上获益最多。他们可能会发表看法，甚至中断阅读来谈论刚刚产生的想法或感受。朗读不应该是一种表演，更应该是一场讨论。
- 自己编故事，也鼓励孩子帮你编。如果想出一个特别喜欢的故事，就把它写下来。可以编一本自己的故事书，然后大声地读出来。

和大孩子一起朗读。孩子慢慢长大以后，朗读不一定要停止。如果这是你们都喜欢做的事情，就更有理由坚持下去了。共享愉快、有趣的朗读时光能够增进亲子关系。储存积极的情绪，有利于父母和孩子解决成长中不可避免的分歧和其他问题。

朗读可以帮助孩子保持浓厚的兴趣。在一年级和三四年级之间，孩子仍然在发展他们的基本阅读能力。在此期间，他们能够自己阅读的大部分书籍在内容上都显得过于简单，不能引起他们的兴趣。和父母一起朗读有利于孩子欣赏更难懂的书籍。这样一来，也不至于在自己的阅读能力跟上阅读兴趣之前丧失对书籍的兴趣。

如果孩子学习阅读有困难，朗读就很重要了。有的孩子阅读起来非常轻松，而有些同样聪明的孩子却在开始阅读时觉得有些吃力——这常常是因为他们的大脑需要更长时间才能使控制阅读的部分发展得足够完善。随着时间的推移，一般到了大约三年级结束时，他们就会赶上来，而且同样出色。但是在此之前，阅读也许会很成问题，使得很多孩子认为自己不适合读书。但是，如果父母读书给他们听，他们就更容易接受书籍给生活带来的乐趣。他们会坚持读书，努力学习，最终获得独立阅读的能力。

大声阅读还可以增强听力。不时停下来跟孩子谈论一下故事的内容是个很好的方法。首先，要确定孩子是否真的听懂了。如果没有，可以给他讲一讲故事的情节、人物的动机、新的词汇，或者任何他有疑问的东西。也可以问一些开放性的问题，这样能够提高孩子的理解能力，让他更善于思考听到的内容，并且融会贯通。可以问他为什么某个角色会那么做，或让他猜测下一步会发生什么。

朗读还能增加词汇量。有些词语在日常对话中是永远用不到的。《夏洛的网》是一本出色的童书，基本上是用平实直白的语言写成的。即便如此，书中也能找到类似于“不公正”、“异乎寻常”、“谦卑”这类有趣的词语。如果孩子说出这些书面词汇，千万别感到惊讶。很多孩子喜欢用新词玩游戏。在这个过程中，他们掌握了帮助他们度过学习生涯的技能。

故事就像是想象力的积木。孩子们会把听到的故事中的片段拼凑在一起，再用到自己编造的故事里。要想让孩子有丰富的想象力，就要给他听大量的好故事。孩子看电视也是这样。他们会把这些故事放到自己的游戏中去。但是由于电视画面的生动性远远超过书，孩子几乎不需要使用自己的想象力。所以，他们很可能只是重复电视中的情节，而不去创造自己的新故事。

书籍可以塑造孩子的性格。许多教育家和心理学家相信，书籍是帮助孩子辨别是非的最佳途径之一。当他们看到不同人物的行为时，就能清楚地知道怎么做是值得赞赏的，怎么做是不对的，比如书中的不同人物是如何对待朋友的，当他们想得到不属于自己的东西时会怎么做，等等。书中那些引人入胜又令人愉快的信息可以强化平时教导孩子的价值观念。

选择没有种族偏见和性别歧视的书籍。书籍包含的信息具有强大的力量，它的内容和表达这些内容的方式都很重要。如果书里用平等的态度去描写不同的肤色、文化和种族，并且没有对不同性别的成见，就会使孩子对自身和他人形成一种充满包容的积极观念。越来越多的儿童书籍都反映着社会多元文化共存的现实。

在评价一本书的时候，要看故事情节，比如有色人种或女性是否充当重要角色？文化信念和文化行为描述

得是否准确？不同的生活方式是否是从正面角度描述？此外要看人物，比如人物的个性如何表现？什么人拥有权力？谁是故事里的英雄？谁是坏人？最后要看插图，比如人物形象的描画是否避免了老套的成见？除了不同肤色之外，人们是否还有着各种各样的面部特征和其他身体特征？

故事传达了怎样的含义？它推崇暴力和复仇吗？空有蛮力的主人公不利于孩子看重自己的优秀品质。相反，如果故事的主人公表现出同情心、过人的智慧和勇气，孩子就会觉得自己在某个方面还有些像他呢！

学前班

学前班的理念。学前班的宗旨并不只是照管孩子，也不只是打好进入小学的各项基础，它的目标是带给孩子有价值的多样体验，帮助孩子全面成长，让他们变得更加敏锐，更有能力，更富创造性。它首先要给儿童提供美妙的第一体验，让他们愿意在以后的生活中不断学习。

好的学前班会让孩子体验到一系列的经历，这些经历能够培养他们的灵敏性、创造力和技能。这些体验包括跳舞、创作有节奏感的音乐、画画、手指涂鸦、捏泥人、搭积木、户外游戏、玩过家家等。最理想的环境还应该具备一些安静的角落，让孩子们可以自己玩一会儿或休息一下。学前班希望培养孩子多方面的能力：学习、社交、艺术、音乐和体育。培养的重点是创造力、独立性、合作能力（商量和分享游戏设备，而不是争抢）和把孩子自己的观点融入游戏中的能力。

“学前班”字面上的意思是进入学校之前学习的地方。但学前班并不意味着只有入学之前才能去，因为它本身就是学校。学前班不应该把重点放在为孩子以后进入“真正”的学校作准备上面，而应当关注他现阶段的教育需求。（在美国，学前班和幼儿园其实是一回事。）

学前班教育不同于看孩子。看孩子是指从出生到3个月大，再到大一点的某个阶段对孩子的照顾，这时培养的重点不在教育。而学前班则意味着一天中的部分时间主要用来进行程度相当的教育。其差异就在于理念，这种理念把童年的早期阶段视为高密度学习的时期，而不只是一个等待真正学习开始的空闲阶段。

孩子在学前班学什么？许多三四岁的孩子早已习惯了托儿所的常规，而有的孩子还得学着适应离开家的生活。不管是否接受过家庭之外的照顾，孩子进入学前班以后还是要面对同样的挑战。他们不仅要学会控制自己的情绪，还要学习适当地表达情绪。他们要在群体中与人相处，还要实践自我的想法和意愿。他们需要机会做个小领导，也要懂得接受别人的领导。不同年龄的孩子组成的学前班尤其有利于这种自然而然的学习过程。

三四岁的孩子会很自然地对周围的世界产生好奇，他们也善于学习这个世界的很多规律，比如种子是如何发芽的，水是如何流动的，黏土捏起来感觉如何，颜料混在一起时颜色会发生什么变化，为什么有些积木搭成的塔很稳而另一些会倒塌，诸如此类的问题。好的学前班教育可以给孩子提供很多动手操作的机会，让他们去发现世界和探索世界。

根本的一点在于，孩子能在学前班里学会如何学习。好的教育会让孩子认识到学习是具有创造性的探索活动，而不是枯燥的记忆，他们会逐渐认为学校是舒适而安全的地方。

为学前班做好准备。好的学前班是兼容并包的。不是每个孩子都要有超前的读写能力和艺术才能，或者表现得格外有礼貌。每个孩子在成长中都要面对不同的挑战。有教育经验的学前班老师都经过专门的训练，能够教育优点不同、需求各异的孩子。

刚进入学前班时，很多孩子使用的都是包含 3～5 个词的简单句子。他们可以表达自己的需要，也能讲述刚刚发生的事情。能够理解听到的大部分语言，还能执行比较复杂的指令。可以听几分钟长短的故事，然后用自己的话讲出来。但是，有些大人觉得非常明白的词组，他们则容易误解，比如，如果说“饿得可以吃下一匹马”，3 岁的孩子可能会很严肃地指出这儿根本没有马。

3 岁的孩子很容易说错单词的发音。大体上来说，大人至少应该明白他们说的 75% 的词语。对于发音有问题或口吃（在这个年龄很常见，参见第 532 页）的孩子来说，如果人们不明白他们说什么，就会使他们产生挫折感。一个善解人意而又耐心的老师会帮上很大的忙。

有一部分学前班要求孩子在上学前能够习惯在洗手间大小便。对还在使用尿布的孩子来说，看到周围的同龄人都能像大人那样去洗手间，会是一种巨大的激励。大部分孩子在几星期的努力学习之后都可以掌握使用洗手间的方法，但很多孩子仍然需要别人帮他们擦屁股，至少需要有人提醒他们擦干净后洗手。学前班的老师都知道，能够独立使用洗手间对孩子来说具有里程碑似的意义，所以老师很乐于跟父母合作，帮助孩子达到这个目标。

学前班每天都有固定的用餐时

间。到 3 岁时，孩子通常能够用手抓食物，也会用杯子喝水，还能理解基本的用餐规矩。有发育障碍的孩子，比如患有脑瘫的孩子，吃饭时可能需要专门指导，这是他们教育内容的一部分。

如果孩子对基本的穿衣服和脱衣服感兴趣，例如穿外套，套靴子，就会容易一些。老师一般要帮他们系扣子、拉拉链和按摁扣。如果有些孩子一开始需要更多的帮助，也是正常的。

优秀的学前班是怎样的？一个好的学前班老师要能同时胜任很多角色：照顾孩子的看护人，播下学习种子的教导员，体育教练，创造性的艺术、音乐和文学的引导者。父母对学前班老师的工作了解得越多，在自己教育孩子的过程中就越能够发现和欣赏这些老师的优秀之处。在孩子接受某位老师的教育之前，应该对这位老师的能力和水平进行评估，其中一条重要的参考标准就是教室的布置。

学前班的教室应该跟大一些的孩子所用的教室不同。不应该将桌椅整齐地排放，而要为不同的活动设置专门的区域：比如画画、搭积木、编故事、看书和过家家等。

在标准的学前班里，孩子会有足够的机会依照他们的喜好在不同的区域活动。他们教育的重要内容就是学会如何选择一项活动，然后在一段时间内坚持这项活动。好的老师会密切注意他的每一个学生，知道他们在什么地方，活动进行得怎么样了。如果孩子难以决定做什么，老师就要引导他作出选择。如果孩子一直在进行同样的活动，老师就要帮助他作出其他的选择。

房间的许多地方要每天变换花样。如果这一天艺术区主要是手指涂鸦，一两天后就要换成用马赛克材料创作的作品。下一次又是装订成书的几页纸张。一项内容要持续多久，依据孩子的兴趣而定。

除了普通的活动区域，房间的某些部分还可以反映与课堂内容相关的活动和特殊的主题。比如，这个月是一间杂货店，孩子们可以购物、改建店面或列出财产清单。下个月又可以换成邮局，之后还可以是面包房等。

不同的区域可以和课堂内容相关联。例如，去过比萨饼店以后，孩子们就可以把教室的一角改成一家小饭店。这些特别区域反映出孩子正在形成的价值观和想法，比如对环境的关注，他也许会设置一个室内花园，还会在附近散步时收集一些物品摆在里面。

在做计划和实现这些改变的时候，老师会听取孩子的想法，明白教室不是他的，而是孩子们的。当孩子思考和讨论如何利用空间时，他们会学到如何协商与合作，这非常重要。

老师还可以布置一些教室之外的活动场地。学龄前儿童需要在室外活动。一个精心设计的场地应该有可供跑步、攀爬、骑车和进行想象力游戏的安全区域。老师要注意到每个孩子，了解他们在做什么，已经做了多久。必要时，老师要为孩子提供指导，有时还要参与到孩子的游戏中去，有时则是在旁边静静地观察。

老师还可以利用附近的大环境安排一些有创意的活动。绕着街区散步，孩子就有机会观察不同形状的叶子，各种建筑的材料，或者街道上的标志和它们的含义。这些观察都可以作为课堂讨论和其他室内活动的内容。这样一来，周围的地区就成了学前班可供利用的有趣延伸。

离开家的第一天。一个外向活泼的 4 岁孩子去学前班可能会像鸭子下水一样自如，不需要温柔的引导。但如果一个敏感而又对父母有依赖感的 3 岁孩子，情况就大不一样了。第一天，母亲把他留在学校时，他可能不会立即发作。但是，很快就会想妈妈。发现妈妈不在身边的时候，就会产生恐惧感。第二天，他可能就不愿离开家了。

如果孩子如此依赖父母，那么适应学校的过程最好放慢一些。最初几天，母亲可以待在周围看他玩耍，过一段时间就把他领回家。这样，逐渐增加每天待在学校的时间。在这段时间内，孩子会建立起与老师和其他同学的联系，当母亲不再陪着他时，这种联系能让他产生安全感。

有时候，孩子在开始的几天内会很开心，哪怕母亲离开了，也能独自待在学校。但是，一旦他受了伤，就会立刻要妈妈。在这种情况下，老师可以帮助母亲作个决定，看看是否有必要再回来跟孩子待几天。即使陪在学校，母亲也应该待在孩子注意不到的地方。因为这会培养孩子融入群体的愿望，进而让他忘记自己对母亲的需要。

有时候，母亲的忧虑比孩子还要严重。如果母亲说了 3 次再见，每次脸上都带着忧虑的表情，孩子就会想："如果妈妈走了，把我一个人留在这儿，好像会发生什么糟糕的事情。我最好别让她走。"母亲担心的是，她的小宝贝第一次离开妈妈会有何感受。这种心理很正常。在这种情况下，老师常常可以提出好的建议，因为他们有很多经验。开学前的家长会可以让老师早一点了解孩子，还能帮助你和老师彼此建立信任，从一开始就融洽地合作。

如果孩子离开父母时表现出严重

的焦虑，他可能就会发现这样能控制富有同情心的父母，然后就会逐渐利用这种控制力。

如果孩子不愿意去上学，或者害怕回到学校和体贴的老师在一起，那么我认为，父母最好能表现出坚定的态度和信心，告诉孩子说，每个孩子都要每天去上学。从长远来看，让孩子克服他的依赖感比屈服于这种依赖要更有好处。如果孩子的恐惧达到了极端的程度，父母最好与儿童心理健康方面的专家讨论一下。

回家后的表现。有些孩子在开学前几天或几周内会感到很吃力。大集体、新朋友和新事物让他应接不暇，疲惫不堪。如果孩子起初很累，并不代表他无法适应学校，只不过在他适应新环境之前，要暂时做一些妥协。跟老师谈谈，看是否需要暂时缩短孩子上学的时间。在9～10点去学校是最妥当的方法，把容易疲劳的孩子提前接回家效果要差一些，因为孩子一般不愿意在玩到一半的时候离开。

在全日制学校，那些一开始过于兴奋或紧张，无法睡午觉的孩子最初几周的疲劳问题会更加复杂。针对这种暂时的问题，可以让孩子每周有一两天的时间待在家里。有些刚开始上学前班的孩子尽管劳累，也会努力地控制自己的情绪，回家以后，他们就会放纵地发脾气。对这种孩子要格外耐心，还要跟老师说明一下。

经过良好训练的学前班老师一般都非常善解人意。无论孩子的问题是否与学校有关，父母都应该跟老师讨论一下。老师可能会有不同的见解，而且很可能有针对类似问题的经验。

学前班的压力。教育是竞争性的，学前班也无法避免。雄心勃勃的父母常常把选择一所合适的学前班当成拿到常春藤联盟文凭的第一步。一些学前班在这样的压力下加入了更多的学习内容、课程设置和教学实践。老师教孩子背字母表，拼写一些简单的词语。孩子们要做一套套油印的数学题。每天都会有一段做功课的专门时间，这段时间常被称作“座椅功课”（长时间坐在椅子上，集中注意力完成一项功课）。这些努力都是为孩子登上下一个教育阶梯做准备。

这种方法有什么问题吗？大多数孩子都渴望取悦老师。给他们一张字母表去背诵，他们会很认真地完成这项工作。很多孩子真能学会这些东西。经过不断重复的训练，甚至能在看到某些单词时认出它们。一些程度比较高的孩子还能读出简单的词语。很多孩子在刚上幼儿园时就表现得非常出色。

但是研究表明，到二年级结束时，

这些孩子的阅读能力会跟其他孩子差不多。他们之前付出的大量时间和努力并不会取得长期的优势。此外，很多孩子还会觉得读书和算术是极端无聊、非常艰难的事情，于是不会再主动学习了。

这并不是说学前班不应该教孩子字母和数字，而是说这些学习内容必须跟对孩子有意义的活动结合在一起。比如，最好听老师朗读故事然后讨论，而反复记忆单词卡片就没那么好，因为前者可以自然地引起孩子对字母和单词的兴趣。

在鼓励之下，孩子会在生活中注意到各种图标和标签，让他们感到有趣又重要。他们还会编故事。老师可以把这些故事写下来,再读给孩子听，这能使孩子积极参与其中，并且给他们带来成就感。

学前班的老师知道如何把孩子的注意力集中到写字和算数上，这几乎是所有活动的组成部分。比如，如果教室里养了一只宠物仓鼠，孩子就能从笼子下面的标签上学会读这种动物的名字。老师可以让孩子们轮流负责喂养它，然后制作一个日历，在上面标出喂食的时间，让孩子们算算还有多久会轮到自己。通过真实的生活体验，孩子会建立起对文字和数字的概念。

学前班进行过多学习教育的另一个弊端是会占用孩子们玩耍的时间。玩耍是孩子学习知识和经验、发展社交能力、开发创造力的最佳途径。技能加训练的学前班教育方式会让孩子们认为，学习是一种痛苦的责任，他们只能服从安排，而以玩为中心的教育方法会让孩子们热爱学习。

学校和学校里的问题

一个执著于工作的校长曾经对我说：“每个孩子都有某种天赋，我们的任务是帮助他们发现自己的天赋，并培养这种天赋。”我认为这与教育的本质非常接近。事实上，“教育(education)”一词来源于拉丁语，意为“引导出”，也就是激发孩子的内在品质和优点。还有一种观点认为，老师必须把知识灌输给学生，而学生就像等待被填满的空罐子。前后两种说法截然不同。一个世纪前的著名教育家约翰·多伊（John Dewey）说过：“真正的教育可以解放人类的灵魂。”我坚信这一点。

学校是干什么的

孩子在学校学习的主要内容应该是如何适应这个世界。学校的不同课程只不过是为了达到这一目的而采取的手段而已。学校的任务之一就是让学习变得有趣和真实，让孩子愿意学习，并且记住这些知识。

如果人不开心，无法跟人相处，或者不能把握自己喜欢的工作，那么博学多识是没有意义的。优秀的教师会努力了解每个学生，帮助他们改善自己的不足之处，成为一个全面发展的人。缺乏自信的孩子需要机会体验成功；总是制造麻烦的孩子要学会通过好的表现得到大家的认可；不知道如何交朋友的孩子需要得到相应的帮助，让他们变得更加合群，更有魅力；看起来懒惰的孩子需要有人来激发他们的热情。

教师如何使学校生活变得有趣？如果学校按照固定的方案教学，就只

> ## 斯波克的经典言论
>
> 过去，人们曾经认为，学校的责任就是教孩子如何读书、写字和算术，同时教授一定数量的关于世界的知识。我听一位老师讲，他自己读书的时候，甚至必须记住介词的定义，大概是这样的："介词通常表示位置、方向、时间或其他抽象关系的意义，用来把名词或代词同其他词连接在一起，起形容词或副词的作用。"当然，背这个定义时，他并没有学到什么。因为只有在所学的东西有意义的时候，才能学得好。

能是在课堂上让每个孩子阅读相同的内容，再做同样的练习题。这种方式对一般的孩子来说还是很有效的。但是,对很聪明的孩子会显得过于单调，对智力稍差的孩子来说又显得太难了。不仅如此，还会给讨厌读书的孩子提供捣乱的机会，让他们把纸条粘在前面的女同学的辫子上。而且，这种教学方法对孤僻的孩子或者不太会与人合作的孩子来说没有任何帮助。

如果老师谈到了一个学生们感兴趣的话题，那么，他还可以把这个话题带到其他科目中去。以三年级的一个班为例：学生们本学期的学习内容是围绕印第安人展开的。孩子们对各种部落了解得越多，他们就越想多了解一些。课本上讲了一个故事，孩子们就特别想知道故事中到底说了什么。在数学方面，他们会学到印第安人如何计数，以及把什么当钱用。这样一来，数学就不再是一个孤立的科目，而是生活中一个有用的组成部分；地理也不再是地图上标出的一些点，而是印第安部落生活过和走过的地方；在自然科学方面，孩子们会从浆果中提取染料，然后用它来染布，或讨论一下印第安人部落如何适应不同生态环境。

有时候，如果学校的功课趣味性太强，人们就会觉得不踏实，认为孩子应该主要学习如何去做不愉快的事情和困难的事情。但是，如果冷静地想一想自己认识的那些非常成功的人，就会发现，那些人一般都热爱自己的工作。无论什么工作都包含着大量乏味的事情，但是，之所以做这些乏味的事情，是因为知道它联系着工作中很有吸引力的一面。达尔文上学的时候成绩并不好，后来他对博物学产生了兴趣，开始从事前所未闻的最辛苦的研究工作，最终得出了进化论的成果。一个上高中的男孩可能认为几何没什么意义，所以讨厌它，结果学得很差。但是，如果他要学习飞机驾驶，就会明白几何学的用处，意识到它可以挽救全体乘务员和乘客的生命，也就会拼命地学习几何了。

出色的老师都懂得，每个孩子都要培养自律的能力，这样才能成为有用的人。但是，不能像给孩子戴手铐一样，让他们从外在行为方面一下子学会自我约束。这是一种逐渐培养的内在意识。孩子首先必须理解自己行为的目的，认识到自己做事的方式会影响到别人，当产生这种责任感时，才能获得自我约束的能力。

把学校同外界联系起来。学校应该让学生直接了解外面的世界，这样他们就能认识到自己的功课与现实生活有联系。学校可以安排学生到附近的工厂去参观，邀请社区的人到学校给学生讲课，还可以鼓励学生在课堂上展开讨论。可以让学习食品的班级去观察蔬菜的生长、收获、运输和销售等具体过程；让正在学习政府职能的班级去参观市政厅，还可以让他们列席参议会的会议。

好学校的另一个重要职责就是教学生懂得民主，但并不是作为一种爱国主义理想教育来灌输，而是一种生活方式和做事方法的教育。好的老师都懂得，如果在上课时表现得像一位独裁者，就不可能单靠书本教学生懂得民主。老师会鼓励学生自己决定如何完成某些课题，如何克服以后遇到的困难。好的老师会让学生自己决定由谁来做某项工作的这一部分，谁来负责那一部分。学生就是这样学会了互相肯定，也是这样学会了做事，不光在学校如此，在别的地方也一样。

如果老师把一项工作的每一步都交代出来，那么，在教室里时，孩子们就会按老师说的去做。但是，一旦老师离开教室，许多学生就开始到处胡闹。原因在于，这些学生会觉得上课是老师的事，而不是他们的事。但是，如果让学生参与选择和计划，让他们在实施计划的过程中互相配合，那么，无论老师在不在，学生都会认真地完成作业。因为他们清楚这项工作的目的，也知道完成这项工作需要的步骤。每个学生都为自己是集体中受尊重的一员而感到自豪，每个人都感到了对别人的责任，所以他们都想分担这项工作。

这是纪律很高的表现形式。这种训练方式和精神状态能够培养出最好的公民和最有价值的劳动者。

学校如何帮助学习困难的孩子？要制订灵活有趣的教学计划。这样做不仅能让学习内容富有吸引力，还能针对个别孩子的情况进行调整。以一个二年级的女孩为例，她所在的学校采用的是分科教学的方式。她在阅读和写作方面有很大的困难，成了全班最差的学生，她也因此感到非常丢脸。

但是除了表示自己讨厌上学以外，什么也不愿意承认。她和其他孩子一直相处得不好，即使在她的学习问题出现之前也是这样。她总觉得自己在别人眼里很愚蠢，这使她的问题越来越严重。她变得很好斗，偶尔也会神气活现地在班里炫耀自己。老师可能会以为她是想破罐子破摔。事实上，她想用这种不恰当的方式去赢得同班同学的注意。这是她不想脱离集体的一种自然表现。

后来她转学到了另一所学校。这所学校不但帮助她学习阅读和写作，还帮助她在集体中找到了位置。通过和她母亲谈话，老师得知她很善于使用工具，而且非常喜欢画画。这样一来，老师就找到了让她在班里发挥长处的途径。当时，学生们正在画一张反映印第安人生活的大幅图画，画完以后要挂在墙上。与此同时，他们还在集体制作一个印第安人村子的模型。于是，老师就安排这个女孩参与这两项工作，做一些她不用紧张就能做好的事情。

日子一天天过去了，这个女孩对印第安人越来越着迷。为了把她负责的那部分画好，把她承担的那部分村子模型做准确，这就需要从书里查阅更多关于印第安人的信息。她开始想看书了，变得越发地努力。她的新同学从来不会因为她不会阅读就把她当成傻瓜。他们想到的更多是她在创作那幅画和村庄模型上发挥了多大的作用。有时候他们会夸奖她干得好，还会请她帮忙。这个女孩开始有了热情。毕竟，她已经因为得不到认可和友情痛苦很长时间了。当她觉得自己更受人喜欢时，变得更友好也更开朗了。

学习阅读

关于教孩子阅读的问题一直饱受争议。20 世纪初，大多数人认为，孩子不应当过早学习阅读，以免影响他们还未发育成熟的大脑。20 世纪 60 年代，研究者们发现即使是很小的孩子也会通过对父母的观察获得许多读写能力。另外，如果给孩子蜡笔和纸，他们通常会尝试着画一些字母和单词。早在正式入学以前，他们可能已经从麦片盒和街道标示牌学会了很多常见的单词。有些教育者过于青睐这种自然获得的读写能力，甚至认为全部的语言能力都可以通过这种方式培养，所以正式的教育完全没有必要。

但是，在过去 10 年中，教育研究又回到了原先的观点，就是孩子需要学习字母表的用法。孩子受益于直接的教育，但这种教育不是枯燥的技能加练习式的记忆，而是学习字母如何发音，这些发音又如何组成单词。这种重新重视基础语音教学法的观点可贵之处在于，它没有否定孩子能够自然地获得读写能力的看法，而是认为两种学习方式都是孩子需要的。他们需要听别人念书，需要自己编故事，把这些故事念给父母和老师听，然后再复述一遍，还需要花很多时间玩字母和单词的游戏。

这些都是美国国家研究委员会（The National Research Council）1998 年发表的一份具有里程碑意义的报告——《避免幼儿阅读困难》（*Preventing Reading difficulties in Young Children*）的经验教训。我们有理由希望这份报告可以终结关于读写教育的长期困扰老师的争论，让更多的孩子掌握读写能力。

体育课

增强体质不止意味着预防疾病。它的目标是拥有强壮、灵活和协调性强的身体，学会享受运动的快乐。许多三四岁的孩子已经展示出这些基本的身体素质。但是随着年龄逐渐增长，他们要花更多的时间坐在教室里读书或写作业，身体素质通常也会减弱。

过去，公立学校普遍要求每天都要安排体育课。但是近年来，每天都上体育课的学生数量大大减少了。现在，几乎没有几所高中的学生还能每天都上体育课，只有不到半数的中学会在 3 年内都安排体育课。

体育课的好处。过去体育课的主要内容是训练孩子参加竞争性的体育项目。最近一段时间，关注点已经变成培养健康的习惯和保持健康，目的是希望孩子们能把经常的体育活动变成生活的一部分。经常进行体育锻炼还可以提高注意力，这对有注意缺陷多动障碍的孩子尤其有帮助。经常锻炼是一种治疗轻度抑郁的安全有效的方法，它似乎还可以提高情绪正常的人的兴致。进行各种体育活动——游泳、跑步、健身操或其他项目——可以帮助孩子发现他们最喜欢的运动。由于协调能力和耐力的提高，他们会越来越能享受体育运动，也更容易坚持下去。

孩子还可以学到体育精神、团队合作，同时学会包容那些技能不如自己的人，甚至还能帮助孩子接受自己的弱点。对那些有学习障碍的人来说，体育课提供了超越自我和建立自尊的机会。对很多孩子来说，有活力又需要技能的体育运动是自我表达的重要途径。一些孩子通过画画或写日记来宣泄情感，另一些则通过身体上的运动来获得同样的效果。如果体育老师或教练能够理解体育活动对孩子的情感产生的作用，孩子们就会从中受益，还会跟他们建立良好的关系。

父母和学校

如果父母能和老师互相配合，孩子的学习效果最好。如果孩子看到父母对老师十分尊敬，他们也会尊重老师。如果孩子在学校表现良好，父母就很容易和学校保持一种正面的关系，但是，如果孩子正在艰苦地努力，或者学校在有些方面需要改进，家庭和学校之间的正面关系更加重要。

父母在学校。除了参加家长会以外，父母还要努力了解孩子的老师。要自愿帮助班里做事；参与孩子的实地考察旅行和特殊活动。老师更容易和参与班级建设的家长沟通。如果孩子有任何学业、行为或人际交往方面的困难，学校就会早早地告诉父母。这些问题在最初阶段更容易解决。除此之外，有父母和老师共同参与的解决方案几乎总是更加有效。

各种父母组织，例如家长教师联合会（PTA），都为学校教育做出很大的贡献。父母的共同努力可以给学校提供孩子生活的重要反馈信息。比如，孩子在家里提到了哪些担心的问题？学校教育的哪些方面很出色，哪些还需要改进？当你在家长教师联合会投入时间和精力时，就会在学校这个团体中赢得一定的位置。老师和校长就更容易把你视为伙伴，并尽量满足孩子的需要。

父母与老师和管理部门合作时，会获得自信，分享重要的个人信息。如果家里发生了不愉快的事情，比如孩子的祖父母去世或父母离婚了，那么让校长和老师了解这些情况有好处。他们可以给孩子提供支持，还能留意孩子出现心理压力的迹象。

父母要做积极的推动者。面对着看来庞大又缺乏人情味和责任心的教育体制，一些父母会感到无助。另一些父母则感到，自己在孩子的教育问题上被赋予了领导者的角色。领导并不一定要全权负责。优秀的父母都知道，他们要跟老师和校长合作，有时也要跟医生和治疗专家配合。虽然这些父母态度温和，也懂得为别人着想，但是他们坚信，自己的孩子要接受最好的教育。他们清楚自己的权利，并且愿意与其他优秀的父母合作。这样一来，他们就成了促进孩子接受积极教育的动力。并不是所有学校工作人员都喜欢这些激进的父母（毕竟他们会提出很多要求，还会问很多问题），但是管理者通常会尊重他们，还会通过努力工作来满足他们的要求。

做一个学习的好榜样。看到父母努力地继续学习，孩子会更积极地参与到学习活动中去。这个原理不仅适用于拥有高学历的家长，对没有高学历的家长也同样适用。期望可以高一些，但必须现实。就像一个同事说的那样："我的孩子知道他们必须尽其所能。因为他们可以得'优'，他们知道我期望他们得'优'。"对其他孩子来说，这种可以达到的目标也可能是得'良'，或者在特殊教育课程中努力学习。不论孩子的能力水平如何，当他们有了严格却实际的目标时，就更容易成功。

父母的教育经历。父母参照的标准往往是自己学生时代的经验。当然，很多事情已经发生了改变，但父母这样的比较是很自然的。如果过去曾幸运地进入了一所好学校，就可能对孩子的学校要求很严格。我认为很多成年人都倾向于对校园生活的记忆理想化，于是他们的孩子所处的环境无论如何也达不到他们理想的标准。另一种情况是，父母的学校经历可能很不如意，让他们对教育体系产生了消极的看法。重要的是要保持开明和乐观的态度，相信孩子一定会拥有更好的教育，而父母与学校主动、投入、周全的合作就可以使之成为现实。

家庭作业

为什么要做家庭作业？低年级学生做家庭作业的主要目的就是让孩子熟悉在家里学习的概念；家庭作业还可以帮助他们培养时间管理能力和组织能力。随后，家庭作业就具备了三大目的：让孩子学会运用在课堂上学习的技能或概念；让他们为下一次课做好准备；以及有机会完成一个任务，这个任务要么很耗费时间，要么需要外界资源的支持（比如图书馆、互联网，或家长）。

在标准化测试中，孩子做作业越多，成绩就越好。显而易见的是，当老师对学生的学习期望值较高时，孩子就会学到更多东西，而这种期望中就包含着相对较高的作业要求。

作业应该留多少？该布置多少作业，并没有硬性和统一的标准。美国国家教育协会（The National Education Association）和家长教师联合会已经对家庭作业的时间提出了这样的建议：对刚进入小学的学生（一年级～三年级），每晚约20分钟；四年级～六年级，约40分钟；七年级～九年级，约2个小时。

有的学校布置的作业比其他学校多得多，这不能保证更好的成绩，特别是在小学和初中阶段。超过一定的限度后，作业不但会增加学生的压力，还会挤掉其他有益活动的时间，例如做游戏、进行体育活动、上音乐课、发展个人爱好和休息。数量多并不一定效果好。如果孩子做作业的时间总是大大超出父母的预期，就要跟老师谈一谈。原因可能是父母的期望不太切合实际，也可能是孩子正在经历特殊的困难，需要有针对性地处理。

辅导孩子做作业。如果孩子问父母关于作业的问题，应该怎么做？如果他因为不明白题目而希望解释清楚，给他讲一讲也没什么害处。(没有什么比向孩子证明自己确实知道点什么更能让父母满足的了)。但是，如果孩子因为不会做而要求父母帮他完成作业，就应该先向老师咨询。好的老师更愿意帮助孩子理解题目，然后让他们自己找出答案。如果老师太忙了，没有时间给孩子进行额外的辅导，父母就只好挺身而出了。即使这时候，父母也只能帮助他理解题目，而不是直接告诉他答案。孩子会有很多老师，父母只有一对。所以，履行父母的职责更加重要。

有时老师会告诉父母，他们的孩子在某个科目上成绩下降，建议父母请私人辅导。有时候父母也能自己察觉孩子成绩的下降。这是个需要谨慎处理的问题。如果学校可以推荐一个好的私人辅导，父母也付得起费用，就最好雇用他。一般说来，父母都当不好私人辅导，不是因为他们对知识掌握得不够或者不够努力，而是因为他们太在乎学习的成果，如果孩子不明白，父母很容易灰心丧气。

如果孩子已经被功课搞糊涂了，不耐烦的父母就可能给孩子雪上加霜。另外，父母的方法可能不同于老师的方法，如果孩子已经被学校的功课搞糊涂了，那么，当父母用另一种方法重复这些内容时，孩子很可能会变得更糊涂。

这并不是说父母永远都不应该给孩子辅导功课，有时候，父母的辅导也可以收到很好的效果。先彻底地跟老师谈一下这个问题，如果辅导得不够顺利，可以作出一些调整。无论是谁辅导孩子的功课，都要与老师定期联系沟通。

学校里的问题

在学校里发展各项能力是我们给孩子的第一项责任。对待学业问题，要像对待高烧一样具有紧迫感，只要出现问题，就必须迅速采取措施找出原因，让事情朝好的方向发展。无论原因是什么，如果问题持续下去，孩子就会把自己想象得很差劲。一旦孩子认定自己很愚蠢、很懒惰或很坏，再想让他们改变想法会很难。

学校问题的原因。通常来说，原因不止一个，很多问题会共同导致孩子在学校表现不佳。智力水平一般的学生可能在精力旺盛、压力过大的班级中表现得很差，而聪明的学生则会在节奏缓慢的班级中感到无聊和缺乏动力。被人欺负的孩子也许会立刻对学校产生厌恶，同时成绩下滑。听觉问题和视力缺陷、慢性病、学习障碍（参见第 625 页）和多动症（参见第 512 页）都会引发严重的问题。有睡眠障碍的孩子可能长期处于疲劳状态，因而无法集中精力。不吃饭就上学的孩子数量多得令人难以想象。其他的心理原因还包括对疾病的忧虑、对坏脾气父母的恐惧、父母离异或身体虐待和性虐待等。

孩子单纯因为懒惰而表现不佳的情况很少见。放弃努力的孩子并不是懒惰。孩子天生具有好奇心而且充满了热情。如果他们没有了学习的愿望，就说明存在问题，而且这个问题亟待解决。

学校问题不只是分数问题。优等生可能会对自己过于苛求，因此时刻处在焦虑之中，这样的孩子会胃痛，并且害怕走动，这也属于学校问题。那些努力想要拿到“良”的学生可能没有时间交朋友和做游戏，他们同样需要帮助，需要学会平衡学习和休息的时间。

找出问题。可以跟孩子友好又心平气和地谈谈他在学校遇到的问题。要采取温和而鼓励的态度。问问他自己觉得可能是什么问题，询问一下事情的具体情况，他是怎么想的，感受如何。跟老师和校长见个面。最好把他们当成合作者，而不是敌人。就算老师或学校可能是问题的来源之一，开始时也要把他们看成是自己一边的。咨询一下孩子的医生、发育和行为方面的儿科专家、儿童心理学家或者对存在学校问题的孩子有研究的专家（参见第 585 页）。还应该找一位医生看一看，比如对孩子治疗最重要的医生或专家，把信息汇总起来，再根据这些信息更好地判断问题出在哪里，决定下一步该做什么。

学校的干预。教育者和父母可以用很多方法尽量减少甚至避免学校问题。如果问题在于学业压力过大，可以把孩子安排在一个不分等级、压力较小的班级。如果问题在于同学的取笑或欺负，老师就要介入其中，告诉全班同学要互相关心、互相帮助，决不要伤害其他同学的身体和感情；如果别人在伤害自己的同学，一定要告诉老师。这种积极的教育会有极大的帮助，如果能在整个学校的范围内实行，效果会更加明显(参见第 630 页)。对于学习障碍，特殊教育一般都会很有帮助。对于多动症，要把药物治疗和行为治疗结合起来（参见第515页）。父母和老师之间更好的交流常常可以促进行为问题的解决。

如果孩子还不够成熟，那么再上一次幼儿园或一年级有益处。但此后，单纯的重读某个年级并不是解决严重的学校问题的有效方法，甚至会引起一场痛苦的灾难。社交关系和情感上的变动，以及对自尊心的打击常常会导致孩子最终放弃学业，初中阶段尤其容易这样。

校外帮助。在校外环境中，父母可以做很多事情帮助有严重学业问题的孩子。大多数孩子都对周围的世界充满了好奇，父母分享并鼓励这种好奇的时候，孩子学习的兴趣就会增长。要经常到公园、图书馆和博物馆参观游览。可以查阅当地的报纸，查看图书馆里的公告牌或附近大学的布告栏，留意免费音乐会和讲座的信息。要聆听孩子讲话，注意他的兴趣点，然后按照这些兴趣点进行更深入的探索。如果学校生活让孩子感到失望，让孩子热爱学习就更加关键了。

老师和父母的关系。如果儿子很讨老师喜欢，是老师的骄傲，而且他在班上的表现也很好，父母就会很容易和老师相处。但是，如果孩子总惹麻烦，情况就很复杂了。优秀的父母和优秀的老师都非常有人情味，他们都为自己的工作感到自豪，也对孩子怀有责任感。但是，无论哪一方，也无论他有多么通情达理，都会在心里暗暗地想，只要对方改变一下对待孩子的方法，孩子就会表现得更好。父母应该在一开始就意识到，老师和他们一样敏感。父母还应该知道，如果自己能够友好一些、合作一些，他们就能从学校获得更多帮助。

有些父母害怕面对老师，他们忘了，老师其实也常常害怕见到父母。父母的主要工作是向老师清楚介绍孩子的成长经历、兴趣爱好、对什么比较敏感，会作出什么反应。然后，父母要和老师一起研究一下，看看怎样才能在学校充分利用这些信息。如果老师在课上成功地利用了这些信息，不要忘了称赞老师。

有时候，无论孩子和老师作出多大的努力，双方就是无法配合。在这种情况下，校长就应该插手解决这件事情，看看是否应该让孩子转到另一个班里去。

父母不应该因为孩子在班里学习成绩不好而责怪老师。如果孩子听见父母说老师的坏话，他就会学着去怪罪别人，推卸自己应该承担的责任。但是，即使孩子真的成绩不好，父母也应该对孩子表示同情，可以对他说："我知道你有多么努力。"或者说："我知道，当老师对你不满意的时候，你会有多么不高兴。"

学习障碍

学校生活比较失败的孩子常常以为自己很笨；他们的父母和老师也容易以为他们很懒。最大的可能性是，他们既不是笨也不是懒。学习障碍（LD）是神经病学领域的一种情况，会影响特定的学习功能：阅读、写作、计算等。多达 1/7 的孩子存在这个问题。对学习障碍的确诊，为适应、矫正和最终取得成功打开了大门。

什么是学习障碍？学习障碍就是一些与儿童大脑发育有关的问题，会影响孩子完成学习任务。有一种方法可以理解这种情况，就是孩子的才能本来就是参差不齐的（参见第 600 页）。有的孩子可能写作很棒，数学比较差。也有些孩子可能理科很强，外语较弱。各方面能力差异极大的孩子可能在某些科目上，或在某些学习过程中表现特别差，甚至达不到最基本的要求；这样的孩子是有缺陷的。

他们各方面能力的巨大差异可能让你想到，许多患有学习障碍的孩子，在他们缺陷以外的其他领域可能非常有天赋。事实正是如此。比如，我们经常会看到这样的情况，一个数学很棒，也很有艺术眼光的孩子，阅读能力却很差。

重要的是，要明白学习障碍和智力缺陷是不同的问题。患有学习障碍的孩子，智商得分可能很高，可能一般，也可能低于平均水平。有一种比较老的概念仍然记录在许多关于学习障碍的法律定义当中，以指定特殊的学校教育。这个概念就是，如果一个人在智商和能力或个别科目的成绩之间存在差距，就是学习障碍。这种概念的问题在于，对那些智商得分较低的孩子来说，虽然他们的智商和学习成绩没有差距，却仍然可能患有学习障碍。这些孩子有时会被否认需要专门的帮助，因为他们的测试分数不符合对学习障碍的老式定义。

患有学习障碍时，专门负责学习的脑部功能会受到阻碍。还有许多别的原因可能使孩子面临学习困难。视力和听力存在严重问题的孩子，肌肉或运动失调的孩子（比如肌肉萎缩症或脑瘫），以及带有严重心理问题的孩子，虽然也可能在学习能力方面存在严重的困难，但他们都不属于学习障碍患者。

学习障碍的表现。有学习障碍的孩子知道自己有某些问题，却不知道问题出在哪里。老师和父母都告诉他们要再努力一些。有时候，他们付出极大的努力以后，也可以有所成就。比如说，一个孩子可能会花 5 个小时去做定量为 30 分钟的家庭作业。他虽然成绩良好，但就是无法日复一日这样刻苦地学习（没有人能够在筋疲力尽之前长时间全力以赴地工作）。虽然老师可能很高兴，但不明白为什么他的成绩不能始终保持在他能够达到的水平上。老师非但看不出这个孩子非凡的努力，反而容易认为他很懒。可以理解的是，这个孩子很可能会变得讨厌这个老师，因为他永远都不能让她满意。

我相信父母已经发现，学习障碍的问题已经何发展成了情感和行为问题。有些孩子会下决心做班里的小丑，或者违反老师的规则，以此把注意力从自己的缺陷上转移开。他们认为，做坏孩子要比做蠢孩子好。其他的孩子则会默默地忍受着。他们会故意忘记交作业，也不积极参与班级里的活动。还会在操场上打架，以此来发泄自己受挫的情绪。

阅读障碍。到目前为止，最常见的学习障碍涉及阅读和拼写。这种情况常常被称作阅读障碍（也叫读写困难）。阅读障碍在所有学习障碍的病例中占到 80%，有多达 15% 的儿童受到影响——这的确是一种非常普遍的问题。阅读障碍是遗传性的：如果家长都存在这一问题，那么孩子出现同样问题的几率超过 50%。男孩更容易出现阅读障碍，患者的男女比例为 2∶1。

阅读障碍的表现会随着时间变化，而且每个孩子都会有所不同。如果很小的孩子开始咿呀学语的时间比正常孩子晚，或者发出声音的种类比正常孩子少，他们长大后就可能患上阅读障碍，这一点和说话较晚的学步期孩子一样。如果一个孩子到了 5 岁还说不好话，他出现阅读障碍的几率就很大。

在幼儿园和小学低年级，患有阅读障碍的孩子很难把字母和声音联系起来。他们可能知道字母歌怎么唱，但说不出不同字母构成的声音（他们也常常很难记住那些字母的名称）。押韵需要孩子对构成词语的声音很敏感，对阅读障碍的孩子来说，押韵很困难。如果他们终于学会了读几个词，是因为他们把这些词当成整体记了下来；他们没有能力读出每个字母的发音，然后再把这些声音还原到一起，构成词语。

患有阅读障碍的孩子经常会把字母颠倒过来，还会把字型相似的字母弄混（比如 b、d 和 p）。但是，有一种常见的误解，认为颠倒字母是阅读障碍的主要特征。其实 7 岁之前，颠倒字母是所有孩子常犯的错误。有阅读障碍的孩子说话时还容易把词的意思弄混，还会想不起常见物体的名字（比如门把手或鼻孔）。

大多数患有阅读障碍的孩子最终都能学会如何阅读。但还是容易遇到困难，因而阅读速度缓慢。他们常常抓不住所读内容的要领，因为需要花费大量精力去理解那些词。各种测试对他们来说尤其艰难，因为他们要花很长时间去阅读题目要求。如果按照自己的速度答题，就只能完成前半部分的问题，然后时间就到了；如果很快做完了整套试题，就会出现很多错误，因为他们还没有读懂题目。然而，如果参加的是口头测试，常常可以看出他们对该科目的知识掌握得很牢固（有阅读障碍的孩子应该接受没有时间限制的测试，以此作为个人教育计划的一部分）。即使是成年以后，他们也很少为了消遣而阅读，尽管在对什么事情特别感兴趣时，也可能强制自己读下去。

有阅读障碍的儿童和成年人常常拥有特殊的能力，这也是我在第600页描述的大脑发育不平衡的另一种表现。他们经常具有极强的创造力，还可能是优秀的视觉思考者。许多杰出的科学家、企业家和艺术家都被认为患有阅读障碍，其中包括爱因斯坦和毕加索。（在我居住的地方，有一位世界知名的心脏外科医生，他是克里夫兰医学中心的经营者。谁都知道他有阅读障碍。孩子们对他印象很深。）有一本很精美的图画书，讲的是一个患有阅读障碍的女孩如何在学校里刻苦学习的故事，即《谢谢您，福克先生》（*Thank You, Mr.Falker*），作者和插图绘者都是波翠西亚·波拉蔻（Patricia Polacco），她本人就有阅读障碍。阅读障碍并不一定会限制孩子生活中的发展机会；反而会带来更多机会。

大多数科学家都同意，阅读障碍带来的潜在问题主要是大脑里处理语言声音的区域。虽说阅读需要视觉，但大多数具有阅读障碍的孩子视力都非常好。（最近，越来越多的验光师声称，自己能够通过眼部运动治愈阅读障碍，但是还没有有力的证据证明这一点。）已经证明有效的治疗阅读障碍的方法包括对大脑的训练，让孩子把声音和字母联系起来，把单个的声音组合成词语。这些训练项目中最有名的可能是奥尔顿–吉林厄姆（Orton-Gillingham）和琳达姆德–贝尔（Lindamood-Bell）了，还有几个也不错，所有训练项目采用的方法都是相似的。如果孩子患有阅读障碍，就有必要找一位指导老师，或者找一个训练项目，运用这些经过检验确实可靠的方法来获得帮助。

面对阅读障碍，就像面对其他学习障碍一样，最重要的第一步很可能就是发现问题，给它一个名称，然后让孩子明白那不是他懒惰或迟钝的问题，而是一个通过努力能够战胜的困难。医学博士莎莉·沙维茨（Sally Shaywitz）撰写的《克服阅读障碍》（*Overcoming Dyslexia*）是一本易读又权威的指南。

其他学习障碍。每一种学业成功必备的能力都有可能产生与之对应的障碍。下面列出了一部分学习能力，以及缺少这些能力所带来的影响：

- 阅读能力。孩子必须能够将书面符号（字母和字母组合）与他们代表的发音联系起来，再把这些发音连接在一起，最后将其与单词建立联系。无法处理单词发音的问题是很多孩子发生读写困难的原因。

- 书写能力。孩子必须能够自动拼写出字母，无需思考它们的形状。如果停下来回想每一个字母，书写速度就会降低，书写的内容也不连贯，无法按时完成任务。

- 数学能力。解决基本数学运算——加法和减法——的能力，与空间想象能力和测量数量的能力存在潜在的关系。这方面有困难的孩子可能患有计算障碍，一种数学方面的学习障碍。

- 记忆能力。记忆能力包括吸收信息、存储信息以及在回答问题（例如“谁发明了电灯泡”）时提取信息。任何一个阶段——吸收、存储、回溯——出现问题都可能造成学习障碍。

- 其他能力。还有很多具体的能力也可能出现问题，比如理解和表述口头语言、让物品保持整齐（排序）、快速记忆、支配身体的活动等。通常情况下，孩子都会存在不止一方面的问题（也可能在不止一方面具有优势）。

学习障碍的评估。对学习障碍的评估要从弄清几个问题开始：孩子对特定的科目了解多少，他的阅读准确性和阅读速度怎样，以及数学水平如何。针对这些问题的测试叫做成就测验（achievement test）。

学习障碍评估也试图确定孩子在学习过程中的强项和弱项。为了达到这个目的，心理学家会对孩子进行智商测试。广泛应用的智商测试有好几种：比如，韦氏测试（Wechsler）、斯坦福-比奈智力测试（Stanford-Binet）和考夫曼测试（Kaufmann）。所有这些测试都包括智力游戏和问题。从理论上说，这些测试项目可以显示出孩子利用视觉信息和口头信息解决问题的能力。把智力作为唯一一种可测量指标的观念有争议（参见第600页），心理学家还警告我们，不要把某一次测试分数当成是对儿童思维能力的完整描述。

事实上，智商测试只是个开始。神经心理学致力于测试人们如何利用不同类别的信息。最好的学习障碍评估可能包括由神经心理学家进行的几个小时的测试，着眼于诸多心理过程，比如，短时记忆和长时记忆、排序、注意力的保持和转移、推理性思维、动作计划、对复杂语法的理解，等等。这种成套测试的目的在于，找准迟缓或薄弱的具体学习过程，以便强化它们，或者帮助孩子通过其他学习方法来弥补这些不足。

美国联邦残障人士特殊教育法案。自20世纪70年代以来，一系列法规陆续出台，明确规定了学校在教育一些有特殊需要的孩子时应承担的责任。1997年修订的残障人士特殊教育法案就是最近的例子。残障人士教育法案针对全体有残疾和发育问题的孩子，其中包括多动症、阅读障碍、说话和语言障碍等常见的问题。这项法规也包括了一些比较少见的情况，包括严重的视力和听觉损伤、脑瘫等神经系统方面的问题，以及很多精神和情感问题，任何严重影响孩子在正常的课堂上学习的问题都包括在此项法律当中。

残障人士特殊教育法案的宗旨是，每个孩子都有权利“在最不受限制的环境下接受免费和适当的教育”。我们有必要仔细地琢磨一下这句话。“免费”，就是说学费由国家、州政府或者联邦政府支付（通常都是三者的结合）。“适当”，意味着孩子必需的学习条件要得到保证。即使孩子需要的是一个昂贵的助听器，他也有权得到。如果他学习的时候需要一把特制的椅子来支撑他的身体，他就能得到。如果他需要一名助手才能完成课堂学习，那么按照法律的规定，学校就必须配备一位这样的辅导人员。“最不受限制的环境”意思就是，孩子不能因为某种残疾被打发到单独的地方，跟同学们分开。把“不正常”的孩子安排在单独的“特殊班级”曾经是普遍的做法，但现在是违法的。

根据残障人士特殊教育法案，如果父母认为孩子患有学习障碍，有权利要求评估；这项评估必须在90天之内由学校完成。这种评估被称作多元评估（MFE）或教育团队报告（ETR），包括对身体机能的多方面评估。它由一个团队进行，其中包括一名学校心理医生、孩子的老师和其他专业人士，如语言矫正与恢复专家和听觉病矫治专家等。如果这个团队得出结论，认为这个孩子符合学习障碍的标准，会撰写一份个体教育计划（IEP）。这份计划会为这个孩子确定一些教育目标，指定学校提供专门的教育服务，还会安排学校对这些干预措施的成效进行评估。根据法律，父母必须参与这个过程，还必须认同这些决定；如果他们在任何阶段产生了异议，都可以上诉。

根据一项独立的联邦法案，没有资格接受特殊教育的儿童，在学校里仍然可能享有特殊待遇的权利。比如说，患有注意缺陷多动障碍（参见第512页）的孩子，如果不符合学习障碍的认定标准，根据第504节辅助计划（简称为“504计划”），他仍然可能获得特殊援助。

学习障碍的治疗。治疗学习障碍的第一步也是最重要的一步，就是每个人都要承认问题确实存在。然后，老师和父母才会认识到孩子是多么努力地学习，才会表扬他们好学，而不是挑剔他们的成绩。孩子需要别人承认他们不愚蠢，他们只不过有着需要克服的问题。他们不应该独自面对这种问题，而要在父母和老师的帮助下，让情况慢慢改善。

具体的教育治疗取决于学习障碍的类型。治疗阅读障碍最有效的方法是强化字母和它们代表的读音对孩子的影响。孩子可以调动他所有的感官：摸一摸木制的字母，用纸把它们剪出来，或者把面团做成字母的形状，烘烤之后尝一尝。近年来，实验性的新疗法层出不穷，而且许多都很有成效。除了直接面对问题，特殊教育者还要教孩子学会避开这些学习的障碍。所以，有阅读障碍的孩子就可以通过听磁带的方法读书，书写不佳的孩子也可以利用电脑完成作业。老师还要帮助孩子多关注自己的强项，发挥这些优势。

不合群的孩子

从孩子的角度看，得高分远不及被同伴们喜欢来得重要。每个孩子都可能有这种经历，他会放学一回到家就大声说：“没人喜欢我。”如果孩子总是有这样的感觉，那就是问题了。不合群的孩子每天都要经受新的考验，如果孩子不合群，就可能受到同龄人的轻视、嘲笑，甚至被学校的“小霸王”欺负，做游戏时，也没有人愿意跟他一组。他容易感到孤立无援，没有自信，心情郁闷。

不合群的孩子不知道该如何融入群体，或者根本做不到。他很可能一点都意识不到自己的行为怎样才能让别的孩子感到舒服。他交朋友的方式常常很笨拙，同龄的孩子因此会远远地躲开他。别的孩子会说他是“古怪的”或“不友好的”（尽管他真的极为渴望朋友），不是回避他，就是使劲儿折磨他。不合群的孩子经常有发展问题，比如，孤独症问题的范围（参见第580页）或注意缺陷多动障碍（参见第512页）。其他孩子当然不理解这种情况。从他们的角度看，他只是不知道怎么玩，不遵守规则，或者总是坚持用自己的方式处理事情。其他孩子可能很残酷，但是医生和心理学家已经知道应该尊重他们的判断，因为那是不合群的孩子存在严重问题的表现。

帮助不合群的孩子。如果孩子特别不受欢迎，父母不要不当回事。要观察他和其他孩子的互动情况。客观地判断自己孩子的行为可能很痛苦也很不容易。父母可以跟孩子的老师和其他照看他的大人们谈一谈，这些人要能够坦诚地对待父母。如果父母很担心，找孩子的精神病医生或心理医生做一下专业评估，宜早不宜迟。全面的评估不仅可以准确地找出孩子存在困难的方面，也会找到他的强项。

作为一个与时俱进的家长，可以做很多事情来帮助自己的孩子结交朋友。积极参与学校的活动，认识一些孩子和家长。请老师在班里找一个可能比较友善的同学，让他和孩子坐同桌。邀请这个孩子到家里玩，或者邀请他一起去公园，一起看电影，或者一起去两人都感兴趣的地方。只选一个朋友就好，这样可以避免孩子成为古怪的局外人。开始几次游戏时间短一点，免得时间长了出现差错。要提前提醒孩子怎么玩。比如，可以说："要记住，问问约翰尼想玩什么；那样他就会玩得很高兴，以后还愿意再来。"观察孩子，如果他有任何好的表现，事后要给他表扬。在万不得已的时候，也可以插手干预一下，以便让游戏回到正确的轨道上。

在跟别的孩子一起玩的时候，如果不合群孩子的父母就在旁边，那么其他孩子就会对这个孩子友好一些，任何年龄的孩子都是这样。所以，可以给孩子报名参加一些集体活动，比如体育运动或舞蹈班等。

把孩子的困难跟负责人解释清楚，请他给孩子一些额外的照顾。如果这个人跟孩子有广泛的接触，就不会有什么问题。如果孩子极其不容易被别的孩子接受，就要在他身边，充满理解地听他倾诉；不要训斥他，也不要责怪他。

每个孩子都需要安慰、爱和支持；不合群的孩子最需要这样的帮助。有经验的医生或心理专家可以帮助父母弄清孩子是否患有注意缺陷多动障碍或抑郁症等需要专门治疗的疾病。临床医生也可以帮助不受欢迎的孩子发展那些结识朋友和保持友情需要的技能。

逃避上学

如果妈妈想把孩子留在学前班里，有的孩子就会哭个不停。有些大一点的孩子每天早晨都会肚子疼，但只要允许他们待在家里不去上学，疼痛很快就会缓解。有的孩子会经常在学校里呕吐，但是在家里感觉就会好很多。还有的孩子会表现得特别糟糕，因此被送回家去；他们甚至可能想办法让自己被除名。在家里待了几天的孩子，一听说要回学校上课就开始烦躁和抱怨；如果大人逼迫他去，他就会大发脾气。学校对某些孩子来说可能成为痛苦和可怕的地方；待在家里则会感觉舒服许多。逃避上学的现象可能从某个季节开始，然后形成习惯延续下去，其程度也会与日俱增。

学前班和幼儿园。对幼儿来说，逃避上学的最普遍原因就是分离焦虑。许多孩子在婴儿时期就开始上日间托儿所；但是对另一些孩子来说，开始上学可能是一个巨大的调整。教学楼充满了压迫感，走廊就像个迷宫，新教室里坐满了不认识的孩子和大人，日子也好像永远都过不完（对于5岁大的孩子来说，时间过得很慢）。对这些孩子而言，首要的教育目标就是让他们在学校里感到自在。

不习惯分离的孩子可能反映着不同的情况。有的孩子天生就慢热（参见第84页），因此任何新情况都会让他花较多的时间去适应。有的孩子本来或许可以很好地处理一些情况，但是因为母亲急切地想去安慰他，自己也变得焦虑起来。有时候，家长可以坐在教室里，直到孩子感到自在了再离开，这个过程有时可能需要好几天的时间。还有些时候，家长应该放下孩子，高兴地挥手再见，然后转身就走（偷偷地溜走绝不是好办法；这样只会让孩子更加焦虑，因为现在他不得不去担心爸爸妈妈会在他看别处的时候突然消失）。

小学。学龄儿童可能会担心受人欺负或被人嘲笑，还可能害怕自己的朗读能力差，万一被老师叫起来朗读课文，会很丢脸。在学校食堂里和在操场上时，特别不合群的孩子可能觉得非常痛苦和孤独，因而待在家里就成了一种解脱。因为生病而缺了几天课的孩子可能会担心自己落后太多，没法赶上别的同学。

孩子也可能因为担心家里发生事情而逃避上学。原因可能是家庭暴力，也可能是其中一位家长心情抑郁。在另一些情况下，孩子的担心就不那么现实了。比如说，有的孩子总是担心，如果自己不在场阻止事情的发生，母亲就会撞车。他的恐惧会在离开母亲时不断增加。这种没道理的担心可能是孩子对家长怀有敌意却又不能公开表达的反应。这个解释虽然听上去不太可能，但精神病学专家已经发现，这种情况其实相当普遍。技术熟练的临床医生可以通过一种更直接又不那么有害的方式，帮助孩子处理他们自己不能接受的情感。

中学。青少年拥有令人不快的自我意识是正常现象；许多孩子也会感到痛苦。较早发育的女孩和较晚发育的男孩尤其容易产生这样的感觉，身体超重或体重不足的青少年，以及跟别人有其他外貌差异的青少年也会这样。如果一个男老师随意提到一个12岁的大个子女孩比他还高，这个女孩可能会感到羞辱。这句话证实了她自己的感觉，即自己很不好看，很怪异，每天上学就成了一种折磨。

每到有体育课的日子，旷课率就可能升高。有些正处在青春期的孩子还会受到其他情感问题的困扰。这些困扰可能会损害他们的自信心和自尊心。一想到要当着别人的面穿衣服和脱衣服，一想到自己必须去做一些动作，暴露自己的缺陷或想象中的弱点，就觉得无法忍受。对他们来说，唯一的办法就是不去上学。

青少年也会厌学。最常见的原因包括过度肥胖或其他自己无法接受的身体特征、缺少朋友、严重的学习障碍带来的羞愧感、害怕受到异性的排斥等。

怎么办？如果孩子一再逃学，无论多大年龄，都是一件急需解决的事情。父母、教育者以及学校的咨询专家都必须尽可能地找到问题的原因。许多情况都需要专业人士的帮助。在所有这些情况出现的同时，极为重要的就是让孩子继续上学。孩子在家里的每一天都会增加他返校的难度。只有直接面对，逃避上学的情况才会好转。这并不是说父母应该强迫孩子去单独面对难以控制的局面；而是说，除了父母要坚定地相信他们最终一定会克服恐惧之外，孩子们还需要支持。

为大学制订计划

大学的意义

理想地说，上大学就是年轻人舒展智慧的翅膀、探索理念世界和发现自我的机会。大学文凭虽然不是成功的保证，却是许多人提升经济水平的关键。有越来越多挑战性的职业要求硕士学位。与此同时，学生们也有越来越多的机会接受具体的技术培训或职业培训。

即使学费让人越来越难以承受，高校入学资格的竞争似乎还是越来越激烈。对许多人来说，大学教育看上去越来越难以企及；对另一些人来说，为入学资格做准备的过程则要花去更多的青春。当然，一个学生真正得到的教育不仅取决于学校和老师，至少在同样程度上还取决于学生自身。许多高学历的人都毕业于不出名的学校（或者根本没有毕业），有些在名校取得学位的人，也并没有得到更多的成就。

选择大学

做选择的步骤。作为父母，一定关心选择学校的结果，父母希望孩子进入一所好学校，在那里，孩子既能过得快乐又能获得成功。做出这个决定的过程也同样重要。对大多数青年而言，选择一所大学是第一个重大的人生决定，对此，他们拥有发言权。这是他们确定个人目标，衡量自我意愿的机会。虽然父母不想让孩子因为太沉重而变得过度紧张，但还是希望认真地对待这次选择。

先帮孩子理清头绪。第一步是在日历上标明高中指导办公室接受申请

的最后期限。这样，孩子就可以直观看到剩余时间，标出什么时候要做什么。找到美国任何一所大学的任何信息一般都不成问题。许多高中的指导办公室和大部分公立图书馆都能找到标准大学指南，它提供有关两千多所大学的课程、学生、师资和经济援助的信息。（购买这种指南的意义不大，因为其中的信息很快就会过时。）此外，几乎每个学院和大学都设有网站。

*如果孩子选择失误怎么办？*选择正确的学校可能带来一段更愉快、更成功的大学经历，但万一选错了学校可能也是一个学习的过程。事实上，许多学生都发现，最初选择的大学不能满足他们的要求，所以，他们会在另一所大学完成学业并拿到学位。转校并不容易，但转不了校也不是世界末日。了解这一点有利于给孩子减轻一部分压力。

需要考虑的因素。选择大学时首先需要考虑的问题是“我想在大学得到什么”。把这个大问题分解成更容易驾驭的小问题很有帮助。以下所列的清单介绍了选择大学时需要考虑的问题，帮助父母跟孩子讨论（但是要记住，最终作出决定的应该是孩子）。

*哪种大学？*大部分学生选择四年制的大学，最终获得文科学士学位或理科学士学位。但还有其他的选择，比如许多社区大学和职业学校提供了短期课程。虽然四年制的大学为未来的教育和就业提供了最大的选择空间，但也不见得就是每个学生的最佳选择。另外还要牢记，孩子的决定也不是铁板钉钉——修满两年课程之后拿到大专毕业证书的学生可能会决定转到一个四年制的专业中去。

学校的规模。规模较大的学校提供了丰富的学习科目和课外活动。虽然很多规模较大的大学都有顶级的教授，但是普通学生也许只能在演讲大厅里见到他们；绝大多数面对面的教育课程都是由研究生负责的。规模较小的学校里著名教授的数量会少一些，但学生们也许会有更多机会接近他们。大学校能够提供很多的课外活动和社会活动的机会，但是在小一点的校园中了解班里的同学会更容易一些。很多学生在名校中都感到很失落，也有很多学生觉得自己在小学校里无法施展才能。

学费。大体上讲，经济资助的目的是让所有的学生都有接受大学教育的机会，但现实情况却是，进入一所更加昂贵的大学需要更多的经济投入。从严格的经济角度上看，跟许多私立学校相比，公立大学明显可能是“经济之选”，因为私立学校可能要花费 3 倍以上的学费。但是，如果私立学校的学生取得了足够的奖学金或者

其他经济上的资助，最终还是能够付得起学费，甚至比公立学校还要便宜。

地理位置。许多学生因为来到大城市而欢呼雀跃，有些则埋头苦学，对课堂以外的世界极少关注。孩子可能十分明确地知道自己想去国内的什么地方。比如，要是他喜欢滑雪，很多地方的学校就会被排除掉。如果他的情绪比较容易受季节的影响，那么冬天漫长又阴冷的地方就可以排除。学校与家的距离同样是个关键问题。每年不止一两次地聚在一起对于父母和孩子来说很重要。

主修专业。有些年轻人入学时还没有明确的专业方向，而且很多学生都在大学过程中改换了专业，但是大部分学生至少对自己感兴趣的方向有个大致的想法。对于一个痴迷于文艺复兴时期诗歌的学生来说，人文学科较强的学校可能是最完美的选择。从另一方面来看，一个热爱诗歌的学生也可能突然对物理和化学产生兴趣，从而换专业，这种情况也不是没有。一所发展全面的学校会给学生更加灵活的选择，他们只需更换专业而无需更换学校。

课外活动。希望参加某种体育活动或课外活动的学生，常常会选择在这方面非常出色的学校。如果学校的优势领域能够与孩子的兴趣相吻合，那当然更好。否则，当孩子无法参加最喜爱的活动时，就可能每天都有几个小时不开心。

宗教团体。如果某一所学校有具体的宗教成分，有些学生会毫不犹豫地选择它。有些学生则希望宗教培养能够与非宗教内容的学习相结合。他们可能认为某个非宗教学校里活跃的宗教团体比较适合他们。也有些学生根本不会将宗教因素考虑在内。

多样性。大学教育的优点之一就是能给学生提供互相学习和相互了解的机会。与价值观和世界观相同的同龄人相处可以帮助孩子在多样化的环境中获益。这一点同样适用于多种宗教或者多个种族共存的环境、地域多样和政治多样的环境，以及性别多样的环境（男女同校而不是男女分校，或者校内有一个相当规模的同性恋团体）。

声望。一些大学以自由著称，也有一些大学自认为是严肃的学府或政治进步推动者。从大学概况手册上很难看出这些特点，但是，前面提到的大学指南会注明每所学校的特殊风格，这当然也是参观校园的重点考察内容。

其他问题。除了以上这些个人权衡的问题，还应该考虑其他一些实际因素：

- 申请学生的数量和录取学生的

数量。

• 这些大学对平均成绩的要求是多少？或者对学术能力倾向测试（SAT）或美国大学入学考试（ACT）的平均(或最低)分数的要求是多少？

• 有多少申请人可以拿到经济援助，最常见的援助内容是什么？

• 常见援助的拨款、贷款和勤工俭学分别包括什么内容？

• 校园环境安全吗？学校有义务提供校园犯罪的统计数据。

• 校园环境怎么样？有些建筑会让一些人感到鼓舞和振奋，却会让另一些人感到压抑。

• 学校的住宿条件如何？一些学校要求大一新生必须住学生宿舍，一些学校还有强制性的饮食安排。除非亲自去看一看，否则这些要求都很难从宿舍楼的外表上看出来，更别说管道系统了。

• 男生联谊会和女生联谊会是校园生活的重要组成部分吗？

• 住在校外的可能性和花销是多少？

• 有多少学生就读？平均来说，有多少人在多少年内完成学业？

• 在那些想在选定的领域中工作的人当中，有多少找到了工作？具体的工作又是什么？

• 那些想申请研究生的学生有多少被接收了？问清楚具体的专业。

指导顾问。优秀的高中指导顾问可以帮助孩子分析他的人生目标，并据此来计划他的学业。基于孩子的未来目标，指导顾问可以帮助他选择合适的课程和课外活动，帮助他提出一些问题，分析一些情况，作出最佳的选择。这可能正是父母准备给予孩子的帮助，这些帮助的确有效。大学前的咨询活动不能代替父母的参谋，而是为父母提供支持。

与此同时，父母的任务就是帮助孩子保证整个过程顺利进行。事先考虑清楚并制订计划十分重要。但同样重要的是，享受生活的过程。一个高中生需要听从自己的兴趣，哪怕这些兴趣不会丰富他的个人简历，他还必须过得开心。而不是把自己的青少年时代牺牲在考取大学的祭坛上。

大学入学考试

美国文化的竞争性导致我们非常重视高分。难怪大学入学考试——比如学术能力倾向测试和美国大学入学考试等，常会引起年轻学生的焦虑。很多父母投入成百上千美元去聘请私人辅导，希望孩子能取得高分。

各种名目的考试名称可能令人迷惑。SAT 原意是学术能力倾向测试（Scholastic Aptitude Test），ACT

原音是美国大学入学考试(American College Testing)。但是最近，提供这种考试的非赢利性机构决定，测试的正式名称就是SAT或是ACT，它们不代表任何缩写形式。

更让人迷惑的是，现在又出现了SAT Ⅰ和SAT Ⅱ两种考试。SAT Ⅰ和ACT是能力测试，而SAT Ⅱ是学习成果测试（在改名之前，正式的名称就是学习成果测试）。

能力和学习成果。能力测试的目的是了解学生在没有具体背景参照的情况下进行文字推理和数学思考的能力。例如，能力测试常常要求学生理解两个单词之间的关系（比如“娱乐”和“笑声”的关系），然后选出一组以同样方式彼此相关的词（比如“悲痛”和“眼泪”）。

学习成果测试衡量的是学生在某个学科上的知识水平——比如数学、西班牙语或者历史等。例如，学生是否知道葛底斯堡演讲的主要内容是什么？越来越受学生和招生办公室欢迎的跳级考试（AP：Advanced Placement test）也是一种学习成果测试。

这些考试存在什么问题？尽管各种考试指南迅速增加，测试本身还是受到了严厉的批评。很多专家指出SAT和ACT都存在歧视女性和少数人群的问题。例如，整个女性群体的SAT分数要低于男性，但是大学一年级时的考试成绩却高于男性。

招生办公室的许多工作人员更看重高中成绩而不是标准测试的成绩。他们同样会考虑高中课程的难易程度、申请论文和个人陈述，以及老师和指导员的评价。如果招生工作人员考虑了所有的因素，标准测试的参考值能占多大的比重就值得讨论了。

已经有400所以上的大学不再要求SAT和ACT成绩（www.fairtest.org可见具体的学校名单）。取而代之的是，学生可以提交一份有关高中课程的报告或者论文，帮录取办公室衡量学生作业的质量和学校评分的严格程度。

但是，大部分大学仍然要依靠标准测试。尽管父母理论上反对那些考试，孩子可能还是要参加。可以通过大学概况手册、大学指南或上网了解哪些大学要求参加哪些考试的信息。

准备考试。大学委员会（The College Board，组织SAT Ⅰ、SAT Ⅱ、ACT和跳级考试的机构）坚持认为，辅导对于提高SAT Ⅰ成绩作用不大，平均只能提高25～40分。但是，SAT的批评者认为，可以支付高额辅导费用的学生，分数会得到极大的提高，这等于他们获得了不公平的优势。

双方都同意，多次参加考试确实可以极大地提高成绩（参加考试的费用大约是 25 美元，很多学生都付得起两次考试的费用）。对于积极的学生来说，公共图书馆可以提供免费和便宜的练习应试技能的机会。有学习缺陷的孩子也可以有资格获得追加的时间或其他便利条件；如果父母认为这很重要，就要早做计划，向大学委员会和其他测试机构提出申请。

为大学存钱

经济援助的目的确实是让每个人都付得起大学教育的学费。但是，大约 60% 的经济援助都是以贷款的形式提供，因此很多学生毕业之后，虽然得到了文凭，也背上了一大笔债务。

为大学存钱的关键是尽早开始，充分利用复合利息。在衡量学生经济需要的时候，联邦政府会按照大学学费每年花掉父母储蓄的约 5% 来计算，因此，被评估的经济需要就会随着这个数字的增加而降低。也就是说，是否能接受经济援助取决于这个数字。政府不会把家庭财产式的储蓄计算在内，也不会把年收入低于 5 万美元的家庭的任何储蓄计算在内。

从某种角度上讲，即使有资格得到经济援助，花银行里的钱也不合算，因为联邦政府会因此认为父母的经济压力得到了缓解。另一方面，如果不提前存钱，最终就不得不使用学生贷款。如果这么做了，父母或孩子就会支付较高的利息，这比提前存钱的压力更大。

把钱存在孩子名下可以少纳些税，因为孩子的税率比成人低。但是，存在孩子名下的钱会极大地降低经济援助的可能性。因为联邦政府认为，学生存款的 35% 可以用来支付大学学费。所以，除非父母肯定自己的收入高出了规定的标准，不可能获得助学贷款，那么把钱存在孩子名下可能会有好处。

还有一些政府发起的存款计划可以为大学存款提供税率优惠。这些计划都有助于解决大学存款、奖学金和贷款问题。大学教育是昂贵的，但是经济援助和贷款应该让每个学生都上得起大学。

儿童常用药

差不多每个孩子都会发烧、出疹子、咳嗽，或是出现一些其他症状，从而需要用药。掌握一部分常用药的基本知识可以帮助父母自信应对这些常见问题。但是，给孩子用药也可能是一件令人困惑的事。药物公司给药品标注了多种名称，把事情弄得十分复杂。父母很可能知道药物的商品名称（比如泰诺），还有通用名称——往往不太容易读出来——表示的是药品的有效成分（比如对乙酰氨基酚）。很多非处方药都含有多种有效成分。惠菲宁（Robitussin）过敏和咳嗽糖浆就含有溴苯那敏、氢溴酸右美沙芬（dextromethorphan），以及伪麻黄碱；每一种成分都有不同的作用。当你给孩子喂一勺药时，不可能总是轻松地弄清其中的成分。

为了把情况弄清楚一些，下面这份指南列出了一些最常用药物的通用名称，告诉大家某种药物的功效，也指出了最常见的副作用。多数处方都包含这些通用名称，所有非处方都会在包装盒的“有效成分”下面列出这些通用的成分。许多常用药都可以分成几大类——比如抗生素、抗组胺药和消炎药。我们把有关药物的信息分成了实用的类别。

这份指南的目的并不是代替医生或药剂师的建议，而是帮助父母更好地与他们沟通。如果医生说：“给她吃一点布洛芬吧，缓解肩部疼痛。”这时父母就会想，“哦，摩特灵，我们已经试过那种药了。”

特别需要提醒的是：这份指南只包括一部分最常见的副作用。处方药的包装盒里附带的用药说明会列出更多不良反应的症状。但是任何药品都无法把每一种可能出现的副作用都罗列出来，因为个别患者可能出现很罕见的反应。比如说，任何药物都会引起有可能十分严重的过敏反应。用药之后如果出现任何意料之外的不适症状都属于副作用，除非证明另有原因。

用药安全

所有药物都应该慎重对待。处方

药可能带来强烈的副作用。但是，非处方药也可能有危险，尤其在孩子过量服用时更是如此。特别需要注意的是，有些常用的咳嗽药和感冒药已经被发现对儿童不安全，甚至是致命的——然而这些药物不需要处方，唾手可得，甚至还换了包装给大孩子和成年人使用。有些常识性的用药原则可以降低这种危险：

• 无论是处方药还是非处方药，都只在医生的建议下服用。

• 把药物放在上了锁的橱柜或抽屉里。经验证明，即使是胆小怕羞的孩子也会在好奇心的驱使下爬上高高的橱柜或架子。

• 不要过分信赖防止儿童打开的药瓶盖子。它们只能让一个坚持不懈的孩子慢一些得逞，无法让他放弃探索。

• 要特别注意那些可能随身携带药物的客人，和孩子到别人家里做客时，也要特别留心。遗忘在矮桌子上的手提包对一个学步期孩子而言就是个很有诱惑力的目标。

• 要告诉孩子，药物就是药物，不是糖果。

在压力大或日常生活规律发生变化的时候，就要想到药物、清洁用品和其他有毒的化学制品，以及家里其他危险物品可能造成的意外。生活发生变化的时候就是容易发生危险的时候。

关于术语的一点说明

医生开药方时，他们的速记法可能会带来误解。医生说每天两次服用一片（用医学术语表示就是 BID），意思是每 12 小时服用一片。比如，可以在早上 8 点服用一剂，晚上 8 点再服一剂。一天 3 次（TID）的意思是每 8 小时服用一次(例如早上 8 点、下午 4 点和半夜 12 点各服 1 次)；一天 4 次（QID）就是每 6 小时服药 1 次（例如早上 8 点、下午 2 点、晚上 8 点和夜里 2 点各服 1 次）。PRN 的意思是“根据需要服用”。PO 的意思是“口服”。如果处方中写着“PRN PO QID 服用 1 片”，意思就是可以每 6 小时服用 1 片——但不是必须如此。

药物的用量可能也需要换算一下。非处方药的说明书上用茶匙、大匙、盎司表示，偶尔也说一瓶盖。但医生处方上很可能写成毫升（ml）和毫克（mg）。一茶匙的标准剂量相当于 5 毫升，一大匙相当于 15 毫升，一盎司则相当于 30 毫升。如果医生告诉你“每天 3 次，每次服用一茶匙”，就是每 8 小时给孩子服用 5 毫升。家里的茶匙可能无法准确地盛满 5 毫升，为了使服药剂量准确无误，更可靠的方法还是使用药杯或口腔注

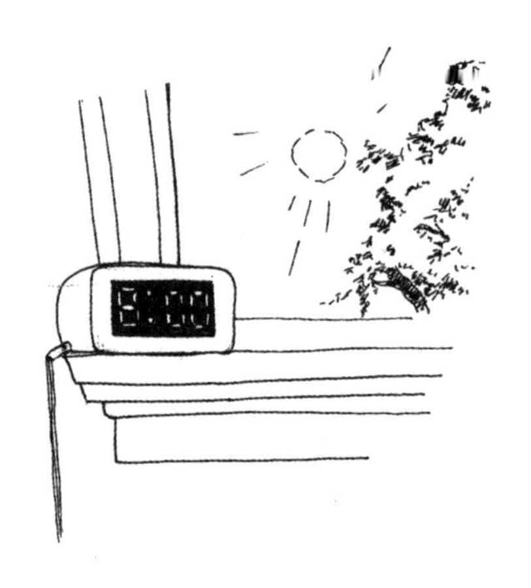

射器。

熟悉这些术语的好处在于可以提出问题。如果医生说每天 3 次每次服用 1 片，然后在处方上写了 BID，应该把这个情况问清楚。如果医生写了 QID，但不确定是否应该严格按照每 6 小时一次给孩子服用，甚至不确定是否有必要在夜里把孩子叫醒服药，也应该问一下。一定要保证离开诊室前弄清医生的意思。对药剂师也要问清楚。在用药问题上，怎样仔细都不为过。

普通药物名称指南

以下这份指南只包含了现在使用的一小部分药物。要想看到更完整的列表，请上网查看，网址是 www.medlineplus.gov，点击“药物和营养补充剂”（Drugs and Supplements）。该网站的在线指导可以帮助父母理解医生的行话、医学术语和许多其他方面的有用信息。以下清单中的许多药品在销售时都会使用多种不同的商品名称；我们只举了一些例子。

像这样一份简短的清单无法将每一种可能出现的副作用都囊括进去；还有许多副作用没有罗列出来。如果要购买非处方药，就一定要遵照瓶子上的用量说明。仅凭某种药物不经过医生处方就可以售卖这一点，并不能保证它的安全。总之，孩子年龄越小，就越要小心谨慎。最明智的做法就是在医务人员的指导下用药。

对乙酰氨基酚

（非处方药）商品名称。泰诺（Tylenol）、扑热息痛（Tempra）。

药效：参见“非类固醇抗炎药物”。对乙酰氨基酚可退热和缓解疼痛。

副作用：如果大规模过量服用，会导致严重的肝脏疾病。如果要给孩子服用好几天，事先要咨询医生。

乙酰水杨酸（阿司匹林）

（非处方药）商品名称。拜尔（Bayer）、Ecotrin 等多种。

药效：参见“非类固醇抗炎药物”。

副作用：必须在医生的指导下服用。对儿童来说，阿司匹林可能会导致危及生命的肝脏疾病（雷氏综合征）。

艾德维尔

（非处方药）参见“异丁苯丙酸”。

沙丁胺醇

（在美国必须经处方使用）商品名称：舒喘灵（Proventil）、万托林（Ventolin）。

药效：参见“支气管扩张药物”。

阿莫西林

（在美国必须经处方使用）商品名称：Amoxil、Trimox。

药效：参见“抗生素”。阿莫西林常常是耳部感染的首选药物。

阿莫西林克拉维酸钾

（在美国必须经处方使用）商品名称：沃格孟汀（Augmentin）。

药效：参见“抗生素”。如果对阿莫西林产生抗药性而没能奏效，这种药物就是第二选择。

副作用：比阿莫西林更容易引起胃部不适和腹泻。

抗生素

（在美国必须经处方使用）

药效：抗生素可以杀灭细菌（参见第341和第345页）；对常见的病毒性感染无效，比如感冒。

副作用：尤其对于婴幼儿来说，要特别注意鹅口疮或念珠菌性尿布疹的症状（参见第91页）；经常会出现胃部不适和皮疹。

抗组胺药物

（主要为非处方药）

药效：这类药物会限制组胺的活性，而组胺则是产生过敏反应的主要部件。此药物常用于治疗花粉热、荨麻疹和其他一些过敏性皮疹。

副作用：对于幼儿来说，此药物经常会引起兴奋或过激反应，大一些的孩子会产生镇静作用或令其困倦。比较新比较贵的药物（比如开瑞坦[Claritin]或仙特明[Zyrtec]）引起的此类反应可能会少一些。抗组胺药物经常被当作组合药物的一部分，与解充血剂和其他一些药物同时销售：这些药物对幼儿来说不安全。

抗病毒药物

（多数为处方药）

药效：可以缩短某些病毒性感染的症状，比如口腔疱疹（唇疱疹）和流行性感冒。

副作用：各种各样，包括胃部和肠道的不适，以及可能十分严重的过敏反应。

沃格孟汀

（在美国必须经处方使用）参见“阿莫西林克拉维酸钾”。

阿奇霉素

（在美国必须经处方使用）商品名称。希舒美（Zithromax）。

药效：参见“抗生素”；此药品虽然与红霉素十分相似，但是每天需要服用的次数少一些（花费也高很多）。

副作用：主要是胃部不适。

杆菌肽软膏

（非处方药）商品名称：新斯波林（Neosporin），Polysporin。

药效：是一种温和的抗生素，可以用于皮肤（局部涂沫）。

副作用：罕见。

倍氯米松鼻用吸入剂

（在美国必须经处方使用）商品名称：Vancenase、伯克纳（Beconase）。

药效：参见“吸入型皮质类固醇”。鼻内皮质类固醇可以减轻花粉热的症状。

副作用：按照说明使用时，罕见副作用。

苯佐卡因

（非处方药）商品名称：Anbesol。

药效：减轻痛觉（麻醉剂）。但是，重复用药时，效果会逐渐减弱。

副作用：有刺痛或灼热感。过量使用可能导致心律不齐。

比沙可啶

（非处方药）商品名称：乐可舒（Dulcolax）。

药效：促进肠道收缩，推动排泄物下行。

副作用：痉挛，腹泻。

溴苯那敏

（非处方药）商品名称：止咳露（Dimetapp）、Robitussin。

药效：参见“抗组胺药物”。

支气管扩张药物

（在美国必须经处方使用）

药效：改变支气管因哮喘而导致的收紧状态。

副作用：加速心跳节奏，升高血压，令人紧张、激动、焦虑、做噩梦，还可能造成其他一些行为上的变化。

扑尔敏

（非处方药）商品名称：鼻福（Actifed）、速达菲（Sudafed）、Triaminic。

药效：参见“抗组胺药物”。

克立马丁

（非处方药）

药效：参见“抗组胺药物”。

克霉唑霜剂或膏剂

（非处方药）商品名称：Lotrimin。

药效：既可以杀灭引起脚癣的真菌，也可以杀灭引起皮癣和某些尿布疹的真菌。

副作用：罕见。

吸入型皮质类固醇

（在美国必须经处方使用）

药效：吸入型皮质类固醇是治疗由哮喘引起的肺部炎症的最好药物。

副作用：在过量使用或错误使用，且足量的皮质类固醇被吸入体内的情况下，会产生严重的副作用；要向医生了解预防这些情况的方法。

局部外用的皮质类固醇

（非处方药或处方药）

药效：皮质类固醇的霜剂、膏剂和洗剂可以缓解皮肤瘙痒和发炎；对湿疹和一些过敏反应尤其有效。此药物有很多好处。

副作用：会使皮肤变薄，颜色变淡，还会把药物吸收到体内；使用药品的效力越强，用药面积越大，用药时间越长，这些情况就越严重。短期使用效力低一些的制剂一般都是安全的。

复方磺胺甲基异恶唑

（在美国必须经处方使用）商品名称：新诺明（Bactrim）。

药效：是一种抗生素，常用于治疗膀胱感染；不再用于治疗耳部感染（参见“抗生素”）。

副作用：胃部不适；如果出现了皮肤苍白、皮疹、瘙痒或其他新症状，就要找医生诊治。

色甘酸

（在美国必须经处方使用）商品名称：咽达永乐（Intal）。

药效：治疗哮喘时出现的肺部炎症；效力不像吸入型皮质类固醇那样强大。

副作用：罕见。

解充血药物

（非处方药）商品名称：鼻福、Triaminic、速达菲；任何标有“解充血剂”的药物。

药效：这些药物可以使鼻腔里的血管收缩，从而减少鼻子里分泌的黏液。

副作用：对 4 岁以下的幼儿来说，可能产生严重甚至是致命的副作用。由于这类药物并非对任何病例都有效，所以最好不用，或者在医生的建议下使用。这类药物经常会使心律加快，血压升高；还可能引起紧张、激动、焦虑、做噩梦和其他一些行为改变。几天以后，身体常常会产生适应性，这些药物也就不再有效了。如果与可能产生兴奋等相似副作用的其他药物同时服用，就一定要特别小心。

右美沙芬

（非处方药）商品名称：小儿诺比舒咳（Robitussin Pediatric Cough），其他多种药物。

药效：应该可以抑制咳嗽反射，但效果甚微，或者有可能无效。

副作用：对幼儿来说，可能出现严重的副作用；对4岁以下的儿童不安全；必须在医生的指导下才能给儿童使用。还要注意含有镇咳剂的其他药物；所有这类药物都可能产生严重的副作用。

苯海拉明

（非处方药或处方药）商品名称：苯那君（Benadryl）。

药效：参见“抗组胺药物”。

多库酯钠

（非处方药）商品名称：乐可舒、Colace。

药效：是一种大便软化剂；不会被身体吸收。

副作用：腹泻、呕吐、过敏反应。

红霉素

（在美国必须经处方使用）商品名称：EryPed。

药效：是一种抗生素，常用于治疗青霉素过敏。

副作用：主要是胃部不适。

富马酸亚铁、葡萄糖酸亚铁、硫酸亚铁

（非处方药或处方药）商品名称：多种。

药效：铁制剂；用于治疗缺铁导致的贫血。

副作用：如果过量服用，铁极其危险，会导致溃疡和其他一些问题。对此类药物要十分小心。

氟尼缩松

（在美国必须经处方使用）商品名称：氟尼缩松气雾吸入剂（AeroBid Inhaler）。

药效：参见“吸入型皮质类固醇”。

氟替卡松鼻用吸入剂

（在美国必须经处方使用）商品名称：替卡松（Flonase）。

药效：参见“吸入型皮质类固醇”。

氟替卡松口腔吸入剂

（在美国必须经处方使用）商品名称：Flovent。

药效：参见“吸入型皮质类固醇”。

愈创甘油醚

（非处方药）商品名称：诺比舒咳、速达菲。

药效：是一种祛痰药，应该可以稀释黏液，使其更容易咳出。

副作用：罕见，但常与其他药物（比如解充血药物）联合使用，而后者可能产生严重的副作用。

氢化可的松霜剂或膏剂

（非处方药）商品名称：可的松（Cortizone）。

药效：参见“局部外用的皮质类固醇”。0.5% 和 1% 的氢化可的松效果非常微弱，对轻微的发痒皮疹很适用，几乎没有什么副作用。

副作用：与所有皮质类固醇一样，使用的剂量越大，用药时间越长，副作用就越大；具体请询问医生。

异丁苯丙酸（布洛芬）

（非处方药）商品名称：艾德维尔、摩特灵、Pediaprofen。

药效：参见“非类固醇抗炎药物”。异丁苯丙酸对缓解各种疼痛效果很好。

副作用：胃部不适，药量较大时尤其如此。过量用药会有危险。

酮康唑洗剂或霜剂

（非处方药）商品名称：仁山利舒（Nizoral）。

药效：可以杀灭引发癣菌病和某些尿布疹的真菌。

副作用：罕见。

洛派丁胺

（非处方药）商品名称：易蒙停（Imodium）。

药效：通过减弱肠道的收缩而缓解腹泻。

副作用：胀气、胃痛。

氯雷他定

（非处方药）商品名称：开瑞坦。

药效：参见“抗组胺药物”。氯雷他定可能比老式的抗组胺药（相当便宜）带来的困倦感要少一些。

副作用：少见头痛、口干、困倦或行为亢奋。

甲氧氯普胺

（在美国必须经处方使用）商品名称：灭吐灵（Reglan）。

药效：通过强化闭合胃部上端的括约肌来减少胃酸从胃里倒流的症状。

副作用：困倦、烦躁、恶心、便秘、腹泻。

咪康唑

（非处方药）商品名称：Desenex。

药效：杀灭引起脚癣和其他皮疹的真菌。

副作用：罕见。

孟鲁司特

（在美国必须经处方使用）商品名称：顺尔宁（Singulair）。

药效：患哮喘时减少肺部炎症。

副作用：头痛、眩晕、胃部不适。

摩特灵

（非处方药）参见“异丁苯丙酸”。

莫匹罗星

（在美国必须经处方使用）商品名称：百多邦（Bactroban）。

药效：杀灭经常引起皮肤感染的细菌。

副作用：罕见。

萘普生

（非处方药或处方药）商品名称：Aleve。

药效：参见“非类固醇抗炎药物”。萘普生可以很好地缓解各种疼痛。

副作用：胃部不适，用量较大时尤其如此。过量使用会有危险。随食物一起服用；如果用药超过一两天，请咨询医生。

非类固醇抗炎药物（NSAIDs）

（非处方药或处方药）相关药品包括对乙酰氨基酚、异丁苯丙酸、萘普生及其他一些品种。

药效：这类药物可以减少肌肉和关节部位的炎症，退热，缓解疼痛。

副作用：每种药品都可能带来胃部不适，在用药量较大的时候尤其如此；过量服用可能非常危险。如果需要大剂量服用或者长时间用药，请咨询医生。

口服补液溶液

（非处方药）商品名称：Pedialyte、Oralyte、Hydralyte 及其他药品。

药效：用于防止因呕吐和腹泻而流失水分的儿童出现脱水症状。这些溶液的主要成分是比例合适的水、盐、钾和不同种类的糖，以便水分尽可能被肠道吸收，进入血液。不同口味和冰棒型的补液制剂效果也很好。

副作用：没有副作用。但是，如果孩子呕吐和腹泻得很严重，就应该有医生的监护。即使正在服用这类补水溶液中的某一种，孩子也可能出现脱水。

盘尼西林（PEN）

（在美国必须经处方使用）商品名称：Pen VK。

药效：参见“抗生素”。口服 Pen VK 或盘尼西林注射剂是治疗链球菌性喉炎的一种可选方法。

副作用：过敏反应，通常是带有又小又痒的小突起的皮疹，比较常见；严重的过敏反应比较罕见，但确有发生。如果出现了过敏症状，要告知医生。

苯肾上腺素

（非处方药）商品名称：新辛内弗林（Neo-Synephrine）、Alka-Seltzer Plus。

药效：参见“解充血药物”。

副作用：对幼儿不安全；必须在医生的建议下使用。

多粘菌素 B

(非处方药)商品名称：新斯波林。

药效：是一种温和的抗生素，可以用于皮肤（局部外用）。

副作用：罕见。

伪麻黄碱

(非处方药）商品名称：Pediacare 产品、速达菲及其他。

药效：参见“解充血药物”。

副作用：对幼儿不安全；必须在医生的建议下使用。

除虫菊、除虫菊酯

（非处方药）商品名称：RID、NIX 及其他。

药效：这些药物可以杀灭头虱。

副作用：罕见。

雷尼替丁

（非处方药）商品名称：善胃得(Zantac)。

药效：减少胃酸，缓解胃部灼热(胃酸倒流的症状)。

副作用：头痛、眩晕、便秘、胃痛。

去炎松口腔吸入剂

（在美国必须经处方使用）商品名称：曲安奈德（Azmacort)。

药效：参见“吸入型皮质类固醇”。

泰诺

（非处方药）参见“对乙酰氨基酚”。

图书在版编目(CIP)数据

斯波克育儿经/〔美〕斯波克(Spock,B.)著,〔美〕尼德尔曼修订;哈澍,武晶平译.—海口:南海出版公司,2013.4
ISBN 978-7-5442-6458-7

Ⅰ.①斯… Ⅱ.①斯…②哈…③武… Ⅲ.①婴幼儿-哺育 Ⅳ.①TS976.31

中国版本图书馆CIP数据核字(2012)第316527号

著作权合同登记号 图字:30-2012-181

DR. SPOCK'S BABY AND CHILD CARE, 9th Edition
by Benjamin Spock, M. D.; Updated And Revised by Robert Needlman, M.D.
Copyright 1945, 1946, © 1957, 1968, 1976, 1985, 1992 by Benjamin Spock, M.D.
Copyright renewed © 1973, 1974, 1985, 1996 by Benjamin Spock, M.D.
Revised and updated material Copyright © 1998, 2004, 2011 by The Benjamin Spock Trust
Simplified Chinese translation Copyright © 2013 by ThinKingdom Media Group Ltd.
Published by arrangement with Pocket Books, a Division of Simon & Schuster, Inc.
through Bardon-Chinese Media Agency
ALL RIGHTS RESERVED

斯波克育儿经

〔美〕本杰明·斯波克 著
〔美〕罗伯特·尼德尔曼 修订
哈澍 武晶平 译

出　版 南海出版公司 (0898)66568511
　　　　海口市海秀中路51号星华大厦五楼 邮编 570206
发　行 新经典发行有限公司
　　　　电话(010)68423599 邮箱 editor@readinglife.com
经　销 新华书店

责任编辑 崔莲花 傅奕群
装帧设计 徐 蕊
内文制作 博远文化

印　刷 北京天宇万达印刷有限公司
开　本 700毫米×990毫米 1/16
印　张 42
字　数 680千
版　次 2013年4月第1版
印　次 2020年1月第13次印刷
书　号 ISBN 978-7-5442-6458-7
定　价 88.00元

版权所有,侵权必究
如有印装质量问题,请发邮件至 zhiliang@readinglife.com